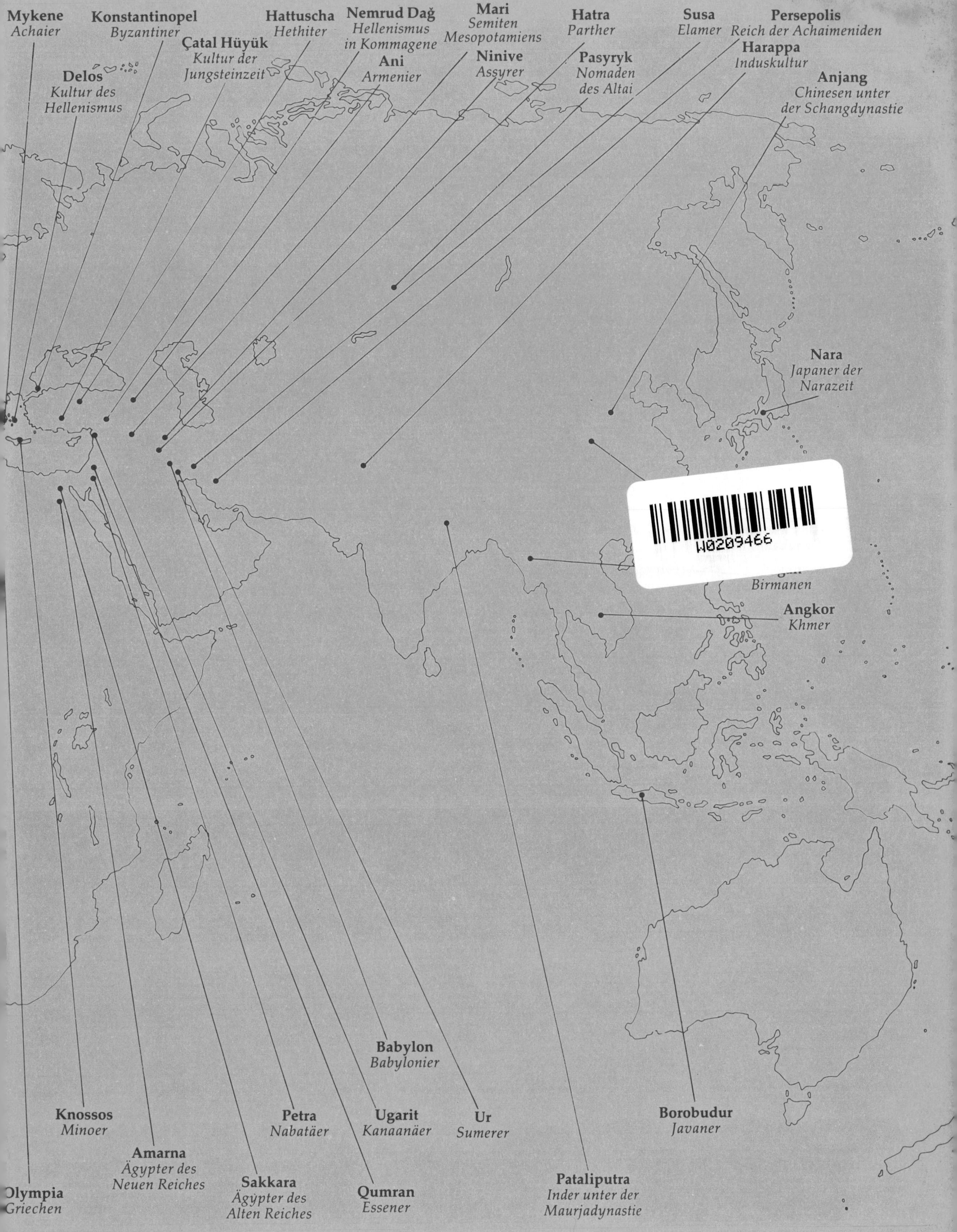

Mykene
Achaier
Konstantinopel
Byzantiner
Hattuscha
Hethiter
Nemrud Dağ
Hellenismus in Kommagene
Mari
Semiten Mesopotamiens
Hatra
Parther
Susa
Elamer
Persepolis
Reich der Achaimeniden
Çatal Hüyük
Kultur der Jungsteinzeit
Ani
Armenier
Ninive
Assyrer
Pasyryk
Nomaden des Altai
Harappa
Induskultur
Anjang
Chinesen unter der Schangdynastie
Delos
Kultur des Hellenismus
Nara
Japaner der Narazeit
Birmanen
Angkor
Khmer
Babylon
Babylonier
Knossos
Minoer
Petra
Nabatäer
Ugarit
Kanaanäer
Ur
Sumerer
Borobudur
Javaner
Amarna
Ägypter des Neuen Reiches
Sakkara
Ägypter des Alten Reiches
Qumran
Essener
Pataliputra
Inder unter der Maurjadynastie
Olympia
Griechen

Auf der Suche nach der Vergangenheit

Versunkene Städte – rätselhafte Kulturen

Verlag Das Beste · Stuttgart · Zürich · Wien

AUF DER SUCHE NACH DER VERGANGENHEIT
Versunkene Städte – rätselhafte Kulturen

ist die deutsche Ausgabe des Buches
Les Grandes Civilisations Disparues,
das bei Sélection du Reader's Digest, S.A., Paris,
erschienen ist.
Die Übersetzung ins Deutsche besorgte
Sybille A. Rott-Illfeld.

ISBN 3 87070 183 8
Printed in Spain

VORWORT

Zuweilen möchte der Mensch der Vergangenheit entfliehen, um sich voll für die Zukunft einsetzen zu können. Doch es gibt auch immer wieder Zeiten, in denen die Menschen begreifen, daß sie einen wesentlichen Teil ihrer selbst aufgeben, wenn sie von der Vergangenheit nichts wissen wollen. So hat man bei uns erst die Antike, dann das Mittelalter vergessen – und beide schließlich wieder entdeckt.

Heute, am Ende des 20. Jahrhunderts, können wir viel weiter in die Zeiten zurückblicken und über die Kontinente hinweg eine wachsende Zahl von Kulturen bis zu ihren Ursprüngen verfolgen. Sechs oder sieben Generationen von Archäologen und Historikern haben Stück für Stück die großen Kulturzentren von einst ans Licht geholt: Ninive und Karthago, die unerbittliche Sieger einst dem Erdboden gleichgemacht hatten; Konstantinopel und Tenochtitlán, die von modernen Metropolen überbaut und damit weitgehend vernichtet wurden; dann all die vielen Städte, die irgendwann einmal einfach untergingen und vergessen wurden wie die Nabatäerstadt Petra, die 1812 wiederentdeckt wurde, oder das parthische Hatra, das in den letzten 30 Jahren dem Sand der Wüste entstieg.

In dem Maße, in dem der Erde die Geheimnisse unserer Vergangenheit entrissen werden, weitet sich unser geschichtliches Blickfeld in Raum und Zeit. Noch für unsere Großeltern begann die Geschichte der Kultur an den Ufern des Nils und in Babylonien. Dann wurde das Kapitel Sumer aufgeschlagen. Schließlich fand man Çatal Hüyük, die bisher älteste wirkliche Stadt der Menschheitsgeschichte – die älteste bis auf Widerruf.

In diesem Buch werden 40 geschichtliche und vorgeschichtliche Stätten zu neuem Leben erweckt – zu einem Leben, das uns gar nicht so fern und fremd erscheint, trotz der Kluft der Jahrhunderte oder gar Jahrtausende, die uns trennt. Hier ist vor allem vom Alltag die Rede. Der Mensch wird bei der Arbeit oder beim Spiel, beim Essen oder Schlafen, als Künstler oder als Priester gezeigt – mit allen Licht- und Schattenseiten. Ob es sich nun um die Beschaffung des Lebensunterhalts, um die staatliche und soziale Ordnung, um die Verbindung des Nützlichen mit dem Schönen oder um die Beziehung des Menschen zum Übersinnlichen und zum Tode handelt, in all den Kulturen, in denen diese 40 Orte wurzeln, sind auf allen Gebieten Lösungen gefunden worden, die so zueinander passen, daß ein geschlossenes Bild der jeweiligen Kultur vor unsere Augen tritt. Und ob nun diese Lösungen die Menschen damals glücklicher oder weniger glücklich gemacht haben als uns die Lösungen unserer eigenen Zeit, wer weiß es?

INHALT

Eine Stadt der Jungsteinzeit

ÇATAL HÜYÜK

Als die ersten Städte der Welt entstanden, entdeckten auch Ackerbauer in Anatolien die Vorteile des Lebens in einer Stadt. Diese Pioniere leiteten damit einen grundlegenden kulturellen Wandel ein.

Die bedeutende jungsteinzeitliche Fundstätte Çatal Hüyük in der Türkei liegt auf der fruchtbaren Ebene von Konya am Ufer des Flusses Çarsamba. Wie die meisten vorgeschichtlichen Siedlungen im Vorderen Orient bildet sie einen Tell, einen aus Kulturschutt bestehenden Hügel, der in diesem Fall durch einen Arm des heute regulierten Flusses in zwei Teile zerschnitten ist. Die Ausgrabungen haben sich bisher auf die östliche der beiden Erhebungen konzentriert; sie birgt neolithische Kulturschichten, während der Westhügel Spuren späterer Besiedlungsperioden aufweist. Die Ergebnisse jüngster geomorphologischer Untersuchungen lassen allerdings vermuten, daß unter diesem Hügel ebenfalls jungsteinzeitliche Schichten ruhen. Die neolithische Stadt, von der man früher annahm, sie habe nur die Ausdehnung der östlichen Erhebung gehabt, nämlich 13 ha, könnte also doppelt so groß gewesen sein.

Wie auch immer, Çatal Hüyük ist nach wie vor die größte bekannte jungsteinzeitliche Siedlung im Vorderen Orient und – wie die vier Grabungskampagnen von 1961, 1962, 1963 und 1965 gezeigt haben – auch die interessanteste. Zum Zeitpunkt ihrer Entdeckung war sie die einzige ihrer Art, doch inzwischen hat man in der Türkei, in Syrien, im nördlichen Irak und im Norden des Irans Siedlungen aus der gleichen Epoche freigelegt. Das waren keine isolierten, wirtschaftlich unabhängigen Gemeinwesen, sondern sie scheinen vielmehr Handelsbeziehungen miteinander unterhalten zu haben. Zu den Tauschgütern gehörten sowohl einheimische als auch fremde Produkte: Lebensmittel, Häute, Stoffe, Steingefäße, Perlen aus verschiedenem Material, Muscheln, Obsidian, Feuerstein für Waffen und Werkzeuge, ja sogar Erzeugnisse einer primitiven Metallverarbeitung wie Perlen und Nadeln aus Blei und Kupfer.

Mit Hilfe von etwa 25 Radiokarbonmessungen hat man die Entstehung der Schichten XII bis 0 von Çatal Hüyük in die Zeit zwischen 6400 und 5600 v. Chr. datiert. Nach Korrektur durch die Dendrochronologie werden sich wahr-

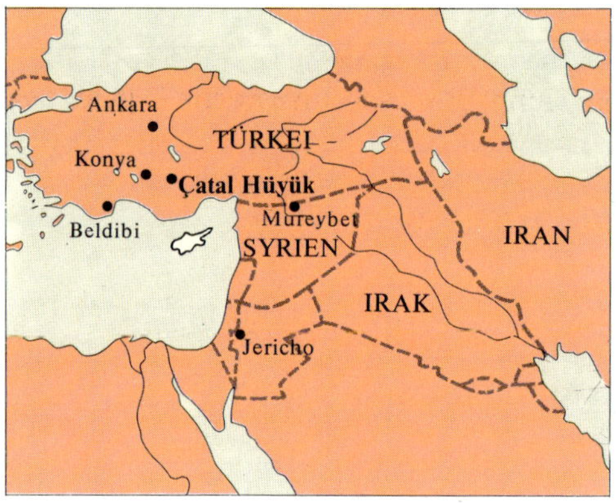

scheinlich Daten ergeben, die zwischen 7200–7100 und 6400–6300 v. Chr. liegen. Wenn man bedenkt, daß die ältesten Ackerbausiedlungen im Vorderen Orient – Mureybet in Syrien und Jericho in Jordanien, um nur die bekanntesten zu nennen – auf etwa 9000 v. Chr. zurückgehen, überrascht der in Çatal Hüyük erreichte kulturelle Entwicklungsgrad heute viel weniger als zu der Zeit, da diese Stätte entdeckt wurde.

Ein Stadtstaat

In dieser Periode der Jungsteinzeit gab es bereits Städte mit dazugehörigen Dörfern. Nach manchen Theorien waren diese Gemeinschaften klassenlos; es hätte also in ihnen keine gesellschaftlichen Unterschiede gegeben – im Gegensatz zur Sozialstruktur der mesopotamischen Stadtstaaten des 3. Jahrtausends v. Chr., die als die Wiege der Kultur überhaupt gelten. Sieht man einmal von den schriftlichen Zeugnissen über die mesopotamische Gesellschaft ab und hält sich nur an die archäologischen Gegebenheiten – unter Berücksichtigung der verschiedenen Entstehungszeiten und der technischen Entwicklung (größere Bauwerke usw.) –, unterscheiden sich die Grundstrukturen einer mesopotamischen Gemeinschaft im 3. Jahrtausend v. Chr. nicht so sehr von denen Çatal Hüyüks, der Stadt aus dem 7. Jahrtausend v. Chr. In beiden Fällen findet man sowohl aufwendige als auch einfache Bestattungen, reichere und ärmere Stadtviertel mit Wohnhäusern oder Kultstätten; es gab Handwerk und Handwerker und daher wahrscheinlich auch gesonderte Werkstätten. In beiden Fällen sind weitreichende Handelsbeziehungen nachgewiesen. Die Wirtschaft beider hat Bewässerungsfeldbau und Viehzucht als Grundlage. Beide Gesellschaften besitzen Waffen, führen Kriege und errichten Wehrmauern oder andere Verteidigungsanlagen.

Aus den mesopotamischen Texten geht zwar hervor, daß in den Städten des Zweistromlandes eine Sozialstruktur mit Kriegsherren oder Königen, Priestern, Bürgern, Handwerkern und Sklaven existierte. Aber wer weiß, ob es all das im 7. Jahrtausend v. Chr. in Çatal Hüyük nicht auch schon gab? Dieser Stadt nur aufgrund völkerkundlicher Parallelen ein primitiveres Gesellschaftssystem – das einer klassenlosen Gemeinschaft mit einem Dorfoberhaupt oder einem Priester an der Spitze – zuzuschreiben ist mit den Funden kaum in Einklang zu bringen. Heute, über anderthalb Jahrzehnte nach Abbruch der Grabungsarbeiten in Çatal Hüyük, beginnt man die Bedeutung dieser Stätte als Meilenstein in der kul-

Dieser laufende und bogenschwingende Jäger im weißen Lendenschurz und Leopardenfell ist Teil eines großen mehrfarbigen Wandbilds, das Jäger und Hirsche zeigt. Das Gemälde stellt zweifellos den Tierfang anläßlich eines Festes dar, mit dem man vielleicht den Wechsel der Jahreszeiten feierte. Es wurde in der Schicht III von Çatal Hüyük an der Ostwand einer Kultstätte entdeckt und stammt etwa aus der Zeit um 5400 v. Chr.

HAUSHALTGERÄT

In den Häusern und Gräbern von Çatal Hüyük hat man zahlreiche Gebrauchsgegenstände gefunden. Die meisten sind aus Knochen oder Holz geschnitzt oder aus Ton geformt. Die bemerkenswertesten Instrumente aus Bein sind kleine gabelförmige Spachteln und Stäbchen, die vermutlich von den Frauen zum Schminken benutzt wurden. Bei den Holzgegenständen handelt es sich vor allem um Geschirr: große Schüsseln mit Griffen, Teller und Schalen. Zum Kochen verwendete man verhältnismäßig hohe Henkeltöpfe, die unmittelbar über das Herdfeuer oder in eine Art Backofen gestellt wurden.

Knochengabel

Irdener Kochtopf mit zwei Henkeln

turellen Entwicklung der Menschheit allgemein anzuerkennen.

Da die Grabungszeit relativ kurz war, konnte nur etwa ein Dreißigstel des Osthügels freigelegt werden, wobei Reste von 14 aufeinanderfolgenden Besiedlungsschichten ausgemacht wurden. An keiner Stelle ist man bis zum gewachsenen Boden vorgedrungen. Der erforschte Teil umfaßte einen großen Gebäudekomplex, einen Teil eines weiteren, beide mit Häusern und Kultstätten, sowie einen Sektor, der ausschließlich aus Wohnhäusern bestand. Keine einzige Werkstätte wurde in der Grabungszone gefunden, die allerdings kaum als repräsentativ für die gesamte Siedlung gelten kann.

Eine Bienenwabenstruktur

Die architektonische Anlage von Çatal Hüyük verrät eine gewisse Planung und eine sehr konservative Haltung: Die Bauwerke in allen zwölf Schichten gleichen sich (die obersten zwei Schichten sind durch Erosion stark zerstört) ganz erstaunlich. Der Außenwelt kehrte die Stadt die geschlossene fensterlose Mauer ihrer aneinandergebauten Häuser zu, die sowohl als Schutz gegen Überschwemmungen als auch gegen feindliche Angriffe diente. Dahinter bildeten Gruppen von rechteckigen Häusern – bienenwabenartig aneinandergebaut, aber mit eigenen Mauern – ausgedehnte Wohnkomplexe, die durch unregelmäßig geformte Höfe voneinander getrennt waren. Zu der Zeit, die im folgenden behandelt wird, stand die Stadt bereits auf altem Siedlungsschutt, und die Wohnhäuser und Kultstätten staffelten sich in Terrassen bis zum Scheitel des Hügels. Es gab weder Straßen noch Durchgänge. Die Gebäude waren nur vom Dach aus zugänglich. Wegen der stufenförmigen Anordnung der Dächer, die eine Lichtzufuhr durch kleine Fenster unter dem Dachvorsprung ermöglichte, benötigte man zahlreiche Treppen und Leitern. Vermutlich kam es zwischen Nachbarn häufig zu Streitigkeiten wegen des Durchgangsrechts. Die Skelette von Çatal Hüyük weisen nämlich oft Kopfverletzungen auf wie übrigens auch Knochenbrüche, die auf Stürze von Leitern und Dächern zurückzuführen sind. Der Hauptraum in jedem Wohnhaus war aus genormten rechteckigen Lehmziegeln auf einem Ziegelfundament errichtet. Waagrechte Holzbalken gliederten die Wände in Felder, und Holzpfosten trugen die beiden Dachbalken. An der Südwand, die stets zum Küchenteil des Hauses gehörte, befanden sich eine Holzleiter oder einige Stufen. Die Küche war mit einem Herd und einem oder zwei Backöfen versehen, deren Rauch durch die Öffnung im Kamin abzog. An zwei Wände stießen erhöhte Plattformen, die neben den Stufen oder der Leiter in einer kleinen Bank endeten. Die von zwei Holzpfosten eingerahmte Hauptplattform gehörte der Frau, während die Eckplattform an der Nordwand dem Hausherrn vorbehalten war. Unter diesen Plattformen, auf denen die Menschen schliefen und arbeiteten, wurden die Toten bestattet. Weitere Plattformen waren für weibliche Familienmitglieder und Kinder bestimmt. Eine Durchschnittsfamilie bestand aus fünf bis sieben Personen: ein oder zwei Frauen, einem Mann und den Kindern. Angenommen, die Hälfte der Siedlungsfläche sei nicht mit Häusern überbaut gewesen, so hätte der östliche Hügel von Çatal Hüyük etwa 1000 Wohnstätten, also einer Bevölkerung von 5000 bis 7000 Einwohnern Platz geboten. War jedoch damals auch schon der Westhügel überbaut, ist die Einwohnerzahl bedeutend höher anzusetzen. Damit hätte Çatal Hüyük von allen jungsteinzeitlichen Siedlungsplätzen im Vorderen Orient die höchste Bevölkerungsdichte gehabt.

Jedes Haus war mit einer dünnen weißen Tonschlammschicht verputzt, die alljährlich erneuert wurde. Der obere Teil der Mauern kragte leicht vor, so daß unmittelbar unterhalb des Dachs Platz für verputzte Rinnen blieb, in denen das Regenwasser in den Hof laufen konnte, wodurch das Haus trocken blieb. Im Inneren der Häuser herrschte größte Sauberkeit. Für hygienische Zwecke und als Müllplätze dienten allein die Höfe.

Abwechslungsreiche Nahrung in Fülle

Soweit wir wissen, waren die Bewohner von Çatal Hüyük von Anfang an (ab Schicht XII) Viehzüchter. Die Rinderhaltung deckte 91 Prozent des Fleischbedarfs. Die Schafsknochen, die man gefunden hat, stammen zwar noch von

Auf diesem großen Wandgemälde aus einem Kultraum sind einige Figuren als Tänzer und Akrobaten dargestellt, andere locken die Tiere an, um sie lebend zu fangen. Das Tier, dessen Kopf zu fehlen scheint (oben links), ist ein Hirsch. Der Kopf war ursprünglich als Relief modelliert und ist verlorengegangen (etwa 5600–5500 v. Chr.).

EINE WOHNSTÄTTE
AUS DEM 7. JAHRTAUSEND V. CHR.

Die Häuser von Çatal Hüyük waren aus Lehmziegeln Wand an Wand gebaut und besaßen Flachdächer. Die Mauern wurden jedes Jahr mit einer dicken Schicht weißer Tonerde verputzt. Um von einem Haus zu einem anderen zu gelangen, mußte man mit Hilfe von Leitern über die Dächer steigen, denn die Häuser waren nur durch eine Öffnung im Dach zugänglich. Über eine weitere Leiter stieg man dann in die Küchenecke des Hauptraumes, wo sich ein Herd und eine Art Backofen befanden. Entlang den Wänden gab es zwei erhöhte Plattformen zum Schlafen und Arbeiten. Die größere war die der Hausherrin, die kleinere Eckplattform die des Hausherrn.

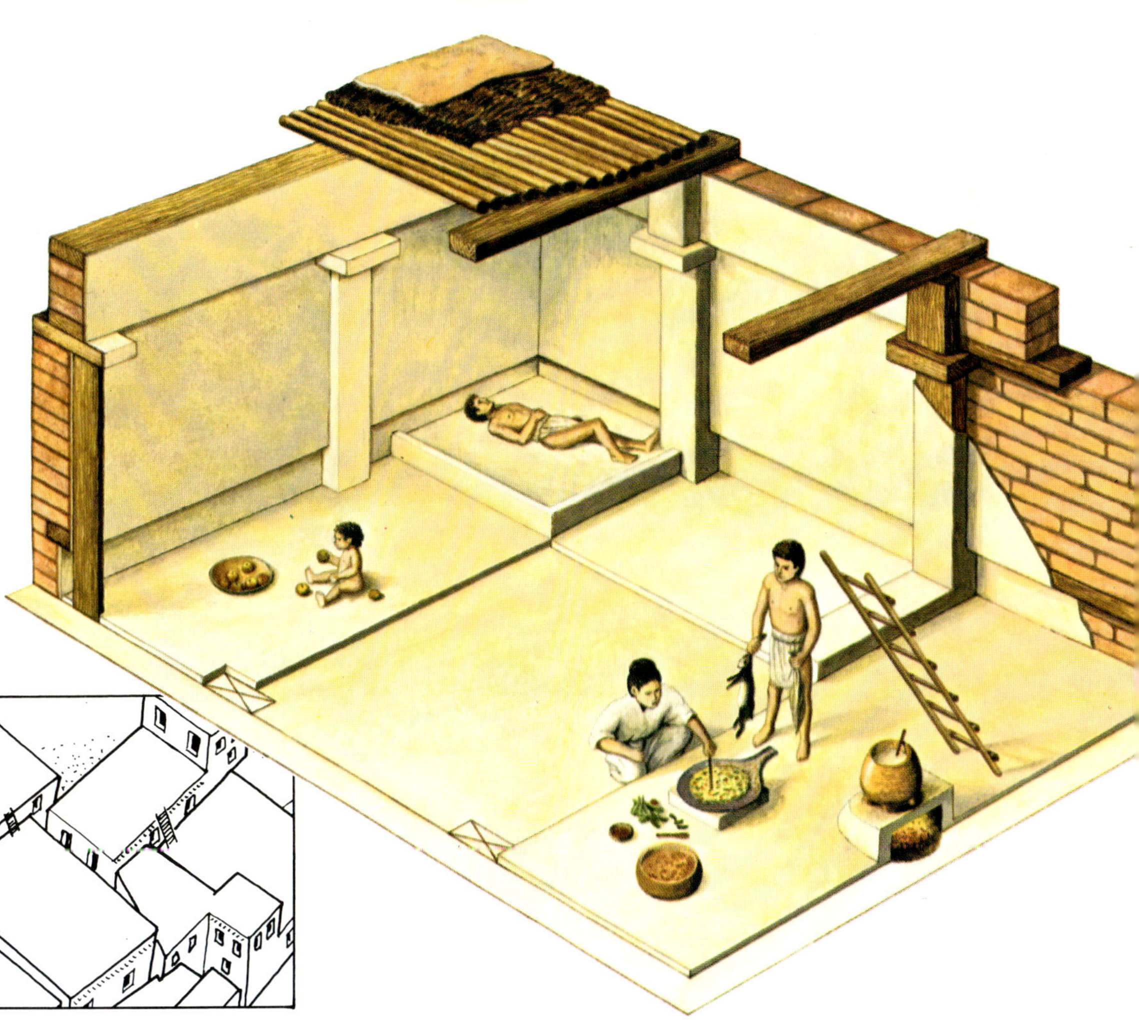

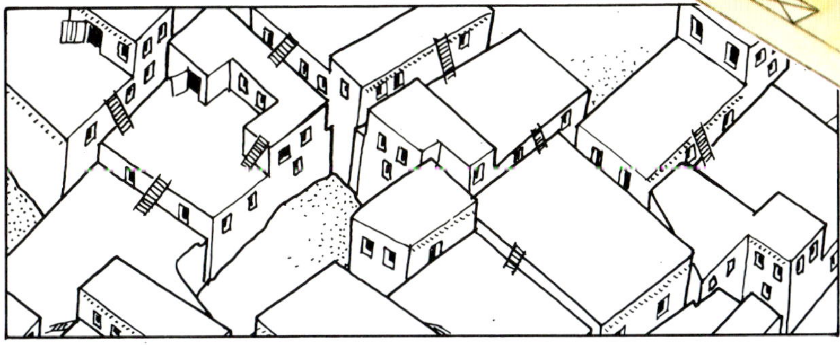

einer wilden Art, aber Wollgewebereste lassen darauf schließen, daß das Schaf wahrscheinlich bereits domestiziert war. Obwohl die Wandmalereien vor allem Jagdszenen zeigen, dürfte zu jener Zeit die Jagd keine große Rolle mehr gespielt haben. Die Bilder spiegeln wohl die Tradition einer früheren Epoche wider, in der man Rothirsch, Wildschwein, Onager und Auerochs jagte. Leoparden, Onager und gelegentlich Löwen und Gazellen wurden wegen ihrer Felle erlegt, die man, wie aus Wandmalereien ersichtlich ist, zu feierlichen Anlässen, nicht jedoch im Alltag trug. Die Domestizierung von Rindern und Schafen führte zur Verwertung von Milch und Molkereiprodukten wie Butter, Käse und Joghurt. Hunde wurden gehalten, aber nicht gegessen; sie bewachten die Herden oder das Haus und wurden auch als Jagdhunde gebraucht, wie man aus einer Wandmalerei schließen kann. Die Zähne der Bewohner lassen erkennen, daß Fleisch noch einen wichtigen Teil der Nahrung bildete. Man hat kaum Zahnkaries festgestellt wie bei Menschen, die vorwiegend von Getreide leben. In Çatal Hüyük hat man außerordentlich viele Pflanzenreste ausgegraben: Vorräte verschiedener, miteinander nicht vermischter Getreidearten deuten auf einen bereits entwickelten Ackerbau hin. Funde von sechszeiliger Gerste, Brotweizen und Kolbenweizen – neue Züchtungen – lassen auf einfache Bewässerungstechniken schließen. An Hülsenfrüchten fand man die Linsenwicke und die Kichererbse, jedoch keine Linsen. Aus den Samen eines Kreuzblütlers, des Hirtentäschelkrauts, wurde Pflanzenöl gepreßt. An Früchten gab es Eicheln, Kapern, Holzäpfel, Mandeln, Pistazien, Wacholderbeeren, ferner Sadar, die Frucht des Zürgelbaums, und im nahen Can Hasan Walnüsse und Weintrauben.

Der Schädel stammt aus einem Grab der Schicht III (um 5400 v. Chr.) und war in ein Stück Stoff eingehüllt. Wie einige andere Männer- und Frauenskelette in Çatal Hüyük war er mit rotem Ocker gefärbt worden.

Da die Nahrungsmittelversorgung gesichert war, konnten sich die Einwohner der Stadt anderen Tätigkeiten widmen, durch die sie zu Wohlstand gelangten: Handel, Handwerk und vielleicht auch Religion. Durch seine Lage im Mittelpunkt einer Alluvialebene, der Kornkammer Anatoliens, war Çatal Hüyük außer mit Lebensmitteln nur mit Schilfrohr, Ton und Wasser ausreichend versorgt. Alles andere mußte von weit her gebracht werden. Das Bauholz – Waldkiefer, Eiche und Wacholder – wurde wahrscheinlich den Fluß herabgeflößt oder von Ochsengespannen herbeigezogen; der Obsidian für die Speer- und Pfeilspitzen, Schaber, Klingen, Spiegel, Perlen und andere Dinge kam aus der Nähe des 200 km nordöstlich gelegenen Acigöl; die Pflanzenfarbstoffe, der rote und gelbe Ocker, das blaue und gelbe Kupferkarbonat, verschiedene grüne Diorite für Äxte, Dechsel, Meißel, Stichel und andere Werkzeuge wurden in den Bergen gewonnen. Bei einem Skelett, vielleicht dem eines Händlers, steckten Kaurimuscheln aus dem Roten Meer in den Augenhöhlen. All das läßt vermuten, daß der Einfluß- und Herrschaftsbereich von Çatal Hüyük sehr groß war und zumindest die Ebene von Konya, vielleicht auch die angrenzenden Berge, umfaßte, also ein Gebiet von der Ausdehnung Belgiens. Aus den Skeletten

Die jungsteinzeitliche Stadt Çatal Hüyük in Anatolien war nicht willkürlich entstanden, sondern nach einem zwar einfachen, aber wohldurchdachten Plan. Wie man auf dieser Teilansicht des Ausgrabungsgeländes sieht, steigen die Häuser und Kultstätten aus Lehmziegeln in geraden Linien stufenförmig bis zum Scheitel des Hügels an, der den kleinen Fluß Çarsamba überragt.

konnte man interessante Rückschlüsse auf die Fruchtbarkeit der Frauen von Çatal Hüyük ziehen. Es wurde berechnet, daß eine Bevölkerung von 50 Personen in Schicht XII im Lauf von 800 Jahren auf etwa 10000 angewachsen sein müsse. Da jedoch hinreichend belegt ist, daß die Stadt von Schicht XII wesentlich mehr als 50 Personen – also zehn Haushalte – beherbergte, zählten offensichtlich Menschen, die auswanderten, zu den wichtigsten Ausfuhrartikeln von Çatal Hüyük. Dies ist der erste statistische Beweis für Überbevölkerung als Resultat einer erfolgreichen neolithischen Revolution. Vermutlich nahmen zumindest die Ebene von Konya mit ihren abhängigen Siedlungen und vielleicht die benachbarten Regionen zahlreiche Bewohner von Çatal Hüyük auf. Zieht man spätere analoge Entwicklungen zum Vergleich heran, könnten diese Auswanderer Çatal Hüyük als ihre Mutterstadt angesehen haben. Vielleicht waren sie sogar in politischer und religiöser Hinsicht von ihr abhängig. Es ist müßig, über die Regierungsform in einem Gemeinwesen des 7. Jahrtausends v. Chr. Spekulationen anzustellen. Die zahlreichen, meist einer Muttergottheit geweihten Kultstätten deuten jedenfalls darauf hin, daß in Çatal Hüyük die Religion eine wesentliche Rolle spielte.

Die Kultstätten

Die Kultstätten von Çatal Hüyük haben den gleichen Grundriß wie die Wohnstätten und unterscheiden sich von diesen nur durch ihre Ausstattung – Kultstatuen, Wandmalereien, Reliefs, Stierschädelfriese, Bänke mit Hornpaaren – sowie durch prächtigere Bestattungen. Man findet drei Arten von Ausschmückungen: Wandgemälde, die einem bestimmten Zweck dienten und bei der jährlichen Renovierung des Gebäudes, das man im allgemeinen mit einer neuen Tonschlammschicht versah, übertüncht wurden; bemalte Gipsreliefs, deren Farben häufig erneuert wurden, und tief in den Putz eingeschnittene, einfache Figuren. Im Gegensatz zu den Wandmalereien blieben die Reliefs unverändert. Sie zeigen eine beschränkte Anzahl immer wiederkeh-

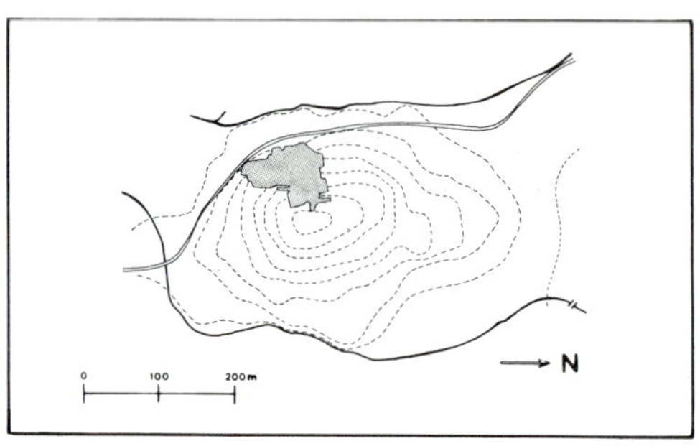

Der ausgegrabene Teil des Hügels von Çatal Hüyük links des Flusses umfaßt nur ein Dreißigstel der Stadt (im Plan schattiert).

render Themen. Die Hauptfigur ist stets eine gebärende Göttin mit erhobenen Armen und Beinen. Eine dieser Muttergöttinnen bringt einen Stierkopf – der Teil steht für das Ganze – zur Welt, eine andere einen Widderkopf; in einem dritten Kultraum verkörpert eine riesige Doppelfigur Jungfrau und Mutter: Die Mutter gebiert einen gewaltigen Stierkopf, auf dem ein kleinerer modelliert ist. In vielen Kulträumen begegnet man neben- oder übereinandergereihten Stierköpfen, die meist echte Hörner tragen, manchmal jedoch auch vollständig aus Gips und Ton geformt sind. Zweifellos symbolisiert der Stier das männliche Element, das nie in Menschengestalt dargestellt wird. Die Kultstätten enthalten auch Widder- und Hirschschädel sowie andere Symbole, wie Reihen von stilisierten Brüsten, in denen sich Unterkiefer von Keilern fanden, oder hohle Brüste, die Gänsegeier-, Fuchs- oder Wieselschädel enthalten. Die rituelle Bedeutung dieser Sinnbilder ist unbekannt. Unter einigen Stierschädeln lagen als Opfergaben verschiedene Gegenstände, Waffen, Fleischstücke, ein menschlicher Schädel in einem Korb. Die Ausschmückung der Kulträume diente wahrscheinlich dazu, den Gläubigen den Kreislauf von Geburt und Tod, die Mythen und den Symbolgehalt des Kults zu veranschaulichen. Die Kultstatuetten bestehen meist aus Stein, gelegentlich auch aus gebranntem Ton. Diese kleinen Plastiken – nur eine ist größer als 20 cm – stellen die Bewohner des Götterhimmels von Çatal Hüyük in Menschengestalt dar.

Die Bestattungsriten

In den Bestattungsbräuchen kommt deutlich zum Ausdruck, daß die Leute von Çatal Hüyük an ein Fortleben nach dem Tod glaubten. Sie beerdigten ihre Toten im allgemeinen in Hockerstellung, nur selten ausgestreckt, unter den Plattformen der Wohnhäuser oder Kultstätten und nirgendwo sonst. Wurden frühere Bestattungen gestört, ordnete man nur die Schädel neu, die übrigen Knochen wurden einfach zur Seite geschoben. Bei den Feuersbrünsten, denen die Gebäude der Schichten VI A und VI B zum Opfer fielen, entstand eine solche Hitze, daß sich selbst das Totengebein unter dem Boden schwärzte. Unter den Knochen, die wie ein Hitzeschild wirkten, hat man Stoffreste gefunden. Es sind Teile der Tücher, in die die Toten eingewickelt waren, sowie Leinenbinden, die sie zusammenhielten. Daß Textilien unter einem verwesenden Leichnam intakt bleiben, ist höchst unwahrscheinlich. Deshalb glaubt man, daß die Leute von Çatal Hüyük nur die Gebeine ihrer Toten, von allen weichen Körpergeweben gereinigt, beisetzten, wobei die Knochen in ihrer anatomischen Lage erhalten blieben. Viele Skelette sind mit rotem Ocker oder Zinnober behandelt; meist bedeckt die dicke Farbschicht nur den Schädel, manchmal jedoch einen größeren Teil der übrigen Knochen. Auch dies deutet auf eine vorangehende Entfleischung hin. Eine Wandmalerei zeigt offenbar ein aus Schilfbündeln und Matten errichtetes Leichenhaus, in das man die Dahingeschiedenen legte, und mehrere Kulträume sind mit Abbildungen von Geiern geschmückt, die über Menschen ohne Kopf, das heißt Tote, herfallen. Die Entfleischung der Leichname scheint also in Çatal Hüyük allgemein üblich gewesen zu sein. Nur das Skelett wurde in Tüchern, Matten oder Körben unter den Plattformen der Häuser oder Kultstätten beigesetzt, was zeigt, wie eng diese Menschen mit ihren Toten verbunden waren. Die prächtigsten Bestattungen befinden sich in den Kultstätten; nur bei den hier bestatteten Frauenskeletten hat man Obsidianspiegel, Kupferperlen und -ringe gefunden, in Männergräbern hingegen schöne Waffen und Gürtelschließen aus geglätteten Knochen, die vielleicht dazu dienten, die bei Kulthandlungen getragenen Leopardenfelle zusammenzuhalten. In den Gräbern der Mittelklasse hat man bei Frauen zahlreiche Perlenketten, Ringe, Arm-, Gelenk- und Knöchelreifen entdeckt, bei den Männern hin und wieder Waffen. Einige Frauen waren mit Kindern bestattet worden, aber in der Regel handelt es sich um Einzelgräber. Bei den Toten lagen nie Töpferwaren, sondern Körbe und verschieden geformtes Holzgeschirr: Teller, ovale oder runde Schalen, Schüsseln, Eierbecher und Kästchen mit fest schließendem Deckel.

Die Tatsache, daß die Verstorbenen in ihren Häusern beigesetzt wurden, liefert nicht nur dem Archäologen genau datierbare Gräber, sondern ist auch für den Anthropologen, der die Skelette untersucht, von größtem Wert, denn die zeitliche Abfolge der Bestattungen ist stets klar.

Die Lebenserwartung in Çatal Hüyük

Obwohl die Auswertung der Funde noch nicht beendet ist, hat man bereits interessante Schlüsse gezogen. Wie man herausfand, besaßen die Leute von Çatal Hüyük – im Gegensatz zu den Menschen älterer Kulturen – verschiedene Schädelformen. Etwa 54,2 Prozent der Bevölkerung waren langschädelige Eurafrikaner altsteinzeitlicher Abstammung, 22,9 Prozent kurzschädelige Alpine und 16,9 Prozent langschädelige Protomediterrane. Es handelt sich dabei nicht um Rassengruppen im eigentlichen Sinn, sondern um Typen, die sich im Lauf der Zeit innerhalb der Bevölkerung entwickelt hatten. Die Durchschnittsgröße der Männer war nur 1,70 m, die der Frauen 1,55 m. Die durchschnittliche Lebenserwartung betrug bei den Männern 32 Jahre, bei den Frauen 29 Jahre.

Ganz erstaunlich ist die Entdeckung, daß diese Menschen immun gegen Malaria waren. Sie litten dafür an der sogenannten Hyperostose, bei der es zu Wucherungen des Knochengewebes kommt, die besonders an der Schädeldecke auftreten. Da die Mücke, die die Malaria überträgt, auf der anatolischen Hochebene nicht leben kann, müssen die ersten Bewohner aus einer sumpfigen, malariaverseuchten Gegend, vermutlich aus Südanatolien, gekommen sein. Man weiß übrigens, daß es dort im Jungpaläolithikum anatolische Kulturen gab, die als einzige im Vorderen Orient Spuren altsteinzeitlicher Kunst hinterlassen haben. In den Höhlen von Kara'In, Öküzlü'In und unter dem Felsüberhang von Beldibi hat man Ritzzeichnungen, Wandmalereien und kleinere Kunstwerke gefunden. Vielleicht werden einige von ihnen, sobald sie datiert sind, den Schlüssel dafür liefern, daß die Kunst von Çatal Hüyük auf die Altsteinzeit zurückgeht. Möglicherweise waren diese Höhlen die ursprünglichen Wohnstätten der ersten Siedler von Çatal Hüyük, deren Überreste noch tief unter dem großen anatolischen Hügel liegen.

JAMES MELLAART

Auf zwei katzenartige Tiere gestützt, bringt die thronende Muttergöttin ein Kind zur Welt. Diese kleine Tonstatuette, wohl das Symbol eines Fruchtbarkeitskults, wurde im Kornbehälter einer Kultstätte von Çatal Hüyük in Schicht II (etwa 5400–5200 v. Chr.) gefunden.

DIE ERSTEN STÄDTE

Die ersten stadtähnlichen Siedlungen tauchen kurz nach der neolithischen Revolution auf, wie man die Einführung von Ackerbau und Viehzucht nennt. Denn dadurch konnten Menschen in größeren Gruppen zusammenleben. Während viele dieser Siedlungen noch Dörfer waren, erkennt man bei anderen bereits typisch städtische Merkmale, die durch neue Tätigkeiten wie Handel, Handwerk und Politik bedingt sind. Wir wollen hier einige Städte und Dörfer vorstellen, die jeweils in ihrem Gebiet zu den ersten gehörten.

Der Klippenpalast der Mesa Verde
Es handelt sich um eine der eindrucksvollsten Festungssiedlungen der Anasazikultur, deren Blütezeit zwischen 1100 und 1300 lag. Der Klippenpalast wurde in die riesige natürliche Höhlung einer Felsenwand gebaut. Die Wohnbauten und Kivas – runde, in den Boden eingetiefte Kulträume – dieser Anlage sind eng ineinander verschachtelt. Zu den stufenförmig ansteigenden Häusern, die auf verschiedenen Terrassen stehen, gelangt man über Leitern. Die Kivas waren nur durch eine Öffnung im Dach zugänglich.

Skara Brae 3. Jt. v. Chr.
Jarlshof 9.–10. Jh. n. Chr.
Trelleborg 10. Jh. n. Chr.
Quebec 17. Jh. n. Chr.
Mesa Verde um 1100 n. Chr.
Etowah um 1200 n. Chr.
Massalia 7.–6. Jh. v. Chr.
Rom 753 v. Ch
Los Millares 3. Jt. v. Chr.
Barumini 16. Jh. v. Chr.
Karthago 9. Jh. v. Chr.

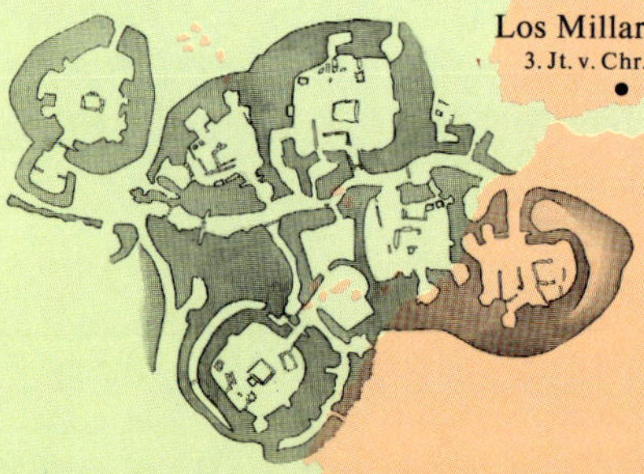

Skara Brae, eine neolithische Siedlung auf Orkney
Dieser Wohnplatz aus dem 3. Jahrtausend v. Chr. ist die besterhaltene frühe Siedlung in Westeuropa. Die aus Feldsteinen erbauten Häuser hatten nur einen einzigen Raum mit Nischen und einer Feuerstelle in der Mitte. Zwischen den Häusern verliefen gepflasterte Wege oder Gänge, und man hat Überreste eines Kanalisationssystems gefunden. Man kennt bisher kein anderes Dorf dieser Art, auch nicht im Mittelmeerraum, wo im 3. und 2. Jahrtausend v. Chr. mehrere stadtähnliche Siedlungen wie Los Millares in Spanien entstanden sind.

Cholula 2. Jh. v. Chr.
Kaminaljuyú 12. Jh. v. Chr.

Quebec, Hauptstadt von Neufrankreich
Die Stadt wurde 1608 an der Stelle des Indianerdorfs Stadacona am Zusammenfluß des Sankt-Lorenz-Stroms mit dem Saint-Charles-Fluß von Samuel de Champlain gegründet und war die erste europäische Stadt in Nordamerika. Die Abbildung zeigt die Hauptstadt Neufrankreichs mit ihren Kirchen, Palästen und Türmen, wie sie im Jahr 1758 ausgesehen hat. Ein Jahr später wurde sie von den Engländern eingenommen und blieb nach dem Vertrag von Paris (1763) endgültig in britischer Hand.

Chavín de Huantar 9. Jh. v. Chr.
Cuzco 12. Jh. n. Chr.
Tiahuanaco 1. Jt. v. Chr.

Cuzco, Hauptstadt des Inkareichs
Erst im 15. Jahrhundert wurde Cuzco Hauptstadt des Inkareiches. Sie ist dennoch wahrscheinlich die älteste noch bewohnte Stadt aus vorkolumbischer Zeit in Südamerika. Überragt von der Festung Sacsayhuamán und ihrem dreifachen Mauerring, bildet die geometrisch angelegte Stadt ein riesiges, von einer mächtigen Mauer umfaßtes Viereck. Die geraden, gepflasterten Straßen waren von Häusern aus Stein oder Stampferde gesäumt. An der Stelle, wo heute die spanische Kirche San Domingo steht, erhob sich der Sonnentempel, dessen Innenwände mit Gold- und Silberplatten bedeckt waren. Cuzco war Mittelpunkt eines Straßennetzes, das die Provinzen mit der Hauptstadt verband.

Die Wikingersiedlung Jarlshof
Auf einer der Shetlandinseln erbauten Wikinger rund um einen Bauernhof des 9. Jahrhunderts mehrere rechteckige Giebelhäuser aus Felssteinen. Ihre unregelmäßige Gruppierung steht im Gegensatz zu den planmäßig angelegten dänischen Lagerdörfern des 10. Jahrhunderts mit symmetrisch angeordneten Häusern innerhalb eines kreisrunden Walles.

Nippur, das religiöse Zentrum Sumers
Dieses kleine Tontäfelchen (21 × 18 cm) ist der älteste Stadtplan, den wir kennen (um 1500 v. Chr.). Mit seiner Hilfe konnte man bestimmte Teile dieser großen sumerischen Stadt aus dem frühen 4. Jahrtausend v. Chr. identifizieren. Links sieht man den Euphrat. An ihn grenzt die Stadtmauer, die mit ihren Toren oben und unten auf dem Plan erscheint. In der Südwestecke liegt der große Park Kirischauru. Ein Kanal teilte die Stadt in zwei Bezirke. Rechts erscheint der Ekur, das Heiligtum des Schutzgottes der Stadt, Enlil.

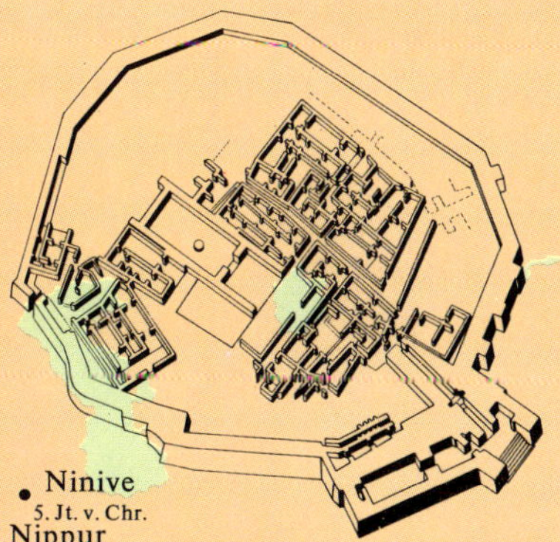

Troja II, eine kleinasiatische Festung
Neun Siedlungen, von denen die erste um die Mitte des 3. Jahrtausends v. Chr. entstand, erhoben sich nacheinander auf dieser geschichtsträchtigen Stätte. Die bereits von einer Festungsmauer umgebene Stadt Troja II erbaute man wohl, um die Einfahrt in die Dardanellen zu beherrschen. Sie wurde um 2200 v. Chr. zerstört. In der Stadtmitte erhebt sich die Königsburg, um die sich die Wohnquartiere scharten. Ob sich zu dieser Zeit auch außerhalb der Mauern Häuser befanden, ist unbekannt.

Wladimir
12. Jh. n. Chr.
Biskupin
6. Jh. v. Chr.
Kiew
9. Jh. n. Chr.
Lepenski Vir
6. Jt. v. Chr.
Karanovo
6. Jt. v. Chr.
Alaca Hüyük
3. Jt. v. Chr.
Sesklo
7. Jt. v. Chr.
Troja
um 3000 v. Chr.
Çatal Hüyük
7. Jt. v. Chr.
Dimini
4. Jt. v. Chr.
Ugarit
7. Jt. v. Chr.
Ninive
5. Jt. v. Chr.
Nippur
4. Jt. v. Chr.
Byblos
um 5000 v. Chr.
Uruk
5.–4. Jt. v. Chr.
Susa
4. Jt. v. Chr.
Memphis
um 3000 v. Chr.
Jericho
9. Jt. v. Chr.
Eridu
um 5000 v. Chr.
Abydos
4. Jt. v. Chr.
Theben
3. Jt. v. Chr.
Harappa
3. Jt. v. Chr.
Mohendscho-Daro
3. Jt. v. Chr.
Anjang
14. Jh. v. Chr.
Ban Bodsun
6.–5. Jt. v. Chr.
Nara
710 n. Chr.
Meroë
8. Jh. v. Chr.
Brahmagiri
3. Jh. v. Chr.
Angkor
9. Jh. n. Chr.
Aksum
1. Jh. n. Chr.

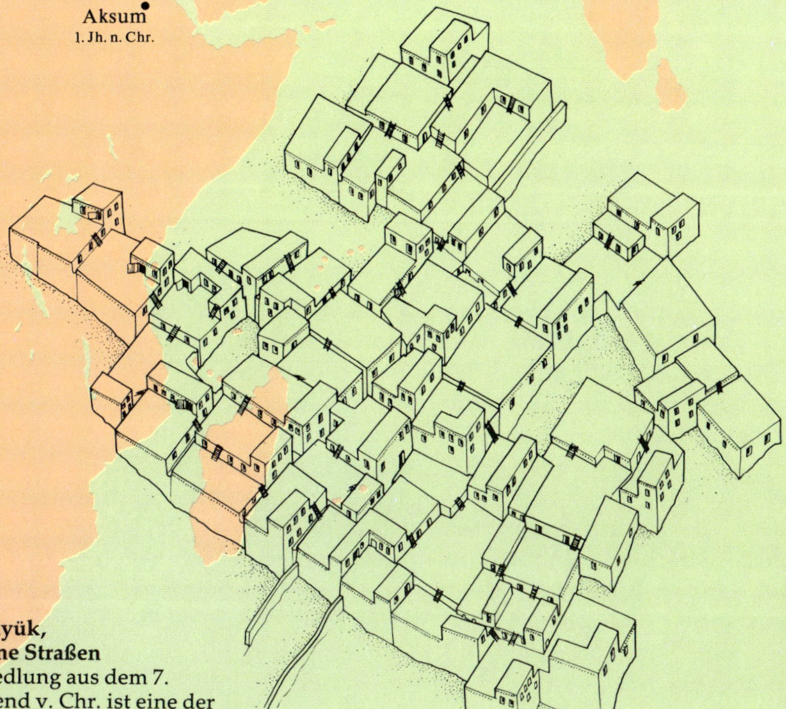

Çatal Hüyük, Stadt ohne Straßen
Diese Siedlung aus dem 7. Jahrtausend v. Chr. ist eine der ältesten Städte der Welt. Die kleinen Lehmziegelhäuser waren stufenförmig an einen Hügel gebaut. Statt der fehlenden Straßen stellten die Flachdächer und Leitern die Verbindung zwischen den Häusern her. Die Räume erhielten Licht durch kleine Fenster im oberen Teil der Mauern. Während sich Jericho um die gleiche Zeit mit einer 10 m hohen Mauer umgab, dienten in Çatal Hüyük die fensterlosen Außenmauern der Häuser am Stadtrand als Befestigung.

Mohendscho-Daro, eine planmäßig angelegte Stadt
Diese Stadt aus dem späten 3. Jahrtausend v. Chr. ist eine der ersten Städte, die planmäßig angelegt wurden: Parallel verlaufende Hauptstraßen schneiden sich im rechten Winkel. Entsprechend erschließen kleinere Gassen die regelmäßigen Häuserblocks. Mohendscho-Daro besaß bereits eine durchdachte Kanalisation, und die oft geräumigen Häuser waren mit allem Wohnkomfort wie Brunnen und Badezimmer ausgestattet. Die Häuser wandten den Hauptstraßen blinde Mauern zu und konnten nur von den Gassen aus betreten werden.

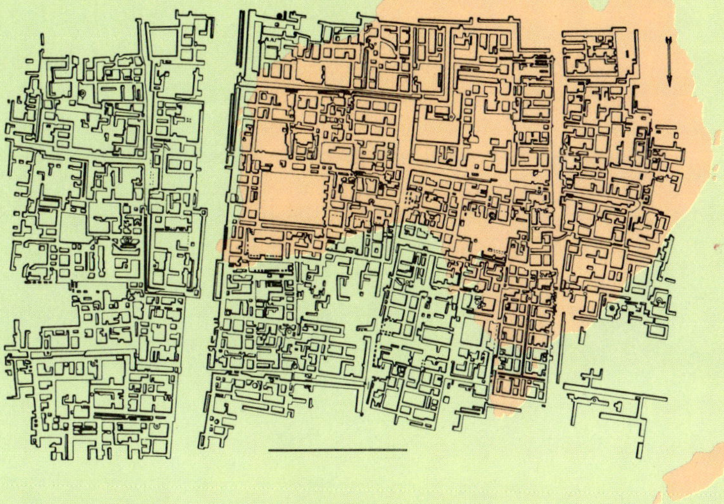

Zentrum des Reiches Elam

SUSA

Als Mittelpunkt eines uralten Ackerbaugebietes erlebte Susa im 4. Jahrtausend v. Chr. die große kulturelle Revolution, die zur Entstehung von Städten führte, und wurde Hauptstadt des Reiches Elam.

Die alten Griechen kannten Susa sehr gut, denn es war zu ihrer Zeit eine der drei prächtigen Residenzstädte der persischen Großkönige. Die Verfasser der Bibel wußten außerdem noch, daß Susa einst die Hauptstadt des Reiches Elam gewesen war, dessen Bedeutung erst durch die archäologischen Grabungen in unserer Zeit offenkundig wurde. Elam umfaßte die sehr fruchtbare Schwemmlandebene, die sich im Osten an die Babyloniens anschloß; sie war von Bergbewohnern aus dem iranischen Hochland besiedelt worden sowie von Einwanderern aus Mesopotamien, vor allem von Nomaden. Das elamische Königreich war eng mit einem Land verbunden, das Anschan oder Anzan genannt wurde und später das Kernland der Perser werden sollte – die antike Landschaft Persis, heute die iranische Provinz Fars mit der Hauptstadt Schiras.

Bemerkenswert ist, daß Susa seinen uralten Namen in der persischen Bezeichnung Schusch (elamisch: Schuschun) durch die Jahrtausende bis heute bewahrt hat. Im 18. und 19. Jahrhundert besuchten europäische Reisende das ausgedehnte Siedlungsgelände, dessen zahlreiche kleine Hügel das spitze Turmgrab des Propheten Daniel, wie es noch heute heißt, überragen. Von 1882 bis 1886 untersuchten der französische Ingenieur Marcel Dieulafoy und seine Frau Jeanne den Palast des persischen Königs Dareios I., aber häufige Überfälle von Räuberbanden erschwerten ihre Arbeit beträchtlich. Erst 1897 begann der Bergbauingenieur Jacques de Morgan, Chef der französischen archäologischen Delegation in Persien, die elamischen Ruinen genauer zu untersuchen, wobei er besonders bemüht war, auch Zeugnisse aus den Anfängen dieser Kultur zu finden.

Sein Nachfolger Roland de Mecquenem legte den gesamten Komplex des Palasts Dareios' I. und einen großen Teil der elamischen Stadt frei. 1935 entdeckte man zufällig bei der Suche nach Erdöl vom Flugzeug aus etwa 30 km von Susa entfernt die Königsstadt Tschoga-Zanbil, die kurz nach dem Zweiten Weltkrieg von Roman Ghirshman ausgegraben wurde. Ab 1968 wurden unter der Leitung von Jean Perrot Kontrollgrabungen vorgenommen, mit deren Hilfe zahlreiche ungeklärte Fragen beantwortet werden konnten.

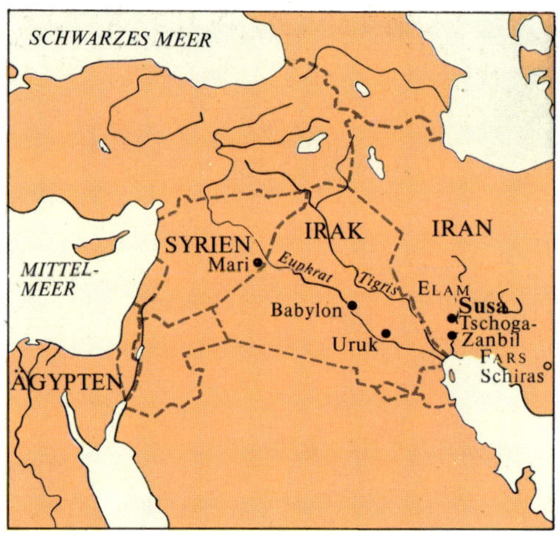

Die Ebene von Susa wird von Flüssen bewässert, die vom iranischen Hochland herabströmen. Schon im 8. Jahrtausend v. Chr. begannen Menschen den westlichen Teil dieser Ebene urbar zu machen. Das übrige Land wurde nach und nach besiedelt, und gegen Ende des 5. Jahrtausends v. Chr. entstand im Mittelpunkt einer Region mit besonders ertragreichem Feldbau eine Ortschaft von bereits städtischem Charakter. Diese Ansiedlung nennt man Susa I. Sie wird aus dem Zusammenschluß mehrerer Dörfer hervorgegangen sein, deren herrliche Keramik die Wesensverwandtschaft ihrer Hersteller mit den Hochlandbewohnern erkennen läßt. Sie unterscheidet sich vollkommen von der gleichzeitigen Keramik Mesopotamiens. Die Tongefäße lagen in den Gräbern neben Äxten aus gediegenem Kupfer, was auf einen bereits entwickelten Handel hindeutet. Denn da es in der Ebene keine Kupfervorkommen gab, mußte man es aus dem Hochland beziehen.

Nach einiger Zeit errichteten die Bewohner von Susa mit vereinten Kräften eine riesige Ziegelterrasse von 80 m Seitenlänge, die den Tempel ihres Gottes tragen sollte. Ein so gigantisches Bauvorhaben setzte eine mächtige Obrigkeit und eine leistungsfähige Wirtschaft voraus, denn eine große Anzahl von Arbeitskräften mußte aus der Nahrungsmittelproduktion abgezogen und planmäßig eingesetzt werden. Im übrigen blieb Susa seinen alten Traditionen treu.

Die Erfindung der Schrift

Nach einer unruhigen Zeit, während der die große Ziegelterrasse zerstört wurde, kam es um 3700 v. Chr. zu kulturellen Neuerungen, die offensichtlich ihren Ursprung in Mesopotamien hatten und vor allem von der sumerischen Metropole Uruk ausgingen. An die Stelle der schönen alten bemalten Keramik, die die bisherige kulturelle Tradition Elams kennzeichnete, trat eine in großen Mengen serienmäßig hergestell-

Die Treppe führt auf die Zikkurat von Tschoga-Zanbil. Der Treppenturm erhob sich im Mittelpunkt der heiligen Stadt, die in der Nähe von Susa erbaut wurde. Im Tempel auf der obersten Plattform verehrte man die beiden Hauptgottheiten des Reichs: Inschuschinak, den Herrn von Susa, und Napirischa, den Schutzherrn des Landes Anschan.

Hohe Beamte und reiche Bürger von Susa ließen sich in Grüften unter ihren Häusern beisetzen. Kurz nach ihrem Tod modellierte man ihre Gesichtszüge in frischem Lehm, der anschließend bemalt wurde. Diese Abbilder legte man neben den verhüllten Kopf des Verstorbenen. Der Tonkopf im Bild liegt mit der linken Wange auf dem Podest.

te einfarbige Töpferware, die sich zusammen mit anderen Neuerungen von Syrien bis zum Iran verbreitete. Ab 3400 v. Chr. führte in Uruk ein noch nie dagewesener Wohlstand zu einer intensiven Bautätigkeit. Zur selben Zeit wird die Schrift erfunden, die uns verrät, daß die Sumerer die Schöpfer der neuen Kultur sind. Immer wieder haben die sumerischen Künstler hohe Persönlichkeiten, Priester und König in einer Person, dargestellt. Offensichtlich standen diese Männer an der Spitze der Regierung und einer zentralisierten Verwaltung. Man findet solche Priesterkönige auch in Elam, obwohl dieses Land eine deutliche Eigenständigkeit bewahrte. Hier war, wie es scheint, die Wirtschaft nicht staatlich gelenkt wie bei den Sumerern, sondern lag in den Händen privater Unternehmer. Diese verteilten sich vermutlich auf die Hauptstadt und die übrigen Städte und Dörfer des ganzen Reiches. Der rasche wirtschaftliche Aufschwung machte eine Buchführung notwendig und damit die Entwicklung einer eigenen Schrift.

Um diese Zeit brachen viele Kaufleute aus Susa auf, um fern ihrer Heimat Handelsniederlassungen zu gründen. Man nimmt an, daß sie sogar bis in das vordynastische Ägypten gelangten.

Diese glänzende Kultur verfiel gegen Ende des 4. Jahrtausends v. Chr. Susa wurde zerstört, und seine Niederlassungen wurden aufgegeben. Doch schon sehr bald entstand die Stadt aufs neue. Nun wandte sie sich jedoch von Mesopotamien ab und öffnete sich Einflüssen aus dem iranischen Hochland. Damit war keineswegs ein kultureller Niedergang verbunden, im Gegenteil: Die Schrift wurde zum Allgemeingut. Eine neue Kunst entstand. Die Rollsiegel, kleine Steinzylinder mit eingetieften Darstellungen, die meist Tiere wiedergeben, sind schöne Beispiele für diese Kunst, in der die Bewegung eine große Rolle spielte. Mittelpunkt des iranischen Kulturbereichs, dem Susa nun angehörte, war das südliche Hochland. In der heutigen Provinz Fars wurde die Stadt Anschan gegründet, wo man für die Archive der Kaufleute ein eigenes Gebäude errichtete.

Diese protoelamische Kultur wurde um 2750 v. Chr. durch Leute aus Mesopotamien zerstört, in dessen Einflußbereich Susa erneut geriet.

Stadt zwischen zwei Welten

Trotzdem blieb Susa auch weiterhin das Tor zum iranischen Hochland, Schnittpunkt der Straßen, auf denen die Kaufleute Metalle und seltene Steine in die Ebene brachten, wo diese Güter fehlten. Durch den regen Handel entwickelte sich bei den Nomaden in den Tälern Luristans nördlich von Susa die Metallverarbeitung zu einem einträglichen Wirtschaftszweig. Gleichzeitig schufen die Steinschneider des östlichen Irans herrliche Steingefäße aus Serpentin mit Motiven aus der Mythologie der Bergbewohner. In Susa waren diese Gefäße so begehrt, daß man sie aus Bitumen, das hier, im heutigen Erdölgebiet Persiens, reichlich vorkam, in großer Zahl nachformte. Ab Ende des 3. Jahrtausends v. Chr. exportierten die Werkstätten, in denen man neben Serpentin auch Alabaster verarbeitete, ihre Erzeugnisse nicht nur nach Susa und Mesopotamien, sondern auch nach Osten. Man findet sie, neben Kupfergegenständen, selbst in Baktrien, also im Norden des heutigen Afghanistans. Typische Erzeugnisse sind Stempelsiegel

DIE ZIKKURAT VON TSCHOGA-ZANBIL

1 Ursprüngliches Bauwerk und erste Stufe des Turms
2 Zweite Stufe des Turms
3 Dritte Stufe des Turms
4 Vierte Stufe des Turms
5 Hochtempel

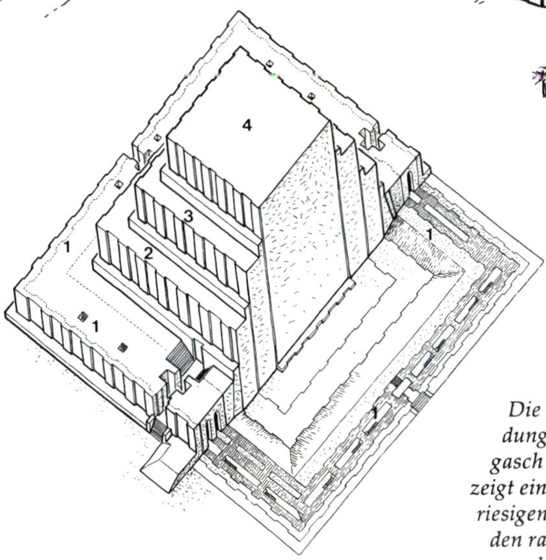

Dieser Schnitt durch die Zikkurat verdeutlicht die zweite Bauphase. In der ersten hatte man ein quadratisches Gebäude (1) mit Innenhof errichtet, dessen Hof nun als Basis für die ineinander geschachtelten massiven Stufen diente, die alle vom Boden aus errichtet wurden.

Die sumerische Gründungsstatuette aus Lagasch (um 2150 v. Chr.) zeigt einen Gott, der einen riesigen Pflock in den Boden rammt, an dem man den Tempel vertäut glaubte.

Die heilige Stadt Dur-Untasch (heute Tschoga-Zanbil), die etwa 30 km südöstlich von Susa oberhalb des Flusses Ab-i-Diz erbaut wurde, besaß drei konzentrische Stadtmauern. Die innerste umschloß den Haupttempel, der den beiden großen Göttern Inschuschinak, Schutzgott von Susa, und Napirischa, Schutzgott von Anschan, geweiht war. Dieser Tempel entstand in zwei Bauphasen im Lauf des 13. Jahrhunderts v. Chr.

In der ersten Bauphase errichtete man zunächst aus Lehmziegeln ein quadratisches Gebäude von 99,4 m Seitenlänge mit gepflastertem Innenhof (1). Auf jeder Seite öffnete sich in der Mitte ein Eingang. Im Inneren befanden sich Lagerräume für Korn, Krüge und Baumaterial sowie zwei Heiligtümer.

Nach einiger Zeit beschloß der König, den Tempel in einen Stufenturm umzuwandeln. Während dieser zweiten Bauphase entfernte man das Pflaster des Innenhofs und füllte die Räume des ersten Gebäudes mit Ziegeln. Dies wurde die unterste Stufe (1) des Turms. Eines der Heiligtümer ließ man jedoch unangetastet. Dann begann man mit dem Bau der Stufen (2, 3, 4), die ineinander geschachtelt wurden (siehe nebenstehende Schnittzeichnung). Jede Stufe wurde vom Boden aus in Lehmziegeln emporgeführt und erhielt einen Mantel aus Backsteinen. Zwischen Kern und Mantel kam eine Schicht Ziegelbruch. Die Verwendung verschiedener Materialien läßt darauf schließen, daß den Baumeistern deren Festigkeit gegenüber Schub und Druck genau bekannt war. Die letzte Stufe, die sich 44 m über den Boden erhob, trug den mit glasierten Fliesen geschmückten Hochtempel (5). Die oberste Plattform erreichte man über eine Innentreppe, wodurch dieser Stufenturm eleganter wirkte als die Zikkurats Mesopotamiens.

Auf diesem Luftbild sieht man, daß sich nur die zwei unteren Stufen und die Basis der dritten erhalten haben. Ursprünglich war der Stufenturm über 50 m hoch.

Die ersten Ausgräber Susas im 19. Jahrhundert, das Ehepaar Dieulafoy, beschränkten sich darauf, Gräben zu ziehen. Sie wußten noch nicht, wie man Lehmziegel freilegt, ohne sie zu zerstören.

mit einem Kreuz, einem Adler oder einer Sagengestalt. Diese Stempel gelangten durch die Händler bis in die Steppengebiete am Kaspischen Meer und sogar bis in das Ordosgebiet Chinas. Im großen und ganzen markieren sie bereits 2000 v. Chr. jene Route, die später unter der Bezeichnung Seidenstraße berühmt werden sollte.

Nachdem Susa lange Zeit von Mesopotamien abhängig war, gewannen wieder die Bergvölker in der Ebene die Oberhand. Wie man sieht, geriet die Susiana in regelmäßigem Wechsel einmal unter den Einfluß des Zweistromlandes und das andere Mal unter den des iranischen Hochlandes.

Am Anfang des 2. Jahrtausends v. Chr. war Susa erneut mit dem Hochland verbunden, wo die jüngst entdeckte Stadt Anschan wieder aufgebaut wurde. Wie die Susianer zu jener Zeit lebten, wissen wir dank der Ausgrabungen Roman Ghirshmans am Nordrand der Stadt. Susa, das damals schnell wuchs, vergrößerte sich um einen neuen Stadtteil mit Häuserblocks, die durch schnurgerade Straßen voneinander getrennt waren.

Wohnkomfort in Susa

Jedes Haus besaß mindestens einen Wandkamin, der im Winter als Heizung diente, in dem jedoch vor allem gekocht wurde. Es gab auch Hockaborte und Kanalisationsanlagen. Zahlreiche Susianer verfügten sogar über eine Badestube mit Terrakottawanne. Ein Haus hatte seine eigene Kapelle, die von einem Wandkamin geheizt wurde. Das winzige Allerheiligste wurde fast zur Gänze von einem Altar ausgefüllt, dessen Vorderseite mit einem an eine Hausfassade erinnernden Relief verziert war. All das zeugt von einem gewissen Wohlstand, den die Ausstattung der Gräber unter den Wohnstätten bestätigt. Als Sarg verwendete man oft eine umgestülpte Badewanne, aber man begann auch schon überwölbte Grüfte zu bauen, die man bei jedem Todesfall wieder öffnete.

Mitte des 19. Jahrhunderts v. Chr. wurde die Herrschaftsform auf originelle Weise umgestaltet. Der Herrscher verzichtete auf den beeindruckenden Titel König von Susa und Anschan und nannte sich statt dessen mehrere Jahrhunderte lang Großregent. Als sein Nachfolger war zunächst sein jüngerer Bruder vorgesehen und erst dann sein Sohn, dem auf diese Weise Zeit blieb, zum Mann heranzuwachsen. So vermied man die unseligen Kinderherrschaften. Die Königin spielte dank der hohen Stellung der Frau in Gesellschaft und Religion eine wesentliche Rolle.

Auch die Göttinnen nahmen neben den Göttern einen sehr wichtigen Platz ein. Der höchste Gott, der hauptsächlich im Hochland von Anschan verehrt wurde, hieß Napirischa. Sein Wahrzeichen war – ohne unheilvolle Bedeutung – die Schlange, das Symbol für die sich schlängelnden Wasser der Quellen. Das Abbild dieses Gottes zierte die Siegel der Großregenten von Susa, und er war auch auf Felsreliefs auf dem Hochland dargestellt.

Einer der Häuserblocks in Susa wurde im 18. Jahrhundert v. Chr. von einem hohen Beamten namens Temti-Wartasch in eine Art Palast umgewandelt, den dieser zu seinem Wohnsitz machte. Durch drei gegeneinander versetzte Vorzimmer – was die Kontrolle der Besucher erleichterte – gelangte man in den mit schönen Fliesen ausgelegten Ehrenhof. An einer seiner beiden Schmalseiten öffnete sich, wie der Thronsaal in einem Königspalast, die breite Empfangshalle, deren Deckengewölbe auf vier Pfeilern ruhte. In diesem Raum stand neben einem Wandkamin, der als Heizung diente, eine Bank für Besucher. Die Empfangshalle war das Herz der Anlage, deren übrige Räume sich um mehrere Nebenhöfe gruppierten. Man hat darin unter anderem das Archiv des Hausherrn gefunden, in dem verzeichnet war, welche Schenkungen er von seinen Herrschern erhalten hatte. Temti-Wartasch besaß ausgedehnte Ländereien, und die Texte verzeichnen Dinge wie die als Saatgut vorgesehene Menge Korn sowie die Namen der Landarbeiter.

Später ließen sich weitere Würdenträger in diesem Viertel nieder, darunter der königliche Kammerherr Rabibi. Sein Haus war ähnlich angelegt wie das des Temti-Wartasch. Es besaß ebenfalls eine überwölbte Empfangshalle sowie Studienzimmer, in denen die Kinder die schwierige Keilschrift lernten. Dort hat man ihre Aufgaben gefunden, die darin bestanden, die vom Lehrer auf linsenförmigen Tontafeln vorgeschriebenen Wörter abzuschreiben. Diese Tafeln wurden an Ort und Stelle aus kleinen Tonlaiben geformt, die aussahen wie dicke Zigarren.

Die Familiengrüfte unter den Häusern bargen zahlreiche Skelette. Um die Identität der Dahingeschiedenen festzuhalten, fertigte man sofort nach ihrem Tod aus frischem Lehm, den man bemalte, eine Porträtplastik von ihnen an und legte sie neben den Kopf des Verstorbenen in die Gruft. Diese lebensgroßen Porträts sind für den alten Orient, wo man im allgemeinen einen Einheitstypus bevorzugte, außergewöhnlich naturalistisch. Das schönste ist das eines Susianers mit der für Elam typischen Frisur, die einem Helm glich. Seine strengen Gesichtszüge spiegeln die urwüchsige Kraft einer von Bergbewohnern abstammenden bäuerlichen Bevölkerung wider. Die Frauen zeigen ein angedeutetes Lächeln und tragen das zu Zöpfen geflochtene Haar wie ein Diadem um den Kopf gelegt.

Von denselben Künstlern stammen wahrscheinlich auch die vielen Tonstatuetten, die meist nackte Frauen darstellen. Da diese Figürchen im allgemeinen zerbrochen aufgefunden wurden, und zwar nur auf den Straßen, nie in den Häusern, nimmt man an, daß schwangere Frauen sie bei sich trugen und nach einer glücklichen Entbindung wegwarfen.

Im 13. Jahrhundert v. Chr. vereinigte sich Susa unter einem neuen Königsgeschlecht wieder mit Anschan. Die Herrscher dieser Dynastie nannten sich Erweiterer des Reiches. Während man lange Zeit für alle offiziellen Inschriften ausschließlich die semitische Sprache Babylons, das Akkadische, verwendet hatte, ließen die Könige der neuen Dynastie sie nun außer in dieser Sprache auch in der Sprache Anschans abfassen, um hervorzuheben, welche Bedeutung sie diesem Land in dem vereinigten Reich Elam beimaßen.

Das Versailles eines Königs von Susa

Der größte König dieses Geschlechts hieß Untasch-Napirischa; er regierte etwa von 1275 bis 1240 v. Chr. Über die Geschichte seiner Herrschaft ist kaum etwas bekannt, denn in seinen Inschriften gedachte er fast ausschließlich seiner prachtvollen Bauwerke. Wir wissen daher, daß er Susa mit neuen Bauten schmückte und in der Stadt Meisterwerke der Metallskulptur, die die Beherrschung des Sandgusses voraussetzten, aufstellen ließ. Die schönste Bronzeplastik ist die lebensgroße Statue seiner Gemahlin Napirasu, die ohne Kopf noch 1750 kg wiegt.

Untasch-Napirischa erbaute etwa 30 km südöstlich von Susa über dem rechten Ufer des Flusses Ab-i-Diz sein Versailles Dur-Untasch, heute Tschoga-Zanbil. Wenn man vom Fluß her kam, betrat man die von drei Mauern umgebene Stadt durch das sogenannte Königstor, unter dem, wie im Orient häufig üblich, auch Gericht gehalten wurde. In der Nähe standen mehrere

Puppenkopf aus Ton (Susa, 2. Jahrtausend v. Chr.)

KINDERSPIELZEUG

Die Könige von Elam legten Wert darauf, daß ihre Große Gemahlin und ihre Kinder an allen Staatsakten teilnahmen. Starb eines der Kinder, gaben sie ihm als letzten Liebesbeweis einige seiner Lieblingsspielzeuge mit ins Grab: kleine Tiere auf Rädern aus Kalkstein und Bitumen wie der abgebildete Löwe oder die Igelmutter (die zwei Jungen gingen verloren), Puppenköpfe aus Terrakotta mit Clownsgesichtern, Solitärspiele und andere. Manche Puppenköpfe haben am Hals Löcher, an denen man ein Kleid annähen oder den Kopf auf einem rudimentären Körper befestigen konnte. Diese Gegenstände, mit denen die kleinen Königskinder im 2. Jahrtausend v. Chr. spielten, geben uns eine Vorstellung von den Spielen und Spielzeugen, mit denen sich auch die anderen Kinder in Susa vergnügten.

Löwe und Igel aus Kalkstein auf Fahrgestellen aus Bitumen (Susa 2. Jahrtausend v. Chr.)

DIE ANFÄNGE DER BUCHFÜHRUNG

Schon im 7. Jahrtausend v. Chr. stellten die ersten Ackerbauern des alten Orients Zahleneinheiten mit Hilfe kleiner Tonstücke dar, was den anderswo und später benutzten Rechensteinchen entspricht.

Zu einer entscheidenden Neuerung kam es um 3500 v. Chr. in den Ebenen Mesopotamiens und der Susiana, als die blühende Landwirtschaft eine genaue Buchführung erforderlich machte.

Um größere Zahlen auszudrücken, steckte man solche Rechenmarken oder Rechensteinchen aus Ton (Scheibchen oder Kegel verschiedener Größe), die eine bestimmte Menge eines Gutes darstellten, in eine hohle Tonkugel. Als Garantie für den Inhalt verschloß man sie mit einem Siegel, was ihr den Charakter eines Vertrages verlieh, ohne daß dessen Inhalt äußerlich sichtbar wurde.

Dann ging man dazu über, auf der Außenseite der Kugel oder auf kleinen Tontäfelchen die Mengen anzugeben, die die Tonkegel oder Scheibchen im Innern darstellten.

Erst später gab man schließlich auch die Art der verbuchten Ware genauer an, indem man auf den Tontäfelchen die Recheneinheiten in Form von Tierköpfen, Möbeln und anderem abbildete.

Mesopotamischer Siegelzylinder mit Abrollung: Rinderherde rund um einen Stall aus Schilfrohr (um 3000 v. Chr.)

Paläste für die Angehörigen des Königshauses. Sie waren mit allem Komfort, ja sogar mit Bädern ausgestattet. Wahrscheinlich kam der König nur zu bestimmten Festen nach Tschoga-Zanbil und residierte sonst in Susa. Doch in Tschoga-Zanbil hatte er für sich und seine Familie fünf unterirdische Grabgewölbe anlegen lassen. Sie befanden sich unter dem Königspalast, in dem man den Totenkult in Form von Festmählern feiern konnte.

Während die Elamer gewöhnlich begraben wurden, ließen sich der König und seine Angehörigen wie die Fürsten der Hurriter in den Bergen Nordmesopotamiens und die in Kleinasien lebenden Hethiter nach ihrem Tod verbrennen. Es ist daher durchaus denkbar, daß das elamische Herrschergeschlecht mit diesen Völkern verwandt war.

Nicht weit vom Palast mit den Königsgrüften erhob sich ein ungewöhnlich angelegter Tempel: Aus seiner Vorhalle gelangte man in einen großen, nicht überdachten Kultraum, in dem ein hoher Altar stand. Dieser Tempel war dem vergöttlichten Feuer Nusku geweiht. Es scheint also bei den Elamern schon einen Feuerkult gegeben zu haben, bevor die iranischen Einwanderer, die ebenfalls das Feuer verehrten, sich im Hochland des Irans niederließen.

Innerhalb der ersten Mauer, die eine nie vollendete Stadt schützen sollte, umschloß eine zweite Mauer die Tempel der zahlreichen elamischen Gottheiten. Einige dieser Tempel standen in Reihen nebeneinander, und die Gläubigen, die hierher gepilgert kamen, legten darin Tierfigürchen aus glasierter Terrakotta nieder, die an ihr Opfer erinnern sollten.

Eine dritte Mauer in der Mitte dieses heiligen Bezirks schützte die größten Tempel. Der wichtigste war den zwei Hauptgöttern des Reiches, Inschuschinak von Susa und Napirischa von Anschan, geweiht. Da es der König offenbar eilig hatte, ihren Kult zu zelebrieren, begnügte er sich zunächst damit, ein quadratisches Gebäude von rund 100 m Seitenlänge aufführen zu lassen, in dem sich außer Lagerräumen zwei Heiligtümer befanden. Der Hof des ersten diente einem Geheimkult, aber vermutlich nur für kurze Zeit. Der König beschloß nämlich, das Bauwerk in einen Stufenturm umzuwandeln. Solche Türme, sogenannte Zikkurats, zu bauen war in Elam ebenso Tradition wie in Babylonien. Gegenüber dem Eingang zu diesem Turm befanden sich Podeste für den König und die Königin, die den Opfern vorstanden. Diese wurden auf Opferaltären dargebracht, die – in zwei Reihen angeordnet – vor dem Haupttor standen.

Die göttlichen Gemahlinnen der beiden Hauptgötter besaßen eigene Tempel. Der eine beherbergte mehrere Töpferwerkstätten mit zahlreichen Öfen, in denen Devotionalien aus Ton – kleine Gefäße in Form von Frauenköpfen, Statuetten von Frauen und Tieren – gebrannt wurden. Unter den elamischen Handwerkern gab es gute Glasmacher, und der König ließ sich von ihnen Glaseinlagen für die Holzportale der Tempel anfertigen.

Bald nach Untasch-Napirischa kamen für Elam unruhige Zeiten. Doch schon im 12. Jahrhundert v. Chr. erreichte das Reich unter drei bedeutenden Königen, Schutruk-Nahhunte und seinen beiden Söhnen, den Höhepunkt seiner Macht. Die Schwäche der seit fünf Jahrhunderten ruhmlos in Babylon herrschenden Kassiten nutzend, griffen sie ihre Nachbarn an, stürzten deren

Dieser erhaltene Abdruck eines der ältesten Rollsiegel zeigt in realistischer Darstellung, wie die Ernte in einen hohen Getreidespeicher – eine Art Silo – gebracht wird.

Herrscherhaus und brachten unermeßliche Schätze nach Susa, statt alles zu zerstören, wie es andere an ihrer Stelle getan hätten. Sie hätten sich also zu Recht rühmen können, die von Jacques de Morgan in Susa entdeckten Kostbarkeiten – darunter die Gesetzesstele des Hammurabi – vor dem Untergang bewahrt zu haben. Sie gaben Dur-Untasch auf und überführten eine Reihe von Denkmälern auf die Akropolis von Susa, wo sie auch einige Tempel errichteten. Die Außenmauern dieser Heiligtümer waren mit glasierten Ziegelreliefs verkleidet und zeigten Königspaare und Sagengestalten, die schützend über den Gebäuden wachten.

Von diesen Kultbauten hat man nur Bruchstücke gefunden. Aber ein bronzenes Votivmodell erlaubt eine Vorstellung von den Tempeln im Susa jener Zeit. Bei dem Fund handelt es sich um eine Platte, auf der Figürchen befestigt sind. Aus der Weihinschrift geht hervor, daß die Darstellung einen Sonnenaufgangsritus wiedergibt – den Sit Schamschi: Ein unbekleideter Kultteilnehmer gießt einem anderen Wasser über die Hände. Beide befinden sich auf einer Plattform, auf der zwei Tempel stehen, zweifellos der des Gottes Inschuschinak, des Herrn von Susa, und der seiner Gemahlin. Um das größere der beiden Heiligtümer reihen sich Weihgaben und aufgerichtete Steine, die den abstrakten Idolen der Kanaanäer zu entsprechen scheinen. Ein Gefäß erinnert an das Bronzebecken vor dem Tempel Salomos, und einige Bäume stellen wohl einen heiligen Hain dar. Kurz, dieses einzigartige Werk gleicht auffallend westsemitischen Höhenheiligtümern in Palästina. So hat die Archäologie ganz unerwartete Zusammenhänge zwischen Elam und weit entfernt lebenden Völkern aufgedeckt.

In unterirdischen Grabgewölben neben dem Tempel des Inschuschinak fand man, wie in Tschoga-Zanbil, die eingeäscherten Überreste königlicher Toter. Die Gräber enthielten kostbares Mobiliar, das jedoch zum Teil verbrannt war, so daß sich nur Fragmente der Gold- und Silbereinlagen erhalten haben. Goldene, silberne und bronzene Statuetten dagegen sind unversehrt geblieben. Sie illustrieren vortrefflich die beiden gegensätzlichen Seiten der elamischen Kunst: Einige der Bildwerke sind von strenger Nüchternheit, andere zeugen von einem feinen Sinn für Humor. In die Grüfte hat man auch, zweifellos für Königskinder, Spiele ähnlich unserem Solitärspiel und kleine, auf Fahrgestelle montierte Tiere gelegt. Daneben stieß man auf sehr alte Gegenstände wie Stempelsiegel und Siegelzylinder, die bereits damals mehr als 2000 Jahre alt waren, sowie Äxte aus dem östlichen Iran. Sie sollten wohl auf die edle Herkunft der Monarchen hinweisen, die von der Huldreichen Mutter abzustammen behaupteten, der Gemahlin des Herrschers, der Anfang des 2. Jahrtausends v. Chr. die Dynastie der Könige von Susa begründete.

Die dunklen Jahre

Ende des 12. Jahrhunderts v. Chr. wurde der Nachfolger der großen elamischen Herrscher vom König von Babylon vernichtend geschlagen. Die dicke Ascheschicht, die das gesamte Siedlungsgelände von Susa bedeckt, weist auf die Feuersbrunst hin, der die Stadt zum Opfer fiel. Die Niederlage setzte dieser Epoche, der ruhmreichsten in der Geschichte Elams, ein jähes Ende. Fast vier Jahrhunderte lang lag das Reich danieder. Das war die Zeit, in der sich die Iraner endgültig auf dem nach ihnen benannten Hochland festsetzten. Erst Ende des 8. Jahrhunderts v. Chr. versuchte der ehrgeizige König Schutruk-Nahhunte II., der alten Metropole ein wenig von ihrem einstigen Glanz zurückzugeben, indem er sich mit Babylon und den Bergvölkern Luristans verbündete, die wie er von der Großmacht Assyrien bedroht wurden. Außerdem ging er ein Bündnis mit den Persern des Landes Anschan ein. Er restaurierte die Tempel von Susa und fügte ihnen einen neuen hinzu. Einige Jahre hindurch konnte der Frieden erhalten werden, dann griff Assurbanipal in die Fehden zwischen den elamischen Fürsten ein. Einen von ihnen besiegte er 653 v. Chr. 646 v. Chr. war dann Susa an der Reihe. Der assyrische König hat uns einen erschreckenden Bericht über die Plünderung und die Zerstörung der Stadt hinterlassen. Mit der Brandschatzung seiner Hauptstadt war das Reich Elam endgültig ausgelöscht.

Pierre Amiet

Eine Totenstadt aus Stein

SAKKARA

Das flüchtige Leben der Ägypter des Alten Reiches scheint in den Grabreliefs der Totenstadt von Memphis für die Ewigkeit bewahrt.

Südlich von Kairo erstreckt sich oberhalb des linken Nilufers über mehr als 20 km der unübersehbare Totenbezirk von Memphis mit seinen zahlreichen Pyramiden, in denen die Könige des Alten Reichs (2780–2280 v. Chr.) zur letzten Ruhe gebettet wurden. Die meisten dieser Grabmonumente liegen im Zentrum dieses Gebietes auf einem Plateau nahe dem Dorf Sakkara am Wüstenrand, an der Grenze zur Welt des Todes. Einige sind zerfallen und bilden unansehnliche kleine Hügelchen, und bei denen, die sich erhalten haben, wie die Pyramiden von Gise, sind die Grabkammern leer. Wären diese Bauwerke das einzige, was vom Alten Reich übriggeblieben ist, wüßten wir über diese Zeit kaum mehr, als daß damals die Menschen besessen waren von dem Wunsch, der Vergänglichkeit zu trotzen.

Auf dem Wüstenplateau von Sakkara ließen auch Prinzen und hohe Hofbeamte ihre Grabstätten errichten – die Mastabas (arabisch: Bank, so wegen ihrer Form genannt). Diese Bauten sind wesentlich schlichter als die Pyramiden, jedoch mit herrlichen Flachreliefs geschmückt. Diejenigen, die darin bestattet waren, hatten das Bild der Welt, in der sie gelebt hatten, mit ins Jenseits nehmen wollen. Die außerordentlich naturalistischen Szenen geben minuziös das irdische Dasein des Verstorbenen wieder und zeigen seine Dienerschaft bei der Arbeit.

Man sieht den Grabherrn im Kreis seiner Familie an einem mit Speisen beladenen Tisch sitzen. Auf den Fersen hockende Musikanten spielen Harfe, während eine Gruppe Frauen mit den Händen den Rhythmus für die Tänzerinnen schlägt. Ein Stück weiter sieht man den Herrn stehen und lange Reihen von Dienern empfangen, die ihm die Früchte seiner Felder bringen und das Wild, das sie in der Wüste für ihn gejagt haben. Andere Szenen: Der Herr besichtigt in einem Tragesessel seine Ländereien; Bauern pflügen ein Feld; eine Viehherde durchquert einen Wasserarm; ein Rinderhirt hilft einer Kuh beim Kalben; Fleischer schlachten einen Ochsen für ein festliches Mahl.

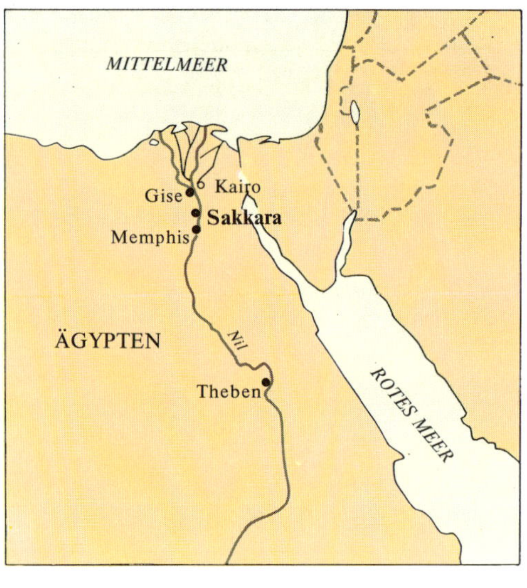

Die hochgestellten Persönlichkeiten, die sich in den Mastabas beisetzen ließen, besaßen große Güter, und der Bildschmuck an den Wänden ihrer Grabkammern berichtet von den Tätigkeiten – Ackerbau, Viehzucht, Jagd, Fischfang und Handwerk –, auf denen ihr Wohlstand beruhte.

Die Landschaft

Wie andere Hochkulturen des alten Orients entsprang auch die ägyptische der Begegnung zwischen Mensch und Fluß. Der fruchtbare Teil Ägyptens ist ja nur ein langer, schmaler Streifen, nämlich das Tal, das sich der Nil durch weite Wüstenräume gegraben hat und wo sich heute, so weit das Auge reicht, Baumwoll-, Zuckerrohr- und Kornfelder erstrecken. Es gibt keine Wälder und fast keine Wiesen in diesem Land, in dem heute sogar das kleinste bewässerbare Stück Boden für den Anbau genützt wird. Die Gestalt des Fellachen, die magere Kuh, die den Pflug zieht, das staubig-goldene Abendlicht und in der Ferne die Geräusche im Dorf – das alles scheint seit Jahrtausenden gleich geblieben zu sein. Im alten Ägypten war allerdings weder die Baumwolle noch das Zuckerrohr bekannt. Man pflanzte vor allem Getreide an, aber auch damals schon reihte sich ein Feld an das andere, und die Dörfer sahen wahrscheinlich nicht viel anders aus als heute. Dennoch war die Landschaft weniger einförmig. Im ganzen Niltal, besonders im Delta, gab es noch ausgedehnte Sumpfgebiete, deren undurchdringliche Papyrus-, Lotos- und Schilfdickichte von Krokodilen, Flußpferden, Schlangen und unzähligen Wasservögeln bevölkert waren. Da und dort grasten Herden von wilden Rindern. An den Rändern der Anbaugebiete streiften die Tiere der Wüste umher.

In vorgeschichtlicher Zeit war der Nordosten Afrikas eine tierreiche Savanne. Ihre Bewohner waren Nomaden und ernährten sich von der Jagd und vom Sammeln. Damals änderte der Nil noch oft seinen Lauf, und es bildeten sich riesige unwirtliche Sümpfe. Durch klimatische Veränderungen trocknete

Die Tätigkeit der Schreiber war für das reibungslose Funktionieren der Verwaltung unerläßlich. Sie bildeten einen eigenen Stand mit genau festgelegter Rangordnung, die vom einfachen Buchhalter bis zum hohen Beamten reichte. Als Schreibgerät dienten ein feiner Pinsel und eine Palette mit zwei Vertiefungen für die getrocknete schwarze und rote Tinte. Diese Sitzstatue stammt aus Sakkara (5. Dynastie).

die Savanne nach und nach zur Wüste aus. Vor der zunehmenden Dürre flohen die Nomaden ins Niltal, wo sich vom Süden zugewanderte Fischerstämme und Semiten aus Vorderasien mit ihnen vermischten. Sie alle brachten ihr Brauchtum, ihre Kenntnisse, ihre Glaubensvorstellungen mit.

Aus dieser Verschmelzung verschiedener Bevölkerungen entstand das Wunder der ägyptischen Kultur, deren Erbe das Land für alle Zeit prägen sollte. Hinter den größten Werken der Ägypter, wie zum Beispiel den Pyramiden, verbergen sich die Glaubensvorstellungen ihrer vorgeschichtlichen Ahnen, und sogar noch im heutigen Alltagsleben ahnt man deren magische Welt.

Das Geschenk des Nils

Bis zum Bau des ersten Staudamms von Assuan zu Anfang dieses Jahrhunderts wurde Ägypten jedes Jahr vom Nil überschwemmt. Im äthiopischen Hochland nimmt der Blaue Nil in der Regenzeit mit dem Wasser Unmengen von Schlamm auf. Einige Monate später, gegen Ende Juni, erreicht die Flut Ägypten. Im September, beim Höchststand der Nilschwelle, war das Tal ein riesiger See, aus dem lediglich die auf kleinen Anhöhen errichteten Dörfer herausragten. Während dieser Zeit konnte man nur mit dem Boot von einem Ort zum andern gelangen. Nachdem das Wasser abgeflossen und versickert war, bedeckte fruchtbarer Schlamm die Erde.

In diesem trockenen Land hing alles Leben von der Überschwemmung, ihrer Regelmäßigkeit und ihrer Höhe ab. War der Nil zu niedrig, konnte man nicht alle Felder bewässern, war er zu hoch, bestand Gefahr, daß das Wasser Dämme und Wohnstätten zerstörte. Deshalb sah man dem Eintritt der Nilschwelle jedes Jahr mit großer Sorge entgegen. Seit dem Alten Reich wurde der jeweilige Hochwasserstand gemessen. Danach konnte der zu erwartende Ernteertrag berechnet und die Steuer veranschlagt werden. In einem guten Erntejahr bewahrte man den Kornüberschuß für Notzeiten auf. Zeigte sich jedoch der Nil mehrere Jahre hintereinander launisch, stand Ägypten am Rand des Ruins. Außerdem genügte die Überschwemmung allein nicht, um das Land bestellen zu können. Dämme mußten gebaut werden, um alles zu schützen, wohin kein Wasser dringen sollte; und um das kostbare Naß möglichst gleichmäßig über das anbaufähige Land zu verteilen, legte man ein Netz von Kanälen an. Die Kanäle mußten ständig unterhalten werden. Bestimmte Kanäle verlängerte man, damit das Wasser auch auf die Felder kam, die die Überschwemmung normalerweise nicht erreichte. Ferner wurde das Flutwasser in Becken gestaut, die man von Zeit zu Zeit öffnete, um die Felder erneut zu bewässern.

Die Techniken, deren man sich für diese enorme Arbeit bediente, waren noch sehr primitiv. War ein Feld bei einer schwachen Nilschwelle nicht überflutet worden, dann holte der Bauer zur Bewässerung das Naß aus dem nächstgelegenen Kanal und trug es in zwei Krügen, die an den Enden eines Tragjochs hingen, auf das Feld.

Wie man sich vorstellen kann, war die Organisation, die geschaffen werden mußte, um das vorhandene Wasser gerecht zu verteilen, sehr kompliziert. Nachdem um 3000 v. Chr. Ober- und Unterägypten zu einem Reich vereinigt worden waren, hatte sich eine Planwirtschaft entwickelt. Die Güter – vor allem das Getreide – und die Einkünfte der Arbeiter wurden vom Staat genauestens kontrolliert. Eine allgegenwärtige Verwaltung, der ein ganzes Heer von Schreibern zu Gebote stand, überwachte die Bauern bei ihrer Arbeit und trieb sie notfalls an, damit die Ernteerträge auch tatsächlich so hoch ausfielen wie veranschlagt. Dafür erhielten die Bauern ein kümmerliches Entgelt in Naturalien.

Aussaat und Ernte

Die Flachreliefs in den Mastabas von Sakkara geben in allen Einzelheiten die verschiedenen Etappen des Getreideanbaus wieder. Eine der Szenen zeigt einen Bauern, der Korn aussät. Ihm folgt ein Gespann, das einen Pflug zieht. Die Bestellung der Felder begann, kurz nachdem sich die Fluten verlaufen hatten und die Erde noch so weich war, daß man vor dem Säen nicht

Auf diesem Flachrelief aus Sakkara sieht man Bildhauer bei der Arbeit. Die Ägypter haben unzählige Steinstatuen geschaffen, denen nach ihrem Glauben magische Kraft innewohnte. Diese Bildwerke wurden vor allem in Gräbern und Tempeln gefunden.

König Djoser (3. Dynastie) ließ auf dem Plateau von Sakkara einen riesigen Grabkomplex errichten. Innerhalb einer Mauer, die ein Rechteck von rund 550×300 m umschloß, befanden sich ein Totentempel, mehrere Höfe und Kapellen sowie eine Stufenpyramide. Die Bauwerke dieser Anlage sind die ältesten ägyptischen Monumente aus Hausteinen. Das gewaltige Grab des Djoser ist die erste wirkliche Pyramide, aus der alle folgenden entwickelt wurden.

zu pflügen brauchte. Am Rand des Feldes, auf dem der Mann sät, liegen kleine Haufen von Korn, das man aus dem Getreidespeicher gebracht hat. Ein Bauer füllt es in einen strohgeflochtenen Korb, den er auf dem Kopf zu einem Sämann trägt. Ein Stück weiter weg notiert ein Schreiber die Menge des Saatguts. Denn die Schreiber überwachten alle Feldarbeiten: den Korntransport, das Einbringen der Ernte, die Rückkehr der Herden in die Ställe und andere. Auf ihren Täfelchen verzeichneten sie sorgfältig die Getreidemengen oder die Stückzahl des Viehs, das an ihnen vorüberging. Vor Beginn der Feldbestellung hatten sie die durch die Überschwemmung verschobenen Grenzsteine an ihren richtigen Platz gesetzt, nachdem die Felder neu vermessen worden waren.

Nach der Aussaat wurden die Felder gepflügt, um die Körner unter die Erde zu bringen. Auf einem Relief hält ein Bauer mit fester Hand die Sterze eines von zwei Ochsen oder Kühen gezogenen primitiven Pflugs, während ein anderer neben den Tieren geht und sie führt. Seinen Stock hat er erhoben, um sie zu schlagen, wenn sie widerspenstig werden. Ein anderes zeigt mehrere Pflüger und einen Aufseher, der, auf einen großen Stock gestützt, ihnen vom Feldrand aus zusieht. Statt zu pflügen, ließ man manchmal das Saatgut auch von einer Schafherde eintreten.

Danach bewässerte man die Felder einige Monate, bis das Korn reif war. Wieder erschienen die Schreiber, um die Ernte zu überwachen und den Ertrag zu berechnen. Die Bauern begaben sich auf die Äcker. Man sieht sie, vornübergebeugt, mit der linken Hand ein Bündel Halme ergreifen, das sie mit der Sichel in der Rechten mähen. Sie schneiden das Getreide ziemlich hoch, in Kniehöhe, und ein Flötenspieler gibt ihnen mit den Klängen seines Instruments den Arbeitsrhythmus an. Dann sieht man andere die Ähren in Garben binden und sie so in Netze stapeln.

Der Dreschboden scheint von den Feldern ziemlich weit entfernt gewesen zu sein, denn die Flachreliefs zeigen den Transport der Garben. Schon zur Zeit der Pharaonen diente der Esel als Lasttier. Drei Männer waren nötig, um einen Esel zu beladen. Man sieht zwei die mit Garben gefüllten Netze dem Tier, das ein dritter festhält, auf den Rücken binden. Beim Transport zum Dreschboden geht neben jedem Esel ein Mann und achtet darauf, daß die schwere Last nicht verrutscht.

Die Ähren werden auf der Tenne ausgebreitet, wo Esel im Kreis darübergetrieben werden. Mit einem Stock und lauten Rufen feuert man die Tiere an, bis das Getreide gedroschen ist. Dann wird das Korn geworfelt und gesiebt, und die Ernte kann in die Speicher gebracht werden. Diese sind oft abgebildet: Es handelt sich um runde, aneinandergereihte Bauten in einem Hof.

SAKKARA

Die Landarbeit war in Ägypten eng mit der Religion verbunden. In Memphis ahmte man beim Fest des Gottes Sokar symbolisch das Getreidedreschen nach, indem man eine Viehherde um die Stadt trieb. Während des Neuen Reichs brachte der König in Theben zur Erntezeit dem Gott Amun eine Weizengarbe als Opfer dar. Vielleicht waren sich auch die Bauern bewußt, daß sie durch ihre Arbeit an dem geheimnisvollen Kreislauf von Tod und Wiedergeburt der Natur teilnahmen.

Angebaut wurden vor allem Weizen und Gerste. „Brot und Bier" ist eine Wendung, die, in Hieroglyphen eingemeißelt, sich in allen Mastabas findet. Das war die Nahrung, die sich die Verstorbenen als Totenopfer wünschten, das Symbol für alle Lebensmittel. Bier war das beliebteste Getränk. Der Landarbeiter löschte damit seinen Durst, wenn er sich im Schatten einer Sykomore eine Pause gönnte. Die Ägypter backten verschiedene Arten Brot. Man kennt zwar ihre Formen, nicht aber ihre Zusammensetzung. Neben den einfachen runden Fladen, die auf heißen Ziegeln gebacken wurden, gab es wahrscheinlich auch Kuchen mit Milch und Honig als Zutaten, denn Bienen wurden bereits im alten Ägypten gehalten.

Eine bedeutende Rolle spielte der Flachsanbau. Aus Flachs webte man die Kleidung für die Lebenden und die Mumienbinden für die Toten. Ägyptisches Leinen wurde später in alle Mittelmeerländer exportiert.

In den Gärten zog man Wein, Gemüse und Obst. In diesem sonnendurchglühten Land waren die Gärten etwas Wunderbares. Wieviel Mühe und Geduld muß es gekostet haben, aus dem nahen Kanal Wasser zu holen und es in die Bewässerungsrinnen zu gießen, die den Gemüsegarten schachbrettartig durchzogen und Zwiebeln, Lauch, Kopfsalat und prächtige Blumen gedeihen ließen. Die Ägypter liebten Blumen über alles; sie flochten aus ihnen Blumenketten, die sie bei Festmählern um den Hals trugen. In einer Ecke des Gartens spendete eine Gruppe von Palmen, Feigenbäume und einige Sykomoren Schatten für eine kurze Siesta am Nachmittag.

Die Tierwelt ist in der ägyptischen Kultur überall gegenwärtig. Im Pyramidenzeitalter bevölkerten noch zahlreiche wilde Tiere die das Niltal einschließenden Wüsten. Schwärme von Zugvögeln rasteten auf ihrem Weg nach Süden an den Nilufern oder in den Sümpfen, und die Gewässer wimmelten von Fischen. Jagd, Fischfang und Viehzucht hatten damals noch erhebliche Bedeutung. Im Alten Reich jagte man mit Hunden oder mit der Wurfschlinge. Eigenartigerweise sind in den ältesten Mastabas von Sakkara die Jäger nie mit Bogen dargestellt. Diese gefürchtete Waffe war damals offenbar allein dem König vorbehalten.

Die Standbilder des Achethotep und seiner Gemahlin wurden im Serdab seiner Mastaba in Sakkara (5. Dynastie) gefunden. Dieser kleine Raum neben der Grabkapelle war mit ihr durch einen Spalt verbunden, so daß die Statuen beim Totenopfer den Weihrauch einatmen konnten.

Man hetzte das Wild – Gazellen, Oryxantilopen, Hasen und sogar Hirsche – mit Windhunden. Die erlegten Tiere brachte man in die Küche des Herrn. Andere wurden lebend gefangen. Man benutzte dazu die Wurfschlinge oder hetzte die Hunde auf sie, die man jedoch daran hinderte, die Beute zu töten. Diese Tiere wurden gemästet und endeten ebenfalls im Kochtopf.

Die Jagd des Herrn Ti

Auch in Ägypten scheinen gewisse Jagdarten im Lauf der Zeit ihren ursprünglichen Sinn verloren zu haben und, wie die Parforcejagd in der europäischen Gesellschaft, nur noch als angenehmer Zeitvertreib von der Oberschicht betrieben worden zu sein. Den Darstellungen des Jagdvergnügens räumte man in der Mastaba einen Ehrenplatz ein, denn der Herr war stolz auf sein Jagdgeschick. Aber vielleicht ließ er solche Szenen auch aufgrund ihres magischen Sinngehalts verewigen. Dies galt für die Jagd mit dem Wurfholz, für den Fischfang mit der Harpune und die Nilpferdjagd.

DIE MASTABA

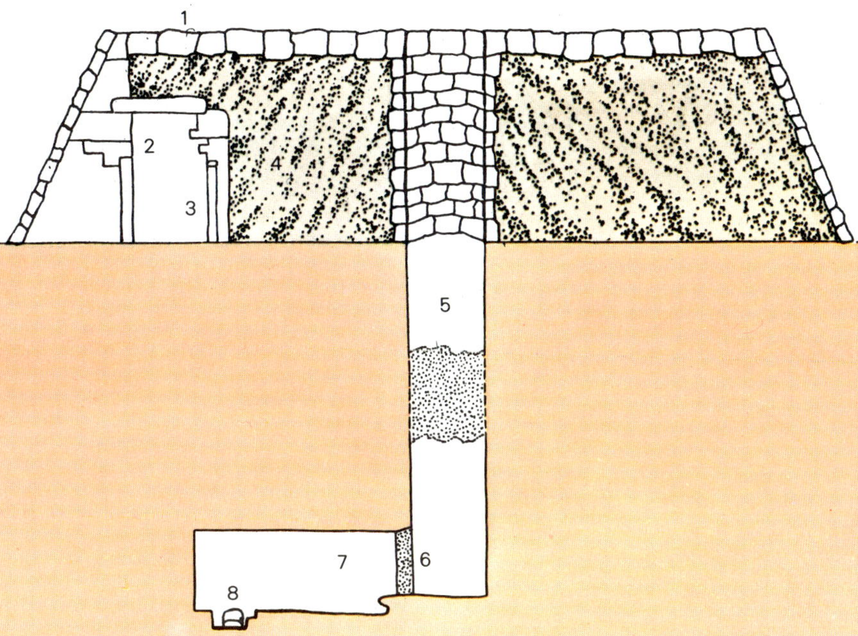

1 Verkleidung
2 Grabkapelle
3 Scheintür
4 Füllmaterial
5 Schacht
6 Verschlußplatte
7 Sargkammer
8 Sarkophag

Die Mastaba ist ein rechteckiger Grabbau aus Stein mit flachem Dach und abgeschrägten Mauern auf allen Seiten. Ein Schacht (5) im Innern führt zur unterirdischen Sargkammer (7), die den Sarkophag (8) und die oft kostbare Grabausstattung enthält. Im Oberbau öffnet sich nach Osten die Grabkapelle (2). Hierher kamen die Lebenden, um dem Toten Opfergaben zu bringen. Sie legten sie auf die Opfertafel vor der Scheintür (3), die einer richtigen Tür nachgebildet war. Man stellte sich vor, daß der *Ka* des Verstorbenen – manchmal durch eine Statue verkörpert – durch diese Scheintür in die Grabkapelle trat, um die Gaben in Empfang zu nehmen. – Das Wort *Mastaba* ist arabisch und bedeutet Bank.

Herr Ti ist zu einer Jagdpartie in die Deltasümpfe hinabgefahren. In einem Nachen gleitet er durch das meterhohe Papyrusdickicht. Der Künstler hat die Tiere in ihrem Lebensraum so dargestellt, als fühlten sie sich durch die menschliche Gegenwart nicht im geringsten gestört. Auf den breiten Papyrusdolden liegen in schützender Höhe Nester mit Jungvögeln. Eine Ginsterkatze klettert den Schaft einer Staude hinauf, der sich unter ihrem Gewicht biegt. Sie will ein Nest plündern, aber schon kommt die Mutter herbeigeflogen, um ihre Jungen zu verteidigen. Im Wasser schwimmen große Fische, und im Hintergrund hält sich ein Krokodil verborgen.

Etwas entfernter sieht man die beiden Nilpferde, die Herr Ti zu jagen gekommen ist. Aber er führt ein so gefährliches Unternehmen nicht selbst aus, sondern beobachtet, in einem Papyrusboot stehend, einen langen Stock in der Hand, wie seine Diener von einem anderen Kahn aus an seiner Stelle handeln. Während ein Mann, der hinten im Boot steht, das Fahrzeug mit einer Stange lenkt, greifen drei andere, die unbekleidet sind, eines der Tiere an. Zunächst werfen sie mehrere Harpunen nach ihm. Das Tier wehrt sich, von allen Seiten spritzt Wasser auf. Rasch ziehen die Männer die Harpunenschäfte zurück; nur die Spitzen mit den Widerhaken bleiben in der Haut des Tieres stecken, sind aber durch Fangleinen mit dem Jäger verbunden. Neue Spitzen mit Widerhaken werden an die Schäfte gesteckt, und man greift das Tier noch einmal an. Einer der Jäger nimmt nun die Leinen in die linke Hand und hält sie mit aller Kraft fest. Das Nilpferd versucht zu fliehen, aber es ist gefangen. Mit der Rechten schleudert der Mann jetzt noch eine letzte Harpune, um dem Tier den Gnadenstoß zu geben.

Im alten Ägypten dienten bestimmte Tätigkeiten nicht nur der Zerstreuung, sondern besaßen gleichzeitig magischen Charakter. Jahrhundertelang hatten die Ägypter die wilden Tiere bekämpft, um ihr Land bewohnbar zu machen: Wilde Tiere richteten nicht nur Schaden an oder waren gefährlich, sondern sie symbolisierten auch die Kräfte der Zerstörung. Indem man sie tötete, griff man die sichtbaren Formen des Chaos an. Wenn der König seinen Pfeil auf ein Stück Wild in der Wüste abschoß, war dies eine magische Geste;

Die Statue des Wesirs Mereruka steht in der Scheintürnische, der Welt der Lebenden zugewandt. Mit ihren 32 Räumen und Gängen gleicht diese Mastaba (6. Dynastie) einer luxuriösen Wohnung, deren Wände mit feinen Flachreliefs verziert sind.

damit vernichtete er die Mächte, die das Land bedrohten.

Die Tierzucht

Damals hingen Jagd und Tierzucht noch eng zusammen. Auf ihren Streifzügen durch die Wüste fingen die Ägypter wilde Tiere – Gazellen, Oryx- und andere Antilopen –, die sie mehr oder weniger erfolgreich als Haustiere zu halten versuchten. Sie haben sich sogar bemüht, Hyänen zu mästen.

Rind, Schaf und Esel wurden schon sehr früh als Haustiere gehalten. Die Tiere, die man auf den Feldern arbeiten ließ, wurden nicht geschont. Der Bauer behandelte seinen Esel genauso wie der

Aufseher ihn selbst behandelte: Oft hagelte es Stockhiebe. Dabei liebten die Ägypter ihr Vieh. Ihre besondere Aufmerksamkeit galt den Rindern. Man wählte sie sorgfältig aus, gab ihnen reichlich Futter und mästete sie sogar.

Die Rinderhirten scheinen sehr arm gewesen zu sein, denn sie sind meist nackt und schlecht rasiert dargestellt. Sie trieben die Herden auf die feuchten Wiesen, die sich nach dem Ende der Überschwemmung im Tal bildeten. In der heißen Jahreszeit führten sie ihr Vieh in die riesigen Sumpfgebiete des Deltas. Dort blieben sie viele Monate lang allein mit ihren Tieren und verarbeiteten Papyrus. Sie ernährten sich von Fischen oder Vögeln, die sie über einem kleinen tragbaren Kohlebecken am Spieß brieten. Wenn sie wieder nach Süden aufbrachen, hatten sie einen weiten Weg vor sich. Sie mußten mehrere Nilarme und Kanäle durchqueren. Eine immer wieder dargestellte Szene ist folgende: Einige in Papyrusbooten stehende Rinderhirten überwachen die schwimmende Herde. Nur die schönen Köpfe der Rinder und ihre großen Hörner ragen aus dem Wasser. An seichteren Stellen watete man durch eine Furt.

Waren die Rinder gut gemästet, führte man sie zur Schlachtbank. Das Tier wurde auf den Rücken geworfen, und man band ihm die Füße zusammen. Nachdem der Schlachter ihm mit einem scharfen Messer die Kehle durchgeschnitten hatte, ließ er es ausbluten. Dann zerlegte er das Tier, und die Stücke wurden in die Küche des Herrn gebracht. Das sehr geschätzte Rindfleisch war nämlich den Reichen vorbehalten. Man schlachtete meist nur vor einem Fest, zu dem man viele Gäste einlud, denn in einem so heißen Klima wie dem ägyptischen konnte man frisches Fleisch nicht lange aufbewahren.

Der Angler hat mehrere Haken an der Leine. In der Hand schwingt er eine Holzkeule, um die gefangenen Fische zu töten, denn manche hatten einen gefährlichen Giftstachel. Man fischte auch mit Netzen und Reusen (Relief in der Mastaba der Prinzessin Idut, 5. Dynastie).

Das Handwerk

Neben der großen Masse der Bauern gab es zahlreiche Handwerker. Sie arbeiteten nicht nur für die Lebenden, sondern auch – und das vielleicht sogar in noch größerem Umfang – für die Götter und die Toten. Das ist charakteristisch für das alte Ägypten.

Nur die Tempel und die Gräber waren aus Stein. Die Häuser und sogar die Königspaläste baute man aus Holzteilen und ungebrannten Ziegeln, die aus einer Mischung von Nilschlamm und Häcksel geformt und an der Sonne getrocknet wurden. Von den Städten des Alten Reichs ist daher nichts erhalten geblieben, weder von Memphis, der Hauptstadt, noch von Heliopolis, dem Kultort des Sonnengottes.

Tempel und Gräber hingegen wurden für die Ewigkeit errichtet, und man nahm die größten Mühen auf sich, um das geeignete Baumaterial zu beschaffen. In Tura gegenüber von Sakkara brach man den feinen, weißen Kalkstein, mit dem man die Pyramiden verkleidete; der Granit für die Säulen und Architrave kam aus Assuan. Diese Steinbrüche lagen unweit des Nils, so daß die Blöcke per Schiff transportiert werden konnten.

Opfergaben tragende Diener sieht man auf den Reliefs der Mastabas sehr häufig. Die nach Vorstellung der Ägypter magisch belebten Bilder von Geflügel, Früchten und Stoffen waren zum Gebrauch des Toten bestimmt (Relief in der Mastaba der Prinzessin Idut).

Die Jäger stehen vor einem Papyrusdickicht in einem Boot und haben den Nilpferden ihre Harpunenspitzen in den Rücken gestoßen. In der Linken halten sie die Fangleinen, an denen die Spitzen vor dem Wurf befestigt wurden (Relief der Mastaba des Ti, 5. Dynastie).

Aber zuweilen wurden auch Expeditionen ausgesandt, die, einige Tagemärsche vom Nil entfernt, das Gestein mitten aus der Wüste holten. Hunderte von Männern machten sich mit Eseln und Ochsen auf den Weg und legten in der brütenden Hitze weite Strecken zurück. Hohe Beamte begleiteten diese Expeditionen, und Spezialisten wählten an Ort und Stelle sorgfältig den Block kristallinen Schiefers aus, den man vielleicht zu einem Sarkophag verarbeiten würde.

Viele Berufe waren bei der Errichtung der großen Bauten von Sakkara vertreten: Architekten, Mathematiker und Astronomen; Bildhauer für die Reliefs und die Standbilder der Verstorbenen; Schreiner, Weber und Goldschmiede für das Mobiliar, die Kleider und alle Gegenstände, die man mit der Mumie ins Grab legen würde.

Die technische Durchführung erregt Bewunderung. Dabei scheinen die wissenschaftlichen Kenntnisse noch ziemlich rudimentär gewesen zu sein. Trotzdem sind die Seiten der Pyramiden fast genau nach den vier Himmelsrichtungen ausgerichtet. Um einen Steinblock vom Anlegeplatz zur Baustelle zu schaffen, setzte man ihn auf einen Schlitten aus Rundhölzern, den Männer mit Hilfe von Seilen fortbewegten. Vielleicht kannte man im Alten Reich auch schon das Rad, aber es wurde jedenfalls noch nicht für Transportzwecke benutzt. Die Steinstatuen bearbeitete man mit einfachen Kupfermeißeln, die Standbilder aus Holz mit Dechseln. Zum Polieren wurden sehr glatte Steine oder Sand benutzt.

Wenn man sich fragt, wie die überwältigenden Bauten von Sakkara entstanden sind, braucht man nicht an geheimnisvolle Techniken zu denken oder gar an einen unbarmherzigen Despoten, der seine Untertanen allein zum Ruhm seines Gottkönigtums zu Frondiensten zwang. Sakkara ist vielmehr das Werk von Menschen, die sich der Bedeutung ihrer Aufgabe bewußt waren, ja vielleicht sogar der Glaubensakt eines ganzen Volkes gegenüber dem Pharao, der die Gemeinschaft verkörperte.

Die Künstler vernachlässigten bei alledem die Lebenden nicht. Gerade Gegenstände, die man in den Grabbauten gefunden hat, geben eine Vorstellung davon, wie die altägyptischen Häuser, zumindest die der privilegierten Schichten, eingerichtet waren. Man benutzte schöngeschnittene Steingefäße in verschiedensten Formen. Es gab auch bereits Kupfergefäße.

Zur Grabausstattung der Königin Hetepheres, der Mutter des Cheops, gehörte ein leichtes, sehr elegantes Reise-

Das figurenreiche Flachrelief aus der Mastaba des Ti in Sakkara zeigt Ernteszenen: Rechts errichten Männer mit Heugabeln einen großen Strohschober. Links worfeln Frauen mit kleinen Besen das ausgedroschene Getreide. Man trennte auch die Spreu vom Weizen, indem man das Korn in die Luft warf, so daß der Wind die leichtere Spreu wegtrug, oder es siebte.

Wie das Pflügen und die einen Wasserarm durchschwimmende Rinderherde ist auch das Einbringen der Ernte mit Eseln eine Alltagsszene, die sehr oft dargestellt wurde wie hier in der Mastaba des Ti. Vier Männer sind im Begriff, einen riesigen Stapel Garben auf dem Rücken eines Esels zu befestigen, andere führen einen beladenen Esel zur Tenne.

mobiliar. Die Einlagen im Holz sind unaufdringlich, und die Formen der einzelnen Stücke wirken überraschend modern. Der Schmuck und die Toilettengegenstände sind einzigartige Beispiele altägyptischen Kunsthandwerks. Die Stühle stehen auf geschnitzten Löwenbeinen; ein Kästchen hat die Form einer Heuschrecke; Papyrusschäfte mit weit geöffneten Dolden stützen die Armlehnen eines Sessels oder bilden den Griff eines Spiegels. Sogar in den persönlichsten Gebrauchsgegenständen ist die Natur gegenwärtig.

An den Wänden der Mastabas von Sakkara sieht man Schreiner, Kunsttischler, Bildhauer, Goldschmiede, Töpfer und andere Handwerker bei der Arbeit. Der Herr, der sein Grab mit den Gestalten seiner Leute hat ausschmükken lassen, legte keinen Wert darauf, sie zu Hause, abends im Dorf, auf dem Weg zum nahen Tempel oder weinend am Grab eines verstorbenen Verwandten zu zeigen. Über das Privatleben der einfachen Ägypter jener Zeit und von ihrer Gedankenwelt wissen wir daher leider so gut wie nichts.

Glückstage ... und andere

Wenn man die dargestellten Szenen betrachtet, könnte man meinen, die alten Ägypter hätten ständig nur gearbeitet. Doch dem war nicht so. Es gab sicher viele religiöse Feste, an denen man sein Werkzeug aus der Hand legen und den Aufseher vergessen konnte. Außerdem galten bestimmte Tage als günstig, andere als unheilvoll – auch für die Arbeit. Der Glaube verkürzte also die Zeit der Mühsal. Die Bilder in den Mastabas sind übersät mit kurzen Inschriften in

Über den Sinngehalt dieser Szene ist man sich noch nicht im klaren. Aßen die Ägypter Hyänenfleisch? Dieses Relief in der Mastaba des Mereruka (6. Dynastie) zeigt nur, daß sie diese Tiere fingen und mästeten.

Die Papyrusstaude wurde in den Sumpfgebieten des Deltas geerntet. Man fertigte daraus nicht nur das bekannte Schreibmaterial, sondern auch Matten, Körbe, Sandalen, Boote usw. (Relief in der Mastaba des Neferseschem-Ptah, 5. Dynastie).

Hieroglyphen, in denen Gespräche zwischen den Arbeitern festgehalten sind. Sie weisen die Ägypter als ein fröhliches Volk aus und lassen die Gegenwart des pedantischen Schreibers weniger beunruhigend erscheinen.

Ägypten war damals ein mächtiges Reich mit einer streng gegliederten, festgefügten Gesellschaftsstruktur, die die Rangordnung der Götter widerspiegelte: Der Pharao, Sohn des Sonnengottes und selbst göttlich, hatte den Auftrag, das Land im Lot zu halten und der Gerechtigkeit Genüge zu tun, die die Kräfte des Chaos bedrohten, so wie die Nacht über den Tag triumphiert und die Wüste das fruchtbare Tal einengt. Eine hervorragend organisierte Verwaltung unterstützte ihn dabei. Die wichtigsten Ämter hatten hohe Beamte inne, die oft Angehörige der Königsfamilie waren. Die Handwerker und die niederen Priester bildeten eine Mittelschicht, die jedoch bei weitem nicht so zahlreich war wie die große Masse der Bauern. Es gab keine Sklaven, aber die Lebensbedingungen vieler Bauern waren wohl kaum besser.

Dem Prinzip nach gehörte dem König alles Land. Es kam jedoch oft vor, daß der Herrscher einen Verwandten oder Günstling mit Ländereien belohnte, so daß der königliche Grundbesitz sich im Lauf der Zeit immer mehr verringerte. Mit ihren Bauern, Handwerksbetrieben und Herden bildete jedes der großen Güter innerhalb der ägyptischen Gesellschaft eine in sich geschlossene kleine Gesellschaft mit eigener Verwaltung. Die wachsende Unabhängigkeit dieser adligen Großgrundbesitzer sollte nach einigen Jahrhunderten das Ende des Alten Reichs herbeiführen.

Totenkult und Jenseitsvorstellungen

Jeder König ließ sich einen Palast erbauen, nicht in Memphis selbst, son-

DIE FREIZEITBESCHÄFTIGUNGEN

Die Ägypter liebten jede Art der Zerstreuung von Glücks- und Geschicklichkeitsspielen bis hin zu Festen und Feiern. Wie die breite Masse ihre Freizeit verbrachte, darüber ist kaum etwas bekannt. Man weiß nur, daß die religiösen Feste dem Volk Gelegenheit zu weltlichen Belustigungen gaben. Die Vornehmen veranstalteten von Zeit zu Zeit Jagden oder entspannten sich bei Vorführungen von Musikantinnen und Tänzerinnen, die übrigens auch beim Leichenschmaus oder den Gastmählern auftraten. Es waren Berufskünstler, denn ein hochgestellter Ägypter tanzte und musizierte im allgemeinen nicht. Die Musikanten begleiteten einen Sänger oder eine Gruppe von Tänzerinnen entweder auf der Harfe oder mit einer langen Flöte. Die Knaben maßen sich im Ringkampf, der vielleicht gleichzeitig eine Übung für den Kriegsdienst war. Die Ägypter kannten auch Gesellschaftsspiele. Zu den beliebtesten Brettspielen gehörten das Senet- und das Mehenspiel.

Königin Nefertari beim Senetspiel (Tal der Königinnen, 13. Jahrhundert v. Chr.)

Das Mehen- oder Schlangenspiel, das schon in der ägyptischen Vorgeschichte belegt ist, wurde auf einem runden Brett gespielt, das eine zur Spirale zusammengerollte Schlange darstellte. Ihr Körper war in Felder eingeteilt, der Kopf befand sich in der Mitte. Die Spielsteine hatten die Form liegender Löwen und Hunde. Als Spielgeld dienten Kugeln.

Dieses Spiel versinnbildlichte vielleicht die alte Methode, einen Löwen zu erlegen. Man hob eine Grube aus und überdeckte sie mit einer Matte, auf die man als Köder einen Schlangenkadaver legte. Bei dem Mehenspiel fing die Schlange die durch die Steine symbolisierten Löwen.

Das Senetspiel hat eine äußere Ähnlichkeit mit unserem Halma. Seine Regeln sind jedoch unbekannt. Es wurde zu zweit mit Steinen auf einem in 30 quadratische Felder unterteilten Brett gespielt. Im Alten Reich verfügte jeder Spieler über sieben Steine, die sich im Neuen Reich auf fünf reduzierten. Zu dieser Zeit hatte das Spiel einen magischen Sinngehalt. In der Unterwelt versuchte man mit geschicktem Spiel, sich vor Dämonen zu schützen.

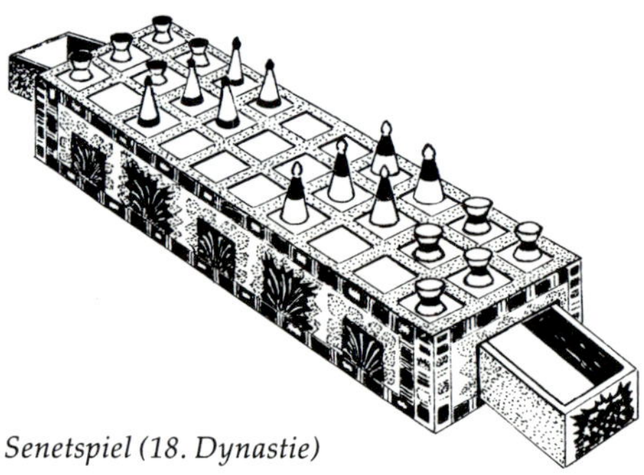

Senetspiel (18. Dynastie)

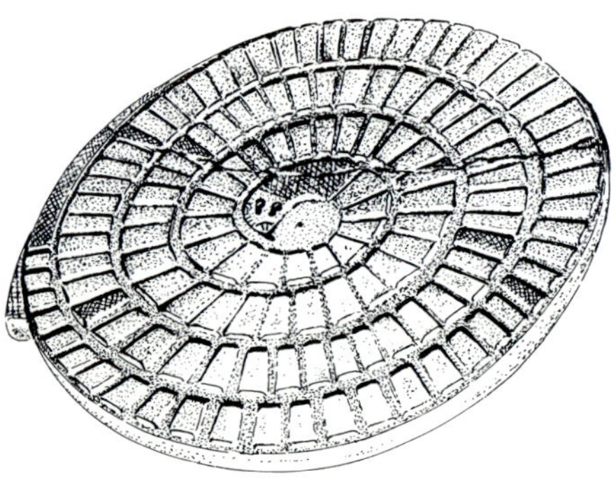

Mehenspiel (frühes Altes Reich)

dern in der Umgebung, ein Stück unterhalb der Stelle, die er für sein Pyramidengrab ausgewählt hatte. Der Totenkult für den verstorbenen Herrscher wurde in einem Tempel an der Ostseite der Pyramide zelebriert. Die dafür eingesetzten Priester lebten vom Ertrag der Felder, die der König ihnen überlassen hatte.

Nur wenige Völker haben sich so sehr mit dem Tod beschäftigt wie die Ägypter. In allen Kulturen trifft man auf Glaubensvorstellungen, die das Fortleben nach dem Tod betreffen. Aber keine hat mehr Energie auf den Kampf gegen das endgültige Erlöschen des Lebens verwandt als die der alten Ägypter: Sie balsamierten ihre Toten ein, um den Leib vor Verwesung zu bewahren, und bestatteten sie in unzerstörbaren Pyramiden oder tiefen Felsgräbern, wo sie vor Beschädigungen sicher waren.

Für die alten Ägypter bestand der Mensch aus mehreren Teilen, deren Zusammenhalt der Tod aufzulösen versucht. Fortleben nach dem Tode war nur möglich, wenn sich die Teile wieder vereinigen konnten. Die Konservierung des Körpers, das Einbalsamieren, war daher unerläßlich. Auch ein anderer Bestandteil, der *Ka*, spielte eine wichtige Rolle. Jeder Mensch wurde mit einem *Ka* geboren, der ihn sein ganzes Leben lang begleitete und ihn auch beim Tod nicht verlassen durfte. Der Ausdruck „zu seinem *Ka* gehen" bedeutete „sterben".

Die Jenseitsvorstellungen der Ägypter waren ziemlich verworren. Da in solchen Dingen für sie die gegensätzlichsten Auffassungen möglich waren, fanden sie nichts dabei, sich auch das Schicksal der Verstorbenen auf verschiedene Weise auszumalen. Eine Tradition besagte, daß die Toten zu Sternen am Himmel wurden, laut einer anderen gab es ein geheimnisvolles Totenreich im Westen, wo die Sonne unterging. Deshalb wurden die Grabbauten stets am linken Nilufer errichtet. Gleichzeitig glaubten die Ägypter aber auch seit alters, daß der Dahingegangene im Grabe weiterlebte. Das Grab hieß Haus der Ewigkeit, und je schöner es war, desto wohler würde sich der Tote darin fühlen. Man brachte Nahrungsmittel zum Grab, denn er – oder vielmehr sein *Ka* – mußte sich ebenso ernähren wie die Lebenden. Wenn der Leichnam vernachlässigt

Bei diesem Tanz werfen die Mädchen den nackten Oberkörper nach hinten und ein Bein senkrecht in die Höhe. Am Ende ihres langen Haars hängt eine Art Kugel, vermutlich ein Gewicht, um den akrobatischen Charakter des Tanzes zu unterstreichen. Die Tänzerinnen sind nur mit einem kurzen Lendenschurz bekleidet. Zwei Frauen klatschen mit den Händen den Takt (Relief in der Mastaba des Wesirs Mehu, 6. Dynastie).

wurde und zerfiel, wäre dies ein zweiter, endgültiger Tod oder ein endloses Umherirren in unbekannten Gefilden – Schicksale, die den Ägyptern Grauen einflößten.

Nur die Reichen konnten sich eine Mastaba leisten. Oft stiftete sie der König; treue Dienste belohnte er mit einem schönen Sarkophag. Anscheinend war das Einbalsamieren schon seit Beginn der ägyptischen Geschichte üblich. Man entfernte Leber, Lunge und Eingeweide, denn man wußte, daß die inneren Organe verderblich waren. Danach wurde der Leichnam mit Natronsalz eingerieben und schließlich in Binden gewickelt. Während der Einbalsamierung und bei der Bestattung fanden religiöse Zeremonien statt. Insbesondere wurde das Ritual der Mundöffnung durch einen Priester vollzogen, wodurch die Mumie ihre Lebenskräfte wiedergewinnen sollte.

Der Ägypter scheute keine Ausgaben, wenn es um die Ewigkeit ging! Damit sich der Verstorbene so wohl fühlte wie in seinem diesseitigen Leben, stattete man die Mastaba mit Möbeln, Geschirr und Schmuck von bestmöglicher Qualität aus. Neben die Mumie legte man oft ein Kästchen mit verschiedenen Schminken und anderen Kosmetika, obwohl die Binden eine von Natronsalz verbrannte Haut und ein entstelltes Gesicht bedeckten. Alle Gegenstände wurden in der Grabkammer neben dem Sarkophag niedergelegt. Nach der Beisetzung wurde der Zugangsschacht zur Grabkammer sorgfältig verschlossen und der Eingang unkenntlich gemacht.

Der Totendienst war für das Weiterleben nach dem Tod ebenso unerläßlich wie die Erhaltung des Körpers. Deshalb nahm der Besitzer der Mastaba schon zu Lebzeiten eine Anzahl Priester unter Vertrag, die gegen die Einkünfte aus einigen Feldern in der Grabkapelle, der Opferkammer des Grabmonuments, regelmäßig Trankopfer spenden und den Toten mit Lebensmitteln versorgen mußten. Aber die Opfergaben waren für alle Ewigkeit und nicht nur einige wenige Jahre lang darzubringen. So hatte jede Generation den Totenkult aller vorangegangenen Generationen zu sichern. Das Fortleben der Dahingeschiedenen hing also vom guten Willen der Lebenden ab. Eine unglaubliche Forderung! Doch die Ägypter wußten, daß die Zukunft unvorhersehbar und die Nachwelt vergeßlich ist. Um trotzdem sicherzustellen, daß der Tod ihrem Dasein kein Ende setzte, trafen sie alle möglichen Vorsichtsmaßnahmen.

Nach ihrer Vorstellung konnte in gewisser Weise die Bilderwelt der Gräber an die Stelle der Wirklichkeit treten. Die Statuen zum Beispiel konnten lebendig werden, indem man sie wie die Mumien durch das Ritual der Mundöffnung zum Leben erweckte. Man stellte das Standbild in den Serdab, einen kleinen Raum in der Mastaba hinter der Grabkapelle, wo die Totenopfer dargebracht wurden. Der *Ka* des Verstorbenen ergriff von der Statue Besitz und gelangte so in den Genuß der Opfergaben.

Das gleiche wie für die Statuen galt für die Flachreliefs und die darauf eingemeißelten Hieroglyphen. In der Grabkapelle der Mastaba ließ man ein Relief mit dem Abbild des Dahingeschiedenen anbringen, der an einem reich mit Speisen bedeckten Tisch sitzt. Wenn der Priester seine Pflichten vernachlässigte, würden auch die auf den Grabwänden dargestellten Alltagsszenen die Bedürfnisse des Verstorbenen befriedigen: Bauern säen und ernten; Diener backen Brot; Frauen weben Leinen. All das wird zu wirklichem Brot und zu wirklichen Kleidungsstücken.

Da jedem Bild magische Kraft innewohnte, war der Tote sicher, im Jenseits alles wiederzufinden, was er einst besessen hatte, und auf ewig so weiterzuleben, wie er im Niltal gelebt hatte.

Später sollte sich der Kult des guten Gottes Osiris durchsetzen, des Fruchtbarkeits- und Königsgottes, der ermordet worden war, wieder auferstand und allen die Auferstehung in seinem Reich versprach. Obwohl über das Los der Verstorbenen also sehr unterschiedliche Vorstellungen verbreitet waren, konnten die alten Ägypter als erdverbundene Menschen sich nie mit der Vorstellung befreunden, die Welt, in der sie gelebt hatten, für immer verlassen zu müssen.

Hubert de Novion

Residenzstadt am Euphrat

MARI

Bei der Suche nach Steinen legen Beduinen eine Statue ohne Kopf frei und führen damit die Archäologen auf die Spur einer Stadt mit Tempeln und einer Palastanlage, die nach fast 4000 Jahren wieder ans Tageslicht kam.

Die Entdeckungen, die der französische Konsul in Basra, Ernest de Sarzec, ab 1877 in Tello (Lagasch) machte, erbrachten den Beweis für die Existenz der Sumerer, eines Volkes, das vor 3000 v. Chr. die älteste uns bekannte Schrift erfand. Seinerzeit glaubte man, daß ihre Hochkultur, die sie im Süden Mesopotamiens, damals Chaldäa genannt, begründet hatten, als einzige neben der ägyptischen das Dunkel überstrahlte, das zu dieser Zeit noch über dem Orient lag.

Da stellte die Entdeckung einer vergessenen Stadt in einem Gebiet, wo man bis dahin nur nach römischen oder byzantinischen Überresten gesucht hatte, mit einem Schlag den Vorrang der Sumerer in Frage.

Dies geschah im Sommer 1933 in Syrien nahe der irakischen Grenze, in einer Gegend, wo damals französische Militäreinheiten die rebellischen Beduinen zu befrieden versuchten. Bei einer Routineinspektion stieß Leutnant Cabane am Tell Hariri, einem riesigen Ruinenhügel, wie man ihn im Orient häufig findet, auf Beduinen, die für das Grab eines der Ihren Steine ausgruben. Er riet ihnen, „ihr Bestattungsmaterial an einer Stelle zu suchen, wo sie sich nicht so anstrengen müßten".

Der Offizier kehrte dann zu seinem Posten in dem benachbarten Ort Abu Kemal am Euphrat zurück. Dort suchte ihn ein Beduine auf und fragte ihn, was er „mit dem Mann", den er am Tell Hariri gefunden habe, tun solle. Es handelte sich um eine schwere Statue ohne Kopf, in die Keilschriftzeichen eingemeißelt waren. Der Offizier erkannte sofort die Bedeutung des Fundes, nahm die Skulptur in Verwahrung, verbot weitere Grabungen und benachrichtigte die Altertumsbehörde, die unverzüglich reagierte.

So kam es, daß nur knapp einen Monat später René Dussaud, Direktor der Orientalischen Abteilung des Louvre und Leiter der französischen Ausgrabungen im Orient, dem Archäologen André Parrot vorschlug, Tell Hariri zu untersuchen.

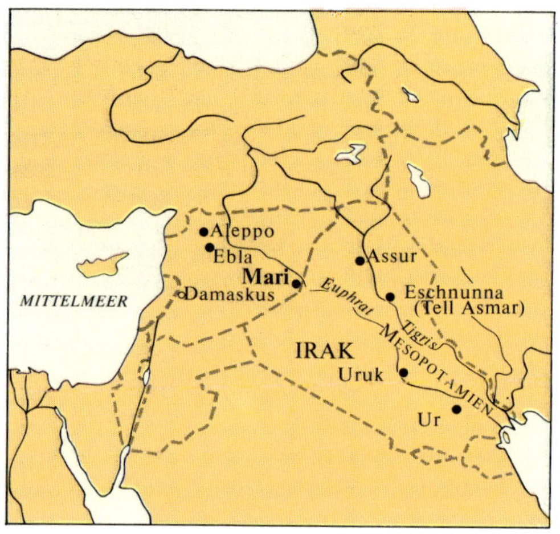

Der ovale Tell war über 1 km lang und etwa 600 m breit. Die ersten Probegrabungen an der Stelle, woher die Statue stammte, waren enttäuschend. Sie ergaben jedoch, daß bereits im 3. Jahrtausend und zu Beginn des 2. Jahrtausends v. Chr. eine Siedlung bestanden hatte.

Der erste Spatenstich

Ohne große Hoffnungen begann man dann, an der Peripherie zu graben. Bald nach dem ersten Spatenstich kamen zahlreiche archaische Alabasterstatuetten im sumerischen Stil zutage. Eine davon war laut Inschrift Ischtar gewidmet, einer damals wahrscheinlich noch männlichen Gottheit, und zwar von einem König des Stadtstaates Mari, in der Überlieferung bekannt als Residenz der zehnten Dynastie nach der Sintflut. Plötzlich wußte man, was der Tell Hariri barg: In ihm ruhten die Ruinen von Mari.

Ende des Winters 1934 besuchte Henri Frankfort, Leiter des amerikanischen Grabungsteams, das am Tell Asmar und in Chafadji östlich von Bagdad grub, den Tell Hariri. Er verglich seine Entdeckungen mit denen André Parrots und stellte fest, daß sich die Kulturen der beiden 400 km voneinander entfernten Gegenden erstaunlich ähnelten. Da Mari keine sumerische Stadt gewesen sein konnte, mußte man davon ausgehen, daß an der nur den Sumerern zugeschriebenen Kultur auch andere Völker teilhatten. Es handelte sich also um eine einheitliche mesopotamische Kultur, die, wie sich 1963 zeigte, bis zum Tell Chuera an der türkisch-syrischen Grenze, weit nördlich von Mari, reichte.

1935 begann man im Zentrum von Mari zu graben, und sehr bald traten große, ja sogar riesige Bauten zutage, in denen man Hunderte, später Tausende von Keilschrifttäfelchen aus dem frühen 2. Jahrtausend v. Chr. fand. Die Ausgräber hatten eines der Weltwunder der damaligen Zeit, den Palast Zimrilims, des letzten Königs von Mari, freigelegt. Er bedeckte eine Fläche von 2,5 ha. Am Vorabend des Zweiten Weltkriegs war er fast vollständig ausgegraben. Dann ruhten die Arbeiten bis zum Jahr 1951. Das Haus der Ausgräber war inzwischen geplündert worden, und man mußte befürchten, daß auch die Fundstelle selbst verwüstet sein würde. Zum Glück war dem nicht

Aus den brutalen Gesichtszügen des Statthalters von Mari, Ischtupilum, spricht der kriegerische Geist der Amoriter, die im 19. Jahrhundert v. Chr. in Mari herrschten. Man fand diese Basaltstatue im Palast des Zimrilim am Fuß der Treppe, die zum Allerheiligsten führte.

Die Göttin mit der sprudelnden Vase, deren Statue man im Palast von Mari fand, verkörperte die fischreichen Gewässer. Aus der Vase ergoß sich Wasser, das durch eine Rohrleitung zugeführt wurde (18. Jahrhundert v. Chr.).

so, und weitere Heiligtümer, die aus der gleichen Zeit stammten wie das der Ischtar, wurden untersucht. Man fand in ihnen zahlreiche Statuen, die Zeugnisse des kraftvollen und eigentümlichen Stils der Frühzeit Maris sind.

Erstaunlicherweise hatte man bis dahin noch keine Spur des Palasts der geheimnisvollen zehnten Dynastie nach der Sintflut entdeckt. Eines Tages beschloß André Parrot, in die Tiefe zu graben, und zwar an der Stelle, wo die Verwitterung ihr Werk an den Ruinen des Zimrilim-Palastes getan hatte. Er wollte wissen, wann Mari gegründet worden war. Doch es sollte anders kommen. Bei seinem Abstieg in die Vergangenheit machte er eine Entdeckung, die seine kühnsten Erwartungen übertraf. Unmittelbar unter dem Palast des Zimrilim stieß er auf einen viel älteren aus der großen Zeit der frühen Dynastien, das heißt um 2500 v. Chr.

In jener Epoche beruhte Maris Reichtum auf seiner Lage als Knotenpunkt zwischen den beiden Großräumen des alten Orients, den Mittelmeerländern einerseits und Mesopotamien andererseits. In Südmesopotamien hatte der sumerische Herrscher Mesannepadda seiner Stadt Ur die Vormachtstellung gesichert. Hier, an den Kais des Euphrats, legten die Schiffe an, die, mit exotischen Gütern beladen, aus dem Persischen Golf den Fluß heraufkamen. Um die Beziehungen mit Mari weiter auszubauen, beschloß Mesannepadda, eine Gesandtschaft mit Geschenken dorthin zu entsenden. Die Reise seines Botschafters an den Hof des Königs von Mari mag wie folgt verlaufen sein.

Eine Gesandtschaft bei den ersten Königen von Mari

Den Kostbarkeiten, mit denen die Esel beladen wurden, fügte der König von Ur als persönliches Geschenk eine herrliche blaue Schmuckperle aus Lapislazuli (ein Stein, der von den Bergen jenseits des iranischen Hochlands kam) hinzu, in die sein Name eingeritzt war. Er vertraute sie seinem Schreiber an, zusammen mit einer Freundschaftsbotschaft und dem Auftrag, dem König von Mari ein uneingeschränktes Bündnis vorzuschlagen.

Die Reise nahm nicht viel Zeit in Anspruch, da niemand gewagt hätte, den Vertreter des mächtigen Königs von Ur, der in Wahrheit über ganz Sumer herrschte, aufzuhalten. Der Schreiber folgte mit seiner Karawane dem Lauf des Euphrats, bis Mari in Sicht kam. Er verstand die semitische Sprache zur Genüge, denn sie wurde ganz ähnlich auch in seiner Heimat gesprochen, und zwar von den Beduinen, die mit ihren Herden zwischen dem Norden und Süden des Landes hin und her zogen und dabei der seßhaften Bevölkerung ihre Gedankenwelt und ihre semitische Sprache vermittelten.

Mari glich einer Oase, die ihre Fruchtbarkeit dem in Kanäle geleiteten

Diese Statue fand man 1933 vor Beginn der Grabungen. Man wußte damals noch nicht, daß dieser syrische Tell die Trümmer der uralten Stadt Mari barg. Die Grabungsarbeiten begannen erst einige Monate später.

Wasser des Euphrats verdankte. Die Stadt besaß starke Befestigungswerke aus Lehmziegeln zum Schutz gegen Nomadenüberfälle und eventuelle Angriffe weiter entfernt lebender Völker.

Der sumerische Schreiber schritt durch das von zwei viereckigen Türmen flankierte Stadttor und wurde sofort von einem königlichen Beamten, der ebenfalls Schreiber war, empfangen.

Die planmäßig angelegten, aber engen Straßen der Stadt erinnerten ihn an Ur. Hinter einer Biegung erblickte er das Tor eines Tempels. „Wen verehrt

DER PALAST DES ZIMRILIM

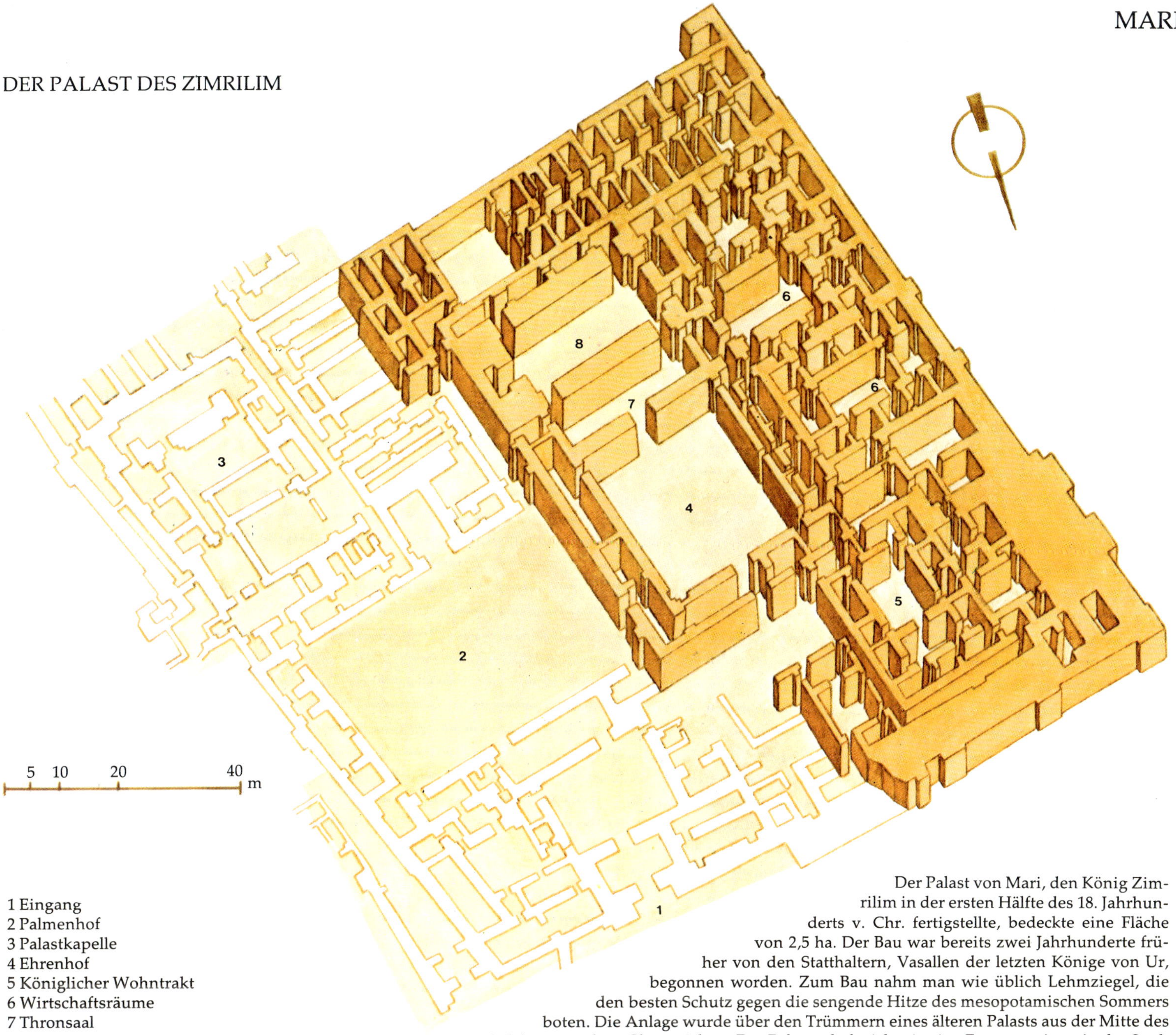

1 Eingang
2 Palmenhof
3 Palastkapelle
4 Ehrenhof
5 Königlicher Wohntrakt
6 Wirtschaftsräume
7 Thronsaal
8 Tempel

Der Palast von Mari, den König Zimrilim in der ersten Hälfte des 18. Jahrhunderts v. Chr. fertigstellte, bedeckte eine Fläche von 2,5 ha. Der Bau war bereits zwei Jahrhunderte früher von den Statthaltern, Vasallen der letzten Könige von Ur, begonnen worden. Zum Bau nahm man wie üblich Lehmziegel, die den besten Schutz gegen die sengende Hitze des mesopotamischen Sommers boten. Die Anlage wurde über den Trümmern eines älteren Palasts aus der Mitte des 3. Jahrtausends v. Chr. errichtet. Der Palast erhob sich wie eine Festung mitten in der Stadt neben den Tempeln und besaß nur ein einziges Eingangstor (1). Zunächst betrat man einen Hof mit Palmen (2), auf den sich der Audienzsaal öffnete. Von diesem Hof aus gelangte man sowohl in die Palastkapelle (3) als auch in den Haupthof (4), um den sich die königlichen Gemächer (5), die Wirtschaftsräume (6) und der Thronsaal (7) gruppierten. Hinter dem Thronsaal lag ein Tempel (8), der wahrscheinlich für den königlichen Ahnenkult bestimmt war.

man hier?" fragte er. „Die große Nini-Zasa", antwortete man ihm. Der Gesandte war darüber sehr erfreut, denn auch in Ur kannte man diese Göttin. Er bat deshalb, in das Heiligtum eintreten zu dürfen. Nachdem er die Vorhalle durchschritten hatte, sah er zu seiner Verwunderung in der Mitte des viereckigen Tempelhofs einen großen zuckerhutförmigen Stein, vor dem sich sein Führer zu Boden warf. Er erfuhr, daß die Götter nicht immer in Menschengestalt dargestellt wurden und daß sich ihre furchterregende Gegenwart auch im Stein offenbarte. Voller Ehrfurcht blieb der Besucher auf dem asphaltierten Gehweg, der um den Hof lief, stehen, während ein Priester den heiligen Stein mit Öl salbte. Ein anderer Priester niedrigeren Ranges betrat den Hof. Auf den Armen trug er Kuchen, die er in der Tempelküche gebacken hatte. Er ging zum Gemach der Göttin, dessen zwei Türen sich ebenfalls auf den Hof öffneten.

Im Gemach der Göttin

Der Sumerer folgte ihm in das Halbdunkel und erkannte im Hintergrund einer gestreckten rechteckigen Halle das Kultbild der Göttin Nini-Zasa. Die kleine Edelholzfigur, die eine Tiara mit Stierhörnern trug, stand auf einem Podest; ein Priester goß gerade Wasser in die Gefäße, die vor dem Sockel in den Boden eingelassen waren, während Brote und Kuchen auf einen Tisch gelegt wurden. Auf einer Ziegelbank an der Wand gegenüber dem Eingang erblickte der Gesandte eine Reihe Statuetten aus schönem weißem Alabaster oder aus Kalkstein.

In diesen Figürchen hatten die Bewohner von Mari, ihnen voran der König, ihr ständiges vertrauensvolles Ge-

bet verewigt. Der Schreiber von Ur näherte sich ihnen und las die oben auf ihrem Rücken eingeritzten Namen. Auf einer der Beterstatuetten neben dem Podest fand er die Worte: „Ikuschamagan, König von Mari". Der Führer lächelte, als er den Besucher die Widmung auf sumerisch lesen hörte, die er selbst in seiner eigenen Sprache las. Als gebildeter Mann wußte er, daß ein Semit die einst von den sumerischen Gelehrten erfundenen Zeichen wie ein Bilderrätsel verstehen konnte, da sie sowohl Ideen als auch Laute ausdrückten.

Der Schreiber entdeckte Salim, „den ältesten Bruder des Königs", dann Maschigirru, „den Großen des Landes", schließlich „den königlichen Mundschenk", „den Verwalter des Hauses des Königs" und den „Großen Schreiber", das heißt den Premierminister, Ipumsar ... Aus ihren lächelnden Gesichtern entnahm der Besucher, daß alle diese Menschen glücklich und zufrieden waren. Sein Gastfreund gab ihm zu

Diese Statue des Lamgi-Mari aus dem Ischtartempel stellt den König von Mari in ständiger Anbetung vor der Göttin dar (um 2400 v. Chr.).

Urnansche, der Sänger des Königs Iblulil von Mari, weihte der Göttin Nini-Zasa diese Gipssteinstatuette in ihrem Tempel, wo man sie fand, Gut erhalten sind auch die in Perlmutt und Lapislazuli eingelegten Augäpfel (um 2400 v. Chr.). Der Sänger saß vor einer Leier, deren Klangkörper die Form einer Kuh hatte, denn man glaubte, daß die Musik sich am Muhen der Rinder inspirierte.

verstehen, daß auch sie Sorgen und Nöte kannten; aber es gehöre sich in Mari, die Dinge gelassen zu nehmen; das mache das Leben leichter. Danach blieben die beiden Männer vor einer ungewöhnlichen Weihgabe stehen. Es war der Lieblingssänger des Königs, der übrigens den sumerischen Namen Urnansche trug. Das Abbild zeigte einen jungen Mann mit feinen, fast weiblichen Gesichtszügen. Mit lässig gekreuzten Beinen auf einem runden Kissen sitzend, schlug er die Saiten seiner großen Leier. Der sumerische Besucher konnte nicht umhin, die meisterhafte Ausführung der Statue zu bewundern. Die Ehrendamen neben dem Sänger überraschten den Schreiber durch ihre eigenartige Kleidung. Sie trugen eine hohe, gewölbte Kopfbedeckung, und bei den besonders eleganten von ihnen war ein Schleier daran befestigt, der ihnen auf die Schultern fiel.

Als man zu den Geschenken kam, die reiche und weniger begüterte Leute dem Tempel gestiftet hatten, zeigte man dem Besucher eine Vase aus einem ihm unbekannten Gestein, eine Gabe des Königs Ikuschamagan. „Der Große Händler des Ozeans“ – wir würden ihn Direktor des Seehandelsamtes nennen – hatte sie aus einem Land jenseits des „unteren Meers“ – des Persischen Golfs – holen lassen, ebenso wie einige andere Vasen, was man an dem schönen blauen und grünen Stein leicht erkennen konnte, aus dem sie gefertigt waren.

Der sumerische Gesandte betrachtete sie mit Kennerblick. Er wußte, daß sie über Ur hierher gekommen waren und daß sein eigener König, von ihrer Schönheit angetan, einige solcher erlesener Stücke erworben hatte.

Bescheidene Weihgaben

Ärmere Leute hatten sich damit begnügt, ihr Siegel in Form einer kleinen Steinwalze niederzulegen. Die meisten dieser Rollsiegel unterschieden sich kaum von denen, die man in Ur schnitt. Sie zeigten die Kämpfe der guten Genien, Geister legendärer, wegen ihrer Weisheit und übermenschlichen Kräfte berühmter Könige längst vergangener Zeit, die man als Vorbilder und Beschützer ansah. Angeblich ließen sich diese guten Genien nach ihrem Tod an einem Ort nieder, den man Flußmündung nannte, eine finstere, unheimliche Region, wo furchterregende Riesen hausten. Die guten Genien sollten dort diese bösen Wesen in Schach halten, damit die Welt im Gleichgewicht blieb.

Dem sumerischen Schreiber fiel auf, daß auf mehreren Siegeln der Schutzgott der Stadt nicht, wie in Ur üblich, in der Gestalt des Königs dargestellt war und daß er auf einem Schiff stand. Damit hatten die Spender wohl ausdrükken wollen, daß sie ihren Reichtum dem Euphrat verdankten. Auch das Schiff selbst erschien ihm ungewöhnlich. Es wirkte wie ein Lebewesen, denn sein Rumpf hatte die Form einer riesigen Schlange; am Bug befand sich eine Götterbüste, die einen Laubzweig schwang.

Die Darstellung befremdete den Sumerer, doch man erklärte ihm, daß sie den Gott als Herrscher über das Universum zeige. Dieses eigenartige Schiff fahre auf den Wassern des himmlischen Ozeans, der die Welt umschloß und die irdischen Flüsse speiste. Der reisende Gott war niemand anderer als die Sonne, die Tag für Tag den unermeßlichen Himmel durchlief. Dieser Gott war auch der Herr allen Lebens, vor allem der wilden und kultivierten Pflanzen und somit der Schutzherr der Bauern, deren Pflug neben ihm zu sehen war. In einem einzigen Gott eine solche Machtfülle vereint zu sehen verwirrte den Sumerer, der als analytischer Denker jedem Gott einen ganz bestimmten Bereich zumaß. Natürlich stellte man in der Schreiberschule Betrachtungen über die Hierarchie der Götter an und sah in Nanna, dem Mondgott und Schutzherrn der Stadt Ur, den höchsten. Aber es fiel ihm schwer, sich vorzustellen, daß er seine Macht mitten am Himmel ausübte, wo man ihn in vollem Glanz erblickte; für ihn verfügte der Gott über Gefolgsleute, riesige oder monströse Geister, die beauftragt waren, in jedem einzelnen Bereich der Welt und des Lebens einzugreifen.

Einer von ihnen, der Vogel Anzu (Imdugud), ein Adler, dessen mächtige Flügel mit den Wolken eins waren, brachte den Regen. Er hatte einen Löwenkopf, und sein Brüllen war der Donner. Anzu war der Lieblingsgeist und der regsamste Begleiter des Gottes, der gleichmütig in seinem Tempel thronte.

Der König von Ur hatte in seinen Hofwerkstätten für den König von Mari einen prachtvollen Anhänger aus Lapislazuli, Symbol der dunklen Wolken, anfertigen lassen, der Anzu mit einem goldenen Löwenkopf darstellte. An dieses und die anderen Geschenke, die er dem Herrscher übergeben wollte, dachte der Schreiber. Da die Stunde der Audienz nahte, bat er, zum Palast geführt zu werden.

Der Palast war eine Festung mitten in der Stadt nahe den Tempeln. Die sumerische Karawane wurde eingelassen. Es

Die junge Frau sitzt auf einem Thron. Sie trägt die hohe Kopfbedeckung der Priesterinnen und den traditionellen Zottenrock aus Schaffellen. Der Palmzweig in ihrer Hand symbolisierte die Freude bei der Kulthandlung, an die diese kleine Statue aus dem Ischtartempel erinnert (um 2400 v. Chr.).

war üblich, die meisten Geschenke in eigens dafür erbaute Magazine zu bringen und nur die kostbarsten dem König persönlich zu überreichen.

Als der Besucher den Palast betrat, bemerkte er, daß alles neu war. Man erklärte ihm, daß das Bauwerk an der Stelle eines früheren Palasts errichtet worden war. Obwohl es noch nicht ganz fertiggestellt war, konnte der König bereits darin wohnen.

Eine Audienz im Palast

Man ließ den Gesandten von Ur im großen Gästehof warten. Im Hintergrund vor dem Eingang zur königlichen Wohnung erblickte er eine Plattform. Auf ihr erschien eine Gruppe von Würdenträgern, Schreiber und hohe Offiziere, die mit dem König verwandt waren. Ihnen folgte der Monarch. Man erkannte ihn an seinem langen, zu Zöpfen geflochtenen Haar, das wie ein Diadem um den Kopf lag und im Nacken zu einem doppelten Knoten zusammengenommen war. Wie seine Begleiter trug er einen Rock aus Ziegenfell, der fast bis zu den Knöcheln reichte.

Die Begrüßungszeremonie war feierlich, aber kurz, denn in Mari pflegte man sich nicht mit Nebensächlichkeiten aufzuhalten, und eine Gesandtschaft von Ur war immer willkommen. Der Besucher wurde gebeten, hinter dem König in den heiligen Bezirk im Palastinnern einzutreten. Er schritt durch mehrere dunkle Säle und gelangte schließlich in einen quadratischen Hof. Die durch Pilaster gegliederten Wände, der reichgeschmückte Altar und die beiden Tore erinnerten ihn an den Hof des Nini-Zasa-Tempels. Hinter den Toren befand sich ein langer Saal: das eigentliche Heiligtum. Ein kleiner Raum am Ende dieses Saals barg das Grab des Begründers der Dynastie; dies war das Allerheiligste. An dem Altar, der sich über dem Grab erhob, zelebrierte der regierende König, Gott und Oberpriester in einer Person, den Kult. Bei den großen Neujahrsfeiern trat er als Gott auf, die Königin als göttliche Gemahlin an seiner Seite. Sie vollzogen den Ritus der heiligen Hochzeit, mit der sie die Erneuerung des Lebens garantierten. Ein Jahr reich an schönen Kindern, jungem Vieh und Ernten in verschwenderischer Fülle. Dieser Ritus glich dem von Ur und überraschte daher den sumerischen Gast nicht.

Die Zeremonie war von den besten Künstlern Maris auf einem Mosaikbild festgehalten worden. Aus großen Muschelschalen vom Persischen Golf hatten sie Perlmuttplättchen, dann aus diesen die einzelnen Figuren ausgeschnitten und mit Bitumen auf einer Holzplatte befestigt. Noch verfeinerter als die Darstellungen auf den Flachbildern von Ur erschien dem Besucher der Zug der Hofdamen, die man an ihren runden Hauben erkannte; einige trugen die Gerätschaften, die für die Zeremonie benötigt wurden, andere richteten das mit kostbaren Decken ausgestattete königliche Bett.

Ein Meisterwerk altorientalischer Bildhauerkunst ist dieses Sitzbild des Tempelintendanten Abichil, der sich so in ständiger Anbetung vor der Göttin Ischtar befand (um 2400 v. Chr.).

Der König von Mari liebte es, in solchen Bildern auch seine Kriegstaten verherrlichen zu lassen. Sie zeigten ihn, wie ihm, umgeben von seinen Feldherren, nach der Schlacht die besiegten Feinde nackt und gefesselt vorgeführt werden.

Um dem Gesandten von Ur zu beweisen, welches Gewicht er seinem Besuch beimaß, lud er ihn ein, der Niederlegung eines Gründungshorts, einer Art Richtfest für den noch nicht ganz fertiggestellten Palast, beizuwohnen. Man hatte im Hof eine Grube ausgehoben, die Gegenstände aus dem königlichen Schatz aufnehmen sollte: kupferne und silberne Armspangen und Nadeln, Armbänder aus Goldperlen, silberne Anhänger, Rollsiegel aus den Werkstätten der Stadt und zwei Statuetten von Göttinnen, die der König eines Mittelmeerlandes gesandt hatte. Eine davon war aus Elfenbein, die andere aus Silber. Beide waren unbekleidet, eine bei den Sumerern unbekannte Art der Darstellung, die ihnen daher sehr kühn erschien. Aber ebenso wie ihre westlichen Nachbarn verehrten die Leute von Mari ihre Göttin sowohl in Gestalt eines einfachen, spitz zulaufenden Steins als auch in den üppigen Formen der Herrin der Fruchtbarkeit. Alle diese kostbaren Gegenstände wurden zusammen mit den Geschenken des Königs von Ur in einen großen Krug gelegt, den man in die Grube stellte. Dieser Akt sollte den Göttern die Herrlichkeit des Königs von Mari und seine weitreichenden Beziehungen zeigen.

Drohendes Unheil

Zu diesem Zeitpunkt ging es darum, das sumerische Bündnis zu festigen, denn von Westen her zog Gefahr auf. Der gefürchtete König von Ebla, der südlich des heutigen Aleppo residierte, hatte sich zunächst seine unmittelbaren, dann seine entfernteren Nachbarn botmäßig gemacht und ein Reich errichtet, wie es weder den Sumerern noch den anderen Völkern, in deren Mitte die altmesopotamische Kultur blühte, zu schaffen gelungen war. Jeder sumerische Stadtstaat war nämlich, wie auch der von Mari, ein in sich geschlossener Mikrokosmos mit einem göttlichen Paar an der Spitze, das für das Wohlergehen seines Volkes sorgte.

Man vermutet, daß Mari um 2350 v. Chr. zerstört wurde, entweder durch die Leute von Ebla oder durch die Begründer des ersten semitischen Großreiches in Mesopotamien, die etwa zwischen 2340 und 2200 v. Chr. Akkad zu ihrer Hauptstadt erwählt hatten.

Das sehr bald wieder aufgebaute Mari wurde zunächst in das Reich von Akkad, dann in das der letzten Sumerer von Ur eingegliedert, die seine Fürsten zu Vasallen (um 2111–2003 v. Chr.) gemacht hatten. Obwohl diese nunmehr unter fremder Oberhoheit standen, begannen sie, wenn auch in bescheidenerem Umfang als früher, neue Bauten zu errichten. Über den Ruinen des alten Palasts entstand, ausgehend vom heiligen Bezirk, der auch weiterhin Kultort blieb, ein neuer.

EINE KÜCHE IM PALAST VON MARI

Fischer auf einem Terrakottarelief aus Eschnunna.

Die Archive des Königs Zimrilim geben nicht nur Auskunft über Krieg und hohe Politik, sondern auch über den Alltag im Palast, insbesondere über die gelieferten Lebensmittel, die in hervorragend ausgestatteten Küchen neben den Amtsräumen des Palastpräfekten verarbeitet wurden. Einige Tontäfelchen erinnern an die Seiten eines Haushaltsbuchs, wie etwa das folgende:

„70 Portionen Graubrot, 17 Portionen Sauerteigbrot, 3 Portionen Grieß, 2 Portionen Saubohnen, 2 Portionen Grütze. Zusammen: 94 Portionen für die Mahlzeit des Königs." Andere Täfelchen informieren uns zum Beispiel über die Einfuhr von syrischem Wein: „Meinem Herrn sage dieses: So spricht Kibridagan, dein Sklave. Für Atamrum Weinkrüge von den Schiffen der Leute von Emar zu holen, hat mein Herr mir befohlen. Ich selbst – und Atamrums Mundschenk hat mir dabei geholfen – habe die Weinkrüge auf die Uferstraße stellen lassen. 90 Krüge wurden ausgewählt. Den Rest hat man zurückgesandt. Ich habe also diese 90 Krüge Wein aufladen lassen."

Man fand in der Nähe des Küchenhofes im Palast des Zimrilim 49 solcher Backformen.

In diese Periode fällt ein folgenschweres Ereignis. Nomaden, die von ihren Weideplätzen am Nordrand der Syrischen Wüste aufgebrochen waren, unterwarfen die seßhafte Bevölkerung samt den von ihnen erschlossenen Gebieten und ließen sich dort nieder. Einer ihrer Fürsten zog von Mari aus gegen Ur und vernichtete, gemeinsam mit den Elamern, die vom iranischen Hochland herabgekommen waren, die ruhmreiche letzte sumerische Dynastie. Die Neuankömmlinge – es handelt sich um die Amoriter – übernahmen die Kultur der Besiegten.

Die alten Schakkanakum, wie man die Statthalter und Vasallen von Ur nannte, wurden durch amoritische Herrscher abgelöst, die jedoch den Titel ihrer Vorgänger übernahmen. Ende des 19. Jahrhunderts v. Chr. begründete der Amoriter Jaggidlim in Mari ein Königsgeschlecht, und die Stadt erlebte eine neue Blütezeit. Sein Sohn Jachdunlim unternahm Kriegszüge bis zum Mittelmeer hin. Doch dieser König konnte sich auch rühmen, Wüstengebiete am Rande seines Reichs in fruchtbares Akkerland verwandelt zu haben.

Ein anderer amoritischer König, Schamschiadad I. von Assyrien, war zumindest ebenso ehrgeizig wie Jachdunlim. Er versuchte das Gebiet am mittleren Tigris mit Assur und das am mittleren Euphrat mit Mari in seine Gewalt zu bekommen. Da er Jachdunlim nicht besiegen konnte, zettelte er an dessen Hof eine Verschwörung an und ließ ihn ermorden. Danach setzte er seinen eigenen Sohn Jasmachadad auf den Thron von Mari. Leider war der junge Prinz seinem Amt in keiner Weise gewachsen, und Schamschiadad beschwor ihn in zahlreichen Briefen vergeblich, er solle sich nicht ständig im Harem vergnügen, sondern sich ein Beispiel an seinem älteren Bruder nehmen, der nach wie vor ein ausgezeichneter Krieger sei.

Nach dem Tod des assyrischen Königs verjagte der rechtmäßige Thronfol-

Das Bild zeigt die ausgegrabenen Reste eines typischen Wohnviertels in Mari. Schon im 3. Jahrtausend v. Chr. wohnte man dort in Lehmziegelhäusern, die entlang gerader Straßen standen und sich im allgemeinen um einen kleinen Hof gruppierten. Von dem Hof fiel das Tageslicht in die Küche und die anderen Räume.

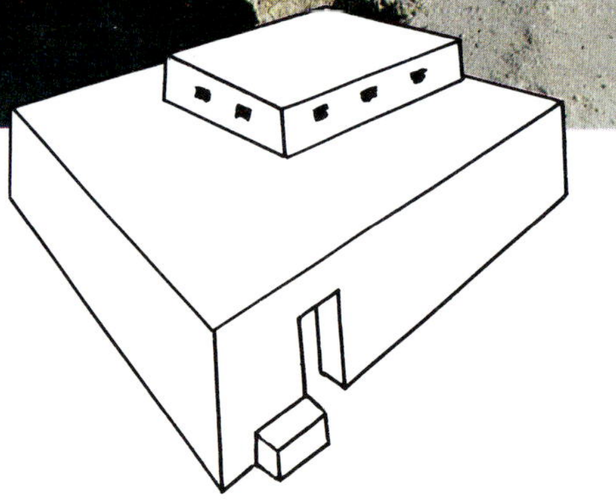

ger Zimrilim, der nach Aleppo geflohen war, den Usurpator und kehrte in den Palast seiner Väter zurück. Zum Glück für die Nachwelt ließ er die assyrischen Archive nicht entfernen, sondern fügte ihnen die seinen hinzu.

Unter seiner Herrschaft wurde der Palast von Mari auf das großartigste vollendet.

Der gigantische Palast des Zimrilim

Der neue Palast war eine quadratische Anlage mit einer Seitenlänge von 120 m und erhob sich wie eine Festung mitten in der Stadt. Er besaß ein einziges Eingangstor, das von Türmen flankiert war. Nachdem man einige Räume durchschritten hatte, gelangte man in einen großen Hof mit schattenspendenden Palmen. Hier befand sich ursprünglich das Verwaltungszentrum, von dem der heilige Weg zum Heiligtum im früheren heiligen Bezirk führte.

Auf diesen Hof öffnete sich auch der kapellenartige Audienzsaal. Seine reichen Wandmalereien stammten aus einer Epoche vor Zimrilims Regierung. Der Künstler hatte Kulthandlungen dargestellt, an denen der Fürst teilnahm. Man sah, wie er vor dem Mondgott, dem Schutzgott seines Lehnsherrn, des Königs von Ur, ein Trankopfer darbrachte. Der Gott thronte auf einem Berg und lehnte sich an einen großen Stier, sein Symbol.

An den Palmenhof, wie er in den Verwaltungsdokumenten bezeichnet wird, schloß sich im Westen ein Trakt an, der Jachdunlim und Zimrilim zugeschrieben wird. Im Norden, abgeschirmt durch eine dicke Mauer, gruppierten sich um einen Innenhof die Privaträume der Königsfamilie. Am Boden des Hofs sah man auf gemaltem Marmor ein Wurfscheibenspiel für die Königskinder. Das Gemach des Königs und das der Königin konnten identifiziert werden. Neben letzterem befand sich ein Badezimmer mit zwei Terrakottawannen und einer Feuerstelle, über der das Wasser erhitzt wurde. Die Wände des Raums, in dem Privataudienzen stattfanden, waren mit weißgeränderten Spiralbändern dekoriert.

Der königliche Wohntrakt hatte Verbindung sowohl zu den Wirtschafts- und Verwaltungsräumen, als auch zum großen Ehrenhof, um den sich die wichtigsten Räume des Palasts gliederten. Der Ehrenhof maß 29 mal 26 m. Zahlreiche Gemälde schmückten seine Wände. Man sah zum Beispiel einen Stieropferzug, den ein Ordner in syrischer Tracht führte. Das Opfer selbst wurde in Anwesenheit des Königs vollzogen. Ein anderes farbigeres Wandgemälde erinnerte an die Investitur des Königs durch die Kriegsgöttin Ischtar. Zimrilim hatte es neben den Eingang zum Thronsaal gegen Ende seiner Herrschaft malen lassen, zu einer Zeit, als er sich von seinem früheren Verbündeten Hammurabi von Babylon, der ihn besiegt, zunächst jedoch verschont hatte, erneut bedroht fühlte. Die Einfassung des Bildes wirkt wie eine Quastenbordüre, so daß der Gedanke an die Nachahmung eines gobelinartigen Wandbehangs naheliegt.

Vom Ehrenhof aus betrat man durch ein monumentales Tor den Thronsaal. Dahinter lag ein großer kapellenartiger Raum, an dessen Ende auf einem Podium gegenüber einer Tribüne der Königsthron stand. Dies war das Allerheiligste des Herrscherkults. Die Sockel waren umgestürzt, als man sie fand. Auf ihnen standen einst vermutlich die Königsstatuen. Bei der Plünderung Maris wurden alle nach Babylon gebracht, bis auf das Standbild des Fürsten Isch-

Wie im alten Ägypten blühte auch im alten Orient ein hochentwickeltes Handwerk, wenn auch in Mesopotamien Berufsdarstellungen wie dieser Tischler bei der Arbeit selten waren (20. bis 19. Jahrhundert v. Chr.). Denn wie bei uns im Mittelalter stand die Kunst im Dienst der Religion.

Der Musikant auf der Reliefplatte spielt eine siebensaitige Harfe. Auf diesem Instrument wurde im 2. Jahrtausend v. Chr. eine Tonleiter entwickelt. Die Lesung der in Keilschrift festgehaltenen Noten ist noch umstritten (aus Eschnunna, 20.–19. Jahrhundert v. Chr.).

tupilum, der einige Jahrzehnte vor Jachdunlim regiert hatte. Er war betend dargestellt, in der gleichen Haltung wie die sumerischen Fürsten. Aber im Gegensatz zu deren menschlich-sanftem Gesichtsausdruck spiegelten seine brutalen Züge den kriegerischen Geist der erst seit kurzem seßhaft gewordenen Amoriter wider.

Der Trakt mit den Repräsentationsräumen stand in Verbindung mit den Wirtschaftsräumen, die sich, ebenso wie die Gästewohnungen, um mehrere kleine Höfe gruppierten. Die Gäste fanden alle Bequemlichkeiten vor, wie Badezimmer, die durch einen offenen Kamin mit Terrakottarauchfang beheizt wurden, Hockaborte sowie Küchen mit mehreren Backöfen und Unmengen von Geschirr. Man hat bis zu 50 Kuchenformen gezählt.

Die Archive der Könige von Mari waren in Sälen untergebracht, die man vom Ehrenhof aus betrat. Die Tontäfelchen spiegeln die diplomatischen Beziehungen Maris, das Leben am Hof, sowie Wirtschafts- und Rechtsurkunden des Landes, dessen Hauptstadt Mari war, wider. Am interessantesten sind wohl die Briefe verschiedener Königinnen an ihren Gemahl, der meist irgendwo Krieg führte. Sie hielten ihn über die Familie auf dem laufenden und gaben mit respektvollen Worten ihrer tiefen Zuneigung zu ihm Ausdruck. So wünschte sich zum Beispiel Königin Schibtu: „Möge mein Herr seine Feinde schlagen, und dann möge mein Gebieter wohlbehalten und frohen Herzens nach Mari zurückkehren." Ein anderer Brief unterrichtet den fernen König davon, daß die Königin Zwillinge zur Welt gebracht hat. Oder ließ ihn wissen, daß „im Palast alles gut geht, die kleinen Mädchen gesund sind, damit das Herz meines Herrn sich nicht ängstige ...".

Aus dieser riesigen Tontafelsammlung geht hervor, daß die Hauptsorge der Könige von Mari den Einfällen der Nomadenstämme galt, nämlich der besonders gefürchteten wilden Sutäer, der fast assimilierten Chanäer, die ausgezeichnete Söldner stellten, und der Benjaminiten, Kleinviehzüchter wie die biblischen Patriarchen.

Zimrilim wurde einmal in seiner Hauptstadt von den Nomaden eingeschlossen. Doch es war ein anderer Feind, der Mari zerstörte. Nachdem sich Hammurabi von Babylon Südmesopotamiens bemächtigt hatte, konnte er nicht gut dulden, daß eine andere Macht die Route zum Mittelmeer kontrollierte. Im Jahr 1759 v. Chr. schlug er seinen ehemaligen Bundesgenossen Zimrilim und machte ihn zu seinem Vasallen.

Doch Hammurabi war nicht ein Mann, der auf halbem Wege stehenblieb. Zwei Jahre später nahmen seine Truppen Mari ein, das einer Feuersbrunst zum Opfer fiel.

Pierre Amiet

Unter den im Ischtartempel von Mari gefundenen Weihfigürchen spricht uns dieses Ehepaar, das sich eng umschlungen hält, auch heute noch an (um 2400 v. Chr.).

Die erste Stadtkultur Indiens

HARAPPA

Um die Mitte des 3. Jahrtausends v. Chr. bauten Menschen im Industal nach den ersten regelmäßigen Stadtplänen Metropolen, die angelegt waren wie moderne Großstädte.

Im Jahr 1856 hatten zwei englische Eisenbahningenieure, die Brüder John und William Brunton, in Indien mit dem Bau der Bahnlinie Lahor-Karatschi begonnen. Da sie im Schwemmland des Industals kaum Steine für die Bettung des Schienenstrangs fanden, kamen sie auf eine Idee, die ihr Problem zwar löste, für die archäologische Forschung jedoch verhängnisvoll war: Sie nutzten die riesigen Mengen von Backsteinen der Ruinenhügel, die im Süden nahe dem Dörfchen Brahminabad und im Norden bei Harappa lagen. Als die Arbeiter die Ziegelberge abtrugen, stießen sie immer wieder auf kleinere Gegenstände, Statuetten und Stempelsiegel mit unbekannten Schriftzeichen. Danach gerieten diese Entdeckungen mehr oder weniger in Vergessenheit, bis im Jahr 1921 John Marshall, der Direktor des Archäologischen Dienstes Indiens, das Gelände um Harappa aufkaufen ließ und an mehreren Stellen zu graben anfing. Zur gleichen Zeit begann man 640 km weiter südlich, in Mohendscho-Daro (das heißt: Ort der Toten) bei Brahminabad, ebenfalls mit Ausgrabungen. An beiden Plätzen führten die Arbeiten zu sensationellen Ergebnissen. Man brachte die Ruinen von Städten ans Tageslicht, die mehr als 2000 Jahre v. Chr. da entstanden waren, wo heute nur armselige Dörfer liegen. Weit und breit fanden sich keine Vorstufen einer städtischen Entwicklung. Es schien, als habe sich ein fremdes, hochzivilisiertes Volk an den Ufern des Indus niedergelassen und dort Städte gebaut.

Harappa liegt nicht weit von einem alten Bett des Rawi und Mohendscho-Daro an einem früheren Lauf des Indus. Beide Städte waren fast nach dem gleichen Plan angelegt worden. Bei beiden erhob sich im Westen auf einem künstlichen Hügel die Zitadelle oder Oberstadt. In der sich nach Osten anschließenden Unterstadt befanden sich die Wohnviertel. Die Gebäude der Oberstadt, alle aus Backsteinen gebaut, besaßen mit Ziegelmauern verkleidete Brunnen und Abwasserleitungen, die mit dem in der Straßenmitte verlaufenden Kanal verbunden waren. Nördlich

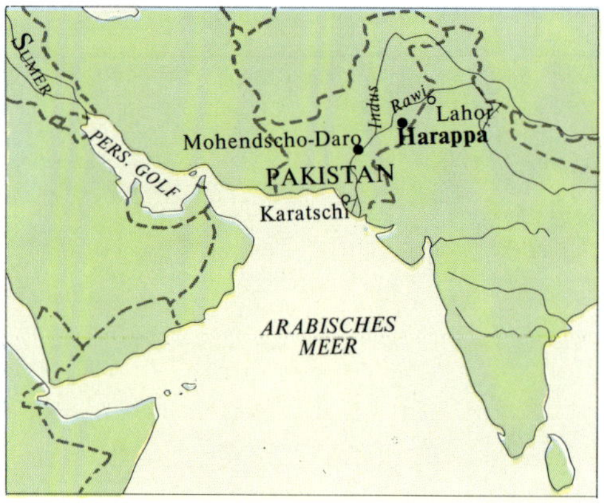

der Zitadelle von Harappa, wahrscheinlich nicht weit von den Kais am Rawi, standen die Kornspeicher der Stadt. Für die Karren, die das Getreide brachten oder abholten, gab es eigene Laderampen.

Das Handwerkerviertel

Am Fuß der Zitadelle erstreckte sich ein Viertel aus kleinen Häusern. Die rechtwinkligen Blocks, die sie bildeten, waren durch Gassen voneinander getrennt. Wahrscheinlich handelt es sich um das Arbeiterviertel von Harappa. Die sehr einfachen Wohnstätten hatten Backsteinfundamente. Im übrigen bestanden die Wände vermutlich aus Holz und mit Schilf gemischter Stampferde. Die Häuschen umfaßten einen oder höchstens zwei Räume. Die Haustür öffnete sich auf die Straße und war so angelegt, daß die Bewohner nicht indiskreten Blicken ausgesetzt waren. Die runden Plattformen aus hochkant gemauerten Ziegeln, auf denen das Getreide gemahlen wurde, sowie die Töpferöfen und Schmiedeessen, die man in der Nähe dieser Behausungen gefunden hat, weisen darauf hin, daß es sich um eine Art Industriegebiet handelte.

Südlich der Oberstadt entdeckte man ein Gräberfeld. Die Toten waren in Seiten- oder Rückenlage, mit dem Kopf nach Norden, beigesetzt worden. Die Größe der Gräber (4,50 mal 3 m) und die reichlichen Beigaben – Gefäße (bis zu 40 bei einer Bestattung), Halsketten aus Steinen oder Muscheln, Kupferringe, Spiegel aus geschliffenem Kupfer usw. – lassen erkennen, welche Beachtung die Bewohner von Harappa ihren Toten schenkten. Um mehr über das Leben in den Indusstädten zu erfahren, muß man sich die Unterstadt von Mohendscho-Daro ansehen.

Die – wahrscheinlich zum Schutz gegen Überschwemmungen – von dicken Mauern umgebene Stadt wurde nach einem ausgesprochen modern wirkenden Plan angelegt: Breite, sich rechtwinklig kreuzende Straßen begrenzten große Wohnblocks. Das öffentliche Kanalisationsnetz mit Senkgruben und Einsteigöffnungen in regelmäßigen Abständen sowie aus Ziegeln gemauerten Rinnsteinen folgte dem Lauf der Straßen. Die aneinandergebauten Häuser waren verschieden groß, aber bei allen gruppierten sich die Räume um einen nach außen hin geschlossenen Innenhof. Manche besaßen ein Obergeschoß, in das eine Ziegeltreppe führte, andere waren nur einstöckig und hatten eine Dachterrasse. In vielen Häusern gab es einen Brunnen, eine Küche und einen Baderaum. Überraschend ist die völlige Schmucklosigkeit der Gebäude. Alles scheint ganz aufs Prakti-

Ist diese Büste aus Mohendscho-Daro eine der unzähligen Darstellungen der Muttergöttin, die, wie es scheint, die Hauptgottheit der Induskultur war? Sie wurde unter verschiedenen Namen überall in Vorderasien verehrt. Das Terrakottafigürchen hatte vielleicht ursprünglich bemalte Augen. Den Hals schmückt eine dreifache Kette aus Steinen oder Muscheln. Von dem gewaltigen Kopfputz ist ein Teil abgebrochen.

sche und Zweckmäßige ausgerichtet gewesen zu sein. Nirgends durchbricht ein dekoratives Element die niederdrückende Monotonie, die von den Ruinen ausgeht. In dieser Stadt ohne Zierat und ohne Fröhlichkeit spricht alles mehr von Arbeit als von Festen.

Ein Händlervolk

Die Menschen der Induskultur trieben Handel, und sie kannten und benutzten eine Schrift. In fast allen Städten des Industals und sogar in Sumer, wohin sie Händler gebracht haben, hat man ihre quadratischen Stempelsiegel gefunden. Darauf waren Zeichen eingeschnitten, die man bisher nicht deuten konnte, sowie Tiere oder andere figürliche Darstellungen. Auch Töpferwaren und Werkzeuge sind mit solchen Zeichen versehen. Zweifellos handelt es sich um eine Schrift. Aber um was für eine? Und welche Sprache gab sie wieder? Dieses Rätsel ist bis heute nicht gelöst, denn jede der gefundenen Inschriften besteht nur aus einer sehr geringen Anzahl von Zeichen – vier bis zehn –, was keine Entzifferung zuläßt. Wahrscheinlich konnten die Bewohner der Indusstädte oder zumindest ein Teil der Oberschicht lesen und schreiben. Sie schrieben wohl mit Pinsel und

Dieses in Speckstein geschnittene Siegel zeigt ein Zebu oder Buckelrind vor einer Futterkrippe. Tiere scheinen in der Induskultur eine große Rolle gespielt zu haben.

Auf solchen Ziegelplattformen wie dieser in Harappa zerstampften die Arbeiter in Holzmörsern, die in der Mitte standen, mit Holzstößeln das Getreide. Man hat hier Körner der Gerste und des wilden Weizens gefunden.

Tinte auf Pflanzenblätter, doch hat sich von diesem leicht verderblichen Material nichts erhalten. Die wesentlichsten schriftlichen Dokumente, die wir kennen, sind die Speckstein-, Ton- und Kupfersiegel. Aber selbst wenn es gelänge, sie zu entziffern, würden wir aus ihnen vermutlich nur den Namen des Besitzers erfahren, denn sie dienten hauptsächlich als Herkunftsstempel. Mit ihnen versiegelte man die Warenballen.

Die meisten dieser Stempelsiegel gehörten der reichen Händlerkaste, den Herren der Zitadellen, die zu Wasser und zu Lande mit den anderen Städten des Industals und mit Sumer Handel trieben. Es ist kaum anzunehmen, daß sie von den geplagten Leuten benutzt wurden, die in den Arbeitervierteln der Städte wohnten und arbeiteten oder auf dem Lande Weizen, Gerste, Erbsen und Sesam anbauten, aus dem sie Öl preßten, sowie Baumwolle, die die Frauen zu Stoffen verarbeiteten. Man weiß nicht, ob die Bewohner dieser Städte Großwild jagten – die Nashörner, Elefanten, Tiger und Dschungelrinder, die damals die Ufer des Indus bevölkerten. Der Esel diente, wie auch heute noch, als Lasttier, und die Ochsen zogen die mit Korngarben beladenen Karren, die große Scheibenräder hatten, zum Getreidespeicher, während die Hunde um sie herumsprangen.

Die Menschen scheinen sowohl kinderreich als auch kinderlieb gewesen zu sein, wenn man das aus den unzähligen beweglichen Tonspielsachen schließen darf. Die Frauen, die prächtigen Schmuck und einen oft aufwendigen Kopfputz trugen, brachten eine elegante Note in das nüchterne Straßenbild, wo sich Karren drängten und eilige Händler und Handwerker – Zimmerleute, Korbflechter, Spinnerinnen, Kupferschmiede – aneinander vorbeihasteten. An den Kais des Flusses wurden die Boote und Schiffe der wohlhabenden Kaufleute be- und entladen. Mit dem Wiegen und Messen der Waren nahm man es sehr genau. Eine Einheit des Gewichtssystems entsprach etwa 13,625 g, und die Harappa-Elle, von der ein bronzenes Exemplar gefunden wurde, maß etwa 0,526 m.

Werke und Tage

Die rastlose Geschäftigkeit, die den Alltag der Städte im Industal bestimmte, ließ den Menschen anscheinend wenig Zeit für Kunst und Religion. Man hat zwar einige fein gearbeitete Steinplastiken und sehr viele Tonfigürchen ausgegraben, jedoch bis jetzt keine einzige große Statue. Die Tonfigürchen stellen nackte, bärtige Männer und Frauen mit üppigen Formen dar. Einige verkörpern vielleicht die große Muttergottheit, die damals im ganzen Vorderen Orient verehrt wurde.

Alles in allem dürfte sich das Leben in diesen Städten nicht sehr von dem unterschieden haben, das man noch heute in den großen Dörfern der Region führt. Das Klima war vermutlich das gleiche. Es gab allerdings sehr viel mehr wilde Tiere, während die landwirtschaftlichen Erzeugnisse, sieht

DIE GETREIDESPEICHER VON HARAPPA

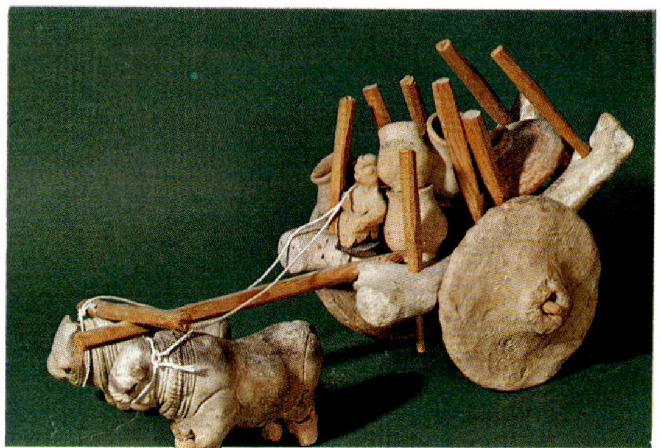

Beladener Ochsenkarren: Terrakottaspielzeug aus Mohendscho-Daro

Der Ackerbau war für die Menschen der Induskultur von größter Bedeutung und bildete eine der wichtigsten Quellen ihres Reichtums. Deshalb lagerte man die landwirtschaftlichen Grundprodukte, nämlich das Getreide – vor allem Gerste und Weizen –, in Speichern, wo sie vor Räubern, Nagetieren und auch vor den in dieser flachen Gegend häufigen Überschwemmungen sicher waren. Die Getreidespeicher von Harappa standen unmittelbar am Ufer des Rawi, und es ist denkbar, daß das Getreide auf dem Fluß verschifft wurde. Die Speicheranlagen bestanden aus zwei durch eine Zufahrtsstraße (3) getrennten Gebäuden (1, 2) mit je sechs Speicherräumen, die jeweils etwa 15 mal 6 m groß waren. Zur Trockenhaltung des Getreides hatte man zwischen ihnen Gänge (4) angelegt, durch die die Luft strich. Die Speicherräume (5) selbst waren wahrscheinlich aus Holz gebaut. Sie erhoben sich auf massiven, mit Backsteinen verkleideten Lehmziegelplattformen (6). An jeder Plattform befand sich eine Rampe, wo die Karren abgeladen wurden. Die Karren hatten schwere Scheibenräder und waren mit Ochsen bespannt. Mit Stricken zogen Männer die Garben zum Holzspeicher hinauf. Außer den Lüftungsgängen zwischen den einzelnen Speicherräumen gab es noch Lüftungskanäle unter dem Boden, die in dreieckigen Öffnungen (7) endeten. Zwischen dieser Speicheranlage und der Zitadelle von Harappa reihten sich die Lehmhäuser der Bauern und Arbeiter, in deren Nähe die Plattformen lagen, auf denen man das Korn mahlte. Bei Hochwasser wurden diese kleinen Häuser wahrscheinlich zerstört, während die Getreidespeicher verschont blieben. In ihnen wurde auch das überschüssige Getreide gelagert, bis es exportiert wurde, wahrscheinlich im Austausch gegen Kupfer und Zinn.

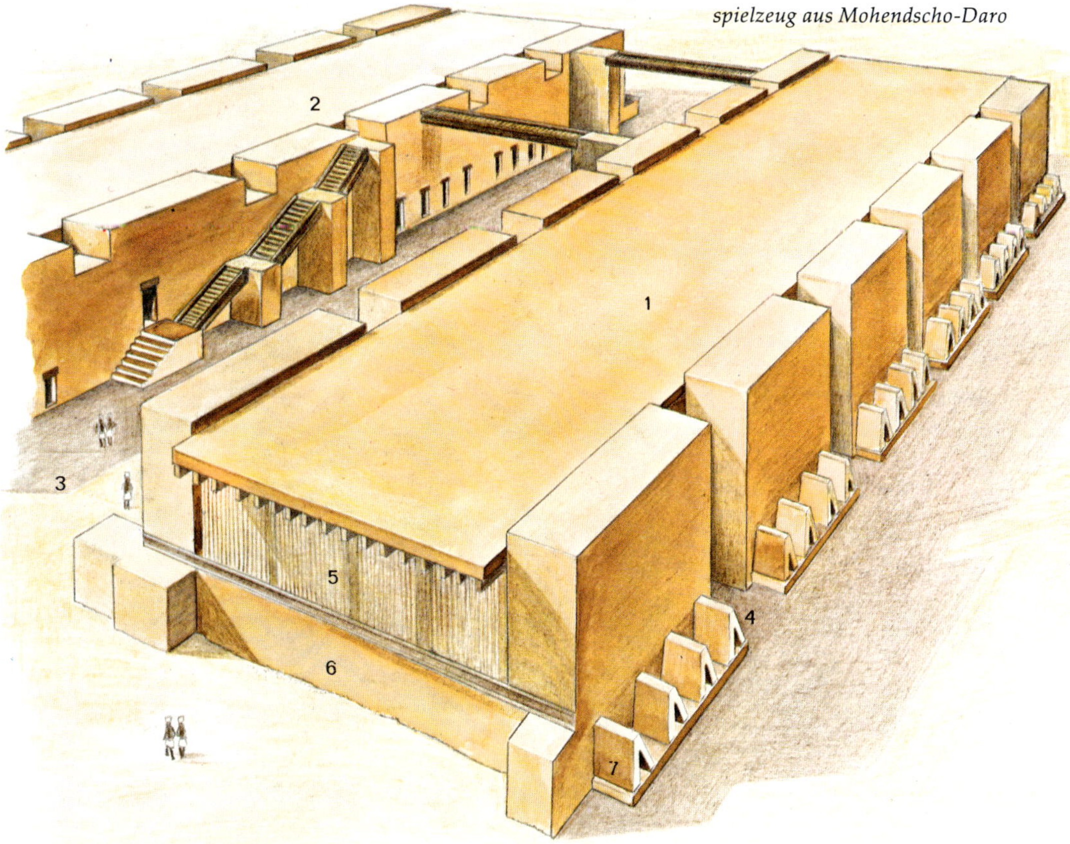

Einsitziger Wagen: Terrakottaspielzeug aus Mohendscho-Daro

man von Reis ab, der erst später hinzukam, fast identisch mit den heutigen waren. Eisen kannte man noch nicht. Statt dessen verwendete man Stein- und Kupferwerkzeuge sowie Ton- und Holzgefäße. Das Leben floß friedlich dahin, und es sieht nicht so aus, als seien die Händler und Bauern von Harappa Krieger gewesen.

Mehr als 1000 Jahre lang führten die Bewohner Harappas, Mohendscho-Daros und der anderen Industädte ein arbeitsames, ruhiges und wohlorganisiertes Leben. Doch um 1500 v. Chr. wurden diese Orte plötzlich aufgegeben. Wahrscheinlich zerstörten wiederholte Überschwemmungen die Ernten, Felder und Speicher und unterspülten die Befestigungswälle der Zitadellen. Die verarmten Städte wurden eine leichte Beute räuberischer Scharen, die auf der Flucht vor den ersten indogermanischen Eindringlingen von den Bergen in das Industal hinabgestiegen waren. Die nicht an den Umgang mit Waffen gewöhnten Städter wurden niedergemetzelt, und man hat ihre Skelette in der Stellung gefunden, in der sie vom Tod überrascht wurden. Wahrscheinlich waren die Städte damals bereits weitgehend entvölkert. Mit jeder Überschwemmung waren nämlich die Schäden größer und die Instandsetzung der Mauern mühsamer geworden. Schließlich fehlten die Arbeitskräfte für die immer umfangreicheren Reparaturen, und der Wohlstand der Städte schwand dahin. Die Ruinen wurden von Schwemmland und Sand begraben, und die Städte gerieten bald in Vergessenheit. Weiter südlich und sogar im Gangestal entstanden von der Induskultur beeinflußte neue Städte, die sich aber nicht lange behaupten konnten. Einige Jahrhunderte lang war die Hochkultur in Indien von der Bildfläche verschwunden.

Wird man eines Tages herausfinden, wer die Leute von Harappa und Mohendscho-Daro waren, woher ihre Kultur stammte, welche religiösen Vorstellungen und welche Gesellschaftsform sie hatten? Und wird man jemals ihre Schrift entziffern und ihre Sprache kennenlernen?

Louis Frédéric

FRÜHE LANDWIRTSCHAFT

9000 Jahre vor Beginn unserer Zeitrechnung schweiften die in Sippen zusammenlebenden Menschen noch immer unstet umher und ernährten sich wie ihre fernen Ahnen vom Sammeln und Jagen. Keine 7000 Jahre später hatte sich ein Teil der Menschheit bereits schon länger in Städten angesiedelt, und es gab gut organisierte Staaten. Am Anfang dieser erstaunlichen Entwicklung steht die sogenannte neolithische Revolution: Innerhalb weniger Jahrtausende domestizierte der Mensch bestimmte Tiere und erfand den Ackerbau, zwei Errungenschaften, die ungeahnte Folgen haben sollten. Die Sippen wurden seßhaft, gründeten Dörfer und Städte; es bildeten sich neue Gesellschaftsstrukturen heraus, und die Technik spezialisierte sich zunehmend. Ohne diese Voraussetzungen hätte es nie Hochkulturen gegeben.

▲ Ährenträger auf einem mesopotamischen Siegelzylinder aus Kalkstein (4.–3. Jahrtausend v. Chr.)

Die Hauptverbreitungsgebiete der Getreidearten Weizen, Gerste, Mais, Reis und des Manioks sind in abgestuften Farbtönen dargestellt. Die dunkelsten Töne heben die Regionen hervor, in denen die betreffende Pflanzenart wild wuchs. Die Pfeile geben die Richtung ihrer Ausbreitung an. Die Bildsymbole zeigen, woher andere bekannte Kulturpflanzen und Nutztiere stammen und wohin sie sich schon früh verbreitet haben.

Einen pflügenden Bauern zeigt die Abrollung eines iranischen Siegelzylinders (6.–5. Jahrhundert v. Chr.) ▶

Schnitter mit Sicheln auf einer ägyptischen Wandmalerei im Grab des Menna in Theben (18. Dynastie) ▶

Der Fries von El-Obeid (Mesopotamien) aus Kalkstein, Kupfer und Schiefer stellt eine Molkerei dar (3. Jahrtausend v. Chr.) ▼

▲ Weinlese auf einer ägyptischen Wandmalerei im Grab des Nacht in Theben (18. Dynastie)

▲ Männer beim Keltern: Teil eines gallorömischen Mosaiks, genannt Kalender von Saint-Romain-en-Gal (3. Jahrhundert n. Chr.)

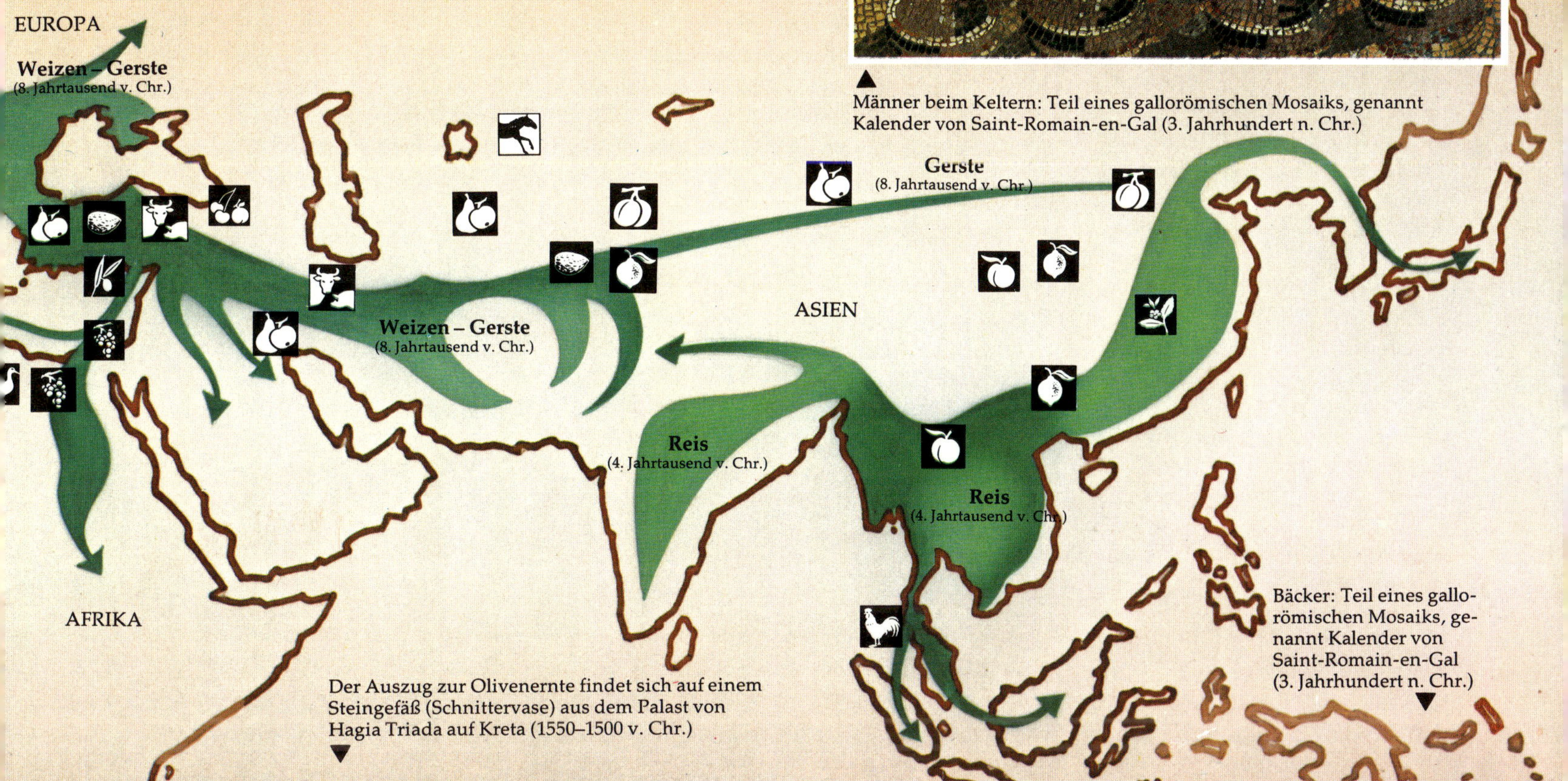

Der Auszug zur Olivenernte findet sich auf einem Steingefäß (Schnittervase) aus dem Palast von Hagia Triada auf Kreta (1550–1500 v. Chr.) ▼

Bäcker: Teil eines gallorömischen Mosaiks, genannt Kalender von Saint-Romain-en-Gal (3. Jahrhundert n. Chr.) ▼

Die Heimat Abrahams

UR

An den Ufern des Euphrats blühte im 3. Jahrtausend v. Chr. ein mächtiger Stadtstaat mit Priestern, Schreibern, Handwerkern und Soldaten.

„Terach zeugte Abram, Nahor und Haran; Haran zeugte Lot. Dann starb Haran vor seinem Vater Terach in seiner Heimat Ur in Chaldäa ... Terach nahm seinen Sohn Abram, seinen Enkel Lot, den Sohn Harans, und seine Schwiegertochter Sarai, die Frau seines Sohnes Abram, und sie wanderten miteinander aus Ur in Chaldäa aus, um in das Land Kanaan zu ziehen. Als sie aber nach Haran kamen, siedelten sie sich dort an."

Von Ur in Chaldäa also brach der Stamm des Terach auf, aus dem das Volk Israel hervorging. Diese semitischen Nomaden stammten aus Arabien. Sie waren aber weder echte Beduinen, die von der Kamelzucht lebten, noch Karawanenführer, sondern Hirten, die mit ihren Schafherden von einem Weideplatz zum anderen wanderten. Ein Teil des Stammes zog später unter Abrams Führung nach Kanaan, wo der betagte Patriarch seinen Bund mit Gott schloß und den Namen Abraham erhielt, der als Vater vieler Völker interpretiert wurde. Manche Autoren haben das Ur der Chaldäer zwischen den Quellen des Tigris und des Euphrats im Osten der heutigen Türkei zu finden gesucht, jedoch ohne einen überzeugenden Beweis dafür zu erbringen. Inzwischen sind sich die meisten Archäologen und Bibelwissenschaftler einig, daß Ur in Chaldäa identisch ist mit der berühmten sumerischen Stadt in Südmesopotamien.

Die nach dem größten Ruinenhügel Tell el-Muqajjar genannte Stätte, die das biblische Ur barg, liegt in einer weiten, sandigen Wüstenebene, etwa 10 km vom gegenwärtigen Lauf des Euphrats und mehr als 100 km vom Persischen Golf entfernt. Mitte des vorigen Jahrhunderts, als noch keine Ausgrabungen stattgefunden hatten und nur die sandbedeckte Masse der Zikkurat die Wüste überragte, muß es fast undenkbar erschienen sein, daß hier vorzeiten eine der herrlichsten Städte Sumers gelegen haben soll. Auch ihr Ausgräber, Sir Leonard Woolley, wird sehr überrascht gewesen sein, als er nach der Freilegung des heiligen Bezirks, der die Zikkurat und die Tempel umschloß, die Königsgräber mit ihren Schätzen entdeckte: den Dolch und den goldenen Prunkhelm des Meskalamdug, Harfen mit Stierköpfen aus Goldblech, feinziselierten Goldschmuck im Grab der Königin Puabi – alles Zeugnisse des unermeßlichen Reichtums der Stadt Ur um die Mitte des 3. Jahrtausends v. Chr. Aus einigen Inschriften kennen wir die Namen der fürstlichen Persönlichkeiten, die in diesen Gräbern bestattet worden waren, aber sonst wissen wir nichts über sie.

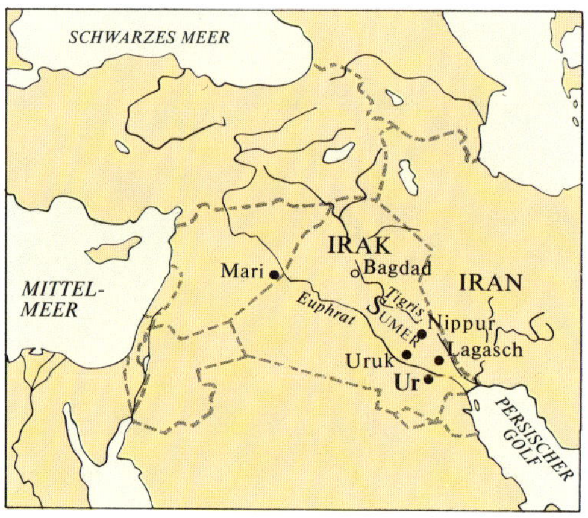

In jener Zeit lebte dort im Süden Mesopotamiens seit etwa 1000 Jahren ein Volk, dessen Ursprung im dunkeln liegt: die Sumerer. Das Sumerische gehört zu den sogenannten agglutinierenden Sprachen. Das sind Sprachen, bei denen an ein im allgemeinen einsilbiges Wurzelwort unveränderliche Bildungssilben angehängt werden, die den Sinn der Wurzel ändern oder ihre Rolle im Satz bestimmen, wie das auch bei den finnisch-ugrischen und türkisch-mongolischen Sprachen der Fall ist. Deshalb wäre es denkbar, daß sie aus Zentralasien kamen. Doch aufgrund gewisser Analogien des Sumerischen mit den Sprachen Südindiens nehmen manche Wissenschaftler an, daß die Urheimat der Sumerer der Dekkan sein könnte.

Jedenfalls war dieses Volk zu Anfang des 3. Jahrtausends v. Chr. in Südmesopotamien schon länger seßhaft und hatte dort Stadtstaaten gegründet, die sich gegenseitig die Vorherrschaft über dieses Gebiet streitig machten. Schließlich setzte ein semitischer Herrscher, Sargon von Akkad, im 24. Jahrhundert v. Chr. ihren Rivalitäten ein Ende, indem er in Mesopotamien ein Reich errichtete, das sich bis zum Mittelmeer erstreckte. Als dieses Reich zwei Jahrhunderte später zerfiel, trat Ur seine Nachfolge an, und die großen Könige der 3. Dynastie (um 2150–2000 v. Chr.) herrschten über das „Land zwischen den Flüssen", das Land zwischen Euphrat und Tigris. Das Imperium von Ur reichte bis Ebla in Innersyrien und bis Byblos am Mittelmeer. Ur stand nun auf dem Höhepunkt seiner Macht.

Eine Stadt inmitten von Feldern

Ende des 3. Jahrtausends v. Chr. bot die Landschaft, in der Ur lag, einen ganz anderen Anblick als heute. Statt der Wüste dehnten sich einst sorgfältig bewässerte Felder und Obstgärten aus. Auf dem Weg, der von Norden kam,

Dieser Ausschnitt aus der berühmten Mosaikstandarte von Ur zeigt den König bei einer Siegesfeier. Es handelt sich um eine Einlegearbeit aus Lapislazuli, Muscheln und rotem Kalkstein, auf der Kriegs- und Friedensszenen dargestellt sind. Gefunden wurde sie in einem der Königsgräber von Ur (um 2500 v. Chr.).

zogen Karawanen von Eseln und Onagern, die vor schwere Karren mit vier Scheibenrädern – sicher eine sumerische Erfindung – gespannt waren. Vielleicht war das Dromedar noch nicht gezähmt, oder man benutzte es noch selten. Aber man begegnete bereits Pferden; es waren sehr teuere Tiere, die aus den Steppen Zentralasiens und aus den Gegenden nördlich des Schwarzen Meers stammten.

Wenn man sich Ur näherte, erblickte man zunächst die eindrucksvolle Silhouette der Zikkurat vor einem oft durch Sandstürme verfinsterten Himmel. Der Euphrat, der so häufig sein Bett gewechselt hat und heute weit von den Ruinen entfernt fließt, umspülte damals die Stadtmauern. Lange Zeit hindurch dachte man, daß der Persische Golf im Altertum viel tiefer ins Land schnitt und bis Ur reichte. Wahrscheinlich ist jedoch, daß die Schiffe über eine Reihe von Lagunen zum Meer gelangten oder einfach den Euphrat hinabfuhren. Woolley hat westlich der Stadt, vermutlich am Euphrat, und im Norden, vielleicht an einem Kanal, Überreste von Hafenanlagen gefunden. Ur verfügte also über Docks, Lagerhäuser und Kais. Die Stadt bedeckte eine Fläche von etwa 60 ha. Im Schutz ihrer gewaltigen Mauern aus sonnengetrockneten Lehmziegeln lebte eine arbeitsame Bevölkerung von schätzungsweise 24000 Menschen. Das scheint eine bescheidene Einwohnerzahl für die Hauptstadt eines großen Reiches zu sein. Aber vergessen wir nicht, daß wir uns erst in der Frühzeit der Stadtkulturen befinden. Vor den Sumerern waren auch größere Siedlungen im Grunde nie etwas anderes gewesen als Dörfer, selbst wenn sie, wie Jericho, Mauern besaßen. Es waren die Sumerer, die die Stadt mit ihren verschiedenen Vierteln, Palästen und Kultzentren geschaffen haben. Diese ersten wirklichen Städte hatten sich in Agrargebieten gebildet, deren Bevölkerung sie nur zu einem kleinen Teil in ihren Mauern aufnehmen konnten.

Die Straßen von Ur waren eng. Sie verliefen geradlinig oder schlängelten sich zwischen den Blocks der Häuser hindurch, die sich Wand an Wand drängten. Die Texte erwähnen auch

DIE ZIKKURAT VON UR

Die einst über 20 m hohe Zikkurat mißt an der Basis 62 mal 43 m. Breite Treppen führten von Stockwerk zu Stockwerk bis hinauf zu dem Tempel des Mondgottes Nanna, der einst das Bauwerk krönte. Die mesopotamischen Stufentürme besaßen einen Kern aus luftgetrockneten, mit Asphalt vermauerten Lehmziegeln und waren mit Backsteinen verkleidet. Zur Verankerung benutzte man Pfosten und legte Schilfrohrmatten zwischen einzelne Lagen. Die Zikkurat von Ur stammt aus dem 21. Jahrhundert v. Chr. Um sich in den Haupttempel am Fuß des Stufenturms zu begeben, mußte die Gottheit zunächst vom Himmel in das ihr geweihte Heiligtum auf der obersten Plattform hinabsteigen. Die Zikkurat bildete also die Verbindung zwischen Himmel und Erde, zwischen Mensch und Gott.

breite Alleen und sogar einen großen öffentlichen Park. Im Norden der Stadt lag der heilige Bezirk, von den Sumerern Ekischnungal, „Haus des Lichts des großen Himmels", genannt, mit den Heiligtümern und deren Nebengebäuden. Auf einer mauergesäumten Terrasse erhob sich die Zikkurat, der Tempelturm. Den Zugang bildete ein riesiger Hof, der, wie die Zikkurat selbst, dem Mondgott Nanna, dem Schutzgott von Ur, geweiht war. Links stand hinter einer dicken Mauer der Tempel der Göttin Ningal, der Gemahlin des Nanna. In dem Winkel zwischen dem Hof des Nanna und dem Sockel der Zikkurat diente ein Bauwerk mit der Bezeichnung Enunmach entweder dem Götterpaar Nanna und Ningal als Wohnung oder als Schatzhaus für die Geschenke, die dem Tempel gespendet wurden. Am Ende dieses Baukomplexes befand sich das Eschursanga, das „Haus des Berges". Es scheint der Palast gewesen zu sein, in dem die Könige der 3. Dynastie von Ur residierten, ein recht schlichtes Gebäude, verglichen mit dem Tempel der Ningal oder dem Königspalast von Mari.

Die Wohnhäuser in Ur waren noch bescheidener. Ihr Fundament bestand aus Backsteinen, der Aufbau aus luftgetrockneten Ziegeln. Die Mauern waren fensterlos, und das Tageslicht fiel nur durch die Türen ein. Die Wohnräume gruppierten sich um einen zentralen Hof. Manche Häuser besaßen auch ein oberes Stockwerk, dessen Räume sich zum Hof hin auf eine hölzerne Galerie öffneten. Die vornehmsten umfaßten sehr viele Räume – Schlafzimmer, Empfangshallen, Küche, Badestube, Gesindekammern und sogar eine Hauskapelle. Das Mobiliar war ziemlich einfach. Die meisten Leute schliefen auf Matten. Es gab aber auch Betten. Am häufigsten waren Sitzmöbel: Hocker, auch Klapphocker, ferner Stühle mit hoher Rükkenlehne. Man benutzte auch niedrige Tische und Truhen aus Holz oder Korbgeflecht. Auf den Backsteinfußböden lagen entweder Schilfmatten oder Tierfellteppiche, und Wollbehänge schmückten die Wände. Das gewöhnliche Geschirr war aus Ton. In den Häusern der Reichen verwendete man auch Stein-, Kupfer- und sogar Goldgefäße.

Familie und Schule

Wie in allen Kulturen der Antike war die Familie die wichtigste Einheit der Gesellschaftsordnung. Ihre Mitglieder bildeten ein unauflösliches Ganzes. Das Privateigentum, insbesondere Häuser und Grundbesitz, gehörten nicht dem einzelnen, sondern der Familie. Der Vater besaß uneingeschränkte Macht über seine Kinder und seine Frau. „Wenn ein Ehemann zu seiner Ehefrau sagt: ‚Du bist nicht mehr meine Frau', muß er eine halbe Mine Silber zahlen." Der Mann konnte also seine Frau verstoßen, indem er eine halbe Mine Silber oder, gemäß dem Kodex Urnammu, eine ganze Mine (Gewichtseinheit unterschiedlicher Größe, entsprach etwa unserem Pfund) zahlte. „Wenn eine Ehefrau, die ihren Ehemann nicht mehr liebt, zu ihm sagt: ‚Du bist nicht mehr mein Gatte', soll man sie in den Fluß werfen." Verführte eine verheiratete Frau einen Mann, wurde sie getötet, während der Mann frei ausging. Aber ein Sohn, der seine Mutter verleugnete, konnte aus dem Haus gejagt werden, und der Vater hatte das Recht, seine Kinder als Sklaven zu verkaufen; auch eine Witwe besaß dieses Recht. Eine Mutter konnte ihr Einverständnis zur Heirat des Sohnes verweigern. Gemäß dem Gesetzbuch des Lipitischtar von Isin (20. Jahrhundert v. Chr.) konnte ein Mann eine zweite Ehefrau haben; die Kinder dieser zweiten Ehefrau waren genauso erbberechtigt wie die der ersten. Er konnte auch Sklavinnen zu Konkubinen nehmen und ihnen zusammen mit den Kindern, die sie ihm gebaren, die Freiheit schenken; diese Kinder hatten jedoch keine Erbansprüche. Das gleiche Gesetzbuch erlaubte dem Mann nicht nur, zwei Ehefrauen und Konkubinen zu haben, sondern auch Prostituierte aufzusuchen, die in den öffentlichen Parks ihr Gewerbe ausübten. Wenn er mit einer von ihnen ein Kind zeugte, mußte er für dessen Unterhalt aufkommen. Er durfte jedoch die Mutter nicht in sein Haus nehmen, solange seine Ehefrau darin lebte.

Die meisten Kinder wuchsen völlig frei auf. Sie trieben sich auf den Straßen herum, spielten oder badeten im Euphrat, wie es die Kinder im Irak auch heute noch tun. Wenn sie aus bescheidenen Verhältnissen stammten, halfen sie schon sehr früh ihren Eltern bei der Arbeit. Die Schule, genannt „Tafelhaus", nahm nur Kinder wohlhabender Familien auf, da allein diese die Kosten für eine umfassende Ausbildung tragen konnten. Eine Untersuchung von Tontafeln, auf denen Namen und Herkunft von 500 Schreibern vermerkt sind, ergab, daß sie Söhne von „Stadtvätern", Gesandten, Statthaltern, Tempelbeamten, Priestern, Schreibern, Archivaren, Buchhaltern, Steuereinnehmern, Offizieren, Schiffskapitänen, Baumeistern, Aufsehern und Verwaltern waren. Nur eine einzige Frau ist unter diesen Schreibern genannt, aber man weiß nicht, ob sie in einer öffentlichen Schule oder im Elternhaus erzogen wurde.

Der König spendet dem Mondgott Nanna ein Trankopfer. Auf diese Weise huldigt er dem eigentlichen Herrscher der Stadt, dem Gott, dessen Stellvertreter er ist. Das Bild zeigt einen Ausschnitt aus einer Stele des Königs Urnammu (2111–2094 v. Chr.).

Die Ausbildung begann in frühester Jugend und dauerte viele Jahre, bis zum Erwachsensein. Nachdem das Kind morgens ein Stück Brot gegessen hatte, begab es sich zum Tafelhaus, das der „Vater des Tafelhauses" leitete; die Lehrer waren die „älteren Brüder". Es ging mit der Truppe der anderen Schüler in den Schulhof und setzte sich zu Füßen des Lehrers. Hier arbeitete der Schüler, der „Sohn des Tafelhauses", das am Vortag beschriebene Täfelchen durch, bevor er ein neues beschrieb. Zwischendurch nahm er eine Mahlzeit zu sich, dann ging er wieder nach Hause und sagte seinem Vater den gelernten Text auf. Bei den abgeschriebenen Stücken handelte es sich um epische Erzählungen, Legenden, Hymnen, Sprichwörter, aber auch Wortlisten, geordnet nach Wortgruppen wie Pflanzen- und Tiernamen, Steine, Länder und Städte. Die Lehrer unterrichteten auch Grammatik und Mathematik. Ein

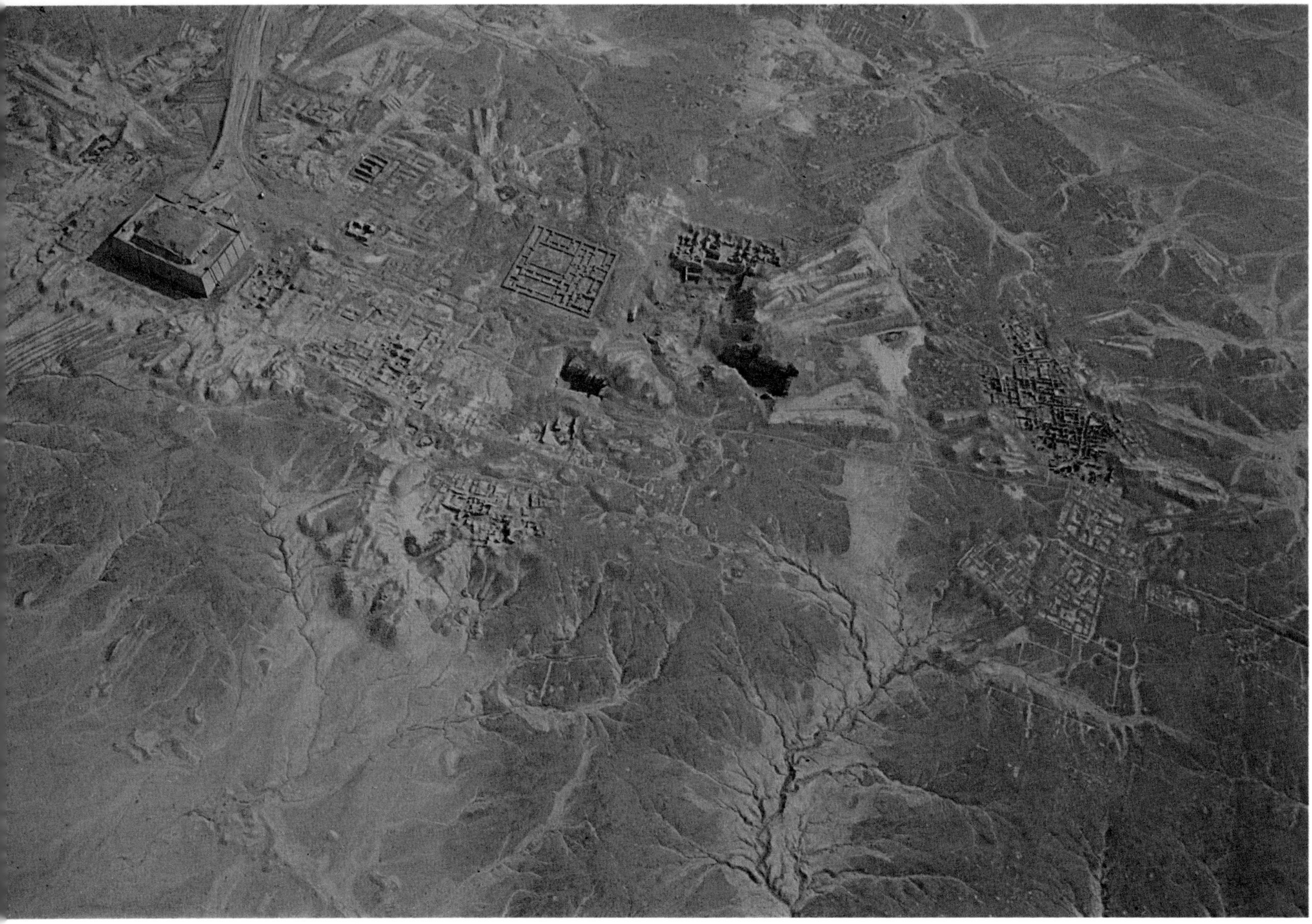

Das riesige Ruinenfeld auf dem Luftbild ist nur ein Teil der Fläche von 60 ha, die einst die Stadt Ur einnahm. Oben links erkennt man die Zikkurat. Der Palast der Könige Urnammu und Schulgi befand sich in der Mitte, das Wohnviertel rechts.

„Hüter der Peitsche" sorgte für Disziplin und bestrafte die faulen Schüler.

Aus diesen Schulen kamen die in der Tempel- und Palastverwaltung unentbehrlichen Schreiber, aber auch die Priester und die geistige Elite des Staates. Sogar König Schulgi, einer der bedeutendsten Herrscher der 3. Dynastie, hatte eine solche Schule besucht und rühmte sich, ein „weiser Schreiber der Nisaba", der Göttin der Schreibkunst, zu sein. Die Mehrzahl der unzähligen Beamten, die das Reich Ur beschäftigte, kamen ebenfalls aus diesen Schulen. Der Verwaltungsapparat war streng hierarchisch gegliedert, und die Beförderung eines Staatsdieners hing oft von politischen Erwägungen oder der Gunst des Königs ab. So war zum Beispiel einmal ein gewöhnlicher Kurier, also ein Mann, der Provinzgouverneuren Nachrichten aus der Hauptstadt überbrachte, Sklavenkolonnen führte oder Lebensmittel- und Baumaterialtransporte überwachte, ein *Schabra*, ein Tempelverwalter, geworden; auch ein Schreiber, der zunächst Katastervorsteher gewesen war, hatte später den Posten eines Tempelverwalters erhalten. Manche Beamten erlangten beträchtliche Machtbefugnisse, indem sie mehrere Funktionen ausübten. So etwa war der Kurier Irnanna ein *Sukkalmah* geworden, das heißt Leiter der königlichen Kanzlei und Chef der Kuriere. Später wurde er auch noch *Ensi* (Stadtfürst) von sechs Städten und *Schagin* (Militärgouverneur) der Ostprovinzen. Viele Beamten waren in der Verwaltung der Güter tätig, denn der Boden gehörte zum größten Teil dem König und den Tempeln.

Die Kuriere wurden in alle Landesteile ausgeschickt. Begleiten wir zum Beispiel Naramili auf seiner Reise nach Puzyrisch-Dagan und Lagasch nordwestlich von Ur. Eine kleine Eskorte, mit Lanzen und Dolchen bewaffnet, ritt mit ihm. Die Wege waren zwar im allgemeinen sicher, aber es kam vor, daß aus der Wüste plötzlich eine Horde räuberischer Nomaden auftauchte und die Reisenden überfiel. Nachdem die Eseltreiber ihre Tiere beladen hatten, verließ eines Morgens die kleine Truppe Ur und mischte sich unter die Karawanen der Nomaden und der Bediensteten von Tempel und Palast.

Szenen aus dem Landleben

Sehr bald erreichte sie die Felder. Alle waren eingezäunt, damit umherirrende Rinder sie nicht zertrampelten. Einige

Landleute hatten auf Geheiß eines alten Bauern die Schütze der Bewässerungskanäle geöffnet und beobachteten aufmerksam das Steigen des Wassers, um die Schütze sofort wieder zu schließen, wenn die Äcker genügend bewässert waren. Man hatte den Boden mit der Hacke bearbeitet, denn jetzt war die Zeit der Aussaat. Auf einem Feld zogen zwei Ochsen einen Hakenpflug mit hölzerner Spitze und einem großen Trichter, durch den die Körner langsam in die frisch geöffnete Furche fielen. Ein Bauer führte das Gespann, und während der Pflüger die Sterze fest in den Händen hielt, schüttete ein Knecht Korn in den Trichter und zerkrümelte größere Erdklumpen oder warf sie weit weg, damit sie nicht die ersten Triebe behinderten.

Am Feldrain saßen ein paar Kinder. Sie reparierten den Griff einer Ochsenpeitsche. Andere holten eine neue Pflugspitze, wenn die alte zum Furchenziehen zu abgenutzt war. Naramili sah zu, wie die Bauern säten. Er wußte, daß das Korn einige Monate brauchen würde, um im Schoß der Erde zu keimen, bevor es im Frühjahr mit Dumuzi, dem Hirten- und Vegetationsgott und jungen Geliebten der Göttin Ischtar, wieder zum Leben erwachte. Wenn Dumuzi starb und in die Unterwelt hinabstieg, fanden Kulthandlungen statt: Klageweiber begleiteten die Trauerfeierlichkeiten zum Klang einer Lapislazuliflöte. Andere Feste wurden anläßlich der Auferstehung des Gottes abgehalten, der, wie eine ihm gewidmete Hymne besagte, im Getreide heranwuchs.

Naramili wußte auch, daß der Tag, an dem das Getreide zu sprießen begann, ein Festtag für den Bauern sein würde, der zu Ninkilim, der Göttin der Feld-

Die Sumerer ließen ihre Herden am Rand der Wüste weiden. Das Rind benutzten sie als Zugtier; seine gegerbte Haut lieferte ihnen Leder für Sandalen und Sattelzeug. Auf diesem Ausschnitt der Standarte von Ur führen drei Männer einen Stier im Opferzug der Siegesfeier.

In dem Opferzug sieht man auch einen Ziegenbock und zwei Schafböcke. Aus der Wolle dieser Tiere stellte man verschiedene Textilien her. Das Ziegenhaar verarbeitete man zu Säcken und Teppichen, die Schafwolle sowohl zu grobem Stoff für Lendenschurze als auch zu feinen Geweben.

Offenbar bringen die Besiegten Tribut. Voran werden Onager geführt, in Sumer gezähmte Halbesel. Ihnen folgen Lastträger mit weiterem Tribut. Auch im Alltag wurden Lasten von Menschen getragen oder in schweren Maultierkarren befördert. Bei größeren Entfernungen zog man den Transport auf dem Wasserwege oder mit Eselkarawanen vor.

Die 50 cm hohe Plastik eines Widders am Lebensbaum besteht aus Lapislazuli, Gold, Silber und Perlmutt auf einem Asphaltkern. Sie stammt aus den Königsgräbern von Ur. Die sumerischen Goldschmiede hämmerten das Goldblech kalt über einen Holzkern. Sie verstanden auch das edle Metall zu treiben, zu schweißen und beherrschten die Filigrantechnik.

mäuse, betete, damit diese nicht die nächste Ernte auffraßen. Nach der Winterruhe hatten die Bauern ohne Unterbrechung bis zur Ernte hart zu arbeiten, denn man mußte die Felder häufig bewässern, damit Weizen und Gerste wuchsen, und immer wieder die gefräßigen Vögel verjagen. Bei der Ernte gingen die Männer jeweils zu dritt, um die Ähren zu schneiden, sie zusammenzubinden und zur Tenne zu bringen. Dort wurde das Getreide mit einem Dreschschlitten entkörnt, den ein Esel oder ein Ochse fünf Tage lang zog. Die gleiche Methode wird auch heute noch im Orient angewendet. Sicher setzte man auch schon in Sumer Kinder auf den Schlitten, um ihn zu beschweren. Und wie noch immer im Orient üblich, wurde das Korn dann mit Schaufeln geworfelt und auf Rosten ausgebreitet, damit der Wind die Spreu davontrug, bevor man es einbrachte.

Naramili setzte seine Reise fort. Die Leute kannten und grüßten ihn, und er erwiderte freundlich ihren Gruß: Hier war es ein junger, nur mit einem Lendenschurz bekleideter Bauer auf einem Buckelrind, das er aufs Feld führte, da ein Fischer, der am frühen Morgen im Fluß oder in einem Kanal seine Netze eingeholt hatte und der Verwaltung den Anteil am Fang bringen würde, den er ihr jeden Monat schuldete. Die Schreiber registrierten genau, was die Leute abzuliefern hatten. Wenn zum Beispiel der Fischer nicht mit der gesamten festgesetzten Menge kam, notierte der Beamte dies auf einem Täfelchen, das erst dann zerbrochen wurde, wenn jener den Rest übergeben hatte.

Der Weg lief auch durch Gärten mit Palmen, Granatapfel- und Mispelbäumen, wo Sklaven unter der Aufsicht eines Obergärtners arbeiteten. In den Gärten entlang dem Fluß, aus dem mit Schadufs das Wasser geschöpft wurde, zogen die Gärtner das Gemüse – Zwiebeln, Linsen, Gurken, Kürbisse, Wasser- und Zuckermelonen –, das für den Markt in der Stadt und vor allem für die Magazine des Tempels und des Palasts bestimmt war. Zwischen den Feldern und Gärten standen große Bauernhäuser aus miteinander verflochtenen Schilfrohrbündeln. Rundherum spielten nackte Kinder mit den Hunden oder liefen schreiend hinter Gänsen und Enten her. Sie folgten ihnen in das graugrüne Wasser der Kanäle, wo sie so behende schwammen wie der Fischgott Ea. Neben Hütten hockten Frauen, oft nur in einem einfachen Rock, und backten auf Steinen runde Gersten- oder Weizenfladen, die zusammen mit rohen Zwiebeln und Gurken den Hauptbestandteil der täglichen Mahlzeit bildeten.

Bald danach verließ die kleine Truppe den Hauptweg und schlug einen der Pfade ein, die zum Rand der Wüste führten. Dort grasten auf kargem Weideland die Herden der Tempel, des Palasts und von Privatleuten unter dem wachsamen Auge einiger Hirten, denen Naramili ihren Lohn brachte. Er wurde in Naturalien gezahlt: Die Viehhirten erhielten Getreide, Gemüse und Bier. Während man die Tiere zusammentrieb, die Naramili mitnehmen sollte, setzten er und seine Begleiter sich unter ein Schutzdach aus Binsen und Schilfrohr. In einem nahen Pferch fütterte man Rinder gerade mit Gerste. Das schüttere Gras ernährte zwar die Schafe und Ziegen, aber Kühe und Ochsen wurden davon nicht fett. Seit dem frühen Morgen trieben die Rinderhirten die Kühe heran, um sie zu melken. Sie setzten sich hinter die Tiere und strichen die Milch in ein Schnabelgefäß, das sie anschließend in eine nach unten spitz zulaufende Amphore leerten. Sicher tranken die Rinderhirten einen Teil der frisch gemolkenen Milch, aber der größte Teil wurde zu Käse verarbeitet, den man in Formen aufbewahrte. Aus der Sahne machte man auch eine Butter in der Art des *Samn,* der Butter, die die Schäfer im Irak noch heute herstellen.

Naramili war wieder aufgebrochen und hatte eine kleine Herde von Buckelrindern, Schafen und Ziegen mitge-

Die schweren Ohrgehänge, die Halsbänder und -ketten aus Edelsteinen und der ausgefallene goldene Kopfputz wurden in den Königsgräbern von Ur gefunden (um 2500 v. Chr.).

nommen. Während der ganzen Reise sammelte er Tiere ein, um sie nach Puzurisch-Dagan, dem heutigen Drehem im Norden Sumers, nahe der heiligen Stadt Nippur, zu bringen. Dort hatte König Schulgi Parks anlegen und ein riesiges Lagerhaus errichten lassen, in das die Abgaben der sumerischen Städte sowie die Erzeugnisse der königlichen und der den Göttern geweihten Ländereien strömten. Von hier bezogen die Tempel, vor allem der von Nippur, und der Königspalast mit seinem Beamtenheer ihre Lebensmittel.

Naramilis Reise dauerte mehrere Tage. Abends machte die Karawane in einer der zahlreichen Herbergen halt, die die Könige von Ur im ganzen Reich eingerichtet hatten. Naramili traf dort andere Kuriere, die mit den verschiedensten Aufträgen betraut waren. Einige überbrachten den Statthaltern Befehle des Palasts, andere geleiteten Sklaven oder eskortierten die Karawanen, die Holz vom Libanon oder aus Elam, Bausteine vom Zagrosgebirge und vielerlei andere Waren transportierten. Tagsüber kehrten die Karawanenführer ab und zu in Schenken ein, die es nicht nur in den Städten, sondern auch auf dem Land gab. Viele davon gehörten Frauen. In einer einsamen Schenke am Ende der Welt war Gilgamesch, der mythische König von Uruk und Held eines berühmten Epenzyklus, der Schankwirtin Siduri begegnet. Da der Ort so abgelegen war, daß sich nur selten jemand dorthin verirrte, hatte sie Türen und Fensterläden verriegelt, als sie Gilgamesch näher kommen sah. In diesen Tavernen setzte man sich auf Matten oder niedrige Hocker rund um einen großen Krug Palmenwein oder Gerstenbier und trank die Flüssigkeit durch ein gebogenes Trinkrohr.

Schließlich traf die kleine Truppe in Puzurisch-Dagan ein, wo Naramili das Vieh zurückließ. Von dort begab er sich in das knapp einen Tagesmarsch entfernte Lagasch nahe dem heutigen Tello und übernahm eine Karawane mit Wolle und Fellen, den Tribut der Stadt, der zum Palast von Ur gebracht werden mußte. Das war nur ein kleiner Teil des Tributs, den Lagasch entrichtete. Er belief sich insgesamt auf 1716 Palm- und andere Baumstämme, 16854 Bündel Schilfrohr, 1233 Rinderhäute, 3230 Maß Asphalt sowie Wolle, Sesamöl und Fischtran.

Das Handwerk in Ur

Der Reichtum Urs stammte zum Teil aus den Tributen der unterworfenen Städte. Aber auch seine Handwerker, Industriebetriebe und Kaufleute trugen nicht unerheblich zu seinem Wohlstand bei. Einer der wichtigsten sumerischen Erwerbszweige war die Wollindustrie. In Ur wurden jährlich mehrere hundert Tonnen Schaf- und Ziegenwolle verarbeitet. Diese Tätigkeit oblag den Frauen, die mit der Spindel spannen und zu dritt auf waagrechten oder senkrechten Webstühlen webten. Jede dieser Dreiergruppen brauchte acht Tage, um ein 4 mal 3,50 m großes Stück Stoff anzufertigen. Man webte auch Leinwand, aber vermutlich trugen nur die Priester die feinen Leinengewänder.

Die vielen Textilbetriebe rund um die Städte beschäftigten weibliche Arbeitskräfte, darunter viele Sklavinnen. Die übrigen Handwerker bildeten eine eigene Gesellschaftsschicht, die *Eren*. Es waren im allgemeinen freie Männer, die jedoch offenbar häufig Kontrollen unterworfen waren und über die vom Staat gelieferten Rohstoffe genau Rechenschaft ablegen mußten. Im allgemeinen übte der Sohn den gleichen Beruf aus wie der Vater. In den Buden der Handwerkerviertel und in den aus leichtem Material gebauten Werkstätten in den Vororten bearbeiteten Tischler mit Dechseln das Holz, formten Töpfer auf ihren handbetriebenen Töpferscheiben Gefäße, schufen Bildhauer und Steinschneider aus hartem Stein mit großem Geschick die gravierten Siegelzylinder. An den Flußufern bauten Zimmerleute Schiffe aus dem Holz, das unter großem Aufwand von Syrien oder vom Iran herbeigeschafft worden war. Anderswo fertigten Stellmacher die schweren Scheibenradkarren an, die von den Händlern, vor allem aber vom Heer benutzt wurden. In den Straßen der Stadt und in den Vororten gab es Müller, Bäcker, Bierbrauer und Metzger.

Die Goldschmiede und Metallgießer, die in Zünften zusammengeschlossen

EIN PRIVATHAUS IN UR

Die Räume im Erdgeschoß öffneten sich auf einen mit Ziegeln gepflasterten Innenhof. Man hat eine Art Diele, einen Empfangsraum, eine Küche mit einem Ziegelherd, einen Waschraum mit Abtritten, eine Kapelle und zwei Gesindekammern identifiziert. Von der umlaufenden Galerie im Obergeschoß gelangte man in verschiedene Schlafzimmer.

waren, arbeiteten unter der Aufsicht von Werkmeistern für den Staat. Sie händigten ihre Erzeugnisse dem Leiter der Werkstatt aus, der eine Empfangsbestätigung schrieb. Auch der Oberaufseher unterzeichnete dieses Dokument, nachdem er die darin aufgeführten Gegenstände geprüft und sich überzeugt hatte, daß nichts von dem Material unterschlagen worden war. Die Goldschmiede wurden monatlich mit Gerste bezahlt. Sie scheinen verhältnismäßig gut entlohnt worden zu sein, denn sie erhielten genausoviel Getreide wie die Bäcker, Schneider, Tischlermeister und bestimmte Schreiber und Inspektoren. Laut einigen Abrechnungen, die auf uns gekommen sind, verdienten Angehörige ein und desselben Handwerksstandes – Kalfaterer, Gerber, Parfümhersteller – bis 120 Sila (1 Sila = 0,84 l) Gerste, aber auch nur 60 Sila, was beweist, daß sich der Lohn nach der Befähigung richtete. Diese Zahlen stammen zwar aus einer Zeit kurz vor der 3. Dynastie, aber sie dürften sich nicht viel geändert haben.

Die Handwerker erlangten nach und nach größere Freiheit, was wohl semitischem Einfluß zuzuschreiben ist, durch den das Individuum und seine Rechte mehr und mehr an Bedeutung gewannen. Aber erst unter der babylonischen Dynastie Hammurabis (um 1792–1750 v. Chr.) wurden die Rechtsstellung der Handwerker und ihr Mindestlohn gesetzlich festgelegt. Unter der 3. Dynastie von Ur betrug das Existenzminimum eineinhalb Sila pro Tag, also 45 Sila monatlich. Die Frauen, die in der Landwirtschaft oder in den Webereien arbeiteten, verdienten 30 bis 40 Sila, junge Leute beiderlei Geschlechts etwa 30 Sila. Damit das Einkommen einer vier- bis fünfköpfigen Familie das Existenzminimum überschritt, mußte der Vater schon mehr als 60 Sila verdienen.

Unter den Handwerkern gab es auch Sklaven. Das waren entweder Kriegsgefangene oder Freie, die wegen Schulden ihre Freiheit verloren hatten oder von ihren Eltern verkauft worden waren. Im letztgenannten Fall durfte die Sklaverei höchstens drei Jahre dauern. Der Preis eines Sklaven hing von Alter, Geschlecht und der jeweiligen politischen Lage ab. In Kriegszeiten zum Beispiel fiel er aufgrund des Zustroms von Gefangenen beträchtlich. Auch der Sklave besaß Rechte: Er konnte Handel treiben, Güter besitzen und sich seine Freiheit erkaufen. Er durfte eine freie Frau heiraten, so daß seine Kinder als Freie geboren wurden. Viele Sklavinnen heirateten ihre Herren und erreichten dadurch ihre Freilassung. Nahm jemand einen entlaufenen Sklaven auf und behielt ihn länger als einen Monat bei sich, konnte er ihn dem ursprünglichen Besitzer für 25 Sekel Silber abkaufen oder gegen einen anderen Sklaven eintauschen.

Man konnte auch Sklaven vom Tempel oder einem Privatunternehmen für bestimmte Arbeiten mieten. So wurden 84 Frauen für zehn Tage gemietet, um Erntegut auf einen Lastkahn zu laden, diesen zum Bestimmungsort zu treideln und dort zu entladen. 40 Frauen wurden für sechs Tage gemietet, um ein Schiff mit einer Ladung Datteln zu treideln.

Schiffe aus Ur auf hoher See?

Fast alle Güter wurden auf dem Wasserweg befördert. Über Euphrat und Tigris, ihre Nebenflüsse und die zahlreichen Kanäle des Landes konnte man, auch wenn es oft ein langer Umweg war, die meisten sumerischen Städte erreichen. Auf dem Euphrat transportierte man das Holz, die Steine und das Silber vom Libanon und dem Amanosgebirge nach Ur.

Es gab die verschiedensten Boots- und Schiffstypen, von kleinen offenen Leichtern über Schiffe mit Deck und Kabine bis zu schweren Lastkähnen. Auch der Laderaum war unterschiedlich groß. Manche Schiffe konnten bis zu 18 t laden. Frachtkähne mit 27, 30 und 36 t bildeten die Ausnahme. Flußaufwärts wurden sie getreidelt, flußabwärts überließ man sich der Strömung und steuerte nur mit dem Bootshaken. Zur Zeit König Schulgis benutzte man

DER GUSS MIT VERLORENER FORM

Das Wachsausschmelzverfahren wurde vermutlich Ende des 3. Jahrtausends v. Chr. in Sumer, vielleicht von Bronzegießern in Ur, erfunden.

Das Modell wird aus Wachs mit Hilfe eines kleinen Messers geformt. An beiden Enden des Modells – hier eine Statuette – befestigt man wächserne Stiele.

Das Modell wird in eine Lehmform gebettet und mit Gips oder Ton ummantelt. Im Ofen läuft das Wachs durch die aus den Stielen entstandenen Kanäle ab.

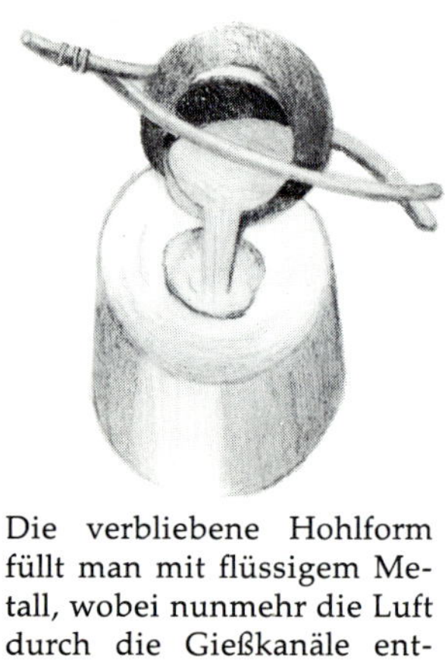

Die verbliebene Hohlform füllt man mit flüssigem Metall, wobei nunmehr die Luft durch die Gießkanäle entweichen kann.

Die Gußform wird zerschlagen. Die Metallfigur entspricht dem Wachsmodell. Die Metallstiele bricht man ab und glättet die Figur.

Göttin von Ur, im Wachsausschmelzverfahren hergestellt

Stierkopf aus Goldblech mit Lapislazuli als Verzierung einer Harfe (Königsgräber von Ur, 2500 v. Chr.)

Die Sumerer spielten Harfe und Leier; sie kannten auch verschiedene Schlaginstrumente wie Becken, Tamburin, ein großes Hackbrett, das von zwei Musikern geschlagen wurde, und eine Art Rassel.

Die Sumerer waren nicht nur abenteuerlustige Seefahrer, sondern auch kühne Reisende zu Land. Schon vor der 3. Dynastie von Ur hatte Enmerkar, König von Uruk, einen Boten in die ferne Stadt Aratta jenseits der Gebirge im Osten entsandt, wo Gold und Silber aufs kunstvollste verarbeitet wurden und man sich Lapislazuli, den in der Schmuckherstellung so häufig benutzten Edelstein, beschaffen konnte. Dieses geheimnisvolle Aratta lag vielleicht in Zentralasien, in der Nähe der Lapislazuliminen Badachschans (im heutigen Afghanistan) oder Turkestans. Vom iranischen Hochland und vom Kaukasus holten die Sumerer auch das für die Bronzegewinnung benötigte Zinn und einen Teil ihres Kupfers, obwohl wahrscheinlich damals schon Kupfer aus Zypern nach Mesopotamien gelangte.

Diese Epoche des Wohlstands endete jäh in den letzten Jahren des 3. Jahrtausends v. Chr. Unter dem Ansturm der Elamer brach das mächtige Reich Ur schlagartig zusammen. Die Stadt selbst blieb bestehen, und auch ihr Wirtschaftsleben erhielt sich, wenn auch in geringerem Umfang, noch mehrere Jahrhunderte lang.

Stand Ur um diese Zeit schon in Verbindung mit Haran, wie 14 Jahrhunderte später unter der Herrschaft des Babyloniers Nabonid, da beide Städte den Kult des Mondgottes pflegten, der in Ur Nanna, im semitischen Haran Sin hieß? Solche Gemeinsamkeiten könnten erklären, weshalb Abraham und die Seinen von Ur gerade nach Haran gezogen sein sollen, als Schulgis ruhmreiche Stadt ihrem Verfall entgegenging.

GUY RACHET

Schiffe mit sieben oder elf Paaren von Ruderern.

Die Schiffe fuhren in den Persischen Golf, um von dort das Gold und die Datteln Arabiens, vielleicht auch Weihrauch und Kupfer zu holen. Der große Umschlagplatz in diesem Handel war die Insel Bahrein, wo durch Grabungen die Existenz eines wichtigen Handelszentrums im 3. Jahrtausend v. Chr. belegt wurde. Diese Insel, die mit dem Land Dilmun in den sumerischen Texten identisch ist, beherrschte zweifellos die benachbarten arabischen Küstengebiete. Aus Texten und vor allem aufgrund der typischen Stempelsiegel der Induskultur, die man in Ur und in anderen sumerischen Städten gefunden hat, wissen wir, daß Ur mit den Städten des Industals, vor allem mit Mohendscho-Daro, Handelsbeziehungen unterhielt. Wir wissen jedoch nicht, auf welche Weise der Warenaustausch erfolgte. Fuhren die Schiffe von Ur nach einem kurzen Zwischenaufenthalt in Bahrein bis zur Indusmündung, um dann den großen Strom bis zum Hafen von Mohendscho-Daro hinaufzurudern, oder übernahmen sie lediglich in Bahrein die Güter, die die Händler von Dilmun aus Indien dorthin brachten?

Der löwenköpfige Adler Anzu (Imdugud) war der Begleiter oder die Inkarnation des Wettergottes Ningirsu. Die Plastik aus Gold und Lapislazuli gehört zum Schatz von Ur, der in Mari entdeckt wurde (2600–2400 v. Chr.).

Herrin der Ägäis

KNOSSOS

Auf Kreta, Homers Land im dunkelwogenden Meere, entstand die erste Hochkultur Europas. Die minoischen Kreter waren Meister in den Künsten des Friedens und der Freude am Leben.

Frühling in Knossos. Nur noch auf den fernen Gipfeln der Berge Dikte und Ida liegt Schnee. Unter einem weißrosa Himmel schwingen sich die anemonenbesäten Rücken der sanft gerundeten, perlmuttfarbenen Hügel zur nahen Ägäis hin. Im ersten Schein der Morgenröte beginnt alles zu leuchten: die bunten Blumenteppiche, das wogende Grün, das dichte Gras. Kaum ist die Sonne aufgegangen, erfaßt ein lautloser Freudentaumel die lebendurchtränkte Erde. Taunasses Gebüsch, pralle Baumrinden, junge schwellende Triebe – eine überschäumende Kraft bricht aus der Erde hervor, die in freudiger Unruhe wiedererwacht. Allenthalben das Murmeln fließenden Wassers. In den duftenden Kiefern zwitschern und gurren Schwärme von buntgefiederten Vögeln.

Diese üppige Natur, die durch ihre verschwenderischen Gaben Geist und Sinne der Minoer geprägt und ihnen Freude am Leben geschenkt hat, macht den kretischen Frühling zu einer Orgie der Fruchtbarkeit.

Die Riten sind vollzogen. Die Gottheit hat die Gebete erhört. Ihre Macht offenbart sich in allen drei Sphären des Kosmos – Himmel, Erde, Unterwelt. Die Große Muttergöttin ist von ihrem Geliebten aufs neue befruchtet worden. Das Wunder des Keimens wiederholt sich zum ungezählten Mal. Das überall hervorbrechende Licht breitet sich über die honigfarbene Erde. Seine ersten flimmernden Wellen branden gegen die hohen, noch in Schatten getauchten Fassaden, über denen die krönenden Kulthörner in das anbrechende Blau des Himmels ragen.

Langsam tritt aus dem Dunkel der majestätischen Silhouette, deren Linien eine bizarrkühne Architektur verraten, das großzügige Nebeneinander verschiedener schmuckloser Baukörper – eine rein kubistische Komposition, gegliedert durch die Waagrechte der Terrassen, Balkons, Loggien und Säulenhallen. Nur die gedämpften Stimmen der Wächter, die vor den monumentalen Eingängen ihre letzte Runde beenden, unterbrechen die Stille. Es gibt keine Befestigungsanlagen. Die Residenz des Minos, Palast und heilige Stätte, ist ganz umschlossen von der Natur und scheint eins zu sein mit der Gottheit.

Ein Palast des Lichts

Hinter den hohen, schwarzen Zypressen erwacht im bald schon flirrenden Licht das riesige, dunkelrot, tiefblau und warmbraun bemalte Bauwerk aus seinem steinernen Schlaf. Noch ist der heilige Ort erfüllt von den Träumen der Menschen. Das Licht weckt den Kalkstein, den Alabaster, den Schiefer, den Marmor, das Holz und durchdringt alles mit seiner lebendigen Gegenwart. In jedem Stockwerk flutet es durch die breiten Fenster und Türen, die sich auf die wellige, anmutige Landschaft öffnen: eine Landschaft voller Bäume und weißer, blauer, rosa und gelber Blumen – Hundsrosen, Affodillen, gelbe Narzissen, Hahnenfuß, Iris, wilde Tulpen. Diese Blumen blühen auch überall als frische Sträuße in den zahlreichen, mit Algen und Muscheln bemalten bauchigen Vasen, die die weiten Räume schmücken – eine von den Palastdienern kunstvoll immer wieder neu gestaltete Blumenlandschaft.

Das Licht wärmt die von unzähligen nackten Füßen glattpolierten Steinplatten, liebkost und belebt die zarten Farben der Fresken, die als Augenweide über alle Wände laufen. Es dringt in die kleinen Innenhöfe, erhellt die königlichen Gemächer, die Prunksäle und Amtsräume, die Werkstätten, Küchen, Wirtschaftsräume und Gesindewohnungen, die Speicher, ja selbst die Heiligtümer, die in ewigem, geheimnisvollem Halbdunkel liegen. Wenn es strahlend auf den Obstgärten, Olivenhainen und Weinbergen ruht, kehrt in das riesige, vom Schlaf noch etwas matte Haus der Doppelaxt wieder die heilige Lebensfreude ein.

Das kretische Licht erregt die Sinne wie starker Wein. Bald schon herrscht muntere Geschäftigkeit in dem hohen Bau, wo es jetzt summt wie in einem Bienenstock. Stimmen hallen durch die Treppenhäuser, das Palastgesinde eilt die Gänge entlang. Diener, Künstler und Handwerker, Beamte, Schreiber, alle begeben sich an ihre Arbeit. Man holt wieder die Inventarlisten und Verwaltungsakten hervor, erledigt seine Aufgaben ohne Hast und nach eigenem Ermessen. Die mit Goldschmuck be-

Die Fayencestatuette einer Göttin mit Schlangen (um 1600 v. Chr.) wurde von Evans im Hauptheiligtum des Palasts gefunden. Stellt sie die Große Göttin oder eine ihrer Priesterinnen dar? Wie die Muttergottheiten des alten Orients verkörpert sie das Leben und die Fruchtbarkeit der Erde. Der minoischen Großen Göttin wurden oft Schlangen beigegeben. Diese chthonischen Tiere sind die Wahrzeichen des Erdgeistes.

Die große Treppe in der Mitte des Ostflügels führte zu den königlichen Wohnungen. Es ist der monumentalste Bauteil, den Sir Arthur Evans freigelegt hat. Seine Rekonstruktionen in Knossos (Träger und Säulen aus Stahl und Eisenbeton) sind zwar umstritten, sie helfen jedoch dem Besucher, sich ein Bild von der minoischen Architektur zu machen.

hängten Würdenträger, die in den nahen herrlichen Villen wohnen, kommen in den Palast, um ihren Amtspflichten nachzugehen. Der Flottenchef legt letzte Hand an seinen Bericht, den er für die im Thronsaal stattfindende Audienz vorbereitet hat. Der Verwalter der königlichen Speicher macht sich auf seinen Inspektionsrundgang durch die weitläufigen Lagerhallen, in denen Hunderte von riesigen Terrakottakrügen aufgereiht stehen. Diese *Pithoi* enthalten vor allem Getreide, Öl und Wein. Das Inselreich erfreut sich einer blühenden Landwirtschaft, und der Palast verfügt über umfangreiche Lebensmittelvorräte. Alle minoischen Erzeugnisse, mit Etiketten versehen und in Registern verzeichnet, lagern hier in dieser endlosen Flucht von Zellen, die an das Archiv und die Schatzkammer grenzen.

Auf der anderen Seite des großen Mittelhofes öffnen sich im ersten Stock – im Wohntrakt der Königsfamilie – ein wenig die Türen, werden die Vorhänge zur Seite gezogen, und die Dienerschaft macht sich eilends ans Werk, denn sie ist für den geregelten Tagesablauf im Palast von Knossos verantwortlich. Umgeben von Sklavinnen und kleinen Äffchen, zwitschern die hübschen Palastdamen in ihren Badezimmern mit den Vögeln draußen um die Wette. Lachend frisieren, enthaaren und schminken sie sich, tragen sorgfältig Lidschatten auf, wie die Mode es verlangt. Leises Rascheln duftiger Stoffe: Sie schnüren behend ihre reizenden gestickten Mieder, schlüpfen in ihre langen Falbelröcke. In den Kammern daneben – ihren Privatgemächern – spielen nun die Kinder wieder ihre vertrauten Spiele, nachdem sie planschend gebadet haben. Ein Stück weiter weg winden sich die frisch rasierten männlichen Hofadligen, das lockige Haar zu Zöpfen geflochten und die Augen geschminkt, ihre farbenprächtigen Lendenschurze um die Wespentaillen und befestigen sie mit edelsteinbesetzten Gürteln. Dann legen sie ihren extravaganten Goldschmuck an, der im Sonnenlicht so wunderbar glänzt: feingearbeitete Armreifen, Halsbänder und Ringe. Die Jüngsten unter ihnen haben eine Vorliebe für auffallende Kleidung und glitzernden Schmuck. Auch sie folgen der Mode, denn es gehört bei Hofe zum guten Ton, nach dem letzten Schrei gekleidet zu sein.

Luxus, Friede und Schönheit

All das gehörte zum Alltag einer Gesellschaft, die in Glück und Frieden vor sich hinlebte. Für den Palast war dies die Zeit der größten Prachtentfaltung: Kreta hat sich bereits weit entfernt von seinen Anfängen, die noch stark geprägt waren von der jungsteinzeitlichen Tradition und den vorderasiatischen Einflüssen des 3. Jahrtausends v. Chr. Es ist die Zeit der Reife. Das Inselreich strahlt in unvergleichlichem Glanz. Und Knossos ist sein großartiger Mittelpunkt.

Alles in diesem Reich drückt Überfluß und Lebensfreude aus. „Es ist die erste weiße Kultur, aber es ist auch die schimmernde Lagune einer Maori-Welt; es fällt uns nicht leicht, mit der *Ilias* oder selbst mit der *Odyssee* jene Höfe in Verbindung zu bringen, in denen nackte Fürsten mit einem Kopfputz

EINE PHANTASIEVOLLE ARCHITEKTUR

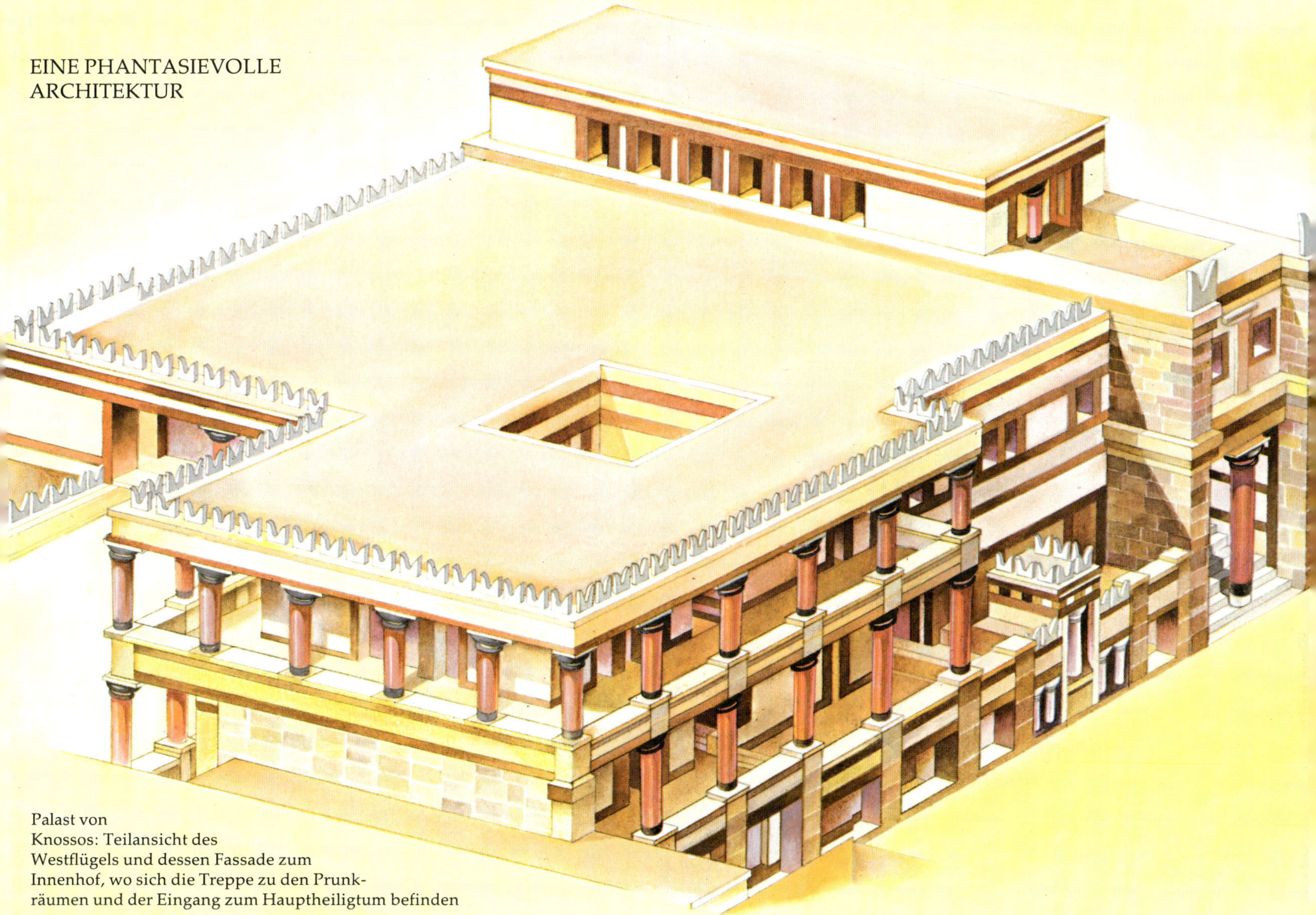

Palast von Knossos: Teilansicht des Westflügels und dessen Fassade zum Innenhof, wo sich die Treppe zu den Prunkräumen und der Eingang zum Hauptheiligtum befinden

Der Palast von Knossos bildet ein unregelmäßiges Viereck mit einer über 1 ha großen Grundfläche. Von Westen nach Osten mißt er rund 150 m, von Norden nach Süden etwa 100 m. Die Räume gruppieren sich um einen riesigen Mittelhof (60 × 30 m). Es sind so viele, und sie sind so zweckbestimmt in Trakten angeordnet, daß man fast von Vierteln sprechen kann.

Der gesamte Palastkomplex, der sich nach Evans aus „praktischen, prosaischen Gebäuden" zusammensetzt, ist in Stufen so an den Hügel gebaut, daß zwischen den einzelnen Flügeln große Niveauunterschiede bestehen. Daher hat der Westflügel zwei, der tiefer liegende Ostflügel vier Stockwerke. Die Bauten fügen sich harmonisch in die Landschaft ein und sind dem heißen, trockenen Klima angepaßt: Sie bieten weite Durchblicke auf die Umgebung; die Flachdächer sind abgestuft, die Räume luftig, hell und kühl zugleich.

Die Innenausstattung war überaus luxuriös, während man sich bei den Baustoffen auf einfache Materialien beschränkte. Außen- und Innenmauern bestanden aus ungebrannten Lehmziegeln, Holz wurde nicht nur für das Gebälk verwendet, sondern auch für die Säulen, Kapitelle, Pfeiler, Tür- und Fensterrahmen.

Man hat lange Zeit geglaubt, daß die komplizierte Palastanlage das Ergebnis zahlreicher Erweiterungen war, also ein Knospenagglomerat, wie man gesagt hat. Aufgrund jüngster Erkenntnisse neigt man jedoch zu der Annahme, daß das Labyrinth nach einem vorher festgelegten Plan erbaut wurde, der sich auf städtebauliche Prinzipien gründete. Jedenfalls stimmen verschiedene Wissenschaftler darin überein, daß es sich um „eine der glänzendsten, phantasievollsten Architekturen der gesamten Kunstgeschichte" handelt (Pierre Demargne).

Die Ursprünge dieser Architektur sind wohl im Orient zu suchen. Besonders die Paläste von Beycesultan (Türkei), Alalach und Mari (Syrien) haben vieles mit dem von Knossos gemeinsam.

Der Palast hieß *Labyrinth,* also Haus der Doppelaxt. Da den Griechen die Anlage wie ein Irrgarten vorkam, nahm das Wort seine heutige Bedeutung an.

Plan des Palastes: A Offizielle Räume B Private Gemächer C Werkstätten 1 Eingänge 2 Mittelhof 3 Thronsaal 4 Hauptheiligtum 5 Vorratsräume 6 Große Treppe 7 Westhof 8 Theater

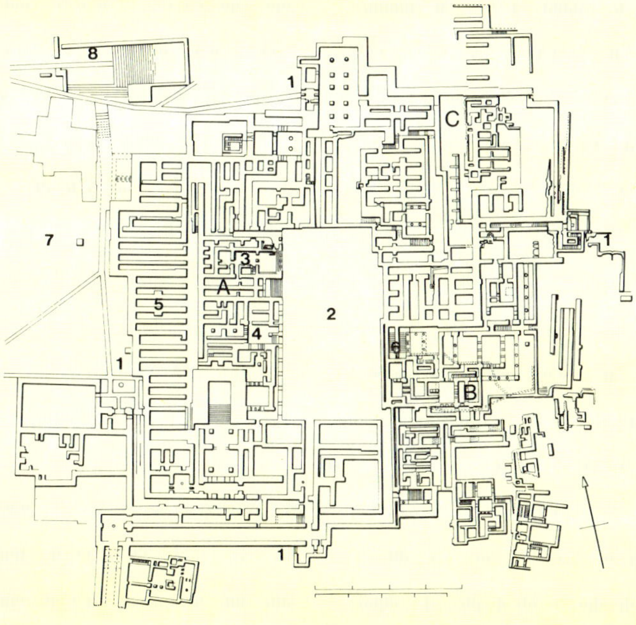

Riesige Fensteröffnungen mit Blick auf die Landschaft, Lichtschächte und geschickt verteilte Innenhöfe – alles in dieser Architektur des Lichtes war auf Wohnkomfort angelegt.

aus Straußenfedern vor Phaidren, die über keuschwallendem Tüll ihre Brüste darbieten, die Lanzen senken."

André Malraux irrte wohl kaum, als er mit diesen Worten die Fremdheit und Einmaligkeit der minoischen Kultur zur Zeit ihrer Blüte charakterisierte – jene leuchtende griechische Vorwelt, die erst vor 80 Jahren ans Tageslicht kam, als Sir Arthur Evans entdeckte, was man unwiderruflich verloren glaubte, da selbst die alten Griechen es nur mehr schemenhaft in Erinnerung hatten. Ein Durchbruch war gelungen: Die uralte Sage vom Labyrinth und dem Minotauros, ein Mythos der Frühzeit, dabei mehrere Jahrhunderte jünger als das goldene Zeitalter Kretas, hatte plötzlich Gestalt angenommen.

Diese Kultur, die unter dem Zeichen der Anmut und der Heiterkeit stand, war ganz auf den Menschen zugeschnitten und entwickelte sich in vollkommener Harmonie mit seiner Umwelt. Sie war eine der verfeinertsten aller Zeiten. Ihre wichtigsten Wesenszüge sind Luxus, innerer und äußerer Friede und Schönheit. Der Luxus ist offenkundig, aber nie übertrieben. Er zeugt eher vom guten Geschmack reicher Kunstliebhaber, die Kunstgenuß mit den Annehmlichkeiten des Landlebens zu verbinden suchten, als von der Prunksucht irgendwelcher Despoten. Und man begegnet ihm überall: beim König wie beim Mann aus dem Volk, denn alle haben Teil an den Wohltaten der Großen Göttin. Noch bezeichnender als der Luxus jedoch ist der innere und äußere Friede, der im 16. Jahrhundert v. Chr. auf der großen Insel bereits mehr als 500 Jahre währte.

Der minoische Frieden

Soweit die minoischen Kreter zurückdenken konnten, hat auf ihrer Insel immer Frieden geherrscht. Und die Palastleute hatten ein langes Gedächtnis. Ein erster Palast war um 2000 v. Chr. entstanden, also nach der Ankunft der rührigen Einwanderer, die vor dem Eindringen der ersten Hellenen nach Griechenland zu Schiff aus Kleinasien gekommen waren. Sie hatten sich von Insel zu Insel getastet, ohne je das Festland aus den Augen zu verlieren: von Rhodos nach Karpathos, dann nach Kasos und schließlich nach Kreta, wo sie sich niederließen und die einheimische jungsteinzeitliche Bevölkerung überlagerten. Um die Wende des 2. Jahrtausends v. Chr. hatten die Fremden sich soweit etabliert, daß sie aus der günstigen geographischen Lage Kretas größtmöglichen Nutzen ziehen konnten. Die früher so häufigen Sippenfehden hatten aufgehört. Die Macht war zentralisiert worden, gemäßigt theokratische Monarchien waren entstanden. So wurde die auf einem soliden Wohlstand beruhende minoische Palastkultur geboren. An Nahrung und Wirtschaftsgütern herrschte kein Mangel: Der Boden war fruchtbar, das Meer fischreich, und es gab reiche Bodenschätze; der Handel blühte, der Warenaustausch mit der ägäischen Welt, mit Kleinasien, Syrien, Phönikien und Ägypten wurde immer intensiver.

Sehr bald erlangte der König von Knossos die Oberherrschaft über die anderen Monarchen auf der Insel: Die Könige von Phaistos, Mallia und Zakro wurden im Lauf der Zeit seine Vasallen. Ein friedliches Zusammenleben begann. In einem Zeitraum von drei Jahrhunderten errichteten die *Minos* – das war der Herrschertitel der Könige von Knossos – nicht nur einen prächtigen Palast, in dem sie wohnten und ihre Gottheit verehrten, sondern auch einen mächtigen Staat, der ganz auf den Seehandel ausgerichtet war. Die Vorstellungskraft der minoischen Kreter war lebhaft und fruchtbar. Die Minos

Dieses Fresko im Ostflügel des Palasts (um 1500 v. Chr.) zeigt, wie ein junger Mann den gefährlichen Sprung über den Stier wagt. Die Stierspiele erforderten größtes akrobatisches Geschick. Nicht nur Männer (im Bild braunrot) nahmen daran teil, sondern auch Frauen (im Bild weiß).

schufen eine die Sinne ansprechende, höchst verfeinerte Kultur. Die Inselgesellschaft erlebte tiefgreifende Änderungen. Es war – wie man heute sagt – die Zeit der Älteren Paläste.

Der göttliche Stier wird zornig

Um 1700 v. Chr. vernichtete ein gewaltiges Erdbeben plötzlich das Werk der Minos. In wenigen Augenblicken lagen ihr Palast zu Knossos und die Paläste ihrer Vasallen in Schutt und Asche. In seiner versteckten Höhle tief unter den Kellergewölben des Palastes war der Erderschütterer, der die Urgewalt verkörpernde große, schwarze Stier, plötzlich erwacht. Der göttliche Stier war zornig, und sein Unwille war stets gefährlich. Er hatte wild gebrüllt, gegrollt wie ein Dämon. Dann hatte er die stöhnende Erde mit seinen langen, gekrümmten Hörnern aufgerissen und unbarmherzig geschüttelt. Und er hatte den herrlichen Palast, den sie trug, zerstört. Die Bodenpflaster waren auseinandergebrochen, die Mauern geborsten, die Holzsäulen zersplittert, die Säulenhallen, die Terrassen, alles hatte geschwankt. Und das erste Haus der Doppelaxt war brennend, in Staub- und Rauchwolken gehüllt, unter den Schreckensschreien seiner Bewohner eingestürzt. Was aus der Erde entstanden war, war zur Erde zurückgekehrt. Danach hatte sich der göttliche Stier befriedigt in das Gewirr der dunklen Pfade unter den Wohnstätten der Menschen zurückgezogen.

Für die Minoer war dies nichts Ungewöhnliches, sondern etwas fast Heiliges: Unter ihren Füßen bebte oft die Erde, doch die große Göttin des Lebens besänftigte sie immer wieder. Die neue Katastrophe war zwar viel größer als frühere, tat aber dem Aufschwung Kretas keinen Abbruch. Die Minoer waren die geborenen Baumeister. Noch auf den rauchenden Trümmern entwarfen die Überlebenden neue Pläne. Genau an der gleichen Stelle und mit den verwendbaren Überresten bauten sie einen zweiten Palast, der noch viel weiträumiger, majestätischer und luxuriöser war als der erste. Wieder gaben sich in Knossos Baumeister und Maurer die Hand. Und an den Hängen des Hügels, der das kleine Tal des Baches Kairatos beherrscht, erhob sich bald eine neue Palastanlage. Das gleiche geschah in Phaistos, Mallia und Zakro. So begann die ruhmreiche Zeit der Neuen Paläste.

Das Haus der Doppelaxt – die heilige Axt oder Labrys, ein Beil mit zwei beiderseits des Stiels symmetrisch angeordneten Schneiden, ist überall im Palast abgebildet – wurde damals zum Labyrinth, das die Griechen in Erinnerung behalten sollten.

Dieser stadtähnliche, auf mehrere Ebenen verteilte Komplex besaß eine einfache Grundkonzeption, doch die verschiedenen Zimmergruppen und Trakte waren in sich äußerst verschachtelt. Der Palast umfaßte Hunderte von Räumen, darunter sehr schöne Säulenhallen, deren mit feinem Stuck überzogene Wände große bemalte Flachreliefs und prachtvolle Fresken schmückten. Wegen der häufigen Erdbeben waren die Mauern mit Balken verstrebt, um ihnen eine gewisse Elastizität zu geben. Am meisten überraschen die technischen Einrichtungen der Königsresidenz.

Die Minoer legten größten Wert auf häuslichen Komfort. Keinem anderen Volk der antiken Welt gelangen ähnliche technische Leistungen wie den Minoern. Erst die Römer erwiesen sich ihnen auf diesem Gebiet als ebenbürtig, auch wenn sie sich oft weniger verfeinert zeigten. So etwa besitzt der Palast zahlreiche mit Alabaster verkleidete freskengeschmückte Bäder, die mit tiefen Badewannen ausgestattet waren. Es gibt auch Klosetts mit Wasserspülung. Das Wasserleitungssystem in diesem unentwirrbaren Labyrinth mit seinen unzähligen Winkeln und Ecken stellt eine technische Glanzleistung dar. Regenwasser – im Frühling und im Herbst

Dieses Rhyton (1500 v. Chr.) ist im Meeresstil mit Muscheln und Seesternen verziert. Die Materie paßt sich gut der Form des Gefäßes an.

fallen auf Kreta starke Niederschläge – und Quellwasser wurden gesammelt, gefaßt, verteilt und wieder abgeleitet. Es gab Dachrinnen, Speicherbecken, Zisternen, Zuleitungen, Ableitungen, ein weitverzweigtes unterirdisches Kanalisationssystem aus Tonrohren mit Einstiegsöffnungen in regelmäßigen Abständen. Wie man sieht, haben die einfallsreichen Techniker alles getan, damit die Palastbewohner bequem leben konnten.

Im Lauf der Zeit kamen zu dem Neuen Palast einige weitere prächtige Gebäude hinzu – der kleine Palast und die königliche Villa. Auch die Stadt vergrößerte sich. Sie bestand aus Herrenhäusern, Bürgerhäusern und Villen, die zwischen Gärten und Feldern verstreut lagen. Die Gesamtanlage beherbergte viele Menschen.

Es ist auch heute noch schwierig, die Einwohnerzahl genau zu berechnen. Die Schätzungen schwanken zwischen 40 000 und 80 000. Die letztgenannte beeindruckende Zahl stammt von dem Ausgräber von Knossos, Sir Arthur Evans. Sie wurde als zu hoch angesehen und von einigen Fachleuten um die Hälfte reduziert. Inzwischen nimmt man jedoch wieder eine höhere Einwohnerzahl an. „Mit dem Hafen", schreibt der französische Archäologe P. Demargne, „könnte die Bevölkerung von Knossos fast 100 000 Menschen betragen haben, und es gab im Mittelmeerbecken damals sicher keine Stadt, die größer war."

Die Lücken in der Geschichte

Über diese minoische Bevölkerung wissen wir bisher so gut wie nichts. Da die Texte, die man gefunden hat, nur andeutungsweise erschlossen sind, bleibt fast alles Vermutung. Denn die minoische Schrift – oder vielmehr Schriften: die kretischen Hieroglyphen und die Linear-A-Schrift auf Hunderten von Täfelchen – wurde noch nicht entziffert.

Die Sprache der Minoer ist unbekannt. Die großen Ereignisse, die sich in der langen Geschichte dieser Kultur zugetragen haben, sind nicht überliefert. Unter den Menschen, die in diesem Schmelztiegel lebten, zeichnet sich für uns keine bedeutende Persönlichkeit ab, kein Name ist auf uns gekommen. Wir kennen keinen Mann und keine Frau, niemanden von denen, die dieser Gemeinschaft Impulse gegeben haben. Wir lernen nur namenlose, rätselhafte Wesen kennen, deren materielles Dasein wir uns aufgrund der verschiedenen Fundstücke vorstellen können, deren Geisteswelt beurteilen zu wollen jedoch gewagt ist.

„Knossos ist ein herrliches Bilderbuch, dessen Bildunterschriften man nicht lesen kann", schrieb der französische Gelehrte P. Lévêque. Es ist eine stumme Kultur, die hier ihren Glanz vor uns ausbreitet. Nur mit Hilfe von Hypothesen – die einander übrigens mehr oder weniger widersprechen – kann man das Alltagsleben während der Zeit der Neuen Paläste, die zwischen 1700 und 1400 v. Chr. anzusetzen ist, rekonstruieren.

Lange Zeit blieb Kreta von den Wechselfällen der Geschichte verschont. Doch diese glückliche Periode endete im 15. Jahrhundert v. Chr. Nach unzähligen kleinen Überfällen eroberten die Wilden vom Festland, die aus dem Norden eingewanderten bronzegepanzerten Achäer, die große Insel, ohne auf Widerstand zu stoßen. Mykenische Fürsten ließen sich in Kreta nieder. Und dann zerstört um 1450 v. Chr. im Zusammenhang mit dem Vulkanausbruch auf der 110 km nördlich gele-

Die Vorratskrüge (Pithoi) in den Speichern des Palastes sind oft über mannshoch. Zum Transport zog man Seile durch die zahlreichen henkelähnlichen Ösen. Selbst diese ausgesprochen prosaischen Behälter sind reich verziert.

DIE FLOTTEN DER MINOS

Die Herren von Knossos waren auch die Herren des Meeres, das ihren einzigen Schutz bildete. Ihre Flotten beherrschten die Ägäis und das gesamte östliche Mittelmeer. Sie bestanden aus Ruder- und Segelschiffen, deren Darstellungen auf Gemmen eine elegante Linienführung zeigen. Küstenschiffahrt mit runden und ovalen Booten, wie sie sich in der Fischerei noch lange hielten, gab es auf kürzeren Strecken bereits in der Jungsteinzeit. Doch erst ab Ende des 3. Jahrtausends v. Chr. wurden

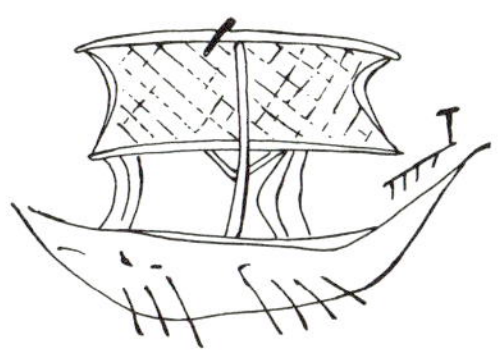

Minoisches Schiff (nach einem Siegel)

wirklich seetüchtige Schiffe gebaut, so daß sich der Seehandel mit anderen Völkern entwickeln konnte. Im Mittelmeer tauchen die ersten größeren Segler auf. Der Kiel ist gebogen, der Rumpf gestreckt; oft ist ein Oberdeck eingezogen. Diese Kleinfrachter haben hohe Vorder- und Achtersteven (in Phönikien und Ägypten ist ein halbmondförmiger Rumpf üblich) und nur wenig Tiefgang, damit man sie leichter an Land ziehen kann. Der Mast steht in der Mitte und wird durch Haltetaue gestützt. Zur Takelage gehören weitere Taue, mit denen man das quadratische oder rechteckige, von zwei Rahen gehaltene Segel aufheißt. Der Kurs wird mit Hilfe zweier Steuerruder gehalten. Diese Schiffe sind selten länger als 12 m, höchstens vielleicht 20 m. Ihre Wasserverdrängung beträgt durchschnittlich 40 t, und die Rudermannschaft zählt bis zu 30 Mann. Dieser Schiffstyp hat sich auf den ägäischen Inseln praktisch unverändert bis zum Zweiten Weltkrieg gehalten.

genen Insel Thera (Santorin) ein gewaltiges Erdbeben, das von einer verheerenden Flutwelle begleitet war, den Neuen Palast vollständig und für immer. Um 1400 v. Chr. ist es mit den Minos und ihrer Pracht vorbei. Als im 12. Jahrhundert v. Chr. die Dorer landen, ist die Erinnerung an sie bereits fast erloschen.

Die gute Regierung des Minos

Das einzige, was im Gedächtnis der Völker bleibt, sind die legendäre Gestalt und der Name des Minos, eines großen Königs, dessen Weisheit so berühmt war, daß er zum Totenrichter bestellt wurde. In der Überlieferung war der Titel zum Personennamen geworden. Noch im 5. Jahrhundert v. Chr. schrieb der große griechische Historiker Thukydides im ersten Buch seiner berühmten *Geschichte des Peloponnesischen Kriegs:* „Unter den Männern, von denen wir durch die Überlieferung wissen, war nämlich Minos der erste, der sich eine Flotte schuf; dadurch gebot er über den Großteil des jetzt hellenischen Meeres."

In jenem 16. Jahrhundert v. Chr., als Kreta noch sein eigenes Leben lebt, regiert Minos in seinem großen Labyrinth, das seit dem Wiederaufbau zwei weiteren Erdbebenkatastrophen standgehalten hat. Minos regiert mit kundiger Hand. Minos spricht Recht. Minos widmet sich der Verwaltung. Er zwingt den Untertanen sein Gesetz auf, jedoch ohne ein Tyrann zu sein. Denn der anscheinend allmächtige Priesterkönig, Mittler zwischen den Menschen und der Gottheit, hat seine Macht von dieser erhalten und übt sie in ihrem Namen aus. Seine weise Regierung wird gelenkt vom göttlichen Willen. Er hat zwar in Mittel- und Ostkreta die Vorherrschaft erlangt, aber seine Hegemoniebestrebungen beschränken sich auf die kleinen Nachbarinseln, die seit langem kolonisiert und von der großen Insel abhängig sind. Allerdings handelt es sich dabei wohl mehr um eine kulturelle als um eine politische Abhängigkeit. Jedenfalls scheint in dieser großen Epoche, in der Kreta überragende Künstler hervorbringt, der einzelne die Möglichkeit zu haben, sich ungehindert zu entfalten, denn offenbar fehlen die kollektivistischen Zwänge, die sonst für die Kulturen jener Zeit charakteristisch sind. Die Originalität, die geistige Beweglichkeit und heitere Phantasie, die in den Kunstwerken zum Ausdruck kommen – der Minoer ist ein Meister der Kleinkunst –, heben sich eindrucksvoll vom kulturellen Umfeld jener Zeit ab. Hier herrscht eine Atmosphäre der Freiheit, die in den großen, straff organisierten Reichen des alten Orients so gut wie unbekannt ist und erst ein Jahrtausend später bei den Griechen in Ionien und Attika wiedererstehen wird. In dieser Enklave der Ausgewogenheit, die Kreta Mitte des 2. Jahrtausends v. Chr. ist, gibt es weder einen übertriebenen Totenkult noch Furcht vor bösen Geistern wie in Ägypten oder Mesopotamien. Es ist im Gegenteil ein ständiges Sichhinwenden zum Leben und zur Natur, das diesen Zeitabschnitt kennzeichnet, der als eine der glücklichsten Epochen in die Geschichte eingehen wird.

Die Tage in der Ägäis verrinnen langsam. Man lebt im Rhythmus der Jahreszeiten, folgt dem Kreislauf von Aussaat und Ernte. Auf glühende Sommer folgen beißend kalte Winter. Man arbeitet in den Lagerhäusern. Man ist in den Werkstätten tätig, eine Art königlicher Manufakturen innerhalb des Palastbezirks von Knossos, aus denen die schönsten Schöpfungen der minoi-

Die Fayencetäfelchen (um 1700 v. Chr.) stellen minoische Stadthäuser dar. Diese waren aus luftgetrockneten Ziegeln gebaut und hatten meist zwei oder drei Stockwerke. In der Hafenstadt Amnisos gab es auch solche mit vier und fünf Stockwerken. Die mit Fresken ausgeschmückten Häuser reicher Kaufleute, in denen auch das Bad nicht fehlte, glichen kleinen Palästen.

schen Kunst hervorgehen. Man macht es sich in den Privatgemächern behaglich und erfreut sich, umgeben von zartfarbenen Lilien oder Zyklamen, am Klatsch und irgendwelchen Belanglosigkeiten. Man vertreibt sich die Zeit mit Spielen und anderen Zerstreuungen, sitzt stundenlang vor kostbaren, mit Gold und Bergkristall eingelegten Spielbrettern.

Das süße Palastleben hat sogar eine erste Form von Freizeitkultur entstehen lassen. Die Minoer haben einen angeborenen Sinn für künstlerische Darbietungen. Zu den Palastbewohnern gehören Musiker, Tänzerinnen, Dichter, Akrobaten und Jongleure. Eine gepflasterte Bühnenfläche, umgeben von Sitzstufen, dient für die Vorstellungen. Auch sportliche Spiele finden hier statt. Die beliebtesten Veranstaltungen sind merkwürdigerweise die gefährlichen Stierspiele, bei denen das Tier allerdings nicht getötet wird. Sie stammen aus dem 3. Jahrtausend v. Chr. Östlich des Palasts steht eine Holzarena. An den Spieltagen drängt sich hier eine riesige Zuschauermenge, Menschen von kleinem, zierlichem Wuchs, mit braunen Gesichtern und lebhaften Augen. Oft finden sich Fremde unter ihnen: Semiten, Schwarze, kraushaarige Mädchen aus Libyen. Sie wurden in fernen Ländern geraubt und im Hafen versteigert.

Zum Palastleben gehören auch rituelle und feierliche Handlungen. So finden fast jede Nacht großartige Feste statt, bei denen im Schein vieler hundert Fackeln die Frauen im beleuchteten Palast die heiligen, ekstatischen Tänze aufführen, um mit der Gottheit in Verbindung zu treten.

4 km vom Palast entfernt, an der von Fischerdörfern gesäumten Nordküste, liegt am Fuß der Klippen die große, dicht bevölkerte Hafenstadt Amnisos. Es ist der Ankerplatz für die königlichen Schiffe. Hier leben viele der Seeleute und Händler, die immer wieder nach Asien und Afrika vorstoßen, und auch Fischer. Die Fischerei ist ertragreich: Fische, Muscheln und Tintenfische finden guten Absatz auf dem belebten Markt von Amnisos. Die Straße vom Palast zum Hafen hinunter ist den ganzen Tag über sehr belebt. Sobald ein Schiff sich dem Hafen nähert, sind die Molen schwarz von Leuten. Bewohner der Kykladen stehen Seite an Seite

DIE MINOERIN

Die *Kleine Pariserin* hat unzählige Bewunderer gefunden, seit Sir Arthur Evans, entzückt von ihrer Anmut, ihr spontan diesen Namen gab. Solchen kretischen Kunstwerken, die junge Frauen in eleganten Kleidern, mit sorgfältig frisiertem brünettem Haar, großen schmachtenden Augen und kokettem Gesichtsausdruck wiedergeben, ist zuzuschreiben, daß man sich allgemein die Minoerin als kokett und leichtfertig vorstellt, eine Frau, die gern gesellschaftlichen Umgang pflegte und viel Zeit auf ihre Toilette verwendete. Sie scheint gern Schmuck getragen zu haben, das beweisen die fein gearbeiteten Ohrringe und Halsketten, mit denen sie so oft abgebildet ist. Sicher schätzte sie kunstvolle Frisuren – lange Korkenzieherlokken vor den Ohren, das übrige Haar raffiniert hochgesteckt – und legte großen Wert auf ihr Äußeres. Zumindest galt dies für die vornehme Dame, die im Palast oder in der Stadt lebte. Aber hinter diesen Eindrücken, die uns die charmanten Kunstwerke so anschaulich vermitteln, verbirgt sich ein Wesenszug, der die minoische Kultur tief prägte, aber den übrigen Gesellschaften der Antike fehlte: die hohe soziale Stellung der Frau.

Die Kleine Pariserin, *Bruchstück eines Freskos aus dem Palast von Knossos (um 1500 v. Chr.)*

Im alten Kreta existierte zwar nicht mehr das reine Matriarchat, aber in der Erbfolge galt noch die mütterliche Linie, und in vielen Bereichen spielte die Frau die führende Rolle. Dies mag damit zusammenhängen, daß die Männer zur See fuhren und somit oft abwesend waren. Doch das war nicht alles. Ein bekannter Fachmann meint: „Es besteht heute kaum noch ein Zweifel daran, daß die Kunst weitgehend in den Händen der Frauen lag oder zumindest stark von ihnen beeinflußt wurde.“ Das klingt einleuchtend. Typisch feminin in der minoischen Kunst sind die geringe Größe sowie die Eleganz und Feinheit der Kunstwerke. Es gibt keine großen Statuen, keine Monumentalkunst. Waren es etwa die Frauen, die diese spezifischen Formen und Farben geschaffen haben? Die Hypothese ist nicht von der Hand zu weisen.

Noch größer ist jedoch die Rolle, die Frauen im religiösen Leben spielen. Sie sind die Priesterinnen der Großen Göttin; sie sind es, die der Erde die Trankopfer spenden und im Kult eine maßgebliche Stellung einnehmen. Ihr Zeremoniengewand ist in der minoischen Kunst immer wieder dargestellt: ein weiter, bodenlanger Falbelrock; ein enges, tief ausgeschnittenes Mieder, das zum Zeichen der Hingabe die Brüste frei läßt. Sie scheinen Göttinnen aus Fleisch und Blut zu sein, Göttinnen auf Erden. Ist es nicht die Urgottheit, die Leben hervorbringt, die Fruchtbarkeit schenkt? Hier scheinen die Traditionen der Jungsteinzeit fortgedauert und ein Gleichgewicht, einen Höhepunkt erreicht

Damen in Blau, *Fresko im Palast von Knossos*

zu haben, wie sie nie wiederkehren sollten. Jedenfalls war es Kreta, das diese Traditionen weitergegeben hat. Auch im klassischen Griechenland sollte stets die vergöttlichte Natur im Mittelpunkt der Glaubensvorstellungen stehen. Geniale Künstlerinnen, deren Werke das Auge der Fürsten erfreuten. Beterinnen, die den Kreislauf der Natur damit sicherten, daß sie ihn in Mysterien feiern, die an die viel späteren Eleusinischen Mysterien erinnern. Bestimmte Tatsachen erwecken den Eindruck, daß die soziale Stellung der Minoerin beneidenswert war; sie korrigieren andererseits das Bild, das man sich vielleicht voreilig von den Frauen im alten Kreta gemacht hat, deren charmante Züge uns nichtsdestoweniger noch heute entzücken.

Rituelle Szene auf einem Goldring aus dem Königsgrab von Isopata bei Knossos (um 1500 v. Chr.): Die Große Göttin in der Mitte und ihre drei Priesterinnen tragen die gleichen Gewänder. Sie bewegen sich in einem heiligen, ekstatischen Tanz, der später bei den Mänaden und Bacchantinnen fortleben wird. Die Szene spielt im Freien zwischen Blumen. Auch die Schlange erscheint. In diesem kleinen Kunstwerk liegt eine außergewöhnliche Dynamik.

mit Kaufleuten aus Byblos und Ugarit. Geschäfte werden abgeschlossen. Die Hafenarbeiter löschen Spezereien und andere Waren aus dem Orient, Kupferbarren aus Zypern. Auf den Kais warten Getreide, Vieh, Wein, Töpferwaren und handwerkliche Erzeugnisse darauf, verladen zu werden. Die Schiffe laufen in Richtung aller großen Handelszentren der bekannten Welt aus: in die Ägäis, nach Osten und sogar nach Westen, zumindest bis nach Sizilien. Immer weiter dehnt sich der Bereich der minoischen Handelsbeziehungen, die sich vervielfachen. Für die Inselbewohner eröffnen sich neue Möglichkeiten des Warenaustausches und des Reisens. Die Minoer stechen in der für die Schiffahrt günstigen Jahreszeit – also im Sommer – in See und laufen die Häfen an, in denen sie sich mit Proviant eindecken und ihre Ladungen verkaufen können. Auch die Palastkasse zieht Nutzen aus diesen Geschäften. Das Meer ist die wichtigste Einnahmequelle der Minoer und bringt ihnen überdies die Neuheiten, auf die sie stets so erpicht sind. Sie besitzen eine außergewöhnliche kaufmännische Begabung, und man trifft sie in allen Häfen des östlichen Mittelmeers, den phönikischen wie den kleinasiatischen, und in den Nilstädten, wo sie dem Pharao die wertvollen Geschenke ihres Minos übergeben. Bei den Ägyptern heißen die Inselbewohner Keftiu.

Am Schnittpunkt der Seewege dreier Kontinente gelegen und geschützt von seinen Hügeln, erhebt sich Knossos, wo überall, sogar auf den einfachsten Gebrauchsgegenständen, Pflanzen und Tiere des Meeres dargestellt sind, genau im Herzen Kretas. Die Insel befindet sich im Bannkreis dieser eigenartigen Palaststadt. Sie ist der Schwerpunkt, dem alle Kräfte der minoischen Seeherrschaft zustreben.

Die Minos sind dafür verantwortlich, daß die Geschenke des Meeres ebenso wie die der Erde Früchte tragen. Die allgegenwärtige Große Göttin, die über ihnen wacht, erfüllt alle ihre Bedürfnisse. Sie schenkt ihnen alle Dinge in Fülle. Das sieht man an dieser Residenz von monumentaler Schönheit, die auch die ihre ist, diesem Palast, der ihre irdischen Heiligtümer birgt. Jeden Tag treffen Prozessionen von Opferbringern ein, um ihr Wohlwollen zu erflehen. Jeden Tag werden mit dem vorgeschriebenen Ritual Trank- und andere Opfer gespendet. Lange Zeremonien in den niedrigen kapellenartigen Räumen, wo der Minos selbst die Kulthandlungen vornimmt. Doch meistens finden die religiösen Feiern im Freien statt, in dieser herrlichen kretischen Natur, die ein einziges großes Heiligtum ist und deren Gipfel und Höhlen günstige Orte für die Begegnung mit dem Göttlichen sind. Aber trotz des hellen Lichts auf dieser Insel bleibt die optimistische Religion ihrer Bewohner für uns in Dunkel gehüllt. Wir wissen nur, daß hier eine Gedankenwelt existierte, die dem klassischen Griechenland als Erbe zufiel und verwandelt wurde.

May Veber

Goldener Schauplatz des Grauens

MYKENE

Die Griechen 1000 Jahre vor Perikles und dem Parthenon – wer waren sie? Vor einem Jahrhundert riß Schliemann die Achaier Homers, diese prunkliebenden, blutrünstigen Krieger, aus der Welt des Mythos.

Auch heute noch, nach weit über drei Jahrtausenden, schwebt über der klug angelegten Burg mit ihren kyklopischen Mauern und den riesigen grasbewachsenen Kuppelgräbern die Denkart, der Wahnwitz der Atreiden. Sie haben nicht aufgehört, mit dem Tod die Klinge zu kreuzen, und Mykene gehört ihnen genauso wie einst. Welch ungewöhnliches postumes Schicksal war diesem fluchbeladenen Geschlecht beschieden! Eine Familie von hohem Adel trotz allem, von vornehmer, fast göttlicher Abstammung. Doch eine Familie, der nur Unheil bestimmt war und deren grauenhafte Geschichte die gewöhnlichen Sterblichen immer wieder beschäftigt hat. Viele Dichter, darunter die größten, haben sie gestaltet.

Blut und Gewalt! Die Macht des Schicksals! Für Kunst und Literatur unerschöpfliche Themen – in den Greueltaten dieser Mörderbrut, die sich der schlimmsten Verbrechen schuldig machte und nicht davor zurückschreckte, die eigenen Verwandten hinzuschlachten, sind sie Gestalt geworden. Da waren zunächst Atreus und Thyestes, die feindlichen Brüder, deren Grausamkeit nur an ihrem gegenseitigen Haß gemessen werden kann. Und dann ihre Nachkommen, allen voran Agamemnon, der umstrittene, wenn auch begabte Kriegsherr, der das gewaltige Aufgebot der Achaier vor Troja zum Sieg führte. Sein schreckliches Ende, als er nach zehn Jahren Abwesenheit zurückkehrte, ist unvergessen geblieben. Noch am gleichen Abend wird er im Bad ermordet. Ägisth, der Usurpator, stößt ihm den Dolch in den Leib, immer wieder, unterstützt von seiner königlichen Geliebten Klytämnestra, die ihrem Gatten nicht verzeihen kann, daß er ihre älteste Tochter Iphigenie einst geopfert hatte, damit günstige Winde wehen, um endlich zum fernen Troja segeln zu können. Bald haucht der König seinen Geist aus, Mykene schaudert vor Entsetzen.

Doch hinter den gewaltigen Kyklopenmauern der Burg von Mykene drehte sich die Spirale der Gewalt weiter. Orest, der seit langem verbannte Sohn Agamemnons und Klytämnestras, wollte eines Tages seinen Vater rächen. Er ging hin und befragte das Orakel von Delphi, was er tun solle, und Apollo befahl ihm, die Mutter und ihren Buhlen zu töten. Er tat es. Dafür verfolgten ihn die Erinnyen, die Rachegöttinnen, unablässig und schlugen ihn mit Wahnsinn. Und da ist auch noch Elektra, seine zärtliche, wild entschlossene Schwester, Elektra die Gedemütigte, Elektra die Ungebärdige, deren Los viele Generationen erschüttern sollte.

Schreie, Tumult, Verwünschungen, unauslöschlicher Haß, Inzest, Ehebruch, Vergewaltigung, Morde, Gemetzel – und schließlich, nach dem Ausklingen dieses grausigen Crescendos, die Unsterblichkeit im Gedächtnis der Menschen. Denn Legenden, besonders die blutigen, sind langlebig. Sagen, die sich um die Atreiden, das Herrschergeschlecht Mykenes, ranken, haben nicht nur die Alten fasziniert, sondern schlagen auch uns Heutige noch in Bann.

In den Jahren um 170 n. Chr. durchstreifte ein Reisender unermüdlich das schon lange römisch gewordene Griechenland. Er besuchte die großen Heiligtümer und die berühmten historischen Stätten. Sein Name war Pausanias. Alles interessierte ihn, alles sah er sich genau an, alles beschrieb er bis in die kleinsten Einzelheiten, wobei er auch nicht die geringste lokale Tradition vergaß. Als er, von Korinth kommend, in Mykene eintraf, fand er nur noch Ruinen vor, und zwar fast in dem gleichen Zustand, wie sie sich auch heute noch unserem Auge darbieten. „Trotzdem stehen noch Reste der Stadtmauer und vor allem das Tor", schreibt Pausanias und fährt fort: „Über ihm stehen Löwen, und auch diese Mauern sollen ein Werk der Kyklopen sein ... In den Trümmern von Mykene befinden sich ... die unterirdischen Gebäude des Atreus und seiner Söhne, in denen sie ihre Geldschätze aufbewahrten. Und das Grab des Atreus ist da und auch ... das des Agamemnon ... und von Elektra." Königsgräber, da und dort verstreut. Und in der von legendären Schreckensbildern bevölkerten Einsamkeit eine tote Stadt, von der nur der Name übrigblieb.

Dieses Elfenbeinköpfchen eines achaiischen Kriegers zeigt den typischen, mit Eberzähnen verstärkten mykenischen Helm, wie ihn Homer in der Ilias *schildert: „Der aus Leder geformt und innen mit Riemengeflechte/ Fest bespannt war; außen umsäumten ihn glänzende Zähne/ Eines Ebers mit weißlichen Hauern, nach jeglicher Seite,/ Schön und künstlich gereiht, und ein Filz war drinnen befestigt." Diese kleine Plastik (Höhe: 5 cm) stammt aus einem Kammergrab in der Unterstadt von Mykene (13. Jahrhundert v. Chr.).*

Mykene wird wiederentdeckt

Es war im August 1806. Chateaubriand, der große französische Dichter der Frühromantik, war auf dem Weg nach Jerusalem. Seinen Pausanias in der Tasche, ritt er von Sparta über die „rauhen und unwirtlichen Straßen" der damals türkischen Morea, wie man zu dieser Zeit den Peloponnes noch nannte, in die Landschaft Argolis. „Bekümmert beim Gedanken an das Werk und den Wahnsinn" des unseligen Geschlechts, untersuchte er die Ruinen von Mykene, durch die „ein nacktes Kind, ein Hirtenknabe", ihn führte. Die Landschaft beeindruckte ihn außerordentlich. „Unbestellte, öde Flächen ... kahle, düstere Berge." Schließlich „durchquerten wir eine Heide, ein kleiner Pfad führte uns zu diesen Mauerresten, die fast noch so sind, wie sie zu Pausanias' Zeiten waren ...".

Die Wiedergeburt des „goldreichen Mykene" begann im November 1876. Auf diesem zeitgenössischen Stich sieht man Sophia Schliemann bei der Freilegung der Schachtgräber im Gräberrund A.

Ein gewaltiger und unter die Haut dringender Mythos, der durch seine unausweichliche Tragik Hellas und das Abendland zutiefst bewegt hat. „Wenn man jedoch an Ort und Stelle sieht", fügte Chateaubriand hinzu, „wie wenig übriggeblieben ist, staunt man über alle Maßen." Und noch mehr staunte wohl die Welt im Jahr 1876, als dank eines eigensinnigen, phantasievollen Amateurarchäologen und Homerverehrers Mykene sein langes Schweigen brach. Die glanzvollen Fürsten der Bronzezeit erwachten in Mykene plötzlich wieder zum Leben. Und wieder hatte das spektakuläre antike Drama einen Riesenerfolg.

Die Kyklopenmauern, das Löwentor, die großen, bienenkorbförmigen Grabstätten waren die Überreste einer einst weit über das Land hinaus berühmten und reichen Stadt. Aber noch wußte man die Reste nicht zu deuten. Von den blutrünstigen Bewohnern der Burg fand sich keine Spur. Nach Meinung einiger Fachleute vermochten nur die *Ilias* und die *Odyssee* Anhaltspunkte, gewisse Informationen über diese untergegangene Welt zu liefern; doch niemand glaubte ihnen. Erst nach langen, mühseligen Grabungsarbeiten gelang es zwei ungewöhnlichen Menschen zu beweisen, daß im Mythos – wie ihn Epos und Drama überliefert haben – gelebte Geschichte steckt. Im Vertrauen auf Homer und von Pausanias geleitet, legten Heinrich Schliemann und seine junge griechische Frau Sophia das erste Gräberrund auf der Burg von Mykene frei. Sie glaubten, den Friedhof der Atreiden gefunden zu haben. In der Tat enthielten diese Schachtgräber die Skelette einiger Personen hohen Ranges und überaus reiche, oft goldene Grabbeigaben. Frohlockend grub das Paar Stück um Stück des berühmten Schatzes aus: Totenmasken, Schmuck und Gefäße aus Gold, reich verzierte Prunkwaffen ... Das „goldreiche Mykene" Homers war greifbar geworden und rückte für die Öffentlichkeit ins Scheinwerferlicht. Für die Wissenschaft aber hatte seine Auferstehung begonnen.

In einer Art ständigem Feedback nimmt diese noch immer ihren Fortgang, in Mykene selbst, aber auch an vielen anderen Orten Griechenlands, wo mykenische Siedlungen freigelegt wurden, sowie im gesamten Mittelmeerraum, wo man heute die Fahrten der Achaier, die mutige Seeleute waren, verfolgen kann. Auf diese Weise vervielfachte sich in den letzten Jahrzehnten die Zahl der Fundgegenstände. Die Entzifferung der berühmten Linear-B-Schrift im Jahr 1952 durch einen anderen genialen Amateur, Michael Ventris, dem der Altphilologe John Chadwick zur Seite stand, bedeutete einen „großen Sprung nach vorn" in der Erforschung des mykenischen Kulturkreises. Schlagartig wich das Halbdunkel grellem Licht, selbst wenn Schattenzonen übrigblieben. Denn hier stand man auf festem Boden und konnte geduldig weiter entziffern. Allmählich zeichnete sich das Bild eigenständiger Städte ab, ein Bild, das jedoch immer wieder berichtigt werden mußte, je mehr man erfuhr und je besser man die Einzelstücke dieses faszinierenden Puzzles zu deuten vermochte. Denn mag auch die Hegemonie der Hauptstadt der Atreiden ab 1400 v. Chr. unbestritten gewesen sein, so gab es doch damals selbst auf dem Peloponnes viele weitere ähnliche Palastfestungen und eine Reihe anderer achaiischer Königtümer: In dem berühmten Schiffskatalog im 2. Gesang der *Ilias* erwähnt Homer etwa 30. Die bedeutendsten sind Mykene, Pylos, Argos und Tiryns, Lakedaimon und Arkadien.

Von der Geschichte vergessen

Selbst wenn von Mykene das traditionelle Bild des Mythos fortbesteht, so sieht man es heute angesichts der Funde doch wesentlich differenzierter. Denn seit Schliemanns aufsehenerregenden Entdeckungen haben sich unsere Kenntnisse von den Menschen der Zeit immer mehr erweitert. Im Mythos standen stets nur die Atreiden im Mittelpunkt und verstellten den Blick auf die Mykener, die in der Dichtung nur ein namenloser, stummer Chor waren, der lediglich die Tragödie ständig und bis zum Schluß rhythmisch begleiten mußte, sonst aber von der Geschichte vergessen war. Doch nun traten die Mykener langsam auch leibhaftig aus dem Dunkel. Zunächst hielt man sie für Leute von eher rauher Wesensart, bis die Funde erstaunliche Tatsachen ans Licht brachten. Natürlich gab es in Mykene auch verwegene Krieger, die Mehr-

Der felsige Bergrücken, der die Ebene von Argos beherrscht, erhebt sich zwischen zwei Schluchten. Man erkennt die wichtigsten Teile der Akropolis von Mykene: Löwentor (1), Kyklopenmauern (2), Getreidespeicher (3), Gräberrund A (4), Häuser von Adligen (5), Königspalast (6), Megaron (7), unterirdische Zisterne (8), Vorratshäuser (9), Unterstadt (10), Gräberrund B (11). Die befestigte Fläche umfaßte 30000 m². Die erhaltenen Überreste der Burg stammen aus dem 15. und 14. Jahrhundert v. Chr.

zahl der Einwohner waren jedoch – was man weniger vermutete – Handwerker, kleine Geschäftsleute, gerissene Händler und – noch erstaunlicher – versierte Kaufleute und übergenaue Bürokraten! Viele Mykener fuhren zur See, was keineswegs naheliegt, wenn man bedenkt, daß ihre von zwei hohen Bergen überragte Vaterstadt etwa 15 km von der Küste entfernt war. Das also waren die geheimnisvollen Mykener! Hinter ihren mächtigen Mauern verschanzt, schmiedeten sie ihre Ränke und spannen ihre Intrigen. Gewiß. Doch sie waren weder geborene Mörder noch Schlafmützen – zumindest was den Durchschnitt anging. Eine etwas rauhe, noch archaische Gesellschaft vielleicht, die aber bereits nach Ständen gegliedert war. Man kann durchaus eine gewisse Verfeinerung beobachten. Die Grabungen haben ergeben, daß zu Füßen des sagenhaften Palasts der Verbrechen eine wohlhabende Stadt lag, mit steilen, gewundenen Straßen, zahlreichen Privathäusern, Läden, Werkstätten, einigen reichen Bürgern und ehrlichen, arbeitsamen kleinen Leuten, die an den wirklichen oder fiktiven Blutbädern hoch oben auf der Königsburg wohl kaum beteiligt gewesen waren. Diese frühen Griechen, die hier zum erstenmal – und wie glanzvoll! – auf der Bühne von Hellas erscheinen, führten bei weitem nicht das abenteuerliche und dramatische Leben, das die schauerlichen Mythen, die sich um das Atreidengeschlecht ranken, vermuten lassen. Man könnte ihr Leben fast als banal bezeichnen, wenn man es für sich allein betrachtete und wenn nicht sie es gewesen wären, die den Grundstein für die griechische Kultur legten.

Was in den beiden so vielschichtigen und stellenweise mißverständlichen homerischen Epen über die Geschichte Mykenes angedeutet ist, wurde von der Archäologie bestätigt und weitgehend ergänzt. Den Gang der wirklichen Geschichte Mykenes kann man jetzt schon recht gut erkennen.

Wahrscheinlich um 1800 v. Chr., einige Zeit nach der Ankunft der ersten Volksgruppen, die wir heute Griechen nennen, entstand über einer jungsteinzeitlichen Siedlung eine kleine Burganlage. Nach eher bescheidenen Anfängen vergrößerte sich Mykene ab 1600 v. Chr. allmählich, blühte und reifte heran, bis es etwa zwischen 1400 und 1100 v. Chr. zum Mittelpunkt der größten Macht des griechischen Festlands wurde. Agamemnon hat wahrscheinlich im 13. Jahrhundert v. Chr., gegen Ende dieses goldenen Zeitalters, gelebt.

In der zweiten Hälfte des 2. Jahrtausends v. Chr. erfüllte Mykene, nun die Hauptstadt eines unabhängigen Reiches, das zukünftige Hellas mit dem Glanz seiner Ruhmestaten und seines Reichtums. Langsam und geschickt eroberten seine Herrscher das östliche Mittelmeer. Sie knüpften Beziehungen zu den hethitischen Königen und den Pharaonen der 18. und der 19. Dynastie an. Sehr bald verdrängte Mykene Kreta – von dem es im wahrsten Sinne des Wortes verführt worden war, das es aber trotzdem vor 1400 v. Chr. überfiel – aus seiner kulturellen und politischen Vormachtstellung. Das Entscheidende dabei war, daß das festländische, bäuerliche Mykene nach und nach zur See- und Handelsmacht wurde. Es trat in die Fußstapfen der Minoer, deren hochentwickelte Kultur es übernommen hatte, ohne aber sein eigenes Wesen dabei aufzugeben. Zum erstenmal herrschten Griechen über all die Gebiete, die man später allgemein als Hellas bezeichnen sollte; sie setzten sich darin fest und entwickelten eine bestimmte Lebensart. Ein Riesenschritt zur Geburt der griechischen Kultur war zurückgelegt.

Die letzten Stunden von Mykene waren düster und dramatisch. Am Beginn seiner Geschichte und an deren Ende stand jeweils eine der großen Invasionen, die den Lauf der Geschichte geändert haben. Die Akteure der ersten um 2000 v. Chr. waren die Achaier, also die frühen Griechen selbst, gewesen, Indogermanen aus den weiten Ebenen Rußlands oder Mitteleuropas, die an den Küsten der Ägäis landeten. Bei der an-

AGAMEMNONS PALASTFESTUNG

Der Palast der Atreiden erhob sich auf dem befestigten Burgberg. Die mykenischen Paläste unterschieden sich grundlegend von den minoischen. Charakteristisch für sie war das rechteckige *Megaron*, das aus drei Räumen bestand: dem *Prothyron*, einer vorn offenen Vorhalle mit zwei Säulen zwischen vorgezogenen Wänden, dem *Prodomos*, einem Vorzimmer, und dem eigentlichen *Megaron* oder *Domos;* einer großen Halle (11,50 mal 13 m) mit einem Herd in der Mitte. Am Fuß der Palastburg lag außerhalb der Festungsmauern die Unterstadt.

deren, die um 1200 v. Chr. stattfand, handelte es sich um die Invasion der Dorer, eines rauhen Bauernvolks griechischer Sprache, das von Norden her einfiel und Mykene zerstörte. Der Handlungsablauf wiederholte sich. Die zweite Welle überflutete Hellas, das mit Feuer und Schwert erobert wurde. Eine Apokalypse, deren Opfer diesmal Mykene war. Sein letzter König, Tisamenos, der Sohn des Orest, fiel, als er an der Spitze seiner Truppen sein Land verteidigte. Das mykenische Reich geriet ins Wanken, zerbrach schließlich und versank in dem barbarischen Dunkel, das sich für vier Jahrhunderte über Griechenland senkte. Das geplünderte, gebrandschatzte „goldreiche Mykene" verschwand aus der Geschichte. Einigen Überlebenden gelang es, in die östliche Ägäis auszuwandern. Aber im übrigen war das unabwendbare Ende der Stadt gekommen.

Im Mittelpunkt dieser Welt, die im Schlachtenlärm unterging, die der Krieg zerschmetterte, hatte stets der Krieg gestanden, er war ihre Grundlage. Die Archäologen kennen nicht die Einzelheiten. Sie wissen nur, daß die Mykener immer wieder Kriege führten. Alles spricht dafür: die Kyklopenmauern, die ausgeklügelten Befestigungen, die vielen Waffen, die man gefunden hat. Auch das Gold. Denn „hier ist das Gold die andere Seite des Bluts", wie treffend gesagt worden ist. Das Gold, das war hier Kriegsbeute. Nach den Meisterwerken aus dem 16. Jahrhundert v. Chr. zu urteilen, die Schliemann ausgegraben hat, müssen die Achaier sehr oft Kreta überfallen haben, bevor ihre Anführer sich entschlossen, die Insel zu erobern. Man muß sich übrigens über die Bedeutung des Wortes Krieg, wie es hier gemeint ist, klarwerden. Soweit bekannt, gab es kaum Konflikte größeren Ausmaßes. Abgesehen von einigen wenigen bedeutenderen Unternehmungen, die den Abschluß von Bündnissen voraussetzten – Vorläufer der Staatenbünde klassischer Zeit – und die unter der Leitung eines obersten Heerführers standen – man denke an Agamemnon im Trojanischen Krieg –, beschränkte man sich auf kleinere Aktionen, die allerdings sehr gewinnbringend waren. Beutezüge, Raubüberfälle, Plünderungen, Blutvergießen aller Art, Handstreiche bei Tag und Nacht, Fehden zwischen Königen und Kleinkönigen – das alles spricht dafür, daß im Leben der Achaier die Gewalt eine große Rolle spielte, so unbedeutend die einzelnen Unternehmungen waren. Die von Homer verwendeten mündlichen Überlieferungen entsprechen wohl mehr oder weniger den Tatsachen. Die blonden, „hauptumlockten" Achaier – sie trugen langes Haar, Bart und Schnurrbart – waren kampflustig, streitbar und gewalttätig wie kaum ein anderes Volk. Obwohl „Städtezerstörer" genannt, unternahmen sie ihre Streifzüge vor allem, um Frauen, Viehherden und Gold zu rauben. Mit gewinnbringenden Kriegen dieser Art glichen sie den Mangel an Land und Rohstoffen aus, unter dem sie litten. Alle nachbarlichen Beziehungen im damaligen Griechenland basierten auf Gewalt. Hinter den Kyklopenmauern ihrer Burg lebten diese sich an ihrer eigenen Macht berauschenden, grausamen Raubritter ständig in Erwartung eines Angriffs, stets bereit, einen Gegner zu zerschmettern, gleichgültig ob er auf dem Landweg oder über das Meer kam. Neben der Jagd war eben der Krieg ihr bevorzugter Zeitvertreib. Vor jedem, der die Burg von Mykene besichtigt, ersteht mit großer Eindringlichkeit das Bild jener wilden Krieger. Man kann sich vorstellen, wie sich die schweren Holzflügel des Löwentors vor den ungeduldig auf der Stelle tretenden Pferden öffnen, damit die Kampfwagen durchfahren können. Man sieht noch

Schliemann nannte dieses Fundstück aus einem Schachtgrab des Gräberrundes A den Becher des Nestor, da es dem von Homer im 11. Gesang der Ilias beschriebenen Goldbecher entspricht, aus dem der alte Nestor trinkt (16. Jahrhundert v. Chr.).

heute im Stein die Rillen der Räder. Der König und seine Mannen ziehen ins Feld. Werden sie durch die fruchtbare Ebene der Argolis reiten und sich auf allzu übermütige Nachbarn stürzen oder auf entfernte Feinde, die sich tief in den schwer zugänglichen Bergen Arkadiens versteckt halten? Wie auch immer, der Aufmarsch der Truppen war ein unvergeßlicher Anblick und mag dem in der staubigen Ebene von Troja geglichen haben, den Homer beschreibt: „Wie ein verzehrender Brand sich erhebt in unendlicher Waldung/ Hoch auf dem Kamm des Gebirges, daß fern die Flamme gesehn wird:/ Also erhob sich dem Heere voran von dem göttlichen Erze/ Fernhinleuchtend ein Glanz empor durch den Äther zum Himmel."

Diese ersten Griechen, die in ihrer neuen Heimat Wurzel faßten, die so machthungrig waren und den Krieg so sehr liebten, mußten mit eiserner Hand regiert werden. Das setzte eine starke monarchische Zentralgewalt voraus, also eine streng gegliederte patriarchalische Gesellschaft, die in der Unabhängigkeit ihres jungen Gemeinwesens ihr oberstes Ziel sah. Ein Feudalsystem, noch ehe es diesen Begriff gab. Im großen und ganzen ist alles, worauf die Homerischen Epen anspielen, durch den Inhalt der Linear-B-Täfelchen aus den Palastarchiven von Mykene, Pylos und Knossos bestätigt worden.

Die Gesellschaftsstruktur entsprach der traditionellen indogermanischen Gliederung in drei Klassen. Es gab zwei privilegierte Klassen – Kriegeradel und Priester –, die zahlenmäßig schwach waren, aber die Macht ausübten und die dritte, viel zahlreichere produzierende Klasse, das Volk *(demos)*, ausbeuteten. Diese Klasse war zunächst bäuerlich und an die Scholle gebunden. Doch sehr bald kam es zu einer systematischen Arbeitsteilung und einer weitgehenden Spezialisierung der Tätigkeiten. Natürlich weiß man über das Leben der herrschenden Klassen viel mehr als über das der beherrschten. Man kann jedoch annehmen, daß sich das Dasein des gewöhnlichen Volkes, das unbarmherzig zur Fronarbeit gezwungen wurde, durch die Ankunft der Achaier nicht wesentlich änderte. Obwohl diese oft die einheimische Bevölkerung überlagerten, verschmolzen sie nie ganz mit ihr.

An der Spitze der Hierarchie stand der König, der *wa-na-ka*, im klassischen Griechisch *wanax*. Das war ein allmächtiger Fürst, ein Despot, bald nicht nur autokratisches, sondern auch theokratisches Oberhaupt der politischen, religiösen und wirtschaftlichen Gemeinschaft, das alle Rechte besaß, kurz gesagt, ein absoluter Herrscher. Allerdings regierte er nicht allein. Ihm stand der *ra-wa-ke-ta (lawagetas)* zur Seite, eine sehr wichtige Persönlichkeit, deren Rolle wir leider nicht genau kennen; der *lawagetas* besaß jedoch wie der Herrscher ein eigenes Haus und ein ansehnliches Landgut, ein *temenos*. Man weiß nicht, ob er eine Art Großwesir oder der Oberkommandierende der königlichen Truppen war, denn man hat bis jetzt nicht klären können, was mit dem Titel genau gemeint ist. Auch die Machtmechanismen sind noch weitgehend unbekannt. In jedem Fall ist er der starke Mann des mykenischen Regimes. Unter diesem energischen Duo entwickelte sich Mykene zu einem mächtigen Staat mit einer eigenständigen Kultur, und seine Hauptstadt spiegelte ihre Macht wider.

Dieses Salbgefäß in Form einer Ente hat wohl ein kretischer Künstler nach einem ägyptischen Modell geschaffen. Das kleine Meisterwerk aus Bergkristall, aus dem der ganze Zauber des Orients spricht, wurde in einem Grab des Gräberrunds B gefunden (16. Jahrhundert v. Chr.).

Bürokratie und Buchführung

Gleich nach diesen höchsten Machthabern kam eine Reihe hoher Würdenträger – Adelige oder Palastbeamte –, die ebenfalls Land besaßen. Ihre Titel sind uns bekannt, nicht aber ihre Funktionen. Es handelt sich um die *te-r-eta (telestai)*, die *e-ge-ta (heketai)*, den *pa-si-re-u (basileus*, ein Wort, das später die Bedeutung „König" annahm). Einige wohnten innerhalb der Stadtmauern nahe beim Palast in schönen Häusern. Viele lebten in der Unterstadt, andere auf dem Land. Sie bildeten den Kern einer hauptsächlich aus Palastangestellten bestehenden, wirkungsvollen und leistungsfähigen Verwaltung, die aller Wahrscheinlichkeit nach die Bürger aufs ärgste schikanierte. In dieser Hinsicht erlebte man eine große Überraschung, als die Linear-B-Täfelchen entziffert wurden. Der *wa-na-ka* und der *ra-wa-ke-ta*, die über das Schicksal der Masse entschieden, kontrollierten auch genauestens das Wirtschaftsleben des Reiches, indem sie Produktionsnormen aufstellten und diese ständig zu erhöhen versuchten. Hierbei wurden sie von einem riesigen Beamtenheer unterstützt, das unermüdlich alles zählte und schriftlich festhielt. Das Reich der streitbaren Mykener wurde also mit Hilfe von Kontobüchern regiert. Es herrschte eine wahre Manie der Bestandsaufnahme. Jahr um Jahr trugen die Steuereinnehmer zur minuziösen Berechnung der Abgaben in Listen aus Papyrus, Schaf- oder Ziegenleder mit Feder und Tinte alles ein, was sich in Zahlen erfassen ließ. Das ist zumindest die Hypothese John Chadwicks. Die Tontäfelchen waren wahrscheinlich nur so etwas wie Kladden. Alles wurde aufgenommen und verbucht; von der Kinderzahl bis zu den vorgeschriebenen Schweinelieferungen; von der Bronzemenge, die zur Herstellung von 100 000 Pfeilspitzen an Schmiede verteilt wurde, bis zur Lebensmittelration für die Dienerinnen des königlichen Bades; von den im Palast lagernden Wagenrädern bis zu den Opfergaben für die Gottheiten. Dazu gehörten unter anderem mit Duftessenzen versetztes Öl, Getreide, Wein, Honig, Käse, Stiere und Widder. Und alles war sorgfältig etikettiert, klassifiziert, und die Belege wurden – zur Freude der Archäologen und Sprachwissenschaftler – in Holztruhen oder Weidenkörben in einem besonderen Raum des Palasts, dem Archiv, aufbewahrt. Wie besessen zählte man Menschen und Güter, eine Ameisenarbeit, die vielen eine Lebensstellung verschaffte. Bestimmte Nahrungsmittel und Rohstoffe wurden direkt von der Regierung verteilt – wie wir es bei der Bronze gesehen haben. Höchstwahrscheinlich lief diese peinlich genaue königliche Buchführung jeweils über ein Jahr, das heißt, die Unterlagen wurden am Ende des Geschäftsjahrs vernichtet. Und diese königliche Buchhaltung wurde in Griechisch geführt – genauer gesagt: in dem ältesten griechischen Dialekt, dem Achaiischen.

In diesen winzigen achaiischen Fürstentümern herrschte also eine allgegenwärtige, pedantische, bestens organisierte Bürokratie, kurz eine Verwaltung, die der in den Reichen des Vorderen Orients und Ägyptens nicht nachstand. Die Schrift spielte dabei eine wichtige Rolle. Doch offenbar konnten nur die Buchhalter schreiben. Die Schrift als Mittel zur Beherrschung und Kontrolle der breiten Masse war ein Werkzeug der Verwaltung, nicht Kulturgut. Sie verschwand übrigens mit den Palästen und tauchte nie wieder auf. Die meisten Menschen im mykenischen Griechenland waren weder des Lesens noch des Schreibens kundig. John Chadwick sagt darüber: „Alles in allem darf man wohl schließen, daß die Schrift als Hilfsmittel der Verwaltung weit verbreitet war, daß sie aber darüber hinaus wenig Boden gefaßt hat. Auch die höchstgestellten Glieder der Gesellschaft dürften wie die geringsten Analphabeten gewesen sein."

Nach der herrschenden Minderheit verbreiterte sich die hierarchische Pyramide mit einem Schlag: Die nächste Stufe nahm die große Masse der Bürger, das Volk *(demos)*, ein, Auch darüber haben die Täfelchen wertvolle Informationen geliefert. Am unteren Ende der sozialen Stufenleiter befanden sich natürlich die Sklaven. Jeder besaß Sklaven: der *wa-na-ka*, der *ra-wa-ke-ta*, die Würdenträger, die einfachen Bürger vom Kaufmann bis zum Schmied. Ihre Rechte, wenn sie überhaupt welche gehabt haben, sind unbekannt. Viele von ihnen waren Frauen, oft mit Kindern – Beutegut aus Piratenzügen. Sie verrichteten die niedrigsten häuslichen Arbeiten wie Wasser holen, Korn mahlen, Flachs spinnen.

Die Umgebung von Mykene

Die Mehrheit des mykenischen Volkes lebte außerhalb der Mauern der Palastfestung. Es handelte sich vor allem um Hirten – Schaf-, Ziegen-, Rinder- und Schweinehirten. Homer erwähnt sie immer wieder. Sie hüteten riesige Herden von Schafen – es wurden einmal über 100000 genannt –, ferner von Ziegen, Rindern, Schweinen und Pferden, diese in erster Linie für den Palast. Es gab auch Ackerbauern, die mit ihren Hakenpflügen von Jahr zu Jahr größere Flächen bestellten. Sie bauten Getreide an, hauptsächlich Weizen und Gerste. Diese Körnerfrüchte waren die Grundlage der Ernährung; daneben wurden auch Käse und Feigen in großen Mengen verzehrt. In der Tat gab es Tausende von Feigenbäumen, ferner Olivenbäume sowie da und dort auch Rebstöcke – bald trank man mehr Wein als Bier. Alle diese typischen mittelmeerischen Baum- und Strauchkulturen verbreiteten sich rasch. Rund um Mykene lagen kleine Äcker, Landstükke, die dem steinigen Boden in zäher, mühsamer Arbeit abgerungen wurden. Weiter weg, in der reichen Ebene der Argolis, fanden sich Obst- und Gemüsegärten, Viehweiden, blumenübersäte grüne Fleckchen mit Quellen und Bächen, die angenehme Kühle spendeten. Eine anspruchslose Bevölkerung, die sich bis zum heutigen Tag kaum geändert hat, lebte in Weilern oder auf Einzelhöfen, eine Siedlungsweise, die die Jahrhunderte überdauerte. Die einfachen Hütten aus Lehm, der mit Stroh versetzt war, und die primitiven Häuser aus ungebrannten Ziegeln hatten meist nur einen Raum. Diese Wohnstätten hatten sich seit der Jungsteinzeit praktisch nicht verändert. Im allgemeinen war Grund und Boden Gemeinschaftseigentum, wie es dem Gleichheitsprinzip in den indogermanischen Gesellschaften entsprach: Es war das System des Gemeindelandes *(ke-ke-me-na ko-to-na)*. Aber es gab auch Privatbesitz. Denn nicht nur die Herrscher und die Adligen hatten eigene Landgüter. Auch

Mykenische Rüstung aus Bronzeplatten (15. Jahrhundert v. Chr.)

DIE ERZGEPANZERTEN ACHAIER

Homer hat die Waffen und Rüstungen der „hauptumlockten" Achaier erstaunlich genau beschrieben. Bei den Ausgrabungen barg man eine beträchtliche Anzahl von Waffen, mit denen diese Krieger gegen ihre Feinde zogen. Die Linear-B-Täfelchen haben bestätigt, daß im Leben der Mykener der Krieg eine überragende Rolle spielte. Die unzähligen Waffenlisten und die vielen Bezeichnungen für Waffen bilden den Beweis dafür. Zu den Angriffswaffen gehörten Bogen, Pfeile, Schleudern, Lanzen, Speere, Schwerter, kurze und lange Dolche. Zum eigenen Schutz trug man mit Eberhauern verstärkte und geschmückte Lederhelme, mit Metallplättchen verstärkte leinene Brustpanzer, Backenstücke, Arm- und Beinschienen und Schilde verschiedenster Art. Die meisten dieser Waffen waren aus Bronze. Daran zeigt sich, daß Griechenland damals auf diesem Gebiet deutlich im Rückstand gegenüber Kleinasien war, wo die Hethiter schon seit Jahrhunderten Eisen verarbeiteten. – Die eroberungslustigen Achaier bauten wahrscheinlich schon Kriegsschiffe. Sie besaßen vor allem eine große Anzahl Streitwagen, die im Krieg und bei der Jagd benutzt wurden.

Mykenischer Bronzedolch mit goldenem Griff sowie Gold- und Silbereinlagen auf der Klinge, die drei Leoparden darstellen (15. Jahrhundert v. Chr.)

Das kyprisch-mykenische Relief stellt eine Jagdszene mit einem zweispännigen Wagen dar. Es gehört zu einem Elfenbeinkästchen (13. Jahrhundert v. Chr.), das in Enkomi auf Zypern gefunden wurde. Auf der Jagd – ein beliebter Zeitvertreib – wie im Krieg war das Pferd für die mykenischen Herren unentbehrlich.

bestimmte Beamte erhielten Land als Belohnung für treue Dienste. Dies war das erworbene Land (*ki-ti-me-na ko-tona*), das vom Gemeinschaftsbesitz abgetrennt wurde. Im Lauf der Zeit wurden weitere Teile des Gemeinschaftslandes an Privatleute vergeben: Das Pachtland (*o-na-ta*) trat in Erscheinung. Es wurde immer umfangreicher. Einer der Hauptgründe dafür waren wohl die Investitionen, die infolge der Ausweitung der Baum- und Weinkulturen nötig wurden. So entstand das individuelle Eigentum, der Privatbesitz, der sich im Lauf des 1. Jahrtausends v. Chr. voll durchsetzte.

Die mykenische Kultur blieb bis zu ihrem Zusammenbruch von der Landwirtschaft geprägt. Der Wohlstand hielt sich zwar in Grenzen, war jedoch stets gesichert. Obwohl Mykene, wie seine Nachbarn, zunächst in Autarkie lebte, hat sich diese geschlossene Wirtschaft verhältnismäßig bald geöffnet. Handel und Handwerk begannen sich zu entwickeln. Sie sind der Beweis für das bereits äußerst komplexe städtische Leben in Mykene. Diese Vielschichtigkeit verrät den starken Einfluß Kretas, den Einfluß der überfeinerten Minoer, von denen die ungeschliffenen Barbaren, die die Achaier zunächst waren, buchstäblich aufgeweckt wurden. Fast alles kam aus Kreta: die Technik, die Künste, das Gedankengut. Zweifellos auch viele Menschen, die ihr Wissen und ihre Lebensart mitbrachten: einzigartige Wegbereiter, wenn auch gegen ihren Willen. „Wenn ein halbzivilisiertes Volk ein zivilisiertes unterwirft", meint Chadwick, „versucht es, von dieser höherentwickelten Kultur soviel wie möglich zu übernehmen und zu assimilieren." Genau das taten die Achaier, wodurch sie ihre Lebensform nicht nur abwandelten, sondern von Grund auf änderten. „Kreta war die Hefe, die den Teig des Griechentums aufgehen ließ", wie treffend gesagt wurde.

Töpfer und Goldschmiede

Die Mykener verschmolzen geschickt das Kulturgut ihrer hervorragenden Lehrmeister mit dem ihren oder machten es sich ohne jede Änderung zu eigen. Das zeigt sich besonders deutlich bei den ersten handwerklichen Tätigkeiten, die zur Blüte gelangten, nämlich der Töpferei und der Metallverarbeitung, in denen sie Großartiges leisteten. In Mykene arbeiteten hervorragende Töpfer. Die hohe Qualität ihrer Erzeugnisse beruhte zum Teil darauf, daß sie den ausgezeichneten hellroten oder gelben Ton der Argolis verwendeten. Aber auch hier ist der minoische Einfluß unübersehbar. Die Töpfer kamen von den herkömmlichen plumpen Gefäßen ab und versuchten, die kretische Keramik so gut wie möglich nachzuahmen. Manchmal allerdings versahen sie die Gefäße mit einem Dekor eigener Stilprägung. Eine Zeitlang produzierten sie Gegenstände des täglichen Gebrauchs wie die berühmten Terrakottabadewannen – eigentlich Bottiche – für den Palast, aber auch interessante Kunstwerke. Doch den Handwerkern, die künstlerisch bei weitem nicht so begabt waren wie ihre kretischen Kollegen, lag vor allem am Gewinn. Als die Nachfrage stieg, der Markt immer größer wurde – man exportierte Keramik in beträchtlichen Mengen –, begnügten sie sich damit, die gleichen Formen und Ziermotive unendlich oft zu wiederholen. Bald ging die Quantität auf Kosten der gestalterischen Qualität, und die Töpfer von Mykene stellten nur noch häßliche, aber leicht verkäufliche Ware her. Diese Entwicklung ist eines der ältesten Beispiele für die verhängnisvolle Auswirkung einer allzu bereitwilligen Anpassung an den Markt.

Auch die andere Industrie, die Metallverarbeitung, erhielt ihre wichtigsten Impulse von Kreta. Die Mykener verarbeiteten Kupfer – vor allem in Form von Bronze – und Gold und brachten es darin zu einer wahren Meisterschaft. Sie beherrschten nicht nur verschiedene Techniken, sondern besaßen auch eine hohe künstlerische Begabung. Schmieden, Hämmern, Ziselieren, Fassen – alle diese Fertigkeiten hatten sich die mykenischen Waffen-, Kessel- und Goldschmiede sehr schnell zu eigen gemacht. Im Archiv des Palastes werden sie immer wieder erwähnt. Aber nicht nur sie. Aus den Tontäfelchen geht hervor, daß es eine Vielzahl von Handwerkern gab. Da Griechenland damals noch stärker bewaldet war, konnten zahlreiche Holzhandwerker wie Zimmerleute und Möbeltischler ihr Auskommen finden. Daneben traf man Maurer, Sattler, Schuhmacher, Walker und auch Weber, obwohl Spinnen und Weben mit Flachs oder Wolle weiterhin vor allem Frauenarbeit blieb. Und schon tauchten Spezialisten auf, etwa Schiffszimmerleute, Kalfaterer, Bogenmacher, Salbensieder, Parfümeure, die als Grundmaterial für ihre Erzeugnisse Olivenöl benutzen. Nicht alle diese Handwerker hatten die gleiche soziale Stellung. Einige standen im Dienst des *wa-na-ka* oder des *ra-wa-ke-ta*, andere arbeiteten selbständig. Aus Verwaltungsdokumenten ist zu entnehmen, daß bestimmte Berufsgruppen sich zu Zünften zusammengeschlossen hatten.

Diese junge, dynamische Gesellschaft, die noch so viel lernen mußte und schnell lernte, entdeckte den Handel. Zunächst traten kleine Händler in

Diese Dreiergruppe aus Elfenbein stellt wahrscheinlich zwei Göttinnen mit einem göttlichen Kind dar. Obwohl sie im Palastheiligtum von Mykene gefunden wurde, stammt sie höchstwahrscheinlich aus Kreta, denn die beiden Muttergöttinnen tragen minoische Tracht. Da schon in mykenischer Zeit die chthonischen Gottheiten des ägäischen Raumes mit den Himmelsgöttern indogermanischen Ursprungs zu verschmelzen begannen und das olympische Pantheon sich bereits damals herausbildete, gelten diese Figuren als Vorformen der Demeter, der Persephone und des kleinen Iakchos oder Triptolemos, die später im Mysterienkult von Eleusis eine so große Rolle spielten (14. oder 13. Jahrhundert v. Chr.).

Erscheinung, die den lokalen Markt belieferten. Sie lebten neben den Handwerkern in der bunten, lärmerfüllten, planlos gewachsenen Unterstadt, die sich an den Südwesthang des Burgberges schmiegte. Mit ihren dicht aneinandergedrängten Häusern erinnert sie an unsere mittelalterlichen Städte, die ebenfalls oft am Fuß einer Burg entstanden. Doch bald entwickelte sich auch der Groß- und Überseehandel. Diese Großkaufleute führten ein nomadisches Leben. Die einen zogen aus, um in Troja Pferde und Stoffe zu kaufen, im Orient Elfenbein, in Ägypten nubisches Gold. Andere fuhren über das Meer und verkauften Getreide, Waffen, Marmor und Tausende von Krügen. Sie benutzten die Seewege der Minoer, auf denen auch Händler der anderen achaiischen Staaten reisten. Die Expansion durch Ausweitung der Handelsbeziehungen oder durch Krieg war unvermeidlich, denn die Bevölkerung war so stark angewachsen, daß ihr die kleinen Ebenen und Hügel nicht mehr genügend Raum boten. Kaum hatten sie Wurzel geschlagen, brachen sie wieder nach neuen Ländern auf, warfen dort Anker und jagten unablässig dem Gewinn nach. Als erstes eigneten sie sich Kreta, Rhodos und Zypern mit bewaffneter Hand an. Dort entstanden rasch neue Staaten und damit neue Märkte. Doch dabei blieb es nicht. Diese kampflustigen Seefahrer, die alles Fremde und Exotische anzog, diese ein wenig größenwahnsinnigen Abenteurer begriffen sehr bald, daß es günstiger war, sich Einflußbereiche zu sichern, als Krieg zu führen. Sie drangen weiter nach Osten und Westen vor, errichteten überall Handelskontore, Vorläufer der späteren griechischen Emporien archaischer Zeit. Entfernungen waren für sie kein Hindernis. Man kann ihre Spuren verfolgen: Sie führen von den Küsten Kleinasiens (Milet, Kolophon), den syrisch-phönikischen Gestaden bis zum Nildelta und der Kyrenaika. Die mykenischen Kaufleute liefen regelmäßig Byblos, Al-Mina und andere Häfen an der syrischen Küste an, stießen ins Landesinnere vor, zogen das Orontestal bis nach Kadesch hinauf und erreichten den Euphrat und den Tigris. In Jericho wie in Achetaton (Amarna) hatten sie Handelspartner. Von der Troas aus stießen sie zum Bosporus vor, fuhren über das Schwarze Meer und erreichten das Land Tauris, also die heutige Krim. Auch im noch geheimnisvollen Westen setzten sie sich fest, wo immer sie günstige Ankerplätze fanden, in Süditalien, in Etrurien, auf Sizilien und den Liparischen Inseln.

Mykenes Unternehmungsgeist übertrug sich auf das gesamte achaiische Hellas. Vom 16. Jahrhundert v. Chr. an erlebte das ganze Land einen raschen wirtschaftlichen Aufschwung. Vermutlich profitierten alle Gesellschaftsschichten von diesem mächtigen Boom, denn der Güterverkehr wurde ausschließlich vom Staat geregelt. Deswegen gab es in Mykene auch kein Geld, schlug man keine Münzen, existierte kein allgemeines Wertmaß. Nur der Palast, in den aller Reichtum floß, betätigte das Räderwerk der Wirtschaft, und er verteilte ihn nicht unbedingt nur an die Wohlhabenden.

Mykenes Wirtschaft stützte sich auf ein dichtes Straßennetz und eine starke Flotte. Ununterbrochen rollten zweispännige Pferdewagen, liefen Schiffe ein und aus, strömten Waren in die Stadt. Bis zum tragischen Ende blühte der Handel. Diese ausgedehnten Geschäftsbeziehungen werfen Licht auf ein erstaunliches Phänomen, das man lange Zeit nicht wahrgenommen hat. Zu dem gemischten Kulturgut, das die mykenischen Kaufleute und Siedler im Mittelmeerraum verbreiteten, gehörte auch eine erste griechische Verkehrssprache, deren Entwicklung leider nur allzubald durch die historischen Ereignisse unterbrochen wurde. Es war eine Vorstufe zu der wohlbekannten *Koine*, die sich 1000 Jahre später herausbilden sollte.

Der Schauplatz der Tragödie

Vor der Unterstadt Mykenes steigt ein auch für Wagen befahrbarer, gepflasterter Rampenweg, über den einstmals täglich ein Strom geschäftiger Untertanen flutete, zur Burgmauer auf. Dort führt er zwischen zwei Bastionen zum Löwentor, dann vorbei an der Wächternische, dem Kornspeicher, den Häusern der Adligen und den Heiligtümern bis zum Palast hinauf. Dieser war auf der höchsten und am stärksten befestigten Stelle des Burgberges auf nacktem Fels gebaut worden und blickte von dort abweisend und majestätisch auf die tieferen Teile der Akropolis und auf die Stadt hinab. Der Palast symbolisierte eine für die Leute der Unterstadt unerreichbare Macht. Gemessen an den prächtigen, lichtdurchfluteten Palästen Kretas wirkte diese Residenz düster und melancholisch. Gemessen an den minoischen Labyrinthen, war sie einfach und übersichtlich angelegt. Der strenge, geschlossene Komplex war rund um einen kleinen Innenhof angeordnet, auf den sich das *Megaron* öffnete. Auf der anderen Seite des Hofs befanden sich die Burgheiligtümer, in denen sich die Himmelsgötter des Nordens mit den chthonischen Göttinnen des Südens vermählten.

Luftgetrocknete Ziegel, sichtbare Träger, Holzsäulen waren Elemente der schlichten und funktionellen Palastarchitektur. Zwei Stockwerke, nur wenige Fenster und Türen, ein monotoner Innendekor, in den nur die lebhaften, kontrastreichen Farben etwas Abwechslung brachten. Denn die nach kretischem Vorbild bemalten Wände zeigten ausschließlich die Motive, die der Herrscher, ein leidenschaftlicher Jäger und ehrgeiziger Feldherr, bevorzugte. Krieger, Streitwagen, Pferde, Wild – auf allen Fresken – soweit man sie rekonstruieren kann – findet man die gleichen Szenen. Der Palast von Mykene läßt einen gewissen materiellen Wohlstand, ja fast Luxus erkennen. Der Wohnkomfort, dem man darin begegnete, war eine gelungene Imitation des kretischen, wenn auch in kleinerem Maßstab, und wirkte ein wenig neureich. Als Beispiel sei das königliche Badezimmer im Erdgeschoß genannt, das dem der Minos ähnelte. Das Mobiliar der königlichen Gemächer im Obergeschoß und im Megaron war von fremdartiger, barocker Schönheit und reich verziert: Marmortische mit Einlagen aus Bergkristall, Gold und blauem Glasfluß; Ebenholzstühle mit Rückenlehnen aus geschnitztem Elfenbein Aber trotz allem herrschte in diesem grandiosen Herrensitz, wie man den Palast von Mykene genannt hat, eine seltsam steife, niederdrückende Atmosphäre, die in Knossos völlig fehlte. Welche Intrigen wurden wohl hinter diesen Mauern gesponnen? Wir werden es nie erfahren. Jedenfalls war es ein angemessener Rahmen für die Tragödie, die sich hier abspielte.

Schliemann hielt diese goldene Maske für Agamemnons Totenmaske. In Wirklichkeit entstand sie jedoch drei Jahrhunderte früher, also im 16. Jahrhundert v. Chr., und gibt vermutlich die Züge eines der ersten mykenischen Herrscher wieder. Dieses charakteristische Fundstück stammt aus Grab V des Gräberrundes A.

Von Homer wissen wir, daß Männer und Frauen sich die meiste Zeit im Megaron aufhielten. Dort trafen sie sich zu den Mahlzeiten, dort führten sie unterhaltsame Gespräche. In der Gluthitze der Hundstage suchten sie die Kühle dieses schattigen Ortes. Im Winter, wenn es regnete und der Wind um die Burg tobte, prasselte im Megaron ein anheimelndes Feuer. Im Schein der lodernden Flammen fanden hier die bei der Rückkehr von der Jagd oder vom Krieg üblichen Festgelage statt, machten die nach kretischer Mode gekleideten Damen ihren Gatten Ehre. Die Männer, weniger modebewußt, trugen noch die herkömmlichen Tuniken und lange Mäntel. Vor diesem erlauchten Publikum, dem jede Art der Zerstreuung willkommen war, besangen die frühesten Barden Griechenlands die Heldentaten der Palastherren. Sie berichteten von Schlachten und vom Meer und zeichneten das Bild einer ruhmreichen Zukunft. So entstand das Epos. Wortgewaltig priesen diese visionären Dichter und Sänger die Tapferkeit der ersten achaiischen Helden und brachten sie so ins Gedächtnis der Lebenden zurück.

Für einen kurzen Augenblick nehmen die Figuren Gestalt an, dann lösen sie sich wieder auf. Im Morgengrauen, unter der fast senkrecht stehenden Sonne eines Sommermittags, im letzten Schein der Abenddämmerung, unter dem gleichen Himmel wie einst, gibt das beklemmende Mykene, wo noch immer Imaginäres und Wirklichkeit ineinander übergehen, nach und nach seine großartige Vergangenheit preis. Steiniger Boden, Gestrüpp – mehr hat der in gelbes Licht getauchte Hügel nicht zu bieten. In der Ebene von Argos erblickt man Olivenhaine und Weinfelder, so weit das Auge reicht. Bäuerinnen, schwarzgekleidet und über die Ackerfurchen gebeugt wie diejenigen, die zur Zeit Elektras demütig den Wagen der Klytämnestra in seiner barbarischen Pracht vorbeifahren sahen. Pferdegalopp hingegen war nur auf dem Weg zur Akropolis Mykenes zu hören, jenes Mykene, das uns erlaubt, zu den Ursprüngen des Griechentums zurückzufinden.

MAY VEBER

Eine kosmopolitische Stadt

UGARIT

Ab Mitte des 2. Jahrtausends v. Chr. schufen Handwerker und Kaufleute den Reichtum dieser kanaanäischen Stadt. Sie erfanden auch das Alphabet, aus dem sich unsere Schrift entwickelte.

Lange Zeit hindurch kannte man die Vergangenheit der Länder der Levante – Syrien, Libanon, Israel, also das Siedlungsgebiet der Kanaanäer – nur aus der Bibel und aus Berichten griechischer und römischer Geschichtsschreiber. In der Bibel heißt es, daß diese Länder von Kanaanäern, aber auch von anderen Völkern, darunter nichtsemitischen, bewohnt waren. Und auch die Phöniker gehörten zu den Kanaanäern. Diese kühnen Seefahrer hatten ungefähr zur Zeit der Gründung Roms (753 v. Chr.) im ganzen Mittelmeerraum Niederlassungen errichtet. Ihre weiter zurückliegende Geschichte war mehr oder weniger unbekannt.

Im Jahr 1756 wertete Abbé Barthélemy, ein Pionier der phönikischen Inschriftenkunde, eine in phönikischer und griechischer Sprache abgefaßte Inschrift einer Grenzstele aus, die man auf der Insel Malta gefunden hatte.

Ein Jahrhundert später, 1860, brachte der französische Religionswissenschaftler Ernest Renan aus Phönikien zahlreiche Schriftdokumente mit, die aber leider nur bis in das 1. Jahrtausend v. Chr. zurückgingen. Die frühere Geschichte blieb weiterhin im dunkeln.

Bei den Ausgrabungsarbeiten in Byblos kurz nach dem Ersten Weltkrieg entdeckte man auf dem Sarkophag des Königs Achiram, der in das 13. Jahrhundert v. Chr. datiert wurde, eine Inschrift, in der erstmals eine alphabetische Schrift verwendet wurde. Nun aber stellte sich die Frage: Wie konnte in einem Kulturkreis, in dem man bis dahin nur Bilder- und Silbenschriften mit Hunderten von Zeichen benutzte, eine Lautschrift entstehen? Kam sie vielleicht aus Ägypten? Dafür gab es keinen schlüssigen Beweis. Bei diesem spärlichen Material sollte es jedoch nicht bleiben.

Beim Pflügen eines Feldes

An der Nordküste Syriens, der Insel Zypern gegenüber, an einer Stelle, die den Namen Minet-el-Beida (Weißer Hafen) trägt und außerhalb des Gebiets liegt, das gewöhnlich als Phönikien bezeichnet wird, stieß ein Bauer beim Pflügen mit der Pflugschar gegen einige schwere Steinplatten. Darunter befand sich eine Grabkammer, die mit be-

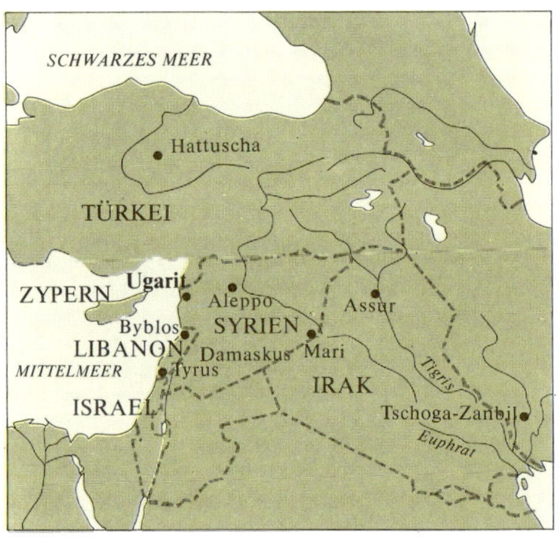

malten Gefäßen angefüllt war. René Dussaud, der den Fund im Louvre entgegennahm, stellte fest, daß es sich um kostbares Tafelgeschirr handelte, das in den letzten Jahrhunderten des 2. Jahrtausends v. Chr. aus dem mykenischen Griechenland importiert worden war. Minet-el-Beida ließ die Forscher, die mehr über den Seehandel des antiken Syriens erfahren wollten, nicht mehr los. Ein Grabungsteam unter der Leitung des Elsässers Claude Schaeffer begann 1929 mit den Arbeiten. Man entdeckte im Weißen Hafen weitere Gräber. Die Gegenstände, die sie bargen, wiesen auf eine stark von Mykene und Ägypten geprägte Kultur hin, die jedoch unverkennbar eigenständige Züge besaß. Sehr bald erkannte man, daß Minet-el-Beida nur der Hafen einer antiken Stadt war, die weiter landeinwärts unter dem Trümmerhügel von Ras Schamra (Fenchelkap) lag.

Tatsächlich fand man auch dort mykenische Keramik und darüber hinaus eine umfangreiche Bibliothek. Die Tontäfelchen waren beiderseitig mit unbekannten Keilschriftzeichen bedeckt, bei denen es sich offenbar um eine Buchstabenschrift handelte, denn sie umfaßte nur eine geringe Anzahl von Zeichen. Die Assyriologen gingen davon aus, daß die geheimnisvolle Schrift eine semitische Sprache wiedergab. Als sich diese Hypothese bestätigte, drängte sich die Vermutung auf, daß es sich nicht um Phönikisch, sondern um einen älteren kanaanäischen Dialekt handelte. Interessant dabei war, daß die Bibliothek viele religiöse Texte enthielt, die an die Erzählungen der Bibel erinnerten.

Aufgrund der Verwaltungsdokumente konnte man Ras Schamra mit der Stadt Ugarit identifizieren, von deren Existenz man nur aus den Archiven des Pharaos Amenophis IV. (Echnaton) wußte. Die in Kanaanäisch abgefaßten religiösen Texte fanden in den offiziellen Verwaltungstexten, die in Akkadisch, der Sprache Babylons und Universalsprache im Vorderen Orient jener Zeit, geschrieben waren, ihr historisches Gegenstück.

Nahe der Bibliothek befanden sich auf der Akropolis der Stadt zwei Tem-

Baal, das heißt Herr, so nannte man den kanaanäischen Sturm- und Regengott, den diese zwei mit Blattgold überzogenen Bronzefigürchen aus Minet-el-Beida und Ras Schamra (14.–13. Jahrhundert v. Chr.) darstellen. In Ugarit standen neben seinem Tempel Stelen. Die schönste trug sein Abbild, das ihn mit dem Streitkolben des Donners zeigte.

pel. Mit Hilfe einer Tiefgrabung an dieser höchsten Stelle gelang es, die einzelnen großen Kulturperioden Altsyriens zu bestimmen. Man machte fünf Besiedlungsniveaus in der Zeit zwischen 6500–5000 v. Chr. und 1200 v. Chr. aus. Schicht I, die jüngste, umfaßt die letzten 400 Jahre der Geschichte Ugarits, das heißt die Zeit von 1600 bis 1200 v. Chr. Aus dieser Periode stammen die meisten Bauwerke, Zeugnisse eines bemerkenswerten Wohlstands, der zu Beginn des 12. Jahrhunderts v. Chr. durch den Einfall der an den Grenzen Ägyptens zurückgeworfenen Seevölker ein jähes Ende fand.

Diese fünf Siedlungsschichten, die ebenso vielen Kulturperioden entsprechen, bildeten die Grundlage für die Erforschung der Stadt. Im Lauf der Grabungsarbeiten, die nach längerer Unterbrechung 1948 wiederaufgenommen wurden, entstand ein immer deutlicheres Bild von der Geschichte Ugarits. Eines Tages legte Claude Schaeffer einen großen Palast frei. Seine Archive enthielten sowohl literarische Werke als auch Verwaltungsurkunden. Der Assyriologe Jean Nougayrol untersuchte das Material und stellte zu seiner Überraschung fest, daß die auf den Dokumenten angebrachten Königssiegel im alten babylonischen Stil gehalten waren. Man hatte entweder das Königssiegel Yagarus, des Gründers der Dynastie, oder eine Nachbildung dieses sehr alten Siegels verwendet. Daraus ging hervor, daß man in Ugarit über viele Jahrhunderte hinweg an der dynastischen Tradition aus dem Anfang des 2. Jahrtausends v. Chr. festgehalten hatte.

Dieser bronzene Männerkopf mit den ausdrucksvollen Gesichtszügen könnte das Porträt eines Handwerkers oder Kaufmannes der wohlhabenden Stadt Ugarit sein. Die Kleinplastik (Höhe: 2,5 cm) aus Ras Schamra (13. Jahrhundert v. Chr.) diente als Gewicht.

Entstehung und Blütezeit Ugarits

Wann diese Dynastie zu herrschen begann, ist nicht bekannt. Wie in Mari am mittleren Euphrat und anderswo ergriffen wahrscheinlich seßhaft gewordene amoritische Nomaden die Macht und nutzten die günstige Lage der Stadt am Schnittpunkt wichtiger Land- und Seewege, um Handel zu treiben und gemeinsam mit den kretischen Kaufleuten, die ihnen kostbares Geschirr lieferten, gewinnbringende Geschäfte zu machen. Vermutlich empfingen sie unter anderen auch die Gesandten der mächtigen Pharaonen der 12. Dynastie. Fest steht, daß die größten Tempel von Ugarit während der Regierungszeit Yagarus, also um das 18. Jahrhundert v. Chr., erbaut wurden. Eines dieser Heiligtümer ist dem Sturm- und Regengott Hadad – später Baal, der Herr, genannt – geweiht, ein anderes Dagan (Dagon), dem Gott des Ackerbaus.

Die räumliche Aufteilung dieser beiden nordsüdlich ausgerichteten Tempel war sehr einfach und entsprach der Kulttradition in den Ländern der Levante. Der Tempel Salomos in Jerusalem war übrigens nach dem gleichen Muster angelegt. Von einer quadratischen Vorhalle gelangte man in einen nur wenig größeren Kultraum, von dem eine Treppe zum Tempelschatz im Obergeschoß führte. Ein großer Teil der Kultzeremonien fand unter freiem Himmel in einem Hof an der Südseite des Tempels statt. Beide Heiligtümer wurden in der nächsten Epoche, im 14. Jahrhundert v. Chr., erneuert. Dieser Periode war eine Zeit der Wirren vorausgegangen, denn ein neues Reich hatte sich gebildet, Mitanni, dessen Herrenschicht Pferde züchtete und eine indogermanische Sprache sprach. Mitanni erstreckte sich vom Iran bis vor die Tore Ugarits.

Die Könige von Ugarit hatten ferner mit den Ägyptern zu rechnen. Nachdem diese das Nomadenvolk der Hyksos aus dem Niltal vertrieben hatten, bemächtigten sie sich ganz Syriens. Da es ihnen jedoch unmöglich war, ein so ausgedehntes Reich zu verwalten, gaben sich die Pharaonen damit zufrieden, ihre asiatischen Untertanen als Vasallen zu behandeln. Bald sollte eine dritte Macht nach der Stadt Ugarit greifen: Es war der König der Hethiter, der in Hattuscha, im Herzen der heutigen Türkei, residierte. Aufgrund der inneren Schwierigkeiten, die zur Zeit des Pharaos Echnaton in Ägypten herrschten, gelang es ihm, Syrien unter seine Kontrolle zu bringen. Durch geschicktes Taktieren verstanden es jedoch die Könige von Ugarit im 14. und 13. Jahrhundert v. Chr., sich ein Mindestmaß an Unabhängigkeit zu bewahren. Sie entrichteten ihrem Oberherrn Tribut in Form ausgewählter Geschenke und erhielten ebensolche als Belohnung für ihre Treue.

IMPORT UND EXPORT IN PHÖNIKIEN

Die Phöniker waren Kanaanäer wie schon die Einwohner von Ugarit. Auch sie lebten vornehmlich vom Handel, stellten jedoch einen Großteil der Luxusgüter, die sie nach Mesopotamien exportierten, selbst her. Dafür erhielten sie Rohstoffe oder Waren, die es bei ihnen nicht gab. Ein Text des Propheten Ezechiel aus dem 6. Jahrhundert v. Chr. über die Stadt Tyrus beschreibt ziemlich genau, wie dieser Warenaustausch vor sich ging: „Tarschisch (das in Spanien zu suchen ist) machte mit dir Geschäfte wegen der Größe deines gesamten Reichtums; Silber, Eisen, Zinn und Blei gaben sie dir zum Austausch ... Edom machte mit dir Geschäfte wegen der Menge deiner Erzeugnisse; Edelsteine, roten Purpur, bunte Stoffe, Byssus, Korallen und Rubinsteine gaben sie gegen deine Waren. Juda und das Land Israel kauften bei dir ein; Weizen von Minnit, Wachs und Honig und Öl und Balsam brachten sie dir zum Tausch. Damaskus trieb mit dir Handel ... Wein ... und Wolle ... gab man dir zum Austausch" (Ezechiel 27, 12 und 16–18).

Hämatitgewicht (13. Jahrhundert v. Chr.) und Bronzewaage (14. Jahrhundert v. Chr.) aus Ras Schamra.

Aus einem kanaanäischen Schiff in einem ägyptischen Hafen werden Wein, Stoffe, Öl und Vieh entladen (Malerei im Grab des Kenamun zu Theben, um 1500 v. Chr.)

Auch unter der hethitischen Schutzherrschaft blieb Ugarit eine blühende Handelsstadt, wo sich Kaufleute aus Zypern und dem mykenischen Griechenland trafen. Minet-el-Beida entwickelte sich zu einem wichtigen Transithafen, in dem das Leben stark von den Sitten und Gebräuchen der fremden Kaufleute geprägt wurde. So baute man zum Beispiel prächtige Familiengräber mit Kraggewölben, aber ohne jeden Dekor, die für die Toten mehrerer Generationen Raum boten.

Zu dieser Zeit hatte Ugarit eine mächtige Mauer, die mit Bruchsteinen verkleidet war und nach hethitischem Vorbild eine geheime Ausfallpforte besaß. Der Palast, neben dem sich eine Zitadelle erhob, bedeckte eine Fläche von 1 ha. Er bestand aus Quader- und Bossenmauerwerk und hatte im Inneren zum Schutz gegen die häufigen Erdstöße Holzverstrebungen. Die kanaanäischen Herrscher betrachteten ihn als das bedeutendste Bauwerk des ganzen Landes. Er wurde nicht in einem Zug errichtet, sondern von verschiedenen Königen im 14. und 13. Jahrhundert v. Chr. durch zusätzliche Flügel vergrößert.

Hinter dem von zwei Holzsäulen flankierten Eingangstor lagen ein gepflasterter Hof mit Rinnstein und ein großer zweigeschossiger Wohntrakt mit Innenhof. Ein zweiter Flügel, der hinzugebaut wurde, bedeckte einen Teil der drei großen Königsgrüfte. Durch zwei später angefügte Gebäude, deren Räume sich um mehrere Höfe gruppierten, wuchs die Fläche, die der Palast einnahm, auf über das Doppelte. Hier befanden sich das Archiv und die Finanzverwaltung. Im weiteren Verlauf wurden an diese Räume die Staatskanzlei und die Brennöfen für die Keilschrifttäfelchen angebaut. Östlich davon lagen die Quartiere der Palasthandwerker mit einem Park in der

Dieser Deckel eines Kästchens aus Minet-el-Beida, eine der schönsten mykenischen Elfenbeinarbeiten, zeigt die große Muttergöttin. Er wurde vielleicht aus Griechenland importiert oder in Ugarit von eingewanderten Handwerkern angefertigt (13. Jahrhundert v. Chr.).

Mitte. In diesem Handwerkerviertel hatte man sehr schöne Elfenbeinarbeiten gefunden, die wohl als Geschenke für fremde Herrscher bestimmt waren, darunter den Kopf eines jungen Prinzen oder Kriegsgottes mit Bronze- und Goldeinlagen. In einem Nebengebäude des Palasts entdeckte man Tontafeln, aufgrund deren man dieses Bauwerk identifizieren konnte. Es war der Sitz einer Art Außenhandelsministeriums, das die Importe und Exporte von und nach Zypern, Palästina und Ägypten überwachte.

Ein 29 m langes Gebäude nahe einer Reitbahn und einem Wagenschuppen war der Marstall. Die Pferde für die Streitwagen, die damals den Kern des Heers bildeten, waren jedoch höchstwahrscheinlich außerhalb der Stadtmauern untergebracht.

Alles dreht sich um den Handel

Östlich des Königspalasts standen die Häuser der Prinzen und Adligen. Sie waren genauso komfortabel wie der Palast, das heißt, sie besaßen ebenfalls Badezimmer, Aborte und Abwasserleitungen. Eines dieser Häuser bewohnte Rapanu, ein Ratgeber des Königs. Das Erdgeschoß umfaßte 34 Zimmer, darunter auch die Bibliothek. Der Hausherr, der ständig das Akkadische benutzen mußte, hatte hier eine Sammlung enzyklopädischer Wörterbücher in der Sprache Babylons zusammengetragen. Außerdem bewahrte er in diesem Raum seine Privatkorrespondenz und offizielle, teils streng geheime Dokumente auf. Da Rapanu viel mit zypriotischen und kretischen Kaufleuten zu tun hatte, mußte er auch ihre Sprache kennen. Jedenfalls befanden sich unter den Tontafeln Dokumente in der bisher noch nicht entzifferten kyprominoischen Schrift.

Das Geschäftsviertel lag im Osten der Stadt. Man entdeckte dort unter anderem den Keller eines Transithändlers, in dem 1 m hohe Krüge lagerten. Laut Keilschriftetikett enthielten sie Olivenöl. In das Grab seiner Kinder, die offenbar in zartem Alter gestorben waren, hatte der Kaufmann deren Spielzeug, Schmuck und die ägyptische Statuette eines Negerzwergs gelegt, der eine große Vase trug.

Das Handwerkerviertel im Süden der Stadt war nach Berufsgruppen aufgeteilt. Die kleinen Häuser standen so eng aneinandergedrängt wie in den Basars der orientalischen Städte von heute. Dank der Funde von Edelsteinen, Gold- und Silberbarren, vorgearbeiteten Steinblöcken und Siegeln konnte man die Werkstätten von Juwelieren, Bildhauern und Siegelschneidern identifizieren. Die eines Bronzegießers enthielt einen wahren Schatz, nämlich eine mit Gold plattierte Statuette des höchsten Gottes El und die des jungen Kriegsgottes Baal mit seinem heiligen Tier, einem jungen Stier.

An dem quadratischen Platz im Herzen des Handwerkerviertels befand sich eine Bibliothek. Nach ihrem Inhalt wurden hier wohl die Schreiber ausgebildet. Das interessanteste Werk ist

Dieser wahrscheinlich für Kulthandlungen bestimmte Gegenstand stellt eine Hütte dar, wie sie von Fremden bewohnt wurde. Die Bewohner von Ugarit lebten nämlich in schönen, solide gebauten Häusern.

Solche Parfümgefäße – dieses stammt aus Ras Schamra – wurden von Zypern bis Assur und sogar bis Tschoga-Zanbil im Iran gefunden (13. Jahrhundert v. Chr.).

eine Sammlung von Weisheiten oder Maximen in Form von Ratschlägen, die ein Vater seinem Sohn erteilt.

Die umfangreichste Bibliothek war unbestreitbar die des Oberpriesters. Sie lag auf der Akropolis neben den Tempeln des Baal und des Dagan und wurde zu Beginn der Ausgrabungen entdeckt. Aus ihr stammen die wichtigsten Textzeugnisse über die kanaanäische Religion. Sie sind in einer alphabetischen Keilschrift auf Tontäfelchen geschrieben, wobei zum erstenmal nur 30 Zeichen für die einzelnen Laute gebraucht werden.

Für die praktischen Schreiber von Ugarit, die in ihrer kosmopolitischen Vaterstadt verschiedene Sprachen sprechen und schreiben mußten, gab es nur eine Lösung: Man mußte eine Einheitsschrift mit wenigen Zeichen schaffen. Denn alle die komplizierten Schriftsysteme – die Keilschrift, die Hieroglyphen und die hieratische sowie die kyprominoische Schrift, in denen das Akkadische, Hurritische, Hethitische, Ägyptische und Eteokyprische geschrieben wurden – zu beherrschen war ein Ding der Unmöglichkeit. Die Schreiber von Ugarit hatten in ihren Bemühungen Erfolg. Da Ton eine unhandliche Schreibunterlage war, kamen die Phöniker von Byblos nach der Zerstörung Ugarits auf die Idee, das Keilschriftalphabet in eine Kursivschrift zu übertragen, die aus einem Zeichensystem semitischer Bergleute im Sinai abgeleitet und leicht auf Papyrus zu schreiben war. Leider ist Papyrus ein sehr vergängliches Material, so daß nur ganz wenige altphönikische Schriftstücke auf uns gekommen sind, während die schweren, zerbrechlichen Bruchstücke der Täfelchen von Ugarit mit ihren wertvollen Informationen die Zeiten überdauert haben.

Die Götter von Ugarit

Die kanaanäische Mythologie ist uns in der Form epischer Dichtungen überliefert. Schauplatz der Legenden ist das Reich, in dem die Götter wohnen, alte, die herrschen und kaum noch handeln, und junge, die stets auf kriegerische Taten aus sind. Ihr König ist El, Schöpfer und Vater der Welt, der Wohltätige und Gute, dessen Weisheit nie endet. Er zeigt deutliche Ähnlichkeiten mit dem Gott der Hebräer, nur daß er als Gemahl der großen Atirat des Meers, der Göttergebärerin, Kinder zeugt. Die beiden sind die Hüter der kosmischen Ordnung, in der Baal und Anat die Hauptrolle spielen.

Baal ist der Gott des Sturms, aber auch der Herr des lebenspendenden Regens. Anat, seine Schwester und Gattin, kämpft in dem Epos *Baal und der Tod* an seiner Seite. Darin tritt Baal dem Gott Mot entgegen, der die tödliche Dürre des Sommers verkörpert. Von Mot besiegt, steigt Baal zum Ort der Toten hinab. Anat fleht Mot an, ihr Baal zurückzugeben. Als er sich weigert, tötet sie ihn: „Sie ergreift den göttlichen Mot, mit einer Sichel mäht sie ihn nieder, mit einer Worfelschaufel worfelt sie ihn, mit Feuer verbrennt sie ihn, mit einem Mahlstein zermahlt sie ihn." Kurz, sie geht mit ihm um wie mit reifem Korn, das er offenbar ebenfalls verkörpert. Da hat El einen Traum, in dem er sieht, wie Baal wieder zum Leben erwacht. „Im Traum sieht der gnädige, der großherzige El, im Traumgesichte sieht der Schöpfer der Welt, wie der Himmel Fett regnen läßt, die Bäche Honig fließen lassen ... Denn der sehr mächtige Baal lebt, denn er ist da, der Fürst, der Herr der Erde." Mit Hilfe der Sonnengöttin findet Anat ihren Gemahl wieder. Dieser offenbart sich sofort durch seinen Zorn, denn er verkörpert ja den Sturm.

Da die Götter im wesentlichen die Naturgewalten verkörpern, sind sie genauso unberechenbar wie diese. Trotzdem besaßen sie für ein Bauernvolk, das voller Ungeduld auf den nächsten Regen wartete, eine große Anziehungskraft. Baal war der stärkste Rivale des Gottes von Israel, als dessen seßhaft gewordenes Volk weitgehend die Vorstellungswelt der Kanaanäer übernommen hatte. Das Wesen der kanaanäischen Kultur enthüllt sich uns in dem, was wir über Ugarit in Erfahrung bringen konnten. Sicher hing seine geistige Überlegenheit mit der Lage der Stadt am Schnittpunkt der unterschiedlichsten Kulturen zusammen, die hier eine fruchtbare Ehe eingingen.

Nach Pierre Amiet

Durch das Eingangstor des Palasts von Ugarit (rechts) gelangte man in einen Hof, an dem die königlichen Wohnungen und die Palastverwaltung lagen.

DIE WANDLUNGEN DER SCHRIFT

Diese Knotenschnüre der Inka, Quipu genannt, enthielten Zahlenangaben und dienten als Gedächtnisstütze.

Schon sehr früh verspürte der Mensch das Bedürfnis, dem Wort Dauer zu verleihen, Erlebtes grafisch festzuhalten, niederzulegen, was er wußte, und dadurch anderen Personen zugänglich zu machen. Zu diesem Zweck hat er zunächst Dinge, Tätigkeiten oder auch Vorstellungen bildlich dargestellt. Bei diesen Aufzeichnungen

Die Ideenschrift
Die Entwicklung der Schrift begann, als sich ein Mensch erstmals im Halbdunkel einer Höhle aufrichtete und von seiner Jagd erzählte, indem er Symbole an die Wand zeichnete. Diese Form der Aufzeichnung aus der Frühzeit der Menschheitsgeschichte hat die Zeiten überdauert, denn die formelhaften grafischen Symbole, die man heute etwa auf elektrischen Anlagen oder Straßenschildern sieht, sind ebenfalls Piktogramme.

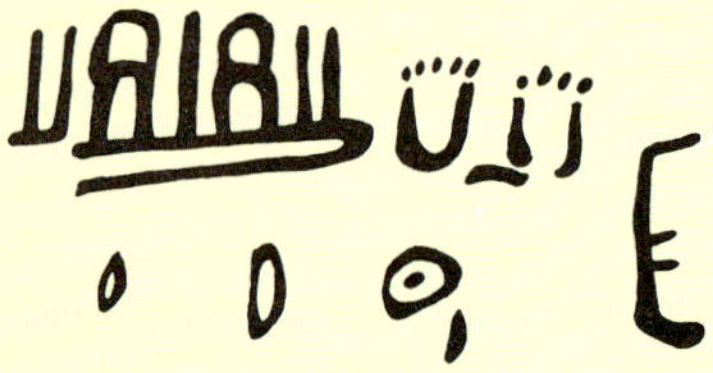

Diese Zeichen in der Höhle von Pasiega (Nordspanien, um 16000 v. Chr.) sollten vielleicht eine Warnung ausdrücken. Sie lassen sich mit ähnlichen in den Höhlen von Niaux und Lascaux vergleichen.

Auf dieser bemalten Bisonhaut erzählt ein Mandanindianer von seinen Kriegstaten (18. Jahrhundert).

Ein Eskimo ritzte diese Jagdszene, die auf dem Meer spielt, in einen Weißwalkiefer (Alaska, 19. Jh.).

Die Wortschrift
In den ersten Hochkulturen des alten Orients hat sich die Schrift vom Piktogramm entfernt. Der Satz wurde in Wörter zerlegt, und man versuchte, etwas nicht nur zu bezeichnen, also nur mit einem Zeichen darzustellen, sondern auch Laute anzugeben: Die Wortschrift entstand. Von da an verlief die Entwicklung unterschiedlich je nach Kulturkreis und Schreibunterlage oder -gerät.

SUMER

Gewicht in Entenform, gefunden in Ur (2090 v. Chr.). Die Bildzeichenschrift wirkt wie eine Grafik (Einritzungen in den Stein).

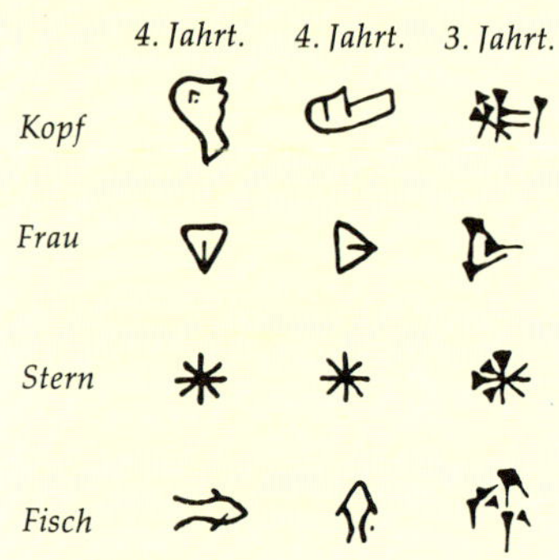

Umformungen: Aus naturalistischen Bildzeichnungen (eingemeißelt) entwickelten sich Keilschriftzeichen (die man mit einem Rohrgriffel in noch weichen, plastischen Ton eindrückte, der anschließend in der Sonne trocknete). Die Keilschrift ist das älteste durch Funde belegte Schriftsystem. Als aus der Wortschrift eine Silbenschrift wurde, konnten die einst 2000 Zeichen auf rund 500 reduziert werden. Dazu traten Deutzeichen (Determinative), die man nicht mitlas.

ÄGYPTEN

Die Hieroglyphen waren eine Monumentalschrift, die man sorgfältig in Stein meißelte oder auf Papyrus malte, wie in diesem Totenbuch (um 1800 v. Chr.).

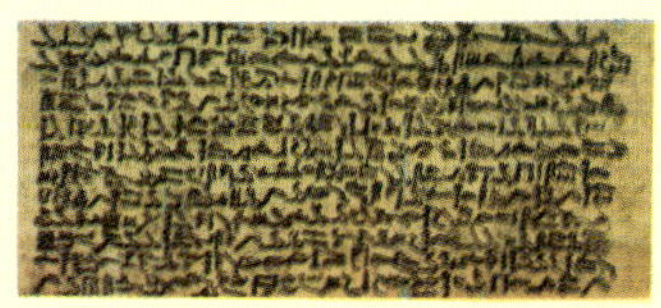

Lebensregel des Wesirs Kagemni (1980 v. Chr.) in hieratischer Schrift, der mit einer Binse auf Papyrus geschriebenen Kursivschrift, die sich aus den Hieroglyphen entwickelt hatte. Im Alltag gebrauchte man später die noch flüssigere demotische Schrift.

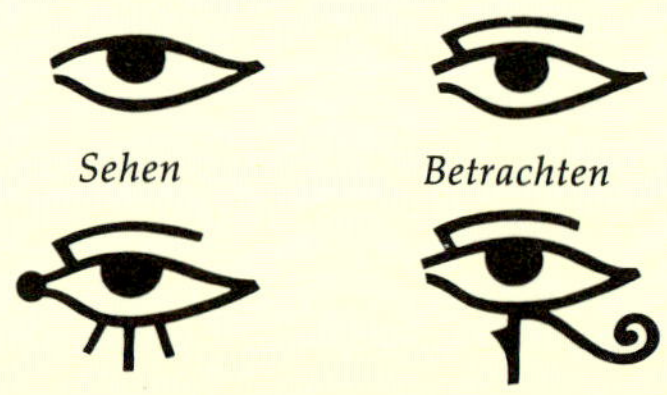

Bedeutungswandel, ausgehend vom einfachen Bild: Man benutzte gleichzeitig die verschiedenen Schriftsysteme – die Wortschrift, die Silbenschrift und sogar schon Konsonantenzeichen. Doch die Schreiber konnten sich nicht entschließen, die Schrift zur reinen Buchstabenschrift zu vereinfachen.

CHINA

Die Münze in Messerform (dao) stammt aus dem 3. Jahrhundert v. Chr. Die Schriftzeichen haben noch die alte Form.

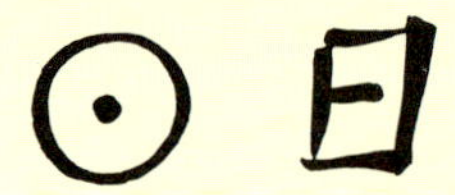

dje: Sonne

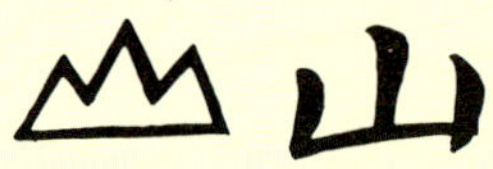

schan: Berg

Die Unterschiede zwischen den älteren Schriftzeichen (links) und den neueren (rechts) hängen mit dem Schreibmaterial zusammen: Statt Messer und Holz, Bambus oder anderem verwendete man Pinsel und Papier.

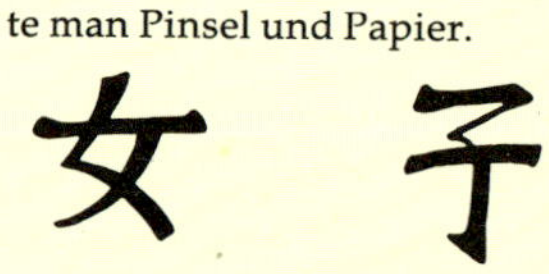

nü: Frau, gute Hausfrau — *dse: Kind*

hao: lieben, gut, Glück

Bedeutungswandel durch Nebeneinandersetzen: *Frau* plus *Kind* heißt *lieben* oder *gut*. Außerdem werden Sinnzeichen verwendet. Die grammatische Funktion der chinesischen einsilbigen Wörter wird durch ihre Stellung im Satz bestimmt.

Achtung! Wildwechsel!

Radioaktive Strahlung: Zutritt verboten!

Bilderschrift im Alltag

Die heutigen Piktogramme sind rasch aufnehmbare Hinweise durch Symbole – eine Rückkehr zum Bild.

handelt es sich um Piktogramme, also um eine Bilderschrift. Später löste er die Mitteilung in Worte auf und erfand die Wortschrift. Schließlich gab er jedem Laut ein eigenes Zeichen: Damit war die phonetische Schrift, die Urform des Alphabets, geboren. Alle drei Schriftsysteme bestehen auch heute noch nebeneinander.

Die Lautzeichenschrift

Bei dem Versuch, Laute grafisch darzustellen, zerlegte man die Wörter in Silben, dann die Silben in Buchstaben – Konsonanten, später auch Vokale. Damit war die Entwicklung der phonetischen Schrift abgeschlossen. Alle Wörter können nun geschrieben werden, und alle geschriebenen Wörter sind von jedem entzifferbar, der das aus einigen Dutzend Zeichen bestehende Alphabet kennt.

ZERLEGUNG IN SILBEN

PERSIEN

Silberplatte des Dareios I. mit dreisprachiger Inschrift (altpersisch, akkadisch, elamisch) aus Hamadan, in der der König die Grenzen seines Reiches bekanntgibt. Die Schriftzeichen gehen auf die Keilschrift zurück.

JAPAN

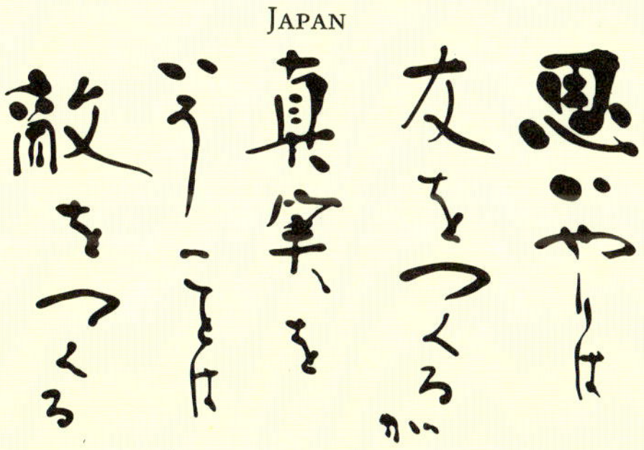

Zeitgenössischer Text von Sheita Uruno in Schönschrift: „Es ist nicht gut, alle Wahrheiten zu sagen." Hier werden chinesische Wortzeichen (Kanji) und japanische Silbenzeichen (Kana) nebeneinander benutzt.

ZERLEGUNG IN BUCHSTABEN

PHÖNIKIEN

Dieses Tontäfelchen (1500 v. Chr.) trägt einige der 34 Zeichen des phönikischen Alphabets, des ältesten, das wir kennen.

HEBRÄISCH

Fragment einer Handschrift mit dem Testament des Levi, gefunden in einer der Höhlen von Qumran am Toten Meer (1. Jahrhundert v. Chr.).

DEWANAGARI (Silbenschrift)
Indisches Manuskript in der Dewanagarischrift aus Nepal (1860). Die heute in Indien und Südostasien verwendeten Schriften gehen auf die Brahmischrift zurück, die sich ihrerseits aus der aramäischen entwickelt hatte.

Grabstele aus Neirab bei Aleppo (600 v. Chr.): Die phönikische Schrift übte über die aramäische, hebräische und arabische Schrift ihren Einfluß im ganzen Orient aus – von Indien (Brahmi) bis nach Äthiopien. Sie war auch die Grundlage für das griechische und damit später für das lateinische Alphabet.

ARABISCH
Text in Schönschrift in Form eines Vogels. Es sind die ersten Worte des Korans: „Lob Allah, dem Weltenherrn, dem Erbarmer, dem Barmherzigen, dem König am Tage des Gerichts."

GRIECHISCH
Inschrift auf einer Stele im Apollonheiligtum zu Delphi. Die Griechen übernahmen das Alphabet von den Phönikern, benutzten jedoch einige für sie überflüssige Buchstaben, um die Vokale zu bezeichnen. Auch das georgische, das koptische und das kyrillische Alphabet wurden aus dem griechischen entwickelt.

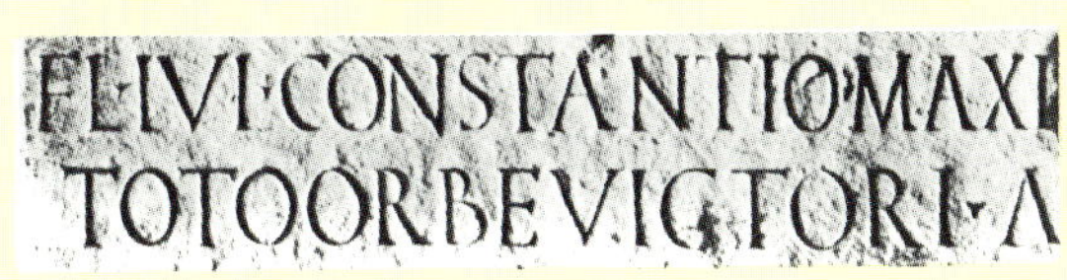

LATEINISCH
Inschrift auf dem Cäsaraltar am Forum. Das lateinische Alphabet ist aus dem westgriechischen hervorgegangen. Es verbreitete sich über Europa. Heute wird es auch in Amerika, der Türkei, in Vietnam und in Afrika benutzt.

Die Stadt des Ketzerkönigs

AMARNA

Nofretete und Echnaton – zwei Namen, die untrennbar verbunden sind mit Amarna, der prächtigen Stadt, die der Pharao zum Ruhm des Sonnengottes erbaute.

Amarna war während der Pharaonenzeit Schauplatz einer einzigartigen Episode. „Die erste Glaubensrevolution der Welt", Traum eines wirklichkeitsfremden, „gottestrunkenen" Königs – mit solchen und anderen Ausdrücken hat man den Versuch des Pharaos Amenophis IV. (1364–1347 v. Chr.) bezeichnet, seinem Land einen neuen Glauben aufzuzwingen. Die angestammten Götter und die uralten Mythen – das Verehrungswürdigste, das es für die Ägypter gab – wurden mit einem Schlag für nichtig erklärt. Plötzlich sollte man nur noch die Sonne anbeten, genauer gesagt, ihre sichtbare Gestalt, die Sonnenscheibe – Aton.

Die neue Religion verherrlichte die alles umfassende Harmonie, die Schönheit der Natur und die Liebe zwischen den Menschen. Atons Prophet war der König selbst, der Sohn der Gottheit und der einzige Mittler zwischen ihr und den Menschen.

Der König ändert seinen Namen Amenophis (= Amun ist gnädig) in Echnaton (= Er gefällt dem Aton). Er kehrt Theben den Rücken, bricht mit der Priesterschaft des Gottes Amun und gründet in seinem sechsten Regierungsjahr eine neue Hauptstadt, die er Achetaton (= Horizont des Aton) nennt. Die Ruinenstätte heißt heute Amarna.

Wenn man diesen Namen hört, denkt man unwillkürlich an die schöne Nofretete, die Echnaton geheiratet hatte. In den Ruinen einer Bildhauerwerkstatt von Amarna gruben deutsche Archäologen Anfang dieses Jahrhunderts ihre bemalte Kalksteinbüste aus. Das verhaltene Lächeln der Königin, ihr fein modellierter langer Hals und ihre hohe blaue Krone wurden sehr bald berühmt. Man hat nie herausgefunden, ob Nofretete Ägypterin war oder ob sie aus einem anderen Land stammte (ihr Name bedeutet: Die Schöne, die da kommt). Fest steht nur, daß sie der neuen Religion mit der gleichen Inbrust anhing wie ihr Gemahl.

Ein Reich auf seinem Höhepunkt

Nie zuvor war Ägypten mächtiger gewesen als zu dem Zeitpunkt, als Amenophis IV. den Thron bestieg. Schon fast 150 Jahre lang hatten Pharaonen aus der ruhmreichen 18. Dynastie die Krone getragen. Unter ihnen hatte das Land seine bis dahin größte Ausdehnung erreicht. Die rebellischen Fürsten Palästinas und Syriens waren unterworfen worden, und die Heere des Pharaos standen an den Ufern des Euphrats. Im Niltal erstreckte sich das ägyptische Herrschaftsgebiet bis über den vierten Katarakt.

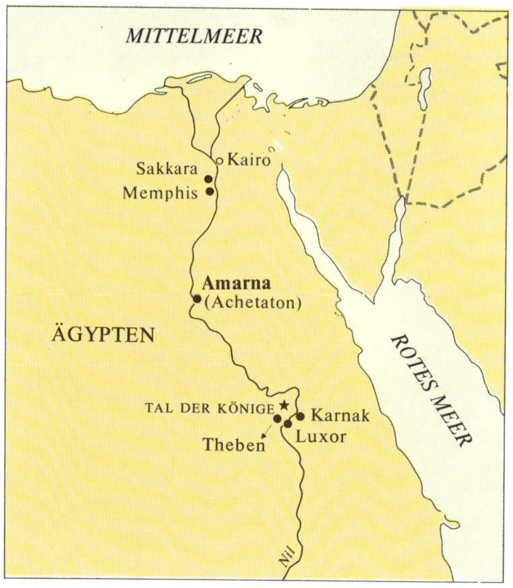

Seit dem Pyramidenzeitalter hatte sich Ägypten sehr verändert. Es war nicht mehr die verhältnismäßig abgekapselte, patriarchalische Monarchie, von der die Mastabas zu Sakkara Zeugnis ablegen. Inzwischen hat sich das Land der Außenwelt geöffnet. Man unterhält Handelsbeziehungen mit Mesopotamien, Zypern und Kreta. Große Schiffe fahren durch das Rote Meer nach Süden bis zum fernen Land Punt (das vielleicht im heutigen Somalia zu suchen ist), um Elfenbein und Ebenholz zu holen. Das Heer ist schlagkräftig und hervorragend organisiert. Um das 17. Jahrhundert v. Chr. war das Pferd im Niltal eingeführt worden; von da an werden die Fußsoldaten von Streitwagen unterstützt. Die Flotte ist in der Lage, zahlreiche Soldaten und Pferde zu den syrischen und phönikischen Häfen zu bringen, also im Fall einer feindlichen Bedrohung oder einer Revolte schnellstens zusätzliche Truppen bereitzustellen. Die asiatischen Vasallen entrichten regelmäßig die ihnen auferlegten Tribute. Die damaligen Großmächte – Mitanni oder das Hethiterreich – entsenden Geschenke und, was der Pharao am meisten schätzt, manchmal sogar eine ihrer Prinzessinnen für den königlichen Harem. Aus dem ganzen Reich strömen die Reichtümer ins Niltal und mit ihnen neues Kulturgut.

Angesichts so vieler neuer Einflüsse ist es nicht verwunderlich, daß die alten Traditionen an Gewicht verlieren. Der Hof und der Adel führen ein luxuriöses Leben und haben einen verfeinerten Geschmack. Der Wandel zeigt sich nicht nur in der erlesenen Kleidung, sondern auch in Kunst und Literatur.

Echnaton und Nofretete, denen eine der Prinzessinnen folgt, bringen Aton Opfergaben dar. Die dünnen Beine des Königs und seine fast groteske Figur mit der überlangen Krone zeigen die Unverhältnismäßigkeit der Formen, die in der Kunst der Amarnazeit manchmal anzutreffen ist. Das Relief stammt aus dem großen Palast von Amarna.

Ziegel aus Nilschlamm, mit feingehacktem Stroh vermischt, in Holzformen gepreßt und an der Sonne getrocknet, waren das traditionelle Baumaterial in Ägypten. Diese Grabmalerei (18. Dynastie) zeigt die verschiedenen Arbeiten in einer Ziegelei.

Das Land gleicht einer riesigen Baustelle. Theben, die Hauptstadt, verwandelt sich in ein wahres Kleinod der Baukunst. Amun, der Stadtgott und Schutzherr der Dynastie, wird mit dem alten Sonnengott Rê verschmolzen und zum Reichsgott erhoben. Mehr als jede andere Gottheit kommt er in den Genuß der Schätze, die man durch die Eroberungen gewonnen hat. Ihm weiht man unter dem Namen Amun-Rê, König der Götter, Herr der Throne beider Länder (das heißt Ober- und Unterägyptens), den Tempel von Karnak in Theben. Von den Königen der 18. Dynastie – später noch von denen der 19. und folgender Dynastien – ständig erweitert, ist er einer der größten Sakralbauten, die es auf der Erde je gegeben hat. Amuns Priesterschaft erhält umfangreiche Schenkungen und bildet sozusagen einen Staat im Staat. Ihre wachsende Macht beunruhigt den Pharao immer mehr.

Unter Amenophis III., dem Vater des Ketzerkönigs, wirkt der aufwendige Lebensstil fast schon dekadent. Dieser Herrscher führt praktisch nie Krieg. Er zieht es vor, in seinem prachtvollen Palast zu Theben das Leben zu genießen. Die Kunst wird manierierter. Eine gewisse Lässigkeit macht sich in der Gesellschaft bemerkbar, man scheint sich auf dem auszuruhen, was frühere Generationen geschaffen haben. Die Zeit ist zu vollkommen: Irgend etwas, so spürt man, bereitet sich vor.

Echnatons Ketzertum

Tatsächlich kommt es bald zu einer Wende. Nach und nach ist man zu älteren Kultformen zurückgekehrt – vielleicht als Reaktion gegen die Priester des Amun. Der Sonnengott Rê von Heliopolis, der alten heiligen Stadt, gewinnt wieder an Ansehen. Der Name Aton, der anfangs nur eine Form von Rê ist, wird da und dort in den Stein gemeißelt. Nach den ersten Regierungsjahren Amenophis' IV. beginnt das Drama.

Der junge König ordnet die Atonverehrung als den alleinigen Kult an. Er schließt die Tempel Amuns und verfolgt dessen Priester. Sogar den Namen des verabscheuten Gottes tilgt er im ganzen Land, indem er ihn an all den zahlreichen Stellen, wo er in Stein gehauen worden war, mit Hammer und

DAS ZENTRUM VON AMARNA

Die Architekten von Amarna, denen ein riesiges, unbebautes Gelände zur Verfügung stand, planten das Zentrum der neuen Hauptstadt sehr überlegt und nach neuen städtebaulichen Prinzipien. Die beiden größten Baukomplexe waren der offizielle Palast (2, 5, 6) und der große Atontempel (9), von dem zunächst nur das im Osten gelegene Allerheiligste (10) errichtet wurde. An der Königsstraße (1) lagen die wichtigsten Gebäude. Eine Brücke (4) mit dem Erscheinungsfenster verband Echnatons Palast mit seiner privaten Residenz (3). Südlich des großen Tempels befanden sich Lagerhäuser (7); weitere standen im Süden des Königstempels (8). Östlich der privaten Königsresidenz erhob sich das Archivgebäude. Hier hat man Tontäfelchen mit Keilschrifttexten gefunden, die unter dem Namen Amarnabriefe bekanntgeworden sind. Es handelt sich um diplomatische Schreiben, die asiatische Vasallen an den Pharao gesandt hatten.

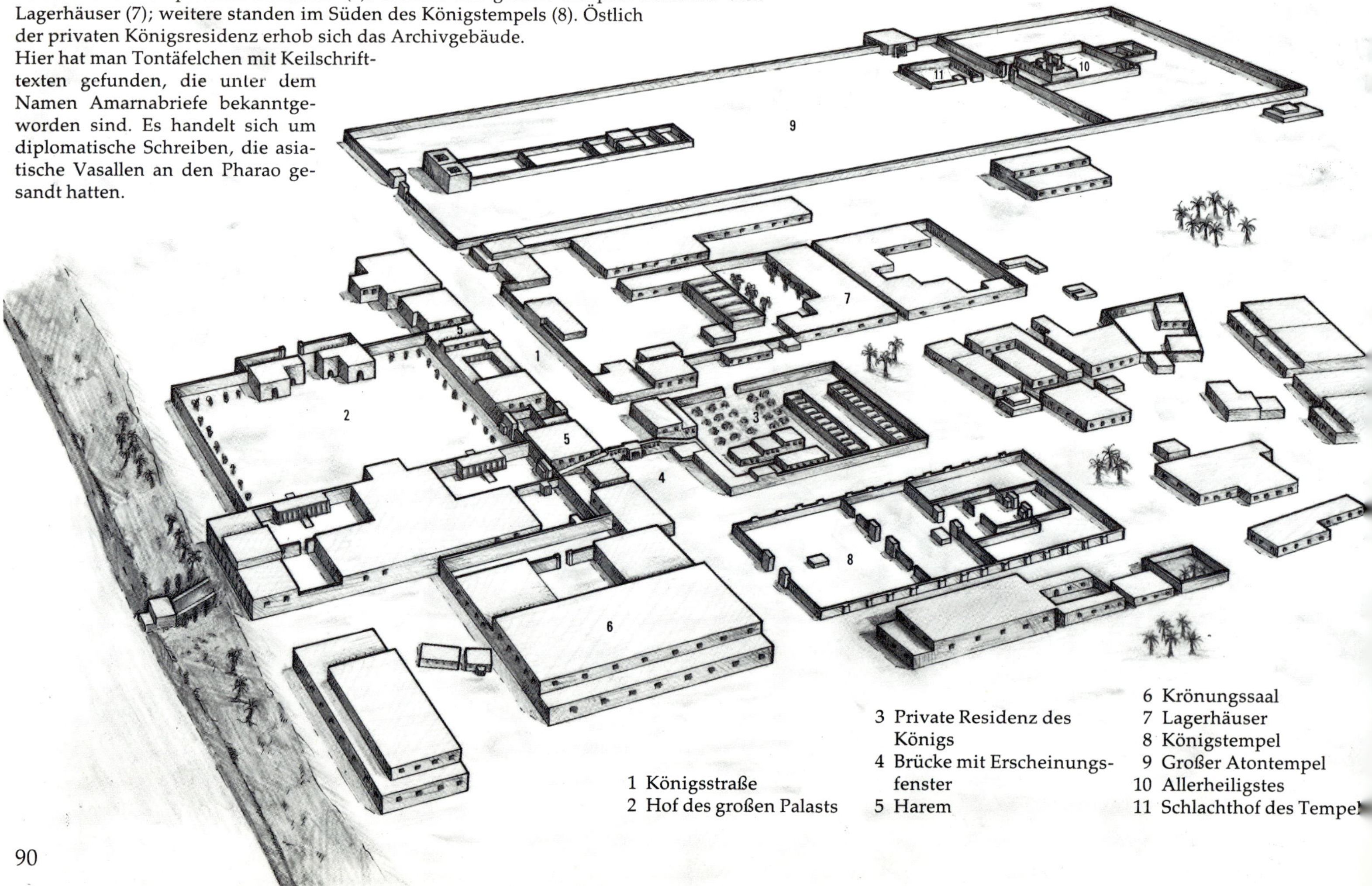

1 Königsstraße
2 Hof des großen Palasts
3 Private Residenz des Königs
4 Brücke mit Erscheinungsfenster
5 Harem
6 Krönungssaal
7 Lagerhäuser
8 Königstempel
9 Großer Atontempel
10 Allerheiligstes
11 Schlachthof des Tempels

Meißel entfernen läßt. Hatte sich der Konflikt mit den Amunpriestern plötzlich zugespitzt? Oder war der Fanatismus des Königs schuld an dem Bruch?

Man hat eigentlich keine rechte Erklärung dafür, warum die Glaubensreform von dem jungen Pharao so rücksichtslos durchgeführt wurde. In einer konservativen Kultur wie der altägyptischen, in der man die Tradition und die Verehrung der Götter über alles stellte, mußte das Vorgehen Amenophis' IV. auf jeden Fall einen für uns unvorstellbar schweren Schock auslösen.

Der große Sonnenhymnus, der auf den Wänden einiger Gräber in Amarna eingemeißelt ist, wurde vermutlich vom König selbst verfaßt. Es ist eine der großartigsten Dichtungen, die uns das Land der Pharaonen hinterlassen hat. Besser als alles andere macht er deutlich, worin die neue Lehre bestand:

„Du erhebst dich in Schönheit am Horizonte des Himmels, o lebender Aton, Schöpfer des Lebens ... Die Erde wird hell, wenn du am Horizont erscheinst und als Sonnenscheibe am Tage glänzest. Du vertreibst die Finsternis und schenkst deine Strahlen. Die beiden Länder (= Ober- und Unterägypten) sind in Feststimmung. Erwacht stehen die Menschen auf ihren Füßen; du hast sie sich erheben lassen ... Bäume und Kräuter grünen. Die Vögel fliegen aus ihrem Nest, ihre Flügel preisen deinen Geist. Alles Wild hüpft auf den Füßen ... Es gibt keinen andern, der dich kennte, außer deinem Sohn Nefercheprûre-Wanrê (Echnaton). Du hast ihn erkennen lassen deine Pläne und deine Stärke."

Echnaton ermuntert die Künstler, sich von dem althergebrachten Kanon der ägyptischen Kunst zu lösen und durch ihre Werke das neue Weltbild zur Anschauung zu bringen. Die Kunstwerke der Amarnazeit sind von einer einmaligen Ursprünglichkeit. Sie drücken eine Unbefangenheit der Empfindung und Liebe zur Natur aus, wie sie sich vorher so eindringlich noch nie geäußert haben.

Auf den Flachreliefs scheinen alle Wesen Leben zu atmen, angefangen von den Vögeln, die mit ihren Flügelschlägen die Sonne grüßen, bis zu den Menschen und zum Königspaar. Dieses ist stets mit der Sonnenscheibe über sich dargestellt, von der es das Leben empfängt. Die Strahlen des Gestirns sind als lange Linien dargestellt, und die Hand an ihrem Ende hält, wenn sie auf das Gesicht des Königs oder der Königin weist, die Hieroglyphe des Lebens, das Henkelkreuz.

Sogar in sehr menschlichen Szenen wird das Königspaar gezeigt. Auf einer Stele sitzen der König und die Königin im Kreis ihrer Kinder – sechs Töchter – und spielen mit ihnen. Oder die Herrscher halten ein Stück Fleisch oder Geflügel in den Händen, das sie mit Appetit verzehren. Anderswo sieht man das Königspaar auf einem von zwei Pferden gezogenen Wagen: Echnaton hält die Zügel, und Nofretete schlingt die Arme um ihn.

Am seltsamsten ist jedoch die Art, wie der König sich selbst darstellen läßt: mit Faunsgesicht, schwerem traurigem Mund, halbgeschlossenen mandelförmigen Augen, breiten, weiblich anmutenden Hüften, dickem Bauch. Alle diese Merkmale – ob der Wirklichkeit entsprechend oder symbolisch – sind bewußt karikaturistisch überzeichnet.

Von den meisten öffentlichen Gebäuden der Innenstadt von Amarna sind nur Mauerreste übriggeblieben, die Sand bedeckt hat. Einst standen an dieser öden Stelle der Königspalast mit den Empfangshallen, dem Harem und dem riesigen Krönungssaal.

Eine Stadt für den Sonnengott

Echnatons Traum nahm vor allem Gestalt an in seiner neuen Hauptstadt Achetaton (Amarna). In Theben war Amun zu gegenwärtig; man mußte einen anderen Ort finden, einen, mit dem sich keine der alten Glaubensvorstellungen verband. Der König wählte einen Platz am rechten Nilufer, etwa auf halbem Weg zwischen Theben und Memphis, der Hauptstadt des Alten Reiches. Es handelte sich um einen riesigen Talkessel von 12 km Länge und 5 km Breite. Im Osten begrenzten ihn die Felsen des Wüstengebirges, das im Norden und Süden fast den Strom erreichte.

Der König verließ Theben etwa in seinem sechsten Regierungsjahr und zog sich nach Amarna zurück, wo er im Kreis seiner Familie und seiner Anhänger lebte. Nach einigen Jahren war Achetaton mit seinen Palästen, Tempeln, Wohnhäusern und Grabstätten in der Wüste geboren. Wer waren die Menschen, die dem König hierher gefolgt waren? Sicher handelte es sich bei einem Teil um aufrichtige Gläubige – vielleicht hatte es unter Amenophis III. bereits eine Gruppe Atonanhänger gegeben, denen sich der zukünftige Echnaton anschloß; andere jedoch mögen, wie dies bei allen Revolutionen der Fall ist, ihre Gesinnung nur vorgetäuscht haben, um in höchste Ämter zu gelangen. Aber welche dieser beiden Gruppen war die stärkere? Wurde der König in seinem kühnen Unterfangen ausreichend unterstützt, oder war sein Vorhaben von vornherein zum Scheitern verurteilt, weil es an aufrichtig entschlossenen Anhängern mangelte? Wir wissen es nicht.

Fest steht, daß die schöne Stadt des Sonnengottes nur etwa 15 Jahre existierte, nur so lange, wie Echnaton lebte. Kurz nach seinem Tod änderte der neue Pharao, der junge Tutanchaton – er war vielleicht der jüngere Bruder des Ketzerkönigs –, seinen Namen in Tutanchamun und kehrte zur Religion seiner Väter zurück. Seine kurze Regierungszeit endete in Theben, wo man links des Nils im Tal der Könige sein Grab mit märchenhaften Schätzen gefunden hat. Es war das einzige Pharaonengrab, das mit praktisch seiner gesamten Ausstattung die Zeiten ungeplündert überdauert hat.

Es folgten noch einige freudlose Jahre, in denen die Bewohner von Achetaton die Stadt endgültig aufgaben. Das Geschlecht der Pharaonen mit den berühmten Namen Amenophis und Thutmosis starb aus, und ein General bemächtigte sich des Thrones. Unter ihm hatte der Haß gegen die Irrlehre freie Bahn: Man wollte sie ganz und gar auslöschen, sogar die Erinnerung daran. Die Arbeiter, die den Nil hinab nach Amarna fuhren, hatten den Auftrag, alles zu vernichten, und tatsächlich wurde alles vernichtet. Die Bauwerke wurden niedergerissen, Echnatons Statuen zertrümmert. Der Name des Aton und der seines Propheten wurden unerbittlich ausgemerzt, genauso, wie es etwa 20 Jahre vorher mit dem Namen Amuns geschehen war. Vor allem richtete sich die Zerstörungswut gegen den großen Atontempel. Seine Mauern wurden abgetragen und Tausende von Steinquadern nach Norden und Süden verschifft, wo man sie zum Bau anderer Tempel verwendete, so als wollte man das Unrecht wiedergutmachen, das den alten Göttern angetan worden war. Und über die Fundamente des großen Tempels wurde eine Mörtelschicht gelegt, um jede Spur zu verwischen.

Dennoch ist paradoxerweise das verhaßte Achetaton die einzige ägyptische Stadt, von der man sich heute noch eine konkrete Vorstellung machen kann. Während alle anderen Städte des alten Ägyptens verschwunden sind, weil sie ständig besiedelt waren und immer wieder neue Häuser auf den Ruinen der alten gebaut wurden, haben sich in Amarna deutliche Spuren der Stadtanlage erhalten. Achetaton lag oberhalb der Überschwemmungsgrenze, also außerhalb des bestellbaren Landes, und wurde nie wieder besiedelt. Der Mörtel, unter dem der große Tempel für alle Zeiten verschwinden sollte, hat dessen Fundamente konserviert. Auch sonst sind es fast immer die Grundmauern der Bauwerke gewesen, die die Zeiten überdauert haben.

Wie alle ägyptischen Grabstätten waren auch die bei Amarna mit Szenen aus dem irdischen Leben des Verstorbenen ausgeschmückt, aber im Gegensatz zu früher zeigten sie meist offizielle Ereignisse. Im Mittelpunkt der Darstellungen steht der König – fast immer in Begleitung der Königin – und nicht mehr der Grabherr, so als habe dieser sich gewünscht, bis in den Tod hinein von der wohltuenden Gegenwart seines Herrn erleuchtet zu werden. Man sieht Echnaton, über sich die Sonnenstrahlen, auf seinem Wagen durch die Stadt fahren. Er lehnt sich in einen bequemen Sessel zurück und hat die Füße auf ein kleines Kissen gestellt. In der

EINE VILLA IN AMARNA

Die Villa steht in einem etwa 70 mal 60 m großen Geviert, das von einer Mauer umgeben ist. In das Anwesen führen zwei Eingänge. Vom Gesindeeingang gelangt man in den Hof mit den Kornspeichern, von da zu den Pferdeställen (11), dem Gesindehaus (12) und den anderen Nebengebäuden wie der Küche (14). Vom Haupteingang (1) geht man zu dem leicht erhöht gelegenen Haus. Es ist aus luftgetrockneten Ziegeln gebaut, Naturstein wird nur für die Türschwellen und -stürze verwendet. In der Eingangshalle (4) und im Hauptraum (5), wo man Gäste empfängt, ruht die Decke auf rotbemalten Holzsäulen. An der Wand des Hauptraums befindet sich ein Podest, auf dem der Hausherr und seine Gemahlin Platz nehmen, wenn Gäste kommen.

1 Haupteingang
2 Portiersloge
3 Kapelle
4 Eingangshalle
5 Hauptraum
6 Zimmer
7 Harem
8 Schlafgemach des Hausherrn
9 Toiletten
10 Werkstätten
11 Pferdeställe
12 Gesindehaus
13 Abstellraum
14 Küche
15 Stall
16 Garten mit einem Wasserbecken

DAS MOBILIAR

In Ägypten gab es wenig hochwertiges Holz. Schon sehr früh führten die Ägypter Holz aus dem Libanon ein. Sie waren jedoch seit jeher hervorragende Kunsttischler, die die Möbel mit großartigen Intarsien aus Elfenbein, Glaspaste und Edelholz versahen oder sie mit dünnen Gold- oder Silberplatten überzogen. Als Schmuckelemente verwendete man Motive aus der Tier- und Pflanzenwelt wie Lotosblumen, Papyrus und Löwenpranken. Das Mobiliar bestand vor allem aus Betten, Sesseln und Truhen (für Wäsche und Geschirr). Die Ausführung der Möbel hing vom Vermögen oder von dem Rang des Besitzers ab.

Bett mit Löwenfüßen aus Tutanchamuns Grab

Prunksessel aus Holz mit Elfenbeineinlagen (Neues Reich)

Truhe des Tutanchamun (Holz mit bemaltem Stuck, 14. Jahrhundert v. Chr.)

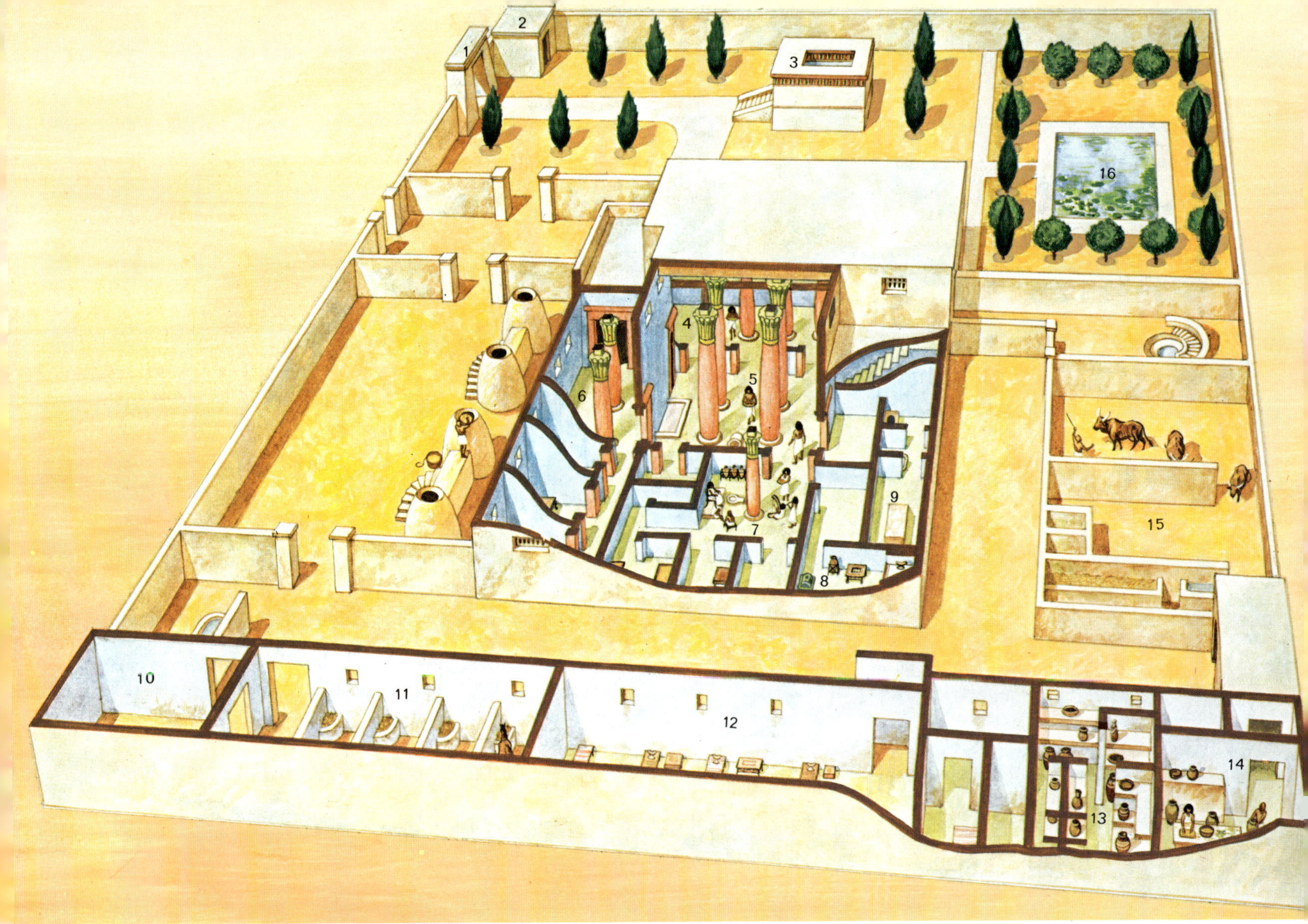

Hand hält der Herrscher eine Schale, die Nofretete füllt. Er empfängt die Königinmutter und läßt ihr die Tempel der neuen Hauptstadt zeigen. Selbstverständlich sind auch die Gelegenheiten in Stein festgehalten, bei denen dem Dahingeschiedenen die Ehre zuteil geworden war, vor das Antlitz des Königs zu treten, zum Beispiel, als er in sein Amt eingesetzt oder, später, in Audienz empfangen wurde; aber vor allem, als Echnaton ihn für seine treuen Dienste belohnte.

Nachdem Echnaton den Platz für seine zukünftige Hauptstadt ausgewählt hatte, ließ er an mehreren Stellen in die Felsen der Wüstenberge, die den Talkessel säumen, Grenzstelen einhauen. Es waren umfangreiche Inschriften, darüber das Bild des Königs und der Königin bei der Verehrung der Sonne. Der Pharao tat darin kund, daß diese Stelen das Gebiet abgrenzten, das er seinem Vater Aton weihte. Er gelobte feierlich, bis zu seinem Tode an diesem heiligen Ort zu bleiben und sich hier in den Wüstenfelsen bestatten zu lassen und nirgendwo sonst in Ägypten. In der Tat scheint die Stadt so angelegt gewesen zu sein, daß sie sich selbst versorgen konnte, ohne auf das übrige Land angewiesen zu sein. Der felsige Saum des Talkessels war Tag und Nacht bewacht. Die Verbindung mit der Außenwelt beschränkte sich auf den Fluß, so daß Ankommende leicht kontrolliert werden konnten. Auch auf der anderen Seite des Nils gab es Grenzstelen. Hier bezeichneten sie die Grenzen des Gebiets, das im Gegensatz zu dem Stadtareal am rechten Ufer Kulturland war und offenbar für die Versorgung der neuen Metropole genügte.

Achetaton war nur kurze Zeit bewohnt. Als es aufgegeben wurde, erstreckte es sich jedoch bereits über eine Fläche von 5 km Länge und 1,5 km Breite und besaß weiträumige Bauwerke. Die rasche Entstehung so vieler Bauten ist weniger verwunderlich, als es auf den ersten Blick erscheinen mag. Die Häuser baute man aus luftgetrockneten Lehmziegeln, dem in Ägypten üblichen Baumaterial, das leicht herzustellen und zu handhaben ist. Die Tempel waren bis dahin stets aus riesigen Quadern errichtet worden, die man aus fernen Steinbrüchen mühevoll bis zur Baustelle transportieren mußte. Um schneller voranzukommen, verwendete man in Amarna nur kleine Steinblöcke und auch die lediglich für die Verkleidung der Mauern. Die Bauten der Stadt waren daher vermutlich bei weitem nicht so schön, wie die Rekonstruktionsversuche der Archäologen es vermuten lassen.

Das Stadtzentrum

In der Stadtmitte befanden sich neben dem Königspalast der große Atontempel und verschiedene öffentliche Gebäude. Die Wohnviertel entwickelten sich zunächst südlich davon, später, gegen Ende der Regierungszeit Echnatons, auch im Norden jenseits der Senke eines Wadis. Drei Straßen, die etwa parallel zum Nil verliefen und von Nebenstraßen geschnitten wurden, teilten die Stadt. Es gab in Amarna keine getrennten Wohnviertel für Reiche und Arme. Die Häuser der Wohlhabenden wurden verstreut entlang der Straßen gebaut, auf dem freien Gelände dazwischen errichteten dann die weniger begüterten Leute ihre Wohnstätten. Im Gegensatz zum Palastviertel, dessen Plan von vornherein feststand, scheinen sich die anderen Stadtviertel eher willkürlich entwickelt zu haben.

Der König gewährte bereitwillig Einblick in sein Familienleben. Die kleinen Prinzessinnen, die mit Schmuckstücken spielen, sollen ausdrücken, daß Echnaton das Leben weiterzugeben vermochte, das er von seinem göttlichen Vater Aton erhalten hat. Diese Stele zeigt Echnaton, Nofretete und drei ihrer Töchter. Sie stammt aus einer Villa in Amarna.

Der Palast ging mit einer Front auf den Nil, die andere säumte die Königsstraße, die große Verkehrsader der Innenstadt. Erhalten geblieben von ihm ist ein über 400 m langes labyrinthisches Ruinenfeld. Man hat einen großen Hof rekonstruieren können, an dessen Rand Kolossalstatuen des Königs und der Königin, ein Harem, eine riesige Halle mit über 500 Säulen und andere Gebäude standen.

Dieser Palast wurde vom König nicht bewohnt, sondern diente ihm als Amtssitz und Stätte der Repräsentation. Echnatons private Residenz war längst nicht so groß; ihrer Anlage nach erinnert sie eher an eine der mit Gärten und Nebengebäuden ausgestatteten Villen der Adligen.

Der Wohnpalast und der offizielle Palast erhoben sich zu beiden Seiten der Königsstraße. Die beiden Komplexe wurden miteinander durch eine gedeckte Brücke verbunden, die im Leben der Stadt eine ganz besondere Rolle spielte. In der Mitte der Brücke befand sich nämlich eine große Loggia, wo der König sich dem auf der Straße versammelten Volk zeigen konnte. Von diesem Erscheinungsfenster aus verteilte Echnaton auch die Belohnungen an seine Getreuen, und zwar auf eine Weise, wie sie für diese schmeichelhafter nicht sein konnte.

Die Szene ist in den Gräbern von Amarna oft wiedergegeben, denn das „Lobgold" zu erhalten war der Höhepunkt einer Laufbahn. Seit eh und je war es im Niltal üblich gewesen, daß die Pharaonen ihre treuen Diener beschenkten. Im Alten Reich stiftete der König oft einen Sarkophag oder eine Grabanlage, denn vom Sohn der Sonne ein Stück von dessen Unsterblichkeit zu erhalten galt als höchster Gunstbeweis.

In der Folgezeit wurden Goldgeschenke immer gebräuchlicher. Diese Form der königlichen Großzügigkeit mag vielleicht modern erscheinen, da das Edelmetall Handelswert besaß und man es im Warenverkehr benutzte. Aber es war zugleich auch ein magischer Stoff, dem göttliches Leben innewohnte, ein unvergängliches Material, strahlend wie die Sonne – ein Symbol der Unsterblichkeit. Das war auch der Grund, weshalb man in den Königsgräbern so viele Gegenstände angehäuft hat, die Gold enthielten.

Man kann deshalb leicht verstehen, daß die Menge ein Freudentaumel ergriff, wenn der König das Lobgold überreichte. Das ist jedenfalls der Eindruck, den die Flachreliefs vermitteln. Man sieht den Auserwählten auf der Königsstraße vor der Brücke stehen, die die beiden Paläste miteinander verbindet. Von der Königin und einigen der kleinen Prinzessinnen begleitet, zeigt sich der König im Erscheinungsfenster und wirft verschiedene Gegenstände aus Edelmetall hinab: Becher, Armbänder, aber vor allem schwere Halsketten, die Diener dem Beschenkten um den Hals legen.

Die Zuschauer verneigen sich tief vor der königlichen Familie. Freunde, Kollegen, Diener, alle sind da. Nach der Zeremonie wird gefeiert. Jubelnd vor Freude hebt man die Arme zum Himmel, und es wird getanzt. Später würde man denen, die nicht dabeisein konnten, erzählen, wie es gewesen war. Dann werden die Geschenke in das Haus des Geehrten gebracht. Wie man sieht, verstand es Echnaton, den Glauben seiner Anhänger zu stärken.

Außerhalb der Stadt gab es noch weitere Paläste. Diese Lustschlößchen, die der Muße und der Erholung dienten, geben uns eine Vorstellung vom verfeinerten Lebensstil im Ägypten jener Zeit. Der Palast Maruaton im Süden der Stadt war eine Anlage aus künstlichen Seen und luftigen Bauten. Neben einem großen Teich, auf dem vielleicht irgendwelche Wettspiele abgehalten wurden, befanden sich, ineinandergefügt, mehrere kleine T-förmige Becken.

Ein auf viereckigen Pfosten ruhendes Dach schützte diese merkwürdige Spielerei vor der Sonne. Mitten in einem anderen Teich erhoben sich auf einer Insel drei Pavillons. Diese köstliche Oase der Ruhe war vielleicht Echnatons Sommerpalast.

In einer anderen Residenz, die der König im Norden der Stadt hatte errichten lassen, gab es vermutlich eine Art zoologischen Garten. Die Fresken dieses Palasts zeigen mit unübertroffenem Realismus eine Welt voller Blumen, Wasserpflanzen und Vögel aller Art und zeugen vom empfindsamen Naturgefühl des Herrschers.

Echnaton und Nofretete hatten sechs Töchter. Die dritte heiratete Tutanchamun. Zwei der jüngeren Prinzessinnen hocken auf diesem Bildausschnitt nackt und mit Schmuck behängt zu Füßen des Königspaars. Die vollständige Szene zeigt die Herrscher im Kreis aller ihrer Töchter. Wie in der Amarnakunst üblich, sind die Prinzessinnen mit langem Schädel, aufgeblähtem Bauch und in ungezwungener Haltung dargestellt.

Kulthandlung im Atontempel

Der große Atontempel von Amarna stand ein wenig nördlich der Privatresidenz des Königs in einem 730 mal 275 m großen umfriedeten Bezirk. Wie die anderen ägyptischen Tempel umfaßte er eine Gruppe von Höfen, die auf gleicher Achse hintereinander lagen und durch Pylonen getrennt waren (Pylonen nennt man die beiden hohen geböschten Bauten, die das Eingangstor zu den Höfen flankieren und weit überragen). Aber damit endet bereits die Ähnlichkeit.

In den klassischen ägyptischen Tempeln wie denen von Karnak und Luxor lagen am Ende des letzten Hofes mehrere immer enger, niedriger und dunkler werdende Räume, die zum Allerheiligsten führten. Hier, im Dämmer dieses verborgenen Raums, vollzogen die Priester, fern von der Menge, die magischen Riten am Standbild der Gottheit.

Der Atontempel hingegen war von einem Ende zum anderen weit dem Tageslicht geöffnet. Kein Gebäude hatte ein Dach. Es gab also nur Höfe. Selbst bei den Türen hatte man auf Stürze verzichtet, damit die Sonnenstrahlen ungehindert einfallen konnten. Das Erstaunlichste jedoch waren die über 2000 Opfertische in den Höfen und außerhalb des Tempels.

Vom Palast zum Tempel fuhr der König im Wagen. Er ist dargestellt, wie er selbst sein Gespann lenkt – zwei Pferde mit Federbüschen auf den Köpfen. An diesem Tag steht die Königin, die ihren Gatten stets begleitet, auf einem anderen Wagen, und sie hält ebenfalls selbst die Zügel. Ihr folgen die Prinzessinnen und Hofdamen. Soldaten umgeben den Zug. Sie tragen Feldzeichen und Lanzen und laufen neben den Wagen her. Vor dem Tempel steigen alle ab. Sofort übernehmen Diener die Zügel der Pferde und fahren die Wagen weg. Einige Priester erwarten das Königspaar und grüßen es ehrerbietig. Ein Stück weiter schlagen Frauen ihre Tamburine, andere strecken zum Zeichen der Ergebenheit den Herrschern die Arme entge-

gen. Sie tragen durchsichtige gefältelte Kleider, die vorn offen sind. Der König und die Königin haben ähnliche hauchdünne Gewänder an, unter denen man deutlich den Körper erkennt. Für das Opfer führen Diener Rinder herbei, die so fett sind, daß sie kaum gehen können. Ihre Hörner sind mit Federn geschmückt.

Der König hat den Tempelbezirk betreten und wird gleich die Pylonen passieren. Vor jedem der beiden mächtigen Steinbauten stehen fünf große Maste, an denen Flaggen im Wind flattern. Die kleinen Prinzessinnen folgen ihren Eltern. Wie alle ägyptischen Kinder sind sie unbekleidet und kahlgeschoren bis auf eine Haarlocke, die über eine Seite des Kopfes fällt. In der rechten Hand halten sie ein Sistrum. Dieses Musikinstrument, das die Priesterinnen beim Kult verwendeten, bestand aus einem Handgriff mit Metallbügel, gegen den beim Schütteln bewegliche Stäbe klapperten. Vermutlich klang es ähnlich wie Kastagnetten. Die Ägypter freuten sich, wenn sie dieses Instrument hörten, denn es war ein Attribut Hathors, der Göttin der Freude und der Liebe. Wie fanatisch Echnaton auch gewesen sein mag, solche Symbole konnte er nicht abschaffen.

Gleich wird der König im Tempelhof die Kulthandlung vornehmen. Die Zeremonie hat kaum noch etwas gemeinsam mit der, die vor der Einführung des neuen Glaubens üblich war. Das Allerheiligste der alten Tempel enthielt in einer Kapelle ein kleines Götterbild. Am Morgen öffnete ein Priester die Türen der Kapelle und bot der Statue Nahrung dar; dann wurde sie gewaschen, in neues feines Leinen gekleidet und geschminkt wie eine lebende Person. Für die Ägypter war sie tatsächlich lebendig, da ihr ein Teil des göttlichen Lebens innewohnte.

In der neuen Religion gab es nichts von alledem. Aton besaß keine Standbilder. Er wurde nie in Menschen- oder Tiergestalt dargestellt wie die anderen Götter Ägyptens.

In den Tempeln von Amarna fand die Kulthandlung im Freien statt, und zwar im Hof an einem großen Altar, auf dem man die Opfergaben – Brote, Geflügel, Ochsenfleisch und viele Blumen – niederlegte. Die Zeremonie bestand darin, die Gaben zu weihen. Der König verbrannte Weihrauch oder versprengte Wasser oder streckte ein Zepter zum Altar hin. Die Königin zelebrierte den Kult gemeinsam mit dem König: Wie bei vielen anderen Gelegenheiten schien sie ihm gleichgestellt zu sein. Die zahlreichen Altäre in den Tempelhöfen und außerhalb des Heiligtums wurden, wie man annimmt, von den Stadtbewohnern benutzt, die so ebenfalls im heiligen Bezirk und zur gleichen Zeit wie der König die Sonne verehren konnten. Auch das war revolutionär.

Die kunsthandwerklichen Arbeiten, vor allem die Toilettengegenstände, der Amarnazeit waren besonders anmutig. Dieser Salblöffel aus Holz zeigt ein schwimmendes nacktes Mädchen, das als Löffelgriff dient, und eine Ente, die es vor sich herschiebt. Sie ist hohl und bildet die Löffelschale.

Eine Arbeitersiedlung

Östlich der Stadt lag nahe dem Wüstengebirge die Siedlung der Nekropolenarbeiter, denn hier in diese Felswände wurden die Gräber von Amarna gehauen. Die Siedlung war planmäßig angelegt, und fünf Gassen trennten die Reihen der aneinandergebauten, fast identischen Häuschen. Es gab etwa 70 davon, ferner ein größeres Haus, in dem der Aufseher wohnte.

Gräber wurden in Ägypten schon zur Pharaonenzeit geplündert. Unter der 20. Dynastie, etwa drei Jahrhunderte nach Echnatons Herrschaft, fand in Theben ein großer Prozeß statt: Man hatte nämlich festgestellt, daß Gräber von Königen und Adligen geöffnet und ausgeraubt worden waren. Die mutmaßlichen Täter waren verhaftet worden, aber offenbar steckten hohe Beamte mit den Verbrechern unter einer Decke, denn der Prozeß endete mit sehr leichten Strafen. Bald kam es wieder zu Grabschändungen. Sie nahmen so sehr zu, daß unter der nächsten Dynastie die Priester eine Anzahl Mumien aus den weiträumigen Königsgräbern entfernten und in ein unzugängliches Versteck brachten, um sie vor frevelhaftem Zugriff zu schützen. Dieses Versteck blieb bis ins vorige Jahrhundert unangetastet. Dann erfuhr die ägyptische Altertumsbehörde, daß die Dorfbewohner wie ihre Vorfahren Gegenstände aus dem Versteck, das sie gefunden hatten, zum Verkauf anboten.

Vielleicht war schon während der 18. Dynastie Ähnliches geschehen, und vielleicht mißtrauten die Beamten von Achetaton den Arbeitern. Jedenfalls war das Dorf von einer Mauer umgeben und wurde anscheinend streng bewacht. Diese kleine Gemeinschaft von Arbeitern lebte völlig isoliert von den übrigen Stadtbewohnern.

In Achetaton fehlte es nicht an Baugelände, und die Wohnviertel dehnten sich weit nach Süden und Norden aus. So lag etwa das Haus des Wesirs Nacht 2 km vom Königspalast entfernt. Die Stadt war so weitläufig, daß viele Bewohner Wagen benutzten.

Das Haus und seine Nebengebäude
Alle Häuser von Amarna – ob Arbeiterhütte oder Königsresidenz – bestehen aus drei Teilen: einem Vorraum, einem Wohnteil, an den sich manchmal Nebenräume anschließen, und einem privaten Bereich mit Schlafzimmern und sanitären Einrichtungen.

In den großen Häusern ist jeder dieser Teile sehr geräumig. Über einige Stufen gelangt man durch eine Vorhalle in den Empfangsraum, eine schöne langgestreckte Halle, deren Decke auf Holzsäulen ruht und die von kleinen Zimmern umgeben ist. Das Wohnzimmer befindet sich in der Mitte des Hauses. Da seine Wände nicht der Sonnenhitze ausgesetzt sind, ist es darin angenehm kühl. Dieser Raum hat eine höhere Decke als die übrigen Zimmer, und das Tageslicht fällt durch kleine Fenster im oberen Teil der Wände herein. Er ist fast quadratisch und wie die Empfangshalle mit Holzsäulen ausgestattet.

Der private Bereich besteht aus dem Schlafzimmer des Hausherrn sowie den Zimmern für die Frauen und Freunde. Die Ägypter kannten keine Badewanne, aber es gab einen Raum, in dem sich der Hausherr von einem Diener mit Wasser bespritzen ließ. Ein kleiner Raum daneben diente als Abtritt. Über eine Treppe stieg man auf das Flachdach, wo man in heißen Sommernächten auch schlief.

Was jedoch an den vornehmeren Anwesen vor allem auffällt, das sind die zahlreichen Nebengebäude. Eine im Rechteck verlaufende hohe Mauer umgab den Besitz, der außer dem Herrenhaus eine Reihe von Wirtschaftsräumen und Gesindewohnungen sowie einen Garten umfaßte. Im Garten stand meist eine Kapelle mit einer Stele, auf der die Königsfamilie beim Opfer für Aton dargestellt war. Es scheint, daß in dieser ausschließlich nach dem Willen des Königs erbauten Stadt dessen Abbild überall, sogar in den Privathäusern, gegenwärtig war. Man darf auch nicht vergessen, daß viele Einwohner ihre Karriere wahrscheinlich dem Herrscher verdankten. Wie in ganz Ägypten wurde der Garten sorgsam gepflegt. Da die Stadt auf Wüstenboden erbaut war, hatte man fruchtbare Erde von anderswoher herbeigeschafft. Die Bäume, nach Arten in Reihen gepflanzt, standen um ein großes, rechteckiges Wasserbecken.

Kamm mit Steinbock (Akazienholz, 18. Dynastie)

Vielleicht handelt es sich bei dem Deckel einer Alabasterkanope um ein Abbild der Prinzessin Meritaton, einer der Töchter Echnatons. Die kurze Rundfrisur, bei der das Haar zu beiden Seiten des Gesichts glatt herabfällt, war bei den Damen von Amarna Mode. Den Ausschnitt bedeckt ein breites Kollier. Augen und Brauen sind mit farbiger Glaspaste eingelegt.

Zu den Wirtschaftsräumen gehörten die Küchen, die sich bei großen Anwesen nie im Haupthaus befanden, die Backstuben, die Pferde- und Viehställe, der Hundezwinger und andere. In einem Hof standen die Kornspeicher. Vielleicht kamen das Getreide und die übrigen Lebensmittel von den Gütern am anderen Nilufer gegenüber der Stadt. Wie man sieht, waren diese Villen viel mehr als nur Wohnhäuser. In ihnen lebte eine kleine geschlossene Gemeinschaft, die sich weitgehend selbst versorgen konnte.

Die Mode
Die Ausgrabungen haben nur wenige Hinweise auf die Innenausstattung der Häuser und das Alltagsleben geliefert. Aber es liegt nahe, daß die Sitten und Gebräuche etwa die gleichen waren wie einige Jahrzehnte vorher.

Die Lebensweise der begüterten Klasse änderte sich während der 18. Dynastie, als aus allen Teilen des Imperiums Reichtümer nach Ägypten strömten und der Einfluß fremder Länder zunahm. Es entwickelte sich ein noch nie dagewesener Luxus, der unter anderem auch in der Mode deutlich wird.

Bis dahin hatten die Ägypter sich stets einfach gekleidet. Zu Beginn des Neuen Reichs glich die Kleidung noch sehr derjenigen der Pyramidenzeit. Die Männer trugen meist nur einen Lendenschurz, dessen Form verschieden war. Manchmal reichte er bis unter die Knie, aber im allgemeinen war er kurz, oft gefältelt oder gestärkt. Die Frauen sind fast immer in langen, sich eng dem Körper anschmiegenden Kleidern abgebildet, die die Brust bedeckten und

an den Schultern von zwei Trägern gehalten wurden. Die Kleidung der Reichen war aus Leinen, das möglichst dünn sein mußte. Die Ägypter haben stets weiße Kleidung bevorzugt.

Erst im Neuen Reich kann man wirklich von Mode sprechen. Die Kleider werden weiter und komplizierter. Im allgemeinen trägt man ein kurzärmeliges Hemd. Über den traditionellen Lendenschurz wird ein breites Stück durchsichtiges Leinen gelegt. In Amarna schlägt man das Vorderteil dieses Kleidungsstücks nach oben ein, so daß es wie eine gefältelte Stofftasche wirkt. Die Frauen tragen knöchellange, sich nach unten weitende Kleider, die unter der Brust geknotet sind. Der Stoff ist so dünn, daß die Körperformen durchscheinen.

Man hielt sehr auf Reinlichkeit. Die Männer rasierten sich sorgfältig. Im Unterschied zu seinen asiatischen Nachbarn trug der hochgestellte Ägypter nie einen Bart. Auf den Flachreliefs erkennt man die Syrer sofort an ihren spitz zugeschnittenen Bärten. Die Männer widmeten ihrer Frisur ebensoviel Aufmerksamkeit wie die Frauen. Das Haar wurde kurz geschnitten, darüber trug man eine Perücke. Das Haar der Männerperücken war meist kurz und gelockt. Die Frauen trugen bei Festessen schweres künstliches Haar, das in Zöpfen über die Schultern hing. Im allgemeinen wurden Blumen und Bänder eingeflochten.

Die Ägypter hatten eine große Schwäche für Schmuck. Die Frauen liebten breite Halsbänder, zum Beispiel mehrreihige Glasperlenkolliers, und trugen Armbänder und auf der Perücke ein Diadem. Die Juweliere verarbeiteten billige, aber auch edelste Materialien: Glaspaste, Fayence, Elfenbein, Halbedelsteine, wie Lapislazuli, Türkis, Malachit, sowie Gold und Silber. Die Motive waren religiösen Charakters. So etwa hatte ein Anhänger die Form der Geiergöttin mit ausgebreiteten Flügeln. Auf unzähligen Amuletten sind die Hieroglyphen für Leben, Gesundheit

Zu Beginn seiner Regierungszeit ließ Amenophis IV. in Theben, östlich des großen Amuntempels von Karnak, einen Atontempel errichten. Vor den Säulen des Hofs wurden Standbilder aufgestellt, die den Pharao mit den Herrschaftsinsignien – künstlicher Bart, Krone, Uräusschlange und Zepter – zeigen. Zu dieser Zeit hatte er sich noch nicht den Namen Echnaton zugelegt.

Königin Nofretete war eine begeisterte Anhängerin des Atonkults. Gegen Ende der Regierungszeit Echnatons scheint sie sich jedoch mit ihrem Gemahl überworfen zu haben: Sie war sich wohl bewußt, daß man mit der neuen Religion einer Katastrophe entgegensteuerte. Dieser unvollendete Quarzitkopf mit den edlen Zügen stammt aus der zweiten Hälfte der Amarnazeit.

oder Dauer wiedergegeben, was beweist, daß man diesen Schmuckstücken magische Kräfte zuschrieb. Auch die Farbe der Edelsteine dürfte einen Symbolwert gehabt haben.

In Ägypten war die Frau dem Mann in keiner Weise untergeordnet. Die Künstler haben das Weibliche in einer Weise verherrlicht, daß wir den Eindruck gewinnen, an den Ufern des Nils hätten nur schlanke, anmutige Frauen mit vollkommenem Körper und einer verhaltenen Sinnlichkeit gelebt. So wie der König konnten sich auch die reichen Männer Konkubinen halten, aber es gab nur eine einzige offizielle Ehefrau. Man sieht sie auf den Grabwänden, an der Seite ihres Gemahls, den sie liebevoll umarmt. Die Frau war rechtlich dem Mann fast gleichgestellt, jedoch nur als Gemahlin und als Mutter.

In dem schon ein wenig dekadenten Ägypten der 18. Dynastie spürt man eine Art Verweiblichung der oberen Gesellschaftsschichten. Die Männer neigen offenbar dazu, sich ähnlich zu kleiden und zu schmücken wie ihre Gefährtinnen. Die Königinnen, die schon oft eine wichtige Rolle gespielt haben, nehmen noch unmittelbarer an den Staatsgeschäften teil. Diese Vorrangstellung der Frau mag teilweise das Zwischenspiel von Amarna erklären. Jedenfalls ist Echnaton auf den Reliefs immer nur von Nofretete und den Prinzessinnen begleitet, und er selbst läßt sich mit seltsam weiblich anmutenden Formen darstellen.

Eine entscheidende Wende

Die Laschheit, die sich am Hof Amenophis' III. breitgemacht und unter der Herrschaft seines Sohnes eine so unerwartete Entwicklung genommen hatte, wirkte sich verhängnisvoll aus. Den ersten Pharaonen der 18. Dynastie war es gelungen, Syrien und Palästina in den ägyptischen Machtbereich einzugliedern. In den 15 Jahren der Amarnazeit ging jedoch der asiatische Teil des Reiches verloren, denn Echnaton überhörte die Hilferufe seiner treuesten Vasallen. Die Hethiter gewannen wieder die Oberhand und bemächtigten sich Syriens. Zweifellos scheiterte das Abenteuer Amarna schließlich an dieser Bedrohung von außen.

Keiner von Echnatons Nachfolgern hätte dessen Lehre mehr verteidigen können, selbst wenn er es gewollt hätte. Als man den Amunkult wiedereinführte, erstand alles, was verworfen oder auch nur vernachlässigt worden war, aufs neue. Die Herrscher der neuen Dynastie waren Soldaten, denen es gelang, Ägyptens Besitzungen in Asien zurückzuerobern. Die angestammten Götter wurden wieder verehrt. Aber irgend etwas war zerbrochen. Die 19. Dynastie war zwar mit Ramses II., der so lange und mit glücklicher Hand herrschte, ebenso glanzvoll wie die 18., aber sie besaß nicht deren Schöpferkraft. Es folgte eine lange Zeit des Niedergangs. Die inneren Wirren und Invasionen fremder Völker wurden nur ab und zu von kurzen Perioden des Friedens unterbrochen. Umsonst suchten von nun an die Ägypter in ihrer Vergangenheit nach dem Geheimnis ihrer Identität, die, sie wußten nicht wann, verlorengegangen war.

Hubert de Novion

Das Herz des Hethiterreiches

HATTUSCHA

In der Nähe eines abgelegenen anatolischen Dorfes erhob sich vor fast 3300 Jahren im Schutz eines gewaltigen Mauerrings eine reiche Metropole, die Hauptstadt einer der Großmächte jener Zeit.

Auf Reliefs an ihren Tempeln, als Statuen und in Vasenmalereien haben die Griechen Kriegerinnen abgebildet, die sich mit ihren Helden zu messen wagten. Es handelt sich um die legendären Amazonen. Die Bildhauer haben sie nach griechischer Mode in einem kurzen Gewand dargestellt, das eine Brust frei läßt. Auf Vasenbildern hingegen tragen sie die Hose und lange Jacke der Skythen sowie die phrygische Mütze und die spitzen Schuhe der Anatolier. Ihre Waffen sind der skythische Bogen, eine Streitaxt und zur Verteidigung ein halbmondförmiger Schild.

Nach der antiken Überlieferung sollen diese kriegerischen Frauen eine männerlose Gesellschaft gebildet und an den Ufern des Thermodon in Kleinasien ein Reich gegründet haben. Kampflüstern seien sie in Westanatolien eingefallen, wo sie mit den Phrygiern, Verbündeten Priamos', des Königs der Troer, kämpften. Sie seien auch gegen berühmte griechische Heroen zum Kampf angetreten, so gegen Herakles, der den Gürtel ihrer Königin Hippolyte errang; gegen Theseus, der die Amazone Antiope entführte; und gegen Achill, der Penthesilea tödlich verwundete und sich dann in sie verliebte.

Wo Sage und Geschichte eins sind

Diese Amazonen, die in der griechischen Kunst und Literatur ein äußerst beliebtes Motiv waren, lebten angeblich im Zeitalter der Achaier, also etwa im 13. Jahrhundert v. Chr. Sie sollen damals, mitten in der Bronzezeit, als das Eisen zwar bekannt war, aber noch nicht allgemein benutzt wurde, die einzigen gewesen sein, die Eisenwaffen besaßen.

Es gab in dem Gebiet Kleinasien, in dem die Griechen die Amazonen ansiedelten, ein Volk, das ebenfalls Eisenwaffen verwendete und ganz ähnliche Streitäxte trug, nämlich die Hethiter. Damals, im 13. Jahrhundert v. Chr., beginnt gerade ihre Kraft sich zu erschöpfen. Ihr Reich wurde von allen Seiten bedroht, und die hethitischen Männer reichten vielleicht nicht aus, um es gegen die Phrygier und andere Eindringlinge zu verteidigen. Möglicherweise

griffen auch ihre Frauen zu den Waffen, um die Grenzen zu schützen. Auf solche Geschehnisse könnte die Sage von den Amazonen zurückgehen.

Das indogermanische Volk der Hethiter war im 3. Jahrtausend v. Chr. vom Nordufer des Schwarzen Meeres aufgebrochen und hatte sich in Kleinasien niedergelassen. Es gründete ein mächtiges Reich, das gegen die damaligen Großmächte Babylonien, Mitanni und Ägypten Krieg führte und sie mehr als einmal besiegte.

Erst Ende des vorigen Jahrhunderts fanden die Archäologen Spuren der Hethiter. Seit 1905 erforschen Deutsche die Höhen oberhalb des türkischen Dorfs Boğazköy in Zentralanatolien, wo einst Hattuscha lag, die Hauptstadt ihres Reiches.

Die Hethiter hatten hier eine Stadt erbaut, die ihre ganze Macht widerspiegelte. Sie lag in einer riesigen Talmulde, aus der sich mehrere Hügel erhoben, auf deren höchstem ihre Burg stand. Um sie zu schützen, hatten sie auf den Anhöhen einen 6 km langen, doppelten Mauerring angelegt. Er war so gewaltig, daß heute sogar seine Überreste den Besucher in Staunen versetzen. Die Mauern bestanden aus riesigen, genau ineinandergefügten Steinblöcken und waren in Abständen durch mächtige quadratische Türme verstärkt. Als Torpfosten dienten große Monolithen, aus denen Löwen, Sphingen oder Gottheiten herausgemeißelt waren. Innerhalb dieser ausgedehnten Zyklopenmauern konnte sich die Stadt frei entfalten.

Im Gegensatz zu den heutigen Dörfern an den Küsten der Ägäis standen die Häuser von Hattuscha nicht dichtgedrängt, sondern frei inmitten von Grün, meistens in einem Garten oder auf einem Stück Land, wo man Gemüse und Obst anbaute. Die würfelförmigen oder rechteckigen Häuser waren aus Ziegeln oder aus Lehm gebaut, weiß getüncht oder verputzt. Es handelte sich um nicht allzu stabile Bauwerke, die sorgfältig instand gehalten werden mußten. Man konnte sie jedoch leicht wieder aufbauen, was in einem Land mit häufigen Erdbeben von großem Vorteil war. Stein verwendete man nur für Sakralbauten, da die Sieger aus Furcht vor der schrecklichen Rache der

Die Frau mit der Spindel, vermutlich eine Fürstin, trägt ein weites wollenes Fransengewand und sitzt auf einem hohen Stuhl mit Rückenlehne. Die ungesponnene Wolle befindet sich in einem Kästchen zu ihren Füßen. Neben ihr, in einem Korb, liegen die Spindeln und die bereits gesponnene Wolle. Ein Kind, mit Tontäfelchen und Rohrgriffel in der Hand, sieht ihr zu. Das Flachrelief stammt aus Marasch (8. Jahrhundert v. Chr.).

Die Hethiter ernährten sich vor allem von Fleisch und Getreide. Im allgemeinen tranken sie Bier, manchmal aber auch Wein. Das Flachrelief aus Marasch zeigt eine Festmahlszene (8. Jahrhundert v. Chr.).

Götter Heiligtümer stets unangetastet ließen.

Man hat in der Stadt fünf Tempel ausgegraben. Alle haben die gleiche Raumeinteilung: Um einen rechteckigen Mittelhof gruppieren sich mehrere Räume, von denen einer das Götterbild birgt.

Der bedeutendste Tempel war den beiden großen Gottheiten des Reiches geweiht, dem als Stier verkörperten Wettergott und der Sonnengöttin von Arinna, Schutzherrin des Königs und des Reiches (Arinna ist der Name einer vorhethitischen Stadt). Im größten dieser Tempel – vielleicht diente er dem Herrscher auch als Palast – wurden die Stadt- und Reichsarchive aufbewahrt. Sie enthielten Gesetzessammlungen, Staatsverträge, den königlichen Briefwechsel sowie religiöse und literarische Texte.

Der König regierte mit Hilfe einer Versammlung des Adels, *Panku* genannt, die richterliche Gewalt besaß und die Verfügungen des Königs beanstanden konnte. Die Königin nahm aktiv an den Regierungsgeschäften teil. Frauen hatten in der hethitischen Gesellschaft auch sonst eine geachtete Rechtsstellung inne.

Könige und Sklaven

Die Untertanen des Großkönigs gehörten zu zwei Gruppen. Es gab Freie und Unfreie. An der Spitze der sozialen Stufenleiter standen die Priesterschaft und der Adel. Die Sklaven waren an die Scholle gebundene Leibeigene. Wenn der Grund und Boden verkauft wurde, gingen sie in den Besitz des neuen Eigentümers über. Sie besaßen jedoch Land und Gebrauchsgüter, und wenn sie heirateten, durften ihre Herren sie weder von ihrer Familie trennen noch sich ihren Besitz aneignen. Viele Unfreie waren aus Städten, die das hethitische Heer erobert hatte, verschleppt worden.

Ob Adliger oder Bauer, Freier oder Sklave, jeder besaß seine eigene Wohnstätte. Die Zimmer im hethitischen Haus lagen nebeneinander und bekamen Licht durch tief herabreichende Fenster. Manche Häuser verfügten über ein Obergeschoß, aber alle hatten ein begehbares Flachdach, zu dem eine Holztreppe oder eine Leiter führte. In den warmen Sommernächten schlief man dort auf Matten oder Teppichen, wie das noch heute im ganzen Orient

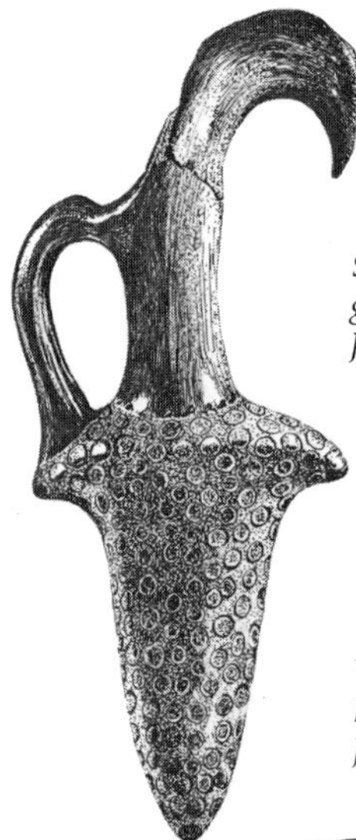

Schnabelkanne mit stark gebogenem Ausguß (16. Jahrhundert v. Chr.)

Vase mit geometrischer Bemalung (Mitte des 2. Jahrtausends v. Chr.)

Hethitische Tongefäße wurden aus ockerfarbenem oder rotem Ton meist auf der Töpferscheibe hergestellt. Sie waren im allgemeinen einfarbig, manchmal auch mit geometrischen Mustern bemalt.

üblich ist. Die Inneneinrichtung hing von den Vermögensverhältnissen des Hausbesitzers ab. Ärmere begnügten sich mit wenigen Gegenständen: einem Teppich oder einer Matte, auf die man sich zum Essen setzte und auf denen man auch schlief; einem irdenen Kohlenbecken, über dessen Holzkohlenfeuer man die Mahlzeiten kochte und mit dem man im Winter den Hauptraum heizte; sowie einer Holztruhe für die Kleider. Die begüterten Leute hingegen besaßen geschnitzte Holzstühle mit Kissen, Tische mit gekreuzten Beinen und erhöhte Betten. Im Keller standen, halb in den Boden versenkt, mannshohe Tongefäße, in denen Getreide, Öl und verschiedene andere Lebensmittel aufbewahrt wurden. In der Küche gab es einen Backofen und eine Kornmühle, denn man backte sein Brot und braute sein Bier selbst, wenn man es brauchte.

Das Leben in diesen Häusern verlief friedlich. Die Frau nahm einen wichtigen Platz ein und wurde von allen geachtet. Die meisten spannen und webten. Auf hethitischen Reliefs sieht man Mütter, die auf hohen Sesseln sitzen, ihr Kind vor sich auf dem Schoß. Eine dreht die Spindel, während ihr Sohn

In den Lagerräumen der großen Tempel von Hattuscha (13. Jahrhundert v. Chr.) stehen noch immer die großen Vorratskrüge für Öl, Wein und Getreide.

ehrerbietig vor ihr steht, in der Hand Tontäfelchen und Rohrgriffel, so als sage er etwas Gelerntes auf oder lausche ihrem Rat. Diese Bildwerke lassen auf ein geruhsames Familienleben schließen, das vielleicht ein wenig eintönig gewesen wäre, hätte man nicht dann und wann ein Festmahl veranstaltet. Bei diesen meist sehr aufwendigen Essen wurde ein ganzes Heer von Dienern aufgeboten. Während sie die Wildgerichte, die Wein- und Bierkrüge auftrugen, unterhielten Harfen-, Kithara-, Leier- und Tamburinspieler die Gäste, die paarweise an Tischen saßen.

Ein Kleidungsstück gegen ein Pferd

Wenn der Hethiter sein Haus, diese Oase der Ruhe, verließ, tauchte er ein in den Lärm und das rege Treiben auf der Straße, wo es besonders lebhaft zuging, wenn sie in der Nähe eines Stadttors lag, bei dem Markt gehalten wurde. Hier drängten sich die stämmigen Anatolier, die ein kurzes Gewand oder einen weiten Mantel und spitze Lederschuhe trugen, und die Hethiterfrauen in ihren langen Kleidern, um den Kopf einen Fransenschal geschlungen. Hier traf man spitzbärtige Syrer in schweren bestickten Gewändern, Achaier aus Zypern oder aus dem ägäischen Raum, die man an ihren hellen Gewändern mit Ärmeln erkannte, sowie assyrische Kaufleute mit sorgfältig gekräuselten Bärten und in dicke Umhänge gehüllt. Diese Händler kamen nach jahrhundertealter Tradition hierher, um Blei, Silber, Kupfer und eiserne Gegenstände einzukaufen.

Die Preise waren staatlich festgesetzt. Als Maßeinheit diente der Silberschekel zu 8,4 g, aber die Geschäfte waren ausnahmslos Tauschgeschäfte. So tauschte man zum Beispiel ein Wollkleid im Wert von 20 Schekel gegen ein Zugpferd, das ebenfalls auf 20 Schekel veranschlagt war, ein feines Hemd zu drei Schekel gegen ein Maß Öl bester Qualität, dessen Wert zwei Schekel betrug, und ein Maß Honig im Wert von einem Schekel. Ein Maß Korn kostete ein drittel Schekel, ein Käse einen halben Schekel.

Die Städter brachten die Erzeugnisse ihrer Gärten auf den Markt: Äpfel, Birnen, Granatäpfel, Feigen, Weintrauben, Zwiebeln, Lauch, Linsen, Erbsen, Oliven usw. Die Handwerker und die begüterten Leute boten Fertigprodukte feil, wie Schuhe, schön geformte Töpferwaren, Spiegel und andere Gegenstände aus Bronze, ja sogar Gold- und Silberschmuck. Die Bauern aus der Umgebung verkauften die Früchte ihrer Felder: Getreide zu einem drittel Schekel das Maß, Gerste für einen viertel Schekel und Öl. Auf dem Viehmarkt kostete ein Schaf einen Schekel, ein Kalb zwei Schekel, ein Maultier 40 Schekel. Dieses robuste, in gebirgigen Gegenden sehr gefragte Tier war teuer, hier zweimal so teuer wie ein ausgewachsenes Pferd.

Vielleicht wurden auf dem Markt auch Grundstückskäufe getätigt. Der Preis für 1 ha bewässerten Boden betrug neun Schekel, aber die gleiche Fläche, mit Rebstöcken bepflanzt, kostete

ANATOLIEN – EIN ZENTRUM DER METALLVERARBEITUNG

Solche Kultstandarten aus Bronze befestigte man am Wagen. Diese stammt aus den Königsgräbern von Alaca Hüyük (um 2300 v. Chr.)

Die Hethiter übernahmen die Kunst der Metallverarbeitung von der altanatolischen Bevölkerung. Das erste Nutzmetall war das Kupfer, das vor allem in Zypern gefördert wurde. Die Herstellung der härteren Bronze, einer Kupfer-Zinn-Legierung, kam Ende des 3. Jahrtausends v. Chr. auf.

Das Kupfererz wurde zunächst in Lehmöfen abgeröstet, dann in Tiegeln auf Schmelzöfen geschmolzen, mit Zinn vermischt und zu Blöcken oder Barren gegossen. Diese gingen in die Gießerei, wo das Metall nochmals geschmolzen und in Sandsteinformen gegossen wurde.

Die Eisenverhüttung erforderte eine kompliziertere Technik. Das Erz kam aus dem Taurus und aus Armenien. In mit Erz und Holzkohle beschickten Gruben gewann man die teigige Luppe, die ein gut schmiedbares Eisen lieferte, nachdem die Verunreinigungen entfernt worden waren. Schmelzen und gießen konnte man dieses Metall noch nicht. Eisen wurde erst vom Ende des 2. Jahrtausends v. Chr. an in größerem Umfang verarbeitet.

Die Stätte, wo Hattuscha lag, war schon lange vor der Ankunft der Hethiter besiedelt. Um 1560 v. Chr. machte Hattuschili I. den Ort zur Hauptstadt des Hethiterreiches.

120 Schekel. Es war nicht üblich, Wein zu trinken. Die Hethiter waren Biertrinker; Wein gab es lediglich zu festlichen Anlässen. Nur der König und seine Familie tranken ihn täglich.

Das Schauspiel, das die Straße bot, beschränkte sich nicht auf die farbenfrohen Märkte. Sehenswert waren auch die Paraden der Kampfwagen oder die Maultierkarawanen, die die Abgaben der syrischen Fürsten oder das Kupfer aus den Bergwerken Zyperns zum Palast brachten. Vor allem aber gab es die Darbietungen der Gaukler, Akrobaten, Jongleure, Gleichgewichtskünstler – ein Relief aus Alaca Hüyük zeigt einen solchen, der eine frei im Raum stehende Leiter hinaufsteigt –, vielleicht auch Bärenführer, wie man sie noch heute in den Straßen von Istanbul sieht.

Die Hethiter legten großen Wert auf körperliche Ertüchtigung, und die Jagd war ein besonders beliebter Zeitvertreib. Mit Bogen und Jagdspieß bewaffnet und von Hunden begleitet, jagten die jungen Hethiter auf den Hochebenen Anatoliens Hase, Hirsch und Eber. In den Ebenen Syriens benutzten sie Wagen, um mit Speeren Antilopen und Löwen zu erlegen. In der späthethitischen Zeit, das heißt nach dem Fall Hattuschas, wurde zu Pferd gejagt. Auch die Frauen scheinen damals geritten zu sein.

Von der Jagd zum Krieg

Die Hethiter veranstalteten auch Wagenrennen, die jedoch wohl weniger sportliche Wettkämpfe waren als militärische Übungen. Der hethitische Streitwagen war ein schweres zweispänniges Fahrzeug mit drei Mann Besatzung: dem Lenker, einem mit Bogen und Lanze bewaffneten Angreifer und einem Verteidiger, der einen Schild trug. Es war der erste echte Streitwagen der Geschichte. Auf ihm beruhte die Schlagkraft der Hethiter, und mit seiner Hilfe war es ihnen möglich, ihre Herrschaft über Syrien während des ganzen 14. Jahrhunderts v. Chr. aufrechtzuerhalten.

Die Hethiter hatten Hattuscha mit einem langen, mächtigen Mauerring befestigt. Beispiele für die monumentalen Tore sind das Löwentor (oben) und das rekonstruierte Königstor (unten). Sie umschlossen einen Innenhof, wo sich in Friedenszeiten Händler, Bettler, Richter und Gaukler aufhielten.

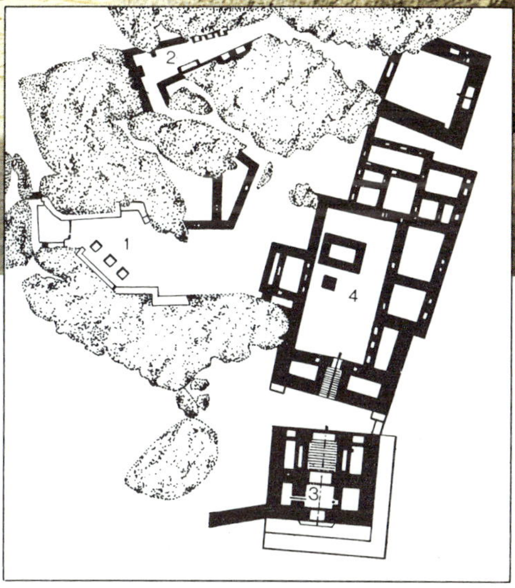

Das große Heiligtum des Hethiterreichs, der Tempel von Yazilikaya, befand sich 2 km von Hattuscha entfernt. In die senkrecht aufragenden Felswände (1, 2) sind Prozessionen von Göttern und Göttinnen eingemeißelt. Durch ein monumentales Tor (3) gelangte man in den Tempel (4), den Hattuschili III. vor der Schlucht erbaut hatte.

Die erste große Schlacht mit Streitwagen wurde zwischen Ägyptern und Hethitern nahe der syrischen Stadt Kadesch ausgetragen. Die Hethiter und ihre syrischen Verbündeten ließen 2500 Wagen auffahren. Die mächtigen Fahrzeuge setzten sich unter donnerähnlichem Getöse schwerfällig in Bewegung, stürzten die leichten ägyptischen Streitwagen um und überrollten die gegnerischen Fußsoldaten. Pharao Ramses II. mußte an der Spitze seiner eigenen Streitwagentruppe eingreifen, um die Ägypter vor einer Katastrophe zu bewahren.

Doch die Hethiter behaupteten am Ende das Feld, und obwohl Ramses II. seinen Sieg feierte, mußte er sich zurückziehen und Nordsyrien den Hethitern überlassen.

Aber die Tage des Hethiterreichs waren gezählt. Seit Ende des 13. Jahrhunderts v. Chr. wurde es wieder und wieder von den Seevölkern und den ersten phrygischen Eindringlingen überfallen. Anfang des 12. Jahrhunderts v. Chr. wurde Hattuscha endgültig zerstört.

Wie der legendäre Phönix aus der Asche erstand zu Beginn des 1. Jahrtausends v. Chr. das Hethitervolk aufs neue in den späthethitischen Kleinstaaten Nordsyriens. Diese Fürstentümer fielen zwei oder drei Jahrhunderte später den Assyrern zu, und die Hethiter gingen im assyrischen Reich auf.

Guy Rachet

Hauptstadt Chinas zur Bronzezeit

ANJANG

Diese Fundstätte, wo vor erst 40 Jahren die ältesten Bronzegefäße Chinas ausgegraben wurden, ist nach wie vor der wichtigste Zeuge für die glänzende Kultur der Schangzeit.

Ein klarer Tag vor 3000 Jahren. Von Osten her ist ein unheimliches Dröhnen zu hören, das immer näher kommt. In einer Staubwolke preschen Schangkrieger heran, um die jungsteinzeitliche Bevölkerung am Ufer des Hwangho zu überfallen. Auf ihren Streitwagen fahren je ein Offizier, ein Lenker, ein Bogenschütze und ein Lanzenträger. Hunderte dieser Wagen greifen in Schlachtordnung an – fünf Wagen bilden eine Gruppe, fünf Gruppen ein Geschwader.

Die Bevölkerung wehrt sich mit ihren Steinwaffen nach Kräften, aber sie wird schnell besiegt. Sie gibt auf und flüchtet hinter ihre Mauern aus Stampferde. Die Eindringlinge, die mit starken Reflexbogen, Pfeilen, Speeren und Lanzen mit Bronzespitzen bewaffnet sind, besetzen mühelos die Dörfer und unterwerfen die Steinzeitleute.

Das war das Bild, das sich den Archäologen aufdrängte, als sie in Anjang im Norden der chinesischen Provinz Honan unter den Resten aus der Schangepoche die Spuren einer jungsteinzeitlichen Kultur entdeckten. Neben den Trümmern der Mauer aus festgestampftem Löß, die einst die Wohnstätten der jungsteinzeitlichen Siedler schützte, fand man Mengen von Pfeilspitzen aus Knochen und Bronze sowie verschiedene andere Waffen.

Zwischen 1928 und 1937 wurden in Anjang 15 Grabungskampagnen durchgeführt. Die chinesischen Archäologen gruben über 3000 Bruchstücke von Orakelknochen und Schildkrötenpanzern mit eingeritzten Inschriften aus. Diese Funde haben wichtige Aufschlüsse über die Geschichte der späteren Schangdynastie gegeben.

Die Schangzeit begann nach chinesischer Tradition um 1751 v. Chr. Um 1335 v. Chr. verlegte der kriegerische Schangherrscher Pan Geng seinen Regierungssitz aus Schandung im Osten nach Anjang, das damals Jin hieß. Deshalb bezeichnen die Historiker den zweiten Teil der Schangzeit mit Jin, und die Kultur dieser Epoche erhielt den Namen Schang-Jin. Damals legte sich auch die Schangdynastie den Namen Jin zu.

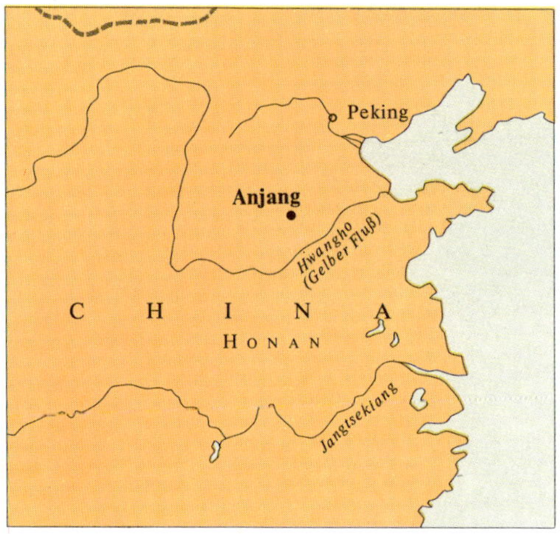

An der Stelle, wo heute im Bezirk Anjang das kleine Dorf Hsiao-Tun liegt, erhob sich die prächtige Hauptstadt Jin. Weitläufige Gebäude waren hier errichtet worden, wie der Palast, dessen Überreste man auf einer Lößterrasse gefunden zu haben glaubt. Man sieht noch einige der Stufen, die auf diese Terrasse führen. An verschiedenen Steinen des Fundaments sind die Vertiefungen zu erkennen, in denen die Holzpfosten standen. In manchen dieser Löcher waren sogar noch die angekohlten Enden der Pfosten vorhanden, die einen Durchmesser von nur etwa 10 cm hatten. Da diese Stützen für mehrgeschossige Gebäude nicht stark genug waren, nimmt man an, daß der Palast der Jinherrscher aus einstöckigen Bauwerken bestand. Gedeckt waren sie vermutlich mit Stroh oder Holz, denn man hat keine Reste von Ziegeln, übrigens auch nicht von Backsteinen gefunden. Die Residenz zählte über 20 Bauten, die sich zu beiden Seiten einer geraden Gasse aneinanderreihten. Die kleinsten hatten eine Grundfläche von nur wenigen Quadratmetern, die größten waren 40 m lang und 10 m breit. Die eindrucksvollen Marmorskulpturen, die Holzschnitzereien und Einlegearbeiten sowie die herrlichen Bronzegefäße, die in einigen Herrschergräbern der Jin geborgen wurden, können uns eine Vorstellung von der prächtigen Ausschmückung dieses Palasts vermitteln.

Die Wohngruben

Außer den Resten des Palasts und der Tempel hat man im ganzen Stadtgebiet Gruben gefunden. Man vermutet, daß es sich um die Wohnstätten des einfachen Volkes handelt. Die Jinleute nutzten die Festigkeit des Lößes und bauten statt oberirdischer Häuser diese in den Boden versenkten Wohnstätten, die ein wenig wie Fallgruben wirken.

Diese Wohngruben hatten wahrscheinlich ein Dach. Ihr Fußboden bestand aus Stampflehm. In der Mitte des Bodens war eine Vorratsgrube eingetieft. Die Gruben hatten eine runde, quadratische, rechteckige oder unregelmäßige Form. Auch ihre Größe wechselte. Sie waren zwischen 3 cm und 4 m tief, wobei die Tiefe natürlich in einem

Das Gefäß für Opferwein hat die Form einer Tigerin, der man magische Kräfte zuschrieb. In ihrem Rachen ruht der Kopf eines Menschen, den sie hält und hegt. Diese in den Schanggräbern von Anjang sehr häufig gefundenen Bronzegefäße wurden Ju genannt. Sie waren für den Ahnenkult oder andere religiöse Zeremonien bestimmt (14.–11. Jahrhundert v. Chr.).

Die sakralen Bronzegefäße der Schangzeit hatten je nach Verwendungszweck eine andere Form. Es gab über 30 davon. Dieses ist ein Fang Ging, ein eckiges Kochgefäß für Opferfleisch (14.–11. Jahrhundert v. Chr.).

Verhältnis zur Länge und Breite stand. In die etwas größeren Gruben führten einige Stufen, und die Vorratsgruben befanden sich im Wohnraum, oder sie lagen separat daneben. Die Größe der Vorratsgruben schwankte zwischen 1 m Durchmesser bei runden und über 20 m Länge und 10 m Breite bei rechteckigen Gruben. Gewöhnlich waren sie 4–9 m tief.

Landwirtschaft und Orakel

Obwohl zahlreiche Inschriften auf Orakelknochen vermuten lassen, daß die Schang-Jin-Leute gute Jäger waren, lebten sie hauptsächlich vom Ackerbau und weniger von der Viehzucht. Offenbar waren sie keine Nomaden mehr, als sie sich in Anjang niederließen. Nie zogen sie mit ihren Herden durch das Land auf der Suche nach Weidegründen. Die Könige jagten, um das edelste Wild den Göttern zu opfern, nicht um es zu essen.

Viele Fragen und Antworten auf den Orakelknochen beziehen sich auf den Ackerbau:

Ist dieses Jahr ein Hirsejahr?
Wird dieses Jahr ein Reisjahr sein?
Dieses Jahr ist günstiger für Sorghum.
Erntet den Weizen!

Solche Hinweise bewogen die Archäologen zu der Annahme, daß die Schang-Jin-Leute vor allem Reis, Weizen, Hirse und Sorghum anbauten. Außerdem hielten sie Schweine, Hunde, Schafe, Rinder, Pferde und Geflügel als Haustiere, die zum Teil zum Verzehr bestimmt waren.

Die Jin waren einem guten Tropfen nicht abgeneigt. Ihre alkoholischen Getränke gewannen sie aus Hirse und anderem Getreide. Man brauchte sie auch im Kult als Trankopfer für die Götter oder nach Beisetzungen als Trankopfer für die Toten. Denn nach Meinung der Jin tranken die Götter und die Geister ebenso gern wie die Menschen. Von den etwa 200 in Anjang ausgegrabenen Bronzegefäßen wurden mehr als zwei Drittel als Trinkgefäße identifiziert. So soll der letzte Jinherrscher unter anderem wegen Trunksucht seinen Thron verloren haben.

Bestimmte Inschriften auf Orakelknochen beziehen sich auf die Kokons der Seidenraupen. Daraus geht hervor, daß die Schang-Jin-Leute bereits Seidenraupen züchteten und feine Seidenstoffe zu weben verstanden. Man hat übrigens den Abdruck dünner Seidengewebe in der Patina der Bronzegefäße gefunden, die einst als Grabbeigaben der Jinherrscher dienten.

Die Schang-Jin-Leute kannten das Rad. Sie verwendeten es nicht nur für ihre Wagen, sondern auch in der Töpferei und der Landwirtschaft. Wahrscheinlich war der Wagen, neben dem Pferd, das Transportmittel der Oberschicht.

Makabre Funde

In dem nördlich der Hauptstadt gelegenen Ort Hou Djia-dschuang fand sich der Begräbnisplatz der Jinherrscher. Die großen Königsgräber waren im allgemeinen von mehreren kleineren Gräbern umgeben, in denen das Gefolge des Königs, seine Diener, seine Leibwache und die geopferten Tiere bestattet worden waren.

Das größte Königsgrab maß 20 m im Quadrat, und seine Tiefe betrug 12–13 m. In Gräbern daneben fand man außer den Waffen zehn Skelette, deren abgeschlagene Köpfe getrennt beigesetzt worden waren. Wahrscheinlich handelte es sich um Krieger, die man zum Schutz des Königs hier begraben hatte. Man schätzt, daß in dieser großen Grabanlage mindestens 500 Personen zur letzten Ruhe gebettet wurden. Die Opfer waren vermutlich vor der Bestattung getötet oder aber lebendig begraben worden.

Auch Tiere, vor allem Hunde, wurden geopfert. In vielen Gräbern hat man je einen Hund sowohl über wie unter dem Sarg gefunden. Damit wollte man offensichtlich den Verstorbenen vor bösen Geistern im Jenseits schützen.

In den riesigen Sarg legte man die Lieblingswaffen und die persönlichen Gegenstände des Herrschers, während die Beigaben – Keramik, Bronzegefäße, Musikinstrumente – um den Sarg aufgestellt wurden, bevor man das Grab schloß.

Importprodukte

Außer den Bronzegefäßen und den Knochen und Schildkrötenpanzern, die für Orakel benutzt wurden, hat man in Anjang noch viele andere interessante Objekte gefunden. Zum Beispiel eine zerbrochene Steinstatuette, die einen Mann der Schang-Jin-Epoche darstellt. Er trägt eine kurze Jacke mit überge-

DIE ORAKELKNOCHEN

Diese seltsamen, mit Schriftzeichen bedeckten Knochenfragmente geben nach und nach ihre Geheimnisse preis. Bei den Inschriften handelt es sich um Fragen über die Zukunft, die der Herrscher den Göttern stellte. Ein Orakelpriester berührte einen Knochen mit einem glühenden Bronzestab, bis er Risse bekam. Aus der Art der Risse las er die Antwort ab, die dann ne-

Schriftzeichen auf einem Orakelknochen (14.–12. Jahrhundert v. Chr.)

ben der Frage eingeritzt oder mit einem Pinsel aufgeschrieben wurde. Von über 3000 registrierten Bruchstücken konnte bisher erst die Hälfte entziffert werden. Sie liefern wertvolle Auskünfte über die Glaubensvorstellungen, die Gesellschaftsordnung und die Tätigkeiten der Schang-Leute. So weiß man zum Beispiel, daß sie astronomische Kenntnisse besaßen und einen Mondkalender benutzten. Die vorwiegend piktographischen Zeichen, aus denen sich die heutige chinesische Schrift entwickelt hat, wurden anfänglich auf Schulterblätter oder Knochenbruchstücke von Horntieren eingeritzt, später auch auf Schildkrötenpanzer.

schlagenem Kragen, die ein Gürtel zusammenhält, und Schnabelschuhe.

Eine Jadegravur zeigt eine Dame mit einem hohen Hut. Aus anderen Fundstücken geht hervor, daß die Frauen auf der Stirn eine geschnitzte Jadescheibe mit einem Loch in der Mitte trugen. Sie schmückten ihre hohen Hüte mit Türkisscheiben und steckten sich Kämme und Nadeln aus Elfenbein ins Haar. An den Gürtel hängten sie sich kleine Jadeschmuckstücke in Form von Menschengesichtern, Tierköpfen, Fledermäusen, Tigern, Kaninchen, Elefanten, Eulen, Schwalben, Tauben, Fischen, Fröschen, Zikaden und anderem.

Wo und wie beschafften sich die Schang-Jin-Leute die Dinge, die sie nicht an Ort und Stelle vorfanden? Woher kam etwa die Bronze? Es läßt nämlich nichts darauf schließen, daß in der Gegend von Anjang Kupfer- und Zinnerze vorkamen. Die Frage der Herkunft stellt sich auch bei den Kaurimuscheln. Übrigens sind diejenigen, die man in den Jingräbern gefunden hat, in der Mitte durchbohrt.

Unter den Bildzeichen der Orakelknochen gibt eines auf einer Schnur aufgereihte Kaurimuscheln wieder, ein anderes zeigt zwei zusammengebundene Kaurischnüre. Die Muscheln waren wohl eine Vorform von Geld, wobei fünf Kaurimuscheln eine Schnur und zehn eine Doppelschnur, Peng genannt, ausmachten.

Einige große Schildkrötenpanzer, auf die man bei den Grabungen stieß, stammen von einer Gattung, die nur in Malaysia auftritt. Geschnitzte Walknochen und das Skelett eines im Grab seines Besitzers bestatteten Elefanten geben den Archäologen ebenfalls Rätsel auf, denn keines dieser Tiere kam in der Nachbarschaft von Anjang vor.

Einige chinesische Fachleute halten diese fremden Güter für Tribute, die den Schang-Jin-Herrschern von Vasallen entrichtet wurden. Andere Gelehrte hingegen glauben, daß der Warenaustausch zu jener Zeit bereits sehr intensiv war und diese exotischen Produkte importiert wurden. Die Schang-Jin-Leute trieben nämlich keinen Tauschhandel, sondern benutzten Kaurimuscheln als Zahlungsmittel. Fest steht jedenfalls, daß der Stadtstaat der Schang-Jin ständige Beziehungen zu fremden Ländern unterhielt.

Dank der Informationen, die über das antike Anjang existieren, kann man sich ein ziemlich genaues Bild vom Alltagsleben dieser Stadt unter der Schang-Jin-Dynastie machen.

In der Innenstadt gibt es nicht weniger als sieben Paläste und mindestens 15 Tempel. Ihre Namen sind bekannt, denn sie finden sich in Inschriften auf Orakelknochen. Die Gebäude sind mit Holzschnitzereien, Muschel- und Steineinlagen geschmückt, die Wände und Pfosten bunt bemalt. In den engen, kieselgepflasterten Straßen drängen sich Menschen aller Gesellschaftsschichten: Metallgießer mit rußgeschwärzten Gesichtern, verschwitzte Handlanger, schreiende Hausierer, reich gekleidete Adlige. Musikklänge dringen aus den Tempeln auf die Straße. In vielen Werkstätten summt die Töpferscheibe. Kinder spielen neben ihren Wohngruben, während die Mütter sich zu einem Schwätzchen in der Sonne zusammengefunden haben. Einige Betrunkene verlassen schwankenden Schritts eine Schenke. Alle diese Stimmen, Geräusche und Schreie erfüllen die geschäftige Stadt mit dumpfem Lärm.

Das Ende kam, als der letzte Herrscher der Schang-Dynastie – er soll von 1137 bis 1111 v. Chr. regiert haben – vom König der Dschoudynastie gefangengenommen und getötet wurde. Die prächtige Stadt Anjang begann zu verfallen und wurde später vollständig aufgegeben.

HENRY H. SOONG

Dolch mit Jadeklinge und Bronzegriff aus Anjang (13. Jahrhundert v. Chr.)

DIE WAFFEN

Neben den Gefäßen sind die schönsten Bronzestücke Waffen, die man aus den Königsgräbern von Anjang geborgen hat. Sie sind mit tiergestaltigem Dekor (Tao-tie-Motiv) in Flach- oder Hochrelief (Messergriffe mit einem Tierkopf am Ende) verziert und wurden bei Opferhandlungen verwendet.

Bronzeaxt aus Anjang (12. Jahrhundert v. Chr.)

Die riesigen Königsgräber von Anjang wurden kreuzförmig angelegt, wie das abgebildete Grab des Wu-Guan-Tschun (14. Jahrhundert v. Chr.) zeigt. Mit dem Herrscher wurden sein Gefolge und seine Dienerschaft bestattet, die man geopfert hatte. Außerdem opferte man auch Tiere.

Residenz der Gewalt

NINIVE

Die Könige von Assyrien waren große Eroberer, und sie machten ihre riesigen Paläste zu Symbolen der erdrückenden Macht ihres Reiches.

Die assyrische Ebene durchfließt der Tigris, der schneller und reißender ist als der Euphrat. Das Klima ist gemäßigter als im südlich angrenzenden Babylonien, einem sonnendurchglühten Tiefland, das die beiden großen Ströme oft überschwemmen. Für die Bewässerung Assyriens sorgten außer dem Tigris zwei Flüsse: der Große und der Kleine Zab. Aber auch schon die Niederschläge lassen seit alters her genügsame Gräser gedeihen, die Ziegen und Wildschafen als Futter dienen. In Assyrien waren also alle Voraussetzungen für eine blühende Landwirtschaft und Viehzucht gegeben. Tatsächlich hatten hier die Menschen vor 10 000 Jahren gelernt, ihre Nahrung selbst zu erzeugen, statt weiterhin die Gefahren eines unsteten Wildbeuterdaseins auf sich zu nehmen, wie es der Altsteinzeitmensch tat.

Doch dieses Bauernland brachte ein Volk von Kriegern hervor – die Assyrer.

Die Entdeckung der Städte

Die klassische Antike hatte vom Land Assur und von den Assyrern nur vage Vorstellungen. Die berühmten Städte Nimrud (Kalchu, Kalach), Chorsabad (Dur-Scharrukin) und Ninive, die in dem Gebiet zwischen Tigris und Großem Zab lagen, waren zerstört worden, bevor griechische Geschichtsschreiber sie hatten besuchen und beschreiben können. Nach den Berichten verschiedener Autoren des Altertums ließen sich mehrere assyrische Reiche unterscheiden, die vom 2. Jahrtausend v. Chr. bis zum Fall und der Zerstörung Ninives (612 v. Chr.) aufeinanderfolgten, ein Ereignis, in dem der Prophet Nahum die gerechte Strafe für die Grausamkeit der berühmten Metropole sah. Ninive, die „Blutstadt", war bereits zur Legende geworden. Im Buch Jona wird sie als eine riesige Stadt, „drei Tagereisen groß", beschrieben. Solche Aussagen mit den ungenauen Angaben der griechischen Geographen, die sich nicht entscheiden konnten, an welches Ufer des Tigris sie die Stadt legen sollten, in Übereinstimmung zu bringen war eine gewagte Sache.

Im Mittelalter stellte jedoch der spa-

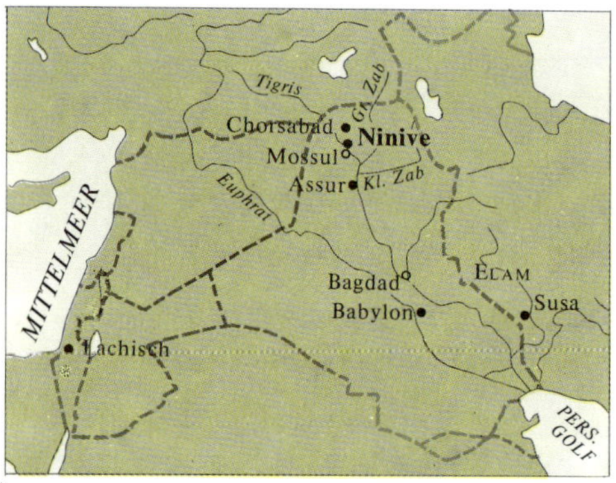

nische Rabbiner Benjamin von Tudela zweifelsfrei fest, daß sich die Ruinen von Ninive am Ostufer des Flusses, gegenüber von Mossul, befanden. Es gab dort die zwei Ruinenhügel Kujundschik und Nebi Junus. Der Standort Ninives wurde im 19. Jahrhundert von den Engländern Rich, Layard und Rawlinson sowie von den Franzosen Botta und Place wiedergefunden.

Der französische Konsul in Mossul, Paul-Émile Botta, erforschte zunächst den Ruinenhügel Kujundschik. Da er hier nicht fand, was er suchte, begab er sich in das etwa 8 km entfernte Dorf Chorsabad. Er begann die Grabungen auf der Hügelkuppe und legte den unteren Teil zweier gleichlaufender Mauern frei, die eine 6 m breite Plattform voneinander trennte.

„Voller Freude nahm ich wahr, daß die ganze Oberfläche mit Flachreliefs bedeckt war, die schon allein deshalb höchst interessant sind, da sie zweifellos eine wichtige historische Begebenheit darstellen." Botta war überzeugt, Ninive entdeckt zu haben. In Wirklichkeit handelte es sich aber um den Palast, den König Sargon II. (721–705 v. Chr.) in seiner neuen Hauptstadt Dur-Scharrukin (Sargonsburg) für sich hatte bauen lassen. Die Stätte von Ninive mußte erst noch entdeckt werden.

Diese Entdeckung war dem Engländer Austin Henry Layard vorbehalten. Nachdem er in Nimrud, südlich von Mossul, gegraben und Bildwerke ähnlich denen von Chorsabad freigelegt hatte, nahm er den Tell Kujundschik in Angriff. Er war erfolgreicher als Botta. Im Südosten des Siedlungsgeländes stieß er auf den Palast des Königs Sanherib, Sargons Sohn (705–681 v. Chr.). Diesen Palast baute später Sanheribs Enkel Assurbanipal (669–627 v. Chr.) um und richtete darin auch seine Bibliothek ein, die Tausende von Tontäfelchen umfaßte. Die Keilschrifttexte enthielten das Wesentliche des assyrischen Geistesguts, das zu einem großen Teil von den Babyloniern entlehnt worden war. Ein hochbegabter junger Assyriologe, der Engländer George Smith, machte sich an die Entzifferung der Texte in der Bibliothek Assurbanipals. Zu seiner Überraschung fand er unter ihnen einen Bericht über die Sintflut, der sich in vielen Einzelheiten mit dem der Bibel deckte.

Später kamen weitere englische Wissenschaftler nach Ninive, um den Ruinenhügel auch in der Tiefe zu erfor-

Seit Beginn des Königtums war die Jagd der bevorzugte Sport der Herrscher, denn sie bot ihnen Gelegenheit, ihr übermenschliches Wesen zu beweisen. Assurbanipal verzichtete auf den Wagen und jagte zu Pferd das von Dienern herangetriebene Wild (Relief aus Ninive, 7. Jahrhundert v. Chr.).

DAS ASSYRISCHE HEER

Wie überall im alten Orient hatte auch in Assyrien das Königtum eine durchaus religiöse Grundlage. Folgerichtig war das Heer ein Werkzeug der Götter. Es zog nur dann ins Feld, wenn diese dazu rieten, das heißt: nach Befragung der Zeichendeuter, die es auch in die Schlacht begleiteten. Das assyrische Heer war sehr groß. Wie Assurnasirpal II. im 9. Jahrhundert v. Chr. angibt, umfaßte es 50000 Mann. In späterer Zeit konnten aus den Beständen des großen Zeughauses Salmanassars III. doppelt soviel Soldaten ausgerüstet werden. Hinzu kamen Söldner und die Kontingente verbündeter Vasallen, die praktisch zum Kriegsdienst gezwungen wurden. Die Assyrer, die in der Minderheit waren, stellten die Offiziere. Lange Zeit wurde die Truppenaushebung nach feudalistischem Prinzip vorgenommen, das heißt, jede vornehme Familie entsandte ihr aus Sklaven bestehendes Kontingent. Die *Hupschi* hingegen, eine arme Bevölkerungsschicht, mußten selbst im Heer dienen. Aus ihnen rekrutierten sich das leichtbewaffnete Fußvolk und die Pioniere, die bei Angriffen auf feindliche Städte die Mauern zum Einsturz bringen sollten.

Im 9. Jahrhundert v. Chr. war das leichtbewaffnete Fußvolk mit kurzen Tuniken bekleidet. Als Schutz dienten konische Helme und Rundschilde. Die schwerbewaffneten Fußsoldaten trugen einen langen, mit Metallplättchen bedeckten Umhang, der um die Mitte des 2. Jahrtausends v. Chr. aufkam. Dieses unbequeme Kleidungsstück wurde dann durch einen kurzen, enganliegenden Lederharnisch ersetzt, der genügend Bewegungsfreiheit ließ. Als Angriffswaffen dienten Lanze, Schleuder und vor allem der einfache große Bogen, obwohl dieser nicht die Schnellkraft hatte wie der zusammengesetzte Doppel- oder Reflexbogen der Iraner, die im assyrischen Heer als Hilfstruppen kämpften. Im 9. Jahrhundert v. Chr. setzte man in Schlachten massenhaft zweispännige Streitwagen ein, die jedoch aufgrund ihrer beschränkten Manövrierfähigkeit nach und nach von der Kavallerie mit der gleichen Ausrüstung wie das Fußvolk abgelöst wurden. Für die Belagerung von Städten baute man fahrbare Türme, an denen im unteren Teil ein Rammbock befestigt war. Im oberen Teil konnten Bogenschützen untergebracht werden. Diese imposanten Sturmwagen waren aus lederüberzogenem Holz hergestellt und deshalb ziemlich leicht.

Inneres eines Zelts in einem assyrischen Feldlager (Relief aus Ninive, 7. Jahrhundert v. Chr.)

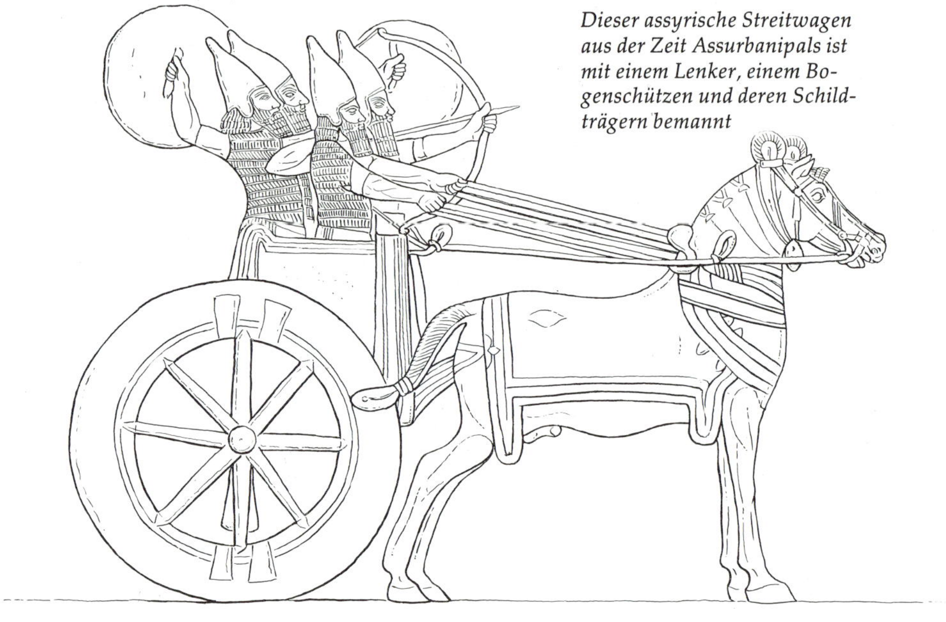

Dieser assyrische Streitwagen aus der Zeit Assurbanipals ist mit einem Lenker, einem Bogenschützen und deren Schildträgern bemannt

Auf dem Höhepunkt seiner militärischen Macht besaß Assyrien praktisch ein stehendes Heer. Neben den Kontingenten seiner Verbündeten, die unter Sargon II. (8. Jahrhundert v. Chr.) 150 Streitwagen, 1500 Berittene, 20000 Bogenschützen und 1000 Lanzenreiter zählten, gab es die assyrische Elitetruppe, die zunächst auf Streitwagen, später zu Pferd kämpfte.

Die Streitkräfte waren in kleine Einheiten zu je zehn Mann und in Abteilungen zu je 50 Mann eingeteilt, die unter dem Befehl von Hauptleuten standen. Die größten Truppenteile, die sogenannten Heere, wurden von hohen Offizieren kommandiert, die gleichzeitig Provinzstatthalter waren. Den Oberbefehl hatte der König.

Assyrischer Sturmwagen

Als Assurbanipal 646 v. Chr. gegen Susa zog, um Elams Macht zu brechen, marschierte er durch die damals fruchtbare Ebene zwischen Babylonien und Elam. Dabei versperrte ihm die Festung Hamanu den Weg. Die an einem Fluß gelegene Stadt, die er belagern mußte, war durch einen doppelten Mauerring geschützt (Relief aus Ninive, 7. Jahrhundert v. Chr.).

schen. Sie rekonstruierten die verschiedenen Entwicklungsperioden der assyrischen Kultur. Es stellte sich heraus, daß die Stadt im 6. Jahrtausend v. Chr. gegründet worden war und daß die Amoriter, ein Nomadenstamm aus Nordsyrien, Anfang des 2. Jahrtausends v. Chr. Assyrien seine geschichtliche Gestalt gegeben hatten.

Technische Glanzleistungen

Es war Sanherib gewesen, der Dur-Scharrukin (Chorsabad), die Residenz seines Vaters Sargon, zugunsten von Ninive aufgab. Er zog um die neue Hauptstadt Assyriens einen mächtigen Mauerring, der von 15 Toren durchbrochen war. Sie wurden von menschenköpfigen Flügelstieren bewacht, guten Geistern, die dem Feind Furcht und Schrecken einjagen sollten. Die Befestigung folgte im Westen dem Lauf des Tigris und war im Osten durch eine Vormauer und einen breiten Graben verstärkt. Das Stadtgebiet erstreckte sich über mehr als 5 km in der Länge und wurde von einem kleinen Wasserlauf durchflossen.

Da dieser für die Bewässerung der umliegenden Felder nicht ausreichte, ließ Sanherib die Quellen auf dem 50 km entfernten Hügel von Bawian fassen. Ein gewaltiges Werk, das den Bau eines 22 m breiten und 9 m hohen Aquädukts mit fünf Steinbogen über ein 280 m breites Tal erforderte. In seinem Palast sind die Feldarbeiten dargestellt, die durch diese Wasserzuleitung ermöglicht wurden. Der noch nicht vollständig erforschte Palast weicht in seiner Gliederung stark von den anderen assyrischen Königsresidenzen ab. Viel typischer für die Palastarchitektur Assyriens ist der Palast Assurnasirpals II. (883–859 v. Chr.) in Kalchu (Kalach), dem heutigen Nimrud.

Als Austin Henry Layard 1848 Nimrud ausgrub, legte er auch den Palast Assurnasirpals II. (883 859 v. Chr.) frei. Wie er sich das Innere des Palastes vorstellte, ist oben gezeigt.

Ein Modellpalast
Im 9. Jahrhundert v. Chr. machten die Könige von Assyrien Kalchu (Nimrud) zum Symbol ihrer Weltherrschaftsidee, indem sie dort Paläste und ein riesiges Zeughaus errichten ließen, in dem die Ausrüstungen für 100000 Soldaten lagerten. Die wie Ninive noch nicht ganz freigelegte Stadt überragte ein Burghügel am Ufer des Tigris, auf dem sich auch Assurnasirpals II. Palast befand. Daneben stand ein Tempel mit einem Stufenturm. Der Grundriß des Palasts zeigt deutlich die strenge räumliche Einteilung einer assyrischen Königsresidenz. In verschiedenen Inschriften erwähnen die Herrscher Assyriens zwei Raumkomplexe mit je einem eigenen Hof: den für Besucher niederen Ranges

Die Stadt Kalchu (auch Kalach, heute Nimrud) erhob sich am Ufer des Tigris, der sein Bett inzwischen nach Osten verlagert hat. Das Luftbild zeigt die Zitadelle mit dem Palast Assurnasirpals II. sowie mehrere von einem Stufenturm überragte Tempel. Neben der Zitadelle breitete sich die Stadt aus, die im 9. Jahrhundert v. Chr. Hauptstadt Assyriens wurde.

und das Verwaltungspersonal bestimmten *Babanu* (von *babu* = Tor) in der Nähe des Eingangs und den Wohntrakt, genannt *Bitanu* (von *bitu* = Haus). Der *Babanu* in Assurnasirpals II. Palast barg die Schatzkammer, den Sitz eines hohen Beamten und die königliche Kanzlei, wo die Verwaltungsdokumente in Ziegelfächern aufbewahrt wurden.

Durch zwei von geflügelten Stieren bewachte monumentale Tore im Hof des *Babanu* gelangte man in den Thronsaal, das Herz des Palasts. Flachreliefs aus gelbgrünem Alabaster, die den König als Schlachtensieger und großen Jäger verherrlichten, bedeckten die Wände dieses langgestreckten Raumes. Zweifellos waren sie dazu bestimmt, die Besucher zu beeindrucken und ihnen die beispiellose Macht Assyriens vor Augen zu führen. Der Königsthron im Hintergrund des Saals erhob sich vor einem großen Relief, das den Herrscher vor dem Lebensbaum und dem geflügelten Symbol des Landesgottes Assur zeigte. Die rechtwinklig zum Thronsaal angeordneten königlichen Gemächer öffneten sich auf einen Innenhof. Sie umfaßten zwei gleichlaufende lange Säle, auf deren Wandreliefs das königliche Mahl dargestellt war, und kleinere Privaträume. Über den Innenhof gelangte man zu den übrigen Räumen. Hier fand man herrliche Elfenbeinarbeiten, die einst das königliche Mobiliar verzierten. Hatte man sie aus den Ländern der Levante eingeführt, wo es damals noch Elefanten gab, oder waren sie in Assyrien selbst von verschleppten syrisch-phönikischen Künstlern angefertigt worden? Die Themen verraten ägyptischen Einfluß: So sieht man etwa die Geburt des Horuskindes auf einer Blüte, aber der kleine Gott wird nicht von den beiden Schwestern Isis und Nephtys beschützt, sondern von Genien. Die im 8. Jahrhundert v. Chr. für Assyrien charakteristische Verspieltheit in der Kunst offenbart sich auch im Motiv der Kurtisanen am Fenster oder etwa im Gesicht einer jungen Frau, deren Lächeln man mit dem der Mona Lisa vergleichen kann. Zeugnisse dieser Kunst fand man ebenfalls im Palast von Samaria, den Sargon II. zerstörte, und in dessen eigener Residenz zu Chorsabad. In diesem Palast, einer gigantischen Anlage, die ein Areal von 10 ha bedeckte, kopierte der Eroberer in größerem Maßstab den von Nimrud, wobei er jedoch mehrere Tempel und eine Reihe von gewölbten Kapellen einfügte, die man lange Zeit für die Alkoven der Haremsdamen hielt.

Große steinerne Bücher

Auf Sargon II. folgte Sanherib. Er ließ in seinem „Unvergleichlichen Palast" zu Ninive den ersten Hof wegfallen, so daß der Thronsaal direkt auf die Esplanade ging, die die umliegende Ebene beherrschte. In einem reich dekorierten Saal daneben, der mit einem Waschraum ausgestattet war, konnte der König sich erfrischen und ruhen.

Auch der Hof des königlichen Hauses wurde umgestaltet. Zwei gleichartige Pavillons flankierten Prunkräume, die sich wie in einem Heiligtum geradlinig aneinanderreihten. Diese neue Raumaufteilung wurde zum Vorbild für die Wohntrakte in den Palästen von Babylon und auch für den im Palast des Darius, der fast zwei Jahrhunderte später in Susa entstand.

In einem der Gemächer ließ Sanherib auf einem riesigen Relief seinen siegreichen Feldzug in Judäa darstellen, wobei er allerdings die Schlappe, die er vor Jerusalem erlitten hatte, ausließ. Das mit einem bemerkenswerten Sinn für die Landschaft ausgeführte Kunstwerk zeigt mit Olivenbäumen bewachsene Hügel, von denen die assyrischen Truppen herabstürmen. Die von Bogenschützen und mit gepanzerten Sturmwagen nach allen Regeln der Kriegskunst geführte Belagerung und Einnahme der Festung Lachisch sind mit erstaunlichem Realismus behandelt: Die Bevölkerung flüchtet durch einen Tunnel, und die kraushaarigen Juden werden brutal in ein Lager getrieben, wo Sanherib seinen Thron hat aufstellen lassen. Die geschlagenen Anführer des Gegners werden bei lebendigem Leib geschunden, die übrigen Einwohner verschleppt.

Sanheribs Enkel, Assurbanipal, war in diesem Palast aufgewachsen und liebte ihn, wie er niederschreiben ließ, was bei einem solchen Eroberer von einer ungewöhnlichen Empfindsamkeit spricht. Er fühlte sich wohl inmitten

Assurbanipal war zwar ein großer Eroberer, aber er zog die friedliche Atmosphäre seines Palasts zu Ninive den beschwerlichen Feldzügen in ferne Länder vor. Damit beauftragte er seine Generäle, die ihm die Berichte über „seine" Siege und die Trophäen, wie den abgeschlagenen Kopf des Königs von Elam, sandten. Das Haupt dieses Herrschers wurde an einem Baum im Garten aufgehängt, wo der König in trautem Zusammensein mit der Königin den Sieg mit einem Festmahl feierte (7. Jahrhundert v. Chr.).

Man züchtete in Assyrien hervorragende Jagdhunde – Windhunde und eine doggenähnliche Rasse. Die assyrischen Könige bevorzugten die letztgenannte Art. Sie beschäftigten ein Heer von Pikören, die die Meuten betreuten und bei der Jagd das Wild trieben (Relief aus Ninive, 7. Jahrhundert v. Chr.).

seiner Keilschrifttexte, die er von alten babylonischen Originalen kopieren ließ. Nachdem er den Thron bestiegen hatte, richtete er sich im Palast seines Großvaters ein und ließ in einigen von ihm neu ausgestatteten Sälen seine eigenen Siege verewigen. Ein blutiges Familiendrama kennzeichnet die Regierung dieses letzten großen Königs von Assyrien (669–627 v. Chr.).

Mit Feuer und Schwert

Das assyrische Reich hatte Babylon annektiert, das die Unterwerfung jedoch nicht hinnahm. Assurbanipals Vater Asarhaddon, dessen Mutter Babylonierin war, wollte die heilige Stadt verschonen und teilte seine Länder zwischen seinen beiden Söhnen auf. Schamasch-schum-ukin, der ältere, regierte in Babylon, Assurbanipal erhielt den Rest des Reichs. Da Schamasch-schum-ukin diese Benachteiligung nicht hinnahm, verfeindeten sich die beiden Brüder sehr bald. Assurbanipals Bruder spann Intrigen mit den ihm benachbarten Elamern und brachte sie dazu, gegen seinen jüngeren Bruder einen Krieg zu führen, an dem er selbst jedoch nicht teilnahm.

Diesen Feldzug von 653 v. Chr. ließ Assurbanipal im Palast seines Großvaters Sanherib auf einem Relief darstellen. Inschriften, die ähnlich den Sprechblasen unserer Comics in das Bildwerk eingefügt wurden, erläutern die Ereignisse. Das Ende des Kampfs sowie der Tod des elamischen Königs Te-Umman und dessen Sohns Tammaritu sind wie folgt geschildert: „Te-Umman, König von Elam, der in einer gewaltigen Schlacht verletzt worden ist, und Tammaritu, sein ältester Sohn, der seine Hand ergriffen hatte, flüchteten, um ihr Leben zu retten, und versteckten sich in einem Gebüsch. Mit Hilfe des Gottes Assur und der Göttin Ischtar habe ich sie getötet und ihnen den Kopf abgeschlagen." In der Tötungsszene hat der Künstler die Landestracht der Elamer und die eigenartige elami-

Wegen ihres Fleisches und ihres Fells wurden Onager gejagt, Pferdeesel, die wild in den Steppen Assyriens lebten (Relief aus Ninive, 7. Jahrhundert v. Chr.).

sche Königskappe genau wiedergegeben. Sie liegt im Staub am Ufer des Grenzflusses, in dem alles treibt, was von dem besiegten Heer der Elamer übriggeblieben ist.

Später mußte Assurbanipal unmittelbar gegen seinen Bruder Schamasch-schum-ukin ins Feld ziehen, der sich inzwischen mit den Neffen des besiegten Königs von Elam, den Arabern der Wüste, den Syrern und den Ägyptern verbündet hatte.

Assurbanipal nutzte die mangelnde Koordination zwischen den Verbündeten und nahm Babylon im Sturm. Sein Bruder starb in seiner brennenden Palastfestung wie der sagenhafte Sardanapal, dessen Gestalt zweifellos seine Züge trägt. Syrer und Araber wurden rasch in die Knie gezwungen. Nun blieb nur noch Elam übrig. Einer von Assurbanipals Feldherren besiegte es und machte 646 v. Chr. seine Hauptstadt Susa dem Erdboden gleich. Der König feierte diesen Sieg mit folgenden Worten:

„Susa, die große heilige Stadt, Sitz ihrer Geheimnisse, eroberte ich, Assurs und Ischtars Wort folgend; ich betrat seinen Palast, lebte dort in Genüssen schwelgend ... Ich zerstörte den Stufenturm von Susa ... 32 Königsstatuen, gegossen aus Gold, Silber, Kupfer oder in Alabaster geschnitten, habe ich in das Land Assur gebracht. Ihre heiligen Haine, die nie eines Fremden Fuß betreten hat, meine Krieger drangen in sie ein, sahen ihre Geheimnisse, brannten sie nieder. Die Gräber der Könige ... ich verwüstete sie. Die Töchter der Könige, die Frauen der Könige ... die männlichen und weiblichen Einwohner, das Groß- und das Kleinvieh brachte ich als Beute in das Land Assur."

Als Assurbanipal diesen Bericht verfaßte und den Palast, den er sich damals in Ninive erbauen ließ, mit einem Bildwerk über diesen Feldzug schmückte, ahnte er nicht, daß seinen Städten etwa 30 Jahre später das gleiche Schicksal zuteil werden würde.

Nach dem Tod des Königs im Jahr 627 v. Chr. richtete ein Bruderkrieg seiner beiden Söhne Assyrien zugrunde. An den Grenzen des Reichs standen die Meder. Nachdem sie zunächst zurückgedrängt werden konnten, verbündete sich ihr König Kyaxares mit den Chaldäern, die in Babylon die Macht ergriffen hatten. Gemeinsam eroberten sie 614 v. Chr. Assur, die heilige Stadt des Gottes Assur, das schützende Heiligtum des Landes Assur. Zwei Jahre danach, im Jahr 612, leistete Ninive, hinter seinen mächtigen Befestigungswällen verschanzt, drei lange Monate hindurch Widerstand. Schließlich mußte es aufgeben. Meder und Chaldäer fielen über die Stadt her, zerstörten sie und schlachteten die Soldaten und die übrigen Einwohner ab oder verschleppten sie. Niemand blieb übrig, um Zeugnis abzulegen, niemand, um die Erinnerung wachzuhalten. Assurbanipal, der große, hochgebildete Eroberer, hatte die ältesten Traditionen Mesopotamiens bewahren wollen, doch mit dem Fall und der Zerstörung Assurs und Ninives brachen diese Überlieferungen ab. Assur und die Assyrer verschwanden als Staat und Volk. Eine ruhmreiche Seite der Geschichte war endgültig umgeblättert worden.

Nach Pierre Amiet

Die Assyrer jagten auch mit Falken. Aus deren Flug glaubten sie die Zukunft erkennen zu können. „Wenn der Falke beim Aufsteigen von der rechten Seite des Königs nach links fliegt, wird der König siegreich sein ... Wenn der Falke mit seiner Beute geradewegs auf den König zufliegt, werden alle Wünsche des Königs in Erfüllung gehen" (Relief aus Chorsabad, 8. Jahrhundert v. Chr.).

DER KRIEG

Seit Jahrtausenden fürchten die Menschen den Krieg, und doch haben sie immer wieder Gründe gesucht und gefunden, Kriege zu führen. Durch die Archäologie weiß man, daß meist ein verlorener Krieg schuld daran war, wenn Städte in Schutt und Asche fielen. Wie viele Schlachten sind im Lauf der Geschichte gewonnen und verloren worden! Es scheint jedoch, daß es während der gesamten Altsteinzeit und eines Teils der Mittelsteinzeit keine Kriege im heutigen Sinn gab, sondern nur Kämpfe zwischen einzelnen oder kleinen Gruppen. Erst als der Mensch seßhaft wurde und neue Wirtschaftsformen entwickelte, begann er Kriege zu führen, entweder um seinen Nachbarn zu beherrschen oder um sich dessen Besitz anzueignen. Und er hat leider bis heute nicht aufgehört, dieses Herrschaftsinstrument immer weiter zu vervollkommnen.

Griechischer Bronzehelm (Ende des 6. Jahrhunderts v. Chr.)

Entstehung des Krieges
Gegen Ende der Mittelsteinzeit begannen einzelne Gruppen von Menschen, sich an einem Ort niederzulassen, um dort Pflanzen anzubauen oder Vieh zu halten. Bald mußten die seßhaft gewordenen Stämme, die nun von Feldfrüchten und von Produkten der Viehzucht lebten, ihren Besitz gegen die ärmeren Wildbeuter verteidigen. So entstand der Krieg. Die Angriffswaffe war der Bogen, wie man auf dieser Felszeichnung in der spanischen Höhle Morella la Vieja (zwischen 7000 und 6000 v. Chr.) sehen kann.

Die ersten Heere
Hand in Hand mit der Einrichtung zentralisierter Staaten ging die planmäßige Organisation des Krieges. Die Männer, die bis dahin nur den Zweikampf gekannt hatten, wurden zu Kriegern, die, sich mit Schilden schützend, in geschlossener Front dem Feind entgegentraten. Die Waffen – Äxte, Pfeil- und Speerspitzen aus Metall – waren gefährlicher als die früheren. Die sogenannte Geierstele (um 2500 v. Chr.) aus Lagasch zeigt zum erstenmal ein solches Heer im Einsatz.

Die Belagerungskriege
Zu Beginn der Jungsteinzeit umgaben sich die ersten Städte mit Festungsmauern, und sehr bald kam es zu Belagerungen. Doch unsere Zeugnisse dafür stammen aus viel späterer Zeit. Eine der ältesten Darstellungen einer Belagerung findet sich als Relief auf diesem Rhyton aus Mykene (um 1600 v. Chr.).

Erste große Schlacht mit Streitwagen
Das in den Steppen Zentralasiens heimische Wildpferd wurde im 3. Jahrtausend v. Chr. domestiziert und im 2. Jahrtausend v. Chr. in Vorderasien eingeführt. Im 16. Jahrhundert v. Chr. rüsteten die Ägypter ihr Heer mit Streitwagen aus. Die größte Schlacht mit Streitwagen fand 1285 v. Chr. zwischen den Hethitern und dem Heer Ramses' II. bei Kadesch in Syrien statt. Jeder der beiden Gegner hatte angeblich zwischen 2000 und 3000 Wagen aufgeboten. Die Abbildung oben zeigt die Hethiter auf der Flucht vor dem Wagen des Pharaos (Relief im Tempel von Karnak). Rechts: Ramses II., Zeichnung nach einem Flachrelief des Tempels von Bet el-Wali in Nubien.

Die Reiterei
Anfang des 1. Jahrtausends v. Chr. stellten die Assyrer als erste Reitertruppen auf. Wie diese Krieger ausgerüstet waren, zeigt unter anderem dieses Relief aus Ninive (7. Jahrhundert v. Chr.), auf dem ein berittener Lanzenträger abgebildet ist. Mit dem Aufkommen der Reiterei entwickelten sich neue strategische Prinzipien.

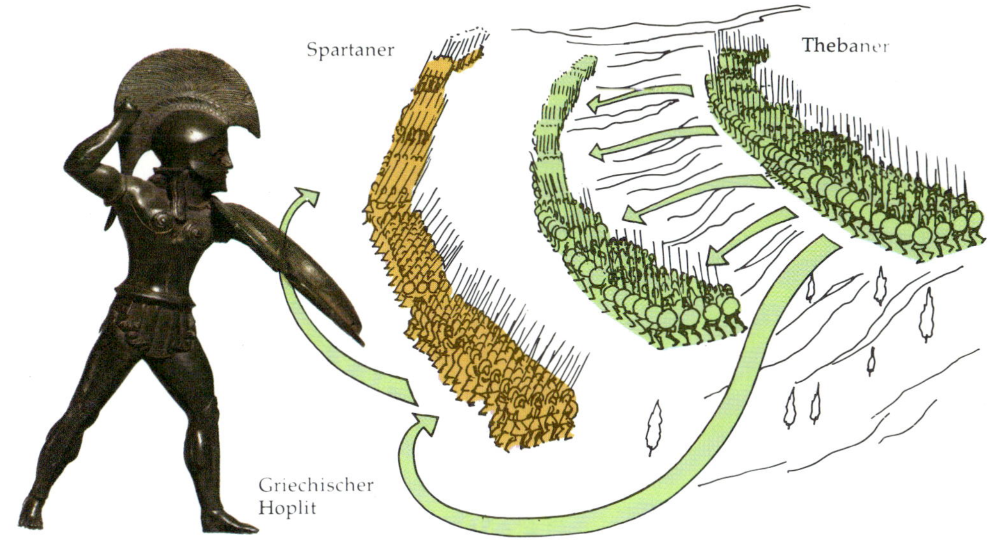

Die schiefe Schlachtordnung
Diese Taktik wurde von dem Thebaner Epaminondas erfunden, dem Philosophen, der zum Feldherrn wurde. 371 v. Chr. kam es zwischen den Spartanern und den Thebanern bei Leuktra in Böotien zur Schlacht. Epaminondas zog das Gros der thebanischen Streitkräfte am linken Flügel zusammen und ließ in der Mitte und am rechten Flügel nur ein kleines Kontingent, das den Gegner aufhalten sollte. Dann überrannten die Thebaner den rechten Flügel der Spartaner und umzingelten den Gegner, der die Flucht ergriff. Diese Bronzestatue eines Hopliten aus Dodona zeigt, wie die Griechen bewaffnet waren.

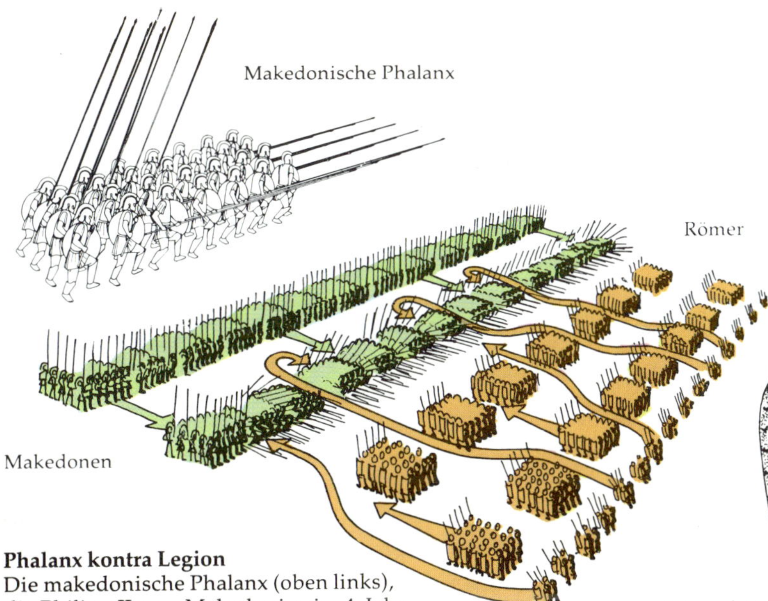

Phalanx kontra Legion
Die makedonische Phalanx (oben links), die Philipp II. von Makedonien im 4. Jahrhundert v. Chr. schuf, war eine 16 Glieder tiefe Formation. Die Soldaten trugen lange Stoßlanzen. Mit dieser schweren Infanterie, die als unbesiegbar galt, maßen sich die Römer. Im Jahr 168 v. Chr. stand der Makedonenkönig Perseus in Pydna den Legionen des L. Aemilius Paulus gegenüber. Die Taktik des römischen Konsuls war, die Makedonen auf einem unebenen Gelände vorrücken zu lassen, damit sich die Reihen der Phalangen lockerten. In die entstandenen Lücken drangen dann kleine Gruppen von Legionären (rechts) ein und griffen die Makedonen an der Flanke und im Rücken an.

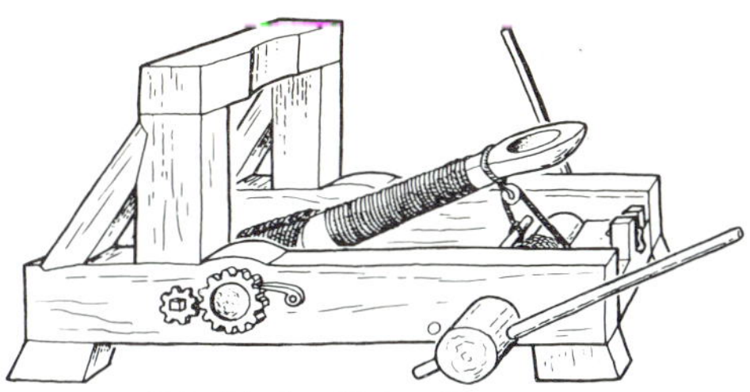

Griechisches Katapult

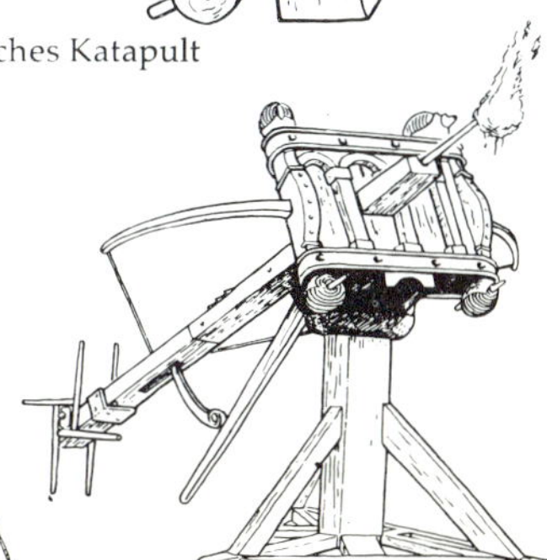

Römisches Pfeilgeschütz

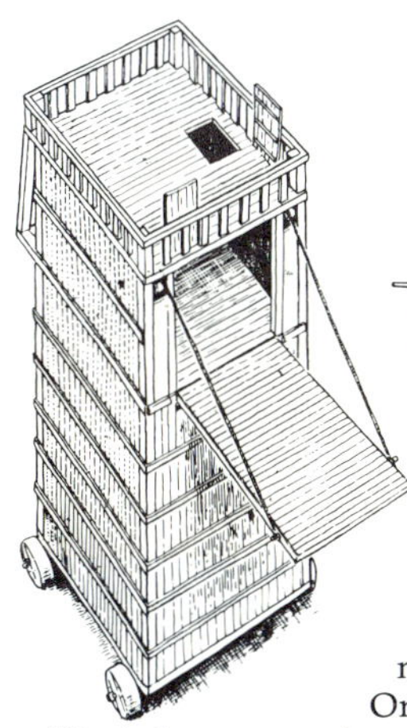

Römischer Belagerungsturm

Die Belagerungstechniken
Die Griechen vervollkommneten die schon im alten Orient entwickelte Belagerungskunst. Die Römer nutzten sie und bauten sie aus. Zu den Belagerungsmaschinen gehörten: das Katapult zum Schleudern schwerer Steine; das Pfeilgeschütz, eine Art riesige Armbrust; und Belagerungstürme, von denen aus man Zugbrücken auf die Mauerkronen legte.

Seeschlachten
Es dauerte lange, bis die Menschen in der Lage waren, so stabile Schiffe zu bauen, daß man mit ihnen Seeschlachten austragen konnte. Im Gegensatz zum Handelsschiff mußte das Kriegsschiff schnell und wendig sein. Die Griechen erfanden um 800 v. Chr. den Rammsporn, einen riesigen, bronzeverkleideten Stachel am Bug eines langen Ruderschiffes, der Triere (ganz rechts), die eine große Geschwindigkeit entwickeln konnte. Das Ziel im Kampf war, das Schiff des Gegners mit dem Sporn zu rammen und zu versenken. Auf der Vase aus Cerveteri (rechts, 7. Jahrhundert v. Chr.) bereitet sich ein Schiff auf dieses Manöver vor.

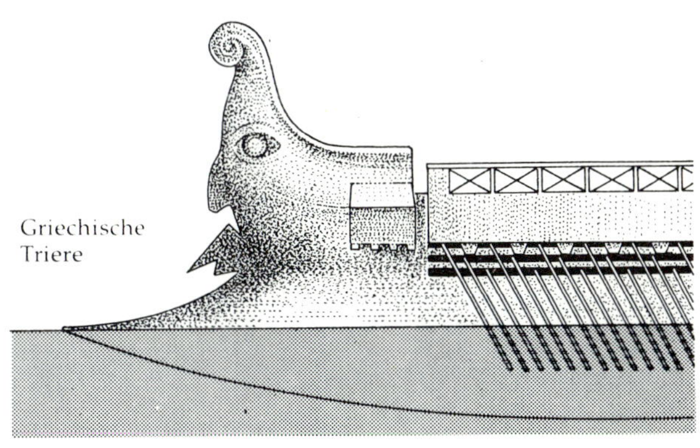

Griechische Triere

Die Metropole des alten Orients

BABYLON

Das Babel des Alten Testaments mit seinem legendären Turm, seinen Tempeln, Toren und Palästen, deren Fassaden bunte Ziegelreliefs schmückten, war die glanzvollste Weltstadt seiner Zeit.

Mit dem Namen Babylon verbindet sich die Vorstellung von Prunk und Größe, von „Hängenden Gärten“ mit schattenspendenden Palmen und von heiligen Bezirken, in denen Ischtar, die Göttin des Kriegs und der Liebe, verehrt wurde. Selten jedoch wird der Reisende von einer berühmten historischen Stätte so enttäuscht sein wie von den Überresten dieser Metropole.

Um 450 v. Chr. beschrieb Herodot Babylon als eine „gewaltige Stadt“, durch die ein Strom, der Euphrat, floß. Ihre gigantische Mauer hatte ihm zufolge einen Umfang von 86 km und war so breit, daß ein Viergespann darauf fahren konnte. Wie der Geschichtsschreiber weiterhin berichtet, besaß die Stadt im ganzen 100 Tore mit ehernen Flügeln, drei- und vierstöckige Häuser, einen Königspalast und einen Tempelbezirk mit einem hohen Turm, den, wie es in der Genesis heißt, Noahs Nachkommen bauen wollten, um den Himmel zu erreichen. Aus der Geschichte der Stadt erwähnt Herodot nur die beiden Königinnen Semiramis und Nitokris. Nebukadnezar kannte er nicht einmal dem Namen nach. Von den Sitten in Babylon nennt er vor allem die alljährliche Versteigerung der mannbaren Jungfrauen, bei der die schönsten den reichsten Männern zugeschlagen wurden, während die häßlichsten an die ärmsten fielen. Er führt auch an, daß jede Babylonierin einmal in ihrem Leben „im Tempel der Aphrodite sitzen und sich einem Manne aus der Fremde hingeben mußte“. Da sie vom Vater der Geschichte stammen, hielt man solche Behauptungen lange Zeit für wahr.

Erst in römischer Zeit beschrieben Historiker wie Diodor von Sizilien das Weltwunder der angeblich von Königin Semiramis angelegten „Hängenden Gärten“. Man weiß auch heute noch nicht mit Sicherheit, ob es sie tatsächlich gegeben hat und wie sie aussahen.

Was den Turm von Babel angeht, so war aufgrund alter Quellen bekannt, daß er südlich der kleinen Stadt Hilla lag; doch angesichts der Größe des Ruinenfelds verzichteten viele Ausgräber darauf, ihn dort zu suchen.

Von 1899 bis 1917 widmeten sich

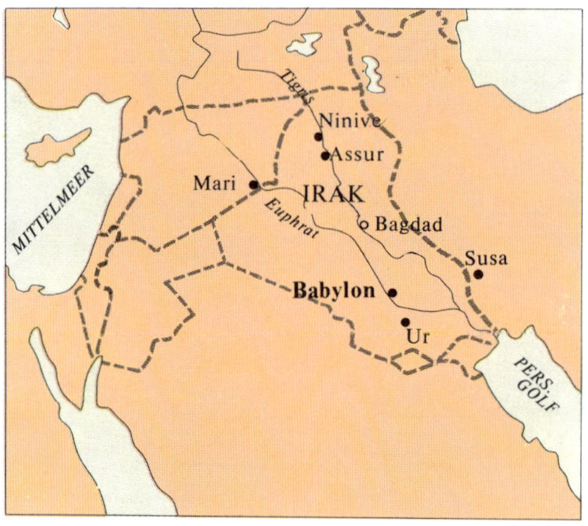

deutsche Archäologen unter der Leitung des Architekten Robert Koldewey der Erforschung Babylons. Eine sehr schwierige Aufgabe, wenn man bedenkt, daß in Mesopotamien Tempel, Paläste und Häuser aus luftgetrockneten Ziegeln bestanden, einem Baumaterial, das zwar vor der glühenden Hitze schützt, aber sehr brüchig ist. Die sorgfältig durchgeführten Grabungen brachten schließlich die Ruinen Babylons zutage, hohe, mit farbig glasierten Formziegeln verkleidete Mauern – grandiose Ruinen, die jedoch im Vergleich zu denen der assyrischen Paläste aus etwa der gleichen Zeit nur wenige Überreste von Kunstwerken bargen.

Hammurabi und seine Gesetze

Zunächst mußte das Stadtgebiet abgegrenzt werden. Die Größenangaben Herodots stellten sich bald als sehr übertrieben heraus. Aber die Stadt hatte immerhin einen Umfang von etwa 18 km, und der Euphrat, der sein Bett seit der Antike verlagert hat, war tatsächlich mitten durch sie geflossen. Von Jahr zu Jahr legte man mehr Gebäude frei, während die Assyriologen die Texte auf den unzähligen ausgegrabenen Tontäfelchen entzifferten. Aus ihnen erfuhr man, daß Babylon in der Geschichte Mesopotamiens eine verhältnismäßig junge Stadt war. Ihr Name taucht erst um 2250 v. Chr. auf. Amoritische Nomaden vom Nordrand der Syrischen Wüste schufen sich in Sumer und weiter nördlich in Assur und Mari eine Reihe von Herrschaften. Auch in Babylon gründeten sie zu Beginn des 19. Jahrhunderts v. Chr. eine Herrscherdynastie. Die Stadt hieß damals Babilla, ein alter Name, dessen Bedeutung man bereits vergessen hatte und den man für semitisch hielt (*Bab-ili* = Tor Gottes). In ihrer zweitausendjährigen Geschichte hingegen trug sie in den offiziellen Inschriften den sumerischen Namen Kadingira mit der gleichen Bedeutung; denn Sumerisch war die Gelehrtensprache Babylons.

Hammurabi (1792–1750 v. Chr.), der fünfte König der 1. Dynastie von Babylon, war zweifellos der berühmteste Herrscher dieses Geschlechts. Nachdem er seine Gegner, die meisten von ihnen Amoriter wie er, nacheinander überwunden hatte, baute er ein mächtiges Reich auf, das ganz Südmesopota-

Wie diese Luftaufnahme von Babylon zeigt, ist von der prächtigen Stadt Nebukadnezars II. nur noch ein riesiges Trümmerfeld übriggeblieben. Oben rechts im Bild erkennt man die große Prozessionsstraße von Babylon, unten das gewaltige quadratische Fundament des berühmten Turms von Babel.

Da den Babyloniern keine Steine zur Verfügung standen, ersetzten sie den steinernen Reliefschmuck durch Wandverkleidungen aus farbig glasierten Ziegeln. Auf dem Wandbild aus dem Thronsaal Nebukadnezars II. sieht man einen Zug schreitender Löwen – die Wappentiere der Kriegsgöttin Ischtar – unter stilisierten Bäumen.

mien umfaßte. Als erster Monarch der Geschichte legte er für sein Imperium ein einheitliches Recht fest, den Kodex Hammurabi, der auf einer 1901/1902 in Susa entdeckten Stele eingemeißelt ist. Das Flachrelief über dem Text zeigt, wie der König von Schamasch, dem Gott der Gerechtigkeit, die Gesetze erhält.

Die Gesetzessammlung des babylonischen Herrschers war nicht die älteste. Schon drei Jahrhunderte früher hatten die Sumerer eine ähnliche Sammlung geschaffen. Aber wegen seiner vollendeten Sprache und seines prägnanten Stils betrachtet man den Kodex Hammurabi zu Recht auch heute noch als das berühmteste Gesetzeswerk der vorrömischen Antike.

Am Grabungsort selbst hat man keine Bildwerke aus der Zeit Hammurabis gefunden. Man kennt nur die Statuen, die die Elamer nach Susa verschleppt hatten, als diese der fremden, aber babylonisierten Dynastie der Kassiten ein Ende bereiteten. Bald danach, gegen Ende des 12. Jahrhunderts v. Chr., verjagten die Babylonier unter König Nebukadnezar I. die Elamer, zerstörten deren Hauptstadt Susa und brachten viele der geraubten Götterbilder nach Babylon zurück.

Doch neue Heimsuchungen folgten. Bald nachdem die aramäischen Chaldäer Babylon unterworfen hatten, geriet es in die Abhängigkeit der Assyrer, gegen deren Herrschaft es immer wieder rebellierte. Im 7. Jahrhundert v. Chr. wurde es von den Assyrern zweimal hintereinander zerstört. Im Jahr 626 v. Chr. machte sich ein Chaldäer, der assyrische Statthalter Nabupolassar, unabhängig und ließ sich zum König ausrufen. Mit Hilfe der Meder zerschlug er das assyrische Reich und zerstörte 612 v. Chr. dessen Hauptstadt Ninive.

Nebukadnezar II., Nabupolassars Sohn, brach die letzten Reste des assyrischen Widerstands und wehrte von seinem Land, das man nun Chaldäa nannte, die Bedrohung durch den ehrgeizigen Pharao Necho ab. Als er 605 v. Chr. den Thron bestieg, war der gesamte Fruchtbare Halbmond, von Jerusalem bis zum Persischen Golf, chaldäisch. Aber das Tor Gottes lag in Trümmern und mußte fast vollständig wieder aufgebaut werden. Nebukadnezar II. machte aus Babylon eine der prächtigsten Weltstädte des Altertums.

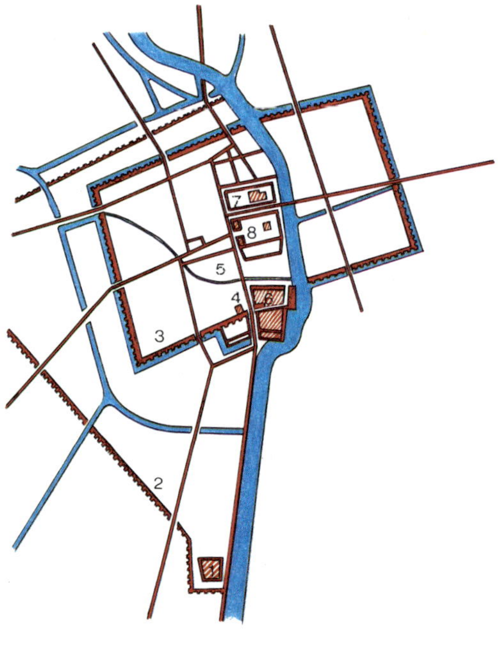

Plan von Babylon: *Die Festung auf dem Hügel Babil (1) im Norden der Stadt verstärkte die äußere Umfassungsmauer (2). Die eigentliche Stadt war von einer Doppelmauer (3) mit acht Toren umschlossen. Vom Haupttor (4), das der Göttin Ischtar geweiht war, führte die Prozessionsstraße (5) am Königspalast (6) vorbei zum Marduktempel, Esagila (7), und zum Turm von Babel, Etemenanki (8). Einst floß der Euphrat mitten durch Babylon und teilte die Stadt in zwei Hälften, die eine Brücke wiederum miteinander verband.*

Das neue Babylon

Die Stadt erhob sich zu beiden Seiten des Euphrats, aber die wichtigsten Bauten befanden sich am östlichen Ufer. Ein äußerer doppelter Mauergürtel von 18 km Länge umschloß ein fast unbewohntes Gelände, das in Kriegszeiten den Dorfbewohnern und ihren Herden Zuflucht bot. Diese äußere Mauer war im Norden verstärkt durch eine Festung, in der sich auch der Sommerpalast des Königs befand. Ihr noch 22 m hoher Ruinenhügel hat bis heute den Namen Babil bewahrt. Die Stadt selbst wurde von einer 8 km langen, rechteckig verlaufenden inneren Mauer geschützt, die ein Graben umgab. Dieses Befestigungswerk bestand aus einer 6,50 m dicken Hauptmauer und einer mehr als 3 m dicken Vormauer. Durch acht Tore, von denen jedes unter dem Schutz einer Gottheit stand, gelangte man in die Stadt. Eine Burganlage umfaßte unter anderem den Hauptpalast und das große Tor der Kriegsgöttin Ischtar, „die ihren Feind vernichtet". Dort hatte man wie in einem Museum sehr alte Statuen aufgestellt, von denen einige in Kriegen erbeutet worden waren. An dieser Festung entlang verlief eine Prozessionsstraße zwischen Mauern, die mit glasierten Ziegeln verkleidet waren. Sie führte durch das Ischtartor in die Stadt, vorbei an dem von einer Doppelmauer umgebenen Königspalast, der eine Art befestigte Stadt in der Metropole bildete.

Beim Bau dieses Schloßpalastes hatte sich Nabupolassar, der ihn begonnen hatte, den Palast des Sanherib in Ninive und Privathäuser zum Vorbild genommen. Die königliche Wohnung öffnete sich auf einen quadratischen Hof. Sie bestand aus zwei großen Sälen und drei kleinen Privatgemächern, die neben den Wirtschaftsräumen lagen. Nebukadnezar II. behielt diesen im Grunde genommen schlichten Palast bei, vergrößerte ihn jedoch, indem er mehrere Komplexe nach dem gleichen Muster hinzufügte. Er ließ insgesamt vier weitere, völlig identische Palasteinheiten bauen, die durch Seitengänge miteinander verbunden waren. In einer

DAS ISCHTARTOR

Dieses Tor, das der Kriegsgöttin Ischtar geweiht war, bildete für sich allein eine Art Festung. Entsprechend dem doppelten inneren Mauerring von Babylon war es ein Doppeltor. Auf das erste Tor in der Außenmauer, in dem sich ein Saal für die Wachen befand, folgte ein zweites in der Innenmauer. Als sich die Stadt vergrößerte, ließ Nebukadnezar II. (605–562 v. Chr.) das Tor wieder aufbauen, was er in folgender Inschrift festgehalten hat: „Die Durchgänge beider Tore waren durch die Auffüllung der Straße zu niedrig geworden. Jene Stadttore riß ich ein, gründete angesichts des Wassers ihre Fundamente fest aus Asphalt und Ziegeln und ließ sie aus blauglasierten Backsteinen, auf denen Stiere und Schlangengreifen gebildet sind, kunstvoll herstellen. Mächtige Zedern ließ ich zu ihrer Bedachung lang hinlegen. Zederne Türflügel, mit Kupfer bezogen und mit Angeln aus Bronze, richtete ich in den Toröffnungen auf. Kraftvolle bronzene Stiere und grimmige Schlangengreifen stellte ich an ihrer Schwelle auf." Durch dieses Tor führte die große Prozessionsstraße Babylons.

*Ein Schlangengreif (*Sirrusch*) aus Profilziegeln (oben), das heilige Tier Marduks, und ein Stier aus glasierten Profilziegeln (unten), das heilige Tier Adads, des Gewittergottes, vom Ischtartor.*

davon befand sich anstelle der Wohnräume der riesige Thronsaal.

Vergeblich suchte man in diesem gigantischen Palast, der eine Fläche von 322 mal 190 m einnahm, nach den berühmten Hängenden Gärten, die übrigens in keinem babylonischen Schriftstück erwähnt sind. Einige Ausgräber glaubten, in einem Bau mit mehreren zusammenhängenden Tonnengewölben in der Nordostecke des Stadtschlosses ihre Überreste gefunden zu haben. Ihrer Meinung nach trugen diese Gewölbe eine stufenförmige Gartenanlage, die mit Hilfe eines Pumpwerks bewässert wurde. Wahrscheinlich waren es jedoch lediglich Vorratsgewölbe, wie sie im Orient häufig anzutreffen sind und wo man große Krüge ähnlich unseren Fässern lagerte. Es handelt sich also wahrscheinlich um Palastmagazine, in denen man die für das zahlreiche Personal notwendigen Lebensmittel aufbewahrte.

Vom Palast führte die Prozessionsstraße weiter bis zum großen Tempel Marduks, des Schutzgottes von Babylon, Esagila genannt. Eine Tontafel, die 229 v. Chr. von einem Priester aus Uruk kopiert wurde, enthält die sogenannte geheime Beschreibung des heiligen Bezirks, in dem sich der Tempel Esagila und der berühmte Turm erhoben. Der Marduktempel war eine fast quadratische, festungsartige Anlage mit einem großen Innenhof. Gegenüber dem Eingang öffnete sich die Tür zum Allerheiligsten, wo sich das Kultbild des Gottes befand. Die Statue war verhältnismäßig klein, damit man sie bei den Prozessionen, vor allem bei der am Neujahrsfest, leicht herumtragen konnte. In einem anderen Saal stand der Thron des Gottes und in einem weiteren das Ruhebett für die göttliche Hochzeit. Wieder andere waren verschiedenen Göttern zugewiesen, denn wie ein König besaß

Der Schlangengreif trug Ziegenhörner auf einem Schlangenkopf, wie dieser Bronzekopf des Sirrusch zeigt. Die Vorderpranken hatte er vom Löwen. Adlerfänge bildeten die Hinterfüße.

Marduk einen ganzen Hofstaat. Neben dem Tempel erhob sich in einer eigenen Umfriedung der Babylonische Turm.

Der Turm von Babel

Er hieß Etemenanki, Fundament des Himmels und der Erde, und war ein fast quadratischer Stufenturm mit einem Kern aus luftgetrockneten Ziegeln und einem Backsteinmantel. Seine Höhe betrug etwa 90 m. Die oberste Plattform des siebenstöckigen Bauwerks trug einen Tempel oder *Sahuru*. Dieses Wort, das üblicherweise einen Wachesaal bezeichnet, würde, als Beobachtungsraum gedeutet, der Auslegung entsprechen, die Diodor von Sizilien in römischer Zeit gegeben hat. Er hielt den Turm für eine Sternwarte der berühmten chaldäischen Astrologen. Damit ließ er jedoch außer acht, daß anderswo von einem Tempel die Rede ist. Nach Herodot enthielt dieser Tempel ein großes Ruhebett und einen vergoldeten Tisch, aber kein Götterbild: „Auch nächtigt kein Mensch in dem Tempel, bloß eine einzige, aus Babylon stammende Frau, die sich der Gott unter allen Frauen des Landes erwählt." Obwohl es Herodot nicht glaubhaft erscheint, fügt er hinzu, daß die Priester erzählen, „der Gott komme persönlich in den Tempel und schlafe auf dem Ruhebett". Dieser für einen Griechen unverständliche Ritus war Bestandteil der babylonischen Glaubensvorstellungen. Es handelt sich um die heilige Hochzeit des Gottes und der Göttin, dargestellt vom König und von der Oberpriesterin, am Neujahrsfest.

Auch in der Bibel ist vom Bau des Babylonischen Turmes die Rede und davon, daß Gott die „Sprache verwirrte", um die Fertigstellung zu verhindern und die Erbauer für ihre Vermessenheit zu bestrafen. Vielleicht symbolisiert dieses als frevelhaft angesehene Unternehmen aber auch nur den Wunsch des Menschen, der Welt der Götter näher zu kommen.

Der Archäologe André Parrot brachte den Namen Babylon, gedeutet als Tor Gottes, in Verbindung mit dem Traum Jakobs von einer Leiter, die auf der Erde stand und mit der Spitze an das Tor des Himmels rührte. Mit seinen monumentalen Treppen, die heute zerstört sind, scheint der Turm von Babel auch ein Tor zum Himmel gewesen zu sein und der *Sahuru* ein Ruheplatz, wo sich der Gott, von seiner himmlischen Wohnstätte kommend, aufhielt, bevor er seine irdische Residenz, den Tempel Esagila, betrat.

Außer dem Esagila gab es in der Stadt noch andere große Heiligtümer. Eines davon, von Assurbanipal erbaut, war der sumerischen Göttin Ninmah, der mächtigen Frau, geweiht. Obwohl der Wiederherstellung dieses Bauwerks der prächtige Dekor fehlt, gibt sie eine Vorstellung von der Atmosphäre, die in einem babylonischen Tempel geherrscht haben mag.

Die Götter

Als Nebukadnezar II. 605 v. Chr. begann, Babylon wieder aufzubauen, blickte die Stadt bereits auf eine lange Geschichte zurück. Die Glaubensvorstellungen der Babylonier waren zwar recht fortschrittlich, blieben jedoch im Rahmen einer Tradition, die über 2500 Jahre alt war, also ihre Wurzeln in der Entstehungszeit der sumerischen Kultur hatte. Jede Stadt besaß ihren eigenen Schutzgott, der wie ein König von einem Hofstaat umgeben war und uneingeschränkte Macht über sie besaß. Er sicherte ihren Wohlstand, indem er die kosmischen Kräfte im Gleichgewicht hielt, denn davon hing die Fruchtbarkeit des Bodens, der Menschen und der Tiere ab. Er teilte seine Macht mit einer Muttergöttin, und die Hochzeit beider wurde stets zu Beginn des Jahres gefeiert. Bei diesem Fest spielten der König und die Oberpriesterin die Rolle des göttlichen Paares, das den jungen Gottessohn zeugte. Dieser junge Gott verkörperte die erwachende Natur und starb jedes Jahr zur Erntezeit. Und auch wenn man seinen Tod beweinte, erkannte man doch an, daß sein Hinscheiden sich in die Weltordnung fügte. Im folgenden Jahr begann alles von neuem.

Die Götter, denen man verschiedene Bereiche des Lebens zuordnete, lebten in einer Art Königreich. Dieses Reich hatte die Aufgabe, für die Weltordnung Sorge zu tragen. Drei große Götter – Anu, der Himmelsgott, Enlil, der Wind- und Luftgott, und Enki oder Ea, der Gott der Gewässer – bildeten die höchste Dreiheit. Ihnen folgte die Dreiheit der Gestirnsgötter – Sin, der Mondgott, Schamasch, der Sonnengott, und Ischtar, die Göttin des Planeten Venus –, begleitet von jungen Kriegsgöttern, Schutzherren des Regens und des Sturms. Einer von ihnen war Marduk. Aber nachdem seine Stadt der Mittelpunkt der Welt geworden war, ging es nicht mehr an, daß er einen so niedrigen Rang einnahm. Daher verkündete Hammurabi, daß die oberste Dreiheit Marduk die höchste Königswürde verliehen habe. Es mußte nur noch erklärt werden, wie sich dies zugetragen hatte.

Die Priester faßten die ältesten Legenden von der Erschaffung der Welt zusammen und schrieben eine religiöse Versdichtung über die Kämpfe zwischen den göttlichen Naturgewalten – Tiamaṭ, das salzige Meer, Apsu, das Süßwasser – und den eigentlichen Göttern, die von ihnen abstammten. Tiamat schuf ein Heer von Ungeheuern, die die Götter töten und die Welt wieder in das Chaos stürzen sollten. Voller Entsetzen verzichteten die Götter darauf zu kämpfen, doch der junge Marduk trat vor und versprach, sie zu verteidigen, wenn sie ihm die Königswürde zuerkennen würden. Er siegte nach einem heroischen Kampf und wurde so zum ersten der Götter, die jedoch ihre Macht behielten. Da Babylons Denker zu sehr dem traditionellen Gedankengut verhaftet waren, konnten sie sich einen einzigen Gott nicht vorstellen.

Babylons Ende kam durch eine Art Religionskrieg. 550 v. Chr. wurde ein gewisser Nabonid, Sohn einer Priesterin des Mondgottes Sin, dazu ausersehen, den Thron zu besteigen. Sehr bald brachte der fromme Fürst die Mardukpriester gegen sich auf, denn er bevorzugte Sins Tempel in Ur und im syrischen Haran. Dieses Verhalten des Königs löste eine schwere Krise aus. Die Folge war, daß Babylon im Jahr 539 v. Chr. Kyros, den König der Meder und Perser, als Befreier empfing. Dieser gelobte nicht nur dem Gott Marduk Treue, sondern zeigte sich, im Gegensatz zum König von Babylon, tolerant und diplomatisch. So erlaubte er zum Beispiel den verschleppten Juden, nach Jerusalem zurückzukehren. Aber die große Stadt hatte ihren Rang als unabhängige Macht für immer eingebüßt. Der Siegeszug des Hellenismus besiegelte schließlich den Untergang der babylonischen Kultur.

Nach Pierre Amiet

ASTROLOGIE UND HOROSKOPE IN BABYLONIEN

Die Astrologie war nur eine der vielen Methoden, die man im alten Orient anwendete, um aufgrund bestimmter Vorzeichen das Schicksal der Menschen oder Ereignisse vorauszusagen, und begann erst kurz vor dem Ende Babylons eine beherrschende Rolle zu spielen. Man stellte jedem irdischen Vorgang eine Planetenkonstellation gegenüber und faßte diese Konstellationen zusammen. Diese Sammlungen verwendete man später zu Prognosen nach dem Schema: Wenn das oder jenes Ereignis am Himmel eintritt, wird das oder jenes auf Erden geschehen. Die wichtigste Vorzeichensammlung bezog sich auf den Mond, Bereich des Gottes Sin, auf die Sonne, Bereich des Gottes Schamasch, und auf andere Planeten, Fixsterne, Sternbilder sowie auf das Wetter, Bereich des Gewittergottes Adad.

Kalenderhoroskop mit dem Sternbild Jungfrau, dem als strahlender Stern dargestellten Merkur und dem Sternbild des Raben in Verbindung mit dem der Wasserschlange (3. oder 2. Jahrhundert v. Chr.).

Stadt der bemalten Gräber

TARQUINIA

*Wie zu einem letzten Fest versammelt,
tanzen, schmausen, musizieren, jagen oder fischen diese Etrusker
an den Wänden ihrer dunklen, unterirdischen Wohnstätten,
wo vor zweieinhalb Jahrtausenden
ihre sterblichen Hüllen beigesetzt wurden.*

Tarquinia ist zweifellos die typischste Etruskerstadt. Es liegt etwa 100 km nördlich von Rom auf einem Hügel, nicht weit vom Tyrrhenischen Meer, war also an einem strategisch günstigen Punkt erbaut worden. Aufgrund der Fülle von Überresten, an denen man die Entwicklung der etruskischen Kultur verfolgen kann, und seines wertvollen künstlerischen Erbes – vor allem der Grabmalereien – ist Tarquinia zum Symbol der Kultur geworden, die in Italien der römischen Herrschaft vorausging. Zwar gleicht keine etruskische Stadt der anderen, denn jede besitzt ihr unverwechselbares Gesicht, aber müßte man eine unter ihnen auswählen, würde man gewiß Tarquinia nennen.

Das wiederentdeckte Tarquinia

Erste Überraschung: die Wandmalereien. Die Untersuchungen der Stiftung Lerici, die mit Hilfe der Konservatoren Renato Bartoccini und Mario Moretti mit modernsten technischen Hilfsmitteln vorgenommen wurden, ergaben, daß die Zahl der Grabmalereien in Tarquinia doppelt so groß ist wie zunächst vermutet. Man führte durch die Decken der noch nicht geöffneten Gräber eine Sonde mit einer winzigen, drehbaren Kamera mit Blitzgerät und fotografierte das Innere. So konnte man feststellen, ob das jeweilige Grab Wandmalereien enthielt oder nicht.

Zweite Überraschung: Bei Grabungen an der Küste fand man die 181 v. Chr. gegründete römische Kolonie Gravisca an der Stelle, wo der Hafen von Tarquinia lag, der jetzt freigelegt wird. Man ist hier auch auf die Überreste eines Heiligtums und einer ständigen griechischen Kolonie gestoßen. Diese Entdeckung hat wertvolle Hinweise auf die Ursprünge der tarquinischen Kunst geliefert.

Das antike Tarquinia selbst muß noch ausgegraben werden. Reste von Bauwerken auf einem Hügel weiter landein – darunter ein Tempel, der sogenannte Altar der Königin – hatten es bereits ermöglicht, den Standort der etruskischen Stadt zu bestimmen. 1976 zeichnete das elektromagnetische Meßgerät der Stiftung Lerici die Häuser und

Straßen auf, die noch auf ihre Freilegung warten.

Zwei Tarquinier herrschen in Rom

Was weiß man von der Geschichte Tarquinias, von seiner Gründung? War sein Erbauer der geheimnisvolle Götterknabe Tages, der aus der Erde gepflügt wurde, der große Techniker und Meister der Wahrsagerei? Oder war es Tarchon, Sohn oder Bruder des Tyrrhenos, jenes namengebenden Heros der Etrusker, die man einst Tyrrhener nannte? Beiden Sagen scheint jede historische Grundlage zu fehlen. Der große Techniker könnte jedoch die entwickelte Architektur der Stadt symbolisieren. Was den Helden Tarchon angeht, so könnte Tarquinia sich rühmen, die Stadt zu sein, die nach dem engsten Verwandten des namengebenden Heros der Etrusker benannt wurde. Die Fülle der Sagen, die sich um die Gründung Tarquinias ranken, entspricht der Bedeutung dieser antiken Stadt.

Wie groß Tarquinias politische Macht war, geht aus einer anderen Überlieferung hervor: Von den sieben Königen Roms sollen der fünfte und der siebte, nämlich Tarquinius Priscus und Tarquinius Superbus, Etrusker aus Tarquinia gewesen sein. Die Vertreibung der Tarquinier, mit der die Zeit der Könige in Rom endete, hing mit der Krise zusammen, die allmählich die ganze etruskische Welt erfaßte, während am Horizont der neue Stern Rom aufging.

Tarquinia entstand zwischen dem 9. und dem 8. Jahrhundert v. Chr. auf einem Höhenrücken, der heute bezeichnenderweise Civita heißt, also Stadt. Dank ihrer Lage in Küstennähe beherrschte die Stadt den Seehandel in diesem Teil des Mittelmeeres und gelangte dadurch sehr bald zu großem Wohlstand. Im 7. Jahrhundert v. Chr. war sie bereits eine beachtliche politische Macht, die sich auch über die Nachbargebiete ausdehnte. Es war eine Art Stadtstaat, in dem das Staatsgebiet wesentlich größer war als die eigentliche Stadt.

Dieser Flötenspieler aus dem Grab der Leoparden *musiziert auf einem Festgelage. Flötenspiel begleitete ferner sowohl sportliche Wettkämpfe als auch den Kuchenbäcker bei seiner Arbeit und die Jäger auf der Jagd. Auch bei religiösen Zeremonien spielte die Musik eine wichtige Rolle (1. Hälfte des 5. Jahrhunderts v. Chr.).*

Dieser Blick in das sehr alte Grab der Stiere *zeigt, daß die etruskischen Gräber den Häusern der Lebenden nachgebildet waren. In Tarquinia führt ein leicht abfallender Gang zu dem unterirdischen Hauptraum des Grabes, der meist mit schönen Wandmalereien ausgestattet ist. Von dem gemalten Firstbalken fallen die Deckenschrägen leicht ab. Von diesem Raum gelangt man in ein oder zwei Kammern mit umlaufenden Steinbänken, auf denen die Sarkophage standen. Gebrauchsgegenstände wurden in die Nischen oder auf den Boden gelegt (Mitte des 6. Jahrhunderts v. Chr.).*

Die ersten Zeichen des Niedergangs zeigten sich gegen Ende des 6. Jahrhunderts v. Chr. Die Vertreibung der Tarquinier aus Rom im Jahr 510 v. Chr. war das deutlichste Symptom dieser Entwicklung. 474 v. Chr. wurde die etruskische Flotte in den Gewässern von Cumae von Hieron, dem Tyrannen von Syrakus, besiegt.

Die politische und wirtschaftliche Krise ergriff allmählich den ganzen etruskischen Einflußbereich. Nachdem Rom die beiden Vorposten Tarquinias, Veji und Cerveteri, ausgeschaltet hatte, marschierte es gegen Norden, und die Etruskerstadt sah sich plötzlich mit ihrer Rivalin konfrontiert. Nach vielen Kämpfen wurde schließlich im Jahr 358 v. Chr. endlich Frieden geschlossen. Trotzdem ließ sich der Verfall Tarquinias nicht mehr aufhalten; 309 v. Chr. geriet die Stadt endgültig unter römische Herrschaft.

Tarquinia war nun eine föderierte römische Stadt. 204 v. Chr. unterstützte es Rom im Krieg gegen Karthago, indem es der Metropole Leinwand für die Segel ihrer Schiffe lieferte. Wenig später, im Jahr 181 v. Chr., wurde in Gravisca an der Stelle des früheren etruskischen Hafens eine römische Kolonie gegründet. Seit 90 v. Chr. hatten die Bürger von Tarquinia das volle römische Bürgerrecht. Die Stadt erlebte in der Kaiserzeit wieder einen wirtschaftlichen Aufschwung. Aber die Völkerwanderung, vor allem die durchziehenden Westgoten, verwandelte Tarquinia in eine Trümmerstätte.

Das Leben im Jenseits

Um die Eigenart der Grabmalerei, der vollendetsten aller tarquinischen Künste, besser zu erfassen, sei vor allem darauf hingewiesen, daß die etruskischen Künstler der Darstellung des jenseitigen Lebens neue Seiten abzugewinnen vermochten. Sie waren zwar ganz offensichtlich von der griechischen Malerei beeinflußt, schufen dabei jedoch eine durchaus eigenständige Kunst, deren hervorstechendstes Merkmal die Liebe zum charakteristischen Detail ist. Ihre Kunst zeigt sich manchmal etwas unbeholfen, wirkt jedoch durch die beschwingte Linienführung und die warmen Farbtöne sehr lebendig und realistisch.

Ein anderer Aspekt der tarquinischen Malerei, den es hervorzuheben gilt, sind die Wandlungen, die sie im Lauf ihrer Entwicklung erfahren hat. Sie durchlief, allerdings immer ein wenig später, die gleichen Phasen wie die griechische Malerei: vom ionischen Stil zum strengeren attischen Stil, vom klassischen zum hellenistischen. Wenn auch die tarquinische Malerei eigene Charakterzüge aufweist, ist sie doch stark durch fremde Einflüsse geprägt.

Abgesehen von dieser Seite ihrer Entwicklung, die damit zusammenhing, daß man sich nie ganz von den griechischen Vorbildern lösen wollte, ist die tarquinische Malerei doch eigene Wege gegangen. Dies zeigt sich schon bei der Plazierung der Bilder. In den ältesten Gräbern trägt nur das Giebelfeld über der Tür ein Fresko mit gegenständigen Löwen und Panthern. Das von geometrischen und pflanzlichen Motiven überzogene Deckengewölbe ahmt die Kassettendecke oder das Holzbalkenwerk der Wohnhäuser nach. Doch sehr bald werden auch die Wände bemalt.

Charakteristisch für diese oft großartigen Kunstwerke sind die Bilder aus dem Alltagsleben der Tarquinier. Bei dem Begriff Alltag sind allerdings stets zwei Einschränkungen zu beachten. Einerseits stehen die Szenen immer in irgendeinem Zusammenhang mit dem Bestattungsritual. So etwa sieht man Totenmahlzeiten, bei denen Paare, umgeben von Dienern, Musikanten und Tänzern, auf Liegen ruhen; oder es sind sportliche Wettkämpfe dargestellt, die zum Totenkult gehören, vor allem Faust- und Ringkämpfe, Diskuswerfen, Stabhochsprung, ferner auch Jagd und Fischfang. Andererseits sollen die Darstellungen einen bestimmten Zweck erfüllen: Sie zeigen nicht nur die Verstorbenen als Handelnde oder als Zuschauer, sondern auch die Dämonen und schreckeneinflößende Ungeheuer aus dem Jenseits. Mit anderen Worten: Die Malereien von Tarquinia geben zwar eine Vorstellung vom Alltag, von den Sitten und religiösen Anschauungen der Etrusker, aber diese Vorstellung ist nicht sehr präzise, da die Künstler die Gegebenheiten des irdischen Lebens in die jenseitige Welt der Verstorbenen versetzt haben.

Auch mythologische Themen sind auf den Wandmalereien dargestellt, wenn auch selten und fast nur in Gräbern aus der ältesten Zeit. Im sogenannten *Grab der Stiere* (Mitte des 6. Jahrhunderts v. Chr.) verwendeten die tarquinischen Künstler erstmals Motive griechischen Ursprungs. Das Gemälde zeigt Achilles, der Troilos, dem Sohn des trojanischen Königs Priamos, auflauert. Troilos, der einen seltsamen Hut mit langem Fortsatz und etruskisches Schuhwerk trägt, reitet auf den hohen Brunnen zu, hinter dem sich Achilles versteckt hält. Achilles' Schild und Helm sind griechisch, aber er trägt einen Lendenschurz nach etruskischer Weise.

Die interessantesten Grabmalereien in Tarquinia stammen fast alle aus der zweiten Hälfte des 6. Jahrhunderts v. Chr. Das *Grab der Auguren,* so benannt nach den zwei priesterlich wirkenden Gestalten an den Seiten einer

Die Nekropole des Fondo Scataglini, in der sich die Grabstätten oberirdisch zu beiden Seiten einer Straße befinden, bildet in Tarquinia die Ausnahme. Die meisten Gräber liegen dort gewöhnlich tief unter der Erde.

großen gemalten Tür, die von den Entdeckern des Grabes zunächst für Auguren, also für Priester, die Vorzeichen deuteten, gehalten wurden, ist besonders bemerkenswert. Diese beiden Figuren symbolisieren den Abschied von dem Verstorbenen, hinter dem sich das Tor zum Jenseits geschlossen hat. Die übrigen Szenen hingegen geben die Leichenspiele wieder, die zu seinen Ehren im Diesseits abgehalten wurden. Die eindrucksvollste Szene ist der Ringkampf zweier nackter, stämmiger Athleten, deren Köpfe durch dichtes schwarzes Haar und bei einem zusätzlich durch einen ebenso schwarzen Bart hervorgehoben sind. Die Liebe der Etrusker zum Detail äußert sich auch bei der Darstellung der Figuren, die die beiden Ringer umgeben. Der Schiedsrichter hebt den Arm zum Zeichen, daß der Kampf beginnen kann, ein Zuschauer wendet sich ungeduldig zu einem Diener um, der ihm einen Klapp-

Der sogenannte Pflüger von Arezzo *führt einen Hakenpflug mit hölzerner Pflugschar. Das sehr fruchtbare Land wurde von alters her bestellt. Die Etrusker exportierten Getreide und Wein und webten schöne Leinenstoffe. Diese kleine Bronze stammt aus dem 6. Jahrhundert v. Chr.*

stuhl bringt, ein weiterer Diener hockt schlafend am Boden.

Das *Grab der Akrobaten* enthält zwei Szenen von besonderer Lebendigkeit. In der ersten ist eine Tänzerin dargestellt, die ein Bein hochschwingt und die Arme dazu rhythmisch bewegt. Das weite rote Gewand folgt den Bewegungen des Körpers. Das rundliche Gesicht, die vollen Lippen und das lange Haar verraten die scharfe Beobachtungsgabe des Künstlers. Die andere Szene zeigt einen Greis, der, auf einen Knotenstock gestützt, sich vorwärts bewegt und ein Kind an der Hand führt. Wahrscheinlich wollte der Künstler damit den Dahingeschiedenen auf dem Weg ins Jenseits darstellen. Die Realistik des Bildwerks wird durch den Gegensatz zwischen dem vornübergebeugten Körper des Alten und der aufrechten Haltung des Kindes noch verstärkt.

Das Tanzmotiv wiederholt sich im *Grab der Löwinnen,* ist aber hier noch beschwingter gestaltet. Eine Tänzerin in leichtem, durchsichtigem Gewand wirft sich einem Tänzer entgegen, dessen Körper wie bei allen männlichen Figuren ziegelrot gemalt ist. Beide Figuren bewegen sich symmetrisch aufeinander zu, wohl um eine Ausgewogenheit in der Komposition zu erreichen. Gleichförmigkeit ist allerdings vermieden: Der Tänzer hält in der Linken ein Gefäß, und sein langes blondes Haar bildet einen schönen Kontrast zum dunklen Haar seiner Partnerin. So zeigt sich auch in diesem Bild, in dem das Hauptinteresse der rhythmischen Bewegung gilt, die Liebe zum Detail. Auf der linken Seite der gleichen Wand erscheint eine zweite Tänzerin. Sie

Der Fischfang, ein bei der Jugend besonders beliebtes Vergnügen, war für die Wirtschaft des Landes von großer Bedeutung. Pyrgi, der Hafen von Caere (heute Cerveteri), war berühmt für seine reichen Fanggründe. Dieses Wandbild gab dem Grab der Jagd und des Fischfangs *den Namen (Ende des 6. Jahrhunderts v. Chr.).*

trägt ein weites geblümtes Festgewand und darüber einen noch weiteren, fächerförmig geöffneten Mantel, so daß sich die Horizontale und die Vertikale fast die Waage halten. Hieraus ergibt sich eine gewisse Statik, so als liege der Nachdruck mehr auf dem ruhigen Vorwärtsschreiten als auf dem tänzerischen Schwung der Arme.

Meereslandschaften und Fischfangszenen auf dem Meer bilden den Dekor in einem Raum des *Grabes der Jagd und des Fischfangs.* Die Welt des Meeres ist ganz überzeugend eingefangen: Bunte Vögel fliegen durch die Luft, Delphine tauchen in die Wellen, ein Boot mit Fi-

Dieses tanzende Paar im Grab der Löwinnen *(Ende des 6. Jahrhunderts v. Chr.) erinnert daran, daß es kein Festmahl ohne tänzerische Darbietungen gab. Aufgeführt wurden nicht nur bacchische Tänze, sondern auch Kriegs- und Kulttänze.*

schern gleitet über das Wasser. Von einem Uferfelsen aus zielt ein Jäger mit der Schleuder auf Vögel, und ein wenig weiter weg springt ein Mann mit elegantem Schwung ins Meer.

Die letzte Serie von Wandgemälden aus dem 6. Jahrhundert v. Chr. befindet sich im *Grab des Barons.* Sie unterscheidet sich deutlich von den übrigen durch ihre strenge Linienführung, die zurückhaltenden Bewegungen und die gedämpften Farben. Auf der hinteren Wand streckt eine stehende Frau einem Mann die Arme entgegen; dieser kommt mit einer Trinkschale in der Hand auf sie zu, neben sich einen flötespielenden Jüngling, den er liebevoll an sich drückt. Eine kleine Pflanze steht zwischen ihm und der Frau, die wahrscheinlich die Verstorbene ist, von der sich die Familie soeben verabschiedet hat. Zu beiden Seiten recken große, stark stilisierte Pflanzen ihre laubigen Zweige; sie trennen die mittlere Szene von zwei Jünglingen zu Pferd, die – der eine rechts, der andere links – würdevoll darauf zu reiten. Auf der linken Wand spricht die Frau mit den zwei Jünglingen, die von ihren Pferden gestiegen sind.

Die eher zierlichen, eleganten Figuren in scharf voneinander abgegrenzten Farben stehen in schroffem Gegensatz zu den massigen, lebhaften und bunten Gestalten in den vorher beschriebenen Gräbern.

Das *Grab des Jägers* konnte nicht genau datiert werden. Einige meinen, daß es aus dem späten 6. Jahrhundert v. Chr. stammt, andere halten es für ein Werk aus dem frühen 5. Jahrhundert v. Chr. Der Dekor stellt einen Jagdpavillon dar: Durchsichtige, von einem Holzgerüst herabhängende Vorhänge, die wahrscheinlich den Pavillon nach außen abschließen sollen, bedecken die Wände. Hier scheint jeglicher Hinweis auf das Leben im Jenseits zu fehlen. Jagdbeute – Rehkitze, Enten – und Jägerhüte hängen an den Querstangen des Gerüstes. An den Wänden läuft oberhalb des Vorhangs ein schmales Band mit einem Fries, auf dem Stiere, Löwen, Hirsche, Hunde, Reiter und Krieger zu sehen sind. Über diesem Band leitet eine breite Zierleiste aus farbigen Karos über zum gleichen, aber nicht so farbenfreudigen Muster der schrägen Decke. Der Künstler wollte einen schweren, bunten Stoff darstellen, der als Dach über dem pavillonartigen Zelt liegt.

Das *Grab der Leoparden,* so nach den beiden prächtigen Tieren genannt, die sich im Giebelfeld der hinteren Wand gegenüberstehen, geht auf die erste Hälfte des 5. Jahrhunderts v. Chr. zurück. Man sieht drei Paare auf Liegestätten bei einem Festmahl. Der Mann des rechten Paares hält in der Hand ein Ei, Symbol der Fortdauer des Lebens.

Wie man auf der Bankettszene aus dem Grab der Leoparden *(5. Jahrhundert v. Chr.) sieht, speisten die Gäste – Männer und Frauen – paarweise auf Liegestätten ausgestreckt. Die Etrusker nahmen täglich zwei Mahlzeiten ein, die auf Silbergeschirr serviert wurden. Man ernährte sich vorwiegend von Geflügel, Wild, Gebackenem und Obst. Bei Totenmahlzeiten wurden manchmal Zweikämpfe – Vorformen der Gladiatorenkämpfe – veranstaltet.*

Etruskischer Bronzekandelaber (5. Jahrhundert v. Chr.)

Auf den Seitenwänden bewegen sich verschiedene Personen auf die Gäste zu: Musikanten, Sänger und Gefäße tragende Diener. Die Farben sind sehr lebhaft und die Figuren feiner und eleganter als im Jahrhundert davor. In dieser Periode scheinen Bankettszenen ein beliebtes Motiv gewesen zu sein. Immer mehr Personen sind auf diesen Bildwerken dargestellt: Verstorbene, Gäste, Musikanten und Tänzer.

Das *Grab des Tricliniums*, das man im Museum von Tarquinia wieder aufgebaut hat, stammt etwa aus der gleichen Zeit wie das *Grab der Leoparden*. Auch hier zeigt die hintere Wand ein Festgelage, bei dem von den Seitenwänden kommende Tänzer und Musikanten auf die Gäste zugehen. Das Motiv ist zwar in beiden Gräbern das gleiche, doch die Ausführung der Szenen unterscheidet sich außerordentlich. Die Wandmalereien im *Grab des Tricliniums* sind von solcher Eleganz, so meisterhafter Linienführung und Farbgebung, daß man sie für das Werk griechischer Künstler hält.

Der Hellenismus, der sich im folgenden Jahrhundert durchsetzte, brachte umwälzende Neuerungen in Thematik und Stil. Die traditionellen Bankettszenen spielen sich nun in einem von Dämonen und grauenhaften Monstren bevölkerten Jenseits ab. Ausgeprägter als früher spiegelt sich in den Gesichtern der Verstorbenen die Trauer über das unwiderrufliche Ende aller irdischen Beziehungen.

Das *Grab der Unterwelt*, in dem wieder mythologische Themen auftauchen, ist zweifellos das typischste dieser neuen Richtung. Eine der beiden Kammern, aus denen es besteht, ist mit Figuren aus dem homerischen Jenseits geschmückt. Ihre Namen sind in etruskischer Sprache angegeben. Die andere, etwas ältere Kammer zeigt eine stark beschädigte Bankettszene, in der das schöne Gesicht einer Frau der Familie Velcha auffällt.

Das jüngste Grab von Tarquinia ist das des Typhons. Man hat es in das 2. Jahrhundert v. Chr. datiert. Oberhalb der drei Reihen von Stufen, auf die man die Sarkophage stellte, läuft an den Wänden rundum ein Band mit Rosetten und stilisierten Wellen, über denen Delphine durch die Luft schnellen. Auf der rechten Mauer wird der Fries unterbrochen von einem langen Zug, der den Verstorbenen ins Jenseits begleitet; unter den Figuren befinden sich einige Dämonen. Die eindrucksvollsten Gestalten in diesem Grab sind jedoch die Typhone, schlangenfüßige Mischwesen mit Drachenköpfen, die auf zwei Seiten des Mittelpfeilers gemalt sind; auf der dritten Seite erscheint ein geflügelter Schutzgeist. Das *Grab des Typhons* verdeutlicht – vor allem durch den Trauerzug – den Übergang von der etruskischen Maltradition zu einer unmittelbar von Rom beeinflußten Kunst.

Mit den Darstellungen in diesem Grab endet der lange Zyklus der tarquinischen Wandmalerei, der differenziertesten Kunstgattung der etruskischen Kultur.

Übrigens ist die tarquinische Malerei das einzige umfassende Zeugnis, das uns eine annähernde Vorstellung von der großen griechischen Malerei gibt. Von dieser hat sich nämlich, außer in den jüngst bei Vergina entdeckten Gräbern, in ihrem Ursprungsland so gut wie nichts erhalten.

Bei dieser Frau aus dem Grab der Unterwelt *(4. Jahrhundert v. Chr.) soll es sich um ein Mitglied der vornehmen Familie Velcha handeln. Sie ist reich geschmückt. Im allgemeinen scheint aber die Etruskerin sonst wenig Schmuck getragen zu haben. Doch schminkte sie sich, denn das lassen die Schminkkästchen vermuten, die man in den Gräbern fand.*

DIE ETRUSKISCHE MODE

Kurzer Mantel (Grab des Tricliniums, *5. Jahrhundert v. Chr.)*

Langes, durchsichtiges Kleid (Grab der Akrobaten, *6. Jahrhundert v. Chr.)*

Mantel über einer Tunika (Grab der Löwinnen, *6. Jahrhundert v. Chr.)*

Bis zum 5. Jahrhundert v. Chr. bewahrte die Mode trotz orientalischer Einflüsse eine gewisse Eigenständigkeit. Später richtete sie sich stark nach griechischen Vorbildern. Auf den Wandgemälden kann man die verschiedenen Stoffarben erkennen. Die Kleidungsstücke wurden drapiert getragen und an den Schultern durch Spangen, Fibeln oder Knöpfe so gehalten, daß sich Ärmel bildeten. Für viele Arbeiten legten die Männer einen vorn übereinandergeschlagenen Lendenschurz an. Auch die Fischer trugen ihn.

Sehr verbreitet war die kurze Tunika. Dieses enge oder weite Kleidungsstück bedeckte nur einen Teil der Oberschenkel und ließ die Arme frei. Die jungen Männer hüllten sich in eine weite wadenlange Tunika, bei der eine Schulter entblößt blieb. Darüber oder direkt am Körper trugen sie ein breites Stück Stoff, das als Mantel diente. Die Frauen kleideten sich ebenfalls in Tuniken, die manchmal durchsichtig waren und bis zu den Waden oder zu den Knöcheln herabfielen. Wie die Männer trugen auch sie kurze Stiefeletten mit langer Spitze.

Die Pferde der Königin

Das künstlerische Schaffen der Tarquinier beschränkte sich nicht auf die Malerei, die allerdings die bei weitem inhaltsreichste und eigenständigste Ausdrucksform war. In Tarquinias Werkstätten wurden auch Bildwerke aus Tuffstein, Terrakotta und Kalkstein gefertigt. Die Sarkophage aus einheimischem Tuff- und Kalkstein stammen zumeist aus der hellenistischen Periode. Die Gestalten der Verstorbenen wurden vollplastisch auf dem Deckel nachgebildet, während an den Seiten Flachreliefs mit Szenen aus dem Jenseits oder der Mythologie angebracht sind.

Die Figuren auf diesen Sarkophagen, vor allem denen der Familien Partunu und Pulena, sind zuweilen so lebensnah gestaltet, daß man sie für Porträts halten könnte.

Aus der hellenistischen Epoche stammt auch ein großer Teil der Terrakottaskulpturen, darunter das herrliche Hochrelief vom sogenannten Altar der Königin, das zwei geflügelte Pferde darstellt. Dieses Relief, das an der Wende vom 4. zum 3. Jahrhundert v. Chr. entstand, gehörte zum Giebelschmuck eines Tempels. Es ist also eines der wenigen erhaltenen Kunstwerke der Stadt, das nicht für den Totenkult bestimmt war. Aufgrund der kraftvollen Körperlichkeit und Dynamik der Tierfiguren zählt es zu den bedeutendsten Werken der etruskischen Bildhauerkunst jener Epoche.

Die typischsten Reliefs wurden in Kalksteinplatten gemeißelt, die man in der späten orientalisierenden Periode (Ende des 7. bis Anfang des 6. Jahrhunderts v. Chr.) herzustellen begann. Die Platten sind mit Spiralfriesen umrandet, ein Muster, das wahrscheinlich importierten Orientteppichen entlehnt ist, und zeigen figürliche Motive aus der Pflanzen- und Tierwelt. Menschendarstellungen – Einzelfiguren oder Paare – findet man seltener. Ein solcher orientalisierender Dekor ist sonst bei Bildwerken aus Stein nicht oft anzutreffen.

Was das Kunsthandwerk angeht, so verdienen vor allem die manchmal sehr fein gearbeiteten Bronzen Beachtung. Hierzu gehören in der ältesten Phase die Aschenurnen mit helmförmigen Deckeln und ein Hort von Waffen aus einem Massengrab des 8. Jahrhunderts v. Chr. In der letzten Phase konzentrierte man sich mehr auf Gegenstände des täglichen Gebrauchs, wie Fibeln, Teile von Rüstungen oder Pferdegeschirren, zum Beispiel getriebene Metallgurte, Pferdegebisse oder Beschläge mit figürlichen Darstellungen.

Erwähnt seien noch Gold- und Silberschmuck, Elfenbeinarbeiten, Reliefs aus Tierknochen und Parfümfläschchen aus farbiger Glaspaste. Diese Erzeugnisse weisen auf die engen Beziehungen Tarquinias zu den anderen Städten Etruriens hin und belegen den außergewöhnlichen Reichtum dieser Stadt, die das bedeutendste Zentrum der etruskischen Welt und in vieler Hinsicht das Symbol ihrer Kultur war.

SABATINO MOSCATI

Dieser Terrakottasarkophag eines Ehepaares aus Cerveteri (6. Jahrhundert v. Chr.) ist sehr typisch und aufschlußreich für die Stellung der Frau in der etruskischen Gesellschaft. Sie war praktisch dem Mann gleichgestellt, nahm an den Mahlzeiten und Banketten sowie am öffentlichen Leben teil. Sie besuchte die Feste, schaute den sportlichen Wettkämpfen zu und hatte selbst bei Geschäften ein Wort mitzureden.

Ein früher keltischer Herrensitz

DIE HEUNEBURG

Die stolze Burg auf beherrschender Höhe
über der jungen Donau
bleibt eines der wichtigsten Zeugnisse
eisenzeitlicher Kultur Europas
aus dem 7. bis 5. Jahrhundert v. Chr.

Am Rande Oberschwabens, hoch über der hier noch jungen Donau, wurde auf einem natürlichen Sporn zwischen 600 und 450 v. Chr. die Heuneburg errichtet. Schon in prähistorischer Zeit, als das Donautal noch versumpft war und der Fluß sich in zahllosen Schlingen und Altarmen träge seinen Weg bahnte, muß an der südlichen Talseite eine hochwasserfreie Straße verlaufen sein, welche die Römer dann später zu einer wichtigen Etappenstraße ausbauten.

In den ausgedehnten Waldungen der Umgebung trifft man auf zahlreiche archäologische Denkmäler. Da sind vor allem die gewaltigen, bis zu 13 m hohen Grabhügel, die bewußt abseits der anderen Begräbnisplätze und in der Regel an weithin sichtbaren Punkten aufgeschüttet wurden. Beim Abtragen von zweien dieser Riesenhügel nördlich der Burg zur Gewinnung von Straßenmaterial stieß man 1876 auf bronzenes und eisernes Gerät. Die Ausbeute der anschließenden Untersuchung war großartig: vier goldene Halsreifen, zwei goldene Armbänder, etwa ein Dutzend große Bronzegefäße, dazu Pferdegeschirr, Waffen und Reste eines vierrädrigen Wagens. Im gleichen Jahr hatte Heinrich Schliemann die goldreichen Gräber auf der Burg von Mykene zum Staunen der Welt ans Licht gebracht, und so bezeichnete Landeskonservator Paulus aus Stuttgart spontan die Grabhügel bei der Heuneburg als Fürstengräber. Tatsächlich handelt es sich um die Gräber der Burgherren, ihrer Familien und der zugehörigen Klientel.

Im Jahr 1936 grub der Tübinger Archäologe Gustav Riek den größten der Grabhügel, den 13 m hohen Hohmichele, mit modernen Methoden aus. Das Ergebnis war insofern enttäuschend, als die große hölzerne Grabkammer im Zentrum des Hügels längst ausgeraubt worden war. Dafür fand sich eine unberührte Nebenkammer. Diese gab zum erstenmal sicheren Aufschluß über die Bestattungssitten der Burgherren. Unter einem Wagen, zu dem reiches Pferdegeschirr, nicht aber die Zugtiere selbst gehörten, lagen ein Mann und eine Frau, beide mit kostbaren Beigaben ausgestattet, wenn

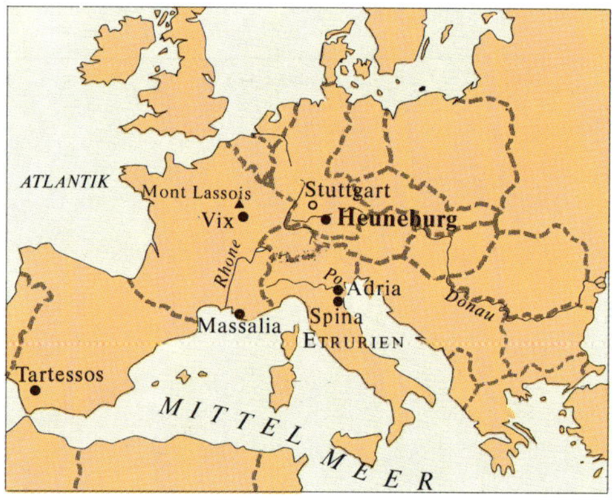

auch ohne goldenen Schmuck. Hölzerne Grabkammern, vierrädrige Wagen, kostbares Trinkgeschirr gelegentlich südlicher Herkunft und häufig auch goldener Schmuck kennzeichnen in der Folge auch anderwärts die Beisetzungen adliger Grabherren des 6. Jahrhunderts v. Chr.

Mauern aus Kalkstein und Ziegeln

1950 begann dann der Ausgräber von Hattuscha, Kurt Bittel, mit der Erforschung der Heuneburg selbst. Sie wurde von Tübinger und Marburger Archäologen 25 Jahre lang fortgesetzt. Dabei gelang es, ein bisher unbekanntes, ins 6. und 5. Jahrhundert v. Chr. zurückführendes Kapitel keltischer Frühgeschichte der Vergessenheit zu entreißen.

Die Überraschung war groß, als bei der Ausgrabung in durchschnittlich 2 m Tiefe das Fundament eines Mauerkranzes zutage trat, zu dem es nordwärts der Alpen einstweilen kein Gegenstück gibt. Es handelt sich um einen 3 m breiten, im Schnitt 50 cm hohen Sockel aus mächtigen Kalksteinquadern, der das 300 m lange und 150 m breite Burgplateau vollständig umzog. Die Überraschung wuchs noch, als an zahlreichen Stellen der Oberbau dieser Sockelmauer in vorzüglicher Erhaltung zum Vorschein kam. Es war eine Ziegelmauer, sorgfältig aus horizontal verlegten, luftgetrockneten Ziegelplatten geschichtet, die 3–4 m hoch auf dem Kalksteinsockel aufgemauert war. Der Sockel, zu zwei Dritteln im Boden verborgen, hatte die doppelte Funktion, einmal die schwere Ziegelmauer zu tragen und zum andern sie vor Bodenfeuchtigkeit zu schützen, denn luftgetrocknete, also nicht gebrannte Ziegel waren im feuchten mitteleuropäischen Klima natürlich besonders anfällig. Um diesem Nachteil zu begegnen, hatte man außerdem die Ziegelmauer beidseitig mit einem dicken Kalkverputz versehen, der vermutlich jedes Jahr erneuert wurde. Verbranntes Holzwerk beiderseits des Mauerfußes zeigte weiterhin an, daß die Ziegelmauer einen hölzernen Wehrgang gehabt haben mußte, der mitsamt der Mauer in einem gewaltigen Brand zerstört wurde. Die Lehmziegelmauer war außerdem mit 6 mal 8 m großen, herausspringenden Türmen oder Bastionen bestückt.

Es war nicht verwunderlich, daß die Ausgräber zunächst an ein römisches Bauwerk dachten. Erst als innerhalb der Türme hallstattzeitliche Keramik in Mengen auftauchte, war nicht mehr daran zu zweifeln, daß der gewaltige Mauerkranz aus dem 6. Jahrhundert v. Chr. stammen mußte.

Der Burgherr, der ein derartig auf-

Der 3 ha große Burghügel mit seinen nach allen Seiten steil abfallenden Flanken liegt 60 m hoch über der am Fuß der Heuneburg fließenden jungen Donau. An den Rändern des Plateaus verlief die große Lehmziegelmauer. Auf dem Burgplateau erkennt man das große Grabungszelt, unter dem bei jeder Witterung gearbeitet werden kann. Die vorgeschichtliche Burganlage bestand etwa zwischen 600 und 450 v. Chr.

wendiges Bauwerk Wirklichkeit werden ließ, muß über eine beträchtliche Machtfülle verfügt haben. Um den Mauerbau durchführen zu können, waren Hunderte, wenn nicht gar Tausende von Hilfskräften nötig, die – straff organisiert – wahrscheinlich in Fronarbeit wirkten. Von der Größe der gestellten Aufgabe kann man sich eine Vorstellung machen, wenn man sich vor Augen hält, daß Tausende Kubikmeter Kalkstein gebrochen und über 5 km weit auf Karren herangefahren werden mußten. Es mußten Zehntausende von Ziegeln geformt, vorgetrocknet, auf die Burg gebracht und verbaut werden. All diese Verrichtungen mußten exakt ineinandergreifen. Hierzu brauchte man geschulte Leute. Allein die tägliche Essenszuteilung war ein gewaltiges Problem, mußten dafür doch die notwendigen Nahrungsmittel zur Verfügung stehen – und Menschen, die sie produzierten.

Es ist klar, daß diese Menschen nicht alle auf der nur 3 ha großen Burg selbst gewohnt haben konnten. Daß indes auch der weitere Umkreis der Heuneburg dicht besiedelt gewesen sein muß, verraten die sicher nur noch zum Teil erhaltenen Grabhügelgruppen der Umgebung. Die in diesen Hügeln bestatteten Toten gehörten vermutlich einer gehobenen Mittelschicht an. Es handelte sich wahrscheinlich um selbständige Hofbauern und ihre Angehörigen.

Im westlichen Hinterland der Heuneburg entdeckte man eine unmittelbar zur Burg gehörende, tiefer gelegene Außensiedlung. Wer hier wohnte, läßt sich einstweilen nur vermuten. Angesichts riesiger Keramikfunde denkt man in erster Linie an Töpfer. Aber auch Gießereien muß es gegeben haben, wie größere Mengen zerbrochener Gußformen gezeigt haben. Diese Unterstadt bestand nur zur Zeit der großen Lehmziegelmauer. Als diese einem gewaltigen Schadenfeuer zum Opfer fiel, ging auch die Außensiedlung in Flammen auf und wurde, im Gegensatz zur Burg, nicht mehr aufgebaut.

In dieses Foto ist die große Lehmziegelmauer nach den Ergebnissen der Ausgrabung hineinprojiziert worden. Im Norden sieht man die Reihe der Türme oder Bastionen. Vom Donautor im Osten führte einst ein Weg hinab zur Donaufurt. Im Westen war die Mauer besonders stark zerstört.

Leben auf der Burg

Wie hat man auf der Heuneburg selbst gewohnt und gelebt? Obwohl erst etwa 40 Prozent des Burginnern ausgegraben sind, lassen sich doch schon klare Aussagen machen. Sicher ist, daß die verfügbare Fläche bis zum letzten ausgenutzt worden war. In den rund 150 Jahren ihres Bestehens – etwa 600–450 v. Chr. – hat sich dabei das Siedlungsbild erstaunlich verändert. Siebenmal schritt man zum Bau einer neuen Wehrmauer, etwa 18mal hat man die Siedlungsfläche des Burginnern planiert und aufgehöht und jedesmal nach neuen Plänen gebaut. Die Gründe für diese häufigen Erneuerungen kennen wir nicht. Auf jeden Fall werden bei dem ausschließlichen Holzbau und der räumlichen Enge Brände häufig gewesen sein. Dreimal hat die Burg eine Katastrophe erlebt, die kaum anders als durch eine Belagerung hervorgerufen worden sein kann. Dabei wurde die große Lehmziegelmauer in ihrem Oberbau vernichtet, so daß man auf ihren Wiederaufbau verzichtete. In ihren Schuttkern gründete man in der Folge neue Mauerkonstruktionen in einer alteuropäischen Bauweise: In ein fest fundamentiertes Rahmenwerk aus senkrechten und waagerechten Holzbalken fügte man Steine zu einer Außen- und Innenfront und füllte das Innere mit Schutt. Dieses Bauprinzip, von Cäsar 500 Jahre später bewundernd als *murus gallicus,* als gallische Mauer, beschrieben, konnte vielfältig variiert werden. Zweimal sind auch diese Holz-Stein-Mauern total zerstört worden. Nach dem Brand der letzten Mauer wurde die Burg endgültig verlassen. In der Geschichte der Burg und der frühkeltischen Geschichte bedeutete die Zeit der großen Lehmziegelmauer fraglos einen Höhepunkt.

In der Südostecke nahe des Donautores läßt sich ein Wohnviertel erkennen, in dem offenbar Metallhandwerker gearbeitet haben. Enge Sträßchen werden von dicht gereihten Häusern begrenzt. Sie sind fast immer von Entwässerungsgräbchen umgeben, die das Regenwasser in einem Sammelkanal unter der Mauer hindurch ins Freie leiten.

Es liegt auf der Hand, daß all die Neuerungen, von der großen Lehmziegelmauer angefangen bis hin zur Wohnweise in offenbar vorgeplanten Wohnquartieren, von außen her zur oberen Donau gekommen sind. Die Technik vorgeformter, luftgetrockneter Ziegel stammt aus heißen und trockenen Zonen. Auch der 3 m breite Steinsockel, auf dem die Lehmziegelmauer aufsitzt, hat ganz offenbar das damals im Mittelmeerraum übliche Normalmaß. Schließlich sind die rechtwinklig vorspringenden Bastionen oder Türme Bestandteil jeder antiken Stadtmauer von den frühesten Zeiten an. Kaum anders verhält es sich, wenn nicht alles

Auf dieser Rekonstruktion der Nordseite der Heuneburg sieht man, eng gereiht, die vorspringenden Türme. Sie besaßen Schießscharten und hatten wahrscheinlich Giebeldächer. Zwischen den Türmen lag ein Tor.

Diese große Weinamphora stammt aus der Provence. Außer ihr fand man mindestens 14 weitere solcher Vorratsgefäße, die – mit Wein gefüllt – über Rhone und Saône zur Heuneburg transportiert worden waren.

täuscht, mit den Wohnquartieren innerhalb der Mauern. Auch hier zeigen sich uralte mediterrane Züge.

Wirkliche Leuchtkraft gewinnen die Ausgrabungen auf der Heuneburg erst durch die Funde, vermitteln diese trotz ihres fragmentarischen Zustandes doch einen unmittelbaren Einblick in das Leben ihrer Bewohner. Weit überwiegend handelt es sich um zerschlagene Keramik und unbrauchbar gewordenes Gut aller Art. Sehr viel seltener sind Gegenstände wie Fibeln, Nadeln oder Schmuck, die man verlor. Nicht zu vergessen sind schließlich die riesigen Mengen von Tierknochen, die uns Hinweise auf die Ernährung mit Fleisch geben. Rind und Schwein haben danach mit etwa 80 Prozent die Hauptrolle gespielt, Schaf und Ziege folgten mit etwa 15 Prozent während die Jagd mit nur etwa drei Prozent fast ganz in den Hintergrund trat. Die Leute von der Heuneburg waren also in erster Linie Ackerbauer und Viehzüchter, die Jagd war möglicherweise ein Vorrecht der Burgherren. Nach den Funden bevölkerten damals Rothirsche, Auerochsen, Bären, Wölfe und vor allem Wildschweine die ausgedehnten Wälder um die Burg.

Was auf der Heuneburg nahezu ganz fehlt, sind unversehrte Gegenstände, ein deutlicher Hinweis darauf, daß die Burg im Zuge ihrer dreimaligen Zerstörung auch nachhaltig geplündert worden sein muß. Was dem neugierigen Archäologen unserer Tage also zur Verfügung steht, ist Kulturschutt im wahrsten Sinne des Wortes.

Die Keramik, das zum täglichen Leben unentbehrliche Tongeschirr, ist für den Archäologen noch immer der zuverlässigste Begleiter bei seinem Gang durch Siedlungen aus schriftloser Zeit. In die Hunderttausende geht die Zahl

Innerhalb der Südostecke der Burg standen giebelseitig an engen Gassen Holzhäuser. Schmelzöfen, Gußtiegel, Gußbrocken, Schlacken und zerbrochene Gußformen legen die Vermutung nahe, daß hier Metallhandwerker tätig waren.

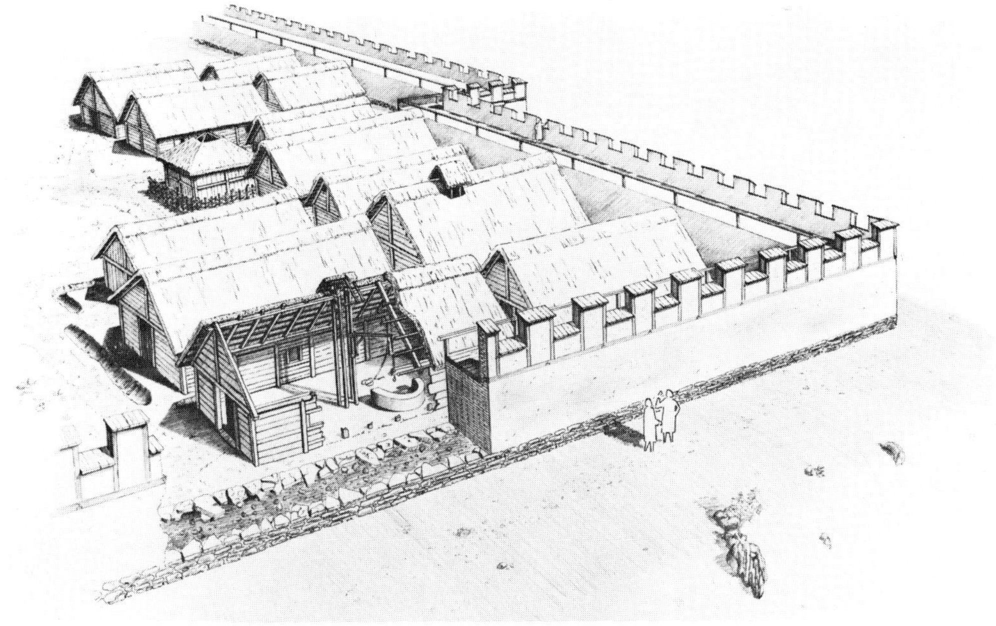

der Tonscherben von der Heuneburg. Verständlicherweise überwog das tägliche Gebrauchsgeschirr: Schüsseln und Schalen sowie Kochtöpfe aller Größen, aber auch gewaltige Vorratsgefäße. In den bewohnten Türmen der großen Lehmziegelmauer standen ganze Geschirrsätze aufgereiht.

Von besonderem Interesse ist die Feinkeramik, die uns einen tiefen Einblick in die Töpferkunst der Burgbewohner vermittelt. Ihre Qualität ist – obwohl fast immer ohne Töpferscheibe gearbeitet – hervorragend, die Wandung ist von bemerkenswerter Dünne, und die Rot- oder Schwarzpolitur glänzt noch heute wie vor 2500 Jahren. Kein Zweifel besteht, daß die Töpfer der Heuneburg auch auf diesem Gebiet von südlichen Anregungen profitierten. Vorbilder waren griechische und etruskische Gefäße, aber auch provenzalische und oberitalienische Ware.

Möglich wurde dies alles nur, weil offenbar ihre weiten Beziehungen es den Burgherren gestatteten, originales südliches Kulturgut einzuführen. Womit sie die Güter bezahlten, etwa mit landwirtschaftlichen Produkten oder gar mit Sklaven, wissen wir nicht. So importierten sie in großen Transportamphoren Wein, den die frühen Kelten noch nicht anzubauen verstanden, dessen Genuß die Burgherren jedoch offenbar eigenen alkoholischen Getränken vorzogen. Konnte man sich aber Südweine leisten, dann durfte edles griechisches Trinkgeschirr dabei nicht fehlen.

Im Hohmichele war der Gründer der Heuneburger Burgherrendynastie bestattet. Der riesige Hügel ist 13 m hoch und hat einen Durchmesser von 80 m. Das Zentralgrab wurde schon früh durch einen von außen angelegten Tunnel erbrochen und ausgeraubt.

Auf der Heuneburg müssen außer Metallgießern andere hochspezialisierte Handwerker gearbeitet haben. Hergestellt wurden nicht nur Schmuckerzeugnisse, sondern auch Gebrauchsgegenstände des täglichen Bedarfs wie etwa Fibeln. Diese Sicherheitsnadeln waren seit ihrer Erfindung im 14. Jahrhundert v. Chr. zu bevorzugten Modeobjekten geworden. Frauen und Männer brauchten sie zum Feststecken ihrer Kleidung. Es gibt gegossene, getriebene und aus Draht zusammengebogene Fibeln, vielfach mit Einlagen aus Koralle oder Bernstein. Wichtig für das Feststecken der Haare oder der Kopfhauben waren kleine, oft nur stecknadelgroße Nadeln, deren Köpfe häufig aus organischem Material bestanden.

Von betonter Schmuckfreude zeugen ferner zahlreiche Bruchstücke von Ohr-, Hals- und Armringen aus Bronze, Lignit und Gagat. Ganze Depots von Rohmaterial zeigen, wie beliebt solche offenbar in Massen hergestellte Schmuckgegenstände waren. Schließlich schätzte man auch Perlen aller Art aus Horn, Gagat und Bernstein, ja sogar aus einer grünlichen Glasmasse, die man offenbar am Ort herstellte.

Von großer Wichtigkeit war die Anfertigung von Bronzegefäßen. Kundige Blechtreiber, sogenannte Toreuten, verstanden sich darauf, Bronzeblech millimeterdünn auszuhämmern und aus dem Blech Gefäße zu treiben. Große Mengen von Blechabfall legen Zeugnis von diesem Handwerk ab.

Der Anstoß kam von außen

Es ist ein ungemein farbiges und vielseitiges Bild, das uns die bisherigen Ausgrabungen auf der Heuneburg vermittelt haben. Dabei war diese Burg an der oberen Donau kein Sonderfall. Es zeigt sich immer deutlicher, daß die überraschenden, während der Ausgra-

Ein im Hohmichele gefundenes unberührtes Nebengrab erlaubt diese Rekonstruktion. In der mit Tüchern und Fellen geradezu wohnlich eingerichteten Holzkammer von 2 mal 3 m stand ein Wagen, unter dem ein Mann und eine Frau mit reichen Beigaben bestattet lagen.

DAS OPPIDUM AUF DEM MONT LASSOIS UND DAS FÜRSTENGRAB VON VIX

Der Bronzekrater von Vix (2. Hälfte des 6. Jahrhunderts v. Chr.)

Der Mont Lassois in der Nähe von Châtillon-sur-Seine ist ein etwa 100 m hoher Kalksteinhügel, der das Tal der oberen Seine beherrscht. Schon bei Probegrabungen stieß man zwischen 1929 und 1939 auf zahlreiche Überreste einer keltischen Siedlung. Als dann René Joffroy 1947 die ersten systematischen Grabungen durchführte, zeigte sich, daß auf dem Mont Lassois in frühgeschichtlicher Zeit ein keltisches Oppidum, ein befestigter stadtartiger Fürstensitz wie die Heuneburg über der oberen Donau, gelegen hat, der Ende des 6. Jahrhunderts v. Chr. zu beträchtlichem Wohlstand gelangte. Die Herren dieses Fürstensitzes kontrollierten nämlich eine der großen Handelsstraßen, die die Länder an der Kanalküste mit dem Mittelmeer verbanden, genauer gesagt die Route, auf der das Zinn vom Atlantik nach Etrurien befördert wurde. Das Oppidum lag an einer Stelle, wo die Seine nicht einmal mehr für die kleinen Boote schiffbar ist, und war wahrscheinlich ein Umladeplatz für das Metall auf seinem Weg in die Werkstätten der italienischen und griechischen Bronzegießer. Ebenso wahrscheinlich ist es, daß die keltischen Adelsgeschlechter des Mont Lassois an diesem Transitverkehr gut verdienten. 1953 erbrachte eine aufsehenerregende Entdekkung den Beweis dafür, wie weit diese Handelsbeziehungen reichten und wie gewinnbringend sie waren. Als René Joffroy am Fuß des Mont Lassois bei dem Dorf Vix ein Hügelgrab untersuchte, fand er eine fürstliche Bestattung mit kostbaren Grabbeigaben, darunter mehrere Gegenstände etruskischer und griechischer Herkunft. Das schönste Objekt war der Krater von Vix, der ein Fassungsvermögen von etwa 1100 l hat. Das 1,64 m hohe und 208,6 kg schwere Weinmischgefäß aus Bronze ist nicht nur ein Meisterwerk der Kesselschmiedekunst, sondern aufgrund seines Frieses, der Krieger und bemannte Wagen zeigt, auch eines der herrlichsten Kunstwerke, die uns das archaische Griechenland hinterlassen hat. In der Mitte des Grabes lag auf dem Prunkwagen der Körper einer prächtig geschmückten Frau.

Details aus dem Fries des Kraters: bewaffneter Krieger und bemannter Wagen

bung gewonnenen Einsichten auf einen verbreiteten sozialökonomischen und sicher auch politischen Gärungsprozeß hinweisen, dem Mitteleuropa während des 6. und beginnenden 5. Jahrhunderts v. Chr. unterworfen war. Überall ist hier die Bevölkerungsstruktur nachhaltig umgewandelt worden, was zur Entstehung zahlreicher, der Heuneburg soziologisch gleichgearteter Herrensitze im weiten Raume nordwärts des Alpenbogens geführt hat. Als eng verwandte Beispiele nennen wir hier nur den Hohenasperg nördlich Stuttgarts und den Mont Lassois bei Châtillon-sur-Seine in Burgund. Daß dieser plötzliche Strukturwandel im Leben der hallstättischen Völker weniger von innen heraus kam, sondern vielmehr starken äußeren Einwirkungen zu verdanken war, zeigt sich rein materiell vielleicht am klarsten in der plötzlichen Flut südlicher Kulturgüter, die vor allem von der 2. Hälfte des 6. Jahrhunderts v. Chr. an Mitteleuropa zu überschwemmen beginnen.

Wir glauben heute die Gründe zu kennen, die zu diesen wechselseitigen Kontakten zwischen den Barbaren Mitteleuropas und der mediterranen Welt geführt haben. Im 8. Jahrhundert v. Chr. begann die große griechische Kolonisationsbewegung, in deren Folge griechische Jungmannschaften an fast alle Küsten des Mittelmeeres und des Schwarzen Meeres gelangten und Pflanzstädte gründeten. Wohl die aktivsten unter den Griechen waren die aus Kleinasien stammenden Phokäer. Sie drangen als erste in die nördliche Adria vor, befuhren das westliche Mittelmeer, erreichten bei den Säulen des Herkules (Gibraltar) das sagenhafte Tartessos und setzten sich in der Folge entlang der spanischen Ostküste fest. Um 600 v. Chr. gründen sie im Rhonedelta Massalia, das heutige Marseille. Um 500 v. Chr. spricht der griechische Historiker Hekataios von Milet davon, daß Massalia an die *Keltike,* also an das Keltenland grenze. Und nur 50 Jahre später erzählt uns Herodot von Halikarnaß, daß die Donau, der Istros, im Gebiet der Kelten entspringe.

Zur gleichen Zeit vollziehen sich auch in Italien politische Umwälzungen, deren Auswirkungen auf die Alpenvölker und deren nördliche Nachbarn unübersehbar sind. Im Kampf mit den Griechen Siziliens bricht die Seeherrschaft der Etrusker 474 v. Chr. zusammen. Sie weichen nach Norden aus und setzen sich in der Poebene fest. Als Folge dieser Ereignisse wird das barbarische Hinterland von der Rhone bis zur Adria mehr und mehr mit einer griechischen beziehungsweise etruskischen Tünche überzogen. Es war nur natürlich, daß auch die nördlich der Alpen wohnenden Kelten diesen Prozeß mit Anteilnahme verfolgten. Besaß doch Mitteleuropa damals den Status eines Entwicklungslandes, das mit Bewunderung und Neid die südliche Art zu leben schaute. So kam es fast zwangsläufig zu Handel und kultureller Fluktuation. Sicher ist, daß es die Oberschicht war, die als erste die kulturellen Kontakte mit dem Süden pflegte, doch muß sehr bald auch die breite Bevölkerung an diesen teilgehabt haben, wofür es zahlreiche Hinweise gibt.

Wolfgang Kimmig

Mittelpunkt eines Weltreiches

PERSEPOLIS

Der persische Großkönig ließ in seiner neuen Hauptstadt auf einer teilweise künstlichen Terrasse glänzende Säulenhallen bauen, deren Ruinen noch heute, zweieinhalb Jahrtausende später, einen faszinierenden Anblick bieten.

Von Persepolis, der Hauptstadt des Reiches der Achaimeniden, die 520 v. Chr. von Dareios I. gegründet und 330 v. Chr. von Alexander dem Großen zerstört wurde, erheben sich in einer kargen Felslandschaft, 60 km von Schiras entfernt, überaus eindrucksvolle Ruinen. Die Überreste der Terrassen und Säulen erinnern an die Glanzzeit der persischen Hauptstadt und an ihr tragisches Ende.

Schon im Mittelalter weckten diese Ruinen das Interesse europäischer Reisender, und 1621 verfaßt der römische Abenteurer Pietro della Valle einen ausführlichen Bericht über die Stätte. Im Jahre 1680 bringt der Franzose Jean Chardin von seinen Reisen in Persien eine Anzahl Zeichnungen mit, die eine wertvolle Dokumentation über die ruhmreiche Stadt Dareios' I. bilden. Man sieht darauf auch eine dreisprachige Inschrift in verschiedenen Keilschriftsystemen, von denen eines mit nur 42 Zeichen fast alphabetischen Charakter hat. Damit wurde das Altpersische geschrieben, die Sprache der Großkönige Dareios, Xerxes und ihrer Nachfolger. Lange Zeit hindurch mußte Persepolis auf seine Ausgräber warten. Erst 1930 arbeitete der deutsche Archäologe Ernst Herzfeld auf Ersuchen der persischen Regierung ein Freilegungsprogramm aus. Die Untersuchungen wurden dem Orientalischen Institut von Chicago übertragen. Die Anlage, die bei den Grabungsarbeiten zutage trat, war nicht aus einem Guß, sondern spiegelte Einflüsse aus dem ganzen persischen Weltreich wider.

Der Gründer dieses Reichs war Kyros II. Nachdem er sich zum König der Meder und Perser gemacht hatte, eroberte er 546 v. Chr. Lydien, das Reich des Königs Kroisos, und danach die griechischen Städte in Kleinasien. Später streckte er seine Hand nach Mesopotamien aus und zog 539 v. Chr. in Babylon ein.

Ein riesiges Reich

Kyros II., zunächst König von Anschan (das heutige Fars), dem Kernland der Perser, errichtete ein Weltreich, ohne die besiegten Völker niederzumetzeln

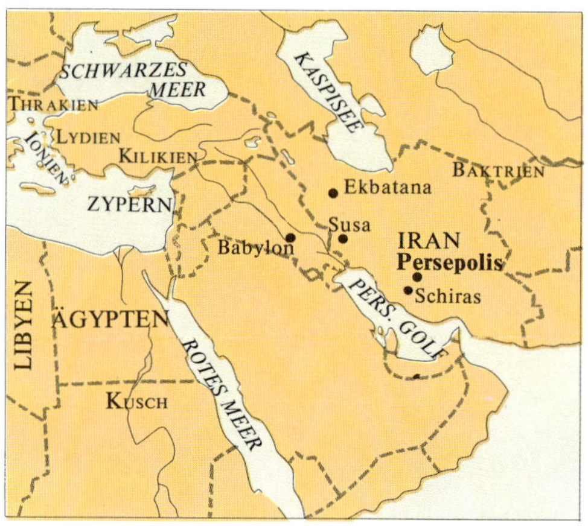

oder zu verschleppen, sondern indem er ihnen ihre eigene Kultur und eine gewisse Selbständigkeit ließ. Nach dem Tod seines Sohnes Kambyses II., dem die Perser die Angliederung Ägyptens verdankten, drohte das junge Reich in Kämpfen um den Thron zu zerfallen. Doch Dareios I., der einem anderen Zweig des Geschlechts der Achaimeniden entstammte, riß die Macht an sich, warf die verschiedenen Rebellen nieder und festigte durch eine straffe Organisation das riesige Reich, das sich inzwischen vom Mittelmeer bis nach Indien erstreckte.

Dieser Großkönig (521–485 v. Chr.) wird oft zu scharf wegen des mißlungenen Feldzugs gegen die Griechen getadelt, der mit der Niederlage bei Marathon endete. Auf jeden Fall war er der große Ordner des Perserreiches. Er reformierte das Finanzwesen, war ein weiser Gesetzgeber und unermüdlicher Bauherr und schuf ein hervorragendes Straßennetz.

Er machte Susa, die alte Metropole Elams, zur Hauptstadt seines Reiches und gründete in Anschan noch eine zweite. Für die neue Hauptstadt wählte Dareios I. die schöne Ebene Merwdascht. Sie wird von einem Felsrücken beherrscht, auf dem 100 Jahre vorher die Fürsten von Anschan eine Kultstätte errichtet hatten. Hier wurden später die Königsgräber aus dem Felsen gehauen; die neue Hauptstadt entstand einige Kilometer weiter südöstlich. An der Bergflanke ließ Dareios I. 518 v. Chr. eine 450 m lange und 300 m breite Terrasse aufschütten und darauf zwei große Bauwerke errichten: die riesige, mit 20 m hohen Säulen geschmückte Audienzhalle, den Apadana, und den kleinen Wohnpalast, Tatschara genannt. Hinter ihnen erhob sich das königliche Schatzhaus, das mehrere Male umgebaut und vergrößert wurde. Aber der Großkönig erlebte die Fertigstellung der Stadt nicht mehr. Sein Sohn Xerxes setzte sein Werk fort und vollendete die herrlichen Bauten.

Ein Säulenwald

Dank jüngster Forschungen weiß man recht genau, wie diese großartige Anlage zur Zeit des Xerxes ausgesehen hat. Die Gebäude waren alle nach dem gleichen Schema errichtet: Sie hatten einen einfachen quadratischen Grundriß. Ihre Decke wurde von unzähligen auf Steinbasen ruhenden Säulen aus Stein

Adlige Meder in Landestracht steigen zum Tripylon hinauf, einem kleinen Palast in der Mitte der Terrassenanlage von Persepolis, wo der Großkönig die Vertreter der Perser und Meder, der beiden herrschenden Völker, empfing.

DER APADANA ZU PERSEPOLIS

Der Apadana war das gewaltigste Bauwerk in Persepolis. Es wurde unter Dareios I. (521–485 v. Chr.) begonnen und von seinem Sohn Xerxes (485–465 v. Chr.) vollendet. In dieser riesigen, 20 m hohen Audienzhalle empfing der Großkönig mit seinem ältesten Sohn und seinen Ratgebern die Tributbringer aus dem ganzen Reich. Zu dem Säulensaal, der erhöht auf einem Sockel stand, führten an der Nord- und Ostseite je zwei doppelläufige Treppen. Der Raum zwischen den Treppenläufen war mit Reliefs geschmückt, auf denen man unter anderen die Abgesandten der verschiedenen Länder des Achaimenidenreichs sieht. Die freiliegende Nordtreppe ist stark beschädigt. Die Reliefs an der Osttreppe waren von Schutt geschützt (rekonstruiert abgebildet). Die Anlage wurde zwischen 1930 und 1939 vom Orientalischen Institut von Chicago ausgegraben.

oder Holz getragen. Sie hatten an der Fassade Vorhallen, die als Wandelgänge dienten und von denen Türen ins Innere führten. Dieses Grundschema wiederholt sich bei fast allen Bauwerken, gleichgültig, wozu sie bestimmt waren. Das gilt auch für die Paläste, die sich nur in der Größe unterschieden. Diese wenig funktionelle Monumentalarchitektur, deren riesige Innenräume sich für Veranstaltungen verschiedenster Art eigneten, war typisch iranisch. Die Bewohner des iranischen Hochlandes scheinen die Idee eines quadratischen Raumes mit zwei oder vier Säulen um die Feuerstelle von ihren anatolischen Nachbarn übernommen zu haben. Um das 10. Jahrhundert v. Chr. bauten die Einwohner der Festung Hasanlu (in der heutigen iranischen Provinz Aserbeidschan) geräumige Wohnstätten, in denen die Decken von zwei Säulenreihen getragen wurden, wobei in der Mitte der Decke eine Öffnung blieb, durch die der Rauch abziehen konnte. Als Kyros II. im 6. Jahrhundert v. Chr. sein Reich gründete, war es bereits Tradition, solche Säulenhallen zu bauen. Er beauftragte ionische Steinmetzen, die besten seines Reiches, die Bauten in seiner Residenz Pasargadai zu errichten. Dareios I. folgte seinem Beispiel und beschäftigte überdies noch ein Heer von Bildhauern für die Ausschmückung der Bauwerke.

Als Zugang zu der Terrassenanlage ließ Xerxes eine Monumentaltreppe mit zwei Treppenläufen anlegen, die zunächst auf zwei Zwischenpodeste hin auseinanderstrebten und dann aufeinander zuliefen. Danach führte der Weg durch eine Art Triumphbogen, das Tor aller Länder. Dieses monumentale Portal war nach assyrischem Brauch von geflügelten Genien mit Menschenkopf und Stierkörper bewacht. Durch dieses Tor gelangte man zu der riesigen Audienzhalle, dem Apadana, einem Symbol der persischen Macht. Er erhob sich auf einer eigenen, 111 m langen Plattform. Die Treppen, über die man zu ihm hinaufstieg, sind mit noch erhaltenen Reliefs verziert, die Abordnungen aus allen Gegenden des Reiches zeigen. Die Würdenträger schreiten auf den König zu, der auf seinem Thron sitzt. Hinter ihm steht der Kronprinz. Umgeben von seinen Beratern, empfängt der König den Haushofmeister, zu dessen Aufgaben es gehörte, die Delegationen vorzustellen.

In dieser Mischung aus Dichtung und Wahrheit ist die ganze Reichsideologie zusammengefaßt! Die von Ernst Herzfeld, dem Leiter der Ausgrabungen, aufgestellte verführerische These, daß Abordnungen aller Völker des Reiches dem Herrscher am Neujahrstag ihre Huldigung erwiesen, entbehrt der

historischen Grundlage. Die Vertreter der Länder kamen und gingen das ganze Jahr über, denn nach dem Willen des Königs wurden sie durch die Verwaltung in regelmäßigen Abständen in die Hauptstadt bestellt. Die auf den Reliefs wiedergegebenen Abgesandten der einzelnen Völker versinnbildlichen die Größe des Reichs, in dem zwei Herrenvölker, die Perser und die Meder, die Macht ausübten.

Die naturalistischen Darstellungen umfassen alle Typen von Untertanen in ihren Landestrachten und die vielfältigen Tribute, die sie ihrem Oberherrn darbringen: So führen die Babylonier Buckelrinder, die Kilikier Widder, die Ionier Stoffe, die Kuschiten Stoßzähne von Elefanten mit sich. Nur die Führer der Abordnungen dürfen die Audienzhalle betreten. Über die von Gardesoldaten bewachten Treppen gelangen sie zu dem doppelten Portikus, der das von Treppentürmen flankierte Gebäude an drei Seiten umgibt.

Durch die Tore schreiten sie in die riesige Halle, deren 36 schlanke Säulen Kapitelle aus zwei Vorderkörpern von Stieren tragen, das alte Gleichgewichtssymbol der Babylonier und Elamer. Der Großkönig sitzt mitten im Saal auf einem niedrigen Podest. Über ihm spannt sich ein Baldachin mit der Halbfigur des Gottes Ahura Masda, der sich aus der Flügelsonne erhebt. Kerzengerade stehen die Garden, die Lanze in der Hand.

Vor dem Thron mit hoher Rückenlehne, auf dem Xerxes sitzt, steigt aus Weihrauchgefäßen Rauch auf. Neben dem König steht sein ältester Sohn Dareios. Beide tragen ein weites, buntes Faltengewand. Ihnen zur Seite, ehrerbietig und zurückhaltend, die dennoch allmächtigen Ratgeber des Königs. Unter ihnen befinden sich der Feldherr Prexaspes, der als Symbole seines Amtes die Waffen des Königs trägt, denn er ist Oberbefehlshaber der Land- und Seestreitkräfte, ferner der für die Sicherheit des Königs verantwortliche Leibkammerherr, der Eunuch Aspamitres, und sein Verwandter, der Befehlshaber der Garden, Artabanos, in medischer Tracht – kurze Tunika und Hose, hohe runde Kappe. Die beiden letztgenannten Männer üben einen gefährlichen Einfluß auf den König aus.

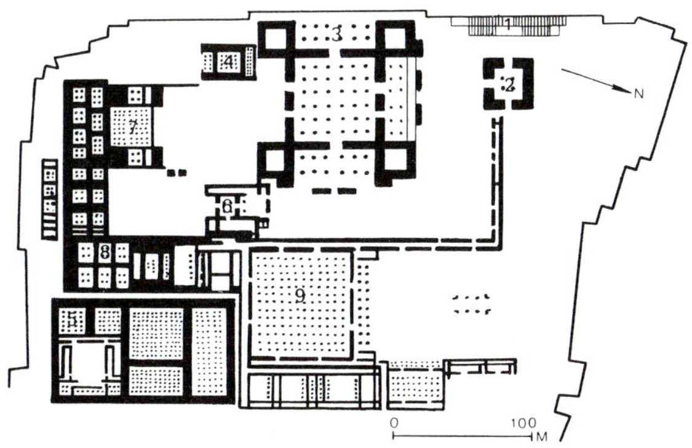

PLAN VON PERSEPOLIS: *1 Monumentaltreppe 2 Tor aller Länder 3 Apadana 4 Kleiner Wohnpalast oder Tatschara 5 Schatzhaus 6 Tripylon 7 Palast des Xerxes oder Hadisch 8 Harem 9 Hundertsäulenhalle oder Thronsaal*

Der Mord an Xerxes

Diese Würdenträger, die auf den Reliefs des Apadana erscheinen, waren die Hauptfiguren eines Dramas, das später von den griechischen Geschichtsschreibern aufgezeichnet wurde. In Wirklichkeit herrschte nicht mehr der alternde Xerxes, sondern Artabanos und Aspamitres. Eines Nachts ließ Aspamitres seinen Komplizen Artabanos in die königlichen Gemächer ein, und dieser erstach Xerxes mit einem Dolch. Es gelang den beiden mü-

Die offiziellen Bauwerke auf der an der Bergflanke errichteten Terrasse beherrschten die Stadt Persepolis, die sich zu ihren Füßen in der Ebene ausdehnte. Im Vordergrund erblickt man das Schatzhaus und rechts die Hundertsäulenhalle. Im Hintergrund liegt der Apadana, von dem noch 13 Säulen stehen.

Die Vertreter der Völker des Perserreiches, die in ihrer Landestracht abgebildet sind, bringen ihre Tribute. Auf diesem Relief von der Osttreppe des Apadana führen Baktrier ein Kamel herbei, denn Kamele bildeten den Reichtum ihres Landes.

helos, den jungen Prinzen Artaxerxes von der Schuld seines älteren Bruders Dareios, des Thronfolgers, zu überzeugen. Ihre teuflischen Machenschaften hatten Erfolg. Artaxerxes ließ den unglücklichen Dareios hinrichten und bestieg den Thron. Die Unerfahrenheit des jungen Königs nutzend, waren die beiden Mörder sieben Monate lang die Herren des Reichs. Dann versuchten sie, ihren Herrscher zu beseitigen. Diesmal wurde ihr Plan vereitelt; der größte Teil des Heers blieb dem König treu und besiegte die wenigen Truppen, die die Verschwörer für sich gewonnen hatten. Aspamitres und Artabanos wurden getötet. Für Artaxerxes I. stellte sich nun die Frage: Soll er die beiden prachtvollen Reliefs an den Apadanatreppen, die seinen Vater zusammen mit dem Kronprinzen Dareios zeigen, an ihrem Ort lassen oder entfernen? Er entschied sich dafür, sie abnehmen zu lassen, und ersetzte sie durch andere, auf denen man nur medische und persische Garden sieht. Die anstößigen Reliefs wurden in königlichen

DAS PERSERREICH UNTER DAREIOS I.

Das Reich, in dem der Großkönig 521 v. Chr. die Macht übernommen hatte, erstreckte sich von Indien bis zum Mittelmeer und war bis dahin das größte Imperium der Geschichte. Es umfaßte Ägypten, Kusch (Nubien), Libyen, Thrakien, Zypern und die bereits von Kyros II. eroberten Länder. Dieser König, der Gründer des Perserreichs, hatte dem Iran das Babylonische Reich und Kleinasien einverleibt. Er gliederte seinen Staat in 20 Teilreiche, sogenannte Satrapien, die von Satrapen regiert wurden. Dareios I. reorganisierte die Verwaltung des riesigen Reichs auf geschickte Weise, indem er die Macht so verteilte, daß sich die Beamten gegenseitig überwachten. Fast alle Satrapen stammten nun aus der persischen oder medischen Aristokratie. Die in jeder Satrapie ausgehobenen Truppen unterstanden jedoch einem eigenen Kommandanten. Die Steuern wurden von einem anderen Würdenträger erhoben. Ein königlicher Sekretär kontrollierte die Amtsführung des Satrapen. Inspektoren, die gegenüber den lokalen Beamten mit unbeschränkten Vollmachten ausgestattet waren, bereisten als „die Augen und Ohren des Königs" das gesamte Reich. Ihnen stand ein hervorragend ausgebautes Straßennetz zur Verfügung, das auch den wirtschaftlichen Zusammenhalt des Reiches sicherte. Die Steuern wurden zum Teil in Edelmetallen abgeführt – nur im Westen des Reiches prägte man daraus Münzen – und in die Hauptstadt geschickt. Ein anderer Teil war in Naturalien zu entrichten und diente vor allem zum Unterhalt der Truppen. Auf diese Art der Besteuerung weisen die Tributträger hin, die Xerxes auf dem Sockel des Apadana in Persepolis darstellen ließ. Persepolis war vermutlich die religiöse Hauptstadt des Reichs, während die Zentralverwaltung in Susa lag.

Goldenes Rhyton (5. Jahrhundert v. Chr.)

Syrer mit Tribut

Skythe

Babylonier

Ionier

Auf diesem Relief zwischen zwei Treppenläufen des Apadana ist eine königliche Audienz im Palast festgehalten. Auf seinem Thron sitzend, empfängt Xerxes den medischen Hofmarschall, der die Abordnungen der verschiedenen Völker des Reichs vorstellt. Vor ihm stehen zwei Räucherständer.

Privatgemächern gelagert, die sich an das Schatzhaus anschließen.

Die Terrasse von Persepolis besteht aus zwei Bereichen, einem öffentlichen und einem privaten. Den größten Teil des öffentlichen Bereichs nimmt der Apadana ein. Ein kleinerer Palast, heute meist Tripylon genannt, diente als Zugang zum Wohnbereich und als Empfangssaal für die persischen und medischen Adligen. Der König betritt ihn, wie ein Relief zeigt, gefolgt von zwei Höflingen, von denen einer einen Sonnenschirm, der andere einen Fliegenwedel trägt. Zusammen mit seinem ältesten Sohn besteigt er ein dreistöckiges hohes Podest, das von Vertretern der Völker des Reichs getragen wird.

Durch diesen Palast gelangt man zum hinteren Teil der Anlage, wo sich das Schatzhaus und der Wohnpalast des Dareios I. befinden. Die Nachfolger dieses Königs errichteten dort ähnliche Paläste. Wahrscheinlich wurde hier Xerxes ermordet.

Hinter dem Apadana erhebt sich, von einer Mauer geschützt, eine zweite separate Baugruppe, die dem Großkönig als oberstem Befehlshaber der Heere als Hauptquartier diente. Im Hof dieser Anlage, um den Verwaltungsräume lagen, konnte der König Truppenparaden abnehmen.

Daran stieß ein Bauwerk, das weiträumiger, aber niedriger war als der Apadana und dessen Decke 100 Säulen stützten. Die Torreliefs zeigen den König auf einem Thron, der auf einem hohen Podest steht. Dieses wird von persischen und medischen Kriegern getragen, auf denen die Macht der Achaimeniden fußte.

Feueranbeter

Merkwürdigerweise gibt es in Persepolis keine Kultstätten. Die Erklärung dafür findet sich auf den Reliefs der Königsgräber nahe Persepolis. In die steile Felswand Naksch-e Rostam sind vier Grabstätten gehauen, deren Reliefs an Innenräume von Säulenhallen wie des Apadana erinnern. Auf dem Relief im oberen Teil der Fassade jedes dieser Gräber tragen Vertreter des Reiches ein riesiges Podest mit dem König. Dieser steht, den Bogen nach elamischer Art auf den vorgestellten Fuß gesetzt, vor einem Feueraltar, über dem das geflügelte Symbol des Gottes Ahura Masda schwebt und ihn segnet. Der Kult, der unter freiem Himmel am Tage zelebriert wurde, kannte also keinen Tempel. Ohne Blutopfer wandte sich der Gläubige an Ahura Masda, der das Gute verkörperte und im reinigenden Feuer sichtbar wurde.

Wenige archäologische Stätten sind so ausgedehnt und erhaben wie die Ruinen von Persepolis, der Hauptstadt eines Reiches, das durch Alexander den Großen in seiner Blüte vernichtet wurde.

Nach Pierre Amiet

Erbfeindin Roms

KARTHAGO

Die reiche Stadt an der Nordküste Afrikas, Erbin einer orientalischen Seefahrerkultur, schuf sich ein ausgedehntes Handelsimperium, das ihr für ein halbes Jahrtausend eine Vorrangstellung unter den Mächten des Mittelmeerraumes sicherte.

Nach den alten Überlieferungen, den orientalischen wie den klassischen, wurde Karthago im letzten Viertel des 9. Jahrhunderts v. Chr. von der phönikischen Stadt Tyrus aus gegründet. Timaios von Tauromenion (Taormina), ein griechischer Geschichtsschreiber aus Sizilien, der seine Informationen aus verschiedenen, auch karthagischen Quellen schöpfte, hat das Gründungsdatum der Stadt errechnet. Es handelt sich um das Jahr 814 v. Chr., eine Angabe, die heute im allgemeinen als mehr oder weniger richtig angesehen wird, denn die Archäologen haben Funde zutage gebracht, die etwa aus dieser Zeit stammen.

Wie es in der Gründungslegende heißt, ließ sich an dieser Stelle der afrikanischen Nordküste eine kleine Gruppe Tyrer nieder, die, geführt von Königin Elissa – die Dido in Vergils *Äneis* –, aus ihrer Heimat geflüchtet waren. Die bescheidene Kolonie entwickelte sich zu einer mächtigen mittelmeerischen Metropole: *Kart-Hadascht,* was Neue Stadt oder Neustadt heißt, für die Griechen *Karchedon,* aus dem die Römer Karthago machten. Und aus den Phönikern wurden die Punier, wie man nach römischem Vorbild bis heute die Karthager nennt.

Schon seit langem befuhren die phönikischen Flotten das Mittelmeer, und zahlreiche Handelsstützpunkte waren gegründet worden, von Lixus (Larache = El-Araich) an der marokkanischen Atlantikküste und dem spanischen Gades (Cádiz) bis zum damals an der Küste gelegenen Utica im heutigen Tunesien.

Obwohl sie für die Handelsschiffahrt von großem Wert waren – die Phöniker bezogen zum Beispiel aus Südspanien Silbererz –, waren diese ersten Niederlassungen noch keine wirklichen Kolonien, das heißt, es fehlten die phönikischen Siedler, die gekommen waren, um zu bleiben, und es fehlten die gesellschaftlichen und religiösen Einrichtungen. Und vor allem besaß keiner dieser Stützpunkte die gleichen Vorteile wie Karthago.

Der Ruhm dieser Neustadt, die laut Strabo, dem griechischen Geographen,

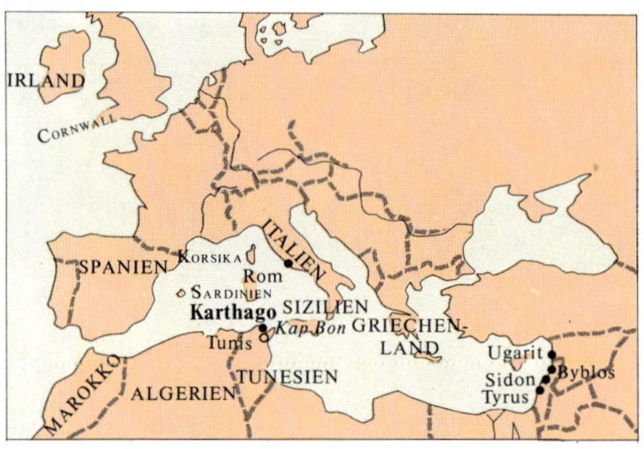

im 2. Jahrhundert v. Chr. 700000 Einwohner zählte – was sicher zu hoch gegriffen ist –, beruhte vielleicht zum Teil auf der Sage, daß sie von einer Königin gegründet worden sei. In Wirklichkeit war ihr rascher Aufstieg wohl vor allem aber auf die außergewöhnlich günstige Lage der Stadt an der Straße von Sizilien zurückzuführen, denn an diesem Punkt war es Karthago ein leichtes, den Schiffsverkehr zwischen dem westlichen und dem östlichen Mittelmeer zu kontrollieren.

Elissas Stadt am Golf von Tunis, die im Lauf der Jahrhunderte immer größer werden sollte, entstand auf dem Hügel Byrsa, einer bescheidenen Akropolis, die befestigt wurde. Aus dieser Burgsiedlung entwickelte sich eine Stadt, die schließlich eine Fläche von 2000 ha einnehmen sollte. Dieses Gebiet umfaßte einen Kriegs- und einen Handelshafen, Arsenalbauten, öffentliche Gebäude, bis zu sechs Stockwerke hohe Wohnhäuser, ein Netz von gepflasterten Gassen und breiten Straßen, die zu den Stadttoren führten, größere und kleinere Handwerksbetriebe, Märkte, Tempel, Nekropolen und die halb ländliche Vorstadt Megara, wo zwischen den Häusern Felder, Obst- und Gemüsegärten lagen.

Groß-Karthago hatte einen Gesamtumfang von 32 km und wurde von Vorbefestigungen und einem doppelten Mauerring mit mächtigen Beobachtungs- und Verteidigungstürmen geschützt. Der griechische Historiker Appian verglich die am Ostende einer Halbinsel gelegene Mittelmeermetropole mit einem vor der afrikanischen Küste ankernden Schiff.

Ein Venedig der Antike

Karthago blieb zunächst von Tyrus abhängig. Später, vermutlich im 6. Jahrhundert v. Chr., nachdem das von den Königen Assurs und Ninives, dann von denen Babylons ständig bedrohte Tyrus seine Selbständigkeit verloren hatte, trat die betriebsame afrikanische Kolonie die Nachfolge der Mutterstadt im westlichen Mittelmeer an.

Diese Wende in der Geschichte Karthagos brachte eine Änderung in seiner staatlichen Ordnung mit sich. Offenbar gab es in dem Stadtstaat, wie übrigens auch in Tyrus und Sidon, anfangs eine Art wählbares und zugleich erbliches Königtum. Ein Rat machte ein Mitglied der mächtigsten Sippe zum König; in

Diese Terrakottamaske eines Mannes (4. Jahrhundert v. Chr.) wurde in der punischen Nekropole von Bou Mnijel am Fuß einer Treppe gefunden, die zu einem Grabeingang führt. Das zu einer Grimasse verzerrte Gesicht, über dessen Wangen und Stirn ein Rillenmuster läuft, war als Schutz gegen böse Geister gedacht, damit die Ruhe des Toten nicht gestört wurde.

Diese Reste punischer Wohnhäuser wurden auf dem Burghügel Byrsa ausgegraben. An dieser Stelle befand sich zunächst eine Nekropole aus dem 7. Jahrhundert v. Chr., dann wurden im 4. und 3. Jahrhundert v. Chr. Werkstätten errichtet, in denen man Metall verarbeitete, und schließlich Wohnhäuser. Das verhältnismäßig einfache Viertel an den Hängen des Hügels war bis zum Fall Karthagos bewohnt.

der ersten Zeit waren dies in Karthago die Magoniden, dann die Hannoniden und andere. Als die Stadt wohlhabend geworden war, rissen die großen Kaufmannsfamilien die königliche Macht an sich, und ihre Mitglieder bekleideten, um ihre Interessen besser zu schützen, ihrem Vermögensstand entsprechende öffentliche Ämter. Dieses System kann also bis zu einem gewissen Grad mit dem der Republik Venedig verglichen werden.

Die Verfassung Karthagos, die sich dann entwickelte, war – soweit wir aus den wenigen, meist griechischen Quellen aus dem 4. Jahrhundert v. Chr. und später wissen – recht kompliziert. An der Spitze des Stadtstaates standen die Sufeten, zwei gewählte Beamte, die im allgemeinen jährlich wechselten. Sie hatten die ausführende Gewalt inne und beriefen den Großen Rat, eine Art Senat, und die Bürgerversammlung ein und führten in beiden Körperschaften den Vorsitz. Aus dem Senat wurde der Rat der Alten gebildet, ein aus wenigen Mitgliedern bestehender ständiger Ausschuß, der im politischen, sozialen und wirtschaftlichen Leben eine führende Rolle spielte, desgleichen der berühmte Gerichtshof der Hundertvier, der für die innere Sicherheit verantwortlich war und dem eine gefürchtete Polizei unterstand.

An der Bürgerversammlung konnte jeder mündige Bürger von Karthago teilnehmen, nicht jedoch die anscheinend zahlreichen Sklaven, die Freigelassenen und Fremden. Diese Volksversammlung schaltete sich bei bestimmten Wahlen ein, konnte zu öffentlichen Angelegenheiten Stellung nehmen und bei Meinungsverschiedenheiten zwischen den Sufeten und dem Senat den Ausschlag geben.

Nach den verlorenen Kriegen gegen Rom und den daraus entstandenen institutionellen Krisen beschleunigte sich Anfang des 2. Jahrhunderts v. Chr. die Demokratisierung der Institutionen, vor allem aufgrund der Initiative des Barkiden Hannibal, so daß der Historiker Polybios schreiben konnte: „In Karthago war bei Beschlüssen die Stimme des Volkes ausschlaggebend."

Von Elissa und anderen Frauen

An dieser Stelle erhebt sich die Frage, welchen Platz die karthagische Frau im öffentlichen Leben einnahm. Obwohl wir darüber, wie über viele andere Dinge, kaum etwas wissen, ist uns zumindest bekannt, welche Rolle bestimmte Frauen in der Geschichte Karthagos gespielt haben. Auf die Sage von der Gründung der Stadt durch die Königin Elissa wurde bereits hingewiesen. Gleichgültig, wieweit diese Legende den historischen Tatsachen entspricht, so ist sie doch bezeichnend. Während die Römer einen Mann, Romulus, als Gründer ihrer Stadt ansahen, soll es eine Frau gewesen sein, die nach der Legende Karthago gründete und seine ruhmreiche Geschichte einleitete.

Auch von anderen großen Frauengestalten berichtet die Überlieferung. Dazu gehörte auch Saphanbaal (Sophonisbe), die einer Adelsfamilie angehörte und entscheidend in die Politik eingriff. Das außergewöhnlich schöne Mädchen, das in der Literatur bewandert und eine hervorragende Musikerin war, hatte den Numidierkönig Syphax geheiratet, wodurch sie Roms Pläne zunichte machte und Karthago die Möglichkeit gab, ein wertvolles Bündnis abzuschließen. Nach dem Sieg des P. Cornelius Scipio über die Karthager bei Zama im Jahr 202 trank Sophonisbe lieber einen Becher Gift, als in die Hände

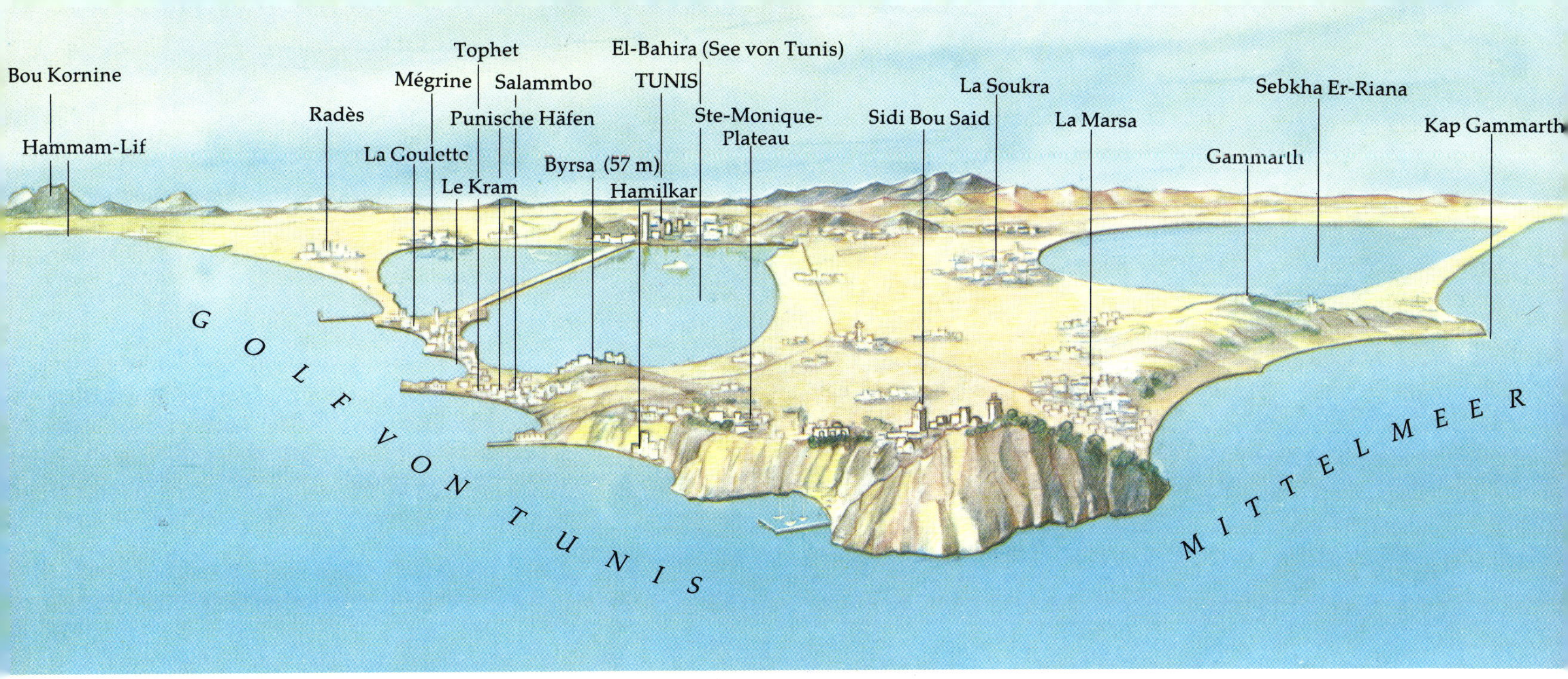

Die schematische Darstellung der Halbinsel, auf der Karthago lag, zeigt, daß die zunehmende Verlandung die Gestalt der Halbinsel seit der Antike etwas verändert hat. Zur Zeit des punischen Karthago waren nämlich die heute vom Meer abgetrennten Sebkhas Er-Riana und El-Bahira (See von Tunis) offene Buchten, und die Halbinsel hatte die Form eines in die See geworfenen Ankers. Die Stadt wurde am Ende eines 15 km langen Vorgebirges im Schutz eines Felssporns gegründet.

der Römer zu fallen und ihre Ehre zu verlieren. Den Freitod wählte ebenfalls die Gemahlin Hasdrubals, des Feldherrn, der im 3. Punischen Krieg die Truppen Karthagos befehligte. Als die Stadt niederbrannte, bot der römische Feldherr P. Cornelius Scipio Aemilianus der Karthagerin freien Abzug an. Doch sie wollte nicht länger leben und stürzte sich mit ihren Kindern in den brennenden Eschmuntempel.

Das bemalte Terrakottafigürchen stellt vielleicht eine Musikantin dar, die eine Scheibe – vielleicht ein Tamburin – hält. Die kleine punische Plastik (Ende 6.–4. Jahrhundert v. Chr.) wurde in der Nekropole von Ard el-Morali gefunden.

Während der ganzen Geschichte ihres Volkes zeichneten sich die karthagischen Frauen durch unbeugsamen Mut und glühende Vaterlandsliebe aus. In diesem letzten Krieg gegen Rom, der mit dem Untergang der Stadt endete, nahmen sie aktiv an der Verteidigung teil. Als für die Katapulte keine Sehnenstränge mehr vorhanden waren, gaben sie ihr Haar dafür her, so wie sie auch ihren Goldschmuck für ihr Land geopfert hatten.

Zieht man außerdem in Betracht, daß in Grabinschriften Priesterinnen erwähnt sind – auch Oberpriesterinnen, die also der ganzen Geistlichkeit eines Tempels vorstanden und sogar das höchste Priesteramt in der Stadt bekleideten –, liegt es auf der Hand, daß die Karthagerinnen eine viel höhere soziale Stellung einnahmen als die Frauen in den meisten Kulturen der Antike und des alten Orients.

Auffallend ist auch noch, daß die Punier im Unterschied zu andern Völkern keine rassischen Vorurteile hegten und Ehen mit fremdstämmigen Frauen, vor allem mit Nordafrikanerinnen, eingingen. So hatte auch Hannibal eine Ibererin geheiratet. Durch solche Mischehen war es für Karthago leichter, sich in die Gemeinschaft der Völker am westlichen Mittelmeer einzugliedern.

„Sie waren mächtig wie die Griechen und reich wie die Perser"

Der Grieche Appian, von dem diese Worte stammen, verglich die Karthager mit den beiden berühmtesten Völkern, die man bis zu seiner Zeit kannte. Doch die Herrschaft der Karthager hatte nichts gemein mit den riesigen Imperien, die die Perser und später Alexander durch Waffengewalt errichtet hatten. Die punische Hauptstadt mußte zwar Kriege gegen Rom führen, versuchte aber nie, sich als Militärmacht zu etablieren.

Gewiß, Karthagos Flotte war gefürchtet, und noch heute sind an der Küste bei Salammbo Lagunen an der Stelle zu sehen, wo sich einst der *Kothon*, der künstliche Hafen der Stadt, befand. Mit *Kothon* bezeichneten die antiken Autoren den fast rechteckigen Handelshafen und den durch einen schmalen Kanal mit ihm verbundenen runden Kriegshafen. In der Mitte dieses inneren Hafens lag die Admiralitätsinsel, und die dortigen Hafenanlagen boten Raum für 200 Schiffe.

Nachdem Karthago im westlichen Mittelmeer zur bedeutendsten Seemacht aufgestiegen war, duldete es dort keinen Rivalen mehr neben sich. Es sorgte für Ruhe und Ordnung auf dem Meer, damit niemand seine Handelsschiffe behelligte, verteidigte seine Faktoreien und Kolonien und verbot allen anderen Mächten, in seinen Einflußzonen im westlichen Mittelmeer und im Atlantik Handel zu treiben, oder hinderte sie daran.

Im Kriegsfall warb die Republik Söldner an. Die punischen Heere standen manchmal unter dem Befehl hervorragender Strategen. Hamilkar Barkas und vor allem sein Sohn Hannibal waren geniale Feldherren und zählen

KARTHAGOS HANDELSIMPERIUM

Als Nachfolgerin von Tyrus erweiterte Karthago das phönikische Handelsnetz im westlichen Mittelmeer. In seinem Einflußbereich beherrschte es den Markt, auf dem es die Rohstoffe – vor allem die wertvollen Metalle Gold, Silber, Zinn, Kupfer – aufkaufte und die Erzeugnisse seiner Industrien – Keramik, Textilien, Waffen und andere Metallprodukte, Glaswaren, Schmuck – verkaufte.

Die punischen Schiffe liefen viele Häfen an der Küste Nordafrikas an, von Leptis Magna in Tripolitanien bis Mogador (Es-Saouira) an der marokkanischen Atlantikküste. Gleichzeitig wurden auch Kontore und Kolonien in ganz Südspanien, von Akra Leuke (Alicante) bis Gades (Cádiz), gegründet, ebenso auf den Balearen und Sardinien, das ganz zum punischen Einflußbereich gehörte, im westlichen Sizilien (den größeren Ostteil der Insel wie auch Unteritalien hatten die Griechen kolonisiert) und auf den kleinen Inseln Malta, Gozo, Lampedusa und Pantelleria, die als Zwischenstationen von den Seefahrern angelaufen wurden. Kurz, die Karthager hatten ihr Handelsimperium mit einem Netz von Seeverbindungen überspannt.

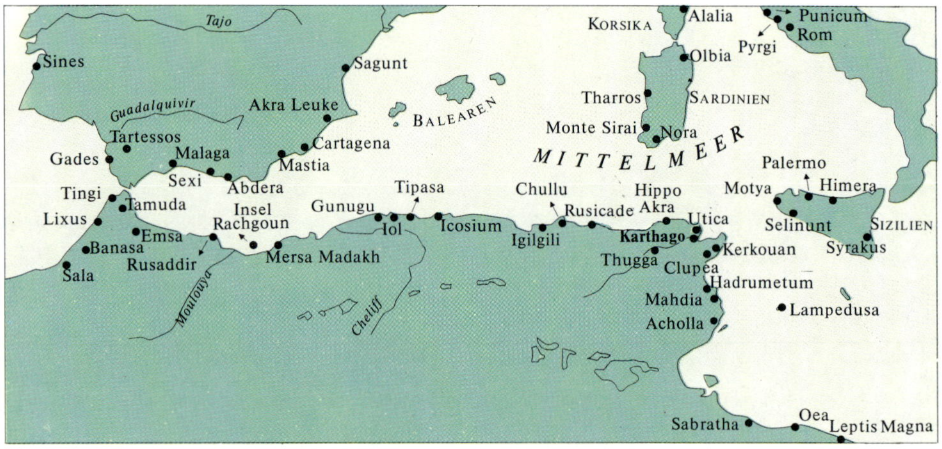

zu den berühmtesten Heerführern der Antike. Die Söldner kamen aus allen Mittelmeerländern. Am zahlreichsten vertreten waren jedoch Nordafrikaner und Iberer.

Die wachsende Handelskonkurrenz der aufstrebenden Großmacht Rom veranlaßte die Karthager, die kluge Geschäftsleute waren, einen Teil der Gewinne in der Landwirtschaft zu investieren. Viele Kaufherren verwandelten sich in Gutsbesitzer. Sie nahmen den Grund und Boden der einheimischen Nordafrikaner in Besitz, vor allem im reichen Tal des Flusses Medjerda und im Hügelgebiet des tunesischen Sahel, und bildeten bald eine Art punischer Landadel.

Schon lange vorher hatte sich übrigens Karthago die fruchtbare Halbinsel Kap Bon mit ihren Gärten, Wein- und Obstpflanzungen – Oliven-, Granatapfel- und Feigenbäumen – angeeignet. Zu diesen landwirtschaftlichen Erzeugnissen, die auf die Märkte der Hauptstadt flossen, kam ein reichhaltiger Viehbestand. Die Dörfer in dieser dichtbevölkerten Gegend entwickelten sich zu kleinen Marktflecken wie etwa das hübsche Städtchen Kerkouan an der Ostküste des Kaps.

Ein Handelsimperium in Spanien

Als Karthago nach dem 1. Punischen Krieg seine Territorien in Sizilien und später auch Sardinien und Korsika verlor, glich es durch die Bemühungen des Hamilkar Barkas und seiner Familie diese Gebietsverluste aus, indem es die Südhälfte Spaniens besetzte, wo 221 v. Chr. Cartagena (Neu-Karthago) gegründet wurde. Damit legten die Punier zugleich die Hand auf die Bodenschätze des Landes, insbesondere auf die Silberminen von Tartessos in der Sierra Morena. Denn solange Karthago existierte, brachten seine Händler, die ebenso geschickte und furchtlose Seefahrer waren wie ihre phönikischen Ahnen, die wertvollen Metalle Eisen, Kupfer, Zinn, Silber und Gold, auf denen sich der sagenhafte Reichtum der großen mittelmeerischen Metropole gründete, wo immer sie konnten, in ihren Besitz.

In Wirklichkeit also war das karthagische Reich nichts anderes als ein riesiges, durchorganisiertes Handelsimperium, dem die beste Flotte der damaligen Zeit zur Verfügung stand. Seine Grundlagen waren ein dichtes Netz von Schiffahrtslinien sowie eine Kette von Hafenplätzen entlang der nordafrikanischen Küste, in Südspanien und auf allen Inseln des westlichen Mittelmeeres. Sogar am Atlantik besaß es Stützpunkte, von denen seine Schiffe laut alten Reisebeschreibungen – es handelt sich um die Berichte über die Fahrten Hannos und Himilkos – bis zur Küste von Rio de Oro und vielleicht in den Golf von Guinea einerseits und Cornwall und Irland andererseits vorstießen.

Aufgrund seines hervorragend organisierten Handels war Karthago mehrere Jahrhunderte lang das größte Ein- und Ausfuhrzentrum im westlichen Mittelmeer. Faktoreien und Kontore vertraten die Unternehmen der Hauptstadt und tauschten ihre Waren – Erzeugnisse der punischen Industrie, aber auch Artikel griechischer, italischer und orientalischer Herkunft – gegen Edelmetalle und andere Produkte. Bei allen nicht in Karthago hergestellten Gütern berechneten sie hohe Provisionen. Da ihre Industrien denen ande-

Die Platte des goldenen Ringes (unten links) zeigt einen Heros – vielleicht auch den Gott Melkart –, der einen Löwen bezwingt. Der Ring wurde in der Nekropole von Bordj Jedid (etwa 6. Jahrhundert v. Chr.) gefunden.

Schwere goldene Ohrringe wie dieser aus Utica (unten rechts), den zwei Schlangen und Palmetten schmücken, wurden oft paarweise als Ohrschmuck an Anhängern getragen.

rer Länder technisch überlegen waren, hatten die Punier Märkte erobert, auf denen sie ihre Produkte absetzten und sich billig – bei primitiven Völkern manchmal im stummen Tauschhandel – exotische Waren, Erze und andere Rohstoffe für ihre Gewerbebetriebe besorgten.

Massenprodukte und Kunstwerke

Die Industrie- und Handwerksbetriebe hatten sich auf die Massenproduktion von Artikeln minderer Qualität – vor allem Nippsachen und Glaswaren – spezialisiert. Es existierte jedoch auch eine eigenständige karthagische Kunst. Beispiele davon sind viele Fundstücke in den Museen, an denen man auch die verschiedenen Herstellungstechniken der Punier kennenlernen kann.

Unter den Handwerkern gab es neben den Schmieden und Waffenherstellern, die in Kriegszeiten für die staatlichen Arsenale arbeiteten, viele Tischler und Zimmerleute. Die meisten waren vermutlich auf den Werften beschäftigt, wo sie Schiffe bauten oder ausbesserten; der Rest fertigte Möbel an. Die karthagischen Gräber, in denen man viele Gebrauchsgegenstände gefunden hat, enthielten auch kleine Kalksteinmodelle des herkömmlichen Mobiliars: niedrige Tische, Hocker, Stühle mit Rückenlehnen und große Holztruhen, in denen das Familienvermögen aufbewahrt wurde.

Schon die Phöniker hatten sich als Weber – sie erzeugten Wollstoffe und Leinen – und Färber einen Namen gemacht. Auch der berühmte Purpur Phönikiens war in der karthagischen Welt wohlbekannt.

Aber die verbreitetste Industrie in Karthago war gewiß die Töpferei. Unter den Gebrauchsgegenständen, die in riesigen Mengen aus den Brennöfen der Töpfer kamen, seien neben Geschirr und Gefäßen aller Art ganz besonders die Statuetten, eigenartige glocken- oder vasenförmige Figürchen, die Frauenbüsten und die Männermasken erwähnt. Diese Terrakottaskulpturen, darunter Masken mit fratzenhaft verzerrten Zügen, wurden an den Hauswänden oder in den Grüften aufgehängt, um böse Geister abzuschrekken. Auch die Glasmacher stellten solche Amulette her. Außer Vasen, Parfüm- oder anderen Fläschchen formten sie kleine Masken aus Glaspaste. Diese Schmuckstücke, die oft in Halsbänder

Wie den Terrakottamasken schrieb man auch diesen kleinen Masken (Höhe 4–7 cm) aus farbiger Glaspaste magische Kräfte zu. Die erstaunlich ausdrucksvollen Gesichter (Haar und Bart in gedrehten Locken) sind wahre Kleinode, die als Amulette getragen und manchmal in Halsbänder eingefügt wurden.

eingefügt wurden, sind manchmal wahre Kleinode. Man weiß nicht, was man mehr bewundern soll, die feine Formgebung, die erstaunliche Ausdruckskraft oder die herrlichen Farben: Weiß, ein strahlendes Rot, Schwarz, Braun, Himmelblau, Grün, ein leuchtendes Gelb, Türkis.

Unter den Schmuckstücken sind auch die erlesenen Werke der Goldschmiedekunst hervorzuheben, darunter Anhänger, Medaillons, mit Saphiren besetzte Armbänder, Spangen, schwere, kunstvoll ziselierte Ohrringe sowie Fingerringe, in deren Platten glückbringende oder religiöse Zeichen eingraviert sind.

Auch dürfen wir die Skarabäen aus Glas, Jaspis, Karneol, Lapislazuli oder Achat nicht vergessen, die zu Hunderten in den Gräbern gefunden wurden. Man hatte sie neben ihre Besitzer gelegt, die sie im Leben zuweilen als Siegel benutzt hatten und denen sie nun im Tod als Talisman dienen sollten. Künstlerisch vollendet sind auch die Goldblättchen mit eingravierten religiösen Szenen und Formeln, die erlesenen Elfenbeinarbeiten, die Spiegel und die bronzenen Rasiermesser, die einem magischen Zweck dienten, die Halsketten, von denen jedes Einzelstück – Mondsichel aus Türkis und Scheiben aus Hyazinth – ein kleines Kunstwerk darstellt.

Kinderopfer

Trotz aller Untersuchungen über den religiösen Fanatismus der Karthager, wie man die punische Religiosität genannt hat, wissen wir nur sehr wenig über ihre Religion und ihre Kulthandlungen. Die griechischen und römischen Autoren, die darüber berichten, waren Laien auf diesem Gebiet und sahen nur die äußeren Aspekte der ihnen fremden Glaubensvorstellungen. Die spärlichen Überreste von punischen Heiligtümern geben wenig Aufschluß über die Sakralarchitektur. Bei der Zerstörung Karthagos im Jahr 146 v. Chr. wurde auch die Bibliothek mit allen punischen Texten vernichtet. Damit gingen sämtliche mythologischen Erzählungen verloren, die Auskunft über die Religion hätten geben können. So bleiben uns nur die Grabinschriften auf den Tausenden von Stelen, die man im Siedlungsgelände von Karthago ausgegraben hat.

Diese Epitaphien enthalten die Namen verschiedener Gottheiten: Eschmun; Melkart (= Herr der Stadt), der mächtige Schutzherr von Tyrus; die Göttin Aschtart (Astarte) und andere. Aber keine wurde so sehr verehrt wie Tanit, die mit dem Gott Baal Hammon verbunden war. Der Name dieses Gottes bedeutet wahrscheinlich Herr des Räucheraltars. Die Grabinschriften wiederholen praktisch immer wieder das gleiche: Auf die Namen der beiden höchsten Gottheiten folgen der Name, manchmal auch der Beruf des Stifters und zum Schluß eine kurze Segensformel. Zahlreiche Stelen tragen das berühmte sogenannte Zeichen der Tanit, eines der häufigsten religiösen Symbole in Karthago. Vermutlich glaubte man, daß dieses Bildzeichen wie ein Talisman Unheil abzuwenden vermochte. Es handelt sich um ein gleichschenkliges Trapez mit einer Scheibe, die durch einen Querbalken voneinander getrennt sind. Es gibt jedoch bis heute keinen konkreten Anhaltspunkt dafür, daß dieses Ideogramm sich speziell auf Tanit bezog.

Den Kult organisierte eine streng hierarchisch gegliederte, einflußreiche Priesterschaft, der sowohl Männer als auch Frauen angehörten. Jeder Tempel hatte einen Oberpriester, der über einer Anzahl von Unterpriestern stand. Die Geistlichen, die lange Leinengewänder trugen, sorgten für den reibungslosen Ablauf der komplizierten Riten und führten den Vorsitz bei den Opferfeiern. Für ihr Amt erhielten sie einen Teil des Fleisches vom Altar und eine Opfergabe in Silber, je nach der Bedeutung des Opfertiers.

Um die stets launischen Götter gnädig zu stimmen, wurden Menschenopfer – manchmal waren es Kriegsgefangene – dargebracht. So etwa warfen die Karthager im Jahr 307 v. Chr. nach einem Sieg über Agathokles, den Tyrannen von Syrakus, dessen Truppen einige Jahre zuvor in Afrika gelandet waren, die schönsten Gefangenen ins Feuer. Im Jahr 409 v. Chr. hatte der Magonide Hannibal nach der Einnahme von Himera in Sizilien 3000 gefangenen Gegnern an der gleichen Stelle, wo sein Ahne Hamilkar 480 v. Chr. getötet worden war, die Kehle durchschneiden lassen.

Die im eigentlichen Sinn rituellen Menschenopfer oder *Mol'k* (Moloch in der Bibel) waren für Baal Hammon bestimmt. Geopfert wurden meist Kinder. Die Eltern weihten dem Gott ihre Lieblingskinder, Söhne oder Töchter. Die antiken Autoren, denen wir diese Informationen verdanken, Diodor von Sizilien, Plutarch und Tertullian, stellen diese Art Opfer nicht als ein vorgeschriebenes und übliches Ritual hin. Dazu sei gesagt, daß Menschenopfer auch bei anderen Völkern des Altertums nicht unbekannt waren.

Doch in Karthago erscheinen diese Ritualmorde besonders barbarisch, da man bei bestimmten Gelegenheiten, besonders bei nationalen Notlagen, Hunderte von Menschen als Opfer dahinschlachtete und verbrannte – im Jahr 310 v. Chr., als Agathokles, der Tyrann von Syrakus, in Nordafrika gelandet war, 500 Kinder – und das *Mol'k* als staatliche Institution galt. Als den Karthagern im Lauf der Jahrhunderte die Grausamkeit dieses archaischen Rituals bewußt wurde, brachten sie immer häufiger tierische Ersatzopfer wie das *Molchomar* (= Lammopfer) dar. Doch das *Mol'k* verschwand nie ganz, und die punisierten Bewohner des römischen Afrikas behielten es insgeheim noch lange bei.

Die Opferzeremonie, die nachts vor dem Standbild des Baal Hammon abgehalten wurde, ist uns nur teilweise aus griechischen und lateinischen Texten bekannt. Die Eltern kamen mit ihrem

Auf dieser Opferstele aus dem 5.–4. Jahrhundert v. Chr. ist ein Priester eingraviert, der die rechte Hand in Betergeste erhebt und in der linken ein Kind zum Feueropfer trägt.

Teilansicht des Tophets, eines umfriedeten heiligen Bezirks in Karthago, wo einige der zu Tausenden in verschiedenen Schichten gefundenen Weihdenkmäler (Stelen, Ascheurnen) zusammengetragen wurden (7.–2. Jahrhundert v. Chr.).

Kind, das neugeboren oder jedenfalls jünger als zwei Jahre alt war. Ältere Kinder bildeten die Ausnahme. Wichtig war, daß das Opfer in einer festlichen Atmosphäre stattfand. Flöten- und Tamburinspieler begleiteten die heilige Handlung, und die Mutter mußte dafür sorgen, daß ihr Kind nicht durch Weinen die Feier störte. Im gegebenen Augenblick trug ein Priester das Opfer fort.

Vermutlich wurde dem Kind dann nach einem geheimen Ritual die Kehle durchgeschnitten und sein Körper in die herunterhängenden Hände der Bronzestatue der Gottheit gelegt. Von hier rollte er in die Feuerglut.

Die Asche und die verkohlten Gebeine wurden in Urnen gelegt und in einer ausgedehnten heiligen Stätte beigesetzt, die von modernen Historikern *Tophet* genannt wird, ein Ausdruck, den sie der Bibel entlehnt haben. Die Archäologen haben in punischen Städten in Afrika, aber auch in Sizilien und Sardinien Tophets freigelegt. Der Tophet von Karthago erstreckt sich als breiter Streifen über etwa 2 ha westlich vom antiken Handelshafen. Von den Zehntausenden von Urnen, die hier in mehreren Schichten übereinanderliegen, hat man bereits Tausende ausgegraben.

Diese Tongefäße auf dem Feld der Opfer waren so etwas wie Behälter von

In diesem Gewölbe des Tophets, das aus der Römerzeit stammt, sieht man links einen Altar – die Urne darauf enthielt den Leichenbrand eines geopferten Kindes –, ferner einige Stelen, von denen die in der Mitte das Symbol der Gottheit trägt.

Das berühmte und in Karthago sehr verbreitete Zeichen der Tanit schmückt hier als Mosaik den Boden des Hauses in der punischen Stadt Kerkouan (Kap Bon).

Reliquien, deren Kraft für immer lebendig blieb. Sie legten dem Himmel gegenüber Zeugnis ab von dem großartigen Brandopfer und erflehten als Gegenleistung für Karthago den Schutz des furchtbaren Baal.

Aber alle Opfer reichten nicht aus, um das heraufziehende Unheil zu bannen. Durch die Punischen Kriege – so wurden sie schon von den Römern nach ihren Hauptfeinden genannt – zerbrach Karthagos Macht.

Nach dem 1. Punischen Krieg (264–241 v. Chr.) verlor Karthago seine Stellung als Herrin des westlichen Mittelmeeres, und die großen Inseln fielen Rom zu. Aber der Stadtstaat erholte sich von dem Schlag und errichtete unter der Familie der Barkiden in Spanien ein Kolonialreich.

Es folgte der 2. Punische Krieg (218–201 v. Chr.), der trotz Hannibals militärischen und politischen Genies mit einer Niederlage endete. Unterstützt von der Reiterei des Numidierkönigs Masinissa, gelang es dem römischen Feldherrn P. Cornelius Scipio Africanus, die Karthager bei Zama zu besiegen. Karthago behielt danach nur sein ursprüngliches Gebiet und war nun seinem numidischen Nachbarn auf Gedeih und Verderb ausgeliefert.

Schließlich kam mit dem 3. Punischen Krieg (149–146 v. Chr.) das Ende, wie es der alte Cato zum Abschluß seiner Senatsreden immer wieder mit den bekannten Worten gefordert hatte: „*Ceterum censeo Carthaginem esse delendam*" (Im übrigen meine ich, daß Karthago zerstört werden muß).

Im Frühling des Jahres 146 v. Chr. fiel Karthago in Schutt und Asche. Die Lebenden und die Toten wurden unter seinen Mauern begraben, und P. Cornelius Scipio Aemilianus, der siegreiche römische Feldherr, sprach über den rauchenden Trümmern der alten Hauptstadt den rituellen Fluch, um sie für immer den Göttern der Unterwelt zu überantworten.

Aber Elissas Kart-Hadascht hatte – zunächst durch seine Sprache und seine religiösen Anschauungen – zuerst seine afrikanischen Besitzungen, später auch Südspanien, Westsizilien und Sardinien geprägt, wo sich eine gemischte, doch von Grund auf eigenständige Kultur entfaltete. Lebt dort nicht noch immer, vor allem im modernen Tunesien – einem wichtigen Bindeglied zwischen Ost und West –, der Geist Karthagos?

François Decret

Grabstätten der Altainomaden

PASYRYK

Die durch das Eis konservierten Kleider, Pelze und Teppiche aus den Kurganen von Pasyryk lassen die Welt vor uns erstehen, in der die Altainomaden vor zweieinhalbtausend Jahren gelebt haben.

Mitten im Herzen Asiens, dort wo jetzt die Sowjetrepublik Kasachstan, China und die Mongolei aneinandergrenzen, liegt das mächtige Altaigebirge. Über 4500 m erheben sich seine zerklüfteten Kämme, die durch tiefe Täler voneinander getrennt sind. Auch heute noch ist es dünn besiedelt, und nur Viehzüchter durchstreifen mit ihren Herden dieses Gebiet, das sich seit dem Altertum wohl kaum verändert hat. Frühere Besiedlung verraten nur vereinzelte Gruppen verschieden großer, mit Steinen bedeckter Grabhügel, sogenannte Kurgane, wie man sie auch sonst in den weiten Steppen zwischen Altai und Donau findet.

Schon in der Mitte des 19. Jahrhunderts hatte der deutsche Wissenschaftler Wilhelm Radloff zwei der größten Hügel untersucht und zu seiner Überraschung darin Kleidungsstücke und Pelze gefunden, die durch die Kälte ausgezeichnet konserviert waren. Die sensationellsten Entdeckungen machten jedoch russische Wissenschaftler in unserem Jahrhundert, als sie in 1600 m Höhe bei Pasyryk eine Gruppe von fünf riesigen und mehreren kleineren Kurganen erforschten.

Die Entdeckung der Gräber

Nachdem Archäologen unter Leitung von S. I. Rudenk die Stein- und Erdmassen des ersten Hügels abgetragen hatten, sahen sie, daß der Boden darunter hart gefroren war. Mit großer Mühe räumten sie einen 4 m tiefen Schacht aus und stießen auf eine große, solide gezimmerte Kammer aus dicken Baumstämmen. Als sie schließlich in diesen Raum eindrangen und das schmelzende Eis den Inhalt freigab, glaubten sie ihren Augen nicht trauen zu können. Sie sollten aus dem Staunen nicht herauskommen. Als eindrucksvollster von allen Kurganen erwies sich nämlich dann der zweite. Die Innenwände seiner Grabkammer waren mit braunem, farbig gesäumtem Filz bezogen. An einer Seite stand ein über 4 m langer Sarg aus einem ausgehöhlten Lärchenstamm. Die Überreste zweier Leichname, eines Mannes und einer Frau, lagen ein Stück weiter weg. Durch die Kälte

und die Einbalsamierung hatten sich ihre Gesichtszüge, ihr Haar und sogar ihr Fleisch erhalten. Um sie herum verstreut fanden sich zahlreiche Gegenstände, die sie in den Tod begleitet hatten. Fasziniert beobachteten die Ausgräber, wie das Eis nach und nach fast unversehrte Teppiche, Wandbehänge, Kleidungsstücke, Pelze, Holzmöbel, Lederbeutel und -taschen sowie kleine Gegenstände aus Knochen oder Horn freigab.

Hinter der Kammer lagen sieben Pferdekadaver. Ihre gestutzten Mähnen steckten in bunten Filzbehältern, und ihre Schwänze waren sorgfältig geflochten. Ferner fanden sich Teile von prächtigem Sattel- und Zaumzeug: kostbare Satteldecken; mit Holzbögen versteifte Lederpolster; Masken, die fast ganz den Kopf bedeckten; Trensen; Zügel und Geschirriemen, von denen tiergestaltiger, mit Goldfolie überzogener Holzschmuck herabhing.

Aber die Archäologen waren leider nicht die ersten, die hier fündig wurden. Grabräuber, die anscheinend sehr genau die räumliche Anlage der Gräber kannten und wußten, was sie enthielten, hatten sich bald nach der Bestattung Zugang verschafft und die wertvollsten Metallgegenstände und den Schmuck gestohlen. Sie hatten sich nicht gescheut, die Leichname aus den Särgen zu reißen und ihnen Hände und Füße abzuhacken, um Reifen und Armbänder mitgehen zu lassen, die Finger abzutrennen, um an die Ringe zu kommen, und die Köpfe abzuschneiden, um sich die Halsringe anzueignen. Dann waren sie mit ihrer kostbaren Beute verschwunden, und nichts hatte seither die Ruhe dieser Stätten gestört. Der Herbstregen drang nun ungehindert durch den Tunnel, den die Räuber gegraben hatten, in das Grab ein. Jahr um Jahr verwandelte der innerasiatische Winter dieses Wasser in Eis, das die Steinabdeckungen des Kurgans wirksam vor den Strahlen der Sommersonne schützte, so daß es nicht mehr schmolz. So blieb im Eis alles erhalten, was die Räuber liegengelassen hatten.

So bieten uns die vereisten Hügelgräber von Pasyryk praktisch das umgekehrte Bild, das sich in den skythi-

Der Reiter auf dem Wandteppich aus Filz aus dem fünften Grab in Pasyryk ist mit einem bestickten Kaftan und einem Umhang bekleidet, der ihm um die Schultern flattert. Er reitet – ohne Steigbügel, aber mit Sattel – ein sorgfältig gezäumtes Pferd. Die Mähne des Tieres ist gestutzt und das Schwanzhaar geflochten (5. Jahrhundert v. Chr.).

Auf der Filzapplikation aus dem ersten Kurgan von Pasyryk sieht man, wie ein Adlergreif sich auf einen Widder stürzt. Diese sehr schwungvoll ausgeführte Szene schmückte eine Satteldecke aus rotem Filz (5. Jahrhundert v. Chr.).

schen Kurganen der Ukraine und der Schwarzmeerküste zeigte. Dort hatte die Zeit, selbst wenn die Gräber unangetastet geblieben waren, ihr Werk getan. Die Leichen waren verwest; Stoffe, Leder und Holz längst vergangen. Von den Körpern zeugten nur noch die Skelette und von den prächtigen Grabbeigaben der goldene Schmuck und die unzerstörten Metallteile. Es war sozusagen die Schale geblieben, aber die Seele fehlte. Dieser metallisch blassen Welt steht in Pasyryk die eindrucksvolle physische Gegenwart der Leichname gegenüber, die samtige Weichheit der Kleidungsstücke, der Flausch der Teppiche, das seidige Haar der Pelze, die lebendige Wärme der gemaserten Hölzer und vor allem die prachtvollen Farben. Eine ganze Welt ersteht gerade in ihren vergänglichsten Aspekten wieder vor unseren Augen.

Die Skythen und die Altaileute gehörten dem gleichen Kulturkreis an. Sie waren nicht nur Zeitgenossen, sondern führten auch das gleiche, auf der Viehzucht basierende Nomadendasein, in dem das Pferd von größter Bedeutung war. Obwohl die Skythen des Dnjepr Tausende Kilometer von ihren Vettern im Altai entfernt lebten, standen sie diesen viel näher als den Griechen der Städte am Schwarzen Meer, die ihre unmittelbaren Nachbarn waren. Was Herodot uns von den Bräuchen dieser Skythen berichtet, die er im 5. Jahrhundert v. Chr. an den Küsten des Schwarzen Meeres aufsuchte, wird oft besser durch die Funde aus dem Altai belegt als durch die aus den eigentlichen skythischen Kurganen. Und wenn er von diesen geheimnisvollen fernen Gegenden spricht, von der Heimat der kahlköpfigen Argippaier, der sagenhaften Bergwelt der goldhütenden Greife und der einäugigen Arimaspen, glaubt man die Beschreibung eines fast unzugänglichen, unwirklichen Landes, eines barbarischen Eldorados zu lesen. Aber bedeutet Altai in den Turksprachen nicht Goldgebirge?

Lager im Altai

Das Nomadentum der Steppenvölker ist nicht ein rein zufälliges Umherziehen. Es hängt vielmehr damit zusammen, daß die Herden Gras und Wasser brauchen. Wo das Vieh sein Futter findet, verfügt der Mensch über Fleisch und Milch, Wolle und Leder, also über alles, was er zum Überleben braucht. Wird jedoch das Gras knapp, muß man sich neue Weidegründe suchen. Die ganze Sippe machte sich dann mit ihrer Herde auf den Weg, brach zu bisweilen langen Wanderungen auf. Sie lud ihre ganze Habe auf Pferde oder Wagen, wie es die Kaschkai und Bachtiaren im Iran und die Nomaden der Mongolei noch heute tun.

Im Altai waren die Wanderungen vor allem jahreszeitlich bedingt; das hat mit den Höhenunterschieden des Ge-

So sieht im Sommer die Grabungsstätte Pasyryk in einem Hochtal des Altaigebirges aus, wo unter aufgewühlten Steinhaufen uralte Gräber liegen.

birges zu tun. Diese Transhumanz führte manchmal zu einer vorübergehenden Seßhaftigkeit. Im Frühling verließ man den Ort, an dem man überwintert hatte. Menschen und Herden zogen auf der Suche nach saftigen Wiesen die Täler hinauf, deren Hänge mit Lärchen und anderen Nadelhölzern bestanden waren. Da und dort erhoben sich mit gelbroten Flechten bewachsene Felsblöcke, dann kamen die Almen, wo die Herden gemischt weideten: Pferde und Schafe, aber auch Rinder, Yaks und Ziegen, die sich wohl des öfteren bis hinauf an die Schneegrenze verirrten. Der Sommer war kurz, verhältnismäßig trocken und kühl, mit sehr kalten Nächten. Der Pflanzenwuchs glich dem der Steppe: eine ziemlich kurze Grasnarbe, die sich im Frühling mit vorwiegend blauen Blumen überzog.

Man schlug das Lager auf. Schnell wurden über Gittergerüste die kreisrunden Filzzelte gespannt, jene Jurten, die noch immer von der Mongolei bis nach Nordafghanistan benutzt werden. Es gab auch kegelförmige Hütten wie noch heute im Altai. Sie bestanden aus Filz, Lärchen- oder Birkenrinde über einem leichten Gerüst und lehnten manchmal an einem Baum. Herodot sagt von den Argippaiern: „Jeder wohnt unter einem Baum, den er im Winter mit dichtem, weißem Filz umhüllt. Im Sommer fehlt diese Hülle."

An die Stelle des Mobiliars traten Teppiche, Tierfelle und Filz-, Leder- oder Pelzkissen, die mit Tierhaar oder trockenem Gras gefüllt waren. Diese Ausstattung aus Teppichen und Wandbehängen wirkte sehr prächtig und schützte vor Wind und Kälte. Neben großen Filzplanen mit leuchtendbunten Applikationen sind zwei Fundstücke von besonderem Interesse: Das eine ist ein etwa 1,9 mal 2 m großer geknüpfter Wollteppich mit rotem Grund, auf dessen Randstreifen zwischen geometrischen Mustern und Greifen weidende Damhirsche und ein Zug Reiter dargestellt sind. Was diese Bilder, die gewiß nicht nur als Ornamente gedacht waren, bedeuten, weiß man nicht. Auf jeden Fall steht er den persischen Teppichen in keiner Weise nach. Er ist vielmehr ihr direkter Vorfahr und wurde mit Sicherheit aus dem achaimenidischen Iran eingeführt.

Bei dem anderen Stück handelt es sich um eine kunstvoll gearbeitete Satteldecke. Ihr roter und blauer Filzrand ist mit Ledereinlagen, Gold- und Zinnbelägen prächtig verziert. Sechs dicke Büschel Yakhaare verleihen dieser Schabracke ein besonders barbarisches Aussehen. Die eigentliche Satteldecke besteht dagegen aus feinster, hellbeiger Chinaseide und ist mit Fasanen bestickt, die zwischen mehrfarbigen Blütenzweigen einherstolzieren. Sogar in China waren Seidenstoffe dieser Qualität eine Seltenheit und gehörten zur Aussteuer der Hofdamen. Vielleicht war der Stoff Teil der Mitgift einer chinesischen Prinzessin, die der Kaiser mit einem der Barbarenfürsten verheiratete, gegen deren Überfälle die Große Mauer gebaut wurde.

In diesem mit Holzbalken verkleideten unterirdischen Raum eines Kurgans in Pasyryk stand der große Sarkophag, der aus einem Lärchenstamm ausgehöhlt worden war. In dieser Grabkammer wurden die den Verstorbenen zugedachten Gaben und die Totennahrung neben den Leichnam gelegt. Hinter einer Holzwand fand man die Überreste der geopferten Pferde.

Die beiden Funde beweisen, daß die Altainomaden mit der übrigen antiken Welt an der Seidenstraße, die jahrhundertelang Orient und Okzident verband, Beziehungen unterhielten.

Obwohl man am Boden aß, trank und schlief, gab es ein Minimum an Möbeln. Man hat in Pasyryk sehr praktische kleine Holztische gefunden. Ihre Platte ist abnehmbar und wird von vier Beinen in Form aufrechtstehender Löwen getragen. Die ovalen Tischplatten sind leicht ausgehöhlt und dienten als Schüsseln. Man hat darin Reste von Hammelfleisch gefunden, das einem Verstorbenen als Totenspeise mitgegeben worden war. Die in Tischbeine und -platten zerlegten Möbel konnten leicht transportiert werden. Man hat auch niedrige fell- oder pelzüberzogene Holzhocker gefunden sowie ganz kleine rechteckige Holzkissen mit abgerundeten Ecken und einer Einbuchtung in der Mitte, die an die harten Kissen japanischer Machart erinnern.

Zum Hausrat zählen auch Tonkrüge, Holzgefäße und vor allem zahlreiche Gegenstände aus Leder: kleine und große Taschen, Beutel, Fläschchen, Schläuche, Behälter, die oft mit Pelz- oder Lederapplikationen verziert sind und denen ähneln, die man noch heute bei den Steppennomaden sieht.

Die Männer verbrachten den größten Teil ihrer Zeit im Sattel, denn sie hüteten die Herden und gingen auf die Jagd. Sie trugen Fellhosen, die sie in weiche Lederstiefel steckten oder über die sie Filzgamaschen schnallten, ein Hemd aus ungebleichtem Hanf mit grellroter Wollborte und einen Kaftan, der meist aus gewendeten Fellen gemacht war. Man hat ein schönes Männergewand aus Zobel gefunden, dessen Leder sich so samtig anfühlt wie feinstes Wildleder. Es war, wie die afghanischen Hirtenmäntel, durch Stickereien mit ganz kleinen Stichen verstärkt und

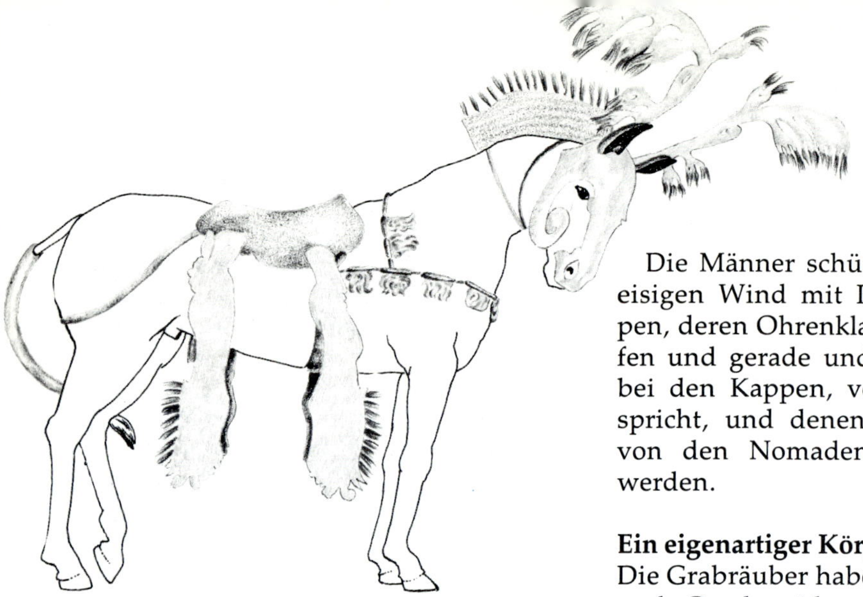

In Pasyryk trugen die Pferde, die den Leichenwagen gezogen hatten und dann geopfert worden waren, manchmal Rentier-, Hirsch- oder Greifenmasken. Dieser Brauch geht vielleicht auf Glaubensvorstellungen aus der Zeit vor der Benutzung des Pferds zurück.

mit Lederapplikationen verziert, die einen Hirsch darstellen. Sein Geweih ist voller Greifenköpfe, deren Augen aus winzigen Goldpünktchen bestehen. Ein anderer Zobelkaftan ist mit einem eingesetzten Mosaik aus Hermelin und mit Dutzenden von Anhängern aus goldplattiertem Holz geschmückt, die dem Kleidungsstück das Aussehen eines schweren Umhangs aus Edelmetall verleihen, obwohl es in Wirklichkeit ganz leicht und warm ist.

Die Frauen nehmen in den Gräbern einen Platz ein, der sie mit ihren Gefährten gleichsetzt. Zu Lebzeiten verließen sie, zumindest die vornehmsten unter ihnen, wohl nur selten ihr Zelt. Man hat einen Frauenmantel aus Fellen des sibirischen Eichhörnchens, die Pelzseite nach innen, gefunden, dessen unterer Rand aus einem breiten Streifen dunklen Fohlenfells bestand. Im übrigen war er mit Fohlen- und Otterfell gesäumt. Zu enge Ärmel, die also lediglich eine Verzierung darstellten, hingen von dem Kleidungsstück herab, das man sich um die Schultern legte. Es war ganz mit Stickereien bedeckt und mit Applikationen aus dunkelrotem Leder versehen, deren Wirkung die eingesetzten vergoldeten Kupferblättchen erhöhten. Zu dem Umhang gehörte eine Art Brustlatz aus Otterpelz, sibirischem Eichhörnchen und Zobel. An den Füßen trug die Frau zwei Paar Socken aus feinem Filz und rote Lederstiefel, die – einschließlich der Schäfte und Sohlen – reich verziert waren. Ihr zu Zöpfen geflochtenes, mit einem dicken Lederzopf und weißen Filzbändern verknüpftes Haar schaute unter einem seltsamen hölzernen Kopfputz hervor.

Die Männer schützten sich vor dem eisigen Wind mit Pelz- oder Filzkappen, deren Ohrenklappen „spitz zulaufen und gerade und steif stehen" wie bei den Kappen, von denen Herodot spricht, und denen, die noch immer von den Nomaden Asiens getragen werden.

Ein eigenartiger Körperschmuck

Die Grabräuber haben zwar die Waffen und Geschmeide mitgenommen, die diese reichen Kurgane vermutlich in großer Zahl enthielten, jedoch nicht einen seltsamen Körperschmuck, dessen sie sich aus gutem Grund nicht bemächtigen konnten. Es handelt sich um die meisterliche Tätowierung, die Arme, Beine und Rumpf des Mannes aus dem zweiten Kurgan bedeckte. Im Unterschied zu den meisten anderen Toten, die europide Körpermerkmale besaßen, fällt dieser Mann durch seine eindeutig mongoliden Züge auf, was hier am östlichen Rand der iranischen Steppen nicht überrascht. Er war etwa 60 Jahre alt, ziemlich beleibt und in jungen Jahren tätowiert worden, denn die Rußzeichnungen, die man einst unter seiner Haut angebracht hatte, waren gut an den Muskelpartien zu sehen, aber nicht mehr dort, wo sich eine Fettschicht gebildet hatte. Ein phantastisches Bestiarium schmiegt sich um die Gelenke und die Muskelrundungen: Hirsche mit Geweihen voller Vogelköpfe, geflügelte Katzen mit zugespitzten Fängen, zwischen Knöchel und Knie ein springender Fisch, während über die Innenseite des Unterschenkels vier Widder laufen. Genau über dem Herzen erscheint der Kopf eines Löwengreifs, der unter der Achsel um den Rumpf des Mannes springt; sein Schwanz rollt sich am Schulterblatt spiralig zusammen. Dieser Recke Löwenherz war übrigens im Kampf gefallen. Bevor er skalpiert wurde, hatten seine Gegner ihm mehrfach den Schädel eingeschlagen, um sich seine Lebenskraft anzueignen – eine Praktik, von der auch der griechische Historiker Herodot berichtet. Doch ehe er bestattet wurde, hatten seine Waffenbrüder ihm eine Perücke angenäht und einen tiefschwarz gefärbten künstlichen Bart aus Roßhaar an seinem Kinn befestigt.

Der Brauch, sich tätowieren zu lassen, wird von den antiken Autoren bestätigt. Sie staunten über diese „nicht abwaschbaren Zeichnungen", auf die ihre Träger stolz zu sein schienen, während die Griechen sie den entehrenden Brandmalen der Sklaven gleichsetzten. Bei den heutigen Kirgisen ist eine Tätowierung Zeichen von Mut und Adel.

Der Mann von Pasyryk trug auf dem Knöchel und zu beiden Seiten der Wirbelsäule eine Reihe tätowierter Punkte. Sie markierten die Stellen, wo die Akupunkteure ihre Nadeln einstachen, um bestimmte Krankheiten zu heilen. Denn die Akupunktur war den alten Völkern Asiens wohlbekannt.

Die Sorgfalt, mit der man die Sohlen der Damenstiefel verzierte – hier sind sie bestickt –, weist darauf hin, daß die Fürstinnen der Altainomaden oft mit untergeschlagenen Beinen saßen, wobei die Fußsohlen nach außen gekehrt waren.

Die Holztischchen aus den Kurganen in Pasyryk konnte man zerlegen. Die leicht ausgehöhlte Platte diente als Schüssel. Man hat darauf Hammelfleisch gefunden, das für den Verstorbenen als Totenspeise bestimmt war.

Die Altainomaden waren nicht nur Viehzüchter, sondern auch Jäger. Zu Pferde, mit Pfeil und Bogen bewaffnet, verteidigten sie ihre Herden gegen Raubtiere und Greifvögel. Aus den Fellen und Häuten der erlegten Tiere wurden die Kleider der Sippe gefertigt. Den Überschuß benutzte man als Tauschware im Handel mit den Nachbarvölkern. Am wertvollsten waren Zobelfelle, aber auch Feh, also das Pelzwerk der sibirischen Eichhörnchen, ferner Otter, Panther, Wildkatze und Hermelin. Schwäne, Wildgänse und Auerhähne lieferten Federn und Daunen. Mit Adlerfedern befiederte man die Pfeile. Eberhauer wurden als Schmuck für Pferdegeschirre verwendet.

Anhänger des Schamanismus

Den Altaileuten war, wie allen Steppenvölkern, die Welt der Tiere außerordentlich nahe und vertraut. Ihre Kunst und, soweit man sie beurteilen kann, auch ihre Glaubensvorstellungen belegen dies. Denn das beliebteste und fast ausschließliche Motiv ihrer Kunst war das Tier. Es wird in den verschiedensten Stellungen abgebildet: So erscheint es zusammengerollt oder die Füße gegen den Boden gestemmt; geduckt oder im Lauf; es widersetzt sich der Form, in die man es zwingt, oder schafft sie. Das durchdringende Auge und der gefährliche Schnabel des Adlers, der geschmeidige Rücken und die scharfen Fänge der Raubkatzen, die schmalen Hufe und das mächtige Geweih der Hirsche, die im schnellfüßigen Lauf zu schweben scheinen, zeugen von einer erstaunlichen Beobachtungsgabe, einem außerordentlichen Talent, die Wesenszüge jeder Tiergattung zu erfassen und wiederzugeben. So als könne man sich durch diese kraftvollen Bilder die Eigenschaften und die Macht der dargestellten Tiere auf magische Weise aneignen.

In diesem Bestiarium nimmt der Hirsch einen bevorzugten Platz ein. Vielleicht weil er ähnlich lebte wie der Mensch, im Rudel, ständig umherschweifend, abhängig von der Weide, der Witterung und dem Wechsel der Jahreszeiten, ist er das Emblem und das Totem der Steppenvölker gewesen. Man fühlte sich ihm aufs engste verbunden, denn er war nicht nur Gegenstand der Jagd, sondern auch Bruder und Menschenersatz bei den schamanistischen Ritualen.

Im großen und ganzen weiß man sehr wenig über die Religion der alten Altaivölker. Keine Kultstätte, kein Text informiert uns über Namen und Funktionen ihrer Götter. Das einzige, was uns darüber bekannt ist, verdanken wir Herodot, der am anderen Ende der Steppe jede skythische Gottheit der nächstentsprechenden griechischen gleichgestellt hat. Der griechische Geschichtsschreiber erklärt übrigens: „Götterbilder, Altäre und Tempel pflegen sie, außer für Ares, nicht zu errichten." Das Heilige war also an keine bestimmte Stätte gebunden. Der in Pasyryk gefundene Lederbeutel, der abgeschnittene Fingernägel und Haare enthielt, ist wohl mit einem magischen Ritual in Verbindung zu bringen. Manches weist darauf hin, daß sakrale Handlungen praktiziert wurden, die denen des Schamanismus, der bei den Völkern der Mongolei und Sibiriens ausgeübt wurde, sehr stark ähnelten.

Über den Sattel warf man eine meist schön verzierte Decke. Die hier abgebildete Satteldecke besteht aus rotem Filz und ist mit Behängen in Form von Widderköpfen versehen, deren gekrümmte Hörner von langen fuchsroten Haarbüscheln gesäumt sind (5. Jahrhundert v. Chr.).

Der Schamane ist Priester, Zauberer und Heilkundiger in einer Person. Er verfügt über Kräfte, die ihn zum Mittler zwischen den Menschen und dem Übernatürlichen machen, und er kann mit den geheimen Kräften der sichtbaren und unsichtbaren Natur in Verbindung treten. Für seine Reise in die Welt der Geister macht der Schamane aus dem Tier sein Reitpferd und seinen Stellvertreter, indem er ein Hirschgeweih an seinen Schultern oder auf dem Kopf befestigt. Den ekstatischen Zustand führt er mit Hilfe psychophysischer Techniken herbei, bei denen Rauschmittel und Musik eine Rolle spielen. In Pasyryk hat man nämlich in zwei Gräbern Geräte zum Haschischrauchen gefunden. Kleine Bronzekessel enthielten zwischen ausgeglühten Steinen verkohlte Hanfkörner. Über den Gefäßen standen noch die Stützstäbchen des Miniaturzelts aus Leder, in dem sich die Dämpfe sammelten. Es handelt sich also um ein Inhalationsgerät. All das entspricht der Beschreibung der Zeremonie durch Herodot. Man hat übrigens auch Trommeln gefunden, bei denen das Fell über einen Klangkörper aus Horn gespannt war. Solche Trommeln werden heute noch in Tibet, Afghanistan und im Iran verwendet. Auch eine Art Laute mit mehreren Saiten wurde geborgen.

Selbst wenn diese Instrumente nicht bei Beschwörungsritualen benutzt wurden, zeugt die Tatsache, daß man sie in den Gräbern fand, von der Bedeutung der Musik in der Kultur der Altainomaden.

Denn es handelt sich tatsächlich um eine Kultur. Wir Seßhaften betrachten als Grundlage jeglicher Kultur die Stadt. Das mag bis zu einem gewissen Grad zutreffen, wenn man bedenkt, daß ja die meisten Plätze, an denen sich eine Kultur entwickelte, stadtähnliche oder städtische Siedlungen waren, in denen die dort verwurzelten Menschen generationenlang lebten. Die Archäologen erforschen dort die Abfolge der Zeiten anhand der übereinander liegenden Kulturschichten, untersuchen die verschachtelten Mauerreste und die aufgehäuften Scherben und Trümmer.

Von ganz anderer Natur sind die Kurgane, die wie kleine Hügel aus der Steppe ragen. Sie sind nichts anderes als die letzte Station einer ständigen Wanderung, die hier zum Stillstand kam. Die Dimension, die diese Gräber verkörpern, ist die des Raums, der unendlichen Weite. Sie sind die Alternative, die wir nicht gewählt haben. Und sie wecken in uns die Sehnsucht nach einer Welt ohne Mauern und Wälle, die nur den Wind kennt und uns als Inbegriff der Freiheit erscheint.

VÉRONIQUE SCHILTZ

DIE DAUER DER DINGE

Bei Ausgrabungen finden die Archäologen die verschiedensten Dinge. Ob ein Gegenstand die Zeiten überdauert hat, hängt von dem Material ab, aus dem er gefertigt wurde, und von der Umgebung, in der er gelegen hat. Man kann die durchschnittliche Dauer ermitteln, wenn man diese Gegebenheiten berücksichtigt. Wie gut sich ein Fundstück erhalten hat, hängt ja von mehreren Faktoren ab. An erster Stelle stehen Trockenheit und Feuchtigkeit. Aber auch noch andere Kräfte können wirksam werden. So wird etwa ein Gegenstand in einer trockenen Gegend, wo sich Dinge besonders gut halten, dennoch durch Wind und Temperaturschwankungen beschädigt werden, wenn er sich über dem Erdboden befindet. An feuchten Orten sind es Mikroorganismen und die Säure des Erdreichs, die wesentlich zur Zerstörung beitragen. Für die durchschnittliche Zeitspanne, während der sich ein bestimmtes Material sowohl über der Erde wie im Boden in feuchter und in trockener Umgebung erhält, können daher in dem Schaubild unten nur Annäherungswerte gegeben werden.

STEIN

Mehrere Millionen Jahre

Diese ionische Marmorsäule vom Tempel der Athena Nike auf der Akropolis zu Athen wurde Ende des 5. Jahrhunderts v. Chr. angefertigt. Stein ist eines der dauerhaftesten Materialien. Die Geröllgeräte der ersten Hominiden zum Beispiel, die sogenannten Choppers der Australopithecinen, entstanden vor mehr als zwei Millionen Jahren. Die Steine selbst, aus denen sie gefertigt sind, waren natürlich viele Millionen Jahre alt. Aber nicht alle Gesteine sind unzerstörbar. Die Sandsteine etwa und noch mehr die Kalksteine verwittern unter der Einwirkung von Wind, Regen und Temperaturschwankungen oft in relativ kurzer Zeit. Gesteine können auch von Krankheiten befallen werden, wie man an manchen alten Bauwerken unserer Städte sieht. Selbst Marmor ist davon nicht ausgenommen, und die Karyatiden des Erechtheions auf der Akropolis von Athen mußten deshalb von Spezialisten behandelt werden. Mauerfundamente, die lange in der Erde ruhten, laufen Gefahr zu zerbröckeln, wenn sie nach ihrer Freilegung nicht umgehend durch ein Dach oder eine Zementschicht geschützt werden.

Mehrere Millionen Jahre

KERAMIK

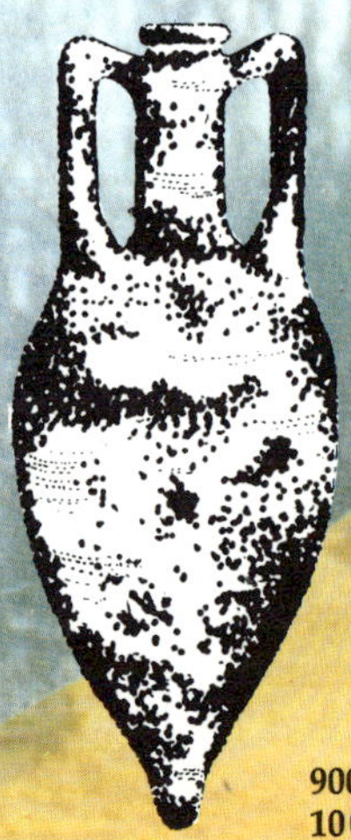

2000 Jahre

9000 bis 10000 Jahre

Keramik wie diese römische Amphore aus dem 1.–2. Jahrhundert n. Chr. kann theoretisch Jahrtausende überdauern. Da aber die ältesten von Menschenhand geformten Töpferwaren nicht älter als 9000–10000 Jahre sind, kann man praktisch keine höhere Haltbarkeit angeben. Brenntechnik und Tonqualität spielen eine entscheidende Rolle bei der Erhaltung. So etwa zerfallen bestimmte gallische Töpferwaren, die ungenügend gebrannt sind und in feuchtem Erdreich ruhten, sehr schnell, obwohl sie kaum 2000 Jahre alt sind.

EISEN

1000–2500 Jahre

4000 Jahre

Das iranische Schwert hat sich mit seiner Eisenklinge aus der Zeit der Achaimeniden erhalten. Eisen ist ein Metall, das auf äußere Einwirkungen besonders empfindlich reagiert. Die ältesten Gegenstände aus Eisen (Meteoreisen) stammen vom Ende des 3. Jahrtausends v. Chr. Im Grab des Tutanchamun (um 1350 v. Chr.) hat man einen Dolch mit Eisenklinge gefunden, der ausgezeichnet erhalten war. In größerem Umfang wurde Eisen jedoch erst im 1. Jahrtausend v. Chr. verarbeitet, und die meisten Fundstücke sind stark verrostet. Ihre oft sehr schwierige Wiederinstandsetzung ist häufig nur im Laboratorium möglich.

GLAS

2000 bis 3000 Jahre

2500–3500 Jahre

Fast alle antiken Glasgegenstände stammen aus Gräbern; das gilt auch für dieses 10 cm große römische Salbenfläschchen. Im alten Ägypten wurden Perlen und kleine Gefäße aus Glaspaste hergestellt. Daß sie völlig unbeschädigt auf uns gekommen sind, hängt mit dem Klima, vor allem aber mit der Härte dieses Materials zusammen. Geblasenes Glas hingegen, das erst um die Zeitwende auftaucht, kann leicht zerfallen. In griechischen und römischen Gräbern hat man jedoch eine große Anzahl schöner Stücke gefunden, darunter Schalen, Vasen und Teller, die bis 2000 Jahre alt sind. Obwohl sie sich gut erhalten haben, müssen sie oft noch durch die Hände eines Konservators gehen.

HOLZ

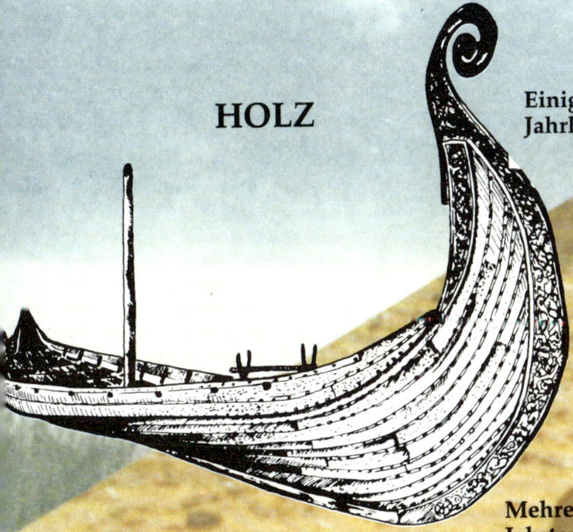

In mehreren Hügelgräbern Skandinaviens hat man Wikingerschiffe wie das abgebildete aus Oseberg gefunden, in denen man vornehme Tote bestattet hatte. Trotz des feuchten Klimas waren diese mehr als 1000 Jahre alten Fahrzeuge in verhältnismäßig gutem Zustand. Holz ist im allgemeinen jedoch kein sehr beständiges Material und muß sorgfältig konserviert werden. In Seen, Sümpfen oder Torfmooren kann sich unter Luftabschluß ein Gegenstand aus Holz allerdings mehrere Jahrtausende halten. Sobald man ihn aber daraus entfernt, muß man ihn einer Spezialbehandlung unterziehen, damit er beim Trocknen nicht zerfällt. Dafür gibt es verschiedene chemische Verfahren. Kleinere Gegenstände erhalten zahlreiche Injektionen mit einer Kunstharzlösung. Die wirksamste Konservierungsmethode – bei großen Gegenständen wie einem Schiff ist sie die einzige – besteht darin, das Holz mit Polyäthylenglykol zu imprägnieren. Diese Behandlung ist sehr langwierig, denn die Chemikalie soll allmählich das in den Holzzellen enthaltene Wasser ersetzen. In trockenen Gegenden ist die Lebensdauer von Holz ziemlich hoch. Die Grabstätten (Mastabas) des Alten Reichs in Ägypten bargen völlig unbeschädigte Gegenstände, Statuen und Reliefplatten aus Holz.

TEXTILIEN

Obwohl nach der Erfindung der Weberei in der Jungsteinzeit in vielen Gegenden Stoffe hergestellt wurden, findet man bei Ausgrabungen nur selten Textilreste. In gemäßigtem Klima lösen sich Gewebe innerhalb weniger Jahrhunderte auf. Selbst aus dem Mittelalter haben sich Textilien nur selten erhalten. In den Wüstengebieten Asiens und vor allem Ägyptens hingegen hat man zahlreiche gut erhaltene Stoffreste gefunden, vor allem Leinen. Die meisten stammen aus der koptischen Zeit (4.–7. Jahrhundert), also der Periode von der Einführung des Christentums in Ägypten bis zum Einfall der Araber. Ein Beispiel ist das abgebildete Gewebe aus Leinen und Wolle. Überraschend waren Textilfunde in den Kurganen von Pasyryk im Altai. Da in diese Gräber Wasser einsickerte und gefror, sind unter anderem auch Kleidungsstücke, Wollteppiche und Filzgegenstände aus dem 5. Jahrhundert v. Chr. erhalten geblieben.

PAPYRUS

Der Papyrus, der einst in den Sümpfen des Nildeltas wahre Wälder bildete, ist heute aus Ägypten verschwunden. Man begegnet ihm nur noch am oberen Nil im Sudan und in der Umgebung von Syrakus auf Sizilien. Die alten Ägypter schälten die Stengel dieser Pflanze, schnitten sie in schmale Streifen und legten sie in zwei Lagen kreuzweise übereinander. Durch Klopfen und Glätten wurde der Papyrus beschreibbar. Man klebte die Blätter aneinander, so daß Rollen entstanden. Wie Lumpen- oder Holzpapier hält sich Papyrus in feuchter Umgebung nur kurze Zeit. In den Wüstengebieten Ägyptens dagegen hat er mehrere Jahrtausende überdauert. Deshalb tauchen in Ägypten immer wieder neue Papyrustexte auf: Bücher religiösen Inhalts (wie das abgebildete Fragment aus dem Totenbuch), Gedichte, Erzählungen, Briefe, Abhandlungen, Verträge, Quittungen und anderes, die 3500 Jahre alt sein können. Seit ptolemäischer Zeit (300 v. Chr.) sind sie häufig in griechischer Sprache verfaßt. Der Trockenheit des Wüstenklimas verdanken wir auch die in Judäa in der Nähe des Toten Meeres gefundenen hebräischen Schriftrollen aus Leder, die sogenannten Qumranschriften, aus denen wir Einzelheiten über die jüdische Sekte der Essener erfahren haben.

Stätte des Zeus und der Wettkämpfe

OLYMPIA

An diesem berühmten Ort wurde seit dem 8. Jahrhundert v. Chr. alle vier Jahre über ein Jahrtausend lang das größte Fest der hellenischen Welt gefeiert: die Olympischen Spiele.

Im Hochsommer, wenn die Sonne sengend auf die Mittelmeerlandschaft niederbrannte, schien selbst im monotonschrillen Gesang der Zikaden die fieberhafte Erregung mitzuschwingen, die vor und während der Olympischen Spiele, des größten Fests der griechischen Welt, herrschte. In diesen Tagen lag eine eigenartige Stimmung über Olympia, wo durch mehr als elf Jahrhunderte in regelmäßigen Abständen sportliche Wettkämpfe veranstaltet wurden, denen viele Tausende von Besuchern erwartungsvoll entgegensahen. Der mit den großen Spielen verbundene Trubel unterbrach die gewohnte Stille dieser Kultstätte in der Landschaft Elis am Zusammenfluß des Alpheios mit dem Kladeos, denn in Olympia lebte außerhalb der kurzen Festperiode fast niemand. Nur alle vier Jahre im Monat Juli strömte eine riesige Menschenmenge dorthin, um Zeus zu verehren und die Leistungen der Wettkämpfer aus ganz Griechenland zu bewundern.

Waffenruhe während der Spiele

Damit das Fest ohne jede Störung verlief, wurde ein Gottesfrieden, also eine Waffenruhe, ausgerufen. Die Einstellung aller innergriechischen Fehden wurde auch bei allen übrigen panhellenischen Festen angeordnet. Während der Festzeit die heilige Waffenruhe zu brechen galt als Gottesfrevel. Die Streitigkeiten der griechischen Stadtstaaten waren vorübergehend vergessen; Hinrichtungen und Gerichtsverfahren wurden aufgeschoben. Und wer die Waffenruhe brach, mußte mit einer strengen Strafe rechnen. Sie wurde zum Beispiel den Spartanern auferlegt, weil sie während des Peloponnesischen Krieges dieses Gebot mißachtet hatten.

Der Überlieferung nach war es ein früher König von Elis namens Iphitos, der im Jahr 776 v. Chr. die olympische Waffenruhe eingeführt und die Olympischen Spiele wiederhergestellt haben soll, die seit ihrer Gründung durch Herakles nicht mehr abgehalten worden waren.

Die Spiele und das Fest zu Ehren des olympischen Zeus wie auch sein Kult

gehen auf mythische Zeiten zurück. Der Sage nach soll Zeus höchst persönlich die Spiele miteingerichtet haben, nachdem er in Olympia mit seinem Vater Kronos um die Königswürde gekämpft hatte. Danach seien die Götter an den gleichen Ort gekommen, um ihre Kräfte zu messen. Dabei habe Apollon Ares im Faustkampf und Hermes im Wettlauf geschlagen. Ferner wird erzählt, daß König Oinomaos von Pisa in der Nähe von Olympia seine Tochter Hippodameia – die Rossebändigende – niemandem zur Frau geben wollte. Von jedem, der um ihre Hand anhielt, verlangte er, mit ihm ein Wagenrennen auszutragen, bei dem der Unglückliche den Tod fand. Die Pferde des grausamen Herrschers waren, wie es hieß, ein Geschenk seines Vaters, des Kriegsgottes Ares, und als göttliche Tiere unbesiegbar. Schließlich gelang es dem Fremdling Pelops mit Hilfe des Myrtilos, der Wagenlenker des Königs und selbst in Hippodameia verliebt war, Oinomaos zu besiegen. Myrtilos ersetzte am Wagen seines Herrn die ehernen Pflöcke an den Naben der Räder durch solche aus Wachs. Nach dieser Begebenheit, die im östlichen Giebelfeld des Zeustempels ihre klassische plastische Darstellung gefunden hat, soll Pelops in Olympia Wettkämpfe eingerichtet haben. Die Regeln dafür seien dann von Herakles festgelegt worden. Der Heros soll auch in einem Hain von majestätischen Platanen am Fuß des Kronoshügels die Altis, den heiligen Bezirk, abgesteckt und sie mit einer Steinmauer umgeben haben. Diese Mauer umschloß ursprünglich eine quadratische Fläche von 192 m Seitenlänge, die Länge des olympischen Stadions, zerfiel jedoch im Lauf der Jahrhunderte.

An die Götter und Heroen, deren Name mit der Entstehung der Spiele verbunden war, erinnerten zahllose Statuen und Heiligtümer in der Altis, wo sich zur Zeit der Spiele Tausende von Pilgern einfanden. Das Datum der Olympischen Spiele hatten sie von den Spondophoren, den Festherolden, erfahren, die in allen griechischen Städten den Gottesfrieden verkündeten. Um diese frohe Kunde allen Griechen zu bringen und sie einzuladen, sich zum festgesetzten Zeitpunkt in Olympia einzufinden, mußten diese Boten

Wie in Olympia liefen auch bei anderen Wettkämpfen in Griechenland die Läufer nackt und barfuß. Das Bild schmückt eine Amphore, die einst – ölgefüllt – Siegespreis bei den Panathenäen, den Festspielen in Athen zu Ehren der Athena, war (um 530 v. Chr.).

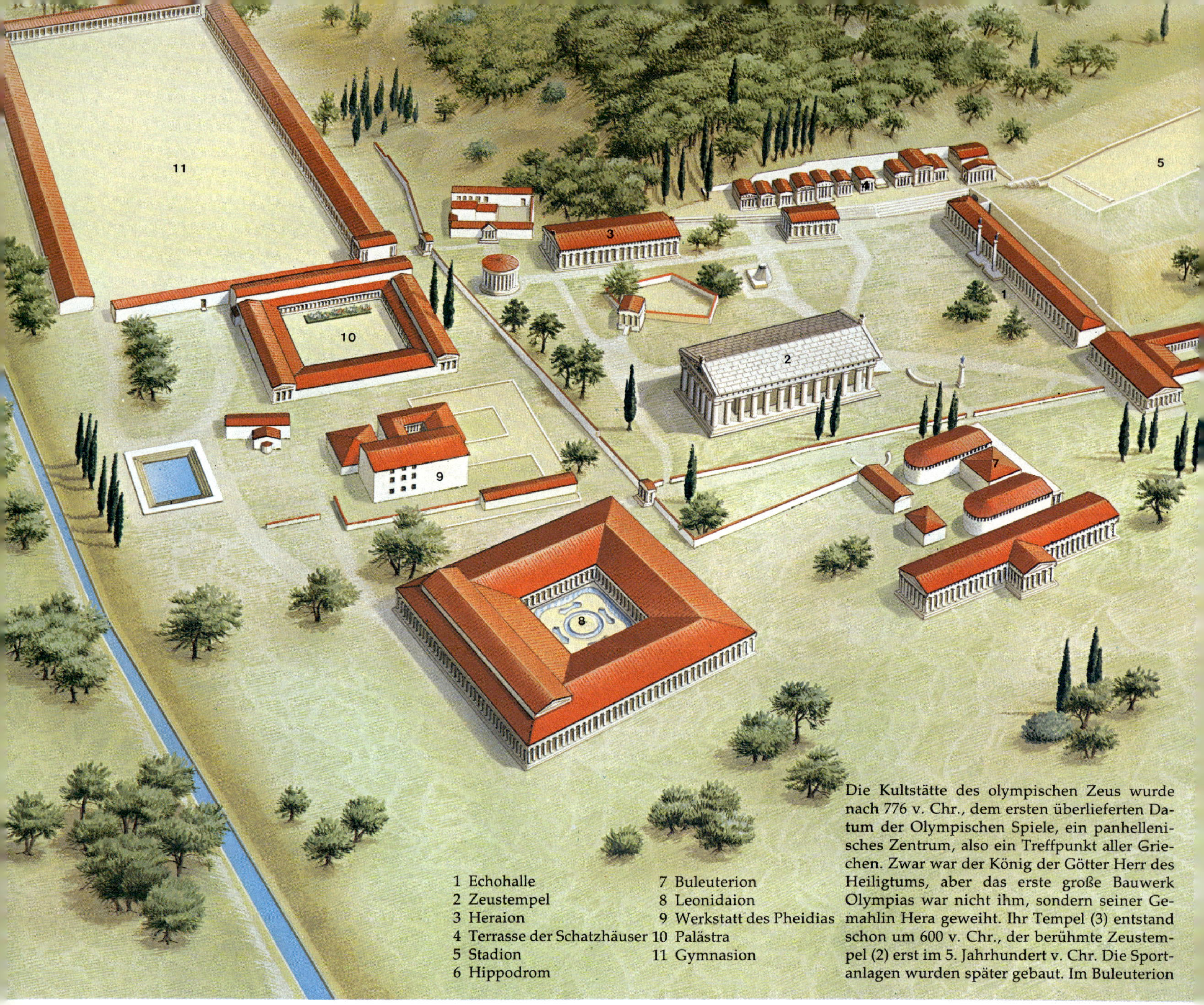

Die Kultstätte des olympischen Zeus wurde nach 776 v. Chr., dem ersten überlieferten Datum der Olympischen Spiele, ein panhellenisches Zentrum, also ein Treffpunkt aller Griechen. Zwar war der König der Götter Herr des Heiligtums, aber das erste große Bauwerk Olympias war nicht ihm, sondern seiner Gemahlin Hera geweiht. Ihr Tempel (3) entstand schon um 600 v. Chr., der berühmte Zeustempel (2) erst im 5. Jahrhundert v. Chr. Die Sportanlagen wurden später gebaut. Im Buleuterion

des Zeus schon lange vor Beginn der Festlichkeiten aufbrechen. Sie reisten bis nach Ägypten und sogar in die Krim und wurden überall mit Freuden empfangen.

Schaulustige, Bewunderer und Angehörige der Athleten, hochgestellte Persönlichkeiten und einfache Leute machten sich daraufhin auf den Weg. Die Waffenruhe erlaubte ihnen, unangefochten zum Heiligtum des Zeus zu reisen. Viele kamen zu Fuß. Wer über etwas Geld verfügte, reiste zu Pferd. Manche hatten Zelte dabei. Zahlreiche Besucher schifften sich nach einer Seereise an der Alpheiosmündung aus und zogen den Fluß hinauf, dessen Gott sich einst der Sage nach unsterblich in die Nymphe Arethusa verliebt hatte. Im heiligen Bezirk beobachteten die Priester, die einzigen ständigen Bewohner des Heiligtums, und die mit der Vorbereitung der Spiele Beauftragten, ein wenig aus der Fassung gebracht, aber befriedigt, die Ankunft der Menschenmassen. Besonders erfreut über den großen Zulauf waren stets die Eleer, die als Herren über diese Gegend seit 572 v. Chr. die Spiele leiteten.

Eine unerbittliche Auslese

Zehn Monate vor dem festgesetzten Beginn der Spiele hatte eine Versammlung eleischer Beamter unter ihren Mitbürgern die Kampfrichter, die sogenannten Hellanodiken (Richter der Hellenen), ausgelost. Diesen oblag es, unter dem gerechten Auge des Zeus, des obersten Schiedsrichters, die einzelnen Wettbewerbe zu organisieren und die Sieger zu ermitteln. Sie beaufsichtigten auch das Training der Wettkämpfer, die sich einer harten körperlichen Disziplin und einer strengen Diät unterwerfen mußten. Die strikten Vorübungen fanden mehrere Monate lang statt, eine davon in der Palästra von Elis, später – in hellenistischer Zeit, als außerhalb der Altis ein Gymnasion und eine Palästra errichtet worden waren – in Olympia selbst. Die Hellanodiken entschieden auch über die Zulassung der Wettkämpfer, die sich innerhalb der gesetzlichen Frist einschreiben mußten. Diese Frist wurde nicht verlängert, und Nachzügler wurden ausnahmslos zurückgewiesen. An den olympischen Wettbewerben durften nur Männer und Knaben, die eheliche Söhne freigeborener griechischer Eltern sein mußten, teilnehmen. Sklaven und Barbaren waren ausgeschlossen. Diese Diskriminierung, die sich ursprünglich auf alle Fremden bezog, wurde später für die Römer aufgehoben, nachdem Rom Vormacht auch der griechischen Welt geworden war. Die Spiele waren nämlich Teil eines Kults, und nur Sportler ein und derselben religiösen

DAS HEILIGTUM VON OLYMPIA

Olympionike mit den Siegesattributen (Innenbild einer Schale des 5. Jahrhunderts v. Chr.).

(7) legten die Athleten den olympischen Eid ab. Erst danach durften sie die Palästra (10), wo die Ringkampfübungen stattfanden, und das Gymnasion (11) betreten. Das Stadion (5), durch die Echohalle (1) vom heiligen Bezirk getrennt, und das Hippodrom (6) wurden bis in römische Zeit immer wieder umgebaut, damit sie mehr Zuschauer aufnehmen konnten. Die prominentesten Besucher der Spiele stiegen im Leonidaion (8), einem komfortablen Gästehaus, ab.

G. EVENO

und sozialen Gemeinschaft, beseelt von den gleichen Idealen, waren nach Meinung der Griechen würdig, bei den Wettbewerben anzutreten. Auch Frauen waren von der Teilnahme ausgeschlossen. Trotzdem gab es zuweilen olympische Siegerinnen, jedoch nur in den Wettkämpfen im Hippodrom. Bei den Pferde- und Wagenrennen wurde nämlich nicht der Reiter oder der Wagenlenker, sondern der Besitzer der Tiere zum Sieger erklärt. Glücklicherweise ging die Frauenfeindlichkeit der Griechen nicht so weit, daß sie einer Frau den Besitz von Pferden verboten! Obwohl es den Frauen versagt war, dem Zeus durch körperliche Leistungen zu huldigen, existierten auch für sie sportliche Wettkämpfe, und zwar bei den ebenfalls alle vier Jahre stattfindenden Festen zu Ehren der Göttin Hera. Die Gemahlin des Zeus wurde nämlich seit ältester Zeit in Olympia verehrt, und ihr Tempel im Norden des heiligen Bezirks, das Heraion, war lange vor dem riesigen und prachtvollen Zeustempel, der erst im klassischen 5. Jahrhundert v. Chr. entstand, errichtet worden. Nachdem die Hellanodiken Herkunft und Vorleben der Bewerber genau geprüft und ihre Qualifikationen festgestellt hatten, trugen sie die Teilnehmer der Spiele in Listen ein.

Erfüllt von einem gemeinsamen Ideal – der körperlichen und moralischen Tugend – warteten die Athleten voller Ungeduld auf den großen Tag. Jeder träumte davon, genauso stark und rechtschaffen zu sein wie Herakles. Jeder wünschte sich, einen triumphalen Sieg zu erringen, sowohl zur eigenen Genugtuung als auch zum Ruhm seiner Familie und seiner Heimatstadt.

Der olympische Eid

Da Olympia vor allem eine Kultstätte war, eröffnete man die Feierlichkeiten mit der Niederlegung von Weihgaben für die Schutzgottheiten des Heiligtums. Der ganze erste Tag war Opferzeremonien und der Eidesabnahme der Teilnehmer vorbehalten. Der erste offizielle Akt war das Opfer für Zeus Apomyios (Zeus Fliegenabwehrer): Vor seinem Altar wurde ein Opfertier geschlachtet, und wie durch Zauberkraft – so heißt es – flogen alle Fliegen auf die andere Seite des Alpheios. Die lästigen Insekten würden erst nach einer Woche, also nach Ende der Olympischen Spiele, wieder in die Altis zurückkehren. Feierlicher noch als alle anderen Zeremonien war das letzte Opfer des Tages. Zusammen mit den Hellanodiken und Familienangehörigen begaben sich die Wettkämpfer zum Buleuterion, dem Rathaus, das im 6. Jahrhundert v. Chr. außerhalb des heiligen Bezirks erbaut worden war. Dort wurde vor der Statue des Zeus Horkios, des eidesschützenden Götterkönigs, der in jeder Hand einen Blitz hielt, ein Eber geopfert. Danach schworen die zukünftigen Gegner über den Gliedern des Tiers, sich zehn Monate lang auf die Spiele vorbereitet zu haben, Griechen, frei geboren und nicht vorbestraft zu sein. Nicht teilnahmeberechtigt waren Mörder, Tempelschänder und jeder, der den Gottesfrieden verletzt hatte. Wehe dem, der einen Meineid leistete! Er wurde für immer von den panhellenischen Spielen ausgeschlossen und darüber hinaus zu einer hohen Geldstrafe verurteilt. Mit den Bußgeldern wurden Zeusstatuen errichtet. Diese Bronzeplastiken, im dorischen Lokaldialekt Zanes genannt, standen in der Nähe des Eingangs zum Stadion unterhalb der sogenannten Terrasse der Schatzhäuser, einer Plattform am Fuß des Kronoshügels, wo verschiedene Städte kleine tempelähnliche Gebäude errichtet hatten, in denen ihre Weihegaben zu Ehren der olympischen Gottheiten aufbewahrt wurden.

Am zweiten Tag der Spiele herrschte schon in aller Frühe fieberhafte Geschäftigkeit. Die Pilger, die schon im Morgengrauen aufgestanden waren, stürmten zum Stadion, um sich die besten Plätze zu sichern. Dort erwarteten sie den Beginn der ersten Veranstaltung. Nach ihnen trafen die Ehrengäste ein und nahmen – wie auch die Kampfrichter – auf der Tribüne Platz. Als Zuschauer waren auch Barbaren,

Die Startschwelle im Stadion von Olympia war so unterteilt, daß jeder Läufer über eine 1,28 m breite Bahn verfügte. 20 Wettbewerber konnten von hier gleichzeitig starten.

Sklaven und unverheiratete Frauen zugelassen. Nur die Priesterin der Demeter Chamyne (Demeter auf der Streu), der Fruchtbarkeitsgöttin, durfte als einzige verheiratete Frau den Wettbewerben beiwohnen. Im übrigen waren verheiratete Frauen ausgeschlossen. Während der Festzeit durften sie nicht einmal den Alpheios überschreiten. Jede, die dieses Verbot übertrat, wurde vom nahen Felsen Typaion hinabgestoßen. Nur ein einziges Mal ließen sich

Im Ringkampf war derjenige Sieger, dem es gelang, den Gegner dreimal so niederzuwerfen, daß er mit den Schultern den Boden berührte (Amphore aus dem 5. Jahrhundert v. Chr.).

die Richter erweichen. Eine Witwe namens Kallipateira hatte sich als Trainer verkleidet, um ihren Sohn Peisidoros nach Olympia zu begleiten. Als der Knabe gewann, erkannte man sie, erließ ihr jedoch die Strafe aus Achtung vor ihrem Vater, ihren Brüdern und ihrem Sohn, die alle bei den Olympischen Spielen Siege errungen hatten. Nach diesem Zwischenfall mußten auch die Trainer künftig nackt den Kämpfen beiwohnen.

Die Wettkämpfe

Kurz nach Sonnenaufgang erschienen die in Purpur gekleideten Hellanodiken, auf dem Kopf einen Lorbeerkranz. Ihnen folgten die Wettkämpfer. In feierlicher Prozession durchquerten sie im weichen Licht des jungen Morgens gemessenen Schritts die Altis, ehe sie unter Trompetenstößen ins Stadion einzogen. Das lärmende Publikum verstummte – die Spiele begannen.

Abgesehen von den Wagenlenkern, die bekleidet waren, traten alle Sportler nackt zu den Wettbewerben an. Nach dem Waschen rieben sie sich den Körper mit Öl ein und bewarfen die Glieder mit feinem Sand. Am Ende des Kampfs schabten sie sich mit einer Art Bronzestriegel, der oft auf Vasen abgebildet ist, den öligen und schweißgetränkten Sand wieder von der Haut ab.

Zu den olympischen Disziplinen der Antike gehörten keine Mannschaftskämpfe. Jeder Athlet trat als Einzelperson an, obwohl er, wenn er siegte, seinen Triumph mit seiner Heimatstadt teilte. Bei den Zweikämpfen wurden die beiden Gegner im letzten Augenblick durch das Los bestimmt. Dazu benutzte man Bohnen, von denen jeweils zwei das gleiche Zeichen trugen.

Zu den einzelnen Wettkämpfen, die sich über eine Reihe von Tagen verteilten, gehörten unter anderem verschiedene Läufe, Ringkampf, Faustkampf, Pferderennen, Wagenrennen und eine besondere Sportart, bei der der Athlet sich in mehreren Disziplinen auszeichnen mußte: das Pentathlon oder der Fünfkampf, der aus Weitsprung, Laufen, Ringen, Diskus- und Speerwurf bestand. Es gab mehrere Arten von Wettläufen: den Kurzstreckenlauf über die Länge des Stadions (192,28 m), den Doppellauf über zwei Stadionlängen, den wesentlich längeren Langlauf über zwölf Runden und ab 520 v. Chr. den Waffenlauf, bei dem die Teilnehmer in voller Hoplitenrüstung – vom 4. Jahrhundert v. Chr. an beschränkte man sich auf einen schweren ehernen Schild – zwei Stadionlängen laufen mußten.

Dann traten jeweils paarweise die Ringer an. Sie kämpften auf einem freien Platz vor dem großen, aus der Asche der Opfertiere aufgeschichteten Zeusaltar. Erst nachdem sie mit einer Hacke den Boden gelockert hatten, begannen sie zu kämpfen, indem sie sich mit der Stirn berührten und einander an den Armen packten. Sieger im Ringkampf (griechisch: *pale*, daher Palästra = der Ringplatz) war derjenige, dem es gelang, den anderen dreimal niederzuwerfen, so daß er mit den Schultern den Boden berührte.

Der Faustkampf, Vorläufer unseres Boxkampfs, war hingegen entschieden, wenn einer der Athleten, die ihre Hände mit Lederriemen umwickelt hatten, seinen Partner dazu brachte, den Zeigefinger oder zwei Finger zu heben, zum Zeichen, daß er sich ergab. Diese Geste galt als so demütigend, daß die Spartaner ihren Wettkämpfern verboten, am Faustkampf und Pankration teilzunehmen, weil ein Spartaner sich nie geschlagen geben durfte. Viel brutaler als der Faustkampf war das Pankration, der Allkampf, eine Kombination von Ring- und Faustkampf, bei der jeder Schlag erlaubt war. Verboten war immerhin, dem Gegner die Finger zu brechen oder ihm die Augen auszuquetschen! Die beiden blutenden Pankratiasten wälzten sich sehr bald im Schlamm – man hatte den vorher gelokkerten Boden mit Wasser besprengt – und boten einen wenig erhebenden Anblick. Trotzdem ergötzte sich das Publikum an dem Schauspiel sehr und zollte den Kämpfern Beifall. Danach begaben sich die Zuschauer ins Hippodrom. Dort kam es beim Wettreiten und vor allem bei dem so beliebten Rennen mit dem Viergespann häufig zu schweren Unfällen. Eine bestimmte Stelle der Rennbahn war bei den Wagenlenkern besonders gefürchtet, nämlich der Taraxippos, der Pferdeschreck. Man glaubte, daß hier ein böser Dämon die Pferde, die in vollem Lauf vorüberrasten, scheuen ließ.

Der letzte Kampftag war dem Pentathlon gewidmet. Der Sieg in diesem Wettbewerb war der begehrteste von allen. Bei diesem Fünfkampf kam die körperliche Schönheit der Athleten ganz besonders zur Geltung. Allerdings boten die Sportler beim Speer- und Diskuswurf oder beim Weitsprung einen ästhetischeren Anblick als beim Ringen. Große Bildhauer wie Myron haben berühmte Standbilder von Diskuswerfern geschaffen. Der Weitsprung, der von Flötenklängen begleitet wurde, erfolgte aus dem Stand. Der Springer trug dabei in den Händen ein Paar Sprunggewichte aus Metall oder Stein. Diese Sprunghanteln schwang er bis in Schulterhöhe, um den Sprung zu verlängern.

Eine große Kirmes

Bei den Wettkämpfen spornten die begeisterten Zuschauer die Athleten lautstark an oder beschimpften sie, wenn sie von ihren Leistungen enttäuscht waren. Die Besucher genossen die aufregenden Tage und das bunte Leben

Die Palästra von Olympia liegt vor dem Gymnasion und wurde Ende des 3. Jahrhunderts v. Chr. erbaut. In dieser quadratischen, ungedeckten Sportanlage, die von überdachten Räumen und Wandelgängen umschlossen war, trainierten die Athleten. Hier übten sich die Jünglinge unter der Aufsicht ihres Sportlehrers, des Paidotribes, in den verschiedenen Disziplinen.

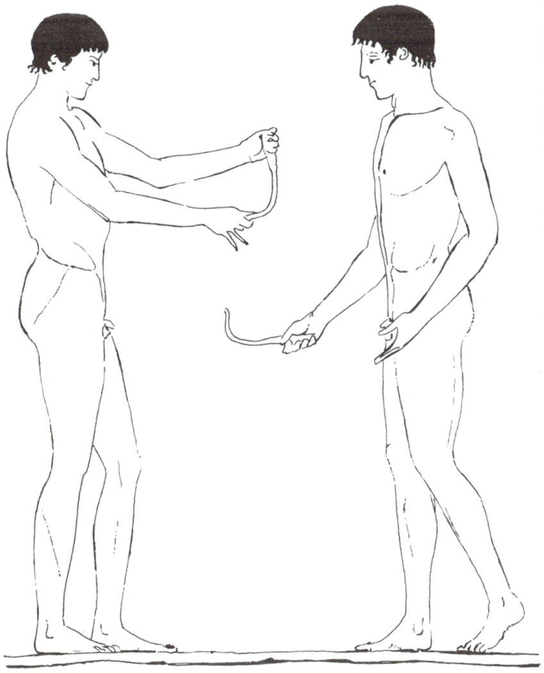

und Treiben in vollen Zügen. Theoretisch waren sie Gäste des Zeus, doch in Wirklichkeit traf dies nur auf einige prominente Besucher zu, die von den Eleern kostenlos bewirtet und untergebracht wurden. Ende des 4. Jahrhunderts v. Chr. errichtete Leonidas von Naxos auf eigene Kosten im Südwesten der Altis für die Gäste des Gottes ein Gebäude. In diesem Gästehaus, nach seinem Erbauer Leonidaion genannt, stiegen jedoch nur hohe politische Persönlichkeiten ab. Die Mehrzahl der Schlachtenbummler nächtigte rund um den heiligen Bezirk, wo man ein provisorisches Dorf aus Baracken und Zelten aufbaute. Viele schliefen auf dem Boden im Gras unter den mächtigen Platanen und ließen sich von den ersten Sonnenstrahlen und dem Zirpen der Zikaden wecken. Am Abend schmausten und zechten alle nach Herzenslust.

Die Athleten, die vor dem Wettkampf ihren Körper einölten und mit feinem Sand bewarfen, reinigten sich nachher mit einem Schaber (nach einer Vasenmalerei des 5. Jahrhunderts v. Chr.).

Es war wie auf einer Kirmes. Fliegende Händler boten nicht nur Speisen und Getränke, sondern auch Weihgaben feil. Hier gab es Wein und Honigkuchen zu kaufen, ein Stück weiter Amulette, Abbilder des Zeus oder Statuetten anderer Gottheiten, die im Heiligtum verehrt wurden.

Inmitten dieses Jahrmarkts bildeten sich trotz des allgemeinen Gedränges immer wieder kleine Gruppen, die einem Redner oder Dichter zuhörten, der durch den Vortrag seiner Werke bekannt zu werden hoffte. Auch Philosophen und Schriftsteller kamen, um ihr Talent in bare Münze umzusetzen und neue Schüler zu gewinnen. Für die Schaulustigen war es ein erhebendes Gefühl, sich einem Platon oder einem Empedokles von Agrigent nähern zu können. Hier am Heiligtum des Zeus war Herodot durch den öffentlichen

Vortrag seiner *Historien* berühmt geworden. Brillante Reden wurden gehalten, denn für Redner wie Gorgias, Lysias oder Isokrates bedeutete eine so große Menschenansammlung eine gute Gelegenheit, ihre politischen Ideen zu verkünden und vom Frieden und von der Eintracht zu sprechen, die unter den Griechen herrschen sollten. Auch Demosthenes, der bedeutendste attische Redner, soll hier vor dem Volk Ansprachen gehalten haben. Viele Dichter, die bei fast allen panhellenischen Spielen zugegen waren, ließen sich von den Ereignissen inspirieren und verfaßten Chorgesänge auf die Sieger. Die Siegeslieder oder Epinikien Pindars gehören zu den schönsten Huldigungen an die Wettkämpfer und zeugen von der Verehrung der Olympioniken.

Der Preis des Sieges

Die olympischen Sieger gewannen unerhörten Ruhm. Am letzten Tag des Festes fand die Siegesfeier statt, bei der die Sieger durch einen Herold proklamiert wurden und ihren Preis in Empfang nahmen. Das war eine reine Ehrengabe. Ein einfacher, mit Bändchen geschmückter Kranz aus dem Zweig eines wilden Ölbaums, den Herakles gepflanzt haben soll, war die Belohnung für alle ihre Anstrengungen. Die Kränze lagen auf einem mit Gold- und Elfenbeineinlagen verzierten Prunktisch, ein Werk des Bildhauers Kolotes.

Der einzige Wettbewerber bei den Olympischen Spielen, der bekleidet antrat, war der Wagenlenker. Wenn er beim Rennen mit dem Viergespann siegte, wurde er mit einer Wollbinde geschmückt. Als eigentliche Sieger galten jedoch die Besitzer der Gespanne (Malerei auf einer panathenäischen Preisamphore aus dem 5. Jahrhundert v. Chr.).

Wenn die Olympioniken aufgerufen wurden, wobei der Herold außer ihrem Namen auch den ihres Vaters und ihrer Heimatstadt nannte, traten sie hocherhobenen Hauptes vor, um ihren Preis entgegenzunehmen. Dann schritten sie vor den siegreichen Pferden und begleitet von den Hellanodiken, deren Amt in wenigen Stunden enden würde, unter den bewundernden Blicken der Anwesenden in einer letzten Prozession durch die Altis.

Besonders bejubelt wurden die sogenannten Periodoniken oder Umlaufsieger, Athleten, die bei allen vier panhellenischen Spielen Siege errungen hatten. Außer dem Kranz aus Ölbaumzweigen hatten sie bei den Pythischen Spielen in Delphi einen Lorbeerkranz, bei den Isthmien auf der Landenge von Korinth einen Fichtenkranz und bei den Nemeen in Nemea einen Eppichkranz erhalten – Ehrenpreise, die ein unerhörtes Ansehen und in der Folge auch materielle Vorteile mit sich brachten! Bei der Rückkehr in die Vaterstadt wurden die Olympioniken im Triumph empfangen. Athen belohnte seine ruhmreichen Söhne, indem es sie fortan auf Staatskosten im Prytaneion speiste, an der Seite der Prytanen, der Ratsherren also, sowie der Gesandten und Ehrenbürger. Manchmal wurde ihnen auch Steuerfreiheit gewährt, und oft verlieh man ihnen das Amt des Leiters eines Gymnasions.

Obwohl es noch lange keine Berufssportler gab – das wurden die Teilnehmer an den Spielen erst, nachdem Griechenland endgültig unter römische Herrschaft gefallen war –, konzentrierten sich schon früh viele Athleten ausschließlich auf die Steigerung ihrer sportlichen Leistungen. Theagenes von Thasos ist ein typisches Beispiel dafür. Der zahllose Male bekränzte, unschlagbare Schwerathlet nahm 22 Jahre hindurch an den panhellenischen Spielen teil, und sein Ruhm drang weit über die Grenzen seiner Heimat hinaus. Dort, auf der Insel Thasos, hatte er Anspruch auf alle Vergünstigungen, die seine Vaterstadt zu gewähren hatte. Der Ruf solcher Spitzensportler überdauerte selbst ihre Lebenszeit, und manche wurden nach ihrem Tod wie Götter verehrt. Die Sage machte Theagenes zu einem Sohn des Herakles, und Anfang des 4. Jahrhunderts v. Chr. wurde diesem Athleten, der 480 v. Chr. in Olympia seinen ersten Sieg im Faustkampf errungen hatte, auf Thasos ein Kult eingerichtet.

Verehrung der Götter

Daß ein erfolgreicher Sportler so hohes Ansehen genoß, ist nicht verwunderlich, hing doch, wie die Griechen meinten, der Sieg bei den Spielen zum großen Teil von der Gunst der Götter ab. Waren nicht die körperlichen Fähigkeiten ein Geschenk der Götter? Nicht zu vergessen, daß die Athleten, die bei den Olympischen Spielen antraten, zur höheren Ehre des Zeus kämpften. Der allgegenwärtige und allmächtige Gott lenkte ihre Schritte. Trotzdem lag den Sportlern jeglicher Fatalismus fern. Sie waren sich darüber im klaren, daß ohne ein hartes, gründliches Training Zeus nie zu ihren Gunsten eingreifen würde: „Ohne Mühe ward Freude nur wen'gen, die mehr / Als alle Taten Licht dem Leben leiht", sang Pindar. Nur wer sein Bestes gab, konnte mit göttlicher Hilfe rechnen. Deshalb pflegten diese Lieblinge der Götter nach ihrem Sieg ihrer Schutzgottheit eine Weihgabe zu stiften. Aus demselben Grund standen in den jeweiligen Heiligtümern die Standbilder der Sieger, obwohl diese Sterbliche waren, neben denen der Götter. In seiner Beschreibung von Olympia spricht Pausanias von mehr als 200!

Nicht wenige Bildhauer wurden berühmt, weil sie solche Standbilder in Marmor oder Bronze geschaffen hatten. In Olympia gab es für die Künstler viel Arbeit. Manche blieben während der gesamten Festzeit dort, um Aufträge zu erhalten. Die besten Bildhauer fanden sich ein und benutzten ihren Aufenthalt, um die herrlichen Giebelskulpturen am Zeustempel zu betrachten oder die wunderbare Nike des Paionios aus Mende, ein Weihgeschenk der Messenier und Naupaktier, das vor dem Tempel des Königs der Götter stand. Vielleicht hofften sie auch, dem großen Pheidias zu begegnen, dessen Werkstatt neben dem heiligen Bezirk lag. Von diesem berühmten athenischen Bildhauer stammte die über 12 m hohe Goldelfenbeinstatue des Zeus, der auf seinem Thron sitzend dargestellt war.

Die sportlichen Veranstaltungen waren jedoch nicht der einzige Grund, weshalb es immer wieder so viele Menschen nach Olympia zog. Während die einen nur Kurzweil suchten, kamen andere vor allem, um Geschäfte zu machen. Nicht selten wurden in Olympia große Transaktionen vorgenommen. Vertreter aller Gesellschaftsschichten Griechenlands gaben sich hier ein Stelldichein, und sogar der einfachste Pilger hatte Gelegenheit, die bekanntesten Persönlichkeiten seiner Zeit von Angesicht zu Angesicht zu sehen. Nach den Spielen, die mit einem Festgelage für die Athleten, Honoratioren und Ehrengäste im Prytaneion endeten, klang der Trubel allmählich ab. Es wurde wieder still im Heiligtum, die Menge zerstreute sich. Jeder reiste, in Gedanken bereits bei den nächsten Spielen, in seine Heimat zurück. Diese berauschenden Tage – hatte man nur von ihnen geträumt oder sie in ihrer ganzen Buntheit wirklich erlebt?

Alles in Olympia schien ein Ideal zu verherrlichen, das, einer tiefen Religiosität und einer verfeinerten Kultur entspringend, die Hellenen von den Barbaren unterschied. Hier offenbarte sich das Wesen des Griechentums am augenfälligsten. Die Olympischen Spiele waren im geistigen und gesellschaftlichen Leben der Griechen von größter Bedeutung. Dieses Ereignis, das ganz Griechenland in seinen Bann zog, ließ die Hellenen sogar ihre Zwistigkeiten vergessen, die oft zu blutigen Bruderkämpfen führten. Da die Spiele ein Fest des Friedens waren, nahmen viele Politiker die Gelegenheit wahr, hier Verhandlungen zu führen, und es kam häufig vor, daß in Olympia zwischen verschiedenen Städten Friedensverträge oder Bündnisse geschlossen wurden. Das Zusammengehörigkeitsgefühl, das Wissen um ein gemeinsames Erbe und um die Einmaligkeit der griechischen Kultur festigten ihre Eintracht. Was die Athleten anging, so kämpften sie, obwohl jeder den Sieg für sich erhoffte, fair und beseelt von einem Geist des Wettkampfes, den der Glaube ihnen eingab und der dem Ideal ihrer Kultur entsprach.

Die 1,5–6,5 kg schweren runden Wurfscheiben aus Stein oder Bronze wurden vor dem Wettkampf mit Sand bestreut, damit sie den Diskuswerfern nicht aus den Händen glitten (Malerei auf einer panathenäischen Preisamphore aus dem 5. Jahrhundert v. Chr.).

Ein anderer Glaube war es, der Kaiser Theodosius im Jahr 393 unserer Zeitrechnung veranlaßte, die Olympischen Spiele endgültig abzuschaffen. Sein Enkel Theodosius II. befahl die Zerstörung der heidnischen Kultstätte. Da, wo einst die Verbundenheit aller Griechen zu höchstem Ausdruck gekommen war, triumphierte nun der christliche Glaube.

Françoise Bonnefoy

Die erste Hauptstadt Indiens

PATALIPUTRA

Als starke Festung und herrliche Königsresidenz präsentierte sich im 3. Jahrhundert v. Chr. die Hauptstadt des gewaltigen Maurjareiches, von dessen Größe nur wenige Überreste zeugen.

Um das Jahr 300 v. Chr. stand Seleukos I. Nikator, ein ehemaliger Heerführer Alexanders des Großen und einer seiner Nachfolger, auf dem Gipfel seines Ruhms. Er war der mächtigste unter den Diadochen und herrschte über ein Reich, das sich vom Mittelmeer bis an den Indus erstreckte. Wie sein berühmter Vorgänger wollte auch er Indien erobern. Aber statt einer Unmenge stets miteinander im Kriege liegender Kleinstaaten fand er dort zu seiner Überraschung ein wohlorganisiertes Reich vor. Es gelang ihm nicht, in die Gangesebene einzudringen, und er mußte vor dem Heer des Reiches von Magadha und dessen Elefanten zurückweichen. Seleukos I. Nikator wurde gezwungen, seine Ostprovinzen Gedrosien und Arachosien – sie entsprachen etwa dem heutigen Belutschistan und Afghanistan – dem großen indischen Monarchen Tschandragupta, dem Gründer der Maurjadynastie, abzutreten, und er schätzte sich glücklich, ihm eine seiner Töchter gegen 500 Kriegselefanten zur Frau zu geben.

Schon der Rückzug des großen Alexanders hatte seine Gründe gehabt. Hinter den Kleinstaaten am Indus lag nämlich ein mächtiges Reich, das seine durch den langen Marsch bereits geschwächten Truppen kaum hätten erobern können. Seine Kundschafter hatten ihm berichtet, daß Dhana Nanda von Magadha, zu dessen Reich die gesamte Gangesebene gehörte, über ein Heer von mehr als 200 000 Fußsoldaten, 20 000 Reitern und 4000 Kriegselefanten verfügte.

Eine riesige befestigte Stadt

Zusammen mit der griechischen Prinzessin entsandte Seleukos I. Nikator an den indischen Hof Künstler, Musikanten, Handwerker und einen Botschafter namens Megasthenes. Diesem verdanken wir eine detaillierte, wenn auch nicht immer ganz zuverlässige Beschreibung von Pataliputra, der Hauptstadt des Reiches von Magadha.

Zu seiner Zeit war Pataliputra die größte und mächtigste aller Städte Indiens und vermutlich eine der größten der antiken Welt. Es lag am Südufer des Ganges, nahe dem Zusammenfluß dieses großen Stroms mit dem Son im Staat Magadha, nicht weit entfernt vom heutigen Bengalen. Megasthenes beschrieb diesen Staat und dessen Hauptstadt in seinem Werk *Indika*, dessen Originaltext leider verlorengegangen ist. Spätere griechische Autoren, die es benutzt hatten, berichten von der Hauptstadt Magadhas folgendes: „Die größte indische Stadt ist diejenige, die Palibothra genannt wird, im Land der Prasier ... Megasthenes sagt, diese Stadt sei 80 Stadien – etwa 15 km – lang und 15 Stadien – etwa 3 km – breit. Vor ihr liege ein Wassergraben mit einer Breite von 600 Fuß und einer Tiefe von 30 Ellen. Die Stadtmauer war durch 570 Türme verstärkt und hatte 64 Tore."

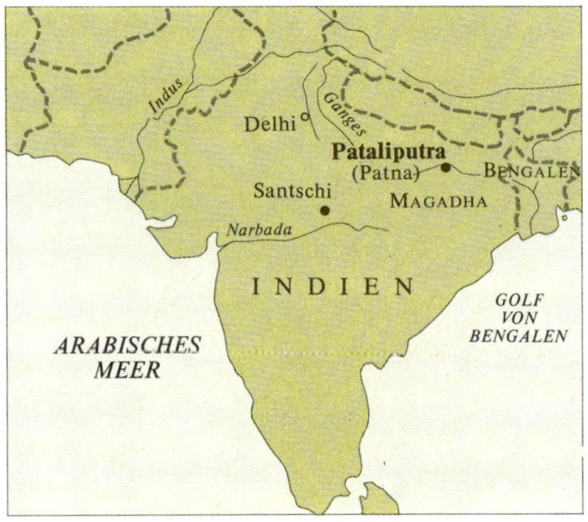

Von Megasthenes wissen wir, daß der König von Pataliputra über ein Heer von 60 000 Fußsoldaten, 30 000 Reitern und 8000 Kriegselefanten verfügte, was den Griechen offenbar sehr beeindruckte. Sicher war es auf die Elefanten zurückzuführen – sie wurden in Magadha in großer Zahl gefangen und abgerichtet –, daß die Herrscher von Pataliputra in verhältnismäßig kurzer Zeit ganz Nordindien, von Bengalen bis Afghanistan, erobern konnten.

Aus den angegebenen Zahlen wird deutlich, daß Tschandragupta sein Herrschaftsgebiet und zum Teil auch das Heer noch vergrößert hatte. Dieser Herrscher hatte die Nandadynastie abgelöst und um 322 v. Chr. den Thron bestiegen. Laut der Chroniken hatte er die Griechen aus dem Pandschab vertrieben. Durch eine geschickte Heiratspolitik dehnte er sein Reich aus und wurde zum Stammvater der berühmten Maurjadynastie. Sein Sohn Bindusara soll nach ihm regiert und an seinem Hof zwei weitere griechische Gesandte empfangen haben, Deimachos, den Antiochos I., der Sohn des Seleukos I., schickte, und Dionysios, ein Abgesandter des ägyptischen Königs Ptolemaios II. Philadelphos. Über diesen Bindusara, den die Griechen Amitrochates, Schlächter der Feinde, nannten, weiß man wenig; er soll 28 Jahre regiert haben. Sein Sohn Aschoka, damals Vizekönig in Udschain im Westen des Reichs, soll um 270 v. Chr. seine Nachfolge angetreten haben. Aufgrund zahlreicher Texte, in denen er über Ereignisse aus seiner

Unter den Blicken der Schaulustigen auf ihren Balkonen zieht der Buddha durch das monumentale Stadttor in seine Heimatstadt Kapilawatthu auf diesem Relief von einem der riesigen Tore in Santschi (1. Jahrhundert v. Chr.). Die Bauten und Reliefs von Santschi vermitteln uns einen Eindruck vom Leben in Pataliputra.

Regierungszeit berichtet, kennen wir diesen König besser als seine Vorgänger. Sein Großvater Tschandragupta, so berichtet eine Legende, habe sich um 298 v. Chr. nach Srawana-Belgola in Südindien zurückgezogen, wo er den Hungertod wählte, eine Art religiöser Selbstmord, der damals bei der Religionsgemeinschaft der Dschaina üblich war. Unter diesen fast legendären Königen – deren Existenz jedoch ganz außer Zweifel steht – erlebte Pataliputra seine glanzvollste Zeit.

Mauern aus Holz

In der Nähe der heutigen Stadt Patna hat man Reste der Befestigungsanlage von Pataliputra gefunden, die ursprünglich eine Art Palisade aus mächtigen, tief in den Boden gerammten Baumstämmen war. Für dieses über 40 km lange hölzerne Bollwerk hatte man wahrscheinlich einen riesigen Wald abholzen müssen und jahrelang Tausende von Holzfällern und anderen Arbeitern beschäftigt. Es ist durchaus möglich, daß die heutige Entwaldung des Gebietes die Folge dieses Unternehmens ist. Vermutlich ließen Tschandragupta und später Aschoka um die ursprüngliche Palisade eine Ziegelmauer bauen. Der Raum zwischen den beiden Mauern wurde vielleicht mit Schotter und Erde gefüllt, um dem Ganzen mehr Festigkeit zu verleihen.

Die Ziegelmauer war von sägezahnförmigen Zinnen gekrönt, und Wehrgänge verbanden die Wachtürme mit den Toren. Es gab vier Haupttore, die nach den vier Himmelsrichtungen ausgerichtet waren, monumentale Eingänge mit mindestens zwei Stockwerken, in denen sich möglicherweise die Zollposten und die Wachen befanden. Die Durchgänge waren so hoch, daß Elefanten mit Kriegstürmen auf dem Rücken passieren konnten. Die Dächer, deren Firste mit dekorativen Keramiken geschmückt waren, wurden von hufeisenförmigen, vorspringenden Dachhäuschen unterbrochen. Die Stockwerke bestanden aus Holz und mit Stroh vermischtem Lehm; die Mauern waren farbig gestrichen. Abends wurden die schweren, eisenbeschlagenen Tore geschlossen und versperrt, denn ohne Genehmigung durfte niemand nach Einbruch der Dämmerung die Stadt betreten oder sie verlassen. Gegenüber dem Osttor stand eine hohe Säule aus geglättetem Sandstein, die auf einem glockenförmigen Lotoskapitell eine Gruppe von vier Löwen trug. In anderen Städten trat an die Stelle von Löwen manchmal ein Stier oder ein anderes Symbol. Die Säule diente als Gnomon und als Zeichen des Königs. Durch die wichtigen Erlasse, die in ihren Schaft graviert waren, wurde auch kundgetan, daß der Ort eine Königsstadt war. Wer Pataliputra durch das Osttor betrat oder verließ, ging um die Säule herum und legte die rechte Hand auf ihren Schaft, als Zeichen der Huldigung dem Herrscher gegenüber.

Die Gläubigen, die gekommen sind, um Buddha an einem Stupa, einem Reliquienschrein, zu verehren, bieten ihm Früchte und Trankopfer dar. Auch dieses Relief stammt aus Santschi.

Pflegeheime für Tiere

Tagsüber wimmelte es in der Stadt von Menschen. Man sah dahineilende Beamte, Soldaten, Pilger, Brahmanen, buddhistische und dschainistische Mönche, Händler, die mit Trippelschritten gingen, um die hin und her schwankenden schweren Lasten auf ihrem Tragjoch auszubalancieren, Bauern mit Ochsenkarren voll Getreide und Gemüse, die ihre Zugtiere mit heiseren Schreien antrieben. Die großen Straßen schnitten sich im rechten Winkel, was den in allen indischen Städten stets regen Verkehr erleichterte und es den Leuten ermöglichte, schnell vorwärts zu kommen. In der Mitte der kieselgepflasterten Fahrbahnen verlief ein Rinnstein, durch den die Abwässer (die man einfach aus dem Fenster schüttete) in den Wassergraben außerhalb der Stadtmauer oder in den Ganges flossen. Die Stadt umfaßte 16 Viertel, von denen jedes eine andere Handwerkerzunft beherbergte. Sie waren durchzogen von schlammigen, engen, oft gewundenen Gassen, an denen die Wohnhäuser standen. Einige dieser Viertel waren von Mauern umgeben und besaßen freie, mit Bäumen bewachsene Flächen, auf denen die Menschen zusammenkamen und wo Markt gehalten wurde.

Der Stadtmitte zu, wo sich der ebenfalls von Mauern umschlossene, majestätische Königspalast erhob, wurden die Häuser immer größer und schöner. In der Nähe des Mauergürtels sah man nur primitive Lehmhütten, in denen die Ärmsten lebten. Die Innenstadt hingegen war den hohen Beamten,

STADTTOR

Dank der Reliefs auf dem Stupa I in Santschi konnte man die monumentalen Tore von Pataliputra genau rekonstruieren. Sie besaßen zwei Stockwerke aus Holz und mit Stroh vermischtem Lehm über einem mit farbigem Gips verputzten Ziegelbauwerk. Bauern im traditionellen Baumwollschurz kamen und gingen mit den verschiedensten Waren, die sie mittels Tragjochen beförderten. Die Frauen trugen ihre Lasten auf dem Kopf.

Ein Märchenpalast

Der weitläufige Königspalast, den eine hohe, zinnenbekrönte und von monumentalen Toren durchbrochene Mauer umgab, war nach persischem Vorbild erbaut worden: Er besaß einen riesigen Audienzsaal mit rot- und blaulackierten Holzsäulen, deren Kapitelle vergoldet waren. Dieser Palast war eine kleine Stadt für sich und umfaßte zahlreiche Gebäude, die öffentlichen oder privaten Zwecken dienten. Nachdem der Besucher, von lanzen- und bogenbewaffneten Wächtern genauestens kontrolliert, das Haupttor passiert hatte, ging er die königlichen Speicher entlang, wo die für Löhne und andere Vergütungen bestimmten Säcke gestempelt wurden. Danach kamen die Almosenhäuser,wo der König und hohe Würdenträger des Hofes höchstpersönlich an bestimmten Tagen Lebensmittel an Kranke und Bedürftige verteilten. Auf die Almosenhäuser folgte der Bereich der königlichen Stallungen: weite Plätze, die Ställe für Pferde und Elefanten säumten. Ein Stück weiter standen in einer Reihe die Schuppen, wo man die Karren, Einspänner, ferner die mit Löwen- und Tigerfellen geschmückten Streitwagen und die ganz von Schnitzwerk überzogenen und mit den herrlichsten Farben bemalten Prozessionswagen abstellte. Dann gelangte man zu den verschiedenen, mit Hunderten von Säulen ausgestatteten niedrigen Sälen, die als Empfangs-

reich gewordenen Bürgern und den Adligen vorbehalten. Sie besaßen hier große, mehrstöckige Wohnhäuser, deren kalkgetünchte Ziegelmauern die breiten Hauptstraßen säumten. Zu jedem dieser Anwesen gehörte ein Garten, ein Teich oder zumindest ein Brunnen, und entlang der Mauern standen Baumreihen. Hospitäler, Tierheime, Herbergen für Reisende und Pilger, Gemäldegalerien und Behörden folgten aufeinander. Sowohl die Wohnungen der Kurtisanen und Musikanten sowie auch die öffentlichen Gebäude befanden sich in unmittelbarer Nähe des Königspalasts, von dem sie durch Baumgruppen – unter anderem Mango-, Pipal- und Salbäume – und Kanäle getrennt waren. Diese milderten die Hitze und nahmen die Abwässer auf. Hier wuschen die Leute ihre Wäsche und tränkten ihr Vieh.

Auf den Plätzen oder um sie herum hatte man die Kultgebäude für die damals ausgeübten Religionen errichtet: brahmanische Tempel, buddhistische und dschainistische Heiligtümer, vielleicht sogar einen kleinen griechischen Tempel für die Kolonie der Jadawa (Ionier), die sich in der Hauptstadt niedergelassen hatten. Obwohl die Fremden – Griechen, Makedonen, Perser – als Kastenlose galten, genossen sie ein gewisses Ansehen, denn sie wirkten irgendwie exotisch, und vor allem standen sie unter dem Schutz des Königs.

Diese Muttergöttin trägt eine höchst komplizierte Frisur, die von zahlreichen, mit Kettchen untereinander verbundenen Schmuckstückchen zusammengehalten wird (Maurjazeit: 3. Jahrhundert v. Chr.).

MEDIZIN UND ARZNEILITERATUR IM ALTEN INDIEN

Seit wedischer Zeit (2. Jahrtausend v. Chr.) galt die Heilkunde in Indien als eine Wissenschaft göttlichen Ursprungs. Die Weden, die ältesten heiligen Schriften der Inder, beschreiben in verschiedenen Hymnen und Texten die „Wissenschaft vom Leben" *(Ajurweda)*. In den Gesängen des *Atharwaweda* lernt man, es den Tieren gleichzutun, die instinktiv die Heilkraft bestimmter Pflanzen nützen. In jener weit zurückliegenden Zeit kannte man bereits vier Mittel, „die das Leben schützen": die heiligen Gesänge, Pflanzensäfte und bestimmte tierische Organe, Gebete an die Gottheiten und die mit „menschlicher Kunstfertigkeit" zubereiteten Arzneien. Da dank berühmter Ärzte wie Suschruta (etwa 7. Jahrhundert v. Chr.) und vor allem Tscharaka (1.–2. Jahrhundert n. Chr.) die Medizin große Fortschritte machte, begann man sie in medizinischen Schulen zu unterrichten, und die Universität von Taxila war von dem 3. Jahrhundert v. Chr. an berühmt für ihre medizinische Fakultät. Von Aschokas Regierungszeit an empfahl die Medizin hauptsächlich die Verwendung von Pflanzen und vegetarische Kost, um gesund zu bleiben. Es gab bereits Augen-, Ohren- und Nasenspezialisten, andere für Blutkrankheiten. Die traditionelle Medizin erfreut sich in Indien noch heute großer Beliebtheit und wird in vielen wissenschaftlichen Instituten erforscht.

fangs- und Audienzräume dienten. Hier fanden Konzerte und Tanzvorführungen zu Ehren eines Nachbarfürsten oder eines Gesandten statt. Daneben erhob sich die Gemäldegalerie des Herrschers, in der sich ständig eine Menge von Bewunderern drängten. Die auf Holz gemalten Bilder stellen berühmte Kriegstaten, Episoden aus den großen Epen, aber auch Götter und Festlichkeiten dar. Dort standen auch die steinernen Bildnisse der königlichen Ahnen und der geistigen Lehrmeister der Herrscher.

Eine Mauer innerhalb des Palastes trennte den der Öffentlichkeit zugänglichen vom privaten Teil, den nur hochgestellte Persönlichkeiten betreten durften. Hier lagen die Gemächer des Königs, die seiner Gemahlinnen und Konkubinen und die königliche Schatzkammer.

In Zeughäusern fertigten spezialisierte Handwerker Pfeil und Bogen, Lanzen und Schwerter, Dolche und Schilde an, die registriert wurden und dann in Waffenkammern bereitstanden, um im Kriegsfall an die Truppen ausgegeben zu werden.

In einem an den Wohntrakt des Königs grenzenden Gebäude befand sich der königliche Schatz. In dieser weiträumigen Anlage, wo in Magazinen kostbarer Weihrauch, Sandel- und Aloeholz, Eisen-, Silber- und Goldbarren sowie unzählige Kostbarkeiten aller Art aufbewahrt wurden, hatten auch die Hofjuweliere ihre Werkstätten. Sie untersuchten und verglichen die einzelnen Edelsteine, schnitten und schliffen sie und faßten sie in Gold oder Silber. Vom König beauftragte Fachleute gingen von einem zum andern, schätzten mit Kennerblick den Wert eines Schmuckstücks, das ein Juwelier anbot, und erwarben es, wenn es ein besonders schönes Stück war, für die königliche Schatzkammer. Die Magazine wurden Tag und Nacht von einer Abteilung bewaffneter Aufseher bewacht.

Nachdem man das Küchenviertel durchquert hatte, gelangte man schließlich zu den privaten Audienzräumen, wo der Herrscher mit seinen Ministern oder Ratgebern sich zu besprechen pflegte. Unmittelbar daneben lagen die königlichen Bäder, die der Monarch mehrmals am Tag aufsuchte, um sich zu erfrischen. Eine Anzahl Pavillons, in großen Gärten verstreut, bildeten die eigentliche Residenz. Hier wohnten die Mitglieder der Königsfamilie und gelegentlich auch Gäste von Rang. Das Mobiliar dieser Pavillons war überaus kostbar: Es handelte sich um Kunsttischlerarbeiten und Korbmöbel aus Bambus, die mit Fellen oder bunten Stoffen überzogen waren. Durch die riesigen Fenster blickte der Herrscher in die Gärten, in denen ständig ein Heer von Gärtnern arbeitete. Er konnte die Schwäne auf den Teichen beobachten, die Pfauen schreien hören und sich am Anblick der zahmen Gazellen erfreuen.

Die Amazonen der Frauengemächer

Nicht weit entfernt lag der den Frauen vorbehaltene Teil der Residenz, in dem die rechtmäßige Königin das Zepter führte. Eine kleine Mauer schützte diesen Bereich des Palasts vor neugierigen Blicken. Bewaffnete Frauen (oft in Männerkleidung) bewachten ihn. Der Obereunuch in weißem Gewand beaufsichtigte die unzähligen Dienerinnen, die die Betelbissen, die Schminken und die Bäder vorbereiteten oder sich der Garderobe der Damen annahmen. Die Prinzessinnen und Konkubinen, die nichts anderes zu tun hatten, als auf den Besuch ihres Herrn zu warten, verwendeten viel Zeit auf ihre Körperpflege. Sie waren fast nackt und trugen als Schmuck Arm- und Knöchelreifen, Ohrringe, Juwelen im Haar und einen goldenen Gürtel. Sie verbrachten den Tag mit Geplauder und Spielen oder gingen mit ihren zahmen Papageien in den Gärten spazieren und pflückten Blumen. Von ihren Amazonen begleitet, unternahmen sie manchmal einen Ausflug an den Fluß oder in die Umgebung der Stadt. Zuweilen geschah es auch, daß der König und seine Minister, ihrer Amtsgeschäfte überdrüssig, mit großem Pomp den Palast verließen, um vor der Stadt den allgemein beliebten Tierkämpfen beizuwohnen. Der Herrscher nahm seine Frauen mit in sein parkartiges Jagdrevier, wo sie sich ausruhten und seine weidmännischen Erfolge bewunderten, denn der König liebte es, Damwild zu jagen.

Pataliputra war eine wohlhabende Stadt. In der Nähe der Nordmauer lagen zwischen den Reihen der kleinen Läden und Magazine der Kaufleute und dem Ganges lange Kais. Unzählige Ruder- und Segelboote legten hier an, um die Erzeugnisse aus der Gangesebene – Reis, Gemüse, aber auch Hausteine und Baumstämme – auszuladen. Auf den Kais mühten sich Kulis und Sklaven mit dem Transport großer Baumwollballen und Holzladungen ab. Ab und zu legte ein großes Segelboot an, das eine hochgestellte Persönlichkeit brachte, einen Vizekönig oder Provinzstatthalter, der kam, um seinem Herrscher Bericht zu erstatten. Pataliputra, Hauptstadt eines zentralisierten Reiches, in der die wichtigsten Straßen des Landes zusammenliefen, war auch eine große Handelsmetropole. Der Hof, die Beamten und die Einwohner mußten schließlich ernährt werden. Wuchs die Bevölkerung der Stadt zu stark an, so ließ der König in der Umgebung Dörfer bauen, in die ein Teil der Menschen umgesiedelt wurde. Diese Dörfer waren meist ebenfalls von einer Mauer oder Palisaden umschlossen und besaßen zwei große, sich rechtwinklig kreuzende Straßen, die von niedrigen Häusern gesäumt waren und zu den Haupttoren führten.

Was geschah mit dieser prächtigen Hauptstadt der Maurjakönige, deren

Die massive Steinkuppel des Stupas III von Santschi hat einen Durchmesser von 15 m und eine Höhe von 9 m. Der Stupa war früher mit Stuck überzogen. Vor ihm erhebt sich ein steinernes Tor mit Reliefs, auf denen die Verehrung des Stupas und das Leben des Buddha in Reliefs dargestellt sind (1. Jahrhundert v. Chr.).

Ruf bis nach Griechenland gedrungen war? Man weiß es nicht genau. Der chinesische Pilger Hsüan-tsang, der Indien im 7. Jahrhundert n. Chr. besuchte, fand Pataliputra weitgehend verfallen vor. „Die Klöster, die Tempel der Götter und die Stupas, deren Ruinen man sieht, zählten einst nach Hunderten. Nicht mehr als zwei oder drei sind noch vorhanden. Nur nördlich des Palasts und in der Nähe des Ganges gibt es eine kleine Stadt mit etwa 1000 Häusern." Doch noch zu Beginn des 5. Jahrhunderts n. Chr. hatte ein anderer chinesischer Pilger namens Fa-hsien berichtet, daß Pataliputra eine blühende Stadt sei. Sie erschien ihm so schön, daß er sie von guten Geistern erbaut glaubte. Begeistert schilderte er das große Geburtstagsfest Buddhas, das während seines Aufenthalts gefeiert wurde: „An diesem Tag sind alle Straßen der Stadt voller Menschen, die hier zusammenströmen. Man veranstaltet Theatervorstellungen, führt Kraftakte vor und musiziert. Man verschönt das Fest mit Blumen und Wohlgerüchen. Die Pilger begeben sich zum Buddha. Bei Einbruch der Dunkelheit werden überall da, wo gefeiert wird, Lampen angezündet." Die Stadt wurde also wahrscheinlich zwischen dem 5. und 7. Jahrhundert n. Chr. zerstört. Vielleicht hatte man sie zugunsten einer anderen Hauptstadt aufgegeben, vielleicht wurde sie aber auch von den einfallenden Weißen Hunnen oder Hephtaliten verwüstet, deren berüchtigter Anführer Mihiragula voller Fanatismus Städte und Klöster dem Erdboden gleichmachte. Da die Stadt in einer Erdbebenzone lag, ist es auch denkbar, daß ein schweres Erdbeben die Mauern zum Einsturz brachte und den Brand verursachte, dem Häuser und Paläste zum Opfer fielen. Da sowohl der Son wie der Ganges wiederholt über ihre Ufer traten und schuld an verheerenden Überschwemmungen waren, gingen auch die Ruinen der Gebäude zugrunde. Die Ziegelmauern stürzten zusammen, alle vergänglichen Materialien verrotteten im Wasser und zerfielen dann unter der glühenden Tropensonne.

In der Nähe der heutigen Stadt Patna sieht man in einem Park voller Blumen kleine Bodenerhebungen, die bedeckt sind mit einer wuchernden Vegetation. Da und dort ragt eine Ziegel- oder Steinsäule aus der Erde oder einem kleinen See. Schilder weisen darauf hin, daß hier ein Kloster, dort ein kleiner Palast oder ein Haus standen. Zwischen diesen kaum sichtbaren Überresten gehen Familien spazieren, und die Kinder, die mit den Geschichten von den mächtigen Königen Tschandragupta und Aschoka aufwachsen, malen sich vielleicht aus, wie die große und schöne Stadt Pataliputra ausgesehen haben mag.

Es kostet die Archäologen viel Mühe, in dem weichen, wassergetränkten Boden Spuren zu finden: einige Löcher, wo sich einst Pfosten befanden, Reste von Palisaden, unzählige Terrakottafigürchen, deren Alter wegen fehlender Schichten schwer festzustellen ist. Eigentlich recht wenig für eine so große Stadt.

Aber ihr widerfuhr das gleiche wie vielen anderen Städten Asiens, die, wie Buddha bei der Gründung Pataliputras sagte, zur Zerstörung verurteilt waren, „da alles hienieden nur Unbeständigkeit ist".

Louis Frédéric

Wohnort der Götter und Kaufleute

DELOS

Die kleine Kykladeninsel Delos, jahrhundertelang das heilige Herz des antiken Griechenlands, wurde in hellenistischer Zeit eines seiner reichsten Handelszentren.

Dieser kleinen, unscheinbaren Insel in der Mitte der Kykladen, einer im Kreis (griechisch: *kyklos*) um sie gelagerten Inselgruppe, war es bestimmt, im Altertum eine außergewöhnliche religiöse und wirtschaftliche Rolle zu spielen.

Wer sich im 3. und 2. Jahrhundert v. Chr., als Delos in voller Blüte stand, der zwischen dem Meer und dem Berg Kynthos erbauten Stadt im Norden der Insel näherte, war gewiß überrascht von der Größe der Hafenanlagen. Über anderthalb Kilometer erstreckte sich das komplizierte System von Molen und Hafenbecken, Docks und Lagerhäusern. Die Kaianlagen wurden von eleganten Säulengängen abgeschlossen. Dahinter lag, planlos gewachsen, die Stadt, die bis an die Hänge des Kynthos reichte.

War der Reisende an Land gegangen, mußte er sich auf den mit Warenballen und hohen Krügen überfüllten Kais durch eine bunte, lärmende Menge, wie man sie heute noch in den Häfen des Orients sieht, den Weg bahnen, um in die Stadt zu gelangen. Ihre engen, gewundenen Straßen mögen etwa so ausgesehen haben wie heute die Gassen der Dörfer auf Mykonos und Naxos, nur daß in ihnen eine ähnliche Betriebsamkeit herrschte wie in den Suks von Damaskus oder Jerusalem. Im Südosten liefen alle Straßen auf das Theater zu. In diesem Viertel drängten sich die Wohnhäuser dicht aneinander, prächtige Gebäude mit zahlreichen Zimmern neben armseligen Behausungen, die aus nur einem oder zwei Räumen bestanden. Als Baumaterial verwendete man einheimischen Marmor, Granit und Schiefer, für öffentliche Gebäude und die Häuser der Reichen auch Marmor von den Nachbarinseln Paros und Naxos. Die meisten vornehmen Wohnhäuser besaßen ein, manche sogar zwei Obergeschosse. Alle Räume gingen auf das Peristyl, einen von Säulengängen umgebenen Garten oder Hof; die Zimmer der oberen Geschosse öffneten sich auf säulengeschmückte Balkone, von denen man ebenfalls in das Peristyl blickte. Es gab Flach-, Sattel- und Pultdächer. Während sich die Armen mit einem Boden aus Stampferde begnügten, auf den grobe Matten gelegt wurden, ließen die Wohlhabenden ihre Heime mit Marmor- oder Mosaikfußböden ausstatten und die Wände in leuchtenden Farben bemalen – ein Raumschmuck, von dem die figürlichen und ornamentalen Wandmalereien in Pompeji eine gewisse Vorstellung geben.

Außer mit Fresken und Mosaiken waren die Häuser mit Statuen geschmückt, die in der Mitte der Prunkräume oder in Wandnischen standen. In klassischer Zeit wurden Statuen – insbesondere Götterbilder oder Standbilder siegreicher Athleten – nur in den heiligen Bezirken und in den Tempeln, auf den heiligen Straßen der Kultorte oder sonst auf Straßen und Plätzen der Städte aufgestellt. Zweifellos fehlten sie auch in Delos nicht. Erst in der hellenistischen Epoche finden die Statuen auch Eingang in die Wohnhäuser und beginnen die Künstler, Porträts zu schaffen. Die Skulptur, ursprünglich Kultgegenstand, wird zum Kunstgegenstand, zum profanen Zierobjekt. Man richtet sogar in nicht mehr benutzten Tempeln Museen für Kunstwerke ein wie etwa im Heraion von Samos, in dem Gemälde und Statuen ausgestellt waren. Im Haus einer reichen Athener Familie auf Delos ließ sich die Besitzerin namens Kleopatra mit ihrem Gemahl ganzfigürlich darstellen. Dies ist eine der vielen Äußerungen des Individualitätsdranges, der im Griechenland der Spätzeit immer stärker in Erscheinung trat und zum Niedergang der Polis mit ihren alten staatlichen Institutionen beitrug.

Das Leben auf Delos

Da auf der winzigen Insel über 20000 Menschen lebten, war natürlich die Wasserversorgung ein großes Problem. Es gab zwar einen See, der sehr bald heilig geworden war, einige Bäche, die im Frühling austrockneten, und sogar eine ziemlich ergiebige Quelle und einen Brunnen. Aber das reichte für so viele Menschen und die privaten und öffentlichen Bäder bei weitem nicht aus. Deshalb hatte man eine große Anzahl Zisternen angelegt: private Zisternen unter den Höfen der vornehmen Wohnhäuser; öffentliche Zisternen auf mehreren Plätzen, wohin die Frauen, ihren Krug auf der Schulter oder auf dem Kopf, kamen, um Wasser zu schöpfen.

Die Theaterstraße führt vom Hafen zum Theater und ist von verhältnismäßig guterhaltenen Häusern gesäumt, unter denen sich einige der prächtigsten von ganz Delos befinden. Obwohl sie sehr eng ist (1,50–2,50 m), hält man sie für eine der früheren Hauptstraßen der Stadt.

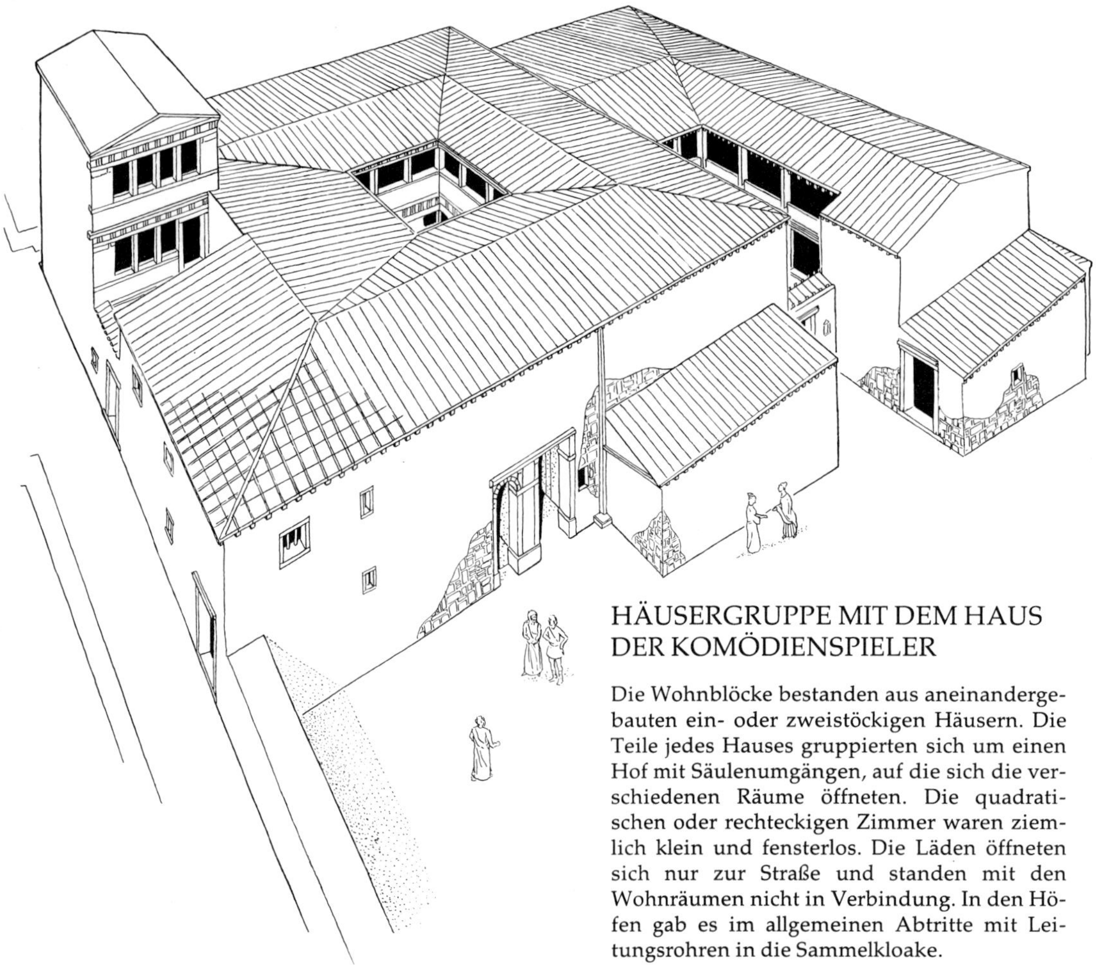

HÄUSERGRUPPE MIT DEM HAUS DER KOMÖDIENSPIELER

Die Wohnblöcke bestanden aus aneinandergebauten ein- oder zweistöckigen Häusern. Die Teile jedes Hauses gruppierten sich um einen Hof mit Säulenumgängen, auf die sich die verschiedenen Räume öffneten. Die quadratischen oder rechteckigen Zimmer waren ziemlich klein und fensterlos. Die Läden öffneten sich nur zur Straße und standen mit den Wohnräumen nicht in Verbindung. In den Höfen gab es im allgemeinen Abtritte mit Leitungsrohren in die Sammelkloake.

Im Wohnviertel boten viele kleine Händler auf der Straße, in offenen Läden im Erdgeschoß der Häuser oder hinter den Säulengängen, die rund um die öffentlichen Plätze liefen, ihre Waren feil – Lebensmittel und Gegenstände des täglichen Gebrauchs. Diese Güter wurden von Lastträgern oder auf Eseln vom Hafen gebracht. Die Gassen waren so eng, daß eine wahre Verkehrsstauung entstand, wenn zwei beladene Tiere aneinander vorbei wollten. Inmitten dieses ständigen Kommens und Gehens von Menschen und Tieren bewegten sich die fliegenden Händler und priesen ungerührt ihre Waren an.

Neben den Läden befanden sich die Werkstätten der Handwerker: Walker, Töpfer, Schmiede, Juweliere. Mit ihren Erzeugnissen belieferten sie vor allem den lokalen Markt. Bestimmte Produkte jedoch, wie Lampen, kleine Terrakottaöfen und reliefverzierte Schalen, waren für die Ausfuhr bestimmt. Letztere hatten in der griechischen Welt sogar eine gewisse Berühmtheit erlangt. Alle Luxusgegenstände, Schmuck, Möbel aus seltenen Hölzern, kostbares Geschirr aus Stein oder Metall, Keramik und Glaswaren wurden aus Athen, Korinth, den reichen Städten Kleinasiens und aus Alexandrien importiert.

Wenn man hinter dem Theater in östlicher Richtung weiterging, kam man zu den Terrassen, auf denen sich die Tempel der fremden Gottheiten erhoben: das Serapeion, das dem Serapis, einem aus Alexandrien stammenden griechisch-ägyptischen Gott, geweiht war, der Isistempel und das Heiligtum der syrischen Götter, wo in einer Zisterne heilige Fische gehalten wurden. Die syrischen Götter, die hier verehrt wurden, waren der alte Gewittergott Hadad und dessen Gefährtin Atargatis aus dem antiken Bambyke, das die Griechen Hierapolis nannten (heute Manbidsch in Nordsyrien). Diese fremden Götter zeigen, woher ein Teil der delischen Bevölkerung stammte.

Wenn man weiter den Hang des Kynthos hinaufstieg, die heilige Straße entlang, kam man zu der sogenannten Drachenhöhle, die diesen Namen vielleicht zur Erinnerung an einen mythischen Kampf Apollons mit einem Drachen trug. In dieser Höhle wurden angeblich der Gott des Lichts und seine Schwester Artemis von ihrer Mutter Leto geboren, die vor dem Zorn Heras, der Gemahlin des ungetreuen Zeus, des Vaters der göttlichen Zwillinge, hierher geflüchtet war. In dieser Bergspalte, die in alter Zeit mit einem Dach aus großen Steinplatten und Dreifüßen aus Lorbeerholz ausgestattet wurde, befand sich das Apollonorakel, das zur ersten Blüte der Insel geführt hatte.

Die großen Feste

Das Hauptheiligtum von Delos – das Hieron – lag in der Nähe des Heiligen Hafens. In diesem Bezirk befanden sich dicht nebeneinander rund um den großen Apollontempel das Artemision, die sogenannte Schiffs- oder Stierhalle, der Tempel der Athener, der Koloß der Naxier, eine riesige Statue, fünf kleine Gebäude, vermutlich Schatzhäuser, und andere Bauten. Hierher kamen jedes Jahr die *Theorioi*, die heiligen Gesandtschaften der Athener und der Kykladenbewohner, um bei den angeblich von Theseus eingerichteten Delischen Spielen Opfer darzubringen. Hier fanden auch alle vier Jahre die Zeremonien und Opfer statt, die der Eröffnung der großen Festspiele vorausgingen. Zu Ehren des Gottes fanden dann Faustkampf-, Tanz- und Dichterwettbewerbe statt, an denen vor allem die Ionier aus Attika, von den ägäischen Inseln und den ionischen Städten Kleinasiens teilnahmen. Diese kultischen Feiern gehen zweifellos auf vorhellenische Zeit zurück, ebenso wie bestimmte Riten, deren ursprünglichen Sinn die Griechen nicht mehr kannten. Dazu gehört der *Geranos*, ein Kulttanz um einen Altar aus Ziegen- oder Ochsenhörnern, dessen Schritte mit mäanderartigen Bewegungen Theseus' Umherirren im Labyrinth von Kreta nachahmten, ferner auch das merkwürdige Ritual der Seefahrer, die mit auf den Rücken gebundenen Händen um den „bösen Altar" rannten, dabei einander geißelten und in einen Zweig des heiligen Ölbaums bissen.

Obwohl diese Feste Delos eine gewisse Berühmtheit in der griechischen Welt eingetragen hatten, kam es durch sie nicht zu Wohlstand. Die Erzeugnisse der Insel hätten nicht einmal ein Viertel ihrer Bewohner ernährt. Die Delier waren vor allem Seefahrer, und der Fischfang stellte wahrscheinlich ihre wichtigste Erwerbsquelle dar, ehe der Handel ihnen Reichtum bescherte.

Die Lage der Insel im Zentrum der Kykladen und der Ägäis, am Schnittpunkt der Seewege zwischen Griechenland, Kleinasien, Thrakien und den Meerengen, Kreta, Ägypten und Phönikien hat in ihren Bewohnern sicher schon sehr früh die Neigung zum Handel geweckt. Die Kykladen bildeten eine Art Brücke, die es den Schiffen ermöglichte, fast ununterbrochen mit dem Blick auf eine Insel zu segeln, und Delos selbst, zwischen Mykonos und Rheneia gelegen, bot den Seefahrern geschützte Ankerplätze. Als Athen im 5. Jahrhundert v. Chr. die Insel zum Zentrum des Bundes der von ihm beherrschten ägäischen Städte – des 1. Attisch-delischen Seebundes – machte, begann der Aufstieg der Insel. Doch erst im 3. und vor allem im 2. Jahrhundert v. Chr. kam Delos zu großem Wohlstand.

Die vornehmen Privathäuser auf Delos wie das abgebildete Haus der Kleopatra besaßen als Mittelpunkt einen Prunkraum. Seine mit Stuck verkleideten Wände waren mit Blumenmotiven, mythologischen Szenen und perspektivischen Darstellungen bemalt (2. Jahrhundert v. Chr.).

Ein Freihafen

In jenem 2. Jahrhundert v. Chr. sollte Delos aus der römischen Intervention in Griechenland Nutzen ziehen. Im Jahr 166 v. Chr. gab Rom nach seinem siegreichen Krieg gegen den Makedonenkönig Perseus die Insel den Athenern als Belohnung für ihre solidarische Haltung und erklärte Delos zum Freihafen. Damit bestrafte es Rhodos, das sich im Krieg mit Makedonien neutral verhalten hatte, denn von da an wandten sich die Kaufleute von Rhodos ab und strömten nach Delos. Welcher Schaden Rhodos dadurch entstand, geht aus dem Hinweis eines rhodischen Redners hervor. Er sagte, daß die Zollgebühren, die Rhodos einst eine Million Drachmen eingebracht hatten, auf 150000 Drachmen gesunken waren. 20 Jahre später kam Delos außerdem die Zerstörung Karthagos und Korinths durch die Römer zustatten, da die levantinischen Handelwege von nun an über die kleine Insel liefen. Als schließlich im Jahr 133 v. Chr. der König von Pergamon, der Rom zu seinem Erben eingesetzt hatte, starb, festigte Delos weiter seine Stellung als Durchgangshafen des römischen Handels zwischen Italien und dem östlichen Teil seines Reiches.

Die Süditaliker, von denen die meisten Griechen waren, und die Römer nutzten als erste die Zollvorteile, die aus der Zollfreiheit des Hafens von Delos resultierten. Diese Italiker ließen sich vor allem zwischen dem Heiligen See und dem Apollonheiligtum nieder. Hier errichteten sie Ende des 2. Jahrhunderts v. Chr. eine Agora. Der große viereckige Platz war von einer zweistöckigen Säulenhalle umgeben, durch die man zu Räumen mit schönen Mosaikböden gelangte. Das Obergeschoß der Säulenhalle gliederten ionische Säulen. Hier befanden sich die Geschäftsräume der italischen Kaufleute und Bankiers, die zu einer Art Genossenschaft zusammengeschlossen waren. Sie nannten sich Hermaisten, denn ihre Vereinigung stand unter der Schutzherrschaft des Hermes, der auch Gott des Handels war. Die fremden Händler und Schiffseigner gruppierten sich nach Nationalitäten unter dem Schutz ihrer jeweiligen hellenisierten Gottheiten. Neben der Genossenschaft der Hermaisten war die bekannteste die der Poseidoniasten von Berytos, dem heutigen Beirut. Diese phönikischen Händler setzten ihrem Gott Melkart offenbar den griechischen Meeresgott Poseidon gleich, der in Delos seine Feste, die Poseideia, besaß, bei denen Schifferstechen auf dem Meer stattfanden.

So war Delos in gewisser Hinsicht der Markt des östlichen Mittelmeers geworden. Die Waren wurden hierher gebracht, um sofort weiterverkauft zu werden, und oft wurden sie, kaum gelöscht, wieder geladen. Zweifellos wurde mit allem gehandelt, was verkäuflich war. Die Makedonen brachten Holz und Pech, die Athener Silber aus den Bergwerken bei Laurion und ihre schönen Töpferwaren, die Peloponnesier und die Ionier ihre Weine, die Phöniker Purpurstoffe, die Kyrener Silphion, eine aromatische Pflanze, von der die Makedonen große Mengen verbrauchten, da sie das von ihnen roh verzehrte Fleisch verdauen half. Die Griechen Alexandriens brachten Elfenbein und Waren, die die Flotten der Ptolemäer bis aus Indien holten: Gold, Edelsteine, Gewürze, Tiere. Vielleicht wurde hier auch die unter hohen Kosten aus dem Land der Serer (China) herbeigebrachte Seide umgeschlagen. Aber alle diese Produkte spielten eine untergeordnete Rolle. Die drei Waren, auf denen sich der delische Handel gründete, waren Öl, Getreide und Sklaven.

In Delos wurde der Durchschnittspreis des Öls festgelegt, das die verschiedenen Regionen des östlichen Mittelmeers exportierten. In der ersten Hälfte des 2. Jahrhunderts v. Chr. hielt sich sein Preis dort auf etwa 16 Drachmen pro Metretes (39 Liter). Auf den italischen Märkten dagegen war das im

Dies war eine der vielen öffentlichen Zisternen von Delos. Auf den Trennmauern ruhte einst das Dach. Die Rohre, durch die sie mit Regenwasser gespeist wurde, hat man unter den Straßen gefunden. Die meisten Häuser besaßen jedoch eine eigene Zisterne, in der das Regenwasser, das vom Dach floß, gesammelt wurde.

Preis ständig steigende Öl viel teurer. Deshalb erwies sich die Einfuhr von Öl, das in Delos gekauft wurde, als gewinnbringend. Wahrscheinlich widersetzte sich Ende des 2. Jahrhunderts v. Chr. der römische Senat aus diesem Grund dem Anbau von Olivenbäumen im südlichen Teil des Transalpinischen Gallien *(Gallia Narbonensis).*

Zwischen dem Berg Kynthos und dem Meer liegt das Theater von Delos. Es wurde zwischen 300 und 246 v. Chr. erbaut und zwischen 1882 und 1922 in drei Etappen ausgegraben. Wie alle griechischen Theater war es an den Hängen eines Hügels errichtet worden, aber sein oberer Teil wurde vermutlich von einer hohen Rundmauer gestützt. Hinter dem Halbkreis der Orchestra lag das rechteckige Bühnenhaus, das in Delos auf allen Seiten von einer Säulenhalle umgeben war.

Noch wichtiger als der Ölmarkt war der Getreide-, insbesondere der Weizenmarkt – gemeiner Weizen und Einkorn, denn anscheinend wurde die Gerste meist in den Erzeugerregionen selbst als Tierfutter verwendet. Das Getreide kam aus Ägypten, Nordafrika (vor der Zerstörung Karthagos) und vor allem von den griechischen Kolonien am Schwarzen Meer. Man weiß nur wenig über den Handel zwischen Delos und den Schwarzmeerstädten, glaubt jedoch, daß er intensiv gewesen ist. Das schließt man daraus, daß die Delier gegen Ende des 2. Jahrhunderts v. Chr. den König von Pontos (an der Nordküste Kleinasiens), Mithradates Eupator, mit Ehrenbezeigungen überschütteten. Dieser König hatte damals das Bosporanische Reich (die heutige Krim und Landstriche am Asowschen Meer) unter seine Schutzherrschaft genommen, um die griechischen Niederlassungen dort gegen die Einfälle der sarmatischen Nomaden zu verteidigen. Die Getreideflotten wurden vornehmlich von byzantinischen, rhodischen, alexandrinischen und karthagischen Schiffen nach Delos begleitet. Es ist durchaus möglich, daß die Säulenhalle nördlich des Heiligen Hafens als Börse und Weizenspeicher diente.

Der Sklavenmarkt

Es ist schwer, sich das Gedränge und den Lärm auf den Märkten und den Kais der Stadt vorzustellen, wo sich Händler aus dem gesamten Mittelmeerraum einfanden, um zu kaufen und zu verkaufen, sich in Griechisch, der internationalen Diplomaten- und Handelssprache, anriefen, diskutierten, stritten und schließlich in ihrer Muttersprache beschimpften. Aber am lebhaftesten ging es auf dem Sklavenmarkt zu. Dieser einträgliche Handel bildete eine der Haupteinnahmequellen der Delier. Auch hier zog Delos Nutzen aus der Zerstörung Karthagos und Korinths, wo ebenfalls große Sklavenmärkte gewesen waren. In Delos wurden nicht nur zahlreiche karthagische und korinthische Gefangene verkauft, sondern die Insel übernahm auch einen Teil der Kunden dieser beiden Städte. Günstig wirkte sich für Delos übrigens die relative Nähe Kilikiens im südöstlichen Kleinasien aus. Denn infolge der schwindenden Macht der Seleukiden von Antiochia, die über Kilikien herrschten, entwickelten sich die rauhen kilikischen Seeleute bald zu gefürchteten Piraten. Die Waren und die Menschen, die ihnen bei ihren Raubzügen in die Hände fielen, brachten sie auf die Märkte von Delos. Billige Arbeitskräfte waren, vor allem bei den Römern, so sehr gefragt, daß die Sklaven – Männer, Frauen und Kinder –, kaum hatten sie das Schiff verlassen, sofort auf den Kais und Märkten verkauft wurden. An einem einzigen Tag sollen bis zu 50000 Sklaven verkauft worden sein. Anscheinend wurden in solchen Fällen die Sklaven gruppenweise versteigert. Im allgemeinen stellte man sie zunächst auf einem Podest unbekleidet zur Schau. Ein Schild, das man ihnen um den Hals hängte, enthielt Angaben über ihre Herkunft, ihre Mängel und ihre Vorzüge. Bevor die Versteigerung begann, pries der Händler die Sklaven lauthals an, um Kunden herbeizulocken. Es kam auch vor, daß er die Fehler oder Krankheiten seiner menschlichen Ware verschwieg, weshalb die Römer Gesetze zur Bestrafung solcher Betrügereien erlassen mußten.

Als man die delischen Häuser ausgrub, fand man Bronzeverzierungen wie diese groteske Maske, die als Beschlag eines Betts diente. Solche Funde vermitteln uns eine Vorstellung von den prunkvollen Möbeln, mit denen die eleganten Wohnhäuser eingerichtet waren.

Viele von Seeräubern verschleppte freie Männer ließen sich rasch freikaufen, wenn sie über die entsprechenden Mittel verfügten. Das Lösegeld wurde über das Heiligtum von Delphi bezahlt. Die Freilassung erfolgte öffentlich im Theater von Delos.

Zahlreiche Sklaven und Freigelassene lebten auf der Insel. Sie durften sich in Vereinigungen zusammenschließen, die Bankette veranstalteten und die *Compitalia,* ein ursprünglich römisches Fest zu Ehren der Schutzgötter der Kreuzwege feierten. Den Vorsitz in diesen Vereinigungen führten die sogenannten Kompitalisten, die in einer der Agoren nahe dem Hafen Widmungen hinterlassen haben.

Diese umfangreichen Geschäftstätigkeiten waren mit riesigen Kapitalbewegungen verbunden. Deshalb erlebte das Bankwesen in jener Zeit einen großen Aufschwung. In der griechischen Welt gab es, noch mehr als heute, eine Vielfalt von Währungen. Jedes Reich, jede unabhängige Stadt schlug eigene Münzen. Das erklärt, weshalb so viele Wechsler auf den Märkten und in den Häfen im Freien oder in Räumen hinter ihren Tischen saßen (noch heute heißt in Griechenland eine Bank *trapeza,* was eigentlich Tisch bedeutet). Da diese geldwirtschaftliche Anarchie bald zu Schwierigkeiten führte, hatten bestimmte Staaten untereinander Währungsabkommen getroffen. So akzeptierte die Stadt Olbia (an der Mündung des Bug in den Dnjepr), eine der wichtigsten Getreidelieferantinnen im Raum nördlich des Schwarzen Meeres, das Geld von Kyzikos (in Phrygien). Die Könige von Pergamon hatten in ihrem Reich den *Kistophoros,* die Währung von Ephesos, eingeführt. Delos und viele Städte der Ägäis hatten das makedonische Geld und das der seleukidischen Könige von Syrien übernommen, bis die Römer sich dem attischen Währungssystem anschlossen.

Bei Handelsgeschäften mußten also mehrere Faktoren berücksichtigt werden: der Wechselkurs der verschiedenen Währungen, der Einkaufspreis der Ware, die Transportkosten und der erhoffte Gewinn. Was zum Beispiel den von Ägypten an Delos verkauften Weizen anging, so konnten die Schiffe mit der größten Tonnage, nämlich 10000 Talenten (etwa 250 t), 3300 hl Weizen befördern, die in Ägypten für 25000 Drachmen eingekauft worden waren.

In den Häusern der Reichen waren sogar in den oberen Stockwerken die Fußböden mit Mosaiken bedeckt. Sie wurden zweifarbig oder mehrfarbig gefertigt. Dargestellt wurden mythologische Szenen, Vögel, Pflanzen oder Phantasieentwürfe. Oft sind die Motive von großen geometrischen Zierleisten gerahmt. Dieses prachtvolle Mosaik aus dem Haus der Masken zeigt Dionysos auf einem Panther (2. Jahrhundert v. Chr.).

Man hat berechnet, daß die Transportkosten für ein Medimnos (52 l) pro 100 km drei Viertel Obolos betrug (ein Obolos war eine Sechsteldrachme); folglich kostete der Transport von 3300 hl von Ägypten nach Delos zwischen 5000 und 6000 Drachmen. Um 190 v. Chr. wurde 1 hl Weizen in Delos für 20 Drachmen verkauft, die Schiffsladung also für 66000 Drachmen. Das bedeutet, daß der Händler das eingesetzte Kapital verdoppelte.

Diese außerordentlich hohen Gewinne rechtfertigten die ebenfalls außerordentlich hohen Darlehenszinsen. Bestimmte Waren wie Eisen und Korn konnten in natura geliehen werden, aber ein solches Darlehen wurde nur für einen kurzen Zeitraum, höchstens für einige Monate, gewährt. Die Strafe für eine verspätete Rückgabe betrug bis zu 50 Prozent des Darlehensbetrags. Der Zinssatz für Seedarlehen war wegen der Risiken ziemlich hoch: Im 3. und 2. Jahrhundert v. Chr. betrug er im ägyptischen Theben 24 Prozent. Für normale Darlehen war der Zinssatz 12 Prozent, der auf 10 Prozent herabgesetzt wurde, wenn der Schuldner geeignete Sicherheiten stellen konnte, wie zum Beispiel die Bürgschaft eines Heiligtums. Der Geldhandel war also besonders gewinnbringend. Die Darlehensbedingungen und Wechsel der Banken ähnelten in manchem den heutigen.

Delos stürzte über Nacht vom Wohlstand in die Armut. Im Jahr 88 v. Chr., auf dem Gipfel seiner Macht, wurde es von den Flottenführern des Mithradates Eupator, der gegen Rom Krieg führte, geplündert. Zwanzig Jahre später bereitete ein Seeräuberüberfall seiner Größe ein Ende.

Guy Rachet

Stadt im Fels

PETRA

In einem Felsenkessel der Berge zwischen dem Toten und dem Roten Meer erhob sich einst eine reiche Stadt, die ihre Blüte Karawanenführern und Kaufleuten verdankte.

Es gibt unwirtliche und siedlungsfeindliche Gegenden, die den Menschen dennoch angezogen und zum Bleiben verlockt haben und wo sich sogar, wider alles Erwarten, Kulturzentren entwickelten. Ein herausragendes Beispiel dafür ist Petra, das verloren in der jordanischen Wüste inmitten steilaufragender, zerklüfteter Berge liegt.

Man hat behauptet, Petra (griechisch: Felsen) sei nichts anderes als das Sela (hebräisch: Felsen) der Edomiter, ein Ort, der in der Bibel erwähnt wird; doch das wird heute bestritten. Petras wie eine Mondlandschaft wirkende Umgebung hat zur Entstehung zahlreicher Legenden geführt. So wird das Trockental, das die Ruinenstätte durchzieht, Wadi Musa genannt, da man annahm, daß der einst hier fließende Bach von der Quelle gespeist wurde, die Moses aus dem Felsen schlug.

Daß diese merkwürdige Stadt eine der wohlhabendsten des Altertums war, verdankte sie ihrer Lage auf halbem Weg zwischen dem Toten Meer und dem Golf von Akaba. An dieser Stelle beherrschte sie zwei wichtige Karawanenstraßen. Die eine verband Arabien und den Persischen Golf mit dem Mittelmeer, die andere, nordsüdliche, das Rote Meer mit Syrien. Die Bewohner von Petra, die Nabatäer, sicherten sich auf beiden das Transportmonopol. Wie die Heiligen Drei Könige brachten sie Weihrauch, Myrrhe und kostbare Spezereien – allerdings als Händler und vor allem zum Mittelmeer. Laut dem großen griechischen Geographen Strabon tauschten sie dafür in den Küstenstädten Kupfer, Eisen, Purpurgewänder, Safran und Gewürze, ja sogar Kunstwerke ein. Auf diese Weise brachten sie es zu großem Reichtum. Aber sie interessierten sich nicht nur für materielle Güter. Sie übernahmen von den Ländern des Orients und des Mittelmeerraums, mit denen sie in Verbindung standen, bestimmte Kulturgüter und verschmolzen sie zu einer eigenständigen Kultur.

Ein begehrtes Reich

Die Nabatäer waren ein ehemaliges Nomadenvolk aus dem Norden Arabiens.

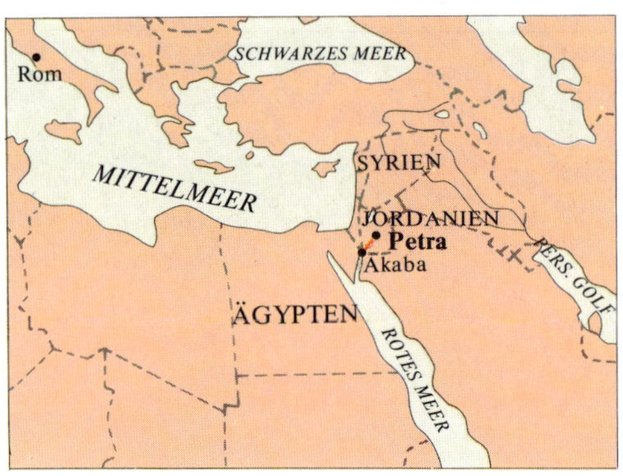

Als es durch die Eroberungen Alexanders des Großen zu einem intensiven Warenaustausch zwischen Orient und Abendland kam, nahmen sie die günstige Gelegenheit wahr und wurden gefragte Karawanenführer. In der Geschichte tauchen sie erstmals Ende des 4. Jahrhunderts v. Chr. auf. Damals versuchte Antigonos Monophthalmos, der nach Alexanders Tod eine Zeitlang über einen großen Teil des makedonischen Reiches herrschte, Petra seinem Machtbereich einzugliedern. Einem seiner Feldherren gelang dies zwar, aber als dieser von dort mit Gefangenen und reicher Beute zurückkehren wollte, schnitten die Nabatäer ihm den Weg ab und vernichteten sein Heer. Daraufhin ließ Antigonos Monophthalmos seinen Sohn Demetrios Poliorketes einen zweiten Feldzug unternehmen, der jedoch ebenfalls mit einem Mißerfolg endete.

Wer hätte auch dieses Volk unterwerfen können, das sich in seinem Gebirgsmassiv, der fast uneinnehmbaren Zitadelle seiner Unabhängigkeit, verschanzte. Die Nabatäer selbst hingegen ließen sich keine Gelegenheit entgehen, ihr Herrschaftsgebiet zu vergrößern. Eine Zeitlang gehörten dazu auch Teile Palästinas. Die Nabatäer waren die Herren von Damaskus, als der heilige Paulus aus der Stadt floh. Da die nabatäischen Torwächter den Auftrag hatten, den Apostel gefangenzunehmen, mußte dieser in einem Korb von der Stadtmauer herabgelassen werden.

Doch schon fiel der Schatten Roms auf die Länder des Vorderen Orients. Um Kleopatra zufriedenzustellen, versprach Marcus Antonius ihr das Nabatäerreich. Nach der Schlacht von Aktium versuchte die Königin Schiffe vom Mittelmeer in das Rote Meer bringen zu lassen, aber die Nabatäer verbrannten sie. Das Gebiet, das seit zwei Jahrhunderten ein blühendes Königreich war, wurde schließlich von Kaiser Trajan dem Römischen Reich einverleibt. Von da an trat Palmyra in Wettbewerb mit Petra, das immer schwächer wurde, bis ihm die Eroberung durch die Heere des Propheten den Gnadenstoß versetzte.

In den ersten Jahren des 12. Jahrhunderts bemächtigten sich die Kreuzfahrer Petras. Kaum hatten sie das Königreich Jerusalem gegründet, streckten sie schon ihre Hände nach der alten Stadt aus, um sich einen Verbindungsweg zum Roten Meer zu sichern. Die Ritter folgten mit ihren Machtträumen dem Beispiel der Nabatäer und bauten auf

Wie in einer Mondlandschaft liegen diese eindrucksvollen frühen Felsgräber Petras mit ihren Zinnenfriesen. Rechts sieht man auf halber Höhe einen Teil der Sitzstufen des ebenfalls in den Fels gehauenen Theaters.

Ed-Der, Petras größtes Felsgrab, ist 42 m hoch und 46 m breit. Allein die Urne mißt 9 m. Man vermutet, daß dieses prächtige Zeugnis der nabatäischen Kunst das Grabmal des Königs Rabel II. war, nach dessen Tod im Jahr 106 n. Chr. Kaiser Trajan das Nabatäerreich dem römischen Imperium einverleibte. Später ließen sich christliche Einsiedler nieder.

schroffem Fels, nicht weit voneinander entfernt, zwei mächtige Festungen. Deren Ruinen zeugen noch heute vom Mut dieser Franken, die aus Europa gekommen waren, um sich in diesen fernen Ländern niederzulassen. Nach ihrem Abzug fiel Petra bis ins 19. Jahrhundert der Vergessenheit anheim.

Wiederentdeckt wurde die Stadt von dem 1784 geborenen Schweizer Johann Ludwig Burckhardt. Nachdem er sich umfassende Kenntnisse des Arabischen erworben und den Koran gründlich studiert hatte, bereiste er Syrien und Palästina und besuchte 1812 Petra auf dem Weg nach Kairo, von wo aus er zu den Quellen des Niger vorzudringen hoffte. Da jahrelang keine Karawane abging, mit der er in die Sahara und bis tief ins Herz Afrikas vorstoßen konnte, nutzte er die Wartezeit zu anderen Reisen. Dabei gelang es ihm, Mekka zu betreten. Nach Kairo zurückgekehrt, starb er dort im Oktober 1817 und wurde auf dem moslemischen Friedhof unter seinem Decknamen Scheich Ibrahim ibn Abdallah beigesetzt. Niemand wäre je auf den Gedanken gekommen, daß er kein Araber und tiefgläubiger Moslem war! Da er ständig befürchten mußte, als Europäer erkannt zu werden, machte er seine Aufzeichnungen heimlich, während er auf seinem Kamel ritt. Deshalb brachte er von Petra nur kurze Notizen mit.

Auf diese Weise hörte man erstmals von der antiken Stadt, über die etwa anderthalb Jahrzehnte später ein junger Franzose, Léon de Laborde, der westlichen Welt Einzelheiten berichten konnte. Zunächst versuchte er, Petra über Syrien zu erreichen. Als ihm dies nicht gelang, unternahm er eine Expedition von Ägypten aus. Er wurde von einem jungen Landsmann, Linant de Bellefonds, dem späteren Chefingenieur des Suezkanals, begleitet.

1826 konnte Laborde ungehindert die nabatäische Stadt besuchen. Er war erst 19 Jahre alt und steckte noch ganz voller jugendlicher Begeisterungsfähigkeit. Der Anblick Petras entlockte ihm Ausrufe der Bewunderung: „Dies ist das wundersamste Schauspiel, das erstaunlichste Bild, das die Natur in ihrer großartigen Schöpferkraft, die Menschen in ihrem eitlen Streben den nachfolgenden Generationen hinterlassen haben.“ Seine Beobachtungen verraten eine erstaunliche Reife. Er brachte eine Anzahl hervorragender Zeichnungen mit, die 1830 in seinem Reisebericht, einem Prachtband mit Tafeln und Karten, veröffentlicht wurden.

Eine Opernkulisse

Petra ist eine gigantische Opernkulisse, eine chaotische, in kräftigen Rottönen leuchtende Felsenwelt, von tiefen Tälern zerschnitten und überragt vom Berg Umm-el-Bijara (Mutter der Zisternen), der bis auf fast 1200 m ansteigt. Der Weg nach Petra führte durch den Sik, eine enge, dunkle Klamm, die der Mosesbach einst in den Felsen geschnitten hat und die sich zwischen hohen Steinwänden hindurchschlängelt. Diese Felsen treten manchmal so nah zusammen, daß die Sonnenstrahlen nicht bis auf den Grund der Schlucht dringen. Unheimlich hallen die Schritte

Am Ende des Sik, der Schlucht, durch die man Petra erreicht, taucht, aus dem rosenfarbenen Sandsteinfelsen gehauen, die Chasnet Firaun (Schatzhaus des Pharaos), dieses Kleinod der hellenistischen Architektur der Nabatäer, auf. Es stammt wahrscheinlich aus dem 2. Jahrhundert n. Chr. und war kein Tempel, wie man manchmal angenommen hat, sondern ein Grabmal.

der Tiere und die Stimmen der Menschen in diesem Steinkorridor wider. Nach einer Verengung taucht plötzlich ein grandioses Grabmonument aus rosenfarbenem Sandstein auf. Es wird Chasnet Firaun, Schatzhaus des Pharaos, genannt. Seine Fassade wird von einem urnenförmigen Gebilde gekrönt, auf das die vorbeiziehenden Araber zu schießen pflegten, damit der angeblich darin enthaltene Schatz herausfalle.

Bei den über 500 Monumenten von Petra handelt es sich, abgesehen von dem großen, verfallenen Tempel im Herzen der Stadt, dem Kasr el-Bint, nicht um Gebäude im eigentlichen Sinn, sondern um gigantische, aus dem anstehenden Gestein herausgearbeitete Felsgräber mit oft prächtigen Tempelfassaden. Diese in verschiedenen Kulturen geübte Kunst hat wohl nirgends solche Vollkommenheit erreicht wie in Petra, wo alle Schwierigkeiten, die der Stein dem Steinmetzen bot, spielend gemeistert wurden.

Die Felsgräber sind oft riesig. Die Chasnet Firaun zum Beispiel hat eine Höhe von 30 m. Den Rekord hält die Fassade des El-Der (= das Kloster, so genannt, weil sich hier in der Frühzeit des Christentums Einsiedler niederließen), die man nach beschwerlichem Aufstieg durch die Felsen erreicht: Sie ist nicht weniger als 46 m breit und 42 m hoch. Man bedenke, welche technischen Kenntnisse solche Werke voraussetzen! Man mußte die Felswände auswählen, sie abhorchen, um sicherzugehen, daß keine Risse im Gestein waren, genau berechnen, wie man den Fels zerschneiden sollte, und dann vorsichtig die architektonischen Formen mit all ihren vielen Säulen, Giebeln, Ädikulen, Kranzgesimsen und Skulpturen verschiedenster Art herausmeißeln. Man hat die Monumente von Petra mit bestimmten Bauwerken des italienischen Barocks verglichen. Die reiche, phantasievolle Dekoration harmoniert aufs schönste mit der ausgewogenen Architektur. Zum Glück ist eine der monumentalen Fassaden von Petra unvollendet geblieben. An ihr erkennt man, wie die nabatäischen Steinmetzen bei ihrer Arbeit vorgingen: Sie begannen mit den oberen Teilen der Monumente.

Hinter den Fassaden liegen meist nur Räume von geringer Tiefe, die leer sind. Einige davon waren vielleicht Heiligtümer oder Wohnstätten, die Mehrzahl jedoch Gräber. Die Täler von Petra wirken also wie Prachtstraßen in einer Totenstadt.

Wie sah die Stadt zu ihrer Blütezeit aus? Sie hatte mehrere tausend Einwohner, die Häuser, Stallungen und Warenlager benötigten. Die meisten dieser Bauten waren vermutlich sehr einfach und bestanden aus leichtem Material, wie Holz und Lehm. Deshalb ist Petra heute eine Stadt, in der vom einstigen Rahmen ihres Alltags nichts mehr existiert. Übriggeblieben sind nur die in den Fels gehauenen Grabstätten ihrer hochgestellten Persönlichkeiten und die Wohnungen ihrer Götter. Die Nabatäer waren eingeschlossen von Stein. Der freie Raum war so knapp, daß man, als in römischer Zeit ein Theater gebaut wurde, Felswände durchschneiden mußte, in denen sich Gräber befanden.

Man darf jedoch nicht glauben, daß die Nabatäer unfähig waren, große Bauwerke zu errichten. Der Beweis dafür ist der sogenannte Kasr el-Bint, jener Tempel, dessen Größe und architektonische Feinheiten erst durch die Ausgrabungen in jüngster Zeit offenkundig wurden. Das auf einem hohen Sockel stehende rechteckige Gebäude, das eine Fassade mit Säulenvorhallen und einen reichen Stuckdekor besaß, war eines der großartigsten Heiligtümer der Antike im Vorderen Orient.

Meister der Bewässerung

So unwirtlich diese Welt aus Stein auch erscheinen mag, bot sie doch Menschen, die es gewohnt waren, durch die öden Weiten der Wüsten zu ziehen, durchaus Lebensmöglichkeiten, denn in Petra gab es Schatten, Wasser und sogar Pflanzenwuchs. In diesem Ge-

Das im Freien gelegene Höhenheiligtum Zibb Atuf bei Petra war, wie man glaubt, dem Vegetationsgott Duschara (Dusares) und der Quellengöttin Al-Uzza geweiht. In der Mitte steht noch der Felsaltar, auf dem Tiere geopfert wurden.

birgsmassiv fallen oft wolkenbruchartige Niederschläge, und manchmal werden die Täler von Hochwasser überflutet. Die Nabatäer entwickelten sich zu hervorragenden Bewässerungstechnikern, die es verstanden, das Wasser zu sammeln und zu verteilen. Dadurch verwandelten sie ein Stück Wüste nach dem anderen in fruchtbares Ackerland. Kein Wunder also, daß Duschara (Dusares), ihr höchster Gott, ein Vegetationsgott und die große Göttin Al-Uzza eine Wassergottheit war.

Noch heute zählt Petra eine Handvoll Einwohner. Immer wieder begegnet man ihnen – in den dicht mit Oleander bewachsenen, kreuz und quer laufenden Tälern – als Reitern auf schnellen Pferden, Frachtführern mit langsam dahinschreitenden Kamelen, als Ziegen- oder Schafhirten. In Petra selbst wirken sie wie abgerissene Adlige, denen der Tourismus bescheidene Einkünfte bringt.

Wie kam es, daß die Nabatäer, die so viel umherzogen und sich vor allem dem Handel widmeten, an schöner Architektur und verfeinerter Plastik solchen Gefallen fanden? Andere Völker der Antike, die ebenfalls in erster Linie Händler waren, wie etwa die Phöniker und die Karthager, hatten nicht diesen ausgeprägten Kunstsinn. Man versucht das Phänomen Petra zu erklären, indem man auf seinen großen Reichtum hinweist. Doch der würde höchstens die zu aufwendige Gestaltung der Bauten, das parvenühafte Auffällige daran rechtfertigen. Es gab andere Gründe als den Reichtum. Als Händler standen die Nabatäer mit einigen der bedeutendsten Zentren der alten Kulturen in Verbindung. Von jeder entlehnten sie bestimmte Elemente und schufen in dem abgelegenen Schmelztiegel Petra außergewöhnliche Werke. Ihre Schöpfungen spiegeln die Welten wider, die sie auf ihren Reisen bewunderten.

Die Monumente aus der Frühzeit Petras, die im 6. Jahrhundert v. Chr. beginnt, zeigen ägyptische und mesopotamische Einflüsse. Später ist die Architektur im wesentlichen vom Hellenismus geprägt, jener Mischkultur, die sich aufgrund der Eroberungen Alexanders des Großen aus der griechischen Kultur entwickelte und diese fortführte. Die zwei großen Brennpunkte der hellenistischen Welt waren damals Alexandrien und Antiochia. Die Bauten dieser beiden berühmten Städte sind verschwunden, aber die Tempelfassaden der Felsgräber vermitteln uns eine gewisse Vorstellung von ihrem Aussehen. Die Nabatäer haben auf kulturellem Gebiet das gleiche geleistet wie im Handel, nämlich Orient und Okzident miteinander verbunden.

Ihre künstlerische Begabung beschränkte sich nicht nur auf die Architektur. Sie haben auch Skulpturen geschaffen, von denen einige herrliche Bruchstücke auf uns gekommen sind. Die Reste der Freskenmalerei, die gefunden wurden, lassen uns bedauern, daß sich von dieser Kunstgattung nur so wenig erhalten hat. Und die nabatäischen Töpferwaren sind feiner als die jeder anderen Kultur der Antike.

Vermutlich erlebte Petra sein goldenes Zeitalter zwischen 50 v. Chr. und 70 n. Chr. Die glänzendste Periode war zweifellos die Regierungszeit des großen Nabatäerkönigs Aretas IV., der den schönen griechischen Beinamen Philodemos, das heißt, „der sein Volk liebt", führte. Er starb im Jahr 40, nachdem er 50 Jahre geherrscht hatte. Wahrscheinlich nahm er sich, was das Bauen angeht, seinen älteren Zeitgenossen Herodes zum Vorbild. Dieser hatte kurz zuvor im benachbarten Judäa geherrscht und es mit Bauwerken überzogen. Aretas, ebenfalls ein prunkliebender Fürst, wollte ihm darin nicht nachstehen.

Die nabatäische Kultur ging nicht plötzlich unter. Eines der interessantesten Felsgräber in Petra ist das des römischen Statthalters der Provinz Arabia Petraea, Sextus Florentinus, der höchste Ämter im Reich bekleidet hatte und Prokonsul von Gallia Narbonensis, der heutigen Provence, gewesen war, bevor er nach Arabien versetzt wurde. Auffallend an seinem Grab ist, daß es, obwohl es aus der Spätzeit stammt (Florentinus starb im Jahr 117), im herkömmlichen nabatäischen Baustil errichtet wurde. Die Römer hatten den Geist von Petra also nicht erstickt.

Es wäre jedoch unrecht, die Nabatäer nur nach ihren Kunstwerken zu beur-

PETRA UND DER FERNHANDEL

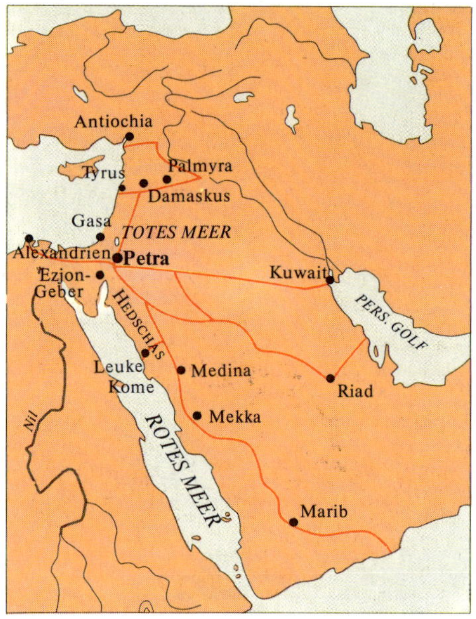

Alte Karawanenstraßen im Vorderen Orient

Das Nabatäerreich, das mitten in einer Wüstengegend lag, verdankte seinen Wohlstand dem Fernhandel. In Petra kreuzten sich wichtige Karawanenstraßen. Seine Lage in einem schwer zugänglichen Bergmassiv bürgte für die Sicherheit seiner Warenlager. Eine der Straßen, die durch Petra führten, verband die Stadt mit Ägypten, wohin die Nabatäer den für die Einbalsamierung unerläßlichen Asphalt lieferten. Die Waren, die aus Arabien oder vom Roten Meer kamen, vor allem die Spezereien, wurden entweder zu Schiff über den Golf von Akaba (auch das Kupfer der Minen König Salomos bei Ezjon-Geber war ein Ausfuhrartikel) oder über Land auf einem Weg quer durch Arabien befördert, der etwa so wie später die in Medina endende Hedschasbahn verlief. Die Erzeugnisse aus dem Iran und aus Zentralasien gingen über eine Karawanenstraße, die den Persischen Golf unmittelbar mit Petra verband. Man weiß, daß auch Waren aus China hierher gelangten, hat aber bei den Ausgrabungen keine Reste davon gefunden.

In Petra formierten sich dann die Karawanen neu, um nach Damaskus und ins Innere Syriens aufzubrechen oder zu einem der Häfen im Gebiet von Gasa, von wo die Waren in die Mittelmeerländer verschifft wurden.

Die Stadt war aber nicht nur eine Drehscheibe des Handels, sondern auch ein Ort künstlerischen Schaffens, wie die großartigen Fassaden ihrer Felsgräber zeigen.

Reiter und Kamel: himjaritische Stele aus Südarabien

Zwischen mächtigen, senkrecht aufragenden Felswänden hindurch führt der Weg direkt in das Zentrum von Petra. Der stellenweise nur 2 m breite Sik war einst gepflastert. Am Eingang überspannte ihn ein Triumphbogen.

teilen. Sie haben eine eigenständige Kultur und eine durchorganisierte Gesellschaft geschaffen. Die Könige, denen ein Minister zur Seite stand, scheinen im allgemeinen von großer Güte und Einfachheit gewesen zu sein, so daß sie, wie berichtet wird, manchmal sogar Gäste selbst bedienten. Es gab kaum Sklaven. Alle arbeiteten und halfen sich gegenseitig. Die Gemeinschaft wurde nach dem Gewohnheitsrecht und durch Schiedsverfahren umsichtig regiert. Die Frauen spielten eine wichtige Rolle. Die Nabatäer sprachen seit der Zeit Alexanders des Großen das im Vorderen Orient allgemein gebräuchliche Aramäisch, entwickelten jedoch eine eigene Schrift. Sie verehrten zahlreiche mit den anderen Gottheiten des Orients verwandte Götter, die sie ihren Vorstellungen anpaßten und denen sie ihre Könige und vergöttlichten Helden zur Seite stellten.

Die Höhenheiligtümer

Eine der Besonderheiten Petras sind die hochgelegenen Stätten, an denen Tieropfer unter freiem Himmel dargebracht wurden. Die berühmteste ist die auf dem Zibb Atuf, einem Gipfel, der das Theater am Ausgang des Sik überragt. Man erklimmt ihn über eine endlos erscheinende Treppe, deren Stufen einst die Nabatäer in den Stein gehauen haben. Man kann sich vorstellen, wie Prozessionen von Gläubigen den heiligen Berg hinaufstiegen zwischen Felsen, die den Wanderer bald einzwängen, bald überraschende Panoramen freigeben. Die berühmte Stätte selbst ist eine schlichte Anlage. Es scheint, daß ihre Schmucklosigkeit gewollt war. Das Heiligtum krönt den Gipfel, von dem aus man in endlose Weiten blickt; es ist eins mit dem Berg, der es trägt und der ganz von dessen Heiligkeit erfüllt zu sein scheint.

Petra ist eine phantastische Kulisse aus Stein. Mit ihren gigantischen Arbeiten haben die Nabatäer ihr eine menschliche Note verliehen und sie gleichzeitig ihrem Wesen und ihren Glaubensvorstellungen angepaßt.

Henri-Paul Eydoux

HANDELSWEGE DER ALTEN WELT

Königsstraße: Wagen mit Pferdegespann (lykisches Relief; 4.–3. Jahrhundert v. Chr.)

Zinnstraße: Fünfzigruderer (Modell des Schiffs des Pytheas, 4. Jahrhundert v. Chr.)

Syrtenstraße: gallo-römischer Ochsenwagen (Mosaik von Orbe, 2.–3. Jahrhundert)

Nilstraße: ägyptisches Boot (Wandmalerei aus einer Mastaba in Gise, um 2300 v. Chr.)

Auf dem Weg in die Verbannung: Die von den Assyrern gefangengenommenen Bewohner von Lachisch in Juda verlassen ihre Stadt (Relief im Palast des Sanherib zu Ninive, Anfang 7. Jahrhundert v. Chr.)

Zinnstraße
Im 1. Jahrtausend v. Chr. kam das Zinn von den Britischen Inseln (den Kassiteriden, womit vielleicht die Scillyinseln gemeint sind). Die Phöniker segelten durch die Straße von Gibraltar dorthin, die Griechen nahmen von Massilia aus den Landweg durch Gallien bis zur Kanalküste. Zinn brauchte man für die Herstellung von Bronze.

Seidenstraße
Die Seide war den Griechen seit dem 3. Jahrhundert v. Chr. bekannt. Die Kaufleute zogen in Karawanen zum Pamir bis zu einem Ort, der Steinturm hieß, wo die chinesischen Händler ihre Waren anboten.

Gewürzstraße
Schon im 1. Jahrhundert v. Chr. reisten Griechen und Römer nach Indien, um ihre Erzeugnisse gegen Gewürze zu tauschen, die indische und malaiische Seefahrer von Indonesien brachten.

Weihrauchstraße
Vom 3. Jahrhundert v. Chr. bis zum 5. Jahrhundert n. Chr. beförderten die Kaufleute Petras und des Hedschas den Weihrauch von Südarabien und Somalia bis nach Syrien.

Bernsteinstraße
Schon im 15. Jahrhundert v. Chr. kauften die mykenischen Griechen Bernstein, der von der Ostsee kam. Dieser Handel hielt sich bis in die Römerzeit.

Limesstraße
Diese strategisch wichtige Straße, von der Handelswege nach Mittel- und Osteuropa ausgingen, folgte der befestigten römischen Reichsgrenze.

Königsstraße von Sardes nach Susa
Diese Poststraße wurde im 6. Jahrhundert v. Chr. von den Persern angelegt, um die Verwaltung ihres großen Reiches zu erleichtern. Später förderte sie den Handel der Griechen mit Asien.

Straße nach Indien über Baktra
Wer in das Industal eindringen wollte, mußte seit alters diese Route nehmen. Sie wurde zu einem Handelsweg zwischen Indien und dem Abendland, vor allem seit der Perserzeit.

Schon die Menschen der Jungsteinzeit holten Obsidian von den Liparischen Inseln, aus den Ländern der Ägäis und aus Anatolien. Die Land- und Seewege, die sie benutzten, stellten die ersten Handelsrouten dar. Deren Zahl vervielfachte sich im Lauf der Geschichte. Einige sind uns noch unbekannt. So gab es in der Bronzezeit im Mittelmeerraum sehr wenig Zinn, und wir wissen noch immer nicht genau, woher das Zinn kam, das damals zur Bronzeherstellung verwendet wurde. Andere Handelswege hingegen blieben die ganze Antike hindurch bis hinein ins Mittelalter wichtig, wie zum Beispiel die Seidenstraße, die auch noch lange nach dem Untergang der antiken Welt benutzt wurde. Wieder andere Routen gerieten vorübergehend in Vergessenheit, waren aber wahrscheinlich schon sehr früh entdeckt worden. So wurde eine Teilstrecke des griechisch-römischen Seewegs für Gewürze schon von den Ägyptern des Alten Reichs befahren: Es war die Route nach Punt, dem heutigen Somalia.

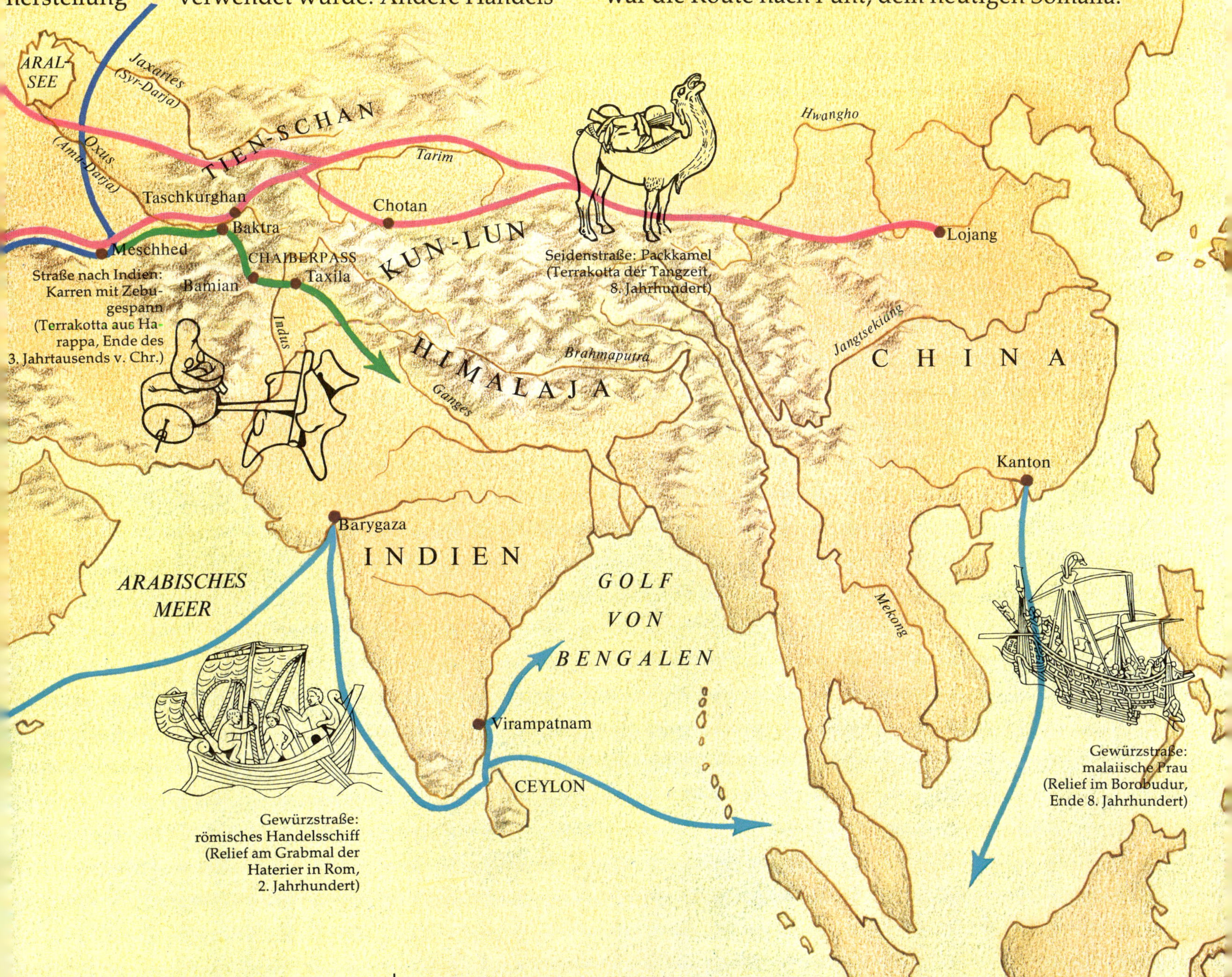

Straße nach Indien: Karren mit Zebugespann (Terrakotta aus Harappa, Ende des 3. Jahrtausends v. Chr.)

Seidenstraße: Packkamel (Terrakotta der Tangzeit, 8. Jahrhundert)

Gewürzstraße: römisches Handelsschiff (Relief am Grabmal der Haterier in Rom, 2. Jahrhundert)

Gewürzstraße: malaiische Frau (Relief im Borobudur, Ende 8. Jahrhundert)

Lapislazulistraße
Der im alten Ägypten und in Sumer so begehrte Halbedelstein wurde seit dem 3. Jahrtausend v. Chr. von Badachschan (Nordostafghanistan) importiert. Es gibt zwar kaum archäologische Beweise dafür, aber nur dort war Lapislazuli zu finden.

Silberstraße
Mit Tarschischschiffen, von denen die Bibel spricht, holten die Tyrer in Tartessos (Südspanien) Silber und andere Metalle.

Nilstraße
Über diesen Wasserweg importierten die Ägypter vom Sudan schon im Alten Reich Gold, Elfenbein und Felle.

Straße der Garamanten
Im 5. Jahrhundert v. Chr. durchquerten die Garamanten auf ihren Wagen die Sahara, wie Herodot berichtet und Felszeichnungen bestätigen.

Goldstraße
Man nimmt an, daß die Karthager zwischen dem 6. und 3. Jahrhundert v. Chr. auf dem Landweg, das heißt über Mauretanien, vom Senegal und von den Fouta-Djalon-Bergen Gold holten.

Syrtenstraße
Diese Route verband die griechischen und römischen Städte an der Großen und Kleinen Syrte sowohl mit Karthago wie auch mit Ägypten.

Siedlung der Frommen

QUMRAN

In der Bergeinsamkeit nordwestlich des Toten Meeres lebte in den Jahrhunderten um Christi Geburt eine Gemeinschaft strenggläubiger Juden, deren religiöse Vorstellungen sich in einigen Punkten mit denen des Christentums berühren.

Um das Jahr 150 v. Chr. ließ sich am Toten Meer, nicht weit von Jericho, eine Gruppe frommer Juden und Priester nieder, die sich vom Jerusalemer Tempel gelöst hatte. Damals herrschte in Judäa der Hohepriester Jonatan, ein Sohn des Priesters Mattatias, der einst den Widerstand gegen die Hellenisierung Judäas durch den Seleukidenkönig Antiochos IV. angeführt hatte. Die abtrünnige Gruppe, von dem jüdischen Historiker Flavius Josephus als Essener bezeichnet, warf nun ihrerseits dem Hohenpriester vor, den Hellenismus mit allen ihm innewohnenden Gefahren des Heidentums übernommen zu haben. Sie nannten ihn nie bei seinem Namen, sondern benutzten die verächtliche Bezeichnung „Frevelpriester“. Sein Widerpart war der „Lehrer der Gerechtigkeit“, der Leiter und vermutlich Gründer ihrer Gruppe.

Allmählich entwickelte sie sich in der Wüste zu einer Gemeinschaft von kompromißlosen Gläubigen, die in einer klosterähnlichen Siedlung lebte. Deren Ruinen haben französische Archäologen unter der Leitung des Père R. de Vaux erforscht. Die Stätte liegt in der Nähe einer Süßwasserquelle und trägt den arabischen Namen Qumran.

Ein Tag in Qumran

Wer um die Zeitwende bei der Gemeinde von Qumran zu Gast gewesen wäre, hätte den Saal aufsuchen können, in dem sich die Essener versammelten; das Skriptorium, wo einige von ihnen die alten biblischen Schriften kopierten, andere eigene Werke abschrieben; den Speisesaal; die Küche; die Wäscherei; die Backstube; die Zisterne; die Bäder und den Friedhof mit den von Steinen bedeckten Gräbern. Der Gebäudekomplex wurde von einem Turm aus bewacht.

Flavius Josephus, der sicher die Siedlung am Toten Meer besucht hat, beschreibt den Tagesablauf der Mitglieder dieser Gemeinschaft wie folgt:

„Bevor die Sonne aufgeht, sprechen sie kein profanes Wort; sie richten aber an das Gestirn gewisse überlieferte Gebete, als wollten sie seinen Aufgang erflehen. Hierauf werden sie von den

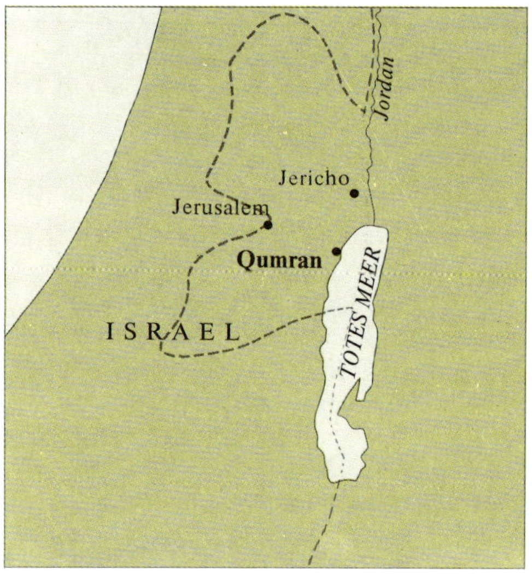

Vorstehern zu der Arbeit geschickt, auf die sich ein jeder von ihnen versteht. Wenn sie dann bis zur fünften Stunde (also 11 Uhr vormittags) fleißig gearbeitet haben, kommen sie wieder an einem bestimmten Ort zusammen, binden sich ein Leinentuch um und waschen sich den Leib in kaltem Wasser. Nach dieser Reinigung begeben sie sich in ein besonderes Gebäude, das kein Mitglied einer anderen Sekte betreten darf, und versammeln sich hier – gereinigt, als ginge es in ein Heiligtum – im Speisesaal. Dort setzen sie sich in aller Ruhe, und dann legt ihnen der Bäcker der Reihe nach Brot vor, während der Koch jedem eine Schüssel mit einem einzigen Gericht aufträgt. Ehe das Mahl beginnt, spricht der Priester ein Gebet, und vor dem Gebet darf niemand etwas verzehren. Nach dem Mahle betet er wiederum, so daß zu Anfang und zu Ende desselben Gott als der Spender der Nahrung geehrt wird. Nach der Mahlzeit legen sie ihre gleichsam heiligen Kleider ab und gehen wieder an ihre Arbeit bis zur Abenddämmerung. Dann kehren sie zurück und speisen auf dieselbe Weise; sind zufällig Fremde da, so nehmen diese am Mahle teil. Weder Geschrei noch sonstiger Lärm entweihen je das Haus, sondern ein jeder läßt den anderen reden, bis die Reihe an ihm ist. Auf diejenigen, die sich außerhalb des Hauses befinden, erweckt die Ruhe darinnen den Eindruck, als sei da ein schauerliches Geheimnis verborgen; doch hat die Stille ihren Grund nur in der beständigen Nüchternheit der Ordensmitglieder, die Speise und Trank nicht weiter als bis zur Sättigung genießen.“

Welche Berufe hatten die Essener? Bei den Ausgrabungen kamen die Reste einer Müllerei ans Tageslicht. Man stieß auf zwei intakte und zwei zerbrochene Basaltmühlsteine, was beweist, daß Weizen und Gerste angebaut wurden. In den Höhlen und zwischen den Ruinen hat man auch Palmenholzpfosten sowie Dattelkerne gefunden; es gab also einst Dattelpalmenpflanzungen in der Umgebung.

Hortfunde mit Knochen von Herdentieren lassen darauf schließen, daß

In einer der Höhlen von Qumran fand 1947 ein junger Beduine beim Hüten seiner Ziegen zufällig die ersten Tonkrüge mit ledernen Schriftrollen. Danach wurden insgesamt elf Höhlen systematisch untersucht, und man entdeckte Fragmente von mehr als 600 wertvollen Handschriften, die einst die Bibliothek der Gemeinde von Qumran gebildet haben müssen.

Die berühmte Siedlung der Essener in Qumran lag über dem Toten Meer (im Hintergrund) auf einer Bergterrasse, die im Nordwesten mit der nächsten durch einen schmalen Landstreifen verbunden ist. Über diesen führte ein Aquädukt, der die Siedlung mit Wasser vom Wadi Qumran versorgte.

die Bewohner von Qumran auch Viehzucht betrieben. Ein großer Teil der Gemeinschaft, die wohl kaum mehr als 100 Personen umfaßte, widmete sich vermutlich manuellen Arbeiten.

Höhere Aufgaben waren einigen wenigen vorbehalten, wie aus der 1947 in einer Höhle geborgenen Schriftrolle mit der Sektenregel hervorgeht. In dieser Gemeindeordnung wird das Studium des Gesetzes – also der fünf Mosesbücher – empfohlen: „Nicht fehle an einem Ort, wo sich zehn befinden, ein Mann, der im Gesetz studiert, (und zwar) Tag und Nacht ..." Ferner: „Die vielen (also die gesamte Gemeinde) sollen gemeinschaftlich ein Drittel aller Nächte des Jahres wachen, um aus dem Buche zu lesen, Recht zu erforschen und gemeinschaftlich zu lobpreisen."

Wahrscheinlich entstanden an diesen Studienabenden die eigentümlichen Bibelkommentare, die in Qumran gefunden wurden. Dank dieser oft rätselhaften Schriften konnten in großen Umrissen die Geschichte der Sekte und ihre Neuerungen in der Ausübung des Glaubens rekonstruiert werden. Die Essener ersetzten die beiden täglichen Opfer durch Lobgesänge. Es wurden zwei Gottesdienste abgehalten, einer morgens, der andere abends, wie folgende Stelle der Regel besagt: „Mit dem Eintritt des Tages und der Nacht will ich in Gottes Bund treten, mit Anbruch des Abends und Morgens will ich sprechen seine Gesetze ..."

Die Leute von Qumran verwendeten in ihren Gebeten nicht nur die biblischen Psalmen, denn der in einer der Höhlen gefundene Psalter enthält zahlreiche Psalmen, die nicht in der Bibel stehen. 1947 wurde in der ersten Höhle eine Schriftrolle mit sehr persönlich gehaltenen Dankeshymnen entdeckt. Sie stammen offenbar von einer verfolgten Persönlichkeit, wahrscheinlich dem Lehrer der Gerechtigkeit. Vielleicht wurden einige Psalmen des Gründers von den Gläubigen übernommen. Dies könnte auf das Gebet zutreffen, das von den neuen Anhängern wohl bei ihrem Eintritt in den Bund, das heißt in die essenische Gemeinschaft, gesprochen wurde: „Ich preise Dich, Herr! Denn Du hast wunderbar am Staube gehandelt und am Gebilde von Lehm Dich überaus mächtig erwiesen. Was bin ich schon, daß Du mich im Rat Deiner Wahrheit belehrst, in Deinen Wundertaten mich unterweisest?"

Dieses Dankgebet, das gleichzeitig ein Glaubensbekenntnis ist, wurde, wie gesagt, wahrscheinlich von den neuen Mitgliedern der Gemeinschaft bei ihrer Aufnahme am Wochenfest (also zu Pfingsten) gesprochen.

Die Regel

Das in der Sektenregel erhalten gebliebene Gründungsmanifest der Gemeinschaft gibt die Ziele an, die die zu Beginn noch sehr kleine Gemeinde von Qumran – zwölf Männer und drei Priester, Symbol für die zwölf Stämme Israels und die drei levitischen Sippen – von Anfang an verfolgte: „Wenn es da gibt in der Gemeinschaft der Einigung zwölf Männer und drei Priester, vollkommen in allem, was offenbart ist von dem ganzen Gesetz, um Treue zu üben, Gerechtigkeit und Recht und liebevolle Verbundenheit ..." Sie waren in die Wüste gegangen, weil sie die politisch-religiöse Macht Jerusalems grundsätzlich verwarfen. Auch ihre abweichenden Vorstellungen vom Kult machten sie zu Gegnern der Tempelpriester. So hielten sie sich zum Beispiel an den alten Sonnenkalender priesterlicher Herkunft statt an den Mond-Sonnen-Kalender der hellenistischen Welt, den Jerusalem eingeführt hatte.

Angesichts des Zustroms von Bewerbern traf die Gemeinde Vorsichtsmaßnahmen. Die Kandidaten durchliefen eine Probezeit von drei Jahren, nach der die Alten entschieden, ob sie geeignet waren, in die Gemeinschaft aufgenommen zu werden. Erst am Ende des zweiten Jahres seines Zusammenlebens mit den Angehörigen der Gemeinschaft durfte der Neuling beim gemeinsamen Mahl erscheinen. Dies beweist die Bedeutung, die man diesem Ritual beimaß. Auch die Teilnahme an den Reinigungsriten und an der Gütergemeinschaft wurde ihnen erst nach einer gemeinschaftlichen Entscheidung gestattet.

Die verschiedenen Etappen der Aufnahme in den Schoß der Gemeinschaft erinnern an noch heute geltende Ordensregeln in christlichen Klöstern, und ein Begriff wie Noviziat drängt sich auf. Aber selbst nach der Zulassung blieb nicht jeder, der es wünschte, in der Gemeinde von Qumran. Man mußte sich erst durch eine untadelige Lebensweise bewähren. Es war genau festgelegt, welche Verstöße gegen die

Bei Beginn des jüdischen Krieges mit den Römern im Jahr 68 n. Chr. wurden die Handschriften in solche Tonkrüge – hier mit Deckel – gelegt und in den Höhlen von Qumran versteckt.

geheiligten Ideale der Sekte zum vorübergehenden oder endgültigen Ausschluß führten. Die Strenge, mit der Verfehlungen geahndet wurden, ist nur aus einer starken religiösen Überzeugung zu erklären.

Der Glaube der Essener unterschied sich nicht wesentlich von dem anderer Juden. Sie teilten jedoch die Menschheit in zwei Lager ein: die Söhne des Lichts, für die sie sich selbst hielten, und die Söhne der Finsternis, also alle anderen. Über jedem der beiden Lager stand ein Geist oder Engel: Über die Söhne des Lichts herrschte der Geist der Wahrheit oder Fürst des Lichts, über die Söhne der Finsternis der Geist des Frevels oder Engel der Finsternis ... Dieser Dualismus, der zu dem von Gott festgesetzten Plan gehörte, war grundlegend und unwandelbar.

In einer der Hymnen wird die Auferstehung als eine neue Schöpfung dargestellt, eine geistige Erneuerung aller Gemeindemitglieder. Auffallend dabei ist, daß nur die Mitglieder der Gemeinschaft auferstehen, während „alle Söhne der Schuld nimmermehr sein werden". Diese Glaubensvorstellungen über das Schicksal des Menschen nach dem Tod sind mit einem Messianismus verbunden, der allmählich von der Sekte entwickelt wurde. In der Makkabäerzeit (um 160 v. Chr.) erwarteten die Essener nur einen von David abstammenden Messias. Später, zur Zeit der hasmonäischen Hohenpriester, wird an einer Stelle der Sektenregel die Hoffnung auf den Propheten und die Messiasse Aarons und Israels ausgesprochen, das heißt, man erwartete einen priesterlichen und einen königlichen Messias. In der dritten essenischen Generation verschmelzen die beiden Messiasse zu einem einzigen Messias Aarons und Israels. Diese Hoffnung auf einen einzigen Messias, einen Priester-Messias, entspricht der Einheit von Priester- und Königtum bei den Hasmonäern. Zur Zeit des Herodes und der Römer (37 v. Chr. bis 68 n. Chr.) taucht die Erwartung eines Messias aus dem Hause Davids erneut auf. Der überlieferte Glaube an den Sohn Davids erstarkt genau in dem Augenblick, da Jesus diese Erwartung erfüllen wird.

Die Geschichte der Gemeinschaft von Qumran, die mit der Zerstörung der Siedlung durch die Truppen des Titus ein gewaltsames Ende fand, läuft zum Teil mit den Anfängen des Christentums parallel. Welche Verbindungen bestanden zwischen den beiden religiösen Bewegungen? Lange Zeit hindurch hat man sich gefragt, ob Johannes der Täufer nicht Essener gewesen ist. Heißt es nicht im Neuen Testament, daß er in der Wüste lebte, bevor er in Israel predigte? Man weiß auch, daß die Essener in ihre Gemeinschaft fremde Kinder aufnahmen, um sie in ihrem Glauben zu erziehen. Daraus kann man jedoch nicht ableiten, daß Johannes in Qumran gelebt hat. Aber es ist durchaus möglich, daß er die Essener kannte. Sie lebten so nahe bei dem Ort, wo er taufte, daß vielleicht einige von ihnen sogar die ersten Jünger Christi wurden. War der Lehrer der Gerech-

Mehrere Gemeinschaftsräume, ein Skriptorium, Werkstätten und Zisternen wurden in den Ruinen von Qumran ausgegraben.

tigkeit schon eine Art Vorläufer Jesu? Der Unterschied zwischen beiden besteht darin, daß Jesus den Bund mit seinem Blut besiegelt, daß er für die Sünden der Menschen leidet und sein Opfertod Sühnecharakter besitzt. Beim Lehrer der Gerechtigkeit findet man nichts, was diesem wichtigsten Bestandteil des christlichen Glaubens entspricht. Außerdem ist die kleinliche, buchstabengetreue Befolgung des Gesetzes, die aus den essenischen Schriften spricht, weit entfernt vom freiheitlichen Geist des Evangeliums. Dennoch sind die Ähnlichkeiten zwischen der essenischen Gemeinde und der christlichen Kirche als Institutionen so groß, daß ein Einfluß der Essener auf die Christen denkbar ist. Diese Ähnlichkeiten beziehen sich vor allem auf die Gütergemeinschaft und die hierarchische Organisation.

Wie auch immer es um Parallelen und Unterschiede bestellt sein mag, in jedem Fall ist die Kenntnis der essenischen Glaubenswelt für ein besseres Verständnis des Christentums von großem Nutzen.

Mathias Delcor

Ein heiliger Berg in Kleinasien

NEMRUD DAĞ

Auf einem Berg im Südosten der heutigen Türkei ließ vor über 2000 Jahren ein frommer König riesige Statuen seiner Götter und seiner Ahnen aufrichten.

Es muß für seine Zeitgenossen ein unerhörter Eindruck gewesen sein, als sich König Antiochos I. von Kommagene im 1. Jahrhundert v. Chr. seine Grabstätte auf einem Berggipfel des Antitauros in mehr als 2000 m Höhe errichten ließ, und noch heute ist der Anblick, der sich uns beim Aufstieg bietet, atemberaubend. Hier stehen wir fünf monumentalen Statuen von Gottheiten gegenüber, in deren Namen sich griechische und persische Götter vereinen, in ihrer Mitte der König selbst, ihnen zur Seite steinerne Löwen und Adler. Aus der persischen Religion stammt der große Feueraltar zu Füßen der Götterstatuen. Perser waren die väterlichen Ahnen des Königs. Aus heimischer Tradition übernahm der König sein Felsengrab, das er unter einer riesigen Steinpyramide verbarg, gleich wie es die ägyptischen Pharaonen getan hatten. Doch bestimmte er hierfür keine Stufenpyramide, sondern einen künstlichen Bergkegel aus Schottersteinen. Griechische Züge tragen die Götter; denn griechischer Abstammung zu sein rühmt sich die Mutter des Königs. Doch die Gewandung und Haltung der Götter ist persisch, und ihre übermenschliche Größe – 9–12 m hoch – widersprach griechischem Empfinden.

Die Sprache des Königs ist aber Griechisch, die Sprache Alexanders des Großen, der diese Landschaft erobert hatte. In griechischer Sprache ist der Text der Inschrift verfaßt, die der König auf der Rückseite der thronenden Götterfiguren einmeißeln ließ. Hier gibt er den Grund bekannt, warum er sein Grabdenkmal nicht in dem Tal seiner Herrschaft, nicht am mächtig strömenden Euphrat, sondern hoch über den Wohnungen der Menschen erbaute:

„Als ich die Anlage dieses Hierothesion, unzerstörbar durch die Schädigungen der Zeit, in nächster Nähe der himmlischen Throne zu errichten beschloß, in welchem die bis ins Greisenalter hinein wohlerhaltene Hülle meiner Gestalt, nachdem sie die gottgeliebte Seele zu den himmlischen Thronen des Zeus Oromasdes entsandt hat, durch die unermeßliche Zeit ruhen soll, da nahm ich mir vor, auch diesen heiligen Ort zur gemeinsamen Thronstätte aller Götter zu machen, damit nicht nur die heroische Schar meiner Ahnen, die du vor dir siehst, durch meine Fürsorge aufgerichtet sei, sondern auch die auf heiligem Hügel geweihten göttlichen Gestalten der großen waltenden Götter für meine Frömmigkeit auch an dieser Stelle als Zeugen dienen."

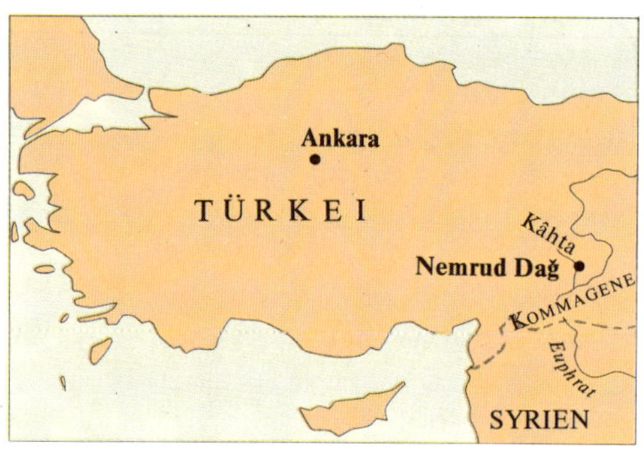

Feste der Götter und Menschen

Es gab außer diesem Bergheiligtum noch zahlreiche andere Heiligtümer im Land, die alle diesem größten Denkmal verwandt sind. Immer wieder sehen wir auf riesigen Steinplatten herausgemeißelt, wie der König einem Gott die Rechte entgegenstreckt. Denn hier wie auf dem Nemrud Dağ wollte der König zusammen mit den Göttern verehrt werden. Er ließ überall Prozessionswege anlegen und stiftete aus dem Krongut Opferfeste an zwei Gedenktagen im Monat, an denen das Volk bewirtet wurde. An jedem 10. des Monats wurde sein Geburtstag, an jedem 16. die Thronbesteigung gefeiert. Wir lesen die Inschrift:

„An den Festtagen aber soll der Priester in persischer Kleidung, die den Priestern unseres Geschlechtes meine Gnade und die väterliche Satzung angelegt hat, alle Bilder mit den goldenen Kränzen bekränzen, die ich für fromme Verehrungen den Ahnen geweiht habe, und indem er die Mittel von dem Landbesitz verwendet, den ich für die heiligen Ehrungen des vergöttlichten Geschlechtes bestimmte, soll er reichliche Spenden an Weihrauch und aromatischen Kräutern auf diesen Altären darbringen und prunkvolle Opfer zur würdigen Ehre der vergöttlichten Ahnen und gemeinsame Opfermahle für die gesamte Garnison und Bürgerschaft ausführen, wobei er königliche Tische mit angemessenen Speisen beladen und Krüge mit Wein für reichlich gespendeten Trank, mit Wasser gemischt, füllen soll. Für sich selbst soll er als Ehrengabe seines Priesteramtes seinen Anteil auswählen; dann aber den anderen meine Gnade zum freien Genuß austeilen, damit jeder, während er an den heiligen Tagen zu meines Vaters und meiner Ehre eine ausreichende Verpflegung empfängt, das Fest unbespitzelt genießt, indem er reichlich ißt und trinkt, wo es ihm beliebt. Und mit den Trinkgefäßen, die ich geweiht habe, sollen sie so lange bedient werden, wie sie im heiligen Bezirk an der gemeinsamen Zusammenkunft teilneh-

Dieser mehr als 2 m hohe Kopf war Teil einer der Kolossalstatuen auf dem Nemrud Dağ. Er gehörte zur Statue der griechischen Schicksals- und Glücksgöttin Tyche. Die eigentümliche, von einem Knoten gehaltene Frisur verrät persischen Einfluß (1. Jahrhundert v. Chr.).

Den Gipfel des Nemrud Dağ (2150 m) krönt ein künstlicher Hügel, der das Felsengrab König Antiochos' I. von Kommagene umschließt. Auf den Terrassen darunter waren riesige Götter- und Ahnenstatuen aufgestellt.

men. Die von mir für das Heiligtum geweihten Musikerinnen und die, die später hinzugewählt werden, ihre Söhne und Töchter und alle ihre Nachkommen, die dieselbe Kunst erlernen, sollen von jeder anderen Beschäftigung befreit sein, aber an den von mir festgesetzten Zusammenkünften hier ihr Amt ausüben und ohne Entschuldigung ihre Pflichten erfüllen, solange es die Teilnehmer wünschen."

Antiochos I. glaubte, seinen kleinen Staat sicher durch die politischen Wirren gesteuert zu haben, und hinterließ einen großen Staatsschatz. Aber auch ein zum Gott gewordener König konnte nicht in die Zukunft schauen, und Antiochos hatte die Macht Roms vielleicht zu gering eingeschätzt. Obwohl seine Nachfolger eine römerfreundliche Politik betrieben, endete die Selbständigkeit von Kommagene 72 n. Chr. nach einem letzten Waffengang mit Roms Legionen im sogenannten kommagenischen Kriege. Das Land wurde ein Teil der römischen Provinz Syria.

Den Eroberern lag nichts an einer Religion, die den Herrscherkult eines besiegten Landes mit der Verehrung der Götter verband, mochten sie auch in Rom ihre Altäre haben. Nie wieder trugen Zeus und Herakles wie in der kommagenischen Darstellung persische Gewänder und eine hohe persische Kopfbedeckung. Nur ein Gott trat von Kommagene aus seinen Siegeszug durch die Welt an. Wir kennen nicht die Stationen seiner Wanderung, aber der Gott Mithras, der zuerst die Pilger hoch von der Königsburg, der Eski Kale, in der kommagenischen Königsresidenz Arsameia grüßte, wird, mit der phrygischen Mütze bekleidet, der Gott der römischen Legionen, feindlich, aber auch anregend für das junge Christentum.

Ebenso wurde im römischen Heer der Jupiter Dolichenus verehrt, der Gott auf dem Stier, aus dem Lande, „wo das Eisen geboren ist". Wenn wir diesem Beinamen und den Funden von Eisenschlacke vertrauen dürfen, so war in Kommagene der Platz, wo zum erstenmal ein hartes, stahlähnliches Eisen geschmiedet wurde. Vielleicht hat schon das Holz, das zu dem Schmelzprozeß benötigt wurde, den Raubbau an den Wäldern eingeleitet, vielleicht hat auch die Fußbodenheizung der Villen und Paläste dazu beigetragen. Heute ist die Bevölkerung durch immerwährende Kriegszüge und Völkerwanderungen

Auf der Ost- und Westterrasse zu Füßen des Tumulus liegen zahlreiche mehrere Meter hohe Kolossalköpfe am Boden verstreut. Ihre Gesichtszüge wirken griechisch, persisch aber ihre Frisuren und Kopfbedeckungen.

verarmt. Kaum kann man es glauben, daß es von dem kleinen Dorf Kâhta, der einstigen Königsresidenz Arsameia, in der königlichen Inschrift heißt:

„Die Stadt habe ich durch neue Bauten der königlichen Palastanlagen und Mauern teils besser befestigt, teils mehr geschmückt. Und wegen des Bedarfs an Wasser ließ ich anstelle einer tiefen und weit entfernten Versorgung nachbarliche und dicht am Haus liegende Zuleitungen aus überreichen Quellen anlegen."

Das Interesse der Welt wandte sich von den alten Handelsstraßen ab und suchte Wege zu neuen Kontinenten. Vergessen waren die Friedensbemühungen der kommagenischen Könige, vergessen ihre Religionsschöpfung bis in unsere Tage. Heute ist das Land ungeheuer einsam, die Berge sind verkarstet, nur die Flußufer begleiten Rebenhügel.

Der Heilige Berg wieder entdeckt

Im Jahr 1880 gelangte der deutsche Ingenieur Karl Sester, der von der türkischen Regierung den Auftrag erhalten hatte, Trassen für die Verkehrswege in der östlichen Türkei auszuarbeiten, in die kommagenische Bergwelt. Bei seinen Erkundungsritten war er von den Einheimischen, deren Vertrauen er sich erworben hatte, auf den Nemrud Dağ aufmerksam gemacht worden. Er scheute nicht die Mühe des Aufstiegs und berichtete, überwältigt von der Großartigkeit der Anlage und der Schönheit der Landschaft, darüber der Akademie der Wissenschaften in Berlin, die den jungen Archäologen Otto Puchstein beauftragte, mit Sester zusammen das Denkmal noch einmal gründlich zu untersuchen.

Am 4. Mai 1882 gab der Heilige Berg zum erstenmal der Wissenschaft sein Geheimnis preis. Die Expedition, diesmal unter der Mitwirkung von Carl Humann, dem Entdecker des Pergamonaltars, wurde im nächsten Jahr wiederholt, und ihre Ergebnisse erschienen im Jahr 1890 unter dem Titel *Reisen in Kleinasien und Nordsyrien.* Doch war der Nemrud Dağ noch immer zu entlegen und die Reise dorthin zu beschwerlich, als daß der Berg und seine Denkmäler so in den Blickpunkt der Öffentlichkeit traten wie die Ausgrabungen an der Westküste Kleinasiens.

Im Jahr 1938 konnte ich zusammen mit dem Bauforscher und Architekten Rudolf Naumann das Land zu Füßen des Nemrud Dağ bereisen. Wir wollten nicht nur den Berg besteigen, um die Statuen in Augenschein zu nehmen, sondern unser Interesse galt auch und vor allem den antiken Inschriften, den noch erhaltenen Bauwerken und Burgen, den Resten von Heiligtümern in seiner weiteren Umgebung. Erst 1951 konnte ich die Arbeit in Kommagene fortsetzen. Sie führte seither zur Entdeckung der königlichen Residenzstadt Arsameia, zur Freilegung der großen

Auf beiden Seiten jeder Terrasse bewachen zwei Tierstatuen aus Sandstein – jeweils ein Löwe und ein Adler – das Heiligtum des kommagenischen Königs (1. Jahrhundert v. Chr.).

Inschrift und des Felsentunnels auf der Eski Kale, der alten Königsburg, zur Feststellung von Verhüttungsöfen und vorgeschichtlichen Stationen. Der eindrucksvolle Grabhügel hoch auf einem Hügel am Wege von Kâhta nach Eski Kâhta wurde mit Hilfe moderner Bohrgeräte untersucht. Er trägt seinen Namen *Karakus,* zu deutsch *schwarzer Vogel,* nach dem Adler, der eine Säule neben dem Grabhügel bekrönt. Schon Puchstein hatte auf der Inschrift gelesen, daß hier drei königliche Frauen bestattet waren. Leider war die Grabkammer vollständig ausgeraubt und eingestürzt. Es drängt sich die Vermutung auf, daß die Zerstörung mit dem Neubau der nicht weit entfernt gelegenen römischen Brücke über den Chabinas (heute: Cendere) in Zusammenhang stehen kann. Nach den Inschriften ist sie von Ingenieuren der XVI. Legion erbaut und mit vier Säulen zu Ehren des römischen Kaisers Septimius Severus, seiner Gemahlin und seiner Söhne geschmückt worden. Wahrscheinlich drängte damals der Krieg gegen die Parther zur Eile, und die Soldaten transportierten – womöglich zum Teil auf dem Wasserweg – die schönen behauenen Steinquader aus dem verlassenen Grabheiligtum.

Gleichzeitig untersuchte eine Archäologengruppe unter der Leitung von Theresa Goell auf dem Nemrud Dağ die bisher ungeklärten Zusammenhänge von Architektur und Inschriften. Dabei konnte ich die Ahnenreliefs, die der König aufgestellt hatte und die in Tausenden von Trümmerstücken verstreut im Heiligtum lagen, erneut ordnen und ihre Inschriften ergänzen. Der König hatte damit seinen Stammbaum lückenlos bis auf Dareios in der väterlichen Linie und auf Alexander den Großen in der mütterlichen Linie zurückgeführt. Die Erforschung des Landes, die wichtige Baudenkmäler und Inschriften einbrachte, wurde durch meinen Schüler Jörg Wagner und durch Hansgert Hellenkemper fortgesetzt. Theresa Goell widmete sich der Erforschung des Stadthügels von Samosata (heute Samsat), der in kommagenischer Zeit den Euphratübergang beherrschte. Er soll in den nächsten Jahren in den Fluten des zweiten Euphratstaubeckens versinken. Es gilt, bis dahin noch möglichst viele Zeugnisse aus antiker Zeit zu retten. Die Wasser des neuen Stausees werden aber nicht zu den Burgen des Königs Antiochos im Gebirge heraufdringen, unverändert wird sein Grabmal von der Höhe der Berge hinunter ins Tal schauen, und noch lange werden wir zu der Inschrift aufblicken können, in der der König die Verheißung ausspricht:

„Durch göttlichen Willen habe ich diese Inschrift zur Ankündigung meiner Frömmigkeit gemacht, auf der heilige Buchstaben in geringer Sprache den großen Willen der Götter Bürgern und Fremden verkünden, in gleicher Weise Königen und Herrschern, Freien und Sklaven, allen, die Anteil an der menschlichen Natur haben und sich nur durch die Namen des Geschlechtes oder ihres Standes unterscheiden, denen kündet dieser Stein mit leiser Stimme: Allen, denen ein Sinn eignet, rein von ungerechtem Leben, aber voll Eifer auf heilige Werke, sollen getrost auf das Antlitz der Götter schauen und den glücklichen Spuren der Seligen folgen."

Friedrich Karl Dörner

Eine Stadt erhebt sich aus der Asche

POMPEJI

Fast intakte Tempel, Straßenzüge und freskengeschmückte Häuser – so bot sich den Archäologen wunderbarerweise diese kleine Stadt Kampaniens dar, nachdem die meterhohen Bimsstein- und Aschenschichten abgetragen waren, die beim Vesuvausbruch im Jahr 79 n. Chr. alles Leben in ihr ausgelöscht hatten.

Pompeji, am 24. August 79. Die Stadt erwacht. In den Straßen fahren die ersten Karren. Man hört das Hufgetrappel von Maultieren, und bald vermischen sich die Rufe der fliegenden Händler mit den Geräuschen aus den kleinen Läden. Da zerreißt mitten am Vormittag ein furchtbarer Knall die Luft: Der aufgestaute Druck im Innern des Vesuvs hat einen Lavapfropfen aus dem Schlot herausgeschleudert. Danach stößt der Berg eine Lapilliwolke aus, die so dicht und groß ist, daß sich die Sonne verfinstert. Dann fällt diese vulkanische Schlacke wie ein Regen auf die Stadt herab. Auf die Lapilli folgt Asche. Bei Anbruch der Nacht liegt Pompeji unter einer meterhohen Lapilli- und Aschenschicht begraben. Vergeblich hatten die Einwohner ihr Heil in der Flucht gesucht. Erstickt von den Gasen, zermalmt von den einstürzenden Gebäuden, brach einer nach dem anderen zu Hause oder auf der Straße zusammen. Einem blieb gerade noch Zeit, auf eine Mauer zu schreiben: „Sodom und Gomorrha!"

Ein berühmter Reporter

Augenzeuge des Vesuvausbruchs und seiner Auswirkungen war der römische Schriftsteller Plinius der Jüngere. Er berichtete in zwei Briefen an den großen Historiker Tacitus über die Katastrophe, die er in Misenum an der gegenüberliegenden Küste des Golfes von Neapel miterlebt hatte. Seine Schilderung ist erstaunlich lebendig und realistisch: „Schon regnete es Asche, doch zunächst nur spärlich. Ich schaute zurück: Dicker Qualm kam drohend näher, breitete sich über den Erdboden aus und folgte uns wie ein Sturzbach... Kaum hatten wir uns gesetzt, da wurde es dunkel, aber nicht wie in einer mondlosen, bewölkten Nacht, sondern wie in einem geschlossenen Raum, wenn man das Licht gelöscht hat. Man hörte Frauen heulen, Kinder jammern, Männer schreien. Die einen riefen nach ihren Eltern, die anderen nach ihren Kindern, wieder andere nach ihrem Ehegatten; sie versuchten einander an

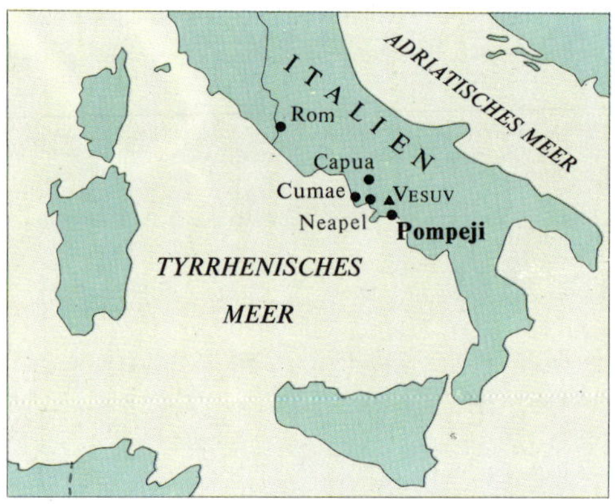

der Stimme zu erkennen. Die einen beklagten ihr eigenes Unglück, andere das ihrer Angehörigen, manche wünschten sich aus Angst vor dem Tode den Tod herbei, viele beteten zu den Göttern, andere wieder erklärten, es gebe gar keine Götter mehr und die letzte, ewige Nacht sei über die Welt hereingebrochen."

Gleich zu Beginn des Ausbruchs war der berühmte Naturforscher Plinius der Ältere, Onkel des jüngeren Plinius und Oberbefehlshaber der römischen Flotte in Misenum, nach Stabiae gefahren, um das Ereignis aus der Nähe zu beobachten: „Man beschloß, zum Strand zu gehen, um aus der Nähe zu erkunden, ob das Meer schon erlaube, etwas zu unternehmen; aber es blieb immer noch stürmisch und unwirtlich. Dort legte sich mein Onkel auf eine hingebreitete Decke, verlangte hin und wieder einen Schluck kalten Wassers und trank ihn. Dann jagten Flammen und als ihr Vorbote Schwefelgestank die andern in die Flucht, ihn schreckten sie auf. Auf zwei Sklaven gestützt, erhob er sich, brach aber gleich wieder zusammen, vermutlich, weil ihm der dicke Qualm den Atem nahm und die Kehle zuschnürte. ... Sobald es wieder hell wurde – es war der dritte Tag, von dem an gerechnet, den er als letzten erlebt hatte –, fand man seinen Leichnam unberührt und unverletzt, bekleidet mit den Gewändern, die er zuletzt getragen hatte; er ähnelte eher einem Schlafenden als einem Toten."

Dieses Zeugnis, das einzige eines Augenzeugen, das wir besitzen, ist unschätzbar. Von keinem geringeren Wert ist die durch die Katastrophe hervorgerufene Tatsache, daß sich unter der tödlichen Schicht aus Bimsstein und Asche das antike Pompeji vollständig erhalten hat. Als dieser Schutzmantel aufgebrochen wurde, fand man die Stadt so vor, wie sie untergegangen war, mit ihren Straßen, in denen noch die Spuren der Karren zu sehen waren, ihren Häusern und öffentlichen Gebäuden. Ja, sogar die Körperabdrücke von Menschen und Tieren, die von glühendem Bimsstein oder feuchter Asche begraben worden waren, hatten sich erhalten. Um das Aussehen der Opfer im Augenblick des Todes wiederzugeben, verfährt man nach der genialen Methode, die der Archäologe Giuseppe Fiorelli erfunden hat. Sie besteht darin, die Hohlformen,

Das Haus der Vettier gehörte zwei reichen Kaufleuten der Stadt. Wie bei allen pompejanischen Wohnhäusern ist der Hauptraum das Atrium, *in dem man Gäste empfing. Ein Becken in der Mitte – das* Impluvium *– fing das Regenwasser auf. Dahinter öffnet sich bei diesem Haus unmittelbar das Peristyl mit einem Garten, in dem Brunnen sprudelten. Um die vielen Wandgemälde zu schützen, wurde das Dach des Hauses wiederhergestellt.*

die die längst vergangenen Körper gelassen haben, mit flüssigem Gips auszugießen. Und noch mehr kam zum Vorschein: Kritzeleien auf den Mauern, Wandmalereien, Verwünschungen und obszöne Texte, feingemeißelte Inschriften auf Marmorplatten, Haushaltsgegenstände und vieles andere.

Alle diese Dinge vermitteln uns ein so klares Bild vom Leben der Pompejaner, daß sich hier einmal – was nur selten geschieht – der schwere Vorhang hebt, der uns von der Vergangenheit trennt. Wie uns Amedeo Maiuri, der berühmteste der Ausgräber Pompejis, beispielhaft gezeigt hat, ergibt sich daraus eine Art Zwiegespräch zwischen dem heutigen und dem damaligen Menschen, das nicht so schnell abreißen wird, da bisher erst 60 Prozent der Stadt freigelegt sind.

Krawall im Amphitheater

Da Pompeji nie Schauplatz historisch bedeutsamer Ereignisse war, wissen wir sehr wenig über seine Geschichte. Hätte es nicht durch die Katastrophe Berühmtheit erlangt, wäre es vermutlich nie aus dem Schatten der Vergangenheit getreten.

Ein dorischer Tempel aus dem 6. Jahrhundert v. Chr. beweist, daß die Stadt bereits damals existierte und daß sie unter griechischem Einfluß stand. Ob Pompeji später, um die Wende vom 6. zum 5. Jahrhundert v. Chr., im etruskischen Herrschaftsbereich lag, ist eine Frage, die sich schwer beantworten läßt und schon zahlreiche Kontroversen

Auf diesem Luftbild erblickt man hoch über den Ruinen Pompejis im Nordwesten den Vesuv. Im Vordergrund ganz rechts ist das Große Theater und daneben das baumbestandene Forum triangulare *zu sehen. Weiter links im Mittelgrund fällt der langgestreckte rechteckige Raum des* Forum civile *ins Auge. Die Straßen schneiden sich meist ziemlich rechtwinklig.*

ausgelöst hat. Bestimmte Terrakottaverzierungen in der Architektur und zahlreiche Scherben einer bestimmten Keramik mit eingeritzten Inschriften weisen ohne Zweifel auf etruskischen Einfluß zumindest in der Kunst hin. Was die politische Oberhoheit betrifft, so gehen die Meinungen jedoch auseinander. Manche Historiker sind überzeugt, daß Pompeji nie ganz von den griechischen Kolonien unabhängig wurde, die schon sehr früh an den Küsten gegründet wurden und später ihren Einfluß ins Landesinnere vorschoben. Wie auch immer, selbst wenn ein etruskischer Einfluß bestand, so endete er gewiß im Jahr 474 v. Chr., als die Etrusker in der Seeschlacht bei Cumae von den Syrakusern geschlagen wurden. Um 425 v. Chr. beginnt ein ganz neuer Geschichtsabschnitt, als die aus dem südlichen Apennin stammenden Samniten die Griechen zu verdrängen beginnen und erstmals einen kampanischen Staat unter der Oberhoheit eines italischen Volkes bilden.

Im 4. Jahrhundert v. Chr. erweitert sich die Stadt beträchtlich. Vom ursprünglichen Stadtkern, der dort lag, wo man später die großen öffentlichen Gebäude errichtete, wächst sie nach Norden und Osten, und ausgedehnte Wohnviertel entstehen. Anfang des 3. Jahrhunderts v. Chr. schlägt Rom die Samniten und nimmt Kampanien ein, was jedoch für Pompeji keine wesentlichen Änderungen mit sich bringt. Die kleine Stadt bleibt wieder einmal vom Lauf der Geschichte unberührt. Nichts

PLAN DES ANTIKEN POMPEJI

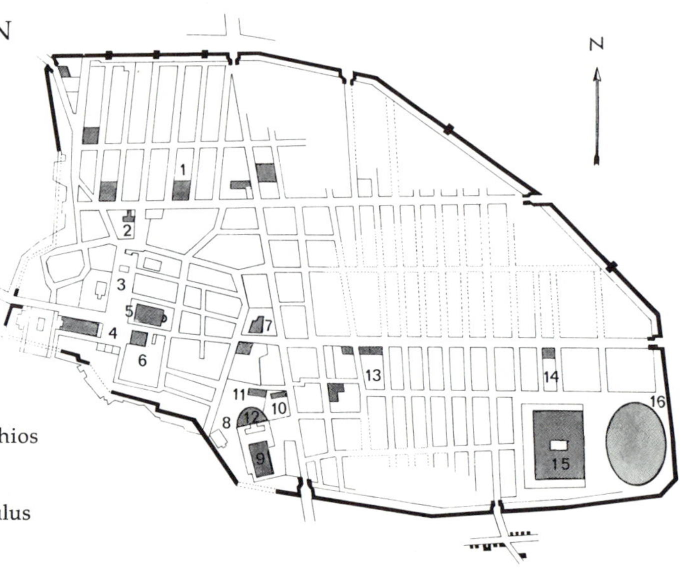

1 Haus des Fauns
2 Thermen des Forums
3 Forum civile
4 Basilika
5 Gebäude der Eumachia
6 Comitium
7 Stabianer Thermen
8 Forum triangulare
9 Gladiatorenkaserne
10 Tempel des Zeus Meilichios
11 Isistempel
12 Großes Theater
13 Haus des Paquius Proculus
14 Haus der Venus
15 Große Palästra
16 Amphitheater

Wichtiges geschieht, zumindest ist nichts überliefert. Erst 59 n. Chr. ereignet sich ein an sich nichtiger Zwischenfall, von dem aber Tacitus berichtet. Es handelt sich um eine Schlägerei zwischen Pompejanern und Nucerianern während eines Gladiatorenkampfes im Amphitheater, die sicher auf eine lokale Streitigkeit zurückging.

Hier der Bericht des Tacitus: „Ungefähr zur gleichen Zeit entwickelte sich aus einem geringfügigen Streit ein blutiger Kampf zwischen den Einwohnern von Nuceria und von Pompeji. Zügellos, wie Kleinstädter sind, neckten sie sich bei einem Gladiatorenspiel, das Livineius Regulus veranstaltete, über dessen Ausstoßung aus dem Senat ich berichtet habe. Dann beschimpften sie sich, griffen zu Steinen und schließlich zum Schwert. Die Pompejaner, bei denen die Spiele stattfanden, behielten die Oberhand. Viele verwundete und verstümmelte Nucerianer wurden nach Rom gebracht, und gar mancher mußte den Verlust seines Kindes oder Vaters beweinen. Die gerichtliche Entscheidung, die sie anriefen, übertrug der Prinzeps dem Senat, und der Senat verwies sie an die Konsuln. Nach der Vorlage ihres Berichts an den Senat wurde den Pompejanern auf zehn Jahre der Besuch derartiger Veranstaltungen verboten, und die Vereine, die man in Pompeji ungesetzlich gegründet hatte, wurden aufgelöst. Livineius und die anderen Anstifter des Krawalls wurden verbannt."

Drei Jahre später, also 62 n. Chr., erschütterte ein Erdbeben Pompeji und mehrere andere Städte Kampaniens. Die Katastrophe ist auf den Flachreliefs dargestellt, mit denen der Bankier L. Caecilius Iucundus das Atrium seines neuen Hauses ausschmückte. Pompeji reagierte rasch auf dieses Unglück. Die Stadt verwandelte sich in eine gewaltige Baustelle; Beweis dafür, wie gut fundiert ihre Finanzen damals waren. Auch eine der jüngsten Entdeckungen, die in den Ruinen von Pompeji gemacht wurden, der berühmte Schatz von Kunstgegenständen im Haus des Gaius Julius Polybius, zeugt davon. Diese Kunstwerke hatte man in einem Raum zusammengetragen, um die Bauarbeiten nicht zu behindern, an die noch heute vorhandene Stapel von Amphoren und Kalkhaufen erinnern. Der Besitzer des Hauses war ein einflußreicher Politiker, dessen ganz konkrete Wohltaten in Inschriften wie „Er sorgt für gutes Brot" gepriesen wurden.

Die öffentlichen Bauten

Das unregelmäßige Oval der Ringmauer von Pompeji entspricht den Umrissen eines Lavahügels, der sich wegen seiner günstigen Lage am Knotenpunkt mehrerer Handelsstraßen als Siedlungsplatz anbot. Die Besiedlung erfolgte in mehreren Etappen. Deshalb existierten innerhalb der mächtigen Befestigungsmauern, die größtenteils aus der samnitischen Epoche stammen (5.–4. Jahrhundert v. Chr.), weite unbebaute Flächen, die für eine künftige Erweiterung vorgesehen waren. Diese Zonen wurden nie vollständig bebaut, und man hat ausgerechnet, daß zum Zeitpunkt der Katastrophe nur auf zwei Dritteln des Stadtgebiets Häuser standen. Die Einwohnerzahl, die man früher auf etwa 20000 schätzte, betrug daher wahrscheinlich nur etwa 10000.

Der älteste Stadtkern bildete sich in der Südwestecke der heutigen Stadt rund um das *Forum civile*. Hier wurden auch die meisten öffentlichen Bauten errichtet. Von diesem ersten viereckigen Kern aus gesehen, war der östlich gelegene Bezirk des *Forum triangulare* vermutlich ein Außenheiligtum. Tatsächlich stand seit dem 6. Jahrhundert v. Chr. an dieser Stelle ein Sakralbau – der dorische Tempel. Ein dritter Bezirk mit öffentlichen Bauwerken bildete sich später in der Südostecke mit dem Amphitheater und der Palästra, der traditionellen griechischen Ringschule. In der Endphase der städtebaulichen Entwicklung befanden sich also die drei größten Gruppierungen von öffentli-

Diese typische pompejanische Straße ist mit polygonalen Blöcken aus Kalkstein und Trachyt gepflastert und von Bürgersteigen gesäumt, damit die Fußgänger nicht im Schmutz der Fahrbahn gehen mußten. Bei Regen konnte man da und dort über Trittsteine trockenen Fußes von einer Straßenseite auf die andere gelangen.

chen Gebäuden in drei Zonen des südlichen Teils der Stadt, während die Wohnviertel bereits seit der samnitischen Epoche im Zentrum und im Norden lagen. Dennoch findet man auch in den Wohnvierteln da und dort öffentliche Bauten wie Thermen und Heiligtümer, aber sie sind nicht sehr zahlreich und bilden nie eine größere Gruppe.

Beim Bau der Wohnviertel ging man nach einem streng geometrischen Gesamtkonzept vor. Zwischen den sich fast rechtwinkelig kreuzenden Hauptstraßen wurden Häuserblocks errichtet, die kleinere Querstraßen voneinander trennten. Die wichtigste Nord-Süd-Achse, der *Cardo maximus,* war die Via Stabiana, die wichtigsten Ost-West-Achsen, die *Decumani maximi,* waren die Via di Nola und die Via dell'Abbondanza. Sieht man sich den Stadtplan an, dann fallen mehrere weiße Sektoren auf. Es sind entweder noch nicht ausgegrabene Zonen oder Grundstücke, die – wie die jüngsten Grabungen gezeigt haben – nie überbaut waren. Dazu gehören zum Beispiel mehrere Parzellen in den Regionen I und II. Auf diesen von Mauern eingefaßten Flächen, die für künftige Wohnhäuser reserviert waren, wurde Gemüse und Wein angebaut.

Recht gut erhalten ist das Caldarium *(Warmwasserbad) in den Thermen des Forums. Diese Thermen umfaßten ein Männer- und ein Frauenbad. Man entkleidete sich im* Apodyterium, *tauchte dann in das Kaltwasserbecken und ließ sich massieren, bevor man sich im Warmwasserbecken des* Caldariums *wusch.*

Welche öffentlichen Bauten befanden sich in den drei südlichen Stadtbezirken? Der älteste und wichtigste Bezirk lag rund um das *Forum civile.* Hier standen der Apollotempel, die Basilika, das *Comitium,* in dem die Beamten gewählt wurden, ferner das Gebäude der Eumachia, der Vespasiantempel, das Larenheiligtum, das *Macellum* (ein zum Teil überdachter Markt) und der Jupitertempel.

Die wichtigsten Gebäude

Auf älteste Zeiten geht der Apollontempel zurück. Man hat darin nämlich griechische Keramiken aus dem frühen 6. Jahrhundert v. Chr. gefunden. Ein anderer wichtiger Hinweis auf sein Alter ist eine oskische Inschrift auf den Bodenplatten der Cella, in der ein Oppius Campanus *Kvaisstur* erwähnt ist. Oskisch war die Sprache der Samniten: Es handelt sich also um einen samnitischen Quästor. Lateinische Inschriften beziehen sich auf Bau- oder Instandsetzungsarbeiten.

Zu den ältesten Baudenkmälern von Pompeji zählt ferner die sehr gut erhaltene Basilika. Sie stammt aus der zweiten Hälfte des 2. Jahrhunderts v. Chr. Dank der Kritzeleien an den Wänden steht diese Datierung außer Zweifel. Ihr Grundriß entspricht bereits dem später üblichen Plan. Um den großen rechteckigen Hauptraum läuft eine zweistöckige Kolonnade; hinten befindet sich das *Tribunal,* wo Recht gesprochen wurde. Unzählige Inschriften bedecken die Wände. Ein Schmarotzer schreibt: „Lucius Istacidius, der mich nicht eingeladen hat, seine Mahlzeit zu teilen, ist ein Barbar!" Und ein enttäuschter Liebhaber: „Ich möchte Venus die Rippen mit Stockschlägen streicheln und ihr die Lenden mit Ruten lahmschlagen. Da sie mein Herz durchbohrt hat, warum soll ich ihr nicht mit einem Knüppel den Schädel spalten?"

Das Gebäude der Eumachia ist ein Bauwerk, über dessen Funktion sich die Fachwelt noch nicht geeinigt hat. Wie aus einer Inschrift hervorgeht, war Eumachia eine Priesterin: „Eumachia, Tochter des Lucius, öffentliche Priesterin, hat in ihrem Namen und im Namen ihres Sohnes Marcus Numistrius Fronto auf eigene Kosten eine Vorhalle, einen Kryptoportikus und einen Portikus errichten lassen und hat sie selbst der Concordia Augusta geweiht." Aufgrund der Widmungsinschrift auf einer Statue der Eumachia, die von den Walkern gestiftet worden war, vermutete man lange Zeit, daß das Gebäude der Sitz dieser Zunft war und vielleicht als Wollbörse diente.

Ein weiterer wichtiger Bau war das *Macellum*, der Markt, auf den alle für die Stadt bestimmten Lebensmittel gelangten. Man sieht noch heute die Reihen der Läden an der Außenseite sowie Überreste von Getreide und Obst. Zwölf kreisförmig angeordnete Säulenbasen aus Tuffstein in der Mitte des *Macellum* ließen zunächst vermuten, daß hier einst die zwölf Statuen eines Heiligtums standen; doch durch Amedeo Maiuris Grabungen wurde erwiesen, daß es sich um die Basen von zwölf Holzpfosten handelt, die ein hölzernes Kegeldach trugen. Es war auch ein unterirdischer Abzugskanal vorhanden, in dem man zahlreiche Fischgräten gefunden hat. Daraus hat man gefolgert, daß in diesem Rundbau Fisch und Muscheln verkauft wurden.

Der zweite sehr alte öffentliche Platz ist das *Forum triangulare*, an dessen Ostseite sich die beiden Theater von Pompeji erhoben: das ungedeckte Große Theater und das kleinere überdachte Odeon für musikalische Darbietungen. Der riesige vierseitige Portikus vor dem Großen Theater, in dem die Zuschauer promenieren konnten, war nach dem Erdbeben von 62 n. Chr. in eine Gladiatorenkaserne verwandelt worden. In Grundriß und Aufbau des Großen Theaters, die sich im Odeon mit bezeichnenden Abweichungen wiederholen, wird der kulturelle Einfluß Griechenlands deutlich: Es ist am Abhang eines Hügels erbaut und besitzt einen hufeisenförmigen Zuschauerraum (beim Odeon wie bei allen echten römischen Theatern ist es ein Halbrund). Die Inschriften besagen, daß der Bau unter Augustus restauriert wurde: „Marcus Holconius Rufus und Marcus Holconius Celer errichteten den unterirdischen Gang, die Rampen und die Tribünen auf ihre Kosten."

In mehreren Inschriften heißt es, daß der Architekt M. Artorius Primus, ein Freigelassener, für die Modernisierung verantwortlich war. Diese Angabe bestätigt, daß viele Berufe, auch der des Architekten, ihren Ursprung im Sklavenstand hatten, da sie manuelle Arbeit, die als niedere Tätigkeit gewertet wurde, einschlossen.

An der Rückseite des Großen Theaters befand sich der Isistempel. Im alten Griechenland wurden Theater sehr häufig neben Heiligtümern errichtet. Diese Tatsache erinnert an den sakralen Ursprung des Schauspiels. Der aus Ägypten stammende Kult der Isis hatte sich trotz harter Gegenmaßnahmen von offizieller Seite in der ganzen römischen Welt verbreitet und erfreute sich auch in Pompeji großer Beliebtheit.

Maskiert wie Komödiendarsteller, tanzen die Straßenmusikanten auf diesem Mosaik aus Pompeji (um 100 v. Chr.) zum Rhythmus ihrer Instrumente. Possenreißer, Akrobaten und Jongleure gaben ihre Künste auf Straßen und Plätzen zum besten, wo man sich lieber aufhielt als in den Häusern.

Ein Thermopolium *war eine Schenke, in der Getränke und warme Gerichte serviert wurden. Die in die Theken eingelassenen runden Vertiefungen nahmen Amphoren mit Wein oder Öl auf.*

Einer der beiden Duumvirn, die das Odeon erbauen ließen und vermutlich auch für die Baukosten aufkamen, war C. Quinctius Valgus, der sich zur Zeit Sullas sehr bereichert hatte und schließlich ausgedehnte Ländereien sein eigen nannte. Er finanzierte mit seinem Amtskollegen auch den Bau des Amphitheaters von Pompeji, das zusammen mit der Palästra die dritte Gruppe öffentlicher Bauten bildet. Das große elliptische Bauwerk aus der Zeit um 80 v. Chr. ist das älteste römische Amphitheater. Von den späteren unterscheidet es sich durch zwei Besonderheiten: Es besitzt keine unterirdischen Räume unter der Arena, und die Treppen, die zu den oberen Rängen führen, befinden sich an der Außenseite statt im Innern. Eine Inschrift aus der Zeit des Augustus informiert über die Art der Darbietungen: Hier traten Possenreißer und Pantomimen auf, wurden sportliche Wettbewerbe wie Fechten und Faustkampf, aber auch Tierhetzen veranstaltet.

Westlich vom Amphitheater liegt die Große Palästra, in der die Jugend Pompejis sich sportlich betätigen konnte. Sie dürfte auf den Beginn der Kaiserzeit zurückgehen und ersetzte die vorherige sogenannte samnitische Palästra neben dem Isistempel, die zu klein geworden war. In ihrer Mitte ist ein großes, von Platanen umgebenes Schwimmbecken eingelassen.

Außer den drei genannten Gruppen öffentlicher Bauten gab es noch einzelne Gebäude dieser Art an verschiedenen Punkten der Stadt, vor allem Tempel und Thermen. Von den drei freigelegten Badeanlagen – Stabianer Thermen, Thermen des Forums und Zentrale Thermen – ist die erste die typischste. Man fand darin eine Palästra sowie öffentliche Bäder sowohl für Männer als auch für Frauen. Die Männerabteilung bestand aus einem Auskleideraum *(Apodyterium)*, einem Kaltbaderaum *(Frigidarium)*, einem Laubaderaum *(Tepidarium)* und einem Warmbaderaum *(Caldarium)*, einem großen Schwimmbecken im Freien und Räumen für sportliche Übungen. Der kleineren Frauenabteilung fehlte das *Frigidarium*.

Eine gut ausgestattete Wäscherei

Oft befanden sich Läden rechts und links der Hauseingänge. Die Wandmalereien in einem Stoffladen, der, wie eine Inschrift verrät, einem gewissen M. Vecilius Verecundus gehört hat, zeigen das Krempeln der Wolle und die Herstellung der Stoffe, die – in einem Bild daneben – der Besitzer dann seinen Kunden vorlegte. Eine Bäckerei, auch sie durch eine Wandinschrift als solche ausgewiesen, erwähnt zwei „Opferkuchenverkäufer, die sich hier niedergelassen haben"; da die beiden Läden an das Gebäude des Numerius Popidius Priscus anschließen, ist anzunehmen, daß dieser sie an Handwerker vermietete. Es gibt in Pompeji mehrere Bäckereien, in denen noch die Backöfen und – dank Fiorellis Methode – sogar die Weißbrote zu sehen sind.

Manchmal umfaßt der Laden mehrere Räume und bei bestimmten Gewerbebetrieben sogar das ganze Haus, das in diesem Fall entsprechend umgebaut worden ist. Ein gewisser Stephanus besaß eine perfekt eingerichtete Wäscherei mit Wäschepresse, Stampfern und Waschzubern. Als Waschmittel verwendete man wegen seiner alkalischen Eigenschaften Urin, und die Vorübergehenden wurden aufgefordert, in eigens dafür aufgestellte Amphoren das Wasser abzuschlagen. Die gewaschene Wäsche wurde auf einer großen Terrasse getrocknet und gebleicht. Es gab auch eine Küche, wo für das Personal gekocht wurde, und man hat auf den Herden und an den Wänden aufgehängt viele Kochtöpfe gefunden. Eine Herberge, die ein gewisser Euxinus führte, konnte anhand von Amphoren identifiziert werden, die an den Wirt geschickt worden waren und auf denen die Adresse genannt ist: „Nach Pompeji, an den Herbergswirt Euxinus neben dem Amphitheater." Auch ein Weinberg hinter dem Haus lieferte Wein. In einem *Thermopolium* schließlich, einem Laden, wo Getränke und warme Gerichte serviert wurden, hat man die Kasse mit der gesamten Tageseinnahme gefunden. Es waren insgesamt drei Kilo Münzen, was auf einen ausgezeichneten Umsatz schließen läßt.

Zahlreich sind in Pompeji die Wandmalereien mit Szenen aus dem täglichen Leben. Der Bäcker steht hinter seinem hölzernen Ladentisch und verkauft seine goldbraunen Brote, die in runden Formen gebacken wurden. Bei den Grabungen hat man solche Rundbrote verkohlt gefunden.

In den pompejanischen Privathäusern wohnte jeweils nur eine Familie, der im allgemeinen das Anwesen gehörte. Es gab keine Häuserblocks mit Etagenwohnungen, die vermietet wurden, wie dies später in Ostia der Fall war. Diese Eigentümlichkeit ist darauf zurückzuführen, daß man zu der Zeit, als Pompeji durch das Erdbeben zerstört wurde, erst anfing, Etagenhäuser zu bauen, wie ein unvollendetes mehrstöckiges Gebäude beweist.

Ein pompejanisches Haus

Der Grundplan des pompejanischen Hauses ist folgender: Hinter der Eingangstür liegt ein kleiner Flur zwischen zwei gleich großen Räumen die meist als Werkstätten oder Läden benutzt wurden. Der Flur führt zum *Atrium*, dem zentralen Innenhof, um den sich mehrere Räume gruppieren. Meist fällt das Dach zum Atrium ab, so daß das Regenwasser in ein Bassin in der Mitte *(Impluvium)* fließen kann. Auf der anderen Seite des Atriums, gegenüber der Eingangstür, befindet sich das *Tablinum*, der Hauptraum, in dem sich die Familie versammelt. Von hier gelangt man in den Garten, der im Lauf der Zeit mit weiteren Räumen umbaut wird. In den vornehmen Häusern wird dieser Grundplan nach und nach erweitert. Aus dem Garten ist nach hellenistischem Vorbild das *Peristylium* geworden, von einem Säulengang umgebene

Anlagen mit Blumenbeeten und Wasserbecken. So besitzt zum Beispiel das Haus des Fauns bereits ein zweites Atrium auf der rechten Seite, mehrere Nebenräume, vermutlich Gästezimmer, sowie zwei hintereinander liegende Peristyle mit Kolonnaden. Auf dem Pflaster des einen Peristyls hat man das Skelett einer Frau gefunden, die von den giftigen Gasen überrascht wurde, als sie beim Ausbruch des Vesuvs ihre wertvollsten Schmuckstücke – Armreifen und Ringe – zu retten versuchte. Im Atrium waren bereits Goldstücke auf den Boden gefallen: 203 Sesterzen, das Vermögen einer mittelständischen pompejanischen Familie.

Begüterte Leute bauten sich eine Villa in der Stadt oder noch lieber außerhalb der Mauern. Im Nordwesten von Pompeji steht die sogenannte Villa der Mysterien, ein herrschaftliches Haus, das im Lauf der Zeit zu einem großen Herrenhaus mit einem landwirtschaftlichen Betrieb wurde. Ein vollständig erhaltener Zyklus von Wandmalereien, auf denen die dionysischen Mysterien dargestellt sind, hat es zu einem der berühmtesten Bauwerke von Pompeji gemacht. Ein Stück weiter außerhalb, bei der antiken Stadt Oplontis, wo heute die moderne Stadt Torre Annunziata liegt, wurde jüngst eine herrliche Villa ausgegraben. Das Schwimmbecken darin ist so groß, daß man es als olympisch bezeichnet hat. Nur wenige Häuser in Pompeji sind so reich an Skulpturen und Wandmalereien. Dies läßt darauf schließen, daß reiche Leute es vorzogen, in Villen außerhalb der Stadt zu wohnen.

Auffallend an den pompejanischen Häusern ist die elegante Innenausstattung, zu der Marmor- und Bronzeskulpturen, Holzmöbel (nachweisbar anhand der Abgüsse) und erlesenes Geschirr gehörten. Die Plastiken verraten den hellenistischen Einfluß, und man findet immer wieder Statuetten, die einst Brunnen, Säulengänge und Gärten schmückten. Als letztes größeres Kunstwerk hat man 1978 im Haus des Julius Polybius die fast lebensgroße Bronzefigur eines Epheben entdeckt. In der Kaiserzeit fällt die besondere Vorliebe für kleine Skulpturen auf, und man findet entlang der Gartenwege immer wieder Merkur-, Amor- und Satyrstatuetten. Gleichzeitig entwickelte sich die Porträtkunst. Als Beispiele seien genannt: die Livia aus der Mysterienvilla; der Marcellus, der unter den Trümmern des Venustempels lag; der sogenannte Brutus der Jüngere sowie die Bronzeköpfe des Schauspielers Gajus Norbanus Sorix und des Bankiers Lucius Caecilius Jucundus. Im Haus des letztgenannten, eines schwerrei-

EINE BÄCKEREI

Das Bäckerhandwerk kam in Italien um 170 v. Chr. auf. Vorher backte man das Brot zu Hause. In den römischen Bäckereien wurde nicht nur Brot gebacken, sondern auch das Mehl hergestellt. Die Bäcker kauften Korn ein – es wurde vor allem aus Ägypten und dem heutigen Tunesien importiert – und mahlten es in Steinmühlen, die von Menschen oder Tieren angetrieben wurden (der Mechanismus ist in der Zeichnung links gezeigt). Das Mehl wurde gesiebt, dann tat man Hefe dazu und rührte den Teig mit Wasser und Salz an. Der Teig wurde mit der Hand oder von einer Knetmaschine gut durchgeknetet, in Formen gefüllt oder zu Laiben geformt und im Backofen, der sich im selben Raum befand wie die Mühlen, gebacken.

chen Mannes, hat man in einer Holzlade Täfelchen gefunden, die einst mit Wachs überzogen waren. Es handelt sich um Quittungen von Personen, in deren Auftrag er Verkäufe getätigt oder Mieten eingezogen hatte.

Vom hohen Stand des Kunsthandwerks in Pompeji zeugen ebenfalls zahlreiche Funde: Betten, die mit Statuetten verziert waren; bronzene Kandelaber und Öllampen, bei denen die Darstellungen von Menschen und Tieren dem Zweck des Gerätes frei angepaßt sind; schön dekorierte Truhen und Kohlebecken; abwechslungsreiches Bronze- und Silbergeschirr. Ein wahrer Schatz wurde im Haus des Menander gefunden: 118 Stück Silbergeschirr, das, eingewickelt in Woll- und Leinentücher, wegen Restaurierungsarbeiten in eine große Holztruhe gelegt worden war. Das Ganze wog über 24 kg. In einer kleinen Truhe befanden sich goldene Schmuckstücke und Münzen. Das Haus hatte einen Verwalter namens Eros, dessen Leichnam auf einem Bett identifiziert werden konnte. An den Wänden seines Zimmers hingen viele sehr gut erhaltene landwirtschaftliche Geräte aus Eisen.

An den zahlreichen Wandmalereien in den Häusern Pompejis kann man die Entwicklung der römischen Malerei verfolgen. Man unterscheidet vier Stile: Beim ersten wird eine Marmorverkleidung der Wände in poliertem Stuck nachgeahmt und das Relief des Stuckgesimses, der Pilaster und des Sockels durch kräftige Farben hervorgehoben. Der zweite erweckt die Illusion einer perspektivischen Architektur mit gemalten Gewölben, Kolonnaden und anderen Einzelheiten, und man stellt erstmals Szenen aus der Mythologie dar. Beim dritten fehlen die architektonischen Formen; die Wand wird wieder zur geschlossenen Fläche und zeigt die verschiedensten Ornamente. Im vierten Stil überwiegt das Ornamentale mit Motiven, die an die Muster der Teppiche erinnern. Zu erwähnen wären noch die volkstümlichen Malereien, die keinem der aufgeführten Stile angehören: Ladenschilder, Wirtshausszenen und sogar Darstellungen von Schlägereien, wie etwa die im Amphitheater.

Sehr oft wird die Wanddekoration auch in Mosaik ausgeführt. Das Mosaik, das zunächst nur als Fußbodenschmuck diente und sich nicht über den Durchschnitt handwerklicher Arbeit erhob, gelangte erst zu künstlerischer Vollendung, nachdem es die Wände erobert hatte. Die farbigen Steinchen werden entweder zu geometrischen Mustern oder zu Szenen aus dem Leben – Jagd, Zirkus, Schiffahrt und anderes mehr – zusammengesetzt. Sehr beliebt wurden bald die mit Mosaiken verzierten Wandbrunnen, zwischen deren bunten Steinchen aus Glaspaste auch solche mit Blattgold eingefügt wurden. Im Mosaik, das sich im allgemeinen parallel zur Malerei entwickelte, sah Plinius der Jüngere die Ursache für deren allmählichen Verfall.

Wahlpropaganda

Die Häuser und Läden, die kleinen Ziergegenstände und die Dekoration, die Inschriften und Kritzeleien, all dies vermittelt dem Besucher eine sehr lebendige Vorstellung vom Alltag in Pompeji. Es gibt jedoch noch andere Zeugnisse, die uns Einblick in das Leben der Einwohner dieser kleinen Provinzstadt verschaffen. Es handelt sich um in ihrer Art ganz einzigartige Dokumente, nämlich um die zahlreichen gemalten Wahlplakate an den Hausfassaden, die uns eine Fülle von Informationen über die Politik und die öffentlichen Ämter liefern. Einen solchen Wahlaufruf anzufertigen war sehr einfach. Man versah die Wand mit einem Kalkanstrich, umrandete zuweilen die zu beschriftende Fläche und malte dann die Buchstaben in Schwarz oder, noch öfter, in Rot darauf – die Buchstaben bis zu 30 Zentimeter hoch. Keine Mauer blieb davon verschont; am begehrtesten waren die Fassaden von Häusern, wo besonders viele Menschen vorbeikamen, wie die von Schenken und Herbergen.

Auf dem Herd in der Küche des Hauses der Vettier wie in zahlreichen anderen Küchen hat man gut erhaltene Metallkochtöpfe gefunden. Zum Kochen entzündete man im Feuerloch über dem Boden ein Holzkohlenfeuer.

Die geläufigste Formel in einem Wahlanschlag lautete ähnlich wie heutzutage: „Wählt soundso". Oft wurde darüber hinaus auf die moralischen Qualitäten des Kandidaten hingewiesen: „Wählt M. Epidius Sabinus zum rechtsprechenden Duumvir. Er ist ein achtbarer Mann und nach Meinung glaubwürdiger Leute geeignet, die Bürger zu verteidigen. Aufgrund seiner Fähigkeiten und seiner Ehrenhaftigkeit und in Übereinstimmung mit dem ganzen Stadtrat verdient er es, mit diesem Amt betraut zu werden."

Die Kandidaten scheuten manchmal nicht davor zurück, Wählern für ihre Stimme eine Belohnung zu versprechen: „Wähle M. Ovidius Veiento zum Ädilen, er wird es dir lohnen!" Es gab natürlich auch Kandidaten, die das betreffende Amt bereits innegehabt hatten und sich auf ihre – eventuell durch eigene Geldmittel gesteigerten – Verdienste berufen konnten als Garantie für ihr zukünftiges Wirken, wenn das Volk ihnen noch einmal sein Vertrauen schenken würde.

Sehr häufig begegnet man den Namen der Männer, die die Kandidaten vorstellten und sich für sie einsetzten. Noch existierten keine Parteien, dafür jedoch Verbände, besser gesagt, Innungen sowie religiöse und kulturelle Vereinigungen; deshalb ergreifen auf den Plakaten ganze Berufsgruppen, wie Geflügel- und Gemüsehändler, Bäcker, Schankwirte, Barbiere, Lastträger und sogar fliegende Händler, für ihre Kandidaten Partei. Auch die Schauspieler nahmen an den Wahlkämpfen teil, ebenso Sportler, wie etwa die Ballspieler, die einem bestimmten Kandidaten durch ihre Beliebtheit zum Sieg zu verhelfen suchten.

Man weiß genau, wie die Wahlinschriften angebracht wurden. Es standen dafür Mannschaften von Spezialarbeitern zur Verfügung. Der Anstreicher tünchte die Wand, der Schreiber schrieb den Text, und der Laternenhalter hielt an einer langen Stange die Laterne, wenn nachts gearbeitet wurde. Der Gehilfe trug das Material. Von den vier Personen war der Schreiber zweifellos die wichtigste. Schließlich war er es, der die eigentliche Arbeit leistete, und er signierte seine Wahlinschrift stets am unteren Rand.

Man kennt die Namen einiger pompejanischer Schreiber. Der berühmteste war ein gewisser Aemilius Celer, der seinen Namen auf die Tür seines eigenen Hauses sowie auf mehrere Hauswände seiner Straße schrieb, womit er für sich selbst Reklame machte. Wahrscheinlich war er sehr gefragt und wurde für seine Kunst gut bezahlt, denn eines Tages erklärte er sogar in einem Anschlag, ganz allein gearbeitet zu haben, mit dem Mondschein als einziger Beleuchtung. Nur ein sehr bekannter Fachmann konnte sich ein solches Eigenlob erlauben.

Dieses Doppelporträt des Paquius Proculus und seiner Ehefrau, das berühmteste der in Pompeji ausgegrabenen Bildnisse, stellt ein begütertes Kaufmannsehepaar dar. Der Mann war zweifellos eine wichtige politische Persönlichkeit, denn sein Name steht auf Wahllisten.

Auf einigen Plakaten finden sich Sätze, die nicht zur Wahlpropaganda gehören. Es sind persönliche Bemerkungen des Schreibers wie etwa: „Du hast recht daran getan, mir einen Stuhl zu leihen." Damit dankte der Maler seinem Wohltäter. „Laternenhalter, halte die Leiter!" schreibt ein anderer. „Steig herunter!" ein dritter, „Geh zum Teufel!" ein vierter. Manchmal handelt es sich offensichtlich um ironische Aussprüche: „Wählt M. Cerinius Vatia zum Ädilen. Die Spättrinker bitten darum." Doch am unmißverständlichsten sind die Sätze, mit denen Leute, die Wahlinschriften löschen wollen, beschimpft wurden: „Krank sollst du werden, wenn du die Inschrift aus Neid löschst!"

Schließlich kam der Wahltag. Die Ergebnisse wurden in den Straßen durch solche Wandinschriften bekanntgegeben wie: „Die Pompejaner haben P. Paquius Proculus zum Duumvir gewählt. Er ist wahrlich würdig, die Stadt zu verwalten." Hatten die Beamten die Erwartungen der Bürger erfüllt, wurden sie nach ihrem Tod geehrt, wie etwa folgende Inschrift belegt: „Der Stadtrat hat dem Aulus Umbricius Scaurus, Sohn des Aulus aus der Tribus Menenia, Duumvir, anstelle des Grabdenkmals 2000 Sesterzen für seine Bestattung und ein Reiterstandbild auf dem Forum zuerkannt."

In einem für die Spottlust der Pompejaner charakteristischen Satz wendet sich ein anonymer Schreiber an die Mauer, die so viele Wahlplakate getragen hat: „Mauer, staunen muß ich, daß du noch nicht in Trümmer gefallen, die du das öde Geschwätz so vieler Schmierfinken trägst."

SABATINO MOSCATI

DAS HAUS

Bereits der Urmensch hatte, wie gewisse Tierarten, das Bedürfnis, sich eine Unterkunft zum Schutz gegen die Unbilden des Wetters und gegen Gefahr zu schaffen. Doch während die einzelnen Tierarten ihre Behausungen immer nach dem gleichen Muster – Nest, Bau, Lager, Höhle –, aus immer dem gleichen Material anlegten, errichtete der Mensch seine Wohnstätte aus den unterschiedlichsten Baustoffen und in den verschiedensten Formen. Trotzdem drängten sich bestimmte Modelle wegen ihrer vielseitigen Verwendbarkeit immer wieder auf.

Zelte aus Tierhäuten und Knochen
Mit dem Begriff Steinzeit verbindet sich im allgemeinen die Vorstellung von Höhlenbewohnern. Die Menschen der Altsteinzeit haben jedoch schon in der ältesten Periode Hütten gebaut wie die in der Höhle von Lazaret bei Nizza oder wie die ovalen Hütten von Terra Amata, ebenfalls bei Nizza, die über 300000 Jahre alt sind. Im Jungpaläolithikum, vor 15000 Jahren, treten zwischen Frankreich und Sibirien Zelte aus aneinandergenähten und über ein Holz- oder Knochengerüst gespannten Tierhäuten auf. Solche Zelte, wie die hier rekonstruierten sibirischen, haben seither bei vielen Jägervölkern als Unterkunft gedient.

Das Grundmodell aus dem Donauraum
Zum gebräuchlichsten Umriß wurde bald das Rechteck. In diesem jungsteinzeitlichen Haus aus dem Donauraum (Karanovo in Bulgarien, Gumelnitzakultur, 4. Jahrtausend v. Chr.) bestanden die Wände aus Holzstangen, die mit einer dicken Lehmschicht verkleidet wurden. Das ursprüngliche Einraumhaus erhielt später einen Vorraum. Im Hintergrund rechts sieht man den Herd und die Handmühle, mit der das Korn gemahlen wurde. An anderen Siedlungsplätzen bestanden die Wände manchmal aus senkrecht aufgestellten Rundhölzern, aber die Grundform des Rechteckhauses mit strohgedecktem Giebeldach blieb unverändert.

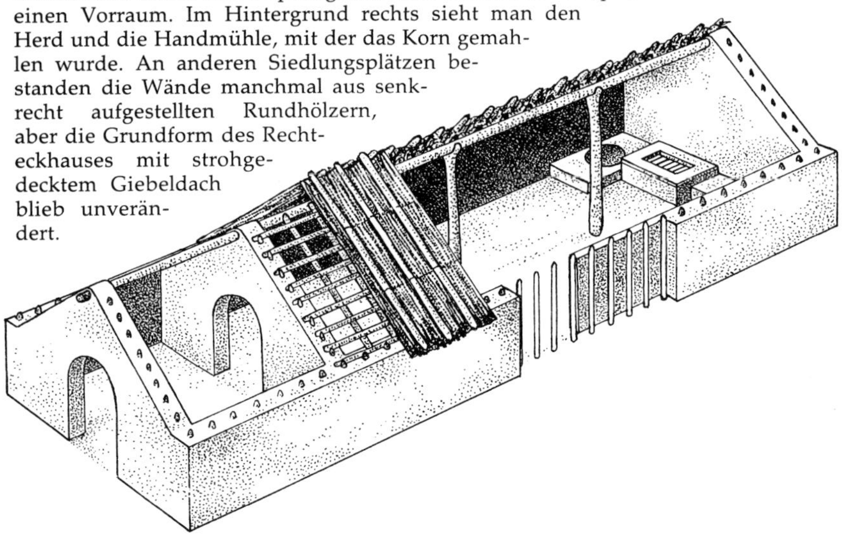

Rundhäuser aus Lehmziegeln in Zypern
Die bienenkorbförmigen Rundbauten von Khirokitia (6. Jahrtausend v. Chr.) bestanden aus einem Steinsockel, über dem sich ein Oberteil aus Lehmziegeln zu einer hohen Spitzkuppel aufwölbte. Manche dieser Wohnbauten, die ein Dorf bildeten, besaßen einen oder zwei Nebenräume. Sie lagen in Gruppen rechts und links einer gepflasterten Straße.

Pfahlbauten in Mitteleuropa
Die Pfahlhäuser – in Norditalien *palafitte* genannt – standen auf Holzplattformen, die von Holzpfählen getragen wurden. Man errichtete sie an Seeufern (eine von manchen Archäologen bestrittene Theorie) sowie in Moor- und Sumpfgebieten. Mit dem festen Boden waren sie durch schmale Stege verbunden. Die Holzhäuser besaßen wahrscheinlich ein Rieddach und waren meist viereckig, manchmal aber auch rund wie im Federseemoor bei Dullenried in Oberschwaben. Dieser Typ des neolithischen Dorfes, das aus Sicherheitsgründen oder aus wirtschaftlichen Überlegungen (Fischfang) so angelegt wurde, verbreitete sich im 4. und 3. Jahrtausend v. Chr. in den Seengebieten ganz Europas.

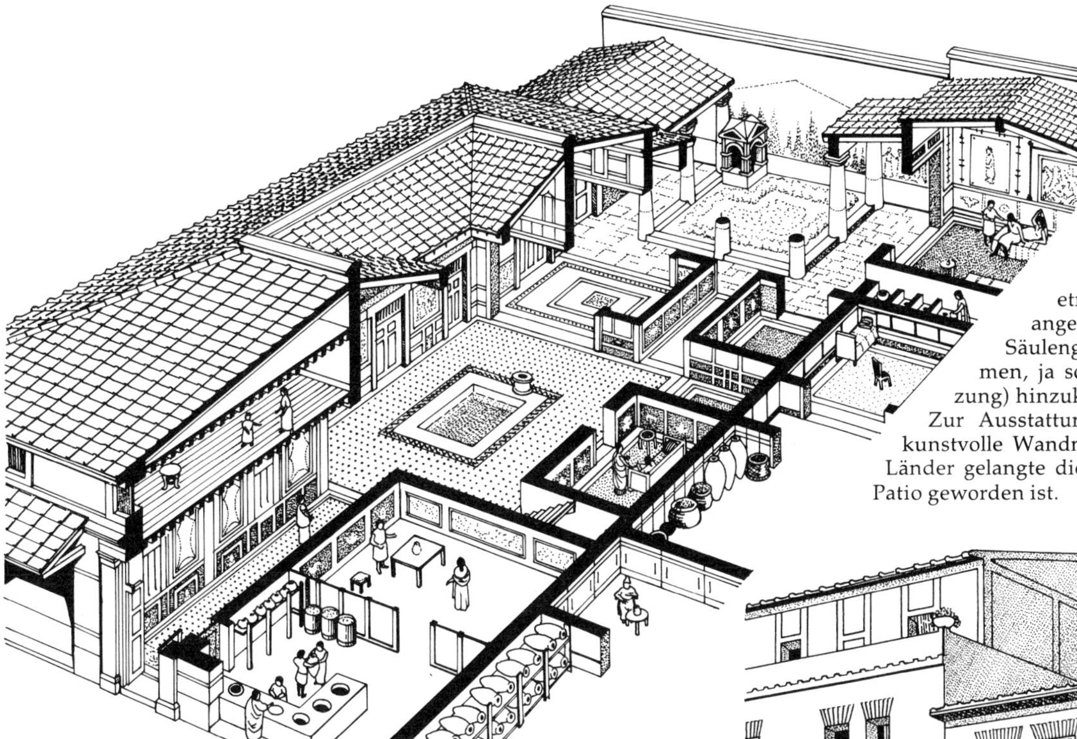

Luxuriöses Haus in Pompeji
Das pompejanische Haus weist einen Komfort auf, der nur noch durch die moderne Technik gesteigert werden konnte. Das Herz des Hauses ist das Atrium, ein Raum mit einer Dachöffnung und einem Wasserbecken darunter. Das Prinzip ist sehr alt, denn schon im 3. Jahrtausend v. Chr. gab es in Mohendscho-Daro und Ur als Vorläufer ähnliche Innenhöfe, allerdings ohne Wasserbecken. Auch die etruskischen und hellenistischen Häuser waren so angelegt. Doch in Pompeji und Herculaneum, wo von Säulengängen umgebene Gärten, eine Vielzahl von Räumen, ja sogar Privatbäder mit Hypokausten (Warmluftheizung) hinzukamen, erreichte dieser Haustyp seine Vollendung. Zur Ausstattung gehören ferner Mosaik- und Marmorböden, kunstvolle Wandmalereien und Schiebetüren. Über die arabischen Länder gelangte dieser Haustyp nach Spanien, wo das Atrium zum Patio geworden ist.

Ein Wohnhaus aus dem 3. Jahrhundert in Ostia
Man ist sich nicht sicher, ob dieses Haus in Ostia aus dem 3. Jahrhundert ein Mietshaus mit mehreren Wohnungen war. Aber viele Mietshäuser in der römischen Welt, besonders in Rom selbst, waren so gebaut. Die Darstellung zeigt, daß die Treppe zu den Stockwerken unmittelbar an der Straße begann. Im Erdgeschoß waren Läden untergebracht. Aus verschiedenen Texten wissen wir, daß solche Mietshäuser – von Marseille bis Tyrus – gewöhnlich fünf oder sechs Stockwerke hatten und über 20 m hoch waren. Augustus hatte in einem Dekret etwa diese Höhe als äußerste Grenze festgelegt, aber man hielt sich so wenig daran, daß Trajan es ein Jahrhundert später erneuern mußte. Mit ebensowenig Erfolg! Dieser Häusertyp wurde im Abendland erst in der Renaissance wieder gebaut.

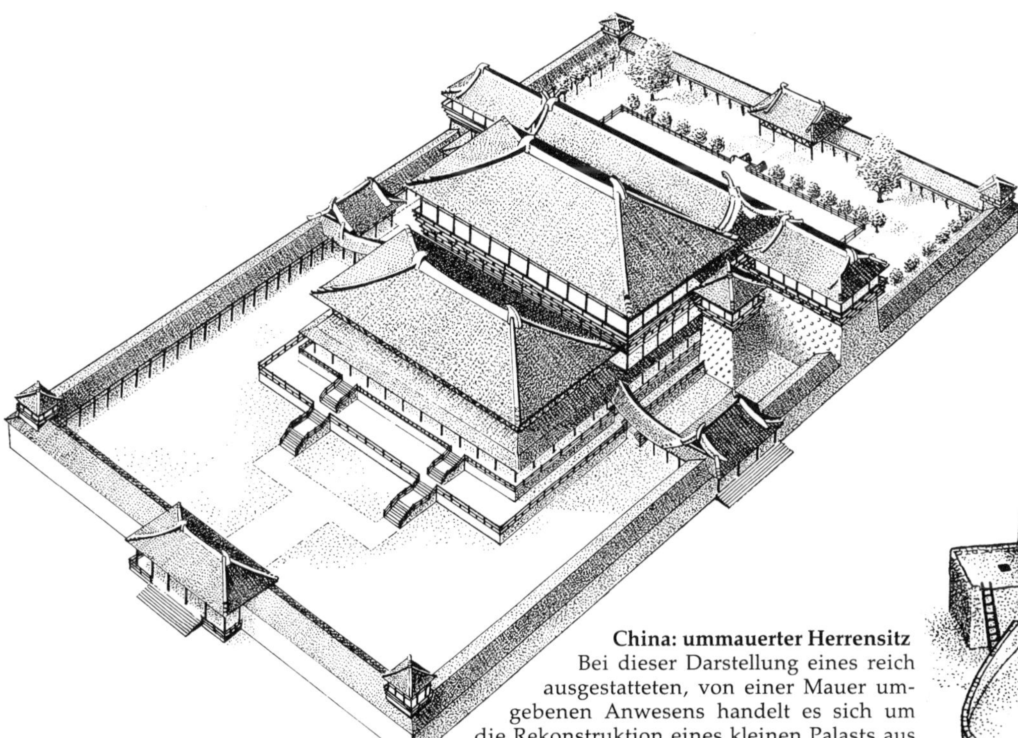

China: ummauerter Herrensitz
Bei dieser Darstellung eines reich ausgestatteten, von einer Mauer umgebenen Anwesens handelt es sich um die Rekonstruktion eines kleinen Palasts aus der Tangzeit (8. Jahrhundert). Die Mauern bestanden aus Stampflehm, damit die Ratten nicht eindringen konnten, wie dies bei Strohhütten der Fall war (oben). Damals wurden solche Häuser oft nur eine Zeitlang bewohnt. Denn da der Sohn nicht im Haus seines verstorbenen Vaters leben durfte, ließ er sich daneben ein neues bauen.

Aus Stein und Lehm: ein altamerikanisches Haus
Die vorkolumbischen Häuser aus Adobeziegeln und pflanzlichem Material haben im allgemeinen den Witterungseinflüssen nicht standgehalten. Auf uns sind nur einige Wohnbauten – so in Chanchán und vor allem in Nordamerika – gekommen. Das abgebildete Pueblohaus aus dem 12. Jahrhundert mit lehmverputzten Steinmauern befindet sich im Gebiet der Mesa Verde. Die mehrstöckigen, flachgedeckten Häuser mit Dachzugängen und Fenstern, die auf die Innenhöfe gingen, sind die höchstentwickelten der vorkolumbischen Architektur (unten).

Das gallische Rom

LUGDUNUM

Im Land der langhaarigen Gallier, das Cäsar erobert hatte, wurde bald eine Neugründung an der Mündung der Saône in die Rhone zum einenden Mittelpunkt.

Die Gründung Lugdunums, des heutigen Lyon, fällt in die letzten Tage der römischen Republik, kurz nach der Ermordung Cäsars. Der Gründer hieß Lucius Munatius Plancus und stammte aus Tibur, dem heutigen Tivoli. An Cäsars Seite war er in den Gallischen Krieg gezogen, und der Prokonsul hatte ihm zum Dank die Regierung über das „langhaarige" Gallien (Gallia comata) übertragen, dessen letzter Widerstand soeben gebrochen worden war. Mit seinen fünf Legionen lagerte er auf dem steilen Hügel, wo im Jahr 58 v. Chr. schon Cäsar sein Hauptlager aufgeschlagen hatte. *Ad Confluentem* hieß das Lager, also am Zusammenfluß – von Rhone und Saône nämlich. Es lag nahe dem Heiligtum, in dem die Gallier Lug verehrten, den keltischen Gott der Kultur, Erfinder aller Künste, aber auch Gott des Lichts und der aufgehenden Sonne.

Die Zeiten waren turbulent. Nach fünf Jahren Diktatur war die Republik erneut der Anarchie ausgeliefert. Die glorreiche Epoche Cäsars hatte ein jähes Ende genommen. Seine Vertrauten, vor allem Marcus Antonius, erhoben und verbündeten sich gegen die Mörder Cäsars, um die Macht zu ergreifen. Der zwischen beiden Seiten in äußerste Bedrängnis geratene Senat wollte die Rebellion der Offiziere im Keim erstikken und bemühte sich, koste es, was es wolle, sie in ihren Provinzen festzuhalten. Deshalb hatte Plancus den Befehl erhalten, an dem Ort, wo er kampierte, eine Militärkolonie zu gründen. Der loyale republikanische Feldherr, ein Freund Ciceros, zögerte ein wenig, der Anweisung aus Rom Folge zu leisten, denn Marcus Antonius und kurz darauf auch Cäsars Erbe Octavian, der später Augustus genannt wurde, hatten Erfolge verbucht, und die politische Lage war äußerst ungewiß. Schließlich schritt er aber doch zur Tat. Alle Gründungsriten wurden vorschriftsmäßig vollzogen. Am siebten Tag vor den Iden des Oktober, am Dienstag, dem 9. Oktober des Jahres 43 v. Chr., wurde Lugdunum geboren.

Drei Jahrhunderte später, in den wirren Zeiten der Soldatenkaiser, als be-

waffnete Horden sie wiederholt plünderten und ihr das Wasser abschnitten, zog sich die glänzende Hauptstadt der drei Gallien unauffällig von der Bühne der Geschichte zurück. Inzwischen hatten zwei Kaiser, Claudius und Caracalla, in ihr das Licht der Welt erblickt. Andere hatten hier residiert und ihr gallisches Rom am Zusammenfluß der beiden Ströme heiß geliebt. Es war von Augustus, vor allem aber von Hadrian gefördert worden. Die Militärsiedlung, die von Plancus für Veteranen vorgesehen war, hatte sich zur eleganten Metropole entwickelt, der Gallien seine politische und kulturelle Einheit mit verdankte. Außerdem war Lugdunum das erste Zentrum des Christentums auf gallischem Boden gewesen.

Die Archäologen haben in den letzten 50 Jahren das antike Lyon, das zur gleichen Zeit wie das Römische Reich, nämlich im 2. Jahrhundert, seine höchste Blüte erlebte, mit Akribie rekonstruiert. Unter dem modernen Lyon traten die Reste einer prächtigen Stadt zutage, deren Struktur und Alltagsleben heute im wesentlichen bekannt sind.

Lugdunum steigt ans Licht

Alles begann mit jener Kolonie, für die Plancus von den Göttern Glück und Reichtum erfleht hatte und die er auf dem Hügel von Fourvière erbaute, ohne jedoch das Heiligtum des Gottes Lug anzutasten, das auf der Anhöhe stand. Es war nur eine kleine unbedeutende Siedlung, die sich da am Hang des Hügels in die flache Mulde schmiegte, wo heute das Viertel Minimes liegt. Wall und Graben begrenzten ein 1300 m langes und 550 m breites Dreieck, an dessen Ostspitze, windgeschützt und ausreichend mit Grundwasser versorgt, eine kleine Oberstadt lag. Sie war gitterförmig um die beiden Hauptstraßen, den *decumanus maximus* und den *cardo maximus*, angelegt und beherrschte „die da unten" – gallische Fährleute, Flußschiffer und Handwerker, die seit langem an den Ufern der Saône ansässig waren. Ein bäuerlicher Marktflecken, mehr nicht. Soldaten und Beamte aus Rom, ein paar italische Händler, einige Einheimische. Keine großen Bauwerke, nur ein Prätorium, ein schmuckloser Platz, auf dem die Siedler zusammenkamen und sich stolz als ein Teil des römischen Heers fühlten.

Lugdunum lag gerade jenseits der Nordgrenze der alten römischen *Pro-*

In dieser Bronzebüste einer jungen Dame aus Lugdunum (2. Jahrhundert) verkörpert sich die ganze gekünstelte Eleganz der Geldaristokratie, die in Lugdunum wie in Rom vom wirtschaftlichen Aufschwung während der Zeit der Adoptivkaiser profitierte, als römische Heere dafür sorgten, daß im Reich die Pax Romana, *der römische Frieden, herrschte.*

Die Römer brachten das klassische Pantheon, aber auch die häuslichen Schutzgottheiten, die Laren, nach Gallien mit, deren Abbilder – hier eine Bronzestatuette aus dem 1. Jahrhundert – im Atrium des Hauses im sogenannten Lararium ihren Platz erhielten.

vincia Narbonensis, der heutigen Provence, und damit am Rand des ehemals freien Galliens. Es kontrollierte den Schiffsverkehr auf der Saône, die hier in die Rhone mündete und zusammen mit dieser ein Gewirr von unbeständigen Nebenarmen bildete. Hier kreuzten sich die alten Handelswege durch Gallien. Die Umgebung der Stadt war landschaftlich besonders reizvoll. Lugdunum besaß tatsächlich alles, um die Aufmerksamkeit des Reisenden auf sich zu lenken und ihn zum Bleiben zu bewegen. So gelang es der Kolonie auch, Octavians Aufmerksamkeit auf sich zu lenken. Ihm verdankte Lugdunum seinen Aufschwung, denn er erhob es zur Hauptstadt der Gebiete, die sein Adoptivvater Cäsar unterworfen hatte. Als sein Großneffe, Erbe und Rächer setzte Augustus dessen Kolonialpolitik an der Rhone fort. Die Achse Massalia–Lugdunum verlängerte sich bis an die Grenzen Germaniens und wurde später zur Achse Rhone–Rhein, der großen Querverbindung Westeuropas. Arles, Orange, Valence und Vienne zeichneten bereits ihren Verlauf vor. Lugdunum fiel jedoch eine viel wichtigere Rolle zu. „Mitten in Gallien gelegen, deren Akropolis es war", schrieb der griechische Geograph Strabo, diente es den drei kaiserlichen Provinzen Galliens (die *Provincia Narbonensis* blieb dem Senat unterstellt) als gemeinsame Hauptstadt. Diese drei Provinzen waren *Aquitania* mit 17 Völkerschaften, das eigentliche Gallien *(Gallia Lugdunensis)* zwischen Garonne und Seine–Marne mit 25 Völkerschaften und *Gallia Belgica* nördlich davon mit 18 Völkerschaften. Auf Veranlassung seines Schwiegervaters Augustus machte Agrippa Lugdunum zum Ausgangspunkt von vier nach ihm benannten Heerstraßen, die Gallien durchquerten. Sie führten in die Provence, nach Aquitanien, zum Ärmelkanal und zum Rhein. Dadurch entwickelte sich die Stadt sehr rasch zu einem der wichtigsten Handelszentren. Dann erhob Augustus sie zu seiner gallischen Residenz. In den Jahren 16, 15 und 14 v. Chr. überwachte er persönlich die umfangreichen Bauarbeiten. Lugdunum wurde von einem wahren Baufieber ergriffen. Es entstanden prachtvolle Anlagen: ein weiträumiges Forum, ein Kaiserpalast, ein riesiger Tempel für die kapitolinische Dreiheit Jupiter–Juno–Minerva, der auf dem Gipfel des Hügels von Fourvière meilenweit sichtbar war. Da Augustus wollte, daß seine Stadt wuchs, mußte noch die Wasserversorgung verbessert werden. Dafür sorgten bald zwei Aquädukte – vom Mont-d'Or und von der Yzeron –, über die täglich aus den Bergen des Lyonnais 10000 und 14000 m^3 Wasser nach Lugdunum flossen. Das städtische Straßennetz wurde ausgebaut, Brücken aus Holzplanken, die auf luftgefüllten Schläuchen lagen, wurden über die beiden Rhonearme geschlagen, und eine neue Straße in Richtung Alpen und Italien wurde angelegt. Sein Werk krönte die Einrichtung eines Bundesheiligtums aller gallischen Völkerschaften (insgesamt waren es 60). Der neue offizielle Kult, der im ganzen Reich eine vereinende Rolle spielen sollte, galt der Göttin Roma und dem Kaiser selbst. Das dem Lug geweihte pankeltische Heiligtum wurde vom Hügel von Four-

EINE MUTTERGÖTTIN AUS KLEINASIEN

Kybele war eine Nachfahrin der jungsteinzeitlichen Fruchtbarkeitsgöttinnen Kleinasiens und verkörperte die Fortpflanzungskraft der Natur. Sie hatte ihren schönen, jungen Geliebten Attis, als er ihr einmal untreu geworden war, rasend gemacht, so daß er sich selbst entmannte und daran starb. Doch sie erweckte ihn wieder zum Leben. Es gibt verschiedene Versionen dieses Mythos. Jedenfalls verbreitete sich der Kult der Göttin, die zunächst auf den Bergen Phrygiens verehrt wurde, über die ganze griechische Welt und gelangte nach Rom. Im Jahr 204 v. Chr. wurde ihr Fetisch, ein Meteorstein aus Pessinus, an den Ufern des Tibers feierlich empfangen. Aber die mit ihrem Kult verbundenen orgiastischen Riten erregten bei den römischen Bürgern Anstoß. Kybele wurde aus der Stadt verbannt. Trotzdem hatte die *Bona Dea* (= gute Göttin) zahlreiche Anhänger, besonders unter den Sklaven. Die *Magna Mater* (= große Mutter), wie man sie auch nannte, wurde zunächst als Naturgottheit verehrt, doch verwandelte sich ihr Kult dann in eine Heilsreligion. Augustus versuchte ihren Vormarsch aufzuhalten, aber Claudius erkannte ihren Kult wieder offiziell an. Ihre Heiligtümer in Ostia und auf dem Palatin waren stets voll von Gläubigen.

Nach Gallien kam die Göttin mit Soldaten, Händlern, Beamten und Freigelassenen aus dem Osten. Ihre meisten Anhänger hatte sie in Lugdunum unter den kleinasiatischen Griechen. Bald zählten auch Einheimische zu den Gläubigen, denn sie zog ihr spektakulärer Kult ebenfalls an. Es war eine Mysterienreligion, eine Religion, in die man eingeweiht werden mußte, eine Religion mit komplizierter Liturgie. Der vergöttlichte Kastrat Attis symbolisierte die Wiederkehr der Jahreszeiten.

Marmorkopf der Kybele (2. Jahrhundert)

Kybele war in Gallien beliebt und leistete dem Christentum lange Zeit erfolgreich Widerstand. Ihr Heiligtum in Lugdunum war genauso bedeutend wie das in Ostia. Es handelte sich um einen weiträumigen Gebäudekomplex unmittelbar hinter dem Theater. Im Allerheiligsten stand eine große Statue der Göttin, von der sich nur das beschädigte Gesicht erhalten hat. Auf dem Kopf trug Kybele den *kalathos,* einen kleinen Weidenkorb, der im Orient Attribut der Muttergottheiten war.

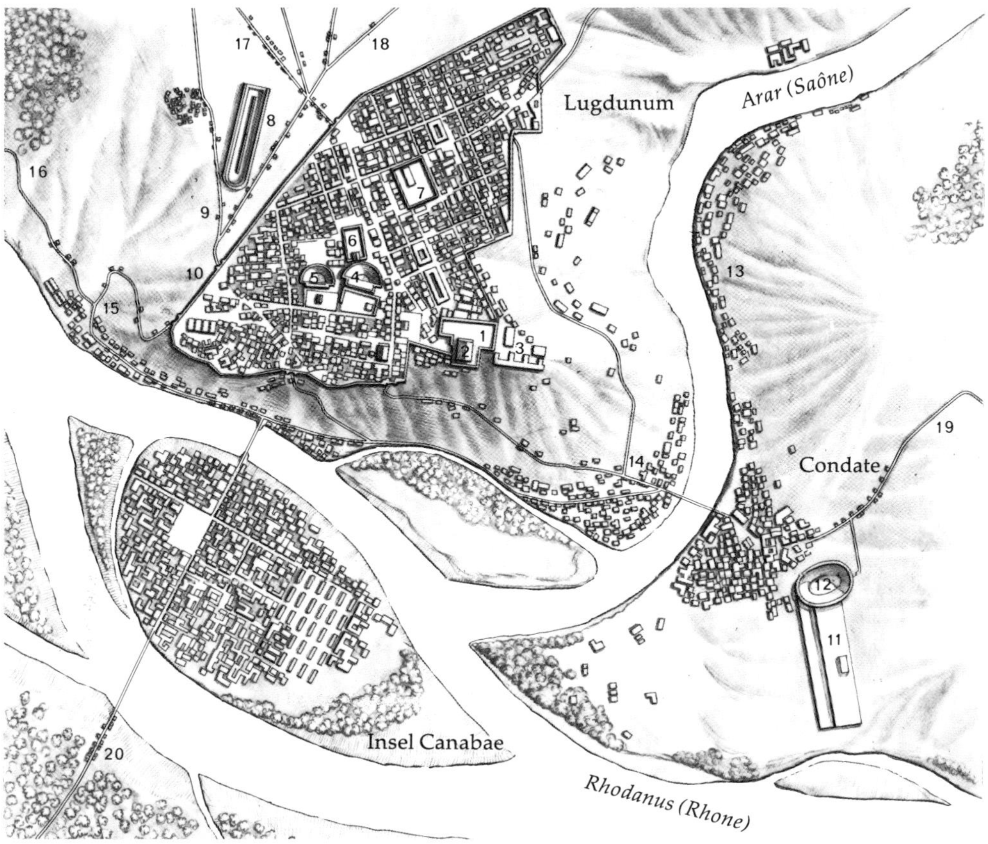

STADT AN DEN FLÜSSEN

Dem Plan von Lugdunum in der Mitte des 2. Jahrhunderts liegt ein Reliefmodell des *Musée de la Civilisation gallo-romaine* in Lyon zugrunde. Das eigentliche Lugdunum (= Hügel des Lug) war die politische und administrative Hauptstadt der drei Gallien. Es nahm den Hügel von Fourvière, die Mulde von Minimes und das Plateau de la Sarra – wie man diese Örtlichkeiten heute nennt – ein. Condate, der Marktflecken am Zusammenfluß, ursprünglich eine kleine gallische Siedlung am Fuß des heutigen Hügels Croix-Rousse, war die religiöse Hauptstadt. Die Insel Canabae (im Soldatenjargon bezeichnete man mit *canabae* die Läden und Baracken vor den Toren der römischen Lager) war das kommerzielle Zentrum. Sie lag da, wo sich heute das Viertel Bellecour befindet.

Die Ziffern im Plan bedeuten:
1 Altes Forum 2 Kapitol 3 Kaiserpalast 4 Theater 5 Odeon 6 Kybeleheiligtum 7 Neues Forum 8 Zirkus (vermuteter Standort im Triontal; Reste wurden nicht gefunden) 9 Hauptnekropole 10 Stadtmauer 11 Bundesheiligtum der Roma und des Augustus 12 Amphitheater der drei Gallien 13 Handwerkerviertel 14 Viertel der Saôneschiffer 15 Viertel der Rhoneschiffer 16 Straße in die Provence 17 Straße nach Aquitanien 18 Straße zum Ärmelkanal 19 Straße zum Rhein 20 Straße nach Italien (über die Alpen)

vière einfach an das andere Saôneufer verlegt, und zwar an den Südhang des Croix-Rousse-Hügels, doch traten dort an die Stelle des von den Galliern verehrten großen Gottes die Göttin Roma und der vergöttlichte Augustus in einem Bundesheiligtum, das die drei gallischen Provinzen gemeinsam errichtet hatten. Es wurde am 1. August des Jahres 12 v. Chr. von Drusus, dem Stiefsohn des Augustus, eingeweiht. Der neue Tempel, der sich auf einer in den Hang geschnittenen Terrasse erhob, barg den Bundesaltar und vor allem den Altar der Roma und des Augustus. Das Bild dieses Altars erschien auf der Rückseite von in Lugdunum geprägten Münzen und sollte zum Symbol der gallischen Einheit werden. Der 1. August war bis dahin der Tag des Lugnasad gewesen, des großen traditionellen Festes, das alljährlich Tausende von Galliern zusammengeführt hatte. Nun wurde er zum Festtag der Roma und des Augustus, an dem sich die Abgesandten der 60 Völkerschaften Galliens trafen.

Nach dem Willen des Augustus war Lugdunum aus dem Boden gestampft worden. Der Herrscher hatte es mit Wohltaten überhäuft. Auch weitere Herrscher aus dem julisch-claudischen Kaiserhaus setzten sich für die junge Hauptstadt der drei Gallien ein. Im Jahr 19 n. Chr. ließ Kaiser Tiberius neben dem Bundesheiligtum ein Amphitheater bauen, in dem sich die Abgesandten zerstreuen konnten. Das Blut von Gladiatoren, Raubtieren und schließlich von Christen floß in den Sand dieser Arena, die als Amphitheater der Märtyrer traurige Berühmtheit erlangte. In den Jahren 39 und 40 überwinterte dann allerdings Caligula, der Herrscher mit dem Cäsarenwahn, im Palast von Lugdunum und preßte die wohlhabenden Winzer aus. 43, 44 und 48 schenkte Claudius seiner Geburtsstadt einen neuen Aquädukt – den von La Brevenne mit einer täglichen Wasserführung von 28 000 m^3 – und den endgültigen Namen *Colonia Copia Claudia Augusta Lugdunum;* ferner betrieb er eine neue Romanisierungspolitik, vor allem gegenüber den führenden Schichten des langhaarigen Galliens. Davon zeugt seine Rede vor dem Senat, in der er für sie Zugang zu den höchsten Ämtern und sogar die Aufnahme in den Senat forderte. Den Galliern wurden diese Rechte gewährt, und sie erhielten eine Bronzetafel mit dem Text der kaiserlichen Rede, die sie in der Nähe ihres Bundesheiligtums anbrachten. Als nächste kamen Nero und Vitellius.

In diesen bewegten Zeiten war Lugdunum zu einer eleganten Residenzstadt herangewachsen. Prächtige Villen standen nicht nur in der Oberstadt, dem Sitz der kaiserlichen Bürokratie, sondern auch in den unteren Vierteln, rund um das Bundesheiligtum und vor allem auf der Insel Canabae, die sich in ein großes Geschäftsviertel verwandelt hatte. Hier, nicht weit von den Lagerhäusern entfernt, hatten sich sehr bald Kaufleute und Flußschiffer niedergelassen, die durch den einträglichen Handel mit Wein, Getreide und Öl reich geworden waren. Tatsächlich war auf die Erweiterung der Stadt durch Augustus der Wohlstand gefolgt, der ihr von der Zeitenwende an zwei volle Jahrhunderte treu blieb, und es entstand eine Geschäftsbourgeoisie. Die wichtigste Rolle spielten die Kaufmannsgilden, unter denen die einflußreichsten die der Weinhändler und der Rhone- und Saôneschiffer waren. Der intensive Warenverkehr hielt bis Ende des 2. Jahrhunderts an. Seit 96, mit dem Beginn der Herrschaft der Adoptivkaiser, brach auch für Lugdunum ein goldenes

Zeitalter an. Und dies dank der Segnungen des Friedens, „eines langen und soliden Friedens, dem überall ein gesichertes Glück entsprang", wie der zeitgenössische Historiker Appian schrieb. Er sollte ein Jahrhundert währen. Die Leute von Lugdunum wußten diese *Pax Romana* zu nutzen. Um das Jahr 120 setzte Hadrian, der hier oft hofhielt, die Bautätigkeit des Augustus fort. Lugdunum wurde noch repräsentativer. Die Ausmaße wurden größer. Man verfiel einer wahren Gigantomanie und stellte durch höchsten Luxus seinen Reichtum zur Schau.

Nach dem Vorbild der hellenistischen Städte im Osten fand eine spektakuläre Erneuerung statt. Die größeren Bauten wie das Forum, das Theater, das Bundesheiligtum und das Amphitheater wurden umgestaltet, vergrößert und verschönert. Unter Antoninus Pius entstand ein Bauwerk neuer Art: das Odeon mit 3000 Plätzen und einer hervorragenden Akustik für Konzerte, Vorträge und Rezitationen. Der Boden der heute rekonstruierten *orchestra* war mit Platten aus verschiedenen Gesteinen belegt und zeugt von der Prachtentfaltung in jener Zeit.

Lugdunum besaß damals vier Aquädukte. Beim letzten, dem berühmten Aquädukt des Gier, an den sich Hadrians Name knüpft, hatten die Techniker sich selbst übertroffen: Er brachte das klare Wasser vom 75 km entfernt liegenden Mont Pilat in die Hauptstadt der Gallier. Der gigantische Bau ist ein Meisterwerk seiner Art. Die täglich in die Stadt strömenden 24000 m^3 Wasser ließen ein neues Wohnviertel entstehen, und zwar westlich der Oberstadt auf dem nun endlich mit Wasser versorgten Plateau de la Sarra. Die Villen der *honestiores*, der Männer von Rang und Stand, mit ihrer luxuriösen Inneneinrichtung, den prächtigen Mosaikböden und phantasievoll gestalteten Gärten schossen hier wie Pilze aus dem Boden. Es waren nach römischer, aber auch nach lokaler Bauweise errichtete Wohnsitze, in denen das mediterrane Atrium und Peristyl dem feuchteren Klima von Lugdunum angepaßt waren. Im alten Kern der Kolonie mit seinen von Menschen wimmelnden Treppen, seinen Handwerksbetrieben und Kaufläden, die von Waren überquollen, seinen dichtbevölkerten und erstaunlich modern wirkenden Wohnblöcken zu beiden Seiten des *decumanus* herrschte größere Hektik denn je.

Der Tod in der Arena

Man schätzt, daß Lugdunum damals 50000 Einwohner hatte. Im Vergleich zu den 1,2 Millionen des kaiserlichen Roms war das natürlich wenig, aber für das noch überwiegend ländliche Gallien, in dem insgesamt etwa 12 Millionen Menschen lebten, war es viel. Abgesehen von den beiden lauten, betriebsamen Vierteln der Rhone- und Saôneschiffer hatte Lugdunum übrigens nichts von einer stark bevölkerten Metropole an sich. Die aus dem Nichts geschaffene Patrizierstadt achtete sehr darauf, daß in ihrem Weichbild genügend freier Raum blieb. Die Zonen mit den Monumentalbauten waren weitläufig, und es gab zahlreiche Gärten. Alles in allem spiegelte sie jedoch im kleinen die große römische Welt wider,

DAS THEATER

Das Theater des Augustus (oben), erbaut zwischen 16 und 14 v. Chr., ist das älteste Theater Galliens. Es wurde in den Hang des Hügels von Fourvière gegraben, hatte einen Durchmesser von 90 m, zwei Stufenläufe (*maeniana*) und faßte 4500 Personen. Um 120 n. Chr. ließ Hadrian die rundherum laufende Säulenhalle abreißen und eine dritte Stufenreihe anlegen, so daß nun über 10000 Personen Platz fanden. Dieses Theater des Hadrian, dessen halbkreisförmiger Zuschauerraum *(cavea)* teilweise restauriert wurde (Foto links), war größer als die von Arles und Orange, jedoch kleiner als die von Vienne und Autun. Die Schaufassade *(scenae frons)* trug reichen plastischen Wandschmuck. Der Bühnenvorhang, der sich mit Hilfe von Gewichten und Gegengewichten hob und senkte, konnte rekonstruiert werden. Im Theater von Lugdunum, das eigentlich für Komödien und Tragödien geplant war, wurden fast nur Ausstattungsstücke in der Art von Musicals aufgeführt.

Das Mosaik in einer Villa auf der Insel Canabae (2. Jahrhundert) stellt ein Wagenrennen im Zirkus von Lugdunum dar. Von den acht Viergespannen, die angetreten waren, sind bereits zwei ausgeschieden. Als Barriere (spina) *dienen hier zwei Becken. Links die acht Türen der Schuppen* (carceres). *Auf der Tribüne sieht man die drei Kampfrichter.*

die damals den Gipfel ihrer Entwicklung erreicht hatte. Auch das Lugdunum des 2. Jahrhunderts war eine kosmopolitische Stadt, in der sich Tag für Tag Menschen aus allen Gegenden des Reiches einfanden: hohe kaiserliche Beamte, gallische Handwerker, Legionäre vom Rhein, Kaufleute aus dem gesamten Mittelmeerraum. Rassen und Kulturen mischten sich. Reine Römer, romanisierte Gallier, Griechen und Asiaten. Die Griechen Kleinasiens – das war eines der auffallendsten Merkmale von Lugdunum – bildeten eine große Kolonie, die stetig wuchs. Zuerst kamen die kaiserlichen Beamten, Freigelassene, die oft zu den höchsten Verwaltungsposten aufstiegen. Ihnen folgte ein Heer von kleinen Händlern, die ein Kontor nach dem anderen eröffneten, aber auch größere Unternehmen betrieben. Bald gab es eine Unzahl dieser Asiaten – so viele, daß sie in Lugdunum 30 Prozent der Bevölkerung ausmachten. So floß außer keltischem und italischem auch reichlich orientalisches Blut in den Adern der ersten Lyoner. Die Griechen von Lugdunum führten nicht nur Waren aus dem Orient ein und brachten auch nicht nur ihre medizinischen Kenntnisse mit. Diese Leute aus Bithynien, Pontos und Kappadokien, diese Bürger aus Pergamon, Smyrna und Antiochia führten in Gallien orientalische Religionen und ihre Gottheiten ein, wie Mithras, Isis, Serapis oder Kybele. Und es waren auch solche griechisch sprechende und hellenistisch geprägte Einwanderer aus Kleinasien, die im Sinne des Apostels Johannes in Gallien das Evangelium verbreiteten. Sie machten sich als erste in Lugdunum des Verbrechens, Christ zu sein, schuldig. Das Evangelium fiel hier auf fruchtbaren Boden. Aristokraten, vornehme Bürger, Freigelassene und Sklaven bekannten sich zu dem neuen Glauben. Er fand Eingang in alle Schichten dieser römischen Gesellschaft, die zwar nach Klassen gegliedert war, sich jedoch ständig weiter entwikkelte und gerade damals neu ordnete. Man behandelte die Sklaven humaner; oft wurden sie sogar von ihren Herren adoptiert oder freigelassen.

So hielt das Christentum auf dem Weg über Kleinasien und in griechischer Sprache seinen Einzug in Lugdunum. Es widerstand allen Verfolgungen, denn es war bereits wohlorganisiert und in sich gefestigt. Dies zeigte sich im Jahr 177, als unter Mark Aurel die junge Kirche grausam verfolgt wurde. Blandina und ihre Gefährten starben den Märtyrertod in der Arena, auf dem Rost oder durch andere unmenschliche Torturen. Ihre Asche wurde „in die Rhone gestreut, die in der Nähe fließt, damit von ihnen keine Spur auf Erden bleibe". Aber ihre Spur verwischte sich keineswegs. Auf Bischof Pothinus, der ebenfalls den Märtyrertod starb, folgte Irenäus, einer der Kirchenväter. Die Gemeinschaft war stark, die Fundamente waren gelegt.

So fanden sich alle Götter am Zusammenfluß von Rhone und Saône vereint, die der Gallier – das alte Heidentum war mitnichten tot –, die Roms und die des Orients. Dazu kamen die neuen Heilslehren, deren Durchbruch ein Zeichen der Zeit war. Als die Germanen in Gallien einfielen, war es um Lugdunum bald geschehen. Im 3. Jahrhundert war es mit der Stadt immer rascher bergab gegangen, und Diokletian hatte ihr schließlich den Titel einer Hauptstadt genommen. Die Plünderer hatten leichtes Spiel: Sie brauchten nur der Oberstadt das Wasser abzuschneiden, indem sie die Bleirohre der Aquädukte fortschleppten. Die letzten Bewohner der Akropolis stiegen zu den Flußufern hinab. Kurz danach wurden auch die Vorstädte zerstört. Das kleine Rom an Rhone und Saône hörte auf zu bestehen. Aber die Saat des Christentums begann in Gallien aufzugehen. Einige Jahrhunderte später sollte Lyon wiedergeboren werden.

May Veber

Kultzentrum und Handelsstadt

HATRA

Im 2. Jahrhundert n. Chr. erlebte die Stadt des Sonnengottes Schamasch mit ihren zahlreichen Tempeln, die von Kostbarkeiten überquollen, unter der Herrschaft der Parther, eines iranischen Kriegervolkes, eine glanzvolle Blütezeit.

Als Rom Weltmacht war, feierten seine Kaiser einen Triumph nach dem anderen. Aber zwei von ihnen – sie zählen sogar zu den bedeutendsten – mußten vor einer fernen Stadt, die einsam in der Wüste Mesopotamiens lag, eine empfindliche Schlappe hinnehmen. Beide belagerten Hatra, die stark befestigte heilige Stadt des Schamasch im heutigen Irak, die zum Reich der Parther gehörte. Der erste, der unverrichteter Dinge wieder abziehen mußte, war Trajan im Jahr 117, der zweite Septimius Severus im Jahr 198.

Man kann sich vorstellen, wie die römischen Legionen schwerfällig durch die endlosen Weiten zogen, in ständigem Kampf mit Wind, Sand und glühender Sonnenhitze. Nach einem Marsch über mehrere hundert Kilometer erschien dann vor den Augen der erschöpften Männer wie eine Fata Morgana die Silhouette der Tempel, die den Stolz Hatras bildeten und deren Schätze sie zu erbeuten hofften. Immer näher rückte die mächtige, turmbewehrte Ringmauer, die die römischen Legionäre im Sturm nehmen wollten. Der Durst quälte sie, aber alles Wasser in der Umgebung war in die Zisternen der Stadt geleitet worden.

Nicht genug damit. Auf einmal tauchten in einer Staubwolke die für ihre Beweglichkeit berühmten parthischen Bogenschützen zu Pferde auf und überschütteten sie von allen Seiten mit einem Pfeilhagel. Die Römer hatten unter größten Mühen schwere Katapulte mitgebracht, um Breschen in die Mauern zu schlagen. Aber sie hatten sie noch nicht einmal aufgestellt, als die Verteidiger brennende Flüssigkeit auf sie herabgossen, die nicht zu löschen war. Männer und Kriegsmaschinen wurden von einem wahren Feuerregen aus Naphtha erfaßt.

Die Wiege der Parther

Wer waren diese Parther, die im Orient den Römern erfolgreich die Stirn boten? Im 3. Jahrhundert v. Chr. verließen mehrere Nomadenvölker die Steppen zwischen dem Kaspischen Meer und dem heutigen Ostturkestan. Eine Stammesgruppe, die Sarmaten, siedelte sich in Südrußland an. Eine andere zog später nach Indien und gründete dort das Reich der Kuschan. Eine dritte, die Parther, bemächtigte sich eines Großteils der Länder des westlichen Asiens, die nach dem Eroberungsfeldzug Alexanders des Großen das Seleukidenreich gebildet hatten.

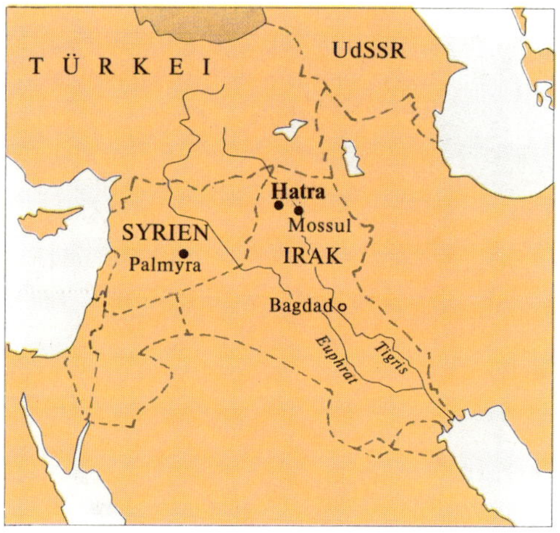

Auf diese Weise gelangten die Parther in den Besitz eines Gebiets, das vom Kaukasus und vom Kaspischen Meer bis zum Persischen Golf und von Afghanistan bis zum Euphrat reichte. Sie errichteten einen Vielvölkerstaat, in dem sie die griechische Kultur, die der makedonische Eroberer mitgebracht hatte, förderten und pflegten. An der Spitze dieses Staates stand eine Kriegerkaste, die den Vasallen große Freiheiten ließ. So hatte zum Beispiel Hatra seine eigenen Könige, von denen uns dank der jüngsten Ausgrabungen einige Namen und Gesichter bekannt sind. Obwohl die Stadt zum Partherreich gehörte, blieb sie weitgehend selbständig. Wie aus zahlreichen Inschriften hervorgeht, scheinen ihre Bewohner Araber gewesen zu sein, die sich der aramäischen Sprache bedienten.

Infolge einer Änderung der Machtverhältnisse verbündeten sich die letzten Könige von Hatra schließlich mit Rom, gegen das ihre Väter so erbittert gekämpft hatten. Denn zu Beginn des 3. Jahrhunderts n. Chr. war den Römern und Parthern von Persien her ein gemeinsamer Feind erstanden: die Sassaniden. Diese vertraten eine nationale iranische Reaktion und warfen den Parthern ihren Kosmopolitismus und ihre Toleranz gegenüber den Traditionen und Göttern der von ihnen beherrschten Völker vor, kurz alles, was zu ihrer Vormachtstellung geführt hatte.

Hatra wurde im Jahr 241 von dem Sassanidenkönig Schapur I. eingenommen. Es wird erzählt, daß er seinen Sieg dem Verrat einer Frau verdankte: Die Tochter des Königs von Hatra gab das Geheimnis des Talismans preis, unter dessen Schutz die Stadt stand. Die Frau sollte bitter dafür büßen. Schapur hatte sie entführt, weil er sie zu seiner Gemahlin machen wollte. Doch er war über ihr treuloses Verhalten ihrem Vater gegenüber so entsetzt, daß er sie an den Schwanz eines Pferdes binden und zu Tode schleifen ließ.

Während im übrigen Mesopotamien als Baumaterial vorwiegend Ziegel verwendet wurden, bestehen die Heiligtümer von Hatra, wohl aufgrund griechischer Einflüsse, aus Steinquadern, wie man am Beispiel des Schamaschtempels sieht. Die Vielzahl der Räume bildete einen imposanten Rahmen für die Kulthandlungen.

Dieser vergoldete Silberteller aus sassanidischer Zeit zeigt die typische Taktik der Parther und anderer Reitervölker. Auf ihren schnellen Pferden täuschten die Bogenschützen Flucht vor, kehrten jedoch bald um und überschütteten den Feind mit einem Pfeilhagel.

Das Unglück nahm seinen Lauf. Die Stadt wurde geplündert, verwüstet und schwand aus der Erinnerung der Menschen. Anfang des letzten Jahrhunderts besuchte der bekannte englische Orientalist Henry Rawlinson die Stätte. Besonders das wellige Gelände, unter dem die vom Sand verwehten Ruinen ruhten, weckte seine Neugier.

Erst kurz vor Ausbruch des Ersten Weltkriegs wurden die Überreste von Hatra systematisch untersucht. Der deutsche Archäologe Walter Andrae, der Ausgräber Assurs, stellte die genaue Ausdehnung der Stadt fest und lokalisierte ihre wichtigsten Bauwerke, in Anbetracht der schwierigen Arbeitsbedingungen eine wahre Pioniertat. Danach geriet die Partherstadt wieder in Vergessenheit, und es dauerte bis 1951, ehe die irakische Altertumsverwaltung sie freizulegen begann.

Seither hat man dort umfangreiche Grabungen vorgenommen. Das ganze Jahr über werden die Ruinen freigelegt, der Schutt untersucht, in dem Teile von großartigen Bauwerken und Bruchstükke erlesener Skulpturen von Göttern und Königen zum Vorschein kommen. Die Hilfskräfte aus der Umgebung stammen vielleicht von jenen Menschen ab, die vor zwei Jahrtausenden Hatra erbauten und bevölkerten. Trotz härtester Lebensbedingungen bleiben Wüstenbewohner oft über erstaunlich lange Zeiträume hinweg ihrer Heimat treu. So tritt in Hatra eine Kultur wieder ans Tageslicht, die man für immer untergegangen glaubte.

Natürlich kannte man die Parther, die fünf Jahrhunderte lang einen großen Teil der Gebiete zwischen Euphrat und Indien beherrscht hatten. Aber um mehr über sie zu erfahren, fehlte noch eine Stadt von der Größe Hatras, deren Überreste klare Auskunft über ihre Lebensweise, ihren Glauben und ihre Kunst geben konnten. Nach der Zerstörung durch die Sassaniden war die Stadt im schützenden Wüstensand versunken. Im weiten Umkreis lebte keine seßhafte Bevölkerung, die sich dort Baumaterial geholt hätte, und jahrhundertelang suchten nur Nomaden mit ihren Herden die Ruinen auf.

Von den eingestürzten Bauwerken sind die meisten Steine an Ort und Stelle liegengeblieben, was die Rekonstruktion erleichtert. Die irakischen Spezialisten gehen dabei sehr geschickt

Auf dieser Luftaufnahme des Ruinenfelds von Hatra erkennt man den mächtigen, 6 km langen kreisförmigen Mauerring, ferner die noch nicht freigelegten Straßen und Fundamente der Häuser und vor allem in der Mitte den heiligen Bezirk, der dem Sonnengott Schamasch geweiht war.

DER HEILIGE BEZIRK VON HATRA

Da man bei den Ausgrabungen immer wieder auf neue Bauten stößt, ist diese Rekonstruktionszeichnung nicht als endgültig zu betrachten. Den 435 mal 320 m großen Platz im Herzen der Stadt umgab eine Mauer mit Türmen und Toren (1), von der sich große Teile erhalten haben. Sie umschließt einen Vorhof (2), den man durch ein monumentales Tor (3) betritt. Auf der linken Seite stehen zahlreiche Gebäude (4). Wahrscheinlich handelt es sich um Magazine. Am Ende dieses Vorhofs erhebt sich ganz für sich allein der vor kurzem rekonstruierte hellenistische Tempel (5). Der Haupthof (6) mit den Heiligtümern nimmt ein Drittel der Fläche des Tempelbezirks ein. Das eindrucksvolle Bauwerk in der Mitte mit einer über 100 m breiten Fassade hielt man zunächst für einen Palast. Doch dann stellte sich heraus, daß es der große Tempel der Stadt (7) war. Er umfaßte zwei riesige Iwane (8) – an der Frontseite geöffnete Hallen –, an die kleinere (9) angebaut wurden. Diese öffnen sich ebenfalls in monumentalen Arkaden, wenn auch in verkleinertem Maßstab, zur Fassade hin. An den linken der großen Iwane schließt sich ein mit diesem verbundenes Bauwerk an. Aus Inschriften geht hervor, daß es sich um das Allerheiligste des Gottes Schamasch handelt (10). Dieser quadratische Tempel enthält eine Cella, die vielleicht das Kultbild des Gottes barg oder, wie manche Archäologen vermuten, ein heiliges Feuer. Der Tempel des Sonnengottes wurde erst kürzlich von irakischen Archäologen ausgegraben.

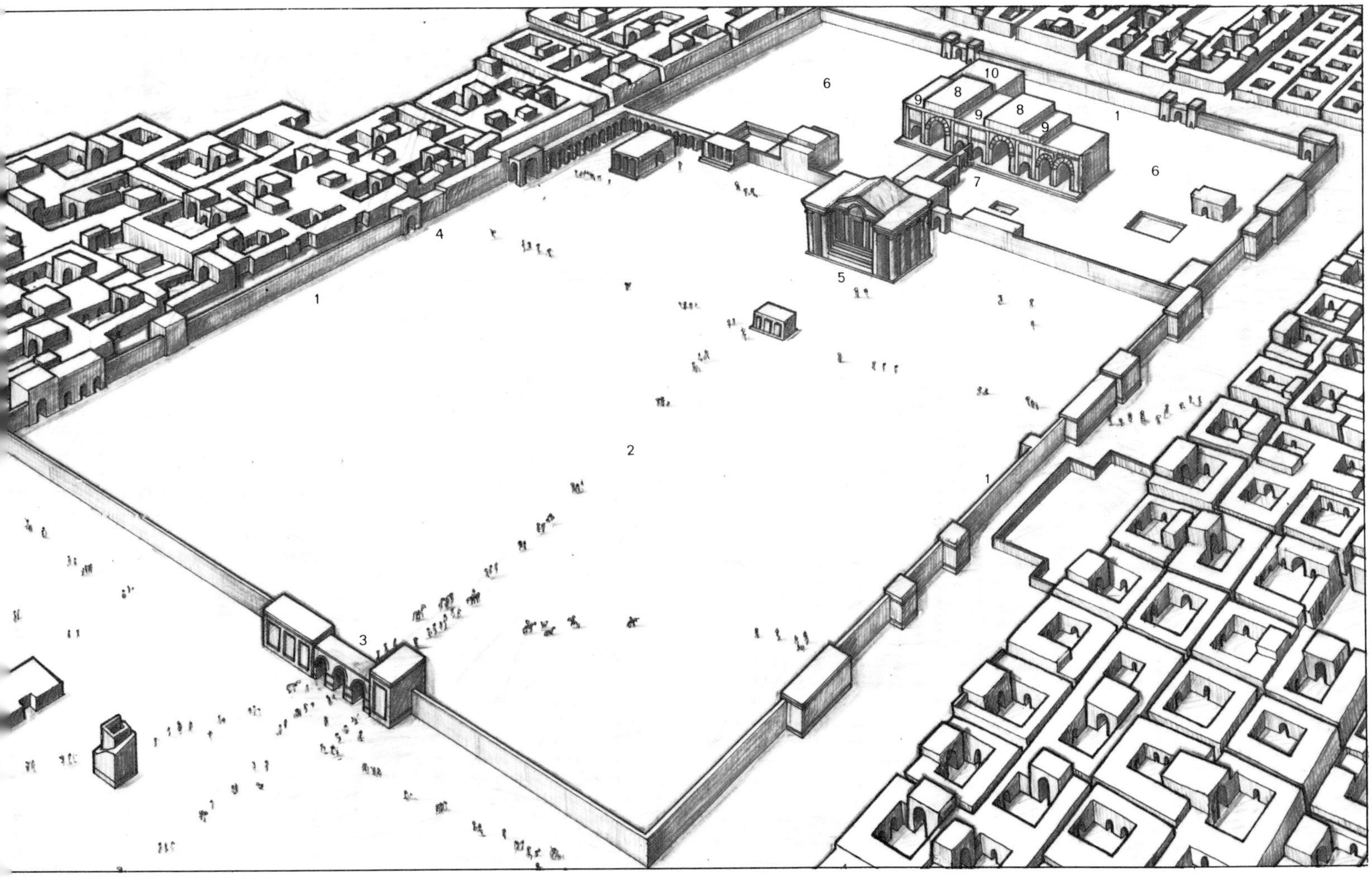

zu Werke. Das gigantische Projekt wurde vor 30 Jahren begonnen, und es wird voraussichtlich noch einmal so lange dauern, bis es zu Ende geführt ist. Während man in Mesopotamien sonst als Baumaterial meist Ziegel verwendete, bestanden in Hatra alle wichtigen Bauwerke aus Stein. Die Stadt bedeckt eine überraschend große Fläche: Die fast kreisförmig verlaufende Ringmauer ist 6 km lang. Im Zentrum Hatras liegt der heilige Bezirk, der meist mit dem griechischen Wort Temenos bezeichnet wird. Diesen rechteckigen, 435 m langen und 320 m breiten Platz umgibt eine Mauer mit Türmen und zwölf Toren. Der Boden ist völlig eben.

Über die Anfänge von Hatra weiß man noch wenig. Die Grabungen haben ergeben, daß die vorhandenen Gebäude auf fünf Schichten von Ziegelbauten stehen. Vermutlich wurde die Partherstadt, wie die meisten Städte Mesopotamiens, an einem schon seit langem besiedelten Ort erbaut. Einige Steinbauten scheinen schon im 2. Jahrhundert v. Chr. aufgeführt worden zu sein. Obwohl Hatra in keinem Text aus der Zeit vor dem 1. Jahrhundert n. Chr. erwähnt wird, muß es damals schon bedeutend gewesen sein, da es 117 n. Chr. imstande war, Trajans römische Legionäre abzuwehren.

Pilger und Händler

Hatra war von Anfang an ein Kultzentrum des Sonnengottes Schamasch. Hatrische Münzen mit der Aufschrift „Hatra des Schamasch" bestätigen die Vorrangstellung dieses Gottes, der als „Unser Herr" angesprochen wurde. Er war der höchste Gott im Vorderen Orient, und die Völker verehrten ihn unter verschiedenen Namen.

Als Kult- und Pilgerzentrum unterschied sich Hatra grundlegend etwa von Palmyra, obwohl es mit dieser Stadt viel gemein hatte. Die Stadt der Königin Zenobia lag an einer wichtigen Handelsstraße und war schon früh ein bedeutender Umschlagplatz zwischen Orient und Okzident. Hatra war zunächst nur Kultzentrum, zog jedoch auf die Dauer auch den Handel an. Viele heilige Stätten der Antike sind durch den Zustrom der Gläubigen zu Handelszentren geworden, und ihre zum Schutz der Tempel und deren Schätze errichteten Mauern gewährten die gleiche Sicherheit auch einer zahlreichen Einwohnerschaft, die in der Nähe des Gottes Zuflucht gesucht hatte.

Die Macht der Parther beruhte zu einem großen Teil auf der Kontrolle über den westlichen Teil der berühmten Seidenstraße. Es ist aufschlußreich, daß der heilige Bezirk – der Temenos – auch als Markt diente. Die einstöckigen Gebäude an der Einfriedung waren Magazine und Läden, was an die Händler im Tempel zu Jerusalem erinnert.

Die heilige Stadt war also auch ein wichtiges Handelszentrum, zumindest in ihrer Spätzeit. Eine Entdeckung aus jüngster Zeit belegt dies auf eindrucksvolle Weise. 1974 haben die irakischen Forscher ein riesiges Gebäude freigelegt, dessen Fassade von 3 m dicken und über 15 m hohen Säulen eingerahmt war. An dieser Fassade befanden sich zwei große Reliefdarstellungen: ein kniendes Kamel und eine Kamelstute, die ihr Fohlen säugt – Verherrlichung eines Tiers, das schon damals in

Der hellenistische Tempel von Hatra, der das griechische Vorbild nicht verleugnet, fällt durch eine Eigenart aus dem Rahmen: Die äußeren korinthischen Säulen umgeben ein Podium, auf dem die Cella samt dem inneren ionischen Säulengang thront.

der Wüste unentbehrlich war. Möglicherweise handelt es sich bei diesem Prachtbau um einen von den Karawanenführern gestifteten Tempel.

Am westlichen Ende des Temenos erhebt sich ein Gebäude von majestätischen Ausmaßen. Die deutschen Archäologen hielten es für den Palast, aber inzwischen steht fest, daß es sich um den großen Schamaschtempel handelt. Er besitzt eine 115 m lange Fassade, ist 23 m tief und um zwei große Iwane angelegt, wie man die hohen, überwölbten Hallen mit rechteckigem Grundriß nennt, die an drei Seiten geschlossen sind, während die vierte sich in voller Weite zur Fassade hin öffnet. Der große Tempel ist zwar auf iranische Weise gebaut, aber der Bauschmuck ist deutlich griechischer Herkunft. Die parthischen Baumeister verstanden es also, östliche und westliche Bauelemente zu einer eigenständigen Architektur zu verbinden.

Man ist sich noch nicht ganz darüber im klaren, welchen Gottheiten die Tempel von Hatra im einzelnen geweiht waren. Aufgrund der zahlreichen ausgegrabenen Skulpturen weiß man jedoch, daß das parthische Pantheon vor allem aus Gottheiten bestand, deren Wesen furchterregend war. Sie gehen auf alte babylonische Glaubensvorstellungen zurück, haben aber meist die Attribute und das Äußere griechischer Götter angenommen. Hatra war also nicht nur ein Schmelztiegel der Künste, sondern auch der Religionen.

Auf welche Weise wurde der höchste Gott Schamasch verehrt? Man hat die Hypothese aufgestellt, daß die vergöttlichte Sonne nicht in einer Statue dargestellt wurde, sondern daß ihr Kult darin bestand, auf einem Altar eine heilige Flamme zu unterhalten, die nie erlosch. Der Schamaschtempel könnte also eine Art Feuertempel gewesen sein wie die zoroastrischen Heiligtümer.

Der gehörnte Höllengott Nergal, der ein Adlerdiadem trägt, hält an einem Seil den dreiköpfigen Kerberos, den Wächter der Unterwelt. Dieses Flachrelief stammt ebenfalls aus Hatra.

Prächtige Gewänder

Im Lauf der Grabungsarbeiten in Hatra wurde eine beträchtliche Anzahl von Vollplastiken gefunden. Selten vergehen mehrere Tage, ohne daß man auf Statuen von Göttern oder Sterblichen stößt. Es handelt sich im wesentlichen um eine sakrale Kunst. Hierin unterscheidet sie sich von der Kunst Palmyras, die vor allem eine Grabkunst ist: Die durch den Handel reich gewordenen Patrizier der Stadt legten großen Wert darauf, ihr Porträt der Nachwelt zu überliefern. Die Hatrer hingegen, obwohl im Handel ebenfalls erfolgreich, wollten insbesondere ihrer Frömmigkeit Ausdruck verleihen, gleichgültig, ob sie Könige oder einfache Bürger waren.

Typisch für die hatrischen Skulpturen ist die Frontalstellung, das heißt, die Körperachse ist nie durch eine Wendung aus der Ebene der Vorderansicht verlagert. Trotzdem wirken die Figuren keineswegs steif, sondern eher feierlich, in sich ruhend. Diese Darstellungsweise hätte leicht zu einer formelhaften, undifferenzierten Kunst führen können, aber dem war nicht so. Alle

Bei den Ausgrabungen in Hatra kamen zahlreiche Statuen von Göttern und Sterblichen ans Tageslicht, darunter auch das Standbild König Santrukes II. Die etwas steife Haltung steht in merkwürdigem Gegensatz zu dem lebendigen Gesichtsausdruck.

Werke zeichnen sich durch außerordentlich naturgetreue Details aus. Die Kleidungsstücke – Tuniken, Hosen, Schuhe, bis hin zu Zierat aus Perlen und Schmucksteinen – sind minuziös nachgebildet. Kopfbedeckung, Haartracht, Juwelen und Waffen verstärken die Wirklichkeitsnähe. Beim Anblick dieser Skulpturen hat man das Gefühl, nicht vor toter Materie zu stehen, sondern vor Wesen aus Fleisch und Blut. Inmitten der Trümmer einer vor vielen Jahrhunderten versunkenen Welt scheinen die dargestellten Persönlichkeiten durch den Stein aus dem Jenseits zu uns zu sprechen.

Seltsam muten die schweren, pompösen Gewänder an, die für eine so heiße Gegend völlig ungeeignet erscheinen. Vermutlich wurden sie nur zu festlichen Anlässen angelegt. In der Kriegstracht der Parther, so wie sie auf den Skulpturen zu erkennen ist, muß man fast erstickt sein; aber denken wir an die römischen Legionäre, die auf ihrem Marsch durch die Wüsten des Orients Helm und Harnisch sowie ihre Waffen und Ausrüstung trugen. Verständlich, daß sie, vor den Mauern von Hatra angelangt, viel von ihrer Schlagkraft eingebüßt hatten, was einer der Gründe ihres Mißerfolgs war.

Betrachtet man die Geschichte der Parther, so muß man über ihre künstlerischen Leistungen staunen. Dieses Nomadenvolk aus dem Innern Asiens hatte sich eines Tages als Eroberer im Iran und in Mesopotamien festgesetzt – in Gebieten also, wo eine jahrtausendealte Kultur bestand, die durch den Eroberungszug Alexanders des Großen von der hellenistischen Kultur mit neuem Leben erfüllt worden war. Die Parther haben eine Kultur geschaffen, in der Gedankengut, Glaubensvorstellungen und Kunststile verschiedensten Ursprungs miteinander verschmolzen. Bis vor kurzem unterschätzte man ihre Bedeutung. Durch die Grabungen in Hatra zeigt sich heute die parthische Kultur in ihrem ganzen Glanz. Eine versunkene Welt ist wiedererstanden.

HENRI-PAUL EYDOUX

Die große Epoche Justinians

KONSTANTINOPEL

Das alte heidnische Rom am Tiber hatte unter den Schlägen der Barbaren seine Kraft verloren, als am Bosporus das neue christliche Rom der Griechen sein erstes goldenes Zeitalter erlebte.

„Die am Körper gesunden Einheimischen, die mittellos sind, sollen unverzüglich den Unternehmern für öffentliche Arbeiten, den Großbäckereien, dem Gartenbauamt und so weiter zugeteilt werden. Wenn sie sich weigern, müssen sie aus der Stadt gewiesen werden ... Die Gebrechlichen und die Alten sollen unbehelligt bleiben und von Einwohnern guten Willens unterhalten werden. Um zu verhindern, daß es Arbeitslose gibt, sind die anderen zu fragen, wozu sie nach Konstantinopel gekommen sind. Haben sie erledigt, was sie zu tun hatten, sollen sie nach Hause zurückkehren." Flavius Petrus Sabbatius Justinianus, der Nachwelt bekannter als Kaiser Justinian I., der Große, versuchte 539 zum wiederholten Male von seinen Purpurkissen aus, auf diese Weise das brennendste Problem seiner Hauptstadt, die Arbeitslosigkeit, die soviel Elend verursachte, zu lösen. Diese Weisung an den Prätorianerpräfekten Johannes von Kappadokien, der in der Verwaltung der Stadt und des Reiches die rechte Hand des Kaisers war, spiegelte deutlich den Mann wider, der damals die Geschicke Ostroms lenkte. Der Kaiser war voll guter Vorsätze und gewaltiger Pläne. Dieser Emporkömmling, dieser kleine Bauer aus Makedonien, der von der Wiederherstellung des römischen Weltreichs träumte, war aufrichtig besorgt um Ordnung und das öffentliche Wohl. Deshalb hielt er es für seine Pflicht, in der riesigen, von Menschen wimmelnden Stadt, in der er residierte, die göttlichen Gebote durchzusetzen. Für die Massen, die sich auf der *Mese*, der Hauptstraße der Stadt, und in deren Seitenstraßen drängten, mußte Arbeit beschafft werden. Seit 518, als er die graue Eminenz seines Onkels, des Kaisers Justin I., geworden war, und noch mehr seit 527, als er mit seiner Frau Theodora den Thron bestiegen hatte, war in dieser Hinsicht alles geschehen, was in seiner Macht lag. Im übrigen war er von einem einzigen Gedanken beseelt: Bauen. Zum ewigen Ruhm des Herrn und zu seinem eigenen natürlich, aber auch, um das stetig wachsende Heer der Arbeitslosen zu beschäftigen. Sein Ehrgeiz war schließlich zur Besessenheit ausgeartet. Er hatte Schulen, Bäder, Theater, Paläste, Häfen, vor allem jedoch Kirchen und Klöster bauen und Gärten anlegen lassen. Von einem Ende der Hauptstadt zum anderen traf man immer wieder auf Baustellen. Aber alle Bemühungen waren umsonst. Der Kampf gegen die Arbeitslosigkeit erschien aussichtslos. Das chronische Übel, an dem die Stadt der Kaiser Ostroms krankte, erwies sich als unheilbar. Justinians Mißerfolg war offensichtlich; er mußte sich mit der hohen Zahl der Unbeschäftigten abfinden. Schließlich griff er zu einem letzten Hilfsmittel: Er ordnete eine methodische, strenge Überwachung durch die Polizei an.

Ein Völkergemisch

Dieses menschliche Treibgut, auf das sich der Erlaß an den Prätorianerpräfekten bezog, war unaufhörlich gewachsen. Die Bauern der Umgebung strömten weiterhin in die Stadt – auf griechisch: *is tin polin*, eine Redewendung, von der sich Istanbul, der heutige Name der Stadt, herleitet. Angelockt vom Glanz und Reichtum der Stadt, wanderten immer mehr Menschen aus Thrakien und Anatolien ein, um eine lukrative Arbeit zu finden, und lebten beengt in behelfsmäßigen Unterkünften. Den ganzen Tag flanierten Scharen von Nichtstuern auf der *Mese.* Gewiß gab es dazwischen auch Leute, die in den Läden ihre Einkäufe machten. Es gab Bittsteller und Bürger aus der tiefsten Provinz, die wegen eines Gerichtsprozesses gekommen waren. Aber es gab auch viele zwielichtige Elemente. In der übervölkerten Kaiserstadt trieben sich Abenteurer aller Art herum. Ganz zu schweigen von den erschreckend vielen Dirnen, Taschendieben und Berufsverbrechern, die zum Straßenbild gehörten. All dieses Gesindel verbreitete sich im Straßengewirr der einzelnen Stadtviertel, im Labyrinth der steilen Gassen, die zum Meer hinabführten, wie ein Krebsgeschwür. Denn in Konstantinopel fand der Abschaum des Orients und des Mittelmeerraums Unterschlupf – in schmutzstarrenden Elendsquartieren, wo der Boden der Hütten aus gestampftem Lehm war; in den marmornen Säulenhallen, in denen die Obdachlosen nächtigten und die im Winter von der Stadtverwaltung mit Brettern vernagelt wurden, damit diese nicht so froren. Sie bot Unterkunft auch einer Menge fremden Volkes, das weder Athen noch Rom je aufgenommen hätte. Und Zehntausen-

Dieser Ausschnitt aus einem Mosaik im Chor der Kirche San Vitale in Ravenna (532–547) zeigt einen Höfling aus dem Gefolge der Kaiserin Theodora. Um diese Zeit hatte Ostrom Italien den Goten bereits wieder entrissen. In den Mosaiken von Ravenna aus der Zeit Justinians spiegelt sich der ganze Glanz des Hofes von Konstantinopel wider.

de von Bedürftigen, Legionen von Notleidenden, die weder Heim noch Herd besaßen, hatten nur den Himmel als Dach. Frauen in Lumpen und bar jeder Habe, schmächtige, ebenfalls zerlumpte kleine Kinder und mit Schwären bedeckte Bettler lungerten um die Vorhallen der Kirchen herum. Das Heer von Hungerleidern bevölkerte die Innenstadt und die Straßen rund um die prächtigen Paläste und mischte sich unter die Menge von Beamten, Händlern und Handwerkern. Nichts hatte sich geändert, seit Gregor von Nyssa eineinhalb Jahrhunderte vorher festgestellt hatte, daß „man hier überall ausgestreckte Hände sieht". Nur mit dem Unterschied, daß man nun nur wenige Schritte entfernt vom Gold und den Juwelen eines Kaiserhofes von höchster Verfeinerung und maßlosem Luxus bettelte und auf dem Gehsteig verendete. Dem Herrscher von Byzanz gelang es nie, dieses unsäglichen Elends Herr zu werden. Als guter Christ ließ er eben Brot verteilen und baute Pflege- und Altersheime, Waisenhäuser, Spitäler für Aussätzige und ähnliche Stiftungen. Die oft gelästerte Theodora, Justinians „vielgeliebte Uns von Gott geschenkte Gemahlin", eröffnete Heime für reuige Freudenmädchen.

Die Landmauer wurde unter Theodosius II. ab 413 errichtet und schützte die Stadt 800 Jahre lang vor Angriffen vom Westen. Erst Kreuzfahrern und Venezianern gelang es, Konstantinopel im Jahr 1204 zu stürmen und zu plündern.

Ja, Konstantinopel hatte in jenen Jahren, mitten in seinem goldenen Zeitalter, seinen spezifischen Geruch nach Elend. Die vielen Besucher, die in die Stadt kamen, bewunderten zwar die prachtvollen Kirchen, Gärten und Paläste, waren jedoch betroffen von dem schroffen Gegensatz zwischen den einzelnen Stadtvierteln. Auf Schritt und Tritt sprang ihnen die „absurde Verquickung von Großartigem und Häßlichem", die der zwiespältigen Stadt Justinians eigen war, ins Auge.

Mit der weichen Patina ihrer rosa Ziegel, der welligen rosa Silhouette ihrer Kuppeln war sie von einzigartiger Schönheit. Wie in einem Museum begegneten sich in ihr die Jahrhunderte, hatten doch die oströmischen Kaiser einige der vollendetsten Werke der klassischen griechischen Bildhauerkunst zusammengetragen – Originale von Praxiteles, Pheidias und Lysipp. Es gab dort Antiquitäten, die vornehme Herren mit der Leidenschaft von Ästheten in den Provinzen des riesigen Reichs ausfindig gemacht und hierhergebracht hatten. Doch um die glattpolierten, runden Porphyrbecken der Springbrunnen, die schimmernden goldenen und blauen Mosaiken herum obsiegten der Schmutz, der Gestank, die Armut und das Leid einer riesigen Metropole. Denn mehr als eine Million Menschen lebten hier zwischen dem Marmarameer und dem Goldenen Horn, auf einem Landvorsprung in der Dreiecksform eines Lateinsegels, in drangvoller Enge. Die Hauptstadt der zivilisierten Welt erschien damals wie einer jener Orte, deren Sinnbild Babel war und ist und an die man im Orient sich lange schon gewöhnt hatte.

Konstantinopel betrachtete sich als Erbin Roms, und gewiß war es das auch. Aber sie hatte auch viel gemein mit jenen alten, dichtbevölkerten Monstern Alexandrien, Antiochia, Ephesos, Pergamon, Edessa, jenen Metropolen im Osten des Römischen Reiches, die trotz ihrer zahlreichen Arbeitslosen, Straffälligen und Bettlern weiterbestanden und ihre Kultur bewahrten, während über die Städte des Abendlandes die Völkerwanderung hinweggefegt war und fast nur noch Ruinen zurückgelassen hatte, in denen die Überlebenden sich notdürftig einrichten mußten. Konstantinopel ähnelte den alten Zentren der hellenistischen Welt in vieler Hinsicht. Wie sie war es eine große griechische Stadt, die römisch geworden war und wo extremer Reichtum und bitterstes Elend nebeneinander wohnten. Auch sie war vielsprachig und weltoffen. In ihr mischten sich die Völker und Kulturen, für die sie wahrhaft einen Schmelztiegel bildete. Und auch sie blieb ihrem Wesen nach griechisch, selbst wenn die griechische Bevölkerung des Ostens sich damals, im 6. Jahrhundert der christlichen Ära, mit den Römern identifizierte und deren Erbe beanspruchte. Ihr Ursprung, ihre Lebensart, ihre Sprache waren griechisch, auch wenn die offizielle Sprache des Reiches noch Latein war.

Das alte Byzantion hatten Siedler aus Megara gegründet, die ein gewisser Byzas 668 v. Chr. hierhergeführt hatte. Die günstige Lage der Stadt an der Stelle, wo zwei Kontinente aufeinandertrafen, die Wechselfälle der Geschichte und die Entscheidung Kaiser Konstantins im Jahr 324, die sie zum strategischen und politischen Zentrum des um seinen Bestand kämpfenden Römischen Reiches machte, hatten endgültig ihren Charakter geprägt.

Das Oströmische Reich, im Jahr 395 nach dem Tod Theodosius' des Großen offiziell vom Weströmischen getrennt, umfaßte unter dem Zepter eines neuen *Imperators* und dem Banner eines neuen Gottes ein buntes Völkergemisch. Mit den Eroberungen Justinians im lateinischen Westen war das universale Römerreich wiederhergestellt. Der Weg verlief in umgekehrter Richtung: Der Kaiser war der Versuchung des Abendlandes erlegen. Er hatte den Wandalen, den Ost- und Westgoten Nordafrika, Italien und Südspanien entrissen. Die Wiedereroberung war selbst mit so hervorragenden Feldherren wie Belisar und Narses mühsam und langwierig gewesen. Doch das Römische Reich erstreckte sich wie einst von den Säulen des Herkules bis zur Donau und zu den Nilkatarakten. Konstantinopel war der

Konstantinopel, die über 1000jährige Metropole Ostroms, bewahrte sein antikes Gepräge bis zu seinem Fall im Jahr 1453, als es von den Osmanen eingenommen wurde. Das wird aus dem Stadtplan (oben) deutlich, der um 1420 von dem Florentiner Cristoforo Buondelmonti gezeichnet wurde. Man sieht darauf die großen Kirchen und öffentlichen Gebäude, ferner die Land- und Seemauern.

facettenreiche Spiegel und der glänzende Angelpunkt dieses gigantischen Imperiums. Alle Völker des Reiches waren in den Straßen Konstantinopels vertreten; Illyrer, Syrer, Palästinenser und Ägypter lebten in seinen Mauern nebeneinander. Armenier flüchteten sich an die Gestade des Bosporus, da im Osten die Sassaniden bedrohlich an Macht gewonnen hatten. Bergbewohner aus dem Balkan, Beduinen, Juden und wer auch immer – alle erfaßte auf den Stufen des Hippodroms bei den wilden Wagenrennen die gleiche Begeisterung. Nicht selten begegnete man auf den öffentlichen Plätzen im Gewimmel der kleinen, sonnenverbrannten, schwarzäugigen Männer hochgewachsenen Afrikanern aus dem fernen Nubien oder aus Äthiopien und vor allem weißhäutigen Hünen mit langem, blondem Haar. Obwohl die Grenzen von zahllosen Festungen geschützt waren, blieben sie durchlässig. Diplomaten sorgten für gutnachbarliche Beziehungen, und auch Barbaren, insbesondere Germanen, ließen sich in der Stadt nieder. Ihre in der Donauebene oder auf den Hügeln Italiens aufgewachsenen Kinder machten sich hier mit der lateinischen und griechischen Literatur vertraut, studierten Recht und Philosophie und lernten gute Christen zu sein; robuste germanische Krieger dienten im kaiserlichen Heer oder in der Leibgarde. Auch das waren Früchte der an die Vergangenheit anknüpfenden Utopie des makedonischen Bauernsohns lateinischer Sprache, der es zur höchsten Würde gebracht hatte, des letzten großen römischen Kaisers.

Europäische und kleinasiatische Griechen bildeten die Oberschicht. Sie

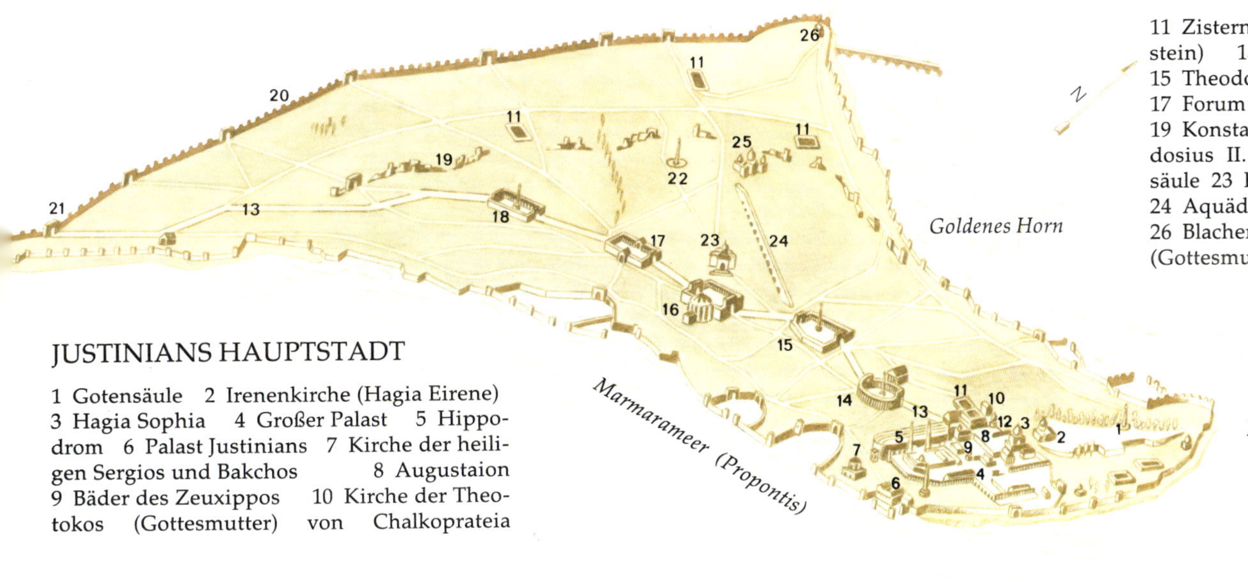

JUSTINIANS HAUPTSTADT

1 Gotensäule 2 Irenenkirche (Hagia Eirene) 3 Hagia Sophia 4 Großer Palast 5 Hippodrom 6 Palast Justinians 7 Kirche der heiligen Sergios und Bakchos 8 Augustaion 9 Bäder des Zeuxippos 10 Kirche der Theotokos (Gottesmutter) von Chalkoprateia 11 Zisterne des Aetius 12 Milion (Meilenstein) 13 Mese 14 Konstantinsforum 15 Theodosiusforum 16 Amastrianon 17 Forum Bovis 18 Arkadiusforum 19 Konstantinsmauer 20 Mauer des Theodosius II. 21 Goldenes Tor 22 Marciansäule 23 Kirche des heiligen Polyeuktos 24 Aquädukt des Valens 25 Apostelkirche 26 Blachernenkirche der Theotokos (Gottesmutter)

DIE SPIELE IM HIPPODROM

Eine Arena mit gelbem Sand war „Herz und Hirn dieser wahnsinnigen Stadt", des christlichen Byzanz. Selbst als Rom im 5. Jahrhundert den Germanen in die Hände gefallen war, veranstaltete man weiterhin öffentliche Spiele. Wie das Volk der alten Hauptstadt des Reiches schwärmten auch die Bewohner des neuen Roms für Zirkusspiele, und oft drängten sich Zehntausende – „vom Kaiser bis zum geringsten Kalfaterer" – im Hippodrom.

Mit dem Bau des Zirkus von Byzanz, einer etwas verkleinerten Nachbildung des *Circus Maximus* in Rom, war unter Kaiser Septimius Severus 203 n. Chr. begonnen worden. Seine Länge betrug 500 m, die Breite 117,5 m. Konstantin und Justinian hatten ihn vergrößert und verschönert.

Die Wagenrennen dauerten den ganzen Tag. Vier fanden am Vormittag statt und vier am Nachmittag. Vier traditionelle Parteien (oder Rennställe) – die Blauen, die Weißen, die Grünen und die Roten – traten an. Die Anhänger der jeweiligen Partei legten sich eine Schärpe in der Farbe des Trikots ihrer Favoriten um. Jedes Rennen – für jede Farbe lief ein Viergespann – ging über sieben Runden.

Vor Rennbeginn pflegte der Kaiser im brechend vollen Hippodrom das Volk dreimal zu segnen. Donnernder Beifall empfing ihn. Dann

Venatores (Jäger) im Zirkus (Detail aus dem elfenbeinernen Diptychon des Konsuls Areobindus, 6. Jahrhundert)

stimmten die Parteien unter den Klängen einer tragbaren Orgel Siegeshymnen an. Auf ein Zeichen des Kaisers – er warf ein Tuch, die *mappa*, in die Arena – öffneten sich die Tore der *carceres* (Wagenschuppen), und die Wagenlenker traten in die Rennbahn. Sie stammten oft aus bescheidenen Verhältnissen und waren beim Volk sehr beliebt. Der Sieger, dem der Stadtpräfekt und der Kaiser unter höchsten Ehrenbezeigungen Kranz und Palme überreichten, wurde wie ein Held gefeiert.

Zwischen den Rennen unterhielt man das Publikum mit Einlagen von Akrobaten, Gauklern, Musikanten, Tänzerinnen und der Vorführung exotischer Tiere. Auch „Jagden" und Tierkämpfe waren geschätzte Darbietungen.

Diese Arena spielte in der Stadt nicht nur als Schauplatz sportlicher Wettkämpfe eine Rolle. Die Gegnerschaft zwischen Anhängern der Grünen und der Blauen – dies waren die stärksten Parteien, die ständig Unruhe stifteten – erstreckte sich auch auf den politischen und gesellschaftlichen Bereich. Deshalb war das Hippodrom bis zum 7. Jahrhundert Kampfstatt rivalisierender Parteien und ein Herd für oft blutige Aufstände.

Das Hippodrom blieb bis Ende des 12. Jahrhunderts die Hauptattraktion von Konstantinopel. Bis zur Einnahme der Stadt durch die Kreuzfahrer am 12. April 1204 wurden regelmäßig Spiele veranstaltet. Robert de Clari sah noch „den Platz der Kaiserspiele". Nach der Plünderung Konstantinopels verfiel es allmählich. Die Pferde der berühmten Bronzequadriga über den *carceres* wurden nach Venedig gebracht, wo sie über dem Hauptportal von San Marco aufgestellt wurden.

waren die *politikoi*, die ansässigen Bürger, die stolz waren auf ihre Geburtsstadt und für die *thematikoi*, die ungehobelten Provinzler, die in die Kaiserstadt strömten, nur Verachtung übrighatten. Die Römer aus Rom zählten ebenfalls zu den gehobenen Kreisen. Viele von ihnen hatten sich nämlich schon am Bosporus angesiedelt, nachdem Konstantin am 11. Mai 330 die Stadt zum neuen Rom geweiht hatte. Andere waren in das ferne *Constantinopolis* geflohen, als der germanische Heerführer Odoaker 476 den letzten weströmischen Kaiser entthront hatte. Wie Konstantin hatten sie die Sitten und Bräuche der oft geplünderten Mutterstadt des Imperiums in ihre neue Heimat mitgebracht. An den feuchten Gestaden des Marmarameers lebte Rom weiter. Institutionen, Gesellschaftsstrukturen, Titel, Ämter, das Protokoll, Gebäude – die ganze römische Welt fand sich hier wieder. Konstantinopel war ebenfalls in 14 Stadtbezirke unterteilt, und es gab auch die sieben symbolischen Hügel. Die lateinische Tradition blieb lebendig. Dennoch besaß Ostrom zwei neue starke Kraftlinien, aufgrund deren sich sein Römertum rasch in eine andere Richtung entwickelte. Denn hier im Osten überwog ein-

Der Kaiser führte den Vorsitz bei den Spielen, wie das Relief auf dem Marmorsockel des ägyptischen Obelisken, den Theodosius der Große 390 n. Chr. auf der Spina des Hippodroms aufstellte, zeigt: Der Kaiser steht in seiner Loge, umgeben von seiner Familie und Würdenträgern, bereit, den Sieger des Wagenrennens mit dem Kranz, den er schon in der Hand hält, auszuzeichnen.

Eine Vorstellung von der Palastarchitektur im 6. Jahrhundert gibt das Mosaik vom Palast des Theoderich in Ravenna aus der Basilika San Apollinare Nuovo, die der große Ostgotenkönig (gest. 526) neben seiner Residenz errichtete. Im Gegensatz zu den christlichen Sakralbauten, denen neue architektonische Konzeptionen zugrunde lagen, war man bei diesem Bauwerk der römischen Tradition treu geblieben.

deutig das griechische Erbe. Ferner war das Christentum zunächst gefördert, dann Staatsreligion geworden. Ein Kaiser von Gottes Gnaden herrschte nun über die Römer und auch über die Kirche. Konstantinopel war der Mittelpunkt eines christlichen Weltreiches. Hier im Tumult der theologischen Streitigkeiten schlug das Herz der Christenheit. Das heidnische Rom existierte nicht mehr. Es war durch das Feuer, das die Barbaren gelegt hatten, unwiederbringlich zerstört worden. An seine Stelle trat Byzanz und entwickelte sich zu einem neuen Kulturmittelpunkt.

Justinians neues Rom

Die Hauptstraße verlief, wie ihr Name *Mese* (die Mittlere) besagt, mitten durch Justinians Hauptstadt. Zu beiden Seiten der langen, geradlinig angelegten Verkehrsader standen zweistöckige, mit vielen Statuen geschmückte Säulenhallen, in denen sich Läden und Verkaufsstände aller Art befanden. Sie war damals eine der prächtigsten Straßen der Welt. Hier herrschte von morgens bis abends intensive Geschäftigkeit. Die *Mese* begann im Zentrum des imperialen Viertels, in der Nähe des Großen Palastes, den Konstantin gebaut und Justinian erneuert hatte, am Ende des hügeligen Landvorsprungs, der den Eingang zum Bosporus bildete. Genauer gesagt, sie lief vom *Milion* (Meilenstein), das direkt gegenüber den Toren des Hippodroms lag und von wo aus die Entfernungen gerechnet wurden, nach Westen zu der mächtigen alten Landmauer, die Theodosius II. errichtet hatte, um die Stadt von der Landseite her zu schützen. Die Hauptstraße verband alle großen Plätze Konstantinopels miteinander. Zunächst querte sie das Konstantinsforum, ein großes Rondell, an dem sich das Senatsgebäude erhob und wo auf einer hohen Porphyrsäule die Statue des ersten christlichen Kaisers stand, danach das riesige Theodosiusforum (oder *Forum Tauri*), das ein nicht weniger riesiger Triumphbogen schmückte. Dann kamen nacheinander das Anastasiusforum (oder *Amastrianon*), das *Forum Bovis* und das Arkadiusforum. Ein Stück weiter führte die Straße durch die Reste der konstantinischen Mauer. Nach dem Psamathiaviertel endete sie am Goldenen Tor im Westen, das etwa 8 km vom Großen Palast entfernt war. Hier begann die lange Heerstraße, die über Thessaloniki und Makedonien bis zum Adriatischen Meer ging. Es war die alte *Via Egnatia*, der Weg ins Abendland, den zahllose Reisende und Heere immer wieder benutzt hatten.

Zwischen schönen, stufenförmig angelegten Gärten, die bis zum Meer hinabreichten, ragte aus üppigem Laubwerk der Große Palast (auch Heiliger Palast oder Daphnepalast), von dem sich nur einige Mosaiken erhalten haben. Etwa an der Stelle, wo er sich einst erhob, steht heute die Blaue Moschee. Justinian bewohnte nur selten seine weiträumigen Anlagen, eine Art Miniaturkreml mit prächtigen Pavillons, Kirchen und Kasernen. Er zog eine nahe gelegene, schlichtere Residenz am Marmarameer vor. Dort empfing er mit großem Prunk die Abgesandten der Barbaren. Dort arbeitete er, umgeben von seinen hohen Beamten und Ratgebern, als deren fähigster sich mehr als einmal die Kaiserin Theodora erwies. Die einst erfolgreiche Schauspielerin und ehemalige Prostituierte, eine außergewöhnlich schöne und willensstarke Frau, aus kleinsten Verhältnissen stammend wie Justinian selbst – sie war die Tochter eines Bärenwärters im Hippodrom –, besaß eine ausgeprägte politische Begabung. Sehr oft sah sie die Dinge viel klarer als ihr Gemahl und zeigte sich auch realistischer. Im übrigen „regierte sie das Reich ebenso sehr und vielleicht noch mehr als er", wie der französische Historiker Charles Diehl gesagt hat. In diesem vom Meer bespülten Palast schmiedete das ungewöhnliche Paar seine Pläne von der Wiederherstellung des Römischen Reiches auf christlicher Grundlage. Ohne jede Etikette verbrachte Justinian, der unermüdliche Arbeiter, träumend und grübelnd seine Nächte über den Akten des Staates, für den er ein „untadeliger Gesetzgeber" sein wollte. Deshalb nannte man ihn auch den „Kaiser, der niemals schläft".

An den Großen Palast grenzte das Hippodrom, die Rennbahn. Beide Anlagen waren durch Galerien und Treppen miteinander verbunden. Der Kaiser konnte sich vom Palast also unmittelbar in seine Loge begeben. Weiter westlich, jenseits der mit den Standbildern aller Götter des hellenischen Pantheons geschmückten Bäder des Zeuxippos, wölbte sich die gigantische Kuppel der Hagia Sophia, die nach den Worten des Geschichtsschreibers Prokopios „nicht durch Mauerwerk gestützt zu sein schien, sondern wie an einer goldenen Kette vom Himmel herabhing". Die prachtvolle Kirche der heiligen Weisheit ruinierte Justinian, so wie Versailles Ludwig XIV. ruinierte. Sie wurde in der unglaublich kurzen Zeit von etwas über fünf Jahren von mehr als 10000 Arbeitern gebaut und am 26.

Diese Miniatur auf purpurfarbenem Pergament findet sich in der Wiener Genesis, *einer griechischen Handschrift mit der Schöpfungsgeschichte vom Anfang des 6. Jahrhunderts. Das Bild stellt Episoden aus der Geschichte von Potiphars Weib dar. Die Eleganz der biblischen Figuren spiegelte die Mode der vornehmen Kreise Konstantinopels zur Zeit Justinians wider.*

Dezember 537 geweiht. Sie ist fraglos das großartigste Bauwerk aus der Zeit Justinians und ein architektonisches Meisterstück. Viele offizielle Zeremonien von unvergleichlichem Prunk wurden hier abgehalten. Mit großem Pomp drängte sich der Hof vor dem mit 5000 Perlen bestickten Vorhang, der den mit Edelsteinen verzierten Altar aus massivem Gold vor den Blicken der Gläubigen verbarg. Die herrlichen goldbeladenen und edelsteinbesetzten Brokate schimmerten. In der riesigen Kirche, die Tausende von Kerzen erhellten, erhoben sich inmitten der Scharen von Rauchfaßträgern und der in purpurne Seide gekleideten Musikanten die warmen Stimmen der Chöre aus Hunderten von Knaben, Frauen und Eunuchen. Der prächtige Mosaikschmuck funkelte im Dämmerlicht. Er ist zum großen Teil verschwunden. Aber die gewaltige Kuppel, die Justinians Zeitgenossen als Wunder erschien, ist unversehrt geblieben. Allerdings handelt es sich um die zweite Ausführung; die erste war bei einem Erdbeben im Jahr 558 eingestürzt.

Im Herzen dieses Bezirks, der mit seinen Bauwerken die Halbinsel krönte wie ein Diadem, lag das *Augustaion* (oder *Forum Augustaeum*). In seinen Säulenhallen pflegten sich die oberen Zehntausend von Konstantinopel zu treffen. Hier unterhielt man sich, klatschte man, schlug man die Zeit tot und beobachtete insgeheim das Kommen und Gehen rund um den Kaiser. Denn die Einwohner der Hauptstadt Justinians lebten wie ihre Vorgänger und ihre Nachkommen im Orient und im Mittelmeerraum vor allem auf der Straße. Dies war das elegante Viertel, das berühmt war für seinen Luxus und sein feines Publikum. Auf dem *Augustaion* gab es unzählige Buchhändler, die mit den jüngsten Neuerscheinungen die Intellektuellen anzogen, und eine Unmenge von Parfümläden, in denen sich die notorischen Klatschmäuler und Skandalsüchtigen einfanden, um die letzten Neuigkeiten zu erfahren. Wer etwas auf sich hielt, mußte sich hier zeigen. So wie die Oberschicht nirgends anders wohnen konnte als nur hier. In diesem Viertel standen übrigens auch die Adelspaläste. Die Bürger „edler Abkunft", die „Wohlgeborenen" hatten in der Stadt nur ihren Wohnsitz: Die großen Ländereien, von denen sie lebten, lagen in der Provinz, fernab von Konstantinopel. Handel zu treiben war ihnen strengstens untersagt. Dieser gehörte zum Tätigkeitsfeld des Amtsadels, der nicht nur in der Verwaltung, sondern auch im Außen- und Binnenhandel eine entscheidende Rolle spielte, neben dem eigentlichen Bürgertum, das sich ständig vergrößerte. Die Großbürger waren überall dabei und bekleideten Schlüsselstellungen in der Wirtschaft. Im Kielwasser des kaiserlichen Paares überschwemmten Massen von Emporkömmlingen aus der Unterschicht die Hauptstadt. Eine gebildete Mittelschicht trat in Erscheinung, die vor allem in Rechtsfragen sehr beschlagen war. Sie gewann sehr rasch einen Platz in der Gesellschaft. Die reichsten der neuen Patrizierfamilien wohnten in der Nähe des *Augustaions* und an der *Mese*. Ihre Häuser waren sehr luxuriös. Man war vom hellenistischen Stil abgekommen und baute nun Häuser, die sich weit nach außen öffneten. Die Industrie und der Handel mit Luxusartikeln, für die Konstantinopel berühmt war, konzentrierten sich auf einen etwa 600 m langen Abschnitt der *Mese* zwischen dem Großen Palast und dem Konstantinsforum. Dies war das große Geschäftszentrum. Hier machten in eleganten Läden die Goldschmiede, Juweliere und Edelsteinschneider ihre Geschäfte, ebenso wie die Geldwechsler, die, kleine Stöße von Gold- oder Silbermünzen vor sich aufgeschichtet, an Tischen direkt auf der Straße arbeiteten. Die Regierung hatte ihnen diesen Platz zugewiesen, um sie besser kontrollieren zu können.

Die Schätze des Meeres

Wenn man diese schönen Viertel der Vornehmen verließ, wo Würdenträger, Prälaten und Offiziere gemessen einherschritten, die aber, wie man gesehen hat, auch Arbeitslose so gern frequentierten, änderte sich das Straßenbild ganz und gar. Je weiter man nach Westen kam, desto gewöhnlicher wurden die Nebenstraßen der *Mese* und die Umgebung der Foren und desto dichter bevölkert waren die Uferviertel. Die Stadt zog sich in Stufen die Hänge empor, und ein Netz von Treppen verband die künstlich angelegten Terrassen miteinander. Steile, enge Gäßchen kletterten die Hügel hinauf und liefen auf der anderen Seite ebenso steil wieder hinab. Fünf- bis sechsstöckige Häuser drängten sich aneinander, berstend voll von Mietern, die es mit der Hygiene nicht immer genau nahmen. Glaser, Töpfer, Schlosser, Waffenschmiede, Weber und Schneider gingen in winzigen Werkstätten ihrer Arbeit nach, wobei die Handwerker oft nach Berufsgruppen in eigenen Vierteln zusammen lebten. Je weiter man zum Meer hinunterkam, desto größer war die Bevölkerungsdichte, denn Konstantinopel war durch seine Lage zwischen Ägäis und Schwarzem Meer, am Schnittpunkt wichtiger Handelswege, vor allem eine Hafenstadt: „Das Meer", sagte Prokopios, „bildet einen Kranz um die Stadt und läßt der Erde nur geringen Raum, um den Kranz zu schließen." In seinen zahlreichen Häfen am Marmarameer und am Goldenen Horn herrschte Tag und Nacht Hochbetrieb. Ständig liefen Schiffe ein und aus, und manchmal ankerten so viele auf einmal, daß ihre Masten einen wahren Wald bildeten. Als Kriegsschiffe eingesetzte Schnellsegler, Frachtschiffe mit bauchig geblähten Segeln, Fischerkaiks und andere Boote lagen an den Molen. Das Goldene Horn, eine schmale, 8 km lange, ins Festland schneidende Bucht, bildete einen ausgezeichneten Naturhafen. Die Schiffe konnten mit vollen Segeln hineinfahren. Auf seinen Kais, Molen und Landungsbrücken und in seinen Lagerhäusern schlug der Puls des ganzen Reiches. Justinian hatte aus dem Mittelmeer wieder „ein römisches Gewässer" gemacht. Das Ergebnis war greifbar, ebenso wie der Gewinn, den alle daraus zogen. Durch den Fernhandel – aus Ägypten kamen ganze Schiffsladungen Getreide – wurden die Reeder steinreich. Scharen von Matrosen, Schiffszimmerleuten, Kalfaterern, Segelmachern, Hafenarbeitern und ausgemergelten Lastträgern lebten davon. Sie wohnten in den dunklen, meist von Karren verstopften Gäßchen oder in den engen Passagen, wo es ständig nach altem Bratenfett stank. Die Hafengegend, wo man allenthalben Anker, Takelwerk und Netze herumliegen sah, war auch das Viertel der Fischer, denn neben Brot, Gemüse und Obst aß man vor allem Fisch.

Auch hier war die Straße das Wohnzimmer. Hier ließ man seinem Temperament freien Lauf; ständig gab es etwas zu hören und zu sehen. Unmengen von fliegenden Händlern zogen durch die Stadt, das Kleingewerbe – vom Gemüsehändler bis zum Bäcker, vom Metzger bis zum Ölhändler – blühte. Überall gab es kleine Märkte. Mitten im Getöse hörte man die durchdringenden Stimmen der Marktschreier. An jeder Straßenecke verursachten Gaukler, Jongleure, Bären- und Affenführer kleine Menschenaufläufe. Selbstverständlich durften Tiere in die Stadt mitgebracht werden, und es wimmelte von ihnen. Die Adligen besaßen vor allem edle Schimmel, die oft prächtig aufgeputzt waren. Wenn sie durch die Stadt kutschierten, bahnten ihnen livrierte Diener mit einem Knüppel den Weg durch die Menschenmassen. Die Großen des Reichs fuhren in schön bemalten und vergoldeten Wagen, die von Mauleseln gezogen wurden. Durch die Straßen flutete ein ununterbrochener Strom von Eseln, Rindern, Schafen, Schweinen, Kamelen, Dromedaren und sogar Elefanten, bei deren Anblick die Schaulustigen Mund und Augen aufrissen.

Die byzantinische Kunst ist vorwiegend sakral. Doch tauchen auch profane Motive auf, wie dieses Mosaik einer Frau mit Krug aus dem Großen Palast (5. oder 6. Jahrhundert) zeigt.

Aneinandergekettete Sklaven kamen vorbei – hatten doch die Kirchenväter die Sklaverei und die soziale Ungleichheit hingenommen. Einige elegante Damen huschten von einem Gehsteig zum anderen, ein ungewöhnliches Bild inmitten der vor allem aus Männern bestehenden Menge. Übrigens hatten dieselben Kirchenväter die Gleichheit von Mann und Frau verkündet. Ab und zu kam eine makabre Prozession des Wegs, und alle Köpfe drehten sich nach ihr um: Es waren zum Tode oder zur Verstümmelung Verurteilte – Mörder oder Verschwörer –, die man umgekehrt auf Esel gesetzt hatte und auspeitschte. Die Menge verlief sich.

Die Eßlokale und Tavernen, wo der Wein in Strömen floß, wurden nie leer. Sogar am hellichten Tag warben die Kuppler Mädchen an und überwachten sie genau. Die Freudenhäuser lagen neben den Theatern und Kabaretts, wo Schmierenschauspieler das einfache Volk mit derben Scherzen unterhielten. Denn die Bevölkerung von Konstantinopel war ein dankbares Publikum für jede Art von öffentlicher Darbietung, ganz zu schweigen vom Hippodrom, das den größten Zulauf hatte. Sie begeisterten sich auch für religiöse Streitgespräche, die ihre Phantasie zu beflügeln schienen. Die Irrlehren blühten wie nie zuvor, und die Monophysiten gewannen trotz der Verfolgungen jeden Tag neue Anhänger. Laut einem byzantinischen Chronisten hörten sich die Gespräche oft recht merkwürdig an:

„Diese Stadt ist voll von Handwerkern und Sklaven, alles gelehrte Theologen, die in den Läden und auf der Straße predigen. Wenn Sie einen Mann bitten, Ihnen eine Silbermünze zu wechseln, wird er Ihnen zunächst erklären, worin der Sohn sich vom Vater unterscheidet. Und wenn Sie nach dem Brotpreis fragen, wird er Ihnen antworten, daß der Sohn weniger sei als der Vater, und wenn Sie wissen wollten, ob Ihr Bad fertig ist, antwortet Ihnen der Bademeister, daß der Sohn aus dem Nichts geschaffen wurde ..."

Das Medaillon des goldenen Armbands zeigt die Büste einer betenden Frau (Orantin). Sie hat die Hände flehend erhoben (6. Jahrhundert). Diesem Symbol inbrünstigen Gebets begegnet man sehr häufig in der frühchristlichen Kunst.

Es gärt im Volk

So bot sich den erstaunten Fremden das christliche Byzanz dar, das damals von vielen Gläubigen als Lasterpfuhl und Freistatt der Sittenlosigkeit angesehen wurde. War es fromm oder verderbt, dieses neue Rom, das die Welt regierte? Auf jeden Fall war es turbulent, laut und zuchtlos. Die spöttische, zynische Menge, die seine Straßen bevölkerte, geriet beim geringsten Anlaß außer Rand und Band. Konstantinopel explodierte rasch. An Unzufriedenen mangelte es nicht. Die miteinander verfeindeten Zirkusparteien sorgten ständig für neue Unruhen. Die eher demokratischen, monophysitischen Grünen und die aristokratischen, orthodoxen Blauen entzweiten die Stadt und spalteten selbst die einzelnen Viertel. Die Volksseele kochte. Es gab zwar keine politischen Rechte, aber eine öffentliche Meinung. Auf den Straßen hörte man böse Anzüglichkeiten, bissige Pamphlete gegen Theodora wurden heimlich verbreitet. Würde, wie es schon so oft geschehen war, eine Hungersnot ausbrechen? Ganz Konstantinopel murrte. Waren die Steuern für die kleinen Leute zu hoch? Es kam zur Revolte. Haßgeschrei erfüllte die Stadt. Der Mob zog die *Mese* hinunter, ergoß sich in das kaiserliche Viertel, plünderte alles, was am Weg lag. Unter Justinian kam es oft zu solchen Ausbrüchen des Volkszorns und zu überraschenden Aufständen. Stets wurden sie durch erboste Steuerzahler ausgelöst. Der größte und gefährlichste war der Aufstand vom Januar 532, der – nach dem Schlachtruf der Rebellen – *nika* (siege!) – als Nikaaufstand in die Geschichte einging. Er ließ das Reich in seinen Grundfesten erbeben. In jener tragischen Woche zwischen dem 11. und 18. Januar tobte ein Sturm über dem Bosporus, fegten Windböen über das Goldene Horn. Wieder einmal war die Staatskasse leer. Justinian, dessen Feldzüge enorme Beträge verschlangen, verfügte eine neue Erhöhung der bereits drückenden Steuern. Diese Maßnahme war der Auslöser. Die Revolte brach im Hippodrom aus. Ausnahmsweise verbündeten sich die Zirkusparteien gegen den Kaiser. Die Blauen

Im Medaillon des Hochzeitsschmuckkästchens eines gewissen Secundus und seiner Gattin Projecta (teilweise vergoldetes Silber, 5. Jahrhundert) hat man ein verchristlichtes antikes Motiv verwendet.

schlossen sich dem Protest der Grünen an. Gemeinsam riefen sie einen gewissen Hypatios als neuen Kaiser aus. Die Gewalttätigkeiten griffen auf die Straße über. Auf die Gegenmaßnahmen der Behörden antworteten die Massen mit der Einäscherung der Stadtpräfektur, des Großen Palasts und der ersten, im vorherigen Jahrhundert errichteten Sophienkirche. Die Aufständischen plünderten die Luxusläden an der *Mese*. Justinian bereitete schon seine Flucht nach Asien vor. Doch Theodora sprach ihm Mut zu und bewog ihn zum Kampf gegen die Rebellen. Bald schlugen sich die Blauen auf die Seite der Regierung, und Justinians Feldherr Belisar ertränkte den Aufstand in Blut. Am 18. Januar lagen etwa 30000 Tote auf den Stufen des Hippodroms. Die Hauptstadt war niedergebrannt, verwüstet, die Innenstadt völlig zerstört, aber das Ostreich war gerettet. Im übrigen beruhigten sich die Gemüter sehr rasch, als an den Grenzen die Barbaren auftauchten.

Das hinter seiner mächtigen Landmauer verschanzte Konstantinopel fand vorübergehend seine Einheit wieder. Die Grenze an der Donau wurde mehrere Male durchbrochen. Barbaren hatten sich in Marsch gesetzt und die Stadt bedroht: Awaren, Slawen, Bulgaren. Am gefährlichsten war die Lage im Jahr 558, als die kutrigurischen Hunnen vor den Stadtmauern ihr Lager aufschlugen. Panik war unter der Bevölkerung ausgebrochen. Aber wieder einmal konnte Belisar als Retter in der Not den Angriff abwehren.

Am 14. November 565 starb Justinian im Alter von 82 Jahren. Er hatte seinen Traum beinahe verwirklicht, war aber letztlich doch an seiner Steuerpolitik gescheitert. Seine aufrührerische, gewalttätige Hauptstadt war müde. Dramatische Schicksalsschläge während seiner letzten Regierungsjahre, wiederholte Unruhen und zu hohe Ausgaben brachten das Reich an den Rand des Bankrotts. Dazu kam noch der blutige Krieg gegen das sassanidische Persien unter Chosrau I., den Justinian nicht hatte verhindern können. Doch in der unruhigen kosmopolitischen Stadt war ein Wunder geschehen. Bildung und Wissenschaft hatten einen großen Sprung nach vorn getan, die Kunst und die Literatur blühten. Mit dem *Codex Justinianus* war ein einzigartiges Gesetzeswerk geschaffen worden. Eine 38jährige Regierungszeit endete mit einem Sieg im geistigen Bereich. Obwohl die Angriffe der Barbaren bis dahin abgewehrt worden waren, mußte das Imperium sich weiterhin auf Verteidigung einstellen. Während das Abendland vor sich hingedämmert hatte, war es Konstantinopel, der Stadt des Handels, der Palastintrigen und Zirkusspiele, gelungen, das junge Christentum und die antike Kultur lebendig zu erhalten. Es hatte das Erbe der klassischen Welt bewahrt und konnte es an das wiedererwachende Abendland des Mittelalters weitergeben.

May Veber

Die Hauptkuppel der Hagia Sophia (532–537 und 558–562) ist vom Boden gemessen 55,6 m hoch und hat einen Durchmesser von 33 m. Die gewaltige Kirche der göttlichen Weisheit war das Meisterwerk der Architekten Anthemios von Tralles und Isidor von Milet.

Ein goldenes Zeitalter im Reich der Mitte

TSCHANGAN

Vom 7. bis zum 9. Jahrhundert war die prächtige Hauptstadt der Tangdynastie nicht nur ein wichtiges Zentrum für den Waren- und Kulturaustausch zwischen Ost und West, sondern auch eine der größten Städte der Welt.

Schon viele Jahrhunderte vor den Tangkaisern erhoben sich an der Stelle von Tschangan die Hauptstädte einer Reihe älterer chinesischer Dynastien. Die Tangmetropole lag im Tal des Weiho im Nordwesten Chinas. Auf den fruchtbaren Schwemmlandböden gediehen Reis, Weizen und andere Feldfrüchte. Die blühende Landwirtschaft und das milde Klima trugen dazu bei, daß sich Tschangan zum Mittelpunkt des alten Chinas bis zum Ende des 9. Jahrhunderts und vom 7. Jahrhundert an zu einer der größten und wohlhabendsten Städte der Welt entwickelte.

Eine lange Geschichte

Zur Zeit der Suidynastie (581–618) beschloß Kaiser Wen im Jahr 582, südöstlich von Tschangan, der alten Hauptstadt der Handynastie, eine neue Hauptstadt zu erbauen. Er beauftragte den damals bedeutendsten Architekten Jü Wen-kai, die erforderlichen Pläne auszuarbeiten und die Bauarbeiten zu leiten.

Schon nach neun Monaten war die neue Hauptstadt fertig und erhielt den Namen Dahsing (Großer Wohlstand). Sie war in drei Abschnitten erbaut worden: Im Norden entstand als erstes die Kaiserstadt, danach errichtete man südlich davon die Verwaltungsstadt und zum Schluß die äußere Stadt. Im Norden, außerhalb der Stadtmauer, lag Dahsing Jüän, der kaiserliche Park und das Jagdrevier. Diese Anlagen durfte das Volk nicht betreten. Jenseits der übrigen Stadtmauer befanden sich die Vororte der Hauptstadt.

Unter den Kaisern der Tangdynastie (618–906), die auf die Suiherrscher folgten, erhielt die sich weiter ausdehnende Stadt wieder ihren alten Namen Tschangan (ewiger Frieden). Das wichtigste Bauwerk aus dieser Zeit ist der Palast Daming (großer leuchtender Palast) in Dahsing Jüän. Er wurde im Jahr 634 von Kaiser Tai Dsung erbaut und Jung An (bleibende Gesundheit) genannt, denn er war als Sommerresidenz für seinen Vater, den Kaiser Gao Dsu, vorgesehen, der abgedankt hatte. Dieser starb aber vor Fertigstellung des Bauwerks, weshalb es in Damingpalast

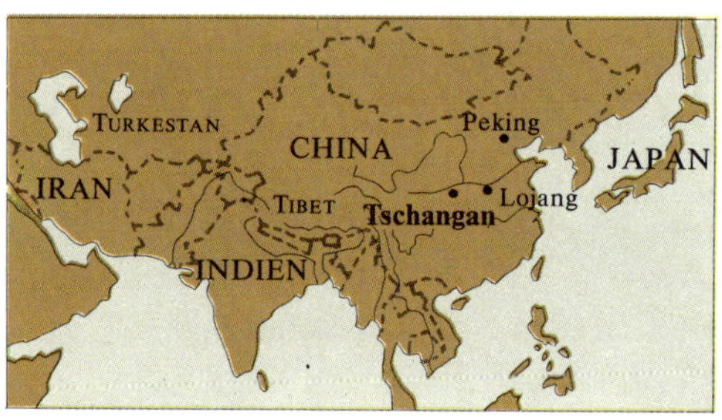

umbenannt wurde. 662 ließ Tai Dsungs Sohn, der Kaiser Gao Dsung, den Palast vollständig restaurieren und neu ausschmücken, um sich von Zeit zu Zeit darin zu erholen. Er war der größte und prächtigste aller Paläste der Tangzeit.

Fast 300 Jahre lang blieb Tschangan die glänzende Hauptstadt der Tangdynastie. 904 nahm ein Usurpator namens Dschu Tjüän Dschung den Kaiser Dschao Dsung als Geisel und machte Lojang zu seiner Hauptstadt. Die meisten Bauwerke in Tschangan wurden zerstört. Die Dach- und Stützbalken band man zu Flößen zusammen, auf denen die Einwohner über den Weiho und den Gelben Fluß nach Lojang gebracht wurden. Tagelang hörte man das Weinen und Klagen der Menschen, die man zwang, ihre Vaterstadt zu verlassen.

Zwei Monate, nachdem Kaiser Dschao Dsung Tschangan verlassen hatte, wurden auf Befehl Han Djäns, des neuen Militärgouverneurs der Region, die Mauern der Kaiserstadt und die der äußeren Stadt vollständig niedergerissen, die der Verwaltungsstadt jedoch wieder aufgebaut. Einige alte Tore der Verwaltungsstadt wurden geschlossen und dafür in der Nordmauer ein neues Tor geöffnet. Tschangan erhielt ein neues Gesicht.

Unter der Mingdynastie (1368–1644) wurde diese neue Stadt sorgfältig restauriert. Die heutige Nachfolgerin dieser kleineren Stadt der Mingdynastie ist Sian, die Hauptstadt der chinesischen Provinz Schensi. Das alte Tschangan, die Metropole der Tangherrscher, das eine Fläche von 84 km^2 einnahm, war siebeneinhalbmal größer als das heutige Sian.

Die Ausgrabungen der letzten Jahre haben gezeigt, daß der größte Teil von Tschangan noch unter der Erde ruht. Es bedurfte umfangreicher Arbeiten, um einige Überreste der alten Kaiserstadt ans Tageslicht zu bringen.

Die Stadt war von einer fast 37 km langen Mauer umschlossen, deren Stärke zwischen 9 und 12 m schwankte. An der Außenseite verlief ein 9 m breiter und 4 m tiefer Graben. Tore durchbrachen die vier Seiten der Stadtmauer. Das Mingde-men (Tor der leuchtenden Tugend) in der Mitte der Südmauer war das größte. Es besaß fünf, je 5 m breite und 18,5 m hohe Durchgänge. Alle anderen Stadttore hatten nur drei Durchgänge. Unter den vier Himmelsrichtungen spielte nämlich der Süden in der chinesischen Baukunst eine besondere

Diese Hofdamen spielen Schuang Lu (Doppelsechs). Dieses seit dem 6. Jahrhundert in China verbreitete Spiel ähnelt unserem Backgammon. Die Chinesen aller Schichten hatten eine ausgesprochene Vorliebe für Glücksspiele, die auf der Kombination von gewürfelten Zahlen beruhten. Diese Malerei auf Seide wird dem Künstler Dschou Fang (Tangzeit) zugeschrieben.

TSCHANGAN

DREI STÄDTE IN EINER

Tschangan war von einer Mauer umgeben, hinter der im Krieg die Stadtbevölkerung und die Bauern der Umgebung Schutz fanden. Außerdem war auch jedes Stadtviertel von einer hohen Mauer eingeschlossen und bildete somit eine leicht zu überwachende Einheit, wodurch die Gefahr eines Aufstands verringert wurde. Da in den Vierteln nur eine beschränkte Anzahl Menschen wohnen konnte, mußten sich die Überzähligen außerhalb der Stadt ansiedeln. Der Stadtplan gab in verkleinertem Maßstab die Form der Erde wieder, die man sich damals viereckig vorstellte. Der Kaiser, der sich mit der Erde identifizierte, lebte in der Kaiserstadt, die ebenfalls einen viereckigen Grundriß hatte. Eine 3 km mal 1,5 km lange Mauer aus Stampferde trennte die Residenz von der Außenwelt. Stellenweise war die Umfriedung am Fuß 18 m stark. Später in der Tangzeit bestand die Stadt aus drei streng voneinander geschiedenen Teilen: dem Damingpalast außerhalb der Stadtmauern im Norden (auf diesem alten chinesischen Plan oben); der Kaiser- und Verwaltungsstadt mit den Regierungsämtern im Zentrum des nördlichen Bezirks und der äußeren Stadt mit den Handwerksbetrieben. Schon bald nach der Gründung zählte Tschangan ungefähr 150000 Einwohner. Während der Tangzeit wuchs die Bevölkerung auf zwei Millionen an.

Musikantinnen (Grabstatuetten der Tangzeit)

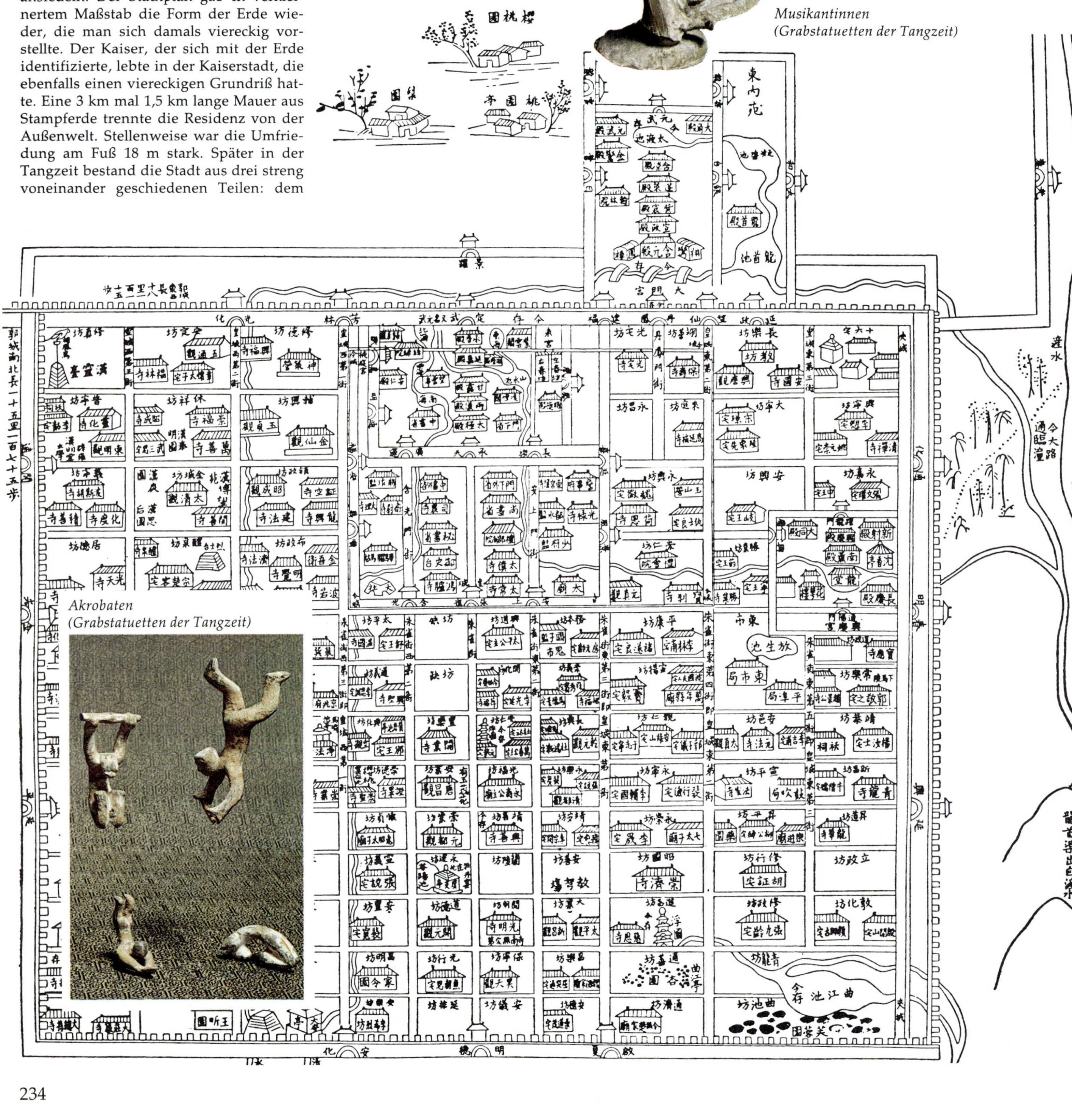

Akrobaten (Grabstatuetten der Tangzeit)

Rolle. Bei bedeutenden Bauten wie Tempeln und Palästen sollte die Hauptfront stets auf der Südseite liegen und der Haupteingang in der Mitte. Bei den üblichen Gebäuden, die sich um einen Hof gruppieren, sollten die wichtigsten Räume ebenfalls nach Süden blicken.

Um Flußwasser, das den Hauptanteil des Frischwassers bildete, in die Stadt zu leiten, hatte man drei riesige Aquädukte gebaut sowie Teiche, künstliche Seen und zahlreiche Kanäle angelegt.

Der Grundriß der Stadt war schachbrettartig. Elf breite Straßen führten von Norden nach Süden und 14 von Osten nach Westen. Sie teilten Tschangan in 108 Viertel, in denen sich die öffentlichen Gebäude, Tempel und Klöster, die Wohnsitze der Adligen und die Unterkünfte des einfachen Volkes befanden.

Es gab auch zwei Märkte. Die drei Straßen, die von den drei Südtoren zur Verwaltungsstadt führten, und die drei Straßen, die die drei Westtore mit den drei Osttoren verbanden, waren die sechs Hauptverkehrsadern. Ihre Breite betrug 55–155 m (die Pariser Prachtstraße Champs-Élysées ist 80 m breit), während die anderen Straßen, die nicht von den Stadttoren ausgingen, 35–65 m breit waren.

Alle Straßen waren leicht gewölbt, so daß das Wasser in 2,5 m breite Kanäle an beiden Seiten abfließen konnte. In der ersten Zeit waren diese Kanäle mit Brettern ausgekleidet, später mit Keramikplatten.

Entlang der mit einer dicken Schicht harter Stampferde bedeckten Straßen standen Bäume – meist Sophoren mit dichtem Laub und stark duftenden gelben Blüten.

Die 108 Viertel waren verschieden groß und für moderne Begriffe recht eigenartig angelegt. Jedes war auf allen vier Seiten von einer 2,5 m dicken Mauer aus Stampferde umgeben. In der Mitte kreuzten sich eine Nord-Süd- und eine Ost-West-Straße im rechten Winkel, wodurch das Viertel in vier Häuserblocks unterteilt wurde. An den vier Enden dieser beiden Straßen befanden sich Tore in der Mauer, durch die man das Viertel betreten und verlassen konnte. Innerhalb jedes Häuserblocks gab es Gassen, die sich ebenfalls in der Mitte im rechten Winkel schnitten. Die vier kleineren Viertel an der Südseite der Verwaltungsstadt wurden nur von einer Ost-West-Straße geteilt und hatten entsprechend auch nur zwei Tore. In allen Vierteln öffneten sich die Türen der Wohnungen auf die Gassen. Den Durchgangsstraßen wandten die Häuser hohe blinde Mauern zu, was den Vorteil hatte, daß die Bewohner vor Staub, Lärm und auch vor neugierigen Blicken geschützt waren.

Nach Einbruch der Dunkelheit durfte sich niemand mehr auf der Straße blikken lassen. Diese Ausgangssperre wurde bei Sonnenuntergang in der ganzen Stadt durch Trommelwirbel angezeigt. Wer sich danach noch zu Fuß, zu Pferde oder im Wagen auf der Straße aufhielt, wurde festgenommen und vor Gericht gestellt. Trommelwirbel zeigten im Morgengrauen das Ende der Ausgangssperre an. Verkehrsregeln wurden genau beachtet, besonders die Vorschrift, die Stadttore auf der linken Seite zu passieren.

Solche Terrakottafigürchen wurden in großer Zahl in den Gräbern der Tangperiode gefunden. Sie illustrieren eindrucksvoll den Alltag am Kaiserhof. Dort war der Tanz eine beliebte Unterhaltung und begleitete sowohl weltliche als auch religiöse Zeremonien. Tänzer und Tänzerinnen traten zusammen mit Musikanten auf.

Die Märkte

Die beiden Märkte im Tschangan der Tangzeit – der Ostmarkt und der Westmarkt – nahmen jeweils die Fläche von zwei Stadtvierteln ein und waren von 4–8 m dicken Mauern umgeben. Der eine lag südöstlich, der andere südwestlich der Verwaltungsstadt. Zwei parallele Nord-Süd-Straßen und zwei parallele Ost-West-Straßen, die sich im rechten Winkel schnitten, teilten jeden Markt in neun Karrees mit Läden und Buden. Jedes dieser Karrees war von Gassen durchzogen, an deren beiden Seiten gedeckte, mit Backsteinen ausgekleidete Rinnsteine verliefen. Die beiden Märkte waren die Stapelplätze für die Waren, die von überall her in die Stadt gebracht wurden.

Da der Ostmarkt in der Nähe des Viertels lag, in dem die Adligen und Beamten wohnten, ging es hier ruhiger zu als auf dem lauten, stark frequentierten Westmarkt, auf dem auch mehr Waren umgesetzt wurden. Nur auf den beiden Märkten durften in der Stadt Güter ge- oder verkauft werden. Dieses Prinzip entspricht der modernen Stadtplanung in Europa und Amerika, wo die Bebauungspläne gesonderte Wohn- und Geschäftsviertel ausweisen.

Auf jedem Markt gab es 220 Läden und Verkaufsstände, in denen Lebensmittel, Kleider, Schmuck und andere Luxusgegenstände, Sättel, Waagen, Heilpflanzen, Gold- und Silbergegenstände und viele andere Waren auslagen. Im mittleren Karree befand sich eine Markthalle mit der Marktverwaltung.

Unter den Tangkaisern öffneten die Märkte mittags. Zum Zeichen, daß der Verkauf beginnen konnte, ertönte ein Trommelwirbel. Die Läden mußten schließen, sobald kurz vor Sonnenuntergang eine große Glocke erklang. Diese Signale wurden von der Markthalle aus gegeben, und jedermann hielt sich an diese Vorschrift. Gegen Ende der Tangzeit jedoch machten die Händler so gute Geschäfte, daß sie die Öffnungszeiten verlängerten. Die Regierung mußte diesen nächtlichen Handel unterbinden.

Neben den Läden, die Chinesen gehörten, gab es auf den Märkten auch solche von ausländischen Kaufleuten. Woher kamen diese Fremden?

Seine ersten Kontakte mit dem Westen hatte China unter den Hankaisern, als der Gesandte Dschang Tjän seine berühmte Reise (138–115 v. Chr.) in die Länder des fernen Westens (das spätere Chinesisch-Turkestan und die Gebiete jenseits davon) unternahm. Er brachte eine Fülle wertvoller Informationen zurück, eröffnete einen Landweg – die spätere Seidenstraße – und trug dazu bei, daß es zwischen China und der westlichen Welt zu ersten Handelsbeziehungen und einem Kulturaustausch kam.

Auf dem Seeweg war China schon früher mit einigen asiatischen Ländern, wie Japan und Indien, in Berührung gekommen, aber über die Seidenstraße waren sogar Kleinasien und die Mittelmeerländer zu erreichen. Einige kleine Staaten im Westen begannen China Tribute zu zahlen, und im Lauf der Zeit reisten Kaufleute nach Osten, um dort ihre Waren abzusetzen. Einige von ihnen blieben in China.

Zu allen Zeiten waren die chinesischen Kaiser große Pferdeliebhaber. Die Herrscher der Tangdynastie besaßen riesige Stallungen, und Kaiser Hsüän Dsung soll 40 000 Pferde sein eigen genannt haben. Diese Statuette eines Reiters stammt aus einem Grab der Tangzeit.

Der Mann, dem die Pflege der Pferde oblag, nahm in der Hierarchie der Dienerschaft eine bevorzugte Stellung ein. Er trug eine besondere Kopfbedekkung, an der man seinen Rang erkannte (Grabstatuette eines Pferdeknechts der Tangzeit).

Eine weltoffene Stadt

Auf dem Westmarkt gab es einige fremde Händler, die ein neues Produkt verkauften, nämlich Wein. Als die Chinesen dieses importierte Getränk kennenlernten, waren sie begeistert davon. Der aus Trauben gewonnene Wein schmeckte ihnen viel besser als die einheimischen alkoholischen Getränke aus Reis, Weizen oder Gerste. Weintrauben galten in China als seltene exotische Früchte, die man erst anbaute, seit Dschang Tjän einige Traubenkerne aus dem Westen mitgebracht hatte. Da die Rebenweine bei den Chinesen bald solch großen Anklang fanden, blühte binnen kurzem das Geschäft der fremden Kaufleute.

Ein anderes Geschäft, das fast ausschließlich in Händen von Ausländern lag, war das der Juweliere. Die Perser standen im Ruf, Edelsteinkenner zu sein. Unter der Millionenbevölkerung der Stadt zur Tangzeit lebten auch zahlreiche persische Einwanderer. In den Vierteln Li Dschuan und Pu Dscheng, die nahe dem Westmarkt lagen, stand je ein großer zoroastrischer Tempel mit dem von den Persern verehrten heiligen Feuer. Die persische Kolonie muß also sehr groß gewesen sein. 1955 hat man in einem Vorort von Sian den Grabstein einer Perserin aus dem Jahr 874 gefunden, der eine Inschrift in Altpersisch und Chinesisch trug.

Um diese Zeit fand auch das Christentum Eingang in China. Im Viertel Ji Ning wurde unter Kaiser Tai Dsung (627–649) eine nestorianische Kirche erbaut, eines der ersten christlichen Gotteshäuser auf chinesischem Boden. Kaiser Tai Dsung hatte nämlich nestorianischen Missionaren gestattet, ihren Glauben im Land frei zu predigen. Im Lauf der Zeit interessierten sich die Herrscher Hsüän Dsung (712–756), Dai Dsung (763–779) und viele ihrer Untertanen für die christliche Religion. Im Jahr 781 errichteten die Christen in China eine Stele zur Erinnerung an „die Einführung des nestorianischen Glaubens von Da Tjin in China" (Da Tjin war damals der chinesische Name für das Oströmische Reich). Diese Stele wurde auf Befehl des Kaisers Wu Dsung (841–846), der das Bildnis Buddhas zerstören ließ und die Verbreitung jeden fremden Glaubens untersagte, in der Erde vergraben. Erst gegen Ende der Mingzeit grub man sie wieder aus. Sie zählt heute zu den historischen

DER THRONSAAL IM DAMINGPALAST

Der Damingpalast wurde 634 von Kaiser Tai Dsung auf einem eigenen Gelände im Nordosten von Tschangan erbaut. Sein Sohn, der Kaiser Gao Dsung, ließ ihn 662 erneuern. Die Anlage umfaßte etwa 30 Gebäude, darunter als wichtigstes die riesige Thronhalle, Han-Jüän-Diän, in der die wichtigen Zeremonien stattfanden. Hier huldigten die hohen Beamten dem Kaiser am Neujahrstage und zur Wintersonnenwende. Die einzelnen Bauten standen auf hohen trapezförmigen Ziegelterrassen. Die Säle waren mit Hunderten von rotgefärbten Holzsäulen ausgeschmückt, zwischen denen sich Trennwände erhoben. Die schweren Dächer ruhten auf einer komplizierten Dachstuhlkonstruktion aus Holz. Die verschiedenen Gebäude der Palastanlage waren durch gedeckte Gänge mit gelben Dachziegeln – Gelb war die kaiserliche Farbe – miteinander verbunden.

Denkmälern des Stelenwalds von Sian, wo auch zahlreiche andere Überreste aus dem Tschangan der Tangzeit zu sehen sind. Zu den bedeutendsten gehören der Tempel der Mütterlichen Gnade sowie die Große und die Kleine Wildganspagode.

Bis zur Herrschaft des Tangkaisers Wu Dsung wurde in China die Verbreitung des Buddhismus gefördert. Im Jahr 629 reiste der Mönch Hsüän Dsang in das Westliche Paradies (Ceylon und Indien), um dort die Weisheit zu finden und die heiligen Schriften zu studieren. Als er 645 nach Tschangan zurückkehrte, brachte er 657 Bände buddhistischer Schriften mit. Drei Jahre später ließ der Sohn Kaiser Tai Dsungs, der spätere Kaiser Gao Dsung (650–683), im Gedenken an seine Mutter einen prächtigen Tempel erbauen, den er den Tempel der Mütterlichen Gnade nannte. Als die Bauarbeiten abgeschlossen waren, wies er den Mönch Hsüän Dsang an, darin zu leben, damit dieser dort die buddhistischen Schriften übersetzen könne. 652 errichtete man auf Wunsch Hsüän Dsangs im innersten Hof des Tempels der Mütterlichen Gnade aus Stein, Ziegeln und Erde eine Pagode, in der die heiligen Bücher aufbewahrt werden sollten. Es war die sogenannte Große Wildganspagode. Von den ursprünglich zehn Stockwerken des Gebäudes wurden die oberen fünf zerstört; bei einer Restauration im 8. Jahrhundert fügte man ihr wieder zwei Stockwerke hinzu.

Die Kleine Wildganspagode wurde 707 von der Kaiserin Wu zum Andenken an ihren verstorbenen Gemahl, Kaiser Gao Dsung, im Bezirk des großen Tempels Hsiän Fu erbaut. Man gab ihr diesen Namen, weil sie trotz ihrer 15 Stockwerke niedriger ist als die Große Wildganspagode.

Wie die meisten Grabstatuetten der Tangzeit, die Soldaten darstellen, sind auch diese beiden Gardesoldaten in Rüstungen wiedergegeben. Berufssoldaten trugen einen an Schultern, Brust, Bauch und Oberschenkeln gepolsterten Panzer aus Leder. Da das stehende Heer nicht sehr groß war, zog man, oft mit Gewalt, die Bauern ein.

Gesandtschaften am chinesischen Hof

Unter den Tangkaisern (7.–9. Jahrhundert) war China ein reicher, mächtiger Staat, dessen hohe Kultur und politische Stabilität von den Nachbarländern bewundert wurden. Diplomatische Abordnungen trafen in Tschangan ein, und zahlreiche ausländische Gesandtschaften wurden in der Stadt eingerichtet. Die größte war die japanische, zu der über 300 Personen gehörten. Auch viele junge Ausländer kamen nach Tschangan, um an der nationalen Universität, in der 8000 Studenten eingeschrieben waren, das chinesische Verwaltungssystem und chinesische Technik zu studieren.

Im Jahr 630 reisten mehrere fremde Herrscher nach Tschangan, um von Kaiser Tai Dsung in Audienz empfangen zu werden. Aus freien Stücken begrüßten sie den Kaiser als Himmelskhan, also als obersten aller Herrscher. Ebenso aus freien Stücken entrichteten sie China Tribute.

Der Himmelskhan war nicht nur dem Namen nach der oberste Herrscher, er konnte über die Streitkräfte fremder Länder verfügen. Als zum Beispiel 648 ein Sonderbotschafter Chinas in Assam von Gegnern der Tangdynastie belästigt wurde, befahl dieser im Namen des Himmelskhans den Heeren Tibets und Nepals, den Aufstand niederzuschlagen. Und als sich im darauffolgenden Jahrhundert der Militärgouverneur An Lu-schan gegen die Tangdynastie erhob, riefen Kaiser Su Dsung und Kaiser Dai Dsung die Heere der türkischen Uiguren und des Kalifen zu Hilfe.

641 wurde mit Erlaubnis des Tangkaisers die junge Prinzessin Wen Tscheng mit dem König von Tibet verheiratet. 642 boten die Tölös-Türken dem Herrscher 3000 Pferde als Tribut an und baten um die Hand einer Tangprinzessin, doch der Kaiser wies dieses Angebot ab. 643 entsandten die Syr-Tardush-Türken ihren Thronfolger nach Tschangan, um ein Bündnis mit China zu schließen, und boten als Tribut Kamele, Ziegen, Rinderherden und 50000 Pferde an.

Durch die engeren Beziehungen zwischen China und seinen Nachbarländern verstärkte sich der kulturelle Austausch. Das chinesische Rechtssystem beeinflußte die Entwicklung des Rechts in Japan, Korea, Annam und der Mongolei. Der schachbrettartige Grundriß von Tschangan diente den Japanern als Vorbild beim Bau ihrer Stadt Nara. In vielen westlichen Ländern begann man Seidenraupen zu züchten. Gleichzeitig gelangten die Musik und die Künste fremder Länder, ihre Spiele, Sportarten und viele ihrer Gebrauchsgegenstände nach China.

Die Tafelfreuden

Die Anbaugebiete rund um Tschangan lieferten Jahr für Jahr gute Ernten. Das reiche Angebot und der niedrige Preis der Nahrungsmittel machten das Leben für jedermann leicht und angenehm. Die staatlichen Kornspeicher und die Vorratskammern der Privatleute waren angefüllt mit Reis-, Weizen- und anderen Lebensmittelvorräten, und viel verdarb, ehe es verbraucht werden konnte.

Wie die Überlieferung berichtet, fragte Kaiser Hsüän Dsung eines Tages den Kaufmann Wang Yüän-bao, wie hoch sein Vermögen sei. „Majestät", antwortete Wang, „wenn ich an jedem Baum im Wald auf dem Südhügel eine Rolle Seide aufhängen wollte, fände ich nicht genügend Bäume für all meine Seide." Eine Rolle Seidenstoff kostete damals 500 Käsch. Für ein Käsch (Li), eine kleine chinesische Münze, konnte man zur Zeit der Tang drei Eier kaufen, ein chinesisches Maß Reis (etwa 6 l) kostete 40 Käsch. Da ein Stück Seide für 500 Käsch etwas Teures war, kann man sich vorstellen, wie reich Wang Yüänbao war, ein ganz gewöhnlicher Kaufmann.

Wie jede Großstadt zu jeder Zeit hatte auch Tschangan zur Zeit der Tang mit der Kriminalität zu kämpfen. Es gab asoziale Elemente, die in allen möglichen Dingen gegen die guten Sitten verstießen. Zum Beispiel ließen sie sich tätowieren, was damals verpönt war, da Tätowierte als Angehörige der Unterwelt galten.

Tätowiert wurden alle möglichen Muster und Figuren, ja sogar Illustrationen volkstümlicher Gedichte. Ein junger Mann erhielt den Spitznamen „Das wandelnde Bilderalbum des Sekretärs Bo", denn er hatte sich die Illustrationen von 30 Gedichten des Bo Djüi auf die Haut tätowieren lassen. Ein anderer junger Mann, der von Kopf bis Fuß tätowiert war, nannte sich der „Dritte Prinz". Da er viele Verbrechen begangen hatte, wurde er schließlich zum Tode verurteilt.

Die im Wohlstand lebende Gesellschaft im Tschangan der Tangzeit wußte alle Freuden des Lebens zu genießen. Im 7. Jahrhundert, unter der Herrschaft des Kaisers Gao Dsung, wurde das Teetrinken populär. Zwischen 674 und 676 veröffentlichte Lu Jü sein berühmtes dreibändiges Buch über den Tee, das alles über die Behandlung der Teeblätter, die Zubereitung und das Servieren des Tees enthielt. Immer mehr Leute fanden Geschmack an diesem Getränk. Tschang Guan, Gouverneur der Provinz Djändschou, erfand eine spezielle Methode für die Zubereitung einer Teepaste. Dafür wurden die Blätter zunächst gedämpft, dann geröstet und schließlich zu einem feinen Pulver zerrieben. Diese Teepaste gibt es in China heute nicht mehr, doch benutzt man sie bei einer Teezeremonie noch in Japan.

In Tschangan konnte man viele Delikatessen kaufen. Neben zahlreichen Läden gab es zwei berühmte Häuser, die sich auf die Herstellung feiner Eßwaren spezialisiert hatten. Das eine war ein bekanntes Restaurant, das an jedem Festtag des Jahres ein besonderes Gericht servierte. Das andere, eine Bäckerei, erfreute sich dank seiner ausgezeichneten Kuchen und Konditorwaren größter Beliebtheit. Ihr Besitzer wurde im Lauf der Zeit sehr reich und schenkte der Regierung eine hohe Geldsumme. Dafür wurde ihm der Titel eines Jüän-Wai verliehen, eine Ehrenbezeichnung ohne Amt. Außer wohlschmeckenden chinesischen Spezialitäten mit so poetischen Namen wie Blumenteller der acht Feen, Goldbälle auf Jadeblättern oder Drachenbärte waren

Um einen Tisch sitzend, nehmen die adligen Hofdamen einen Imbiß ein und musizieren. Wie auch in den Häusern der Reichen war die Einrichtung im Kaiserpalast spärlich. Sie bestand vor allem aus niedrigen Tischen, Schemeln, Wandschirmen und Betten. Stühle waren selten und hohen Persönlichkeiten vorbehalten. Das Bild stammt aus der Zeit der Fünf Dynastien (907–960).

Die Musik spielte am Hof der Tangkaiser bei Zeremonien eine wichtige Rolle. Von links nach rechts erkennt man eine Schengspielerin (Scheng war eine Mundorgel), zwei Zimbelspielerinnen, dazwischen eine Pipaspielerin (Pipa war eine Art Laute) und die Spielerin eines Doppelrohrblattinstruments, das einer kurzen Oboe entspricht. In der chinesischen Musik, die sich schon sehr früh entwickelte, benutzte man eine fünfstufige Tonleiter.

ausländische Leckerbissen wie die kleinen Hu-Kuchen und die weichen, lokkeren Brahmanen aus Weizenmehl ebenfalls sehr beliebt.

Die Chinesen der Tangzeit tranken nie vor oder während der Mahlzeiten Wein, sondern nur danach. Wenn man zusammen Wein trank, war es üblich, daß einer nach dem anderen einen Becher Wein leerte. Nach der ersten Runde trank wieder der Reihe nach jeder einen Becher. Und so fort. Wenn einer den Wein in seinem Becher nicht ganz austrinken konnte, wurde er bestraft. Ein unparteiischer Weinrichter legte die Bußen fest. Der Brauch der Weinstrafen stammte aus der Zeit der

Zu den anmutigsten Grabstatuetten aus der Tangzeit gehören die Figürchen von Tänzerinnen. Ihre Größe und Ausführung richteten sich nach dem Rang des Verstorbenen.

Dschoudynastie (1. Jahrtausend v. Chr.). Wer gegen die Trinkvorschriften verstieß, wurde entweder geprügelt oder gezwungen weiterzutrinken.

Mode und Schönheit
Unter den ersten Tangkaisern benutzte man weder Tische noch Stühle und setzte sich auch nicht auf den Boden wie früher, sondern auf das Bett. Man kniete sich hin und ließ sich auf die Fersen nieder wie die Japaner auf der Binsenmatte. Das sehr große Bett der Tangzeit war flach und hart und erhob sich etwa 60 cm über den Boden. Daneben stand im allgemeinen ein Schemel, auf den man stieg, um mit Anstand auf das Bett zu gelangen.

Die wichtigsten Verkehrsmittel während der Tangzeit waren das Pferd sowie zwei- und vierrädrige Wagen. Beamte begaben sich hoch zu Roß an den kaiserlichen Hof oder zu ihrem Amt. Auch das gemeine Volk, Männer wie Frauen, reiste zu Pferd, wenn das Ziel weit entfernt war oder man es eilig hatte. Eine Dame fuhr im allgemeinen in einem gedeckten Ochsenkarren. Wenn sie ausstieg, entfaltete eine Magd ein großes Tuch vor ihr, um sie vor fremden Blicken zu schützen.

Die Damenmode orientierte sich an der Mode der Länder im Westen und änderte sich häufig. Unter der frühen Tangdynastie hatte man eine besondere Vorliebe für Kapuzen und Umhänge. Nach dem Jahr 650 kamen Hüte mit Schleier in Mode. Im 8. Jahrhundert begannen die kaiserlichen Hofdamen Hüte ohne Schleier zu tragen. Später legten sie auch die Hüte ab und gingen barhäuptig aus, so daß man ihre hohen, nach Art der Uiguren geschlungenen Haarknoten bewundern konnte. Um die Haarknoten noch höher zu machen – bisweilen erreichten sie 30 cm –, verwendete man fremde Haarteile. Kleider und Röcke waren meist bodenlang, aber die hohen Kragen der Frühzeit wichen allmählich breiten, tiefen Halsausschnitten. Eine Frau galt nur dann als schön, wenn sie auch üppige Formen besaß. Die berühmte Schönheit Jang Gui-fei (Jang, die kostbare Gattin) war recht füllig. Auf Gemälden der Tangzeit erscheinen die schönen Damen immer rundlich und mit vollen Gesichtern.

Die Damen benutzten weißes Gesichtspuder, tupften sich etwas Rouge auf die Wangen und zogen Lippen und Augenbrauen nach. Die Augenbrauen wurden ziemlich breit gezeichnet, und man konnte zwischen zehn verschiedenen Formen wählen: dick oder dünn, hoch oder niedrig, gerade oder gewölbt und so weiter. Manche Frauen rasierten

Das Festgewand der Frauen war ein bodenlanges, loses Kleid, dessen Ärmel die Hände verbargen. Im Alltag trug man eine weite Hose mit langer Jacke. Die Schuhe waren aus Baumwolle, manchmal mit Seide überzogen. Diese Grabstatuette einer eleganten jungen Dame stammt aus der Tangzeit.

CHINA UND SEINE DYNASTIEN

Schon sehr früh haben chinesische Historiker die Geschichte ihres Landes nach Dynastien gegliedert. Das war nicht nur als Ordnungsprinzip zweckmäßig, sondern hatte auch tiefere Gründe. Für die Chinesen zeigte die Geschichte keine Entwicklung (die natürlich dennoch stattfand), sondern nur die Bewahrung und notfalls die Wiederherstellung der überlieferten, vom Himmel gegebenen Ordnung. Diese Anschauung verstärkt für uns den Eindruck, daß die Geschichte Chinas aus einem Auf und Ab besteht, das sich ständig wiederholt. Das Land blühte, wenn ein tugendhafter Kaiser herrschte, den der Himmel sichtlich segnete, während moralische Verfehlungen eines Herrschers den Unwillen des Himmel auf ihn und auch auf sein Land herabbeschworen. Diesem Schema zufolge war der Gründer einer Dynastie stets ein tüchtiger und glücklicher Mann, dessen tugendhafte Nachkommen China in eine Glanzzeit führten. Doch dann trat der Verfall unter unfähigen Herrschern ein, bis die Dynastie durch einen vom Himmel ausersehenen Mann gestürzt wurde. Bei alledem muß man selbstverständlich bedenken, daß die Geschichte jeder Dynastie während der Herrschaft der nächsten geschrieben wurde.

Die chinesische Hochkultur entfaltete sich zuerst in den Tälern des mittleren Hwangho und des Weiho und breitete sich von dort nach Osten und Nordosten aus. Dieses Kerngebiet in Nordchina war einerseits Ausgangspunkt der allmählichen Kolonisierung des Südens und andererseits Angriffsziel türkischer und mongolischer Reiternomaden aus dem Westen und Norden, die dort oft eigene Staaten gründeten. Zwar setzte sich in ihnen die chinesische Kultur stets durch, aber Nordchina wurde mehr und mehr von Fremden durchdrungen. Diese Vorgänge erklären die häufige Zersplitterung Chinas in Einzelstaaten mit eigenen Dynastien und den Gegensatz zwischen Nord und Süd.

Nach der Überlieferung beginnt die Geschichte Chinas mit fünf Urkaisern, die alle kulturellen Errungenschaften brachten. Ihnen folgten drei weitere Kaiser, die die staatliche Ordnung schufen. Dann beginnt die Reihe der Dynastien mit den noch mythischen Hsia. Erst mit der nächsten, der Schangdynastie, stehen wir auf historischem Boden. Die folgende Aufzählung der chinesischen Dynastien ist nicht vollständig, denn in den Zeiten der Zersplitterung herrschten mehrere Dynastien nebeneinander, die hier nicht erscheinen. Man gliedert die chinesische Geschichte wie folgt:

1450–1050 v. Chr. (traditionell: 1751–1111 v. Chr.)	Schangdynastie
etwa 1050–249 v. Chr.	Dschoudynastie
221–206 v. Chr.	Tjindynastie
206 v. Chr.–220 n. Chr.	Handynastie
221–280 n. Chr.	Zeit der drei Reiche
265–316 n. Chr.	Westliche Djindynastie
317–419 n. Chr.	Östliche Djindynastie
420–580 n. Chr.	Zeit der sechs Dynastien
581–618 n. Chr.	Suidynastie
618–906 n. Chr.	Tangdynastie
907–960 n. Chr.	Zeit der fünf Dynastien
960–1279 n. Chr.	Sungdynastie
1280–1367 n. Chr.	Jüändynastie
1368–1644 n. Chr.	Mingdynastie
1644–1911 n. Chr.	Tjingdynastie

Am bedeutendsten waren die Handynastie und die Tangdynastie, unter denen ganz China unter einheimischen Herrschern geeint war und seine staatliche und kulturelle Eigenart sich voll entfalten konnte.

sich die Augenbrauen ab und malten sie sich höher auf die Stirn, wie es noch heute die japanischen Geishas tun. Die Lippenfarben umfaßten 16 verschiedene Rottöne, die Phantasienamen trugen. Als Schönheitspflästerchen klebten sich die Damen eine winzige Blüte aus Gold- oder Silberfolie zwischen die Augenbrauen.

Bei Männern wie bei Frauen konnte man am Stil und an der Farbe der Kleidung erkennen, welchen Beruf sie ausübten, welche Stellung sie in der Verwaltungshierarchie einnahmen und welcher Gesellschaftsschicht sie angehörten. Die einfachen Frauen in den Städten trugen im allgemeinen rote, die Bäuerinnen weiße Röcke. Beamte des fünften Rangs und darüber hatten Anrecht auf purpurrote Gewänder, die von Rang sechs und darunter auf rote, blaue oder grüne Kleidung. Nichtadlige trugen Weiß, Soldaten Gelb und Kaufleute Schwarz.

Die eleganteste der oft sehr komplizierten Damenfrisuren war der hohe, voluminöse Knoten, der von langen Haarnadeln – wie diese aus vergoldetem Silber – und bunten, schmuckbesetzten Bändern zusammengehalten wurde. Oft legte man das Haar auch in große Rollen, die man über den Ohren feststeckte. Die Männer trugen das Haar kurz oder zu einem Knoten geschlungen, der ebenfalls mit Schmuckstücken verziert wurde.

Spiele und Feste

In der Wohlstandsgesellschaft der Tangzeit hatten die Menschen Geld, Muße und kaum materielle Sorgen. Viele verbrachten ihre Zeit mit Glücksspielen, denn das war modern. Das beliebteste unter den Dutzenden von Glücksspielen war das Tschang Hsing (langer Marsch). Auf einem Brett wurden, je nachdem, welche Zahl der Spieler gewürfelt hatte, 15 schwarze und 15 gelbe Steine vorgerückt, bis eine Partei gewonnen hatte. Ein anderes sehr beliebtes Spiel war das Schuang Lu (Doppelsechs), das angeblich aus Indien stammt und im 6. Jahrhundert in China eingeführt wurde. Es war ebenfalls ein Brettspiel mit Steinen und zwei Würfeln. Beide Spiele ähneln dem heutigen Backgammon. Doch Glücksspiele waren in Tschangan nicht die einzige Zerstreuung. Kaiser Hsüän Dsung unterhielt im sogenannten Birnengarten eine Schauspieltruppe von über 3000 Personen. Ihr Repertoire umfaßte zahlreiche chinesische Theaterstücke und über 20 ausländische Tanzspiele. Es gab auch viele Jongleure und Gaukler, darunter Feuer- und Schwertschlucker und andere Trickkünstler.

Hahnenkämpfe, die man in China schon lange kannte, waren in der Tangzeit ebenfalls sehr beliebt, nicht nur beim Volk, sondern auch beim Adel und bei den Angehörigen des Kaiserhauses. Auf dem Palastgelände hielt Kaiser Hsüän Dsung in zwei riesigen Hühnerhöfen Tausende von Kampfhähnen und hatte 500 Knaben, die die Tiere fütterten, abrichteten und pflegten. Da ein Kampfhahn bis zu zwei Millionen Käsch kostete, spielten diejenigen, die sich keine lebenden Hähne leisten konnten, mit Hähnen aus Holz.

Als eines Tages Djia Tschang, ein siebenjähriger Junge, mit seinem Holzhahn auf der Straße spielte, kam Kaiser Hsüän Dsung vorbei und sprach ihn an. Der Herrscher war von der Geschicklichkeit und der Wortgewandtheit des Jungen so beeindruckt, daß er ihn als Hahnenpfleger in den Palast holte und ihm den Sold eines kaiserlichen Leibgardisten zahlte. Da Djia Tschang die Vogelsprache verstanden haben soll, richtete er die Hähne so gut ab, daß alle Welt darüber staunte. Seine Familie wurde vom Kaiser reich mit Gold und Seide beschenkt. Dieses Hahnenpflegerwunderkind blieb 40 Jahre lang in der Gunst des Herrschers.

Ein anderes sehr verbreitetes Spiel in Tschangan war Polo. Es soll aus Persien stammen und gelangte über die Länder

Die Spiegel, im allgemeinen aus Bronze, hatten eine polierte Vorder- und eine dekorativ geschmückte Rückseite. Der abgebildete Spiegel wie auch der Kamm stammen aus der Tangzeit.

DIE SEIDENHERSTELLUNG

Seide war in China schon mindestens um 1000 v. Chr. bekannt. Das Gewerbe der Seidenherstellung entwickelte sich unter der Handynastie und erlebte in der Tangzeit einen großen Aufschwung, da in dieser Epoche alle Adligen und reichen Kaufleute Seidengewänder trugen. Fast alle chinesischen Familien züchteten Seidenraupen, spannen die Seide und webten sie. Sogar die Hofdamen widmeten sich der Seidenherstellung, wie nebenstehendes Bild zeigt, das Kaiser Hui Dsung (1101–1126) nach einem Gemälde von Dschang Hsüän (Tangzeit) anfertigte. Einige Damen schlagen gerade mit einem Stößel Rohseide, um sie vor der Verarbeitung geschmeidiger zu machen; eine Hofdame auf einem Hocker stickt, während eine andere Seidenfädchen zu einem festen Faden verzwirnt. Die von den Kokons abgewickelten Fäden waren vorher mit Pflanzenfarbstoffen gefärbt worden. Die auf einem horizontalen Webstuhl gefertigten Seidenstoffe wurden zu Kleidern verarbeitet oder als Dekorationsmaterial verwendet. Sie konnten bemalt werden. Die Seidenausfuhr war ein blühender Handelszweig.

Diese glasierte Terrakottastatuette einer vornehmen Dame aus einem Grab stellt vielleicht die Favoritin eines Prinzen dar. Sie trägt einen weiten Hausmantel aus blauer Seide. Das runde Gesicht, der kleine Mund und der anmutige Hals entsprechen dem weiblichen Schönheitsideal der Tangperiode.

im Westen nach China, wo es sich später, ebenso wie in Japan, Korea, Tibet und Indien, großer Beliebtheit erfreute. Das moderne europäische Polo ist praktisch das gleiche wie das Polo der Tangzeit: Es ist ein Reiterspiel, bei dem jede der beiden Mannschaften mit dünngestielten, hammerartigen Schlägern einen kleinen Ball ins Tor der Gegenseite zu treiben sucht.

In der ersten Zeit waren die Polobälle, die die Länder im Westen mit Pferden als Tribut nach China sandten, aus Wolle oder Filz und mit Leder überzogen. Später, zur Tangzeit, stellten die Chinesen selbst Bälle her, ebenfalls mit Lederhülle, aber aus Holz, die von den Spielern bevorzugt wurden. Der an einem Ende leicht gekrümmte Schläger besaß einen reich verzierten Griff. Gespielt wurde im allgemeinen auf einer großen Rasenfläche. Die beste war die im Birnengarten.

Eine Partie Polo

Über die Begeisterung der Chinesen für das Polospiel sind aus der Tangzeit viele Anekdoten überliefert. Im Jahr 707 zum Beispiel befahl Kaiser Dschung Dsung den Kandidaten, die sich einer

Aus Arabien, Persien, Indien und Japan strömten fremde Händler in die Tangmetropole Tschangan, wo sie große Kolonien bildeten. Sie brachten bis dahin unbekannte Produkte ins Land, wie Wein und Zucker. Die Waren wurden in gedeckten Ochsenkarren, auf Kamelen, manchmal auch von Menschen transportiert.

Prüfung für den Staatsdienst unterzogen, über das Thema „Eine Polopartie im Birnengarten" ein Gedicht oder einen Aufsatz zu schreiben.

Als im Jahr 710 zu Ehren des tibetischen Gesandten eine Polopartie veranstaltet wurde, bat dieser den Kaiser, seinen Wachen zu gestatten, gegen die chinesische Mannschaft anzutreten. Die Tibeter gewannen mehrere Partien. Hsüän Dsung, damals ein forscher junger Prinz, verfolgte die Spiele mit atemloser Spannung. Spontan bildete er zusammen mit vier anderen Prinzen eine Mannschaft und siegte zur Freude aller Zuschauer haushoch über die tibetische Mannschaft.

Sehr viele Leute, darunter die Mitglieder der Schauspieltruppe vom Birnengarten, die Prinzen und die übrigen Angehörigen der kaiserlichen Familie, ja sogar die Kaiser, waren entweder selbst ausgezeichnete Polospieler oder begeisterte Zuschauer. Viele Männer aus dem Volk wurden Berufsspieler oder Pferdetrainer. Andere verdienten sich ihren Lebensunterhalt mit der Herstellung von Polobällen und -schlägern.

Während der Tangzeit feierte man im Kaiserpalast, in Tschangan, in den Städten und Dörfern zahlreiche Feste. So etwa fand am fünfzehnten Tag des ersten Monats des Mondjahrs das Laternenfest statt. Drei Nächte lang war in Tschangan die Ausgangssperre aufgehoben, damit alle, Männer, Frauen und Kinder, auf die Straßen gehen und die unzähligen phantastischen Laternen bewundern konnten, die die Stadt erhellten und das Licht des Vollmonds überstrahlten.

Am fünften Tag des fünften Monats tauschten Verwandte und Freunde Geschenke aus, und Regatten wurden veranstaltet.

Am siebten Tag des siebten Monats feierte man das Fest der Liebenden. Das Volk verehrte den Hirten und die Weberin und wünschte ihnen viel Glück.

Nach chinesischem Volksglauben trafen sich die beiden Liebenden einmal im Jahr, nämlich in dieser Nacht, auf einer Brücke, die mitfühlende Elstern quer über die Milchstraße bildeten.

Der fünfzehnte Tag des siebten Monats war das Fest der Schatten, an dem man den Geistern der Ahnen Opfer darbrachte. Man glaubte, daß der Mond am fünfzehnten Tag des achten Monats am vollsten im ganzen Jahr sei. Dann fand das Mittherbstfest statt. Man zechte die ganze Nacht und huldigte dem Gestirn.

Alle diese und viele andere Feste aus der Tangzeit werden von den Chinesen in aller Welt auch heute noch gefeiert, denn die Sitten und Bräuche aus der Tangzeit prägten das chinesische Volk tief und nachhaltig.

HENRY H. SOONG

FRÜHE TECHNIKEN

In der Altsteinzeit, kam der Mensch mit wenigen Techniken aus. Sicher, er verstand, Feuer zu machen und zu nutzen, er konnte aus Stein, Knochen, Holz oder ähnlichem Material die wenigen Werkzeuge, Geräte und Jagdwaffen herstellen, die er brauchte und bei seiner unsteten Lebensweise mit sich führen konnte. Das änderte sich in dem Augenblick, als aus Sammlern und Jägern seßhafte Bauern wurden, Menschen also, die nicht mehr von der Hand in den Mund lebten, sondern genug Nahrungsmittel produzierten, daß auch andere davon satt wurden, Handwerker zum Beispiel, die nun Zeit fanden, neue Techniken zu entwickeln.

Man weiß nicht, auf welche Weise der Mensch das Feuer zu beherrschen lernte. Auf vorgeschichtlichen Lagerplätzen fand man nur die Spuren von Feuerstellen. Die vielleicht älteste Feuerstelle (um 700 000 v. Chr.) wurde in der Höhle von L'Escale bei Aix-en-Provence entdeckt. Oben: Ein Afrikaner in Ruanda macht wie vor Tausenden von Jahren Feuer mit einem Feuerbohrer.

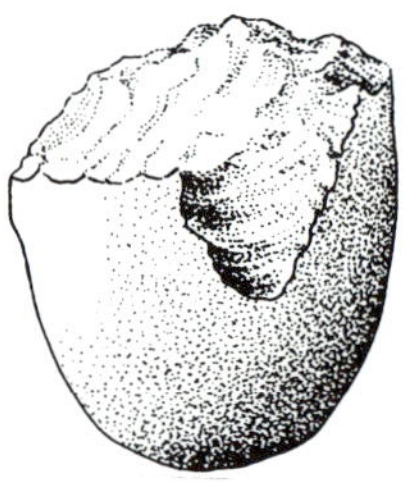

Geröllgerät aus Olduwai (Kenia, vor 1,8 Millionen Jahren)

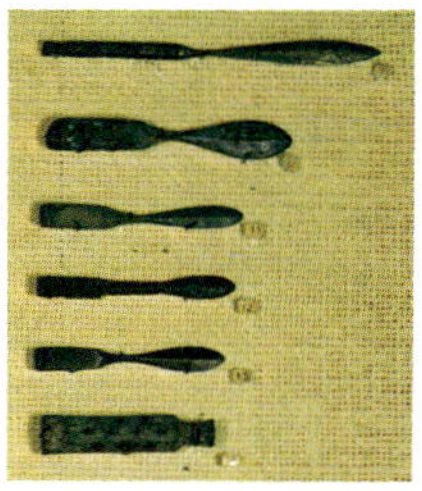

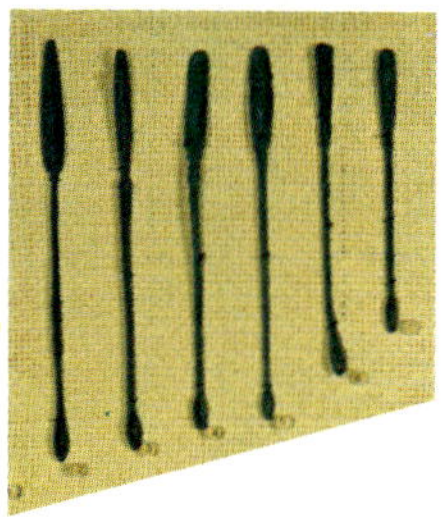

Augenchirurgische Bestecke aus Bronze (Gallien, 1.–3. Jahrhundert)

Vom Geröllgerät zum Chirurgenbesteck

Das älteste, mit Sicherheit von Menschenhand gefertigte Werkzeug wurde 1969 im Omotal in Äthiopien gefunden und ist über zwei Millionen Jahre alt. Es handelt sich um ein Geröllgerät, dessen Schneide durch rechtwinkligen Abschlag entstand. Die Abschlagtechnik wurde immer mehr verfeinert und damit die Steinwerkzeuge. Aber erst, als man Metall zu nutzen verstand, konnte man darangehen, ausgeklügelte Instrumente zu schaffen, wie es sie bereits in der klassischen Antike gab, etwa die erstaunlich modern anmutenden Instrumente der galloromischen Augenärzte. Mit ihren verbesserten chirurgischen Bestecken operierten die Römer sogar grauen Star, aber auch das Aneurysma der Arterien und entfernten Blasensteine.

Die Entwicklung des Ackerbaus

Grabstock der Inka (spanische Handschrift, 16. Jahrhundert)

Wir wissen zwar, daß die ältesten Zentren des Ackerbaus dort lagen, wo die wilden Urformen der wichtigsten Getreidesorten vorkamen – Weizen und Gerste im Vorderen Orient, Reis in Südostasien, Mais in Mexiko –, wie man damals jedoch Nutzpflanzen anbaute, ist uns unbekannt. Das älteste bekannte Gerät zur Bodenbearbeitung ist der Grabstock. Man bohrt damit Löcher in den Boden, in die man das Saatgut brachte. Später zog man mit der Hacke Furchen. Im 4. Jahrtausend v. Chr. schließlich kam in Sumer und Ägypten der räderlose Hakenpflug auf. Für die ersten Ackerbauern spielte die Bewässerung eine wichtige Rolle. In Ägypten regulierte man die Nilschwellen durch Deiche, während es in Mesopotamien ein dichtes Netz von Kanälen gab, die von den Flüssen gespeist wurden.

Ägyptischer Schaduf, ein Wasserhebegerät (Theben, 19. Dynastie)

Griechischer Hakenpflug (auf einer attischen Schale, um 530 v. Chr.)

Vorgeschichte der Textilherstellung

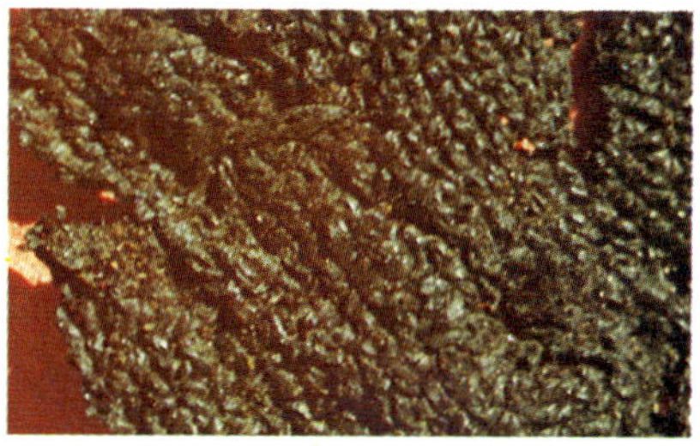

Wollgewebe aus Çatal Hüyük (6. Jt. v. Chr.)

Einer der ältesten Textilfunde ist ein über 8000 Jahre altes Stück Stoff, das in Çatal Hüyük (Türkei) geborgen wurde. Zu Anfang wurde gesponnen, indem man die Fasern zwischen den Händen oder auf den Schenkeln rollte, aber um 6000 v. Chr. war sicher bereits die Spindel bekannt. Man hat zahlreiche Spinnwirtel gefunden, die aus der Zeit nach 5000 v. Chr. stammen. Die Spindel dient zum Verdrillen und Aufwickeln des Fadens, der Spinnwirtel wurde als Schwunggewicht daraufgesetzt. Zum Weben benutzte man zunächst waagrecht angeordnete Webrahmen oder Webstühle. Man hat aber bronzezeitliche Spanngewichte für die Kettfäden gefunden, was auf senkrechte Webstühle schließen läßt.

Spinnwirtel aus Stein (Jungsteinzeit)

Aztekin beim Spinnen. (Codex Mendoza, 16. Jahrhundert)

Senkrechter Webstuhl (Attisches Vasenbild, um 550 v. Chr.)

Frühe Metallverarbeitung

Schon in der Jungsteinzeit kannte man einige Metalle. In Çatal Hüyük tauchten bereits im 7. Jahrtausend v. Chr. Kupfer und Blei auf, was auf Anfänge der Metallverarbeitung hinweist. In Ur erscheint die erste Bronze zwischen 3500 und 3200 v. Chr. Im 3. Jahrtausend v. Chr. stellte man in Ägypten durch Hämmern Werkzeuge aus gediegenem Kupfer her; auch Gold, Silber und Blei wurden dort zur gleichen Zeit verarbeitet. Schon um 2000 v. Chr. gewann man in Kleinasien Eisen, das in Mitteleuropa erst in der Hallstattzeit (750–450 v. Chr.) verwendet wurde.

Bergwerksstollen (Darstellung aus Korinth, 6. Jahrhundert v. Chr.)

Bronzegefäß aus China (14.–11. Jahrhundert v. Chr.)

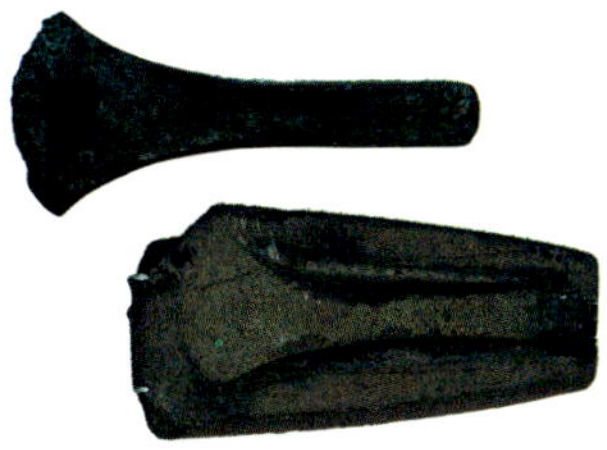

Bronzeaxt und zugehörige Steinform (Bronzezeit)

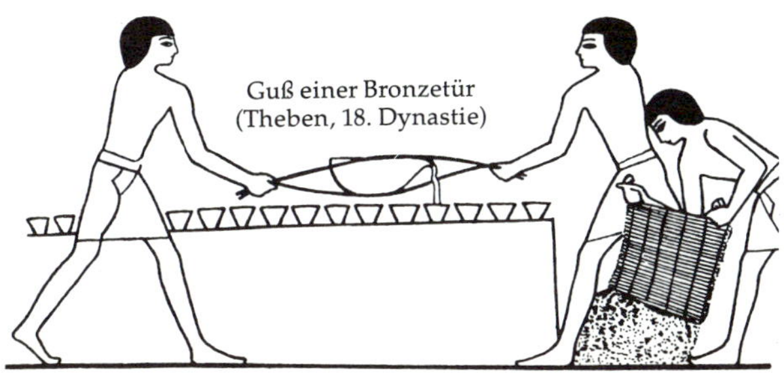

Guß einer Bronzetür (Theben, 18. Dynastie)

Die Töpferei

Die Erfindung der Keramik ist eine der großen Errungenschaften der Jungsteinzeit. Die von Hand geformten Tongefäße wurden zunächst an der Sonne getrocknet, dann brannte man sie, damit sie härter und wasserdicht wurden, im offenen Feuer und bei niedrigen Temperaturen. Dabei standen die Stücke auf dem Boden oder in einer Grube. Darüber schichtete man leichtes Brennmaterial. Die ersten Brennöfen – Brennstoff und Tonware sind darin noch nicht getrennt – stammen aus dem frühen 4. Jahrtausend v. Chr. Die Töpferkunst Mesopotamiens, Ägyptens und Chinas setzt einen Brennofen mit getrennter Brennkammer und die Möglichkeit der Temperaturkontrolle voraus. Die Töpferscheibe taucht in Mesopotamien schon im 4. Jahrtausend v. Chr. auf.

Hockender Mann, der einen Krug modelliert (Sakkara, 5. Dynastie)

Chinesischer Porzellanbrennofen (17. Jahrhundert)

Die Glasherstellung

Die Herstellung von Glas wurde um 2500 v. Chr. in Ägypten oder Phönikien erfunden. Vermutlich war es ein Nebenprodukt beim Brennen von Keramik. Anfangs stellte man aus Glas nur Schmuckperlen her. Um 1500 v. Chr. fertigte man die ersten Gefäße, indem man sie über einem Kern formte: Ein mit Sand oder Ton gefülltes Stoffsäckchen wurde in die zähflüssige Glasmasse getaucht oder mit verschiedenfarbigen, noch weichen Glasschnüren so umwickelt, daß Muster entstanden. Im 1. Jahrhundert v. Chr. wird Glas erstmals geblasen, entweder in einer Form oder auch schon frei. Durch diese Technik war man in der Lage, größere Gefäße in kürzerer Zeit herzustellen.

Fläschchen aus Glaspaste (Ägypten, 18. Dynastie)

Gallorömische Urne aus geblasenem Glas (1. Jh.)

Die Erfindung des Rads

Das Rad kommt aus Mesopotamien, doch ob es schon im 4. Jahrtausend v. Chr. verwendet wurde, ist umstritten. Eine der ältesten Darstellungen des Rads findet sich auf der Standarte von Ur, einer sumerischen Mosaikarbeit (3. Jahrtausend v. Chr.), auf der Streitwagen abgebildet sind. Der Wagenkasten ist schwer, die hölzernen Scheibenräder bestehen aus mehreren Stücken, doch man weiß nicht genau, wie sie zusammengefügt waren. Um 2000 v. Chr. taucht das Rad mit vier oder sechs Speichen auf, das viel leichter und stabiler ist. Solche Räder hatten die ägyptischen (und wohl auch die hethitischen) Streitwagen im 2. Jahrtausend v. Chr. Das Rad ist eine Erfindung von umwälzender Bedeutung.

Sumerisches Rad (Ur, 3. Jt. v. Chr.)

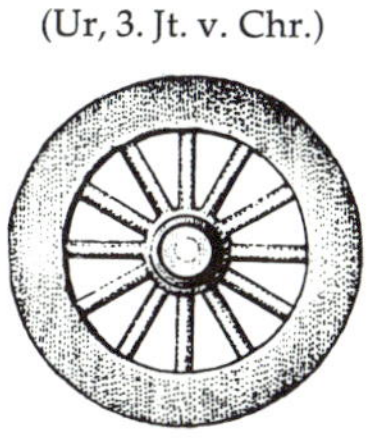

Etruskisches Rad (300 v. Chr.)

Streitwagen mit Scheibenrädern (Mari, 3. Jahrtausend v. Chr.)

Die Nutzung natürlicher Energiequellen

Lange Zeit hatte der Mensch als einzige Energiequellen nur seine Muskeln und die Zugkraft der Tiere. Die erste Hebemaschine der Menschheitsgeschichte ist ein langer Waagebalken mit einem Gewicht, der zum Wasserschöpfen dient. Dieses Hebewerk heißt Schaduf. Er findet sich seit etwa 1500 v. Chr. in Ägypten. In hellenistischer Zeit begann man schon die Muskelkraft durch die Wasserkraft zu ersetzen. Das von dem römischen Architekten Vitruv im 1. Jahrhundert beschriebene unterschlächtige Wasserrad wird vom fließenden Wasser angetrieben. Das oberschlächtige Wasserrad, bei dem das Gewicht des Wassers ausgenutzt wird, erbringt eine größere Leistung. Es wurde Anfang der byzantinischen Epoche erfunden. Die ersten sicher belegten Windmühlen hingegen sind nicht viel älter als der Islam. Bei ihnen befindet sich das waagrecht umlaufende Windrad in einem Rundbau, der auf der Seite der Hauptwindrichtung offen ist.

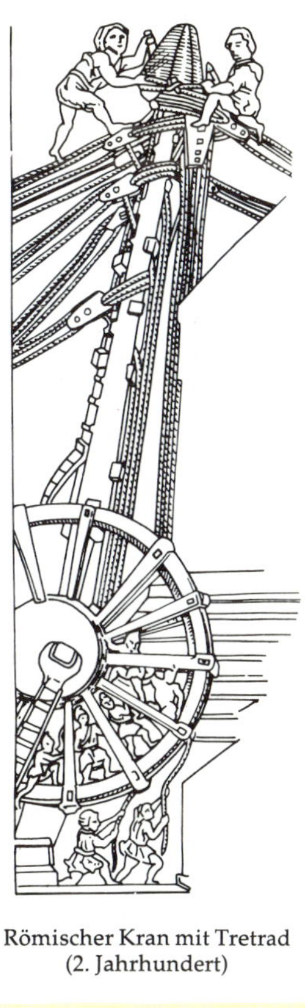

Römischer Kran mit Tretrad (2. Jahrhundert)

Iranische Windmühle (10. Jahrhundert)

Byzantinische Wassermühle (5. Jahrhundert)

Aus der Jugend Japans

NARA

Unter Führung seiner Herrscher öffnete sich Japan im 7. Jahrhundert völlig der chinesischen Kultur. In der neuen Stadt Nara nahmen Mönche, Ärzte, Baumeister und Beamte begeistert alles Wissen auf, das aus China kam.

Im Jahr 607 verließ Ono no Imoko, der erste offizielle Gesandte des Reiches Jamato, die japanischen Inseln, um sich an den chinesischen Hof in Lojang zu begeben. Ein Dolmetscher chinesischer Abstammung namens Kuratsukuri begleitete ihn. Die Beglaubigungsschreiben, die er mit sich führte, verschlugen dem chinesischen Herrscher aus der Suidynastie zunächst die Sprache. Darin hieß es: „Der Kaiser des Landes der Aufgehenden Sonne schreibt an den Kaiser des Landes der Untergehenden Sonne.“ Für den Herrscher Chinas bedeutete dies, daß sich der König des „Landes der Zwerge“ als ihm gleichrangig betrachtete. Doch solche Schwierigkeiten wurden diplomatisch überwunden, und schon bald kam es zu offiziellen Beziehungen zwischen den beiden Ländern: Ono no Imoko kehrte mit zwei chinesischen Gesandten nach Jamato zurück.

Die neue Hauptstadt

Im folgenden Jahr reiste Ono no Imoko wiederum nach China. Ihn begleiteten nicht nur die beiden chinesischen Gesandten, sondern auch eine Gruppe Studenten, buddhistischer Mönche und Beamter, die möglichst umfassende Informationen über Literatur, Künste und Verwaltung des großen Nachbarlandes sammeln sollten. Die Beziehungen zwischen dem Reich Jamato und China wurden immer enger. Die Folge war, daß die noch etwas barbarischen Bewohner Japans die Kultur Chinas zur Zeit der Sui- und später der Tangdynastie allmählich übernahmen.

Einige der chinesischen „Gesandtschaften“, die nun nach Jamato aufbrachen, bestanden aus mehr als 500 Personen, die auf vier Schiffen reisten. Dazu gehörten diplomatische Vertreter, Sekretäre, Dolmetscher, aber auch Mönche und Fachleute aller Art wie Ärzte, Astrologen, Wahrsager, Maler, Bildhauer, Schmiede, Zimmerleute, Töpfer. Diese Ausländer ließen sich im Umkreis des Königshofs von Jamato nieder und folgten ihm bei jeder Verlegung der Residenz, die beim Tod eines Herrschers und der Thronbesteigung eines neuen damals üblich war. Japan

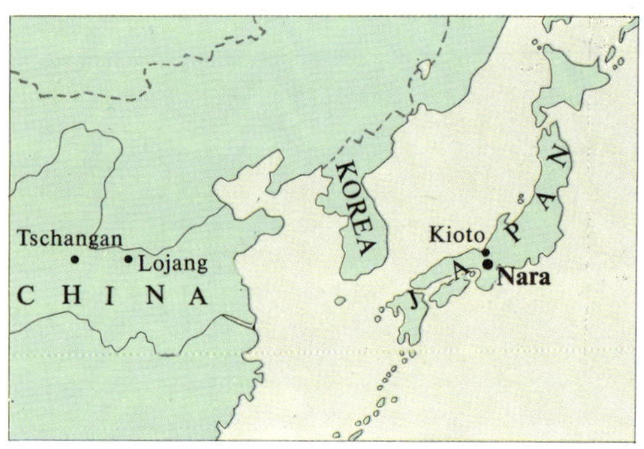

entwickelte damals geradezu einen Heißhunger auf alles, was aus China kam. Schon 538 hatte es von Korea die Anfangsgründe des Buddhismus übernommen, und koreanische Künstler und Baumeister waren eingewandert.

Auf Betreiben des Kronprinzen Schotoku, dem man die erste japanische Gesetzessammlung von 17 Artikeln zuschreibt, wurde die Verwaltung nach chinesischem Muster organisiert. Dieser Kodex, der noch mehrere Male abgeändert wurde, bildete die Grundlage für die Herrschaftsstruktur des Landes und die individuelle Lebensführung der Japaner. Dem Reich Jamato fehlte eine feste Hauptstadt. Als die japanischen Herrscher vom Glanz und von der Herrlichkeit der chinesischen Metropolen Lojang und Tschangan erfuhren, wollten sie ihrem Land eine ebenso prächtige Hauptstadt geben. Erst 710 konnten sie an die Verwirklichung dieses Planes gehen. Die neue Stadt Heidscho-Kio (heute Nara), nach chinesischem Muster schachbrettartig angelegt, hatte Paläste, Amtsgebäude, Adelshäuser, Lagerhäuser, Märkte und Klöster mit hohen Pagoden. Sie war die erste bleibende Residenz des japanischen Kaisers und seines Hofs.

Das Leben in Japan veränderte sich damit grundlegend, zumindest für den Adel und die Priesterschaft, die einzigen Bevölkerungsgruppen, die in der damaligen Gesellschaft eine Rolle spielten. Die Bauern, die von den Städtern mit Tieren verglichen wurden, lebten weiterhin, wie sie es seit Jahrhunderten gewohnt waren, nämlich armselig. Sie wohnten in Hütten aus Lehm und Stroh, arbeiteten den ganzen Tag auf ihren Reisfeldern und züchteten Seidenraupen. Da sie auch in den Wäldern jagten und im Meer fischten, konnten sie sich zumindest satt essen. Sie trugen nach wie vor Kleider aus Baumrinde und verehrten ihre Feld- und Berggottheiten. Nur eines hatte sich für sie geändert: Die Steuern, die von den Beamten für den Bau der neuen Stadt und ihrer Tempel erhoben wurden, stiegen praktisch von Tag zu Tag. Von der verhältnismäßig geringen Landbevölkerung (die Gesamteinwohnerzahl Japans betrug zu jener Zeit nicht mehr als sechs Millionen Menschen), die sich auf eigenem, reichlich vorhandenem Grund und Boden entwickelte, nahmen der Adel und die buddhistischen Mönche kaum Kenntnis.

Der chinesische Mönch Gandschin, der von 688 bis 763 lebte, kam im Jahr 753 nach Japan. Auf seiner Reise verlor er bei einem Schiffbruch das Augenlicht, vermittelte jedoch den Menschen weiterhin sein ungeheures Wissen. Er hatte viele Schüler und gründete eine neue buddhistische Sekte. Diese Statue entstand vermutlich kurz vor seinem Tod.

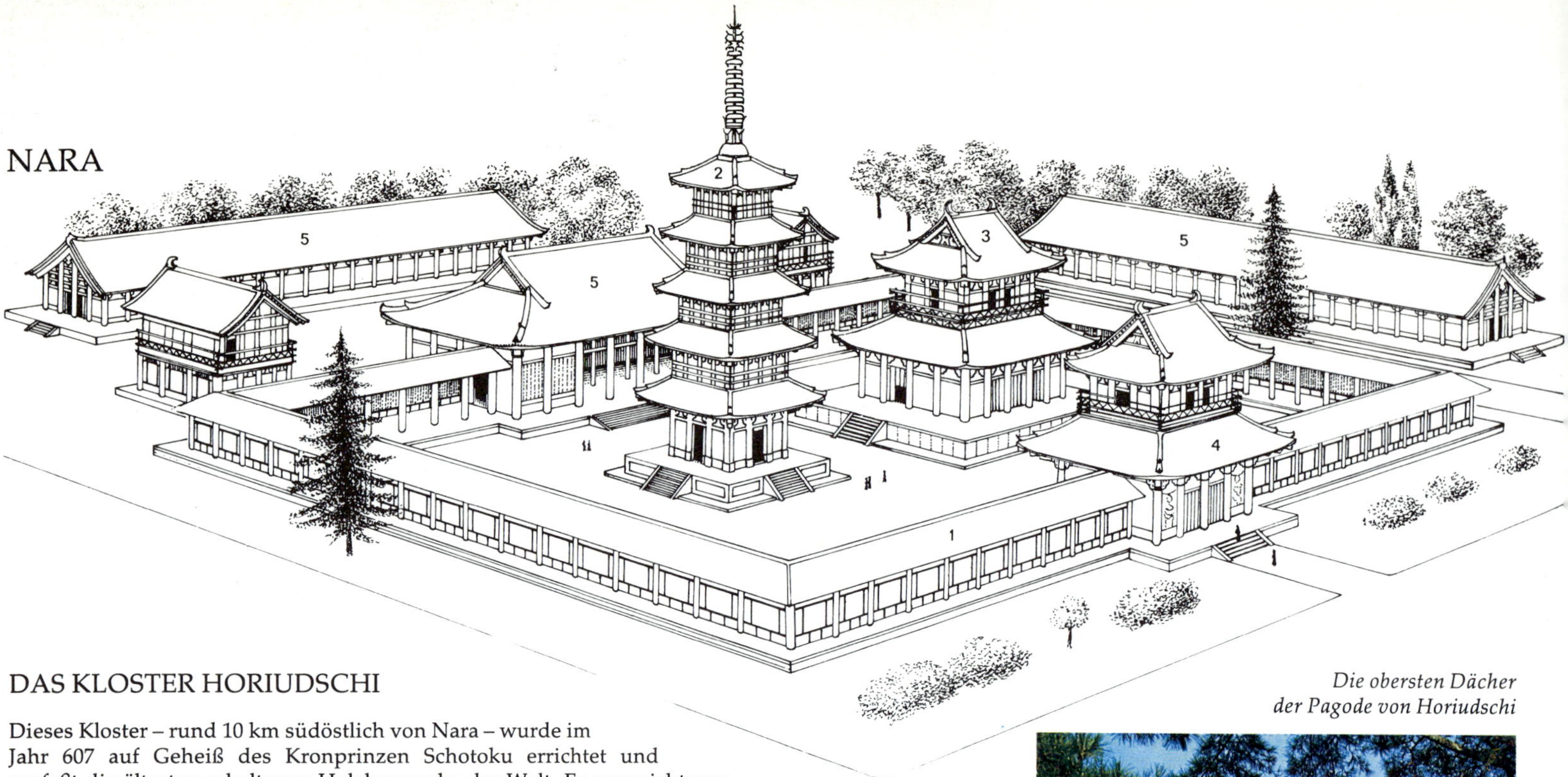

DAS KLOSTER HORIUDSCHI

Dieses Kloster – rund 10 km südöstlich von Nara – wurde im Jahr 607 auf Geheiß des Kronprinzen Schotoku errichtet und umfaßt die ältesten erhaltenen Holzbauwerke der Welt. Es war nicht nur Gebetsstätte, sondern auch Schule, in der die Heilswahrheiten Buddhas gelehrt wurden. Die zwei Hauptgebäude stehen getrennt in einem großen Hof, um den ein Laubengang (1) läuft. Es sind die 32 m hohe, fünfgeschossige Pagode (2) und die Haupthalle oder Kondo (3) – erbaut im Jahr 607, 1949 durch einen Brand sehr beschädigt und restauriert. Dieses Bauwerk ist im Innern mit Kopien der zerstörten buddhistischen Fresken aus dem 8. Jahrhundert geschmückt. Durch einen zweigeschossigen monumentalen Torbau oder Tschumon (4), der 610 entstand, gelangt man in den großen Hof, wo die Prozessionen stattfinden. In den Gebäuden (5) außerhalb dieses Areals, die aus einer späteren Epoche stammen, befinden sich eine große Bibliothek und die Unterkünfte der Mönche, Schüler und hohen Gäste.

Die obersten Dächer der Pagode von Horiudschi

Die sechs Sekten von Nara

Unaufhörlich hatten Mönche und Gelehrte aus China Manuskripte mitgebracht, die als die kostbarsten Güter galten. Alles Geschriebene, das von China kam, galt als heilig, gleichgültig, um welche Art Texte es sich handelte. Neben den buddhistischen Schriften gab es die kanonischen Schriften Chinas wie das *Buch der Wandlungen* (I-King), das *Buch der Lieder* (Schi-King), das *Buch der Urkunden* (Schu-King), die Ritualbücher und andere Schriften des konfuzianischen Kanons, ferner taoistische Abhandlungen sowie geomantische und astronomische Werke. Auf diese Weise gelangten nicht nur die buddhistischen Lehren der damals existierenden chinesischen Sekten nach Japan, sondern auch konfuzianische und taoistische Ideen, die mehr oder weniger gut verstanden wurden. Bis dahin gab es in Nara nur zwei Religionen, die übrigens nicht scharf voneinander getrennt wurden: der überlieferte Glaube der Ureinwohner, genannt Weg der *Kami* (wie man die einheimischen Gottheiten nannte) oder Schinto, und der Buddhismus, der zu jener Zeit auch taoistische Praktiken und konfuzianische Begriffe umfaßte.

Doch bald bildeten sich, gefördert von Höflingen und Hofbeamten, sechs Sekten, von denen sich jede für eine der buddhistischen Doktrinen entschied. Sie besaßen ihre Klöster und Tempel. Je nach Größe der ihnen zugewiesenen Ländereien oder dem Vermögen der hochgestellten Persönlichkeiten, die sie förderten, entwickelten sie sich unterschiedlich rasch. Ihre Mönche kamen vor allem aus dem Adel. Sie standen unter dem Schutz der Herrscher und vor allem der Kaiserinnen und bekleideten hohe Ämter bei Hof. Oft bekämpften die großen Mönche einander erbittert und zögerten nicht, an feindliche Klöster Feuer legen zu lassen.

Auf kaiserlichen Befehl wurden im ganzen Land Tempel errichtet. Ein Edikt aus dem Jahr 741 sah den Bau eines Tempels und einer siebenstöckigen Pagode in jeder Provinz vor. Für den Lebensunterhalt seiner Mönche erhielt jeder Tempel etwa 2400 a Land als Lehen, auf dem 50 Familien lebten.

Der Buddhismus wurde in Japan vor allem als eine Zusammenfassung von Sühneriten (durch Lektüre der buddhistischen Sutras, Beschwörungen und so weiter) angesehen. Man flehte Buddha oder die Bodhisattwas an, Übel abzuwehren, vor allem die Pockenepidemien, die damals oft auf den Inseln wüteten. Mit Hilfe der buddhistischen Mönche festigte um diese Zeit die Monarchie ihre Stellung. Im Jahr 735 brach eine schwere Pockenepidemie aus, von der auch die kaiserliche Familie nicht verschont wurde. Da beschloß Kaiser Schomu, ein riesiges Abbild des Buddha, *Roschana Butsu* oder *Daibutsu* genannt, aufzustellen. Diese Arbeit war jedoch technisch so schwierig, daß man koreanische Bronzegießer holen mußte. Nach mehreren Pannen war die 16 m hohe Statue im Jahr 749 endlich fertiggestellt. Inzwischen hatte man mit dem Bau einer im Osten und Westen von je einer zehngeschossigen Pagode flankierten Halle begonnen, die den Daibutsu aufnehmen sollte. Da man im Nordosten des Landes zufällig auf ein Goldvorkommen gestoßen war, konnte die riesige Bronzestatue feuervergoldet werden. Doch erst 752 fand in Anwesenheit des Kaisers und des Hofs die Zeremonie des Augenöffnens des Buddhas statt. Die Statue war kein Kunstwerk, aber ihre Existenz brachte dem Kaiser und dem ganzen Land Ehre.

Nara wurde eine Hauptstadt, die den Metropolen Chinas ebenbürtig war. Einige Zeit später kam ein chinesischer Mönch und Baumeister namens Djan Dschen (in Japan Gandschin genannt) mit einer Gruppe Techniker und Schüler nach Nara. Er brachte eine neue Bauweise mit, bei der genormte Gebälkteile benutzt wurden, und machte sich sofort an die Arbeit. Seine Schüler gaben sein Wissen weiter. Er selbst legte unter anderem einen Garten mit Heilpflanzen an.

Die buddhistischen Mönche versuchten die Gottheiten des Schinto in ihre Religion aufzunehmen, indem sie einfach erklärten, daß diese nur die zeitweiligen Inkarnationen der buddhistischen Gottheiten seien. Diese für den Japaner typische Neigung zum Synkretismus spielte auch sonst in der Kulturgeschichte des Landes eine wichtige Rolle.

Als sich der Hof in Nara niederließ, lehnten sich zunächst noch die Mächte der Provinzen gegen die Zentralgewalt auf. Die Kaiserin Gemmei ließ eine Chronik verfassen, die die ruhmreiche Geschichte der Kaiserfamilie verherrlichte, um die Macht des Hofes von Nara zu festigen. Auf der Grundlage eines Textes aus dem Jahr 620, der inzwischen verlorengegangen ist, ließ sie 712 in japanischer Sprache den *Bericht über die alten Begebenheiten* schreiben. Dieser Chronik folgte 720 ein weiteres Annalenwerk in chinesischer Sprache. Ende des 8. Jahrhunderts wurden diese Geschichtswerke mit einer dritten Chronik fortgesetzt, die chinesisch geschriebene kaiserliche Edikte enthält. Damit begann eine umfangreiche literarische Tätigkeit. Da poetische Werke bei Hofe sehr geschätzt wurden, beauftragte man einen berühmten Dichter, eine Lyrikanthologie zusammenzustellen. So entstand das *Manioschu* mit etwa 4500 Gedichten. Einige davon stammen aus dem 5. Jahrhundert, die Mehrzahl aus der Zeit zwischen 650 und 760. Sie zählen zu den schönsten der Weltliteratur. Außer diesen bedeutenden literarischen Werken kopierten Mönche und Gelehrte, um sich Verdienste zu erwerben, eifrig buddhistische Sutren. Dadurch entwickelte sich die Kunst der Kalligraphie, und die Grundprinzipien des Buddhismus wurden verbreitet. Außerdem wurden die Techniken der Papier- und Tintenherstellung bekannt.

Das älteste Museum der Welt

Der Stolz der Hauptstadt Nara war der Todaidschi, ein riesiger Holzbau, in dem sich der majestätische Bronzebuddha befand. Die Spenden flossen reichlich, und es wurde ohne Unterlaß an seiner Verschönerung gearbeitet. Erst um 763 war er fertiggestellt.

Diese Wandmalerei wurde in einem Hügelgrab bei Nara gefunden. Die Prinzessin und ihre Hofdamen tragen Kleider, wie sie während der Tangzeit in China Mode waren (aus dem Großen Grab von Takamatsu, Asukazeit, 6. Jahrhundert).

Die größte Sehenswürdigkeit aus dieser Epoche ist wohl, abgesehen vom Horiudschi, dem größten buddhistischen Tempel Japans, und dem großen Buddha in Todaidschi, der herrliche Schosoin, das älteste Museum der Welt. Im Jahr 756 ließ die Witwe des Kaisers Schomu zur Erinnerung an ihren Gemahl ein Schatzhaus in der Art eines Speichers auf niedrigen Pfählen bauen. Darin blieb aufgrund eines architektonischen Kunstgriffs die Luftfeuchtigkeit das ganze Jahr hindurch konstant. Deshalb war es möglich, im Schosoin die Schätze auszustellen, die der Kaiser im Lauf seiner Regierungszeit gesammelt hatte. Die Kaiserwitwe stiftete alles dem Kloster Todaidschi. Seit dieser Zeit hat man an dem Holzbau und den Kunstwerken nichts verändert. Die Sammlung von 3000 Gegenständen veranschaulicht recht gut, was im 8. Jahrhundert bei Hofe als kostbar galt. Der Kaiser erhielt von vielen Reisenden, die aus China oder Korea zurückkehrten, wertvolle Geschenke: Heilpflanzen, Manuskripte religiösen oder technischen Inhalts, buddhistische Gemälde, Musikinstrumente, Waffen, Kultgegenstände, verschiedene Gerätschaften. Dazu kamen die Geschenke hoher Beamter der Hauptstadt und der Provinzen. Vor allem jedoch kann man in diesem Museum Gegenstände chinesischer Herkunft sehen, die man sonst nirgends findet; ferner eine Glasschale, die wohl aus Persien stammt; Stoffe aus Zentralasien; ein Flachrelief aus Marmor, das byzantinischen Einfluß verrät; das Porträt einer Frau in persischer Tracht und vieles andere mehr. Alle Objekte zeugen von der engen Verbindung, die zu jener Zeit zwischen dem Festland und dem Inselreich Japan bestand. Die typisch japanischen Gegenstände – Gemälde, Manuskripte, Stoffe, verschiedene Instrumente – zeigen den Reifegrad, den die Künstler und Handwerker des Landes erreicht hatten.

Um dem Einfluß der Sekten von Nara zu entgehen, verlegte Kaiser Kammu um das Jahr 794 seine Residenz nach Heian-Kio (das heutige Kioto). Inzwischen war die japanische Kultur so weit entwickelt, daß sie sich von der chinesischen lösen und eigenständig weiterwachsen konnte. Japan hatte seine Jugend hinter sich und erlebte eine Blütezeit, die unter dem Namen Heianzeit zu einem der Höhepunkte seiner Geschichte werden sollte.

LOUIS FRÉDÉRIC

Eine Mayastadt mitten im Urwald

TIKAL

In den tropischen Regenwäldern Guatemalas gab es einst eine riesige Tempelstadt, in der Künste und Wissenschaften blühten. Seit dem 3. Jahrhundert war sie das bedeutendste Zentrum der Maya.

Das Land der Maya, das von der Nordküste Yucatáns bis zu der pazifischen Küste Guatemalas, vom mexikanischen Staat Tabasco bis Honduras reicht, erstreckt sich von Norden nach Süden über etwa 900 km und von Westen nach Osten über 600 km. Im Zentrum dieses Gebiets, an der Nahtstelle zwischen Mexiko und Mittelamerika, entstand und entfaltete sich die glänzendste und verfeinertste bodenständige Kultur der Neuen Welt.

Denn weder auf dem trockenen Boden der Halbinsel Yucatán im Norden noch im Hochland Guatemalas im Süden begann das Herz der Mayakultur zu schlagen. Ihre Wiege stand vielmehr in der Mitte des Gebiets der Maya, im feuchtwarmen Tiefland, wo der Urwald nur von Flüssen, Seen und Wassertümpeln unterbrochen wird. In dieser Gegend, ungefähr 300 km nördlich von der Stadt Guatemala, nicht weit vom großen See Petén Itzá, in der Provinz Petén, erheben sich die majestätischen Ruinen von Tikal, der größten und ältesten Mayastadt.

Der Reisende, der im Flugzeug über den riesigen unbewohnten Urwald fliegt, sieht plötzlich die steilen Pyramiden von Tikal, gekrönt von hellen Hochtempeln, aus dem wogenden Meer der Urwaldbäume ragen. Die alte Stadt liegt ungefähr auf halbem Weg zwischen der Nordküste Yucatáns und dem Pazifischen Ozean, ebenso auf halbem Weg zwischen dem Golf von Mexiko und dem Karibischen Meer. Sie und ihre kleinere Nachbarstadt Uaxactún befinden sich genau im Mittelpunkt des Mayagebiets.

Kalkboden mit dünner Humusschicht, dichter Urwald, glühende Hitze, Regen in überreichlichen Mengen (jährlich bis zu 3000 mm), Insektenschwärme und Giftschlangen – eine solche Umwelt scheint für eine Besiedlung oder gar für die Entwicklung einer Hochkultur denkbar ungünstig zu sein. Diese natürlichen Gegebenheiten erlaubten es indessen dem Menschen, sich als Sammler zu betätigen und auf den kleinen Feldern, wo er den Urwald gerodet und abgebrannt hatte, Mais und Knollenpflanzen anzubauen. Außerdem konnte er jagen und fischen, denn das Angebot war reichlich: Es gab Hirsche, Pekaris (Nabelschweine), Tapire, Gürteltiere, Affen, Vögel, Fische und Schildkröten. So wie die älteste Kultur Mexikos, die der Olmeken, in den feuchtheißen Urwäldern an der Golfküste entstand, erblühte auch die der Maya mitten im Dschungel. In beiden Fällen gelang es dem Menschen, der Natur zu trotzen und sie zu beherrschen, indem er sich ihr ganz und gar anpaßte.

Die Entstehung Tikals

Vor ungefähr 2500 Jahren, etwa um 600 v. Chr., ließen sich an dem Ort, der später den Namen Tikal erhielt, Menschen nieder, von denen wir nicht genau wissen, woher sie kamen. Diese Urmaya wohnten in Hütten und stellten Tongefäße und Steinwerkzeuge her. Sie fanden hier große Mengen Feuerstein, einen für metallose Kulturen unerläßlichen Werkstoff. Sie bearbeiteten auch den aus anderen Gebieten stammenden Obsidian, mit dem bereits gehandelt wurde. Diese sogenannte präklassische oder formative Periode setzt sich etwa um 150 n. Chr. in der frühklassischen Phase fort. Die gesamte vorklassische Epoche dauerte knapp 1000 Jahre und findet ihr Ende gegen Ausgang des 3. Jahrhunderts n. Chr. Während dieses langen Zeitraums trat keineswegs ein Stillstand in der Entwicklung ein. Im Nordwesten von der Golfküste bis südlich des Petén errichtete man – zuerst in den Zentren der Olmeken, dann in Izapa in Mexiko und in Kaminaljuyú in Guatemala – große Bauwerke und fertigte skulptierte Stelen an. Kosmologische und religiöse Vorstellungen, astronomische und kalendarische Kenntnisse, Systeme von Symbolen, die sich zu Hieroglyphenschriften hin entwickelten, verbreiteten sich in dieser riesigen Zone zwischen den beiden Ozeanen. Tikal war nicht isoliert. Fremde Einflüsse sind schon während der jüngeren vorklassischen Zeit zu spüren, die etwa 200 v. Chr. beginnt. Das Dorf oder der landwirtschaftlich ausgerichtete Marktflecken verwandelt sich allmählich in ein Zeremonialzentrum nach dem Vorbild oder unter dem Einfluß derjenigen, die außerhalb des Mayalandes blühten.

Natürlich handelte es sich noch um sehr bescheidene Anfänge. Die wissenschaftlichen Grabungen an der Nord-

Der Tempel des Großen Jaguars erhebt sich 52 m hoch am Rand des Ostplatzes. Die neunstufige Pyramide trägt an ihrer Spitze ein Heiligtum, das ein massiver Mauerkamm krönt. Im Inneren der Pyramide wurde 1958 eine Grabkammer mit zahlreichen polychromen Vasen, Jaden und geschnitzten Knochen entdeckt (Tikal, späte Klassik, um das Jahr 700).

seite des heutigen Großen Platzes von Tikal haben bestätigt, daß das erste Bauwerk aus Stein und Stuck, das mit Sicherheit religiösen Zwecken diente, eine etwa 1 m hohe Plattform auf einer leichten Erhöhung war. Von etwas tiefer liegenden Terrassen konnte das Volk die Zeremonien verfolgen. Die Tempel, wenn es welche gegeben hat, bestanden wohl aus leichtem Material wie Holz und Blättern.

Diese einfache Anlage veränderte sich jedoch rasch: Die Zeremonienplattform wurde vergrößert und erhöht. Um das Jahr 100 v. Chr. war sie etwa 3 m hoch, und man stieg über vier Treppen zu ihr hinauf. Das für die klassische Mayaarchitektur charakteristische Kraggewölbe kommt um das Jahr

Von der üppig wuchernden Vegetation befreit und nach langjährigen, mühevollen Restaurationsarbeiten erhebt sich nun die Akropolis von Tikal mit ihren Tempeln, Palästen und Treppen wieder in den Urwäldern des Petén in Guatemala.

50 v. Chr. auf und wird zunächst zur Überdachung von Grabkammern verwendet. Um die Zeitenwende beginnt man dann auch gemauerte Tempel zu bauen. Riesige Masken schmücken, wie in Uaxactún, die Fassaden der Heiligtümer.

Ein eigener Mayastil in Architektur und Bildwerken entwickelte sich vermutlich von der Mitte des 2. Jahrhunderts n. Chr. an. In diese frühklassische Periode fällt für die Kultzentren des Südens wie Izapa der Niedergang, während Tikal seinen Aufschwung nimmt. Eine schöne polychrome Keramik, der Bau zahlreicher Tempelpyramiden, die von sehr kunstvollen Mauerkämmen (Cresterías) gekrönt sind, die allgemeine Verwendung des für die Maya typischen Kraggewölbes und schließlich die Aufstellung bildhauerisch gestalteter Stelen in Verbindung mit Altären, die ebenfalls Flachreliefs sowie datierte Inschriften schmückten, charakterisieren den Übergang zur klassischen Epoche.

Die älteste bekannte Inschrift stammt aus dem Jahr 292, die jüngste aus dem Jahr 869. Man kann also annehmen, daß die klassische Periode der Mayakultur in Tikal etwa 600 Jahre dauerte. Im allgemeinen bezeichnet man mit *früher Klassik* den Zeitraum bis 550, mit *später Klassik* die Zeit von 550 bis etwa 900. Diese Zeiteinteilung gilt auch für die anderen Mayastädte in der zentralen Zone, wie Uaxactún, Yaxhá, Piedras Negras, Yaxchilán und Palenque. Zu Beginn des 10. Jahrhunderts setzt im Petén und im Usumacintatal der Verfall der klassischen Kultur ein.

Tausend Jahre lang vergessen

Die archäologischen Funde zeigen, daß nach dem Ende der klassischen Kultur fremde Volksstämme, die vielleicht keine Maya waren, mehrere Jahrhunderte lang immer wieder versuchten, die Ruinenstädte neu zu besiedeln oder zumindest dort ihre Kulthandlungen zu vollziehen. Doch es blieb bei den Versuchen. Der Urwald überwucherte wieder die Siedlungsplätze und Anbauflächen, Lianen und Baumwurzeln sprengten die Steine. Niemand wußte mehr, daß Tikal überhaupt existiert hatte, außer vielleicht einigen wenigen Bewohnern des etwa 30 km entfernten Seengebiets. Erst 1848 organisierte der Gouverneur des Petén eine Expedition, die dem Zeichner Eusebio Lara Gelegenheit gab, einige Reliefs von Stelen und Türstürzen zu Papier zu bringen, wobei er allerdings seiner Phantasie freien Lauf ließ. Ein Bericht über diese Unternehmung wurde 1853 von der Akademie der Wissenschaften in Berlin veröffentlicht.

24 Jahre später nahm der Schweizer Botaniker Gustav Bernoulli in Tikal von den Tempeln I und IV sehr schöne geschnitzte hölzerne Türstürze ab, die sich heute im Basler Museum für Völkerkunde befinden. Der englische Gelehrte Alfred Maudslay besuchte Tikal in den Jahren 1881 und 1882. Auf ihn folgte 1895 und 1904 der deutsche Archäologe Teobert Maler. Die Zeichnungen und Fotografien, die diese beiden Pioniere veröffentlichten, weckten das Interesse der Fachwelt. Die amerikanischen Archäologen Alfred M. Tozzer, Sylvanus G. Morley, Edwin M. Shook, Institutionen wie das Peabody Museum, das Carnegie-Institut und die Universität von Pennsylvania, die Regierung von Guatemala und das von ihr finanzierte Proyecto Tikal ermöglichten seit Anfang unseres Jahrhunderts in langen gemeinsamen Bemühungen die Freilegung und Erforschung der gesamten zentralen Zone der alten Stadt.

Der Stadtkern bedeckt eine Fläche von 16 km^2, die Gesamtfläche von Tikal wird auf 63 km^2 geschätzt. Der Archäologe William R. Coe schrieb zu Recht, daß es noch 100 Jahre intensiver Arbeit bedürfe, um die alte Mayastadt vollständig freizulegen.

Die Kernzone umfaßt mehr als 3000 Bauwerke: Tempel, sogenannte Paläste, verschieden große Wohnhäuser, Ballspielplätze, Schwitzbäder und so weiter. Man hat über 200 Stelen und Altäre gefunden sowie Hunderte von Grabstätten und Depots mit Opfergaben. Da es bei den Maya wie bei den übrigen Kulturvölkern Mesoamerikas üblich war, über einem Bauwerk immer wieder ein neues zu errichten, schätzt man die Zahl der Gebäude, Pyramiden und Plattformen, die unter den Oberflächenbauten ruhen, auf mehrere Tausend. Etwa 300 *chultun*, Zisternen und unterirdische Vorratsräume, waren in den Fels gehauen. Über 100 000 Schmuckstücke, Kultgegenstände, Werkzeuge und so weiter und über eine Million Tonscherben wurden im Lauf der Proyecto-Tikal-Arbeiten geborgen.

Wenn man die vorklassische Periode einbezieht, muß also in der Stadt etwa 15 Jahrhunderte lang eine emsige Tätigkeit geherrscht haben.

Die Einwohnerzahl zu schätzen ist sehr schwierig. Viele Wohnstätten waren wahrscheinlich einfache, dem Klima angepaßte Hütten, von denen im Gegensatz zu den Steinbauten nichts übriggeblieben ist. Überschlägige Berechnungen auf der Grundlage der vermuteten Bevölkerungsdichte pro Quadratkilometer ergaben eine Einwohnerzahl von 38 000 bis 45 000 für die Kernzone. Die Gesamtbevölkerung, die sich über eine riesige Fläche verteilte, war natürlich entsprechend größer. Mit ihrer Arbeitskraft wurden die Steinblöcke transportiert und bearbeitet und die Monumente der Stadt gebaut.

In Tikal wie in den anderen Mayastädten der klassischen Periode wurden während der Zeit, als man die Steinbauten errichtete, auch Stelen, Altäre und Türstürze mit Reliefs geschmückt. Dazu kommen reich ausgestattete Gräber und kunstvolle Opfergaben.

Die Stadt der Pyramiden

Jede Mayastätte unterscheidet sich durch individuelle Züge von den anderen. In Tikal sind es die Höhe der Pyramiden (die höchste, die des Tempels IV, ist über 75 m hoch), die reichverzierten Aufbauten aus Stein und Mauerwerk, die die Dächer der Hochtempel überragen, und die steilen Treppen, die besonders ins Auge stechen. Die Stelen, die zum Teil kein Relief haben, sondern glatt sind, unterscheiden sich von denen in anderen Zentren durch ihre Form, die an oben abgerundete Grabsteine erinnert.

Die sogenannte Nordakropolis, eine riesige Plattform mit einer Fläche von etwa 1 ha, liegt 12 m über dem Großen Platz. Auf ihr steht ein Gebäudekomplex, mit dessen Bau man ungefähr 100 v. Chr. begann. Bis gegen Ende des 9. Jahrhunderts bauten die Maya ein Monument nach dem anderen, wobei sie frühere Anlagen einfach überbauten. Auf diese Weise entstanden zwölf übereinanderliegende Schichten. Dies stellte die Archäologen vor erhebliche Schwierigkeiten, denn um die Vergangenheit aufzurollen, müssen sie in das Labyrinth von Bauten, Gräbern und teilweise oder vollständig überlagerten Mauern hinabsteigen. Zuunterst finden sich natürlich die Überreste der frühen Klassik.

Dies ist zum Beispiel der Fall bei Grab 48, dessen Wände in kursiver Hieroglyphenschrift ein Datum tragen, das dem 18. März 457 entspricht. Die Grabstätte enthielt neben anderen höchst interessanten Gegenständen eine wunderbare zylindrische Tonvase. Sie stand auf drei Beinen und besaß einen konischen Deckel. Dieser Vasentyp läßt den Einfluß der Kultur des Hochlandes von Mexiko erkennen.

In der Tat fallen die frühklassische Periode von Tikal und die Blütezeit der theokratischen Kultur von Teotihuacán im Hochtal von Mexiko zusammen. Je mehr man über Tikal erfährt, desto klarer zeigt sich, welche engen Beziehungen zwischen der mexikanischen Metropole und der Mayastadt trotz der großen Entfernung (etwa 1200 km Luftlinie) bestanden haben.

Der lebenspendende Regengott Mesoamerikas, Tlaloc, mit seinem charakteristischen Gesicht – große, von Ringen umgebene Augen, ein Mund, aus dem Reißzähne hervorstehen – ist sowohl auf den im Stil Teotihuacáns bemalten Töpferwaren, die man in verschiedenen Gräbern gefunden hat, als auch auf Stelen dargestellt. Die erst 1960 entdeckte Stele 31, die zerschlagen und im 8. Jahrhundert vergraben worden war, wird in das 5. Jahrhundert datiert. Auf ihren herrlichen Flachreliefs sind in kraftvoll-eleganten Linien Persönlichkeiten wiedergegeben, die offensichtlich keine Maya waren. Ihr Profil, die gerade Nase, ihr nicht deformierter Schädel unterscheiden sie deutlich von Darstellungen der Maya. Sie tragen Helme und einen Kopfschmuck, wie man ihn auch im mittleren Hochtal von Mexiko findet, sowie Speerschleudern (*atlatl*), die charakteristische Waffe der Hochlandbewohner. Einer der Männer hält einen Prunkschild, auf dem das Gesicht des Gottes Tlaloc zu sehen ist.

Dieser bemalte Teller aus einem Grab ist in der Mitte durchgebohrt: Man hat ihn getötet, *damit er den Toten, der in diesem Grab bestattet wurde, ins Jenseits begleiten könne (Uaxactún, späte Klassik, 6.–9. Jahrhundert).*

Auch andere Fundstücke weisen auf die Verbindung zwischen Tikal und Teotihuacán hin. So hat man zum Beispiel in den Gräbern und unter den Opfergaben der frühen Klassik Stücke aus grünlichem Obsidian gefunden, der im Mayaland nicht vorkommt, aber in Teotihuacán ein Exportartikel war.

Dieser kulturelle Einfluß des Hochlands von Mexiko, der entweder direkt oder über den Süden Guatemalas (Kaminaljuyú) ausgeübt wurde, schwand in der späten Klassik: Das ist nicht überraschend, denn etwa von 650 an beginnt der Niedergang der Kultur von Teotihuacán.

Die Stelen von Tikal zeigen aufwendig gekleidete und geschmückte Personen sowie Inschriften. Inzwischen hat sich herausgestellt, daß diese nicht nur Daten – vor allem das Aufstellungsdatum der Stelen –, sondern auch den Namen der abgebildeten Adligen oder Priester angeben und von ihrer Karriere, ihrer Heimat und ihrem Tod berichten. Die Entzifferung der geschichtlichen Inschriften steckt noch in den Anfängen.

Zweifellos war Tikal der Mittelpunkt eines Staates, der vielleicht nur die Stadt und ihre unmittelbare Umgebung umfaßte. Möglicherweise war es zu bestimmten Zeiten die Hauptstadt eines größeren Gebiets oder eines Staatenbundes.

Die wichtigsten Bauwerke von Tikal, außer denen am Großen Platz, waren: im Westen die Monumente rund um den Westplatz und der 58 m hohe Tempel III; im Osten der Markt und das Schwitzbad, der Ballspielplatz und mehrere Tempel; im Süden die Süd- und die Zentralakropolis. Die Plätze sind gesäumt von sogenannten Palästen, langgestreckten, flachen Gebäuden, die vermutlich von den Priestern und Würdenträgern der Stadt benutzt wurden.

Es gibt sieben Gruppen von Zwillingspyramiden in Tikal, der einzigen Mayastadt, in der solche merkwürdigen Anlagen vorkommen. Jede Gruppe besteht aus zwei identischen Pyramiden, auf deren oberster Plattform jedoch kein Heiligtum steht. Sie liegen auf beiden Seiten eines Platzes, auf dem sich Stelen und ein kleiner Palast erheben. Wozu diese seltsamen Bauten dienten, weiß man nicht.

Alles in Tikal ist von technischer und künstlerischer Vollkommenheit. Dies gilt für die bemalten Keramiken vom Typ Tepeu und den schön geschnitzten Jadeschmuck ebenso wie für die mit feinen Ritzzeichnungen verzierten Knochen, von denen einige, die aus dem Grab 116 stammen, Götter mit Tiermasken in Booten wiedergeben und sogar die Hand des Künstlers, die einen Pinsel oder Grabstichel hält. In Tikal wie in Palenque oder Copán hat die Kunst Altamerikas ihr höchstes Niveau erreicht.

Die Stadt war eindeutig ein Handelszentrum. Vermutlich importierten die Leute von Tikal Salz, Fisch und Muscheln, Vulkangestein, Obsidian, Jadeite und exportierten feine Töpferwaren, Stoffe, Federn und Kakao.

Die Fachleute, die seit über 100 Jahren die Hieroglyphenschrift der Maya zu entziffern versuchen, haben sich bei ihrer Arbeit – mit gewissem Erfolg – bis vor kurzem auf die chronologischen Inschriften konzentriert, die den Kalender, die Daten und bestimmte astronomische Phänomene wie die Mondphasen betreffen.

Die Daten, die man nach der sogenannten *langen Zählung* ermitteln konnte, basieren auf einer Zeitrechnung, die mit dem Jahr 3113 v. Chr. beginnt. Jede Inschrift gibt die Zeiteinheiten an – Tag, Monat, Jahr, Katún (= 7200 Tage), Baktún (= 144 000 Tage) –, die seit dem Jahr 0 bis beispielsweise zur Einweihung eines Bauwerks verstrichen sind. Die Datenangaben auf den Steinstelen entsprechen oft dem Ende eines Katún; so bedeutet die Inschrift, die wir mit 9.17.0.0.0. umschreiben, daß neun Baktún (9 mal 144 000 Tage) und 17 Katún (17 mal 7200 Tage), aber keine weiteren Jahre, Monate oder Tage seit dem Datum 0 vergangen sind. Wir wissen aufgrund unserer Kenntnisse des Mayakalenders, daß es sich bei diesem Datum um den 24. Januar 771 handelt.

Die Daten der Stelen von Tikal reichen von 292 bis 869, doch die meisten fallen in den Zeitraum zwischen 435 und 830, das goldene Zeitalter der Mayakultur.

Diese bemalte Vase gehört zu rund 50 Grabbeigaben von hoher Qualität, die das Skelett eines Würdenträgers umgaben. Die Hauptfigur sitzt auf einer Art Thron, dem Zeichen ihrer Macht (Tikal, späte Klassik, um 700).

Die Herren von Tikal

Seit einiger Zeit sind die Fachleute dabei, die Namenshieroglyphen von Würdenträgern oder Herrschern zu identifizieren. Diesen Hieroglyphen zufolge könnten sie Jaguarkralle, Krummschnauze oder Gewitterhimmel geheißen haben. Jaguarkralle und seine Familie hätten demnach von 317 bis 376 geherrscht. Krummschnauze hätte von 378 an 20 Jahre lang regiert, in Zeitab-

DAS ZENTRUM TIKALS

So etwa sah um 800 – also zur Zeit Karls des Großen – der Stadtkern von Tikal aus, von dem zwei Drittel hier rekonstruiert sind. Das viereckige Bauwerk (1) links scheint ein großer Markt gewesen zu sein. Am Ostplatz (3) stehen mehrere große Gebäude, die die Zentralakropolis bilden (2). Der Tempel des Großen Jaguars oder Tempel I (4) erhebt sich im Osten des Großen Platzes (5). Ihm gegenüber befindet sich der Tempel II (6). Im Hintergrund erkennt man den Tempel V (7) und die Südakropolis (8). Die imposante Nordakropolis (9) besteht aus einer hohen Plattform, die eine Gruppe pyramidenförmiger Bauten trägt. Weiter im Westen befanden sich eine Ballspielanlage, der Platz der sieben Tempel, der Westplatz und die Tempel III und IV. Die Innenstadt von Tikal nahm eine Fläche von etwa 16 km^2 ein, die gesamte Stadt vermutlich 63 km^2. Gepflasterte Straßen, von denen eine der größten (10) nach dem Archäologen Teobert Maler benannt ist, verbanden das Zentrum mit den anderen Stadtvierteln.

schnitt, in dem der Einfluß Teotihuacáns am stärksten war. Und sein Nachfolger Gewitterhimmel hätte 31 Jahre lang die Macht ausgeübt; während seiner Herrschaft wurden die mexikanischen Einflüsse schwächer und hörten nach seinem Tod ganz auf. Unter zwei anderen Herrschern, die von 681 bis 733 beziehungsweise von 734 bis 768 regierten, erreichte Tikal als Zentrum der reinen Mayakultur seinen Höhepunkt.

Viele Fakten der Mayageschichte im allgemeinen und der Tikals im besondern liegen noch im dunkeln. Man kann nur sagen, daß vom Anfang des 9. Jahrhunderts an die Bautätigkeit nachließ und auch weniger Skulpturen geschaffen wurden. Der letzte große Tempel – der Tempel III – wurde 810 geweiht, die letzte Stele – die Stele 11 – trägt das Datum 869. Im gesamten Mayagebiet findet sich kein Datum, das jünger ist als 909. Die Kult- und Handelszentren wurden aufgegeben, und von 830 bis zum Beginn des 10. Jahrhunderts ging die Einwohnerzahl rapide zurück.

Über die Gründe für den Untergang der klassischen Mayakultur wurden zahlreiche Hypothesen aufgestellt. Es ist jedoch anzunehmen, daß ein so entscheidendes Geschehen nicht nur eine einzige Ursache hatte, sondern daß mehrere Faktoren zusammenkamen, wie zum Beispiel wirtschaftliche Probleme (Erschöpfung des landwirtschaftlich genutzten Bodens) und soziale Schwierigkeiten (Aufstand oder Staatsverdrossenheit der Bauern). Die glänzende Kultur der Maya war äußerst anfällig.

Aus uns unbekannten Gründen verlor die Oberschicht die Kontrolle über die Gesellschaft, und diese zerfiel mehr oder weniger schnell. Es mag sein, daß dabei fremde Eindringlinge oder Einflüsse eine Rolle spielten: Die mexikanisierten Maya an der Golfküste, kühne Seefahrer und Händler, scheinen von 849 an die Flüsse hinauf bis Seibal im Herzen des Mayagebiets gefahren zu sein.

Tikal wurde nicht durch Feuer und Schwert – also durch einen feindlichen Angriff – zerstört, sondern durch die vernichtende Kraft der tropischen Vegetation, der es 1000 Jahre lang preisgegeben war. Verneigen wir uns denn über den Abgrund der Zeiten hinweg vor denen, die seine Tempel und Paläste errichtet, seine Stelen mit Reliefs geschmückt und seine Jaden geschnitzt haben, vor der Schönheit und Anmut, der Erhabenheit und Eleganz der Werke, die uns die alten Maya hinterlassen haben.

JACQUES SOUSTELLE

Ein Tempelberg auf Java

BOROBUDUR

Das monumentale Bauwerk aus dem 8. Jahrhundert ist Symbol der Lehre des Buddhas und ein grandioses Bilderbuch über das Leben im alten Java

Ende des 8. Jahrhunderts herrschte über Südsumatra, Mittel- und Westjava eine Dynastie mächtiger Könige, die Schailendra. Man weiß nicht viel über diese „Bergherren", außer daß sie von Sumatra oder von der Malaiischen Halbinsel kamen, tapfere Krieger und kühne Seefahrer waren und sich zum Buddhismus bekannten. Wie chinesische Quellen berichten, zogen sich bei ihrem Eindringen in Mitteljava zwischen 742 und 755 die dem hinduistischen Schiwakult anhängenden Einheimischen in den Osten der Insel zurück. Nachdem sich die Schailendrakönige in Mitteljava festgesetzt hatten, errichteten sie zahlreiche Bauwerke zu Ehren Buddhas, vielleicht auch, um die Erinnerung an die vorangegangenen Herrscher auszulöschen.

Das Gebiet um Magelang wurde bald mit Heiligtümern übersät. Wahrscheinlich lag hier auch die Hauptstadt dieser mächtigen Könige, von der man allerdings keine Spuren gefunden hat. Vermutlich war sie nicht aus dauerhaftem Material gebaut. Nur die steinernen Monumente sind erhalten geblieben, darunter ein Meisterwerk der sakralen Baukunst: der weltberühmte Borobudur.

Ein Denkmal des Glaubens

Man stelle sich einen großen – nach einigen Forschern vielleicht einst von Wasser umgebenen – Hügel mit einer Ummantelung aus herrlich gemeißelten Steinen vor, dessen Silhouette sich bei Sonnenaufgang und in der Abenddämmerung neben anderen Gipfeln vom purpurnen Himmel abhebt. Der von einem genialen Architekten entworfene Tempelbau ist sowohl ein Gedenkstupa, ein Kultdenkmal zu Ehren Buddhas, als auch ein belehrendes und erbauendes Bilderbuch.

Der Borobudur ist eine stufenförmige Anlage mit quadratischem Grundriß. Von der Mitte jeder der vier Seiten, die den vier Himmelsrichtungen entsprechen, führt eine Treppe bis zur obersten Terrasse. Die Seitenlängen des Borobudur betragen je 123 m, seine Höhe maß ursprünglich 42 m. Er gliedert sich in sechs immer kleiner werdende

quadratische Terrassen, die von drei Rundterrassen überragt werden. Auf der letzten steht der eigentliche, 8 m hohe Stupa, der das Heiligtum krönt. Er trägt den achteckigen Steinpfeiler, auf dem einst ein gewaltiger steinerner Sonnenschirm stand.

Die quadratischen Terrassen haben Innen- und Außenmauern, zwischen denen enge Gänge verlaufen. Die Wände dieser Galerien sind mit Relieftafeln geschmückt, die zusammen mehr als 6 km lang sind. Auf den Rundterrassen stehen insgesamt 72 hohle, gitterartig durchbrochene kleine Stupas. Sie umschließen je eine in predigender Haltung sitzende Buddhafigur. 368 weitere Statuen, auf jeder Seite 92, thronen über den Wänden der Galerien; sie stellen den Gautama Buddha in seinen traditionellen Haltungen dar. An den Wänden der fünften Galerie befinden sich 64 Statuen des Buddhas Wairotschana, des höchsten Buddhas. Die Wände der sechsten Galerie, die keinerlei Dekor aufweisen, symbolisieren das Nicht-Darstellbare, den Zustand der absoluten Reinheit, die letzte Etappe der Pilgerfahrt.

Der Sockel dieser großartigen Anlage war mit einem schweren Steingürtel ummauert, der wahrscheinlich dazu diente, das Bauwerk abzustützen. Dieser verborgene Sockel trägt 160 Bildreliefs. Sie wurden zufällig entdeckt, als einige Blöcke der Verkleidung abrutschten.

Die Flachreliefs, ausgehend vom Sockel bis hinauf zur Spitze, illustrieren die drei Sphären im Werden des Daseins. Die Bildtafeln des Sockels stellen die Welt der gewöhnlichen Sterblichen dar, die Wunschsphäre. Die Reliefs der folgenden fünf quadratischen Terrassen erzählen von den früheren Existenzen und dem irdischen Leben des Gautama Buddha. Dies ist die Sphäre der Form. Die drei Rundterrassen schließlich symbolisieren die formfreie Sphäre, den reinen Geist. Bevor der Verehrer Buddhas diese Stufe erklimmt, geht er unter einem Steinbogen hindurch, den ein Dämonenhaupt schmückt, Symbol für einen weiteren Abschnitt auf dem Weg zur Reinheit und Verkündigung der Wiedergeburt in einer anderen Welt.

Dieser Buddha sitzt auf der ersten der drei Rundterrassen in der Haltung des Gesetzesverkünders. Seine glockenförmige Umkleidung wurde entfernt. Wenn der Pilger diesen Punkt seines geistigen Weges erreicht hat, darf er hoffen, die höchste Wahrheit zu begreifen, die vom großen Zentralstupa symbolisiert wird (Borobudur, 8./9. Jahrhundert).

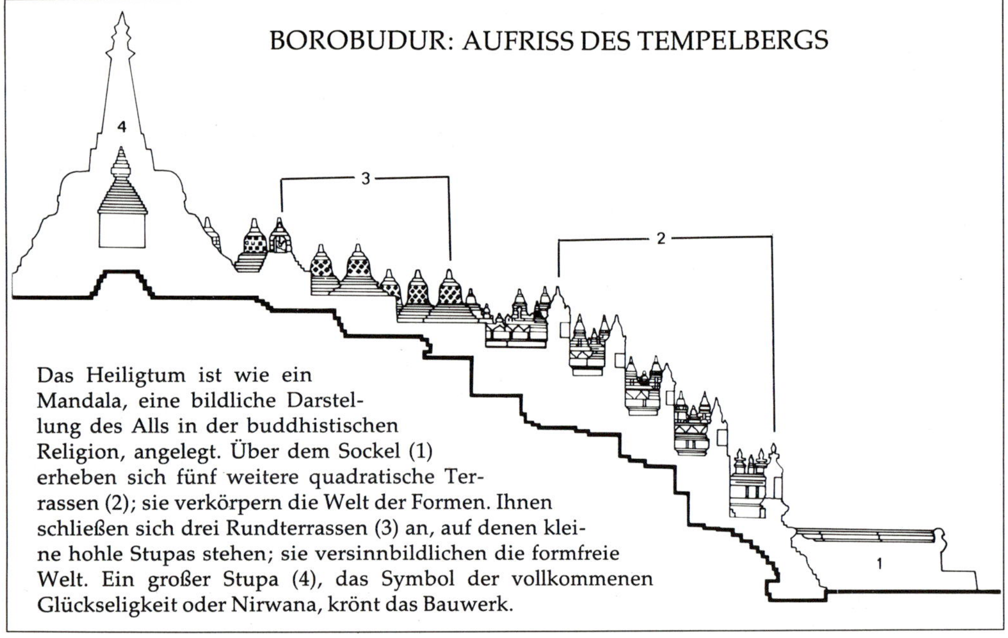

BOROBUDUR: AUFRISS DES TEMPELBERGS

Das Heiligtum ist wie ein Mandala, eine bildliche Darstellung des Alls in der buddhistischen Religion, angelegt. Über dem Sockel (1) erheben sich fünf weitere quadratische Terrassen (2); sie verkörpern die Welt der Formen. Ihnen schließen sich drei Rundterrassen (3) an, auf denen kleine hohle Stupas stehen; sie versinnbildlichen die formfreie Welt. Ein großer Stupa (4), das Symbol der vollkommenen Glückseligkeit oder Nirwana, krönt das Bauwerk.

Der Pilger, der den Borobudur ersteigt, verläßt die Welt der Freuden und Leiden und folgt dem Weg, den Buddha bis zu seiner Erleuchtung zurücklegte. Er gelangt in die rein geistige Welt und steht schließlich vor dem Zentralstupa auf dem Scheitel des Heiligtums, der das Absolute, die vollkommene Glückseligkeit verkörpert. Über 1800 Relieftafeln begleiten den Pilger auf dem Weg zu seinem geistigen Ziel, und er kann aus ihnen alle Legenden über Buddha kennenlernen. Sie schildern sein irdisches Dasein als Prinz Siddharta, als Bettelasket und als Prediger sowie die unzähligen Erlebnisse während seiner früheren Existenzen und schließlich die Vision zukünftiger Buddhas.

Am Ende jeder Galerie steigt der Pilger über eine Treppe zur nächsten hinauf und begibt sich so, Schritt für Schritt, auf immer höhere geistige Ebenen, bevor er das letzte Ziel der Buddhisten erreicht, das Nirwana, die Aufhebung aller Wünsche, die höchste Glückseligkeit.

Das monumentale Bauwerk wurde nach den Vorstellungen des Mahajana, des reformierten Buddhismus, konzipiert. Nach dieser Lehre ist Gautama Buddha nur einer von vielen Buddhas, höchsten Gottheiten, von denen jede einen Teil des Universums regiert. Im Mahajana-Buddhismus gibt es zahllose vollkommene Wesen, wie die Bodhisattwas, die aus Mitleid mit den Menschen auf die Buddhaschaft verzichten, bis sie ihnen zur Erlösung verholfen haben.

Die vielen tausend Relieftafeln in den Galerien des Borobudur zeigen – oft mit größter Genauigkeit – die Sitten und Gebräuche, die Kleidung, die Transportmittel und den Alltag der verschiedenen Gesellschaftsschichten Javas vor mehr als 1200 Jahren. Chinesische Texte aus der gleichzeitigen Tangdynastie (618–907) bestätigen die Richtigkeit dieser Beschreibungen. Als große Reisende hatten die Chinesen auch Java besucht. Die Berichte ihrer Gesandten, die manchmal überraschende Einzelheiten enthielten, waren sorgfältig in die kaiserlichen Chroniken übernommen worden und blieben deshalb erhalten.

Java im 8. Jahrhundert

Und so wird Java in der *Neuen Geschichte der Tang* (1060) beschrieben:

„Die Leute errichten dort Befestigungen aus Holz, und selbst die größten Häuser sind mit Palmblättern gedeckt. Sie haben Betten mit Elfenbeinverzierungen und Bambusmatten.

In diesem Land gibt es Schildpatt, Gold und Silber, Rhinozeroshörner und Elfenbein. Das Land ist sehr reich. In einer Höhle sprudelt Salzwasser aus dem Boden. Die Bewohner stellen aus den herabhängenden Blüten der Kokospalme Wein her, und wenn sie ihn trinken, sind sie schnell berauscht. Sie können schreiben und besitzen Grundkenntnisse in der Astronomie. Zum Essen benutzen sie weder Löffel noch Stäbchen.

Man trifft in diesem Land ‚giftige Mädchen'; wenn man mit ihnen intim verkehrt, bekommt man schmerzhafte Geschwüre, an denen man stirbt; doch der Körper verfault nicht."

Die chinesischen Chroniken erwähnen auch, daß zwischen 766 und 779

Die Treppenaufgänge zu den Rundterrassen, die in die vier Himmelsrichtungen weisen, sind in der Mitte jeder Ringmauer von einem Torbogen mit einem Dämonenkopf überwölbt. Er symbolisiert den Eingang in die Welt der Erkenntnis.

72 Buddhafiguren stehen auf den drei Rundterrassen des Borobudur, der formlosen Sphäre, die von dem majestätischen Zentralstupa gekrönt wird. In ihm, der das letzte Geheimnis symbolisiert, befindet sich ein großer, seltsamerweise unvollendeter Buddha. Der Tempelberg, ein religiöses und kosmisches Sinnbild, wurde vielleicht zu Ehren der Schailendraherrscher errichtet, deren Name „Bergherren" bedeutet (eine mögliche Auslegung des Wortes Borobudur ist „Berg des Königs der Berge"). Die Tempelanlage wurde um das Jahr 800 begonnen; der Bau muß, den damaligen Arbeitsbedingungen entsprechend, 30 bis 40 Jahre in Anspruch genommen haben.

mehrere javanische Gesandte nach China kamen.

Chroniken der Khmer berichten außerdem, daß im Jahr 802 König Dschajawarman II. den Göttern opfern ließ, „damit sie das Land von der Herrschaft Javas befreiten". Vermutlich gehörte also Kambodscha zum Machtbereich der javanischen Könige.

An der Küste Annams (heute Kernland von Vietnam), vor allem in Nha Trang, hat man Inschriften gefunden, nach denen „schwarze, magere" Männer, „furchterregend wie der Tod, die auf Schiffen gekommen waren", das Land im Jahr 774 geplündert haben. Eine andere Inschrift erklärt, daß im Jahr 787 „die Heere Javas, die mit Schiffen landeten, einen Tempel in Brand setzten".

Im ausgehenden 8. Jahrhundert waren die Javaner demnach gefürchtete Eroberer und kühne Seefahrer. Obwohl auf den Flachreliefs des Borobudur kaum Kampfszenen abgebildet sind, zeigen sich doch zahlreiche Krieger mit verschiedenen Arten von Schwertern und Bambusbogen. Schilde, mit Glöckchen verziert, schützen sie vor dem Gegner. Die Schiffe, auf denen die Krieger der Schailendra zu den Nachbarländern segelten, um diese zu plündern und mit reicher Beute – die zum Teil für den Bau des Borobudur verwendet wurde – zurückzukehren, sind eindrucksvoll wiedergegeben und beweisen, daß damals in den Gewässern Südostasiens lebhafter Schiffsverkehr existierte.

Einige hundert Männer fanden Platz auf diesen hohen Schiffen. Bei Windstille wurden sie von mehreren Reihen Ruderern fortbewegt. Diese Schiffe, von denen es verschiedene Typen gab, waren manchmal mit drei Masten ausgestattet, die große, rechteckige Segel trugen. Die meisten waren hochseetüchtig; sie hatten wohl keinen Kiel, dafür jedoch Ausleger.

Auf den Flachreliefs des Borobudur sind Kriegsszenen, wie gesagt, selten, denn die buddhistischen Künstler wollten offenbar nicht die Gewalt verherrlichen, sondern vielmehr den friedlichen Charakter ihres Volkes hervorheben. Zweifellos gab es neben den ganz auf Krieg eingestellten Kasten breite Bevölkerungsschichten, die, wie heute, vor allem den Frieden und die Annehmlichkeiten eines ruhigen Lebens schätzten.

Die Insel hatte nur wenige Straßen, auf denen jedoch reger Verkehr herrschte. Reiche Leute ließen sich meist in einem Tragsessel befördern. Manchmal war dieser nur eine einfache Platte, auf der man kauerte, manchmal eine Art kleines Häuschen mit Fenstern und zwei Stangen, das vier Männer auf den Schultern trugen. Die vierrädrigen

DER BUDDHISMUS, EINE MISSIONARISCHE RELIGION

Die Lehre Buddhas entstand im 6. Jahrhundert v. Chr. und breitete sich im Lauf von drei Jahrhunderten über den ganzen indischen Subkontinent aus. Im 2. Jahrhundert v. Chr. erreicht sie die indo-afghanischen Grenzgebiete, Zentralasien, China, Birma und Kambodscha. Um die Zeitenwende spaltet sich der Buddhismus in eine nördliche Spielart, das Hinajana (Kleines Fahrzeug), und eine südliche, das Mahajana (Großes Fahrzeug). Die Herrscher und Adligen und nach ihnen die Völker der asiatischen Länder bekehren sich zu der neuen Religion. Im 6. Jahrhundert erreicht sie Japan und wird begeistert angenommen. In Südostasien überwiegt das Hinajana, während sich in Indonesien mit den Schailendrakönigen das Mahajana durchsetzt. Sektierertum und die Verfolgungen durch den Hinduismus verdrängen den Buddhismus zwischen dem 8. und 12. Jahrhundert in Indien. In Ceylon, im Südosten Asiens, in Tibet, der Mongolei, Korea und in Japan hat er jedoch Wurzeln geschlagen. Seine Ausbreitung trug dazu bei, daß die indische Kultur in vielen Ländern Eingang fand und sowohl eine religiöse wie auch künstlerische Vorstellungswelt hervorbrachte, die einem Großteil von Asien gemeinsam sind.

Javanisches Segelschiff mit Ausleger anstelle eines Kiels

Karren gleichen Typs wurden von zwei Pferden gezogen. Diese im allgemeinen reich geschmückten Fahrzeuge waren mit einer gebogenen, schön verzierten Deichsel versehen, wie man sie noch heute in bestimmten Gegenden Birmas verwendet. Reis, Gemüse und andere Lebensmittel sowie Steine wurden auf flachen, vierrädrigen Karren transportiert, die von Wasserbüffeln gezogen wurden.

Hochgestellte Persönlichkeiten reisten mit Elefanten, und zwar in schön gearbeiteten hölzernen *Howdahs,* einer Art großer Körbe, die auf dem Rücken der Tiere befestigt waren. Kleine Schirme schützten sie vor der Sonne.

Ein Volk von Künstlern

Die meisten Javaner, Männer wie Frauen, wanden sich nur ein dünnes Tuch um die Lenden, der Oberkörper blieb nackt. Wie um die fehlende Kleidung auszugleichen, trugen sie viel Schmuck und manchmal sehr komplizierte Frisuren. Die beliebtesten Schmuckstücke waren Armbänder, Knöchelreifen, Ohrringe, mehrreihige Halsketten und Fingerringe. Auf Festen trugen Männer und Frauen bunte Schals und hübsch verzierte Gürtel. Die Frauen zogen manchmal eine Art langen Rock an. Männer und Frauen gingen barfuß, nur hochgestellte Persönlichkeiten trugen ab und zu Sandalen.

Die einfachen Leute besaßen weder kostbare Gewänder noch wertvolles Geschmeide; die jungen Mädchen schmückten allerdings ihr Haar gern mit Blumen und Blättern.

Wie das auch heute noch üblich ist, wurde der Schmuck von der Mutter auf die Tochter vererbt und diente häufig als Mitgift.

Alle wohnten in Holzhäusern mit Palmblattdächern. Die Häuser standen auf Pfählen, um die Bewohner vor tropischen Regenfällen und Schlamm zu schützen. Weit vorstehende Giebeldächer schirmten die schwachen Mauern aus geflochtenem Bambus oder Holz und die Gitterfenster. Manchmal stützten kleine Säulen an der Fassade einen Dachvorsprung oder eine kleine Terrasse. Um jedes Haus lief ein Holzzaun, damit das Familienleben nicht gestört wurde. Über eine Leiter gelangte man unter das Dach, wo die Lebensmittelvorräte, vor Nagetieren geschützt, in gut verschlossenen Tonkrügen lagerten. Für eventuelle Gäste schmückte man die Dächer und die Säulen des Eingangs oft mit Blumengirlanden. Die Paläste und Tempel waren ebenfalls aus Holz und Bambus gebaut und mit Palmblättern gedeckt. Von den gewöhnlichen Häusern unterschieden sie sich durch ihre Größe und die Anzahl der Räume, aber auch durch eine sorgfältigere Bauweise und reiche Ausstattung – vor allem mit Gemälden und Skulpturen.

Weder von den Hütten der Bauern noch von den Residenzen der Fürsten sind Überreste erhalten geblieben; wie sie aussahen, wissen wir nur aus den Darstellungen am Borobudur.

Das Mobiliar beschränkte sich auf Wäsche- und Schmucktruhen, Hocker

Diese Dorfbewohner stehen vor ihrem Haus und bringen einem Bodhisattwa (irdische Vorstufe des Buddha) Opfergaben dar. Das strohgedeckte Holzhaus steht auf Pfählen und ist typisch für die Bauweise auf Java in jener Zeit.

Diese Sänfte, die von vier Männern getragen wird, besteht nur aus einer Decke, die um zwei Holzstangen gerollt ist. In einem Land, wo es kaum Straßen gab, war dies das gebräuchlichste Transportmittel. Die beförderte Person ist ein Mädchen. Unter der Trage kauert der Dämon Rakassa, dargestellt als Wächter.

sowie zahlreiche Kissen und Stoffe. Die Lebensmittel stellte man auf breite, lange Holztische. Auf kleineren ordneten Frauen und Mädchen ihre Fläschchen und Kosmetika. Überall standen kleine, runde Bambushocker herum. Sie waren leicht und handlich, und man konnte in den heißen Stunden bequem darauf im Hof, auf der Veranda oder auf der Straße sitzen.

Die vornehmen Häuser waren mit Wandmalereien geschmückt, aber es gab damals auch schon auf Staffeleien gemalte Bilder, wie mindestens zwei Flachreliefs des Borobudur beweisen. Eines der Bilder stellt einen sitzenden Fürsten dar, das andere eine betende Frau. Wenige Völker sind künstlerisch so begabt wie die Javaner. Jeder Bauer malt zu seinem Vergnügen und verziert auch seine unbedeutendsten Arbeitsutensilien. Er fertigt Schnitzereien aus Knochen und Holz, und sein Haus ist innen und außen reich dekoriert. Bei vielen Bauern beobachtet man ein echtes künstlerisches Talent; wahrscheinlich war dies auch zur Zeit des Borobudur der Fall. Vielleicht wurden die Bildtafeln und Statuen des riesigen Kultdenkmals unter der Leitung namhafter Künstler von einer Menge einfacher Leute – Bauern, Handwerkern und anderen – ausgeführt, für die diese Arbeit sowohl Vergnügen und Entspannung als auch eine Huldigung an Buddha war.

So wie heute gehörten Theater, Musik und Tanz schon damals zum Leben aller, vom König bis zum einfachsten Bauern. In Südindien und Java waren Tanz und Bildhauerei untrennbar miteinander verbunden. Daher erstaunt es wenig, daß nicht nur auf den Flachreliefs des Borobudur, sondern auch auf denen anderer buddhistischer Heiligtümer dieser Region so oft Feste und Tänze dargestellt sind. Die javanischen Tänze jener Zeit ähneln sehr stark den heiligen Tänzen Indiens.

Schon immer liebten die Javaner Rhythmen und Melodien. Bei keiner Zeremonie fehlten Musik und Tanz, und keine dieser beiden Künste war ohne die andere denkbar. Wahrscheinlich ließen sie keine Gelegenheit ungenutzt, zu ihrem Vergnügen zu musizieren.

Man spürt den indischen Einfluß in Java bis in die kleinsten Einzelheiten des Alltags: Die Formen der Wassertöpfe, der Bronze- und Tongefäße, der Löffel und Teller gehen auf indische Vorbilder zurück.

Die buddhistischen Schailendras drängten die einheimischen Schiwaanhänger zwar in den Osten Javas, doch sie übernahmen die indische Kultur, die von Kaufleuten und Missionaren während der Jahrhunderte Schub um Schub aus Südindien auf die Insel gebracht worden war. Die indischen Vorbilder wurden lediglich den Gegebenheiten des Landes angepaßt.

So sind die zahllosen Darstellungen des Borobudur vom Leben in Java während des 8. Jahrhunderts ein recht getreues Abbild des Lebens im damaligen Südindien, geprägt jedoch von einem unverwechselbaren Sinn für Ornamentik und Natur.

Louis Frédéric

Herrschersitz der Khmer

ANGKOR

Angkor, die grandiose Hauptstadt der Khmer, war das Werk prunkliebender Könige und eines fleißigen Volkes von Reisbauern. Ihr Alltagsleben haben Bildhauer auf den einzigartigen Reliefs der Tempel verewigt.

Angkor, die an berühmten Baudenkmälern reiche Hauptstadt der Khmer nahe dem Großen See, dem Tonle Sap, wurde um das Jahr 900 gegründet. Nicht von Anfang an war sie die große, von hohen Mauern geschützte Stadt, die der Besucher heute noch vorfindet. Nachdem sie 1177 von den annamitischen Tscham eingeäschert worden war, wurde sie fast vollständig neu aufgebaut und mit einer mächtigen Mauer und einem breiten Wassergraben umgeben. Die breiten Hauptverkehrsadern der Stadt, die nach einem streng geometrischen Plan angelegt war, entsprachen den vier Himmelsrichtungen. Parallellaufende Alleen unterteilten das Stadtgelände in zahlreiche Viertel, und Kanäle an den Hauptstraßen versorgten die Einwohner mit Wasser, dem Quell des Lebens. Der Grundriß der Khmerstädte, vor allem der jeweiligen königlichen Residenzen symbolisierte die kosmische Ordnung, so daß jede einen Kosmos im kleinen darstellte. Deshalb legte man sie im allgemeinen um einen Tempelberg an. Dieser architektonische Symbolismus wird sowohl in Sambor Prei Kuk wie auch in Roluos und in Angkor deutlich.

Das Leben auf dem Lande

Die zahlreichen Dörfer entlang der Flüsse waren meist in einen oberen und einen unteren Bezirk gegliedert. Da die Sippen innerhalb eines Viertels dauernd verfeindet und Ehen zwischen Blutsverwandten untersagt waren, mußten die Mädchen und jungen Männer des oberen Ortsteils junge Männer und Mädchen des unteren heiraten und umgekehrt. Diese zweigeteilten, von Bambus- und Dornenhecken umgebenen Dörfer wurden, wie die Städte, um eine Hauptachse gebaut, die zu den Toren führte. Nachts wurden die Tore geschlossen, damit keine wilden Tiere, Vagabunden oder bösen Geister eindringen konnten.

Die Behausungen der Landbevölkerung haben sich bis heute kaum geändert: Immer noch wohnen die Bauern in einfachen Pfahlhütten mit einem Satteldach, Außenwänden aus geflochtenem Bambus, versetzbaren Innenwänden und einem festverfugten Bretterboden. Den Zugang bildet eine Leiter aus einem gekerbten Baumstamm, die nachts eingezogen wird. Die Hütte besteht aus einem einzigen großen Raum, der manchmal durch dünne Trennwände abgeteilt ist. Außer einigen Truhen gibt es keine Möbel.

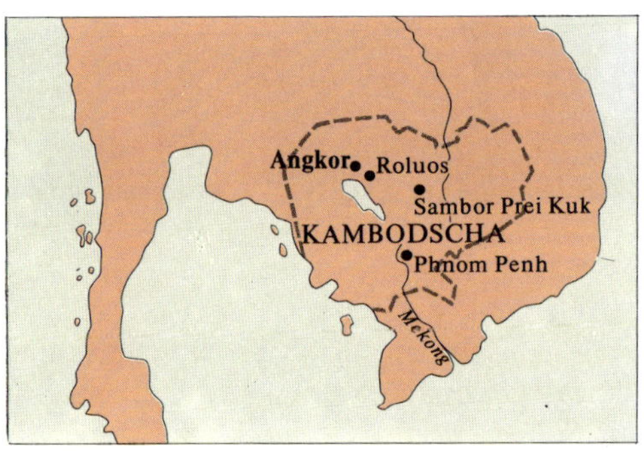

Die Feuerstelle befindet sich auf einer Erdschicht neben der Tür oder, wenn die Witterung es erlaubt, im Freien. Nachts werden zwischen den Pfählen Strohfeuer entzündet, um die Insekten fernzuhalten. In diesem Erdgeschoß, das bisweilen mit Bambusgittern umzäunt wird, stellt man Webstühle, Ackergeräte und Kähne ab. An den Pfählen werden nachts Büffel, Schweine und andere Haustiere festgebunden.

Die Bauern waren zwar faktisch Besitzer der Reis- oder anderen Felder, die sie bestellten, aber der einzige rechtmäßige Eigentümer allen Bodens war der König. Den Großteil der Landbevölkerung bildeten die Kleinbauern. Da das Reich verhältnismäßig dünn bevölkert und reichlich Boden vorhanden war, gab es viel Brachland, Wälder und Sümpfe. Anstatt die Felder des Vaters unter sich aufzuteilen, machten die Bauernsöhne neuen Boden urbar. Nach dem Tod des nutzungsberechtigten Bauern fiel der Boden im Prinzip an den König zurück. Doch das geschah nur selten. Der Staat war hauptsächlich daran interessiert, daß neue Flächen gerodet und bewässert wurden. Häufig wurden Dörfer und Felder für unbestimmte Zeit einem Heiligtum oder einem hohen Beamten überlassen. Auch wenn der gesetzmäßige Eigentümer wechselte, die Arbeitsbedingungen der Bauern blieben die gleichen. Die Dörfer erzeugten, was sie für ihren Unterhalt brauchten. Geld wurde fast nicht benutzt, der Tauschhandel blühte.

Die Khmer fühlten sich stark mit der Scholle verbunden. Sie waren bedürfnislos; ihre Häuser bauten sie selbst. Was ein Bauer erzeugte, reichte im allgemeinen aus, um die Steuern zu zahlen und seine Familie zu ernähren. Der Wald lieferte ihm Holz, Honig, Lack und Benzoeharz. Er war auch Handwerker und fertigte die meisten Geräte, die er benötigte, selbst an. Dazu kamen der Fischfang und die Aufzucht von Rindern, Wasserbüffeln, Schweinen und Geflügel, die manchmal in der Stadt auf dem Markt verkauft wurden. Die Frauen ernteten den Kapok und die Baum-

Zahlreiche Reliefs stellen Szenen aus dem religiösen Leben der Khmer dar. Buddha, stehend, segnet einen vor ihm knienden Gläubigen. Vor dem Tempeleingang, den ein steinerner Löwe bewacht, sitzt ein Mönch. Die Ohrläppchen der Figuren sind vom Tragen schwerer Schmuckstücke, Zeichen hohen Ranges, ausgedehnt (Relief des Bajon, 12. Jahrhundert).

Viele Darstellungen der Khmer verherrlichen die Kriegstaten ihrer Herrscher. Im oberen Teil des Reliefs verläßt ein Offizier (oder der König) auf einem Elefanten die Stadt. Er wird von Fächer- und Sonnenschirmträgern begleitet. Unten marschieren lanzen- und bogenbewaffnete Krieger vorüber. Im Gegensatz zu Angkor Wat, dem Tempelberg des mächtigsten Königs Surjawarman II. (1113–1150), enthält der Bajon auch zahlreiche Szenen aus dem Alltagsleben.

wolle; sie züchteten Seidenraupen und webten die Kleidung für die ganze Familie. Die Bauern waren mit ihrem Leben vermutlich nicht unzufrieden. Sie mußten zwar hohe Steuern entrichten, aber der gut bewässerte Boden war sehr ertragreich, und so mangelte es ihren Familien nie an Nahrung.

Die Flachreliefs des Bajon, eines Tempelbergs in Angkor, zeigen auf humorvolle Weise Khmerbauern, die unter leichten Holzpavillons sitzen oder sich vor der Sonnenglut durch eine aufgespannte Leinwand schützen. Man sieht sie Geflügel und Fische tauschen oder verkaufen, auf der Jagd oder beim Hahnenkampf, beim Festschmaus, die Kunststücke von Akrobaten bewundern oder im Gespräch.

Während der Trockenzeit verließen die Bauern ihre Felder und halfen gegen Entgelt bei der Errichtung von Bauwerken und den für die Bewässerung unerläßlichen Deichen. Aus den Inschriften einiger Monumente geht hervor, daß sie vom Adel verachtet wurden. Doch waren sie Freie und erfreuten sich einer gewissen Unabhängigkeit. Außer den Freien gab es auch Sklaven – Kriegsgefangene oder Freie, die man in den Bergen gefangengenommen hatte. Sie wurden als Diener in Tempeln oder anderen religiösen Einrichtungen beschäftigt. Ihre rechtliche Stellung, die ihnen verhältnismäßig viele Freiheiten ließ, war in keiner Weise vergleichbar mit dem Status der Sklaven im antiken Rom. Meistens blieben die Sklaven dort, wohin der Krieg sie verschlagen hatte, und wurden nach kurzer Zeit wieder freie Männer.

Kriegführung mit Elefanten

Könige und Feldherren zogen auf Elefanten in die Schlacht. Die eigens für den Krieg abgerichteten und dem Rang des Reiters entsprechend geschmückten Tiere trugen auf dem Rücken eine Plattform, eine Art kleinen Pavillon, der manchmal mit einem oder mehreren Sonnenschirmen ausgestattet war. Auf dieser Plattform saß oder stand meist ein Bogenschütze. Jeder Elefant hatte einen *kornak*, einen Führer, der auf seinem Nacken saß. Manchmal verteidigten ihn noch fünf Krieger; einer saß auf der Kruppe des Tieres, die andern vier gingen an seiner Seite und schützten seine Beine. Die Stoßzähne dieser Elefanten waren mit spitzen Metallhülsen überzogen. Andere wurden in kleinen Gruppen eingesetzt, um die feindlichen Reihen zu durchbrechen; Fackelträger und Krieger reizten sie, indem sie ihnen auf die Stoßzähne schlugen. Im allgemeinen fochten die Elefantenreiter Zweikämpfe aus. Dabei kam es vor, daß einer der beiden Gegner auf den Kopf des feindlichen Elefanten sprang, um zu siegen.

Reiter ohne Steigbügel, ausgerüstet mit Säbeln und Wurfwaffen, flankierten diese Stoßtrupps. Ihnen folgten schließlich wohlgeordnet aufgestellte Fußsoldaten. Nach einem Pfeilwechsel ging die Schlacht sehr bald in einen Nahkampf Mann gegen Mann über. Die Krieger kämpften barfuß, bekleidet nur mit einer Art knappem Lendenschurz und einer Lederjacke, an der in Schulterhöhe Dolche und Wurfmesser befestigt waren. Sie schützten sich mit einem lederüberzogenen, runden oder rechteckigen Holzschild. Die Soldaten, in Bogenschützen- und Lanzenreitereinheiten gegliedert, trugen mit Tierköpfen verzierte Helme oder waren barhäuptig. Das Haar kämmten sie straff nach hinten und banden es in der Mitte zu einem Knoten.

Gebräuchlichstes Transportmittel der Khmer waren zweirädrige, von Zebus gezogene Karren (im Bild). Um das für die vielen Bauten notwendige schwere Material heranzuschaffen, errichteten die Khmer ein gutgepflastertes Landstraßennetz.

Die Bewaffnung war verhältnismäßig einfach; sie bestand aus Lanzen, Hellebarden, Säbeln, Messern, Bogen, Wurfwaffen und manchmal (wie man auf den Reliefs des Bajon sehen kann) aus Wurfmaschinen chinesischer Bauart.

Im allgemeinen gab man Verwunde-

Die Tempelanlage des Bajon (im Bild), einer der großartigsten Bauten Südostasiens, wurde unter dem baufreudigen König Dschajawarman VII. (1181–1219), errichtet. Er baute ganz Angkor mit seinen zahllosen Tempeln neu auf, nachdem es 1177 von den Tscham fast völlig zerstört worden war. Unter diesem König erhielt Angkor das Aussehen, das es auch heute noch vermittelt. Das Zentralheiligtum des Bajon bestand aus einer Haupt- und zwölf strahlenförmig angeordneten Nebenkapellen. 54 Türme, 43 m hoch, krönten die Anlage. Im Zentralheiligtum thronte Dschajawarman als Buddha, Herr des Universums, denn die Könige der Khmer wurden als Gottheiten verehrt.

ten den Gnadenstoß; auch die Gefangenen wurden meist getötet. Manchmal jedoch machte man sie zu Sklaven oder zwang sie, gegen die eigenen Leute zu kämpfen. Die aus Berufskriegern bestehenden Armeen waren in Gruppen von 1000, 100 und 10 Soldaten unterteilt und standen unter dem Befehl von sogenannten *senapati* oder Generälen. Diese Truppen wurden vom König oder vom Provinzstatthalter bezahlt. In kritischen Situationen wurden alle fronpflichtigen Männer eingezogen. Bei den ersten Einfällen der Thai scheinen die Führer der Khmer ihr ganzes Volk zum Kampf gezwungen zu haben. Während der Regenzeit wurde nur selten Krieg geführt, da die zahlreichen Sümpfe den Vormarsch der Truppen behinderten und die Kampflust der Soldaten durch Hitze und Feuchtigkeit rasch erlahmte.

Im allgemeinen bestimmte der König die hohen Beamten aus den Reihen der königlichen Familie, der adligen Krieger und der ranghohen Geistlichen. Die niederen Beamten kamen aus dem Volk oder dem niederen Klerus. Die meisten Ämter waren käuflich.

Der König entlohnte die Beamten durch Geschenke. Entweder belohnte er sie mit Grund und Boden, deren Ertrag dann ihnen gehörte, oder er schenkte ihnen Stoffe, Reis und andere Lebensmittel, je nach Rang und Verdienst. Zuweilen erlaubte er ihnen auch, einen Teil der Steuern zu behalten, die sie in seinem Namen einzogen.

Porträt eines Königs

Der riesige Hof beschäftigte ein Heer von Dienern, Beamten und Geistlichen. Der Bericht des chinesischen Gesandten Dschou Ta-kuan (1296) gibt eine Vorstellung von der königlichen Prachtentfaltung:

„Im Königspalast gibt es einen vergoldeten Turm, in dessen oberem Teil der König schläft ... Nur der Fürst darf sich in dichtgewebte Stoffe kleiden. Er trägt ein goldenes Diadem. Wenn er es nicht trägt, flicht er in seinen Haarknoten ein Gewinde aus duftenden Blumen, die an Jasmin erinnern. Um seinen Hals hängen große Perlen von fast drei Pfund Gewicht. An Handgelenken, Knöcheln und Armen trägt er goldene Bänder und Ringe mit Katzenaugen. Er geht barfuß, seine Fußsohlen und Handteller sind mit rotem Farbstoff gefärbt. Beim Ausgehen hält er ein goldenes Schwert in der Hand. Vor ihm marschieren Truppen; ihnen folgen Banner- und Wimpelträger sowie die Musik. Danach kommen die Gemahlinnen und Konkubinen des Königs in Tragsesseln, Wagen, zu Pferd oder auf Elefanten. Schließlich, auf einem Elefanten stehend, der Herrscher, in der Hand das kostbare Schwert ... Alle, die den König sehen, müssen sich niederwerfen und den Boden mit der Stirn berühren ... Wo er sich hinsetzt, liegt ein Tigerfell, das die Könige einander vererben ...“ Dschou Ta-kuan beendet seine Beschreibung mit Worten, die für einen Chinesen jener Zeit aufrichtige Bewunderung ausdrücken: „Daran erkennt man, daß diese Leute, auch wenn sie in einem Barbarenreich leben, sehr wohl wissen, was ein König ist.“

LOUIS FRÉDÉRIC

Die Stadt der 1001 Kirchen

ANI

Die durch einen mächtigen Mauerzug geschützte Hauptstadt der Könige von Armenien, Vorposten der Christenheit im Orient, schmückte sich im 11. Jahrhundert mit einer Vielzahl herrlicher Kirchen.

„Die Stadt der 40 Tore und 1001 Kirchen" wurde Ani um das Jahr 1000 genannt, als es die Hauptstadt Armeniens war. Auch wenn man der Überschwenglichkeit Rechnung trägt, die Berichten aus dem Orient eigen ist, muß sie einzigartig gewesen sein. Jetzt ist sie eine der eindrucksvollsten Ruinenstädte, die man sich vorstellen kann. Angeblich hatte sie zeitweise bis zu 100000 Einwohner. Heute begegnet man dort nur ab und zu einigen müßigen türkischen Soldaten.

Ani liegt im äußersten Nordosten der Türkei unmittelbar an der sowjetischen Grenze. Touristen benötigen selbst für einen kurzen Besuch eine Sondergenehmigung. Man erreicht das Ruinenfeld über eine schlechte, unbefestigte Straße von der 50 km entfernten Stadt Kars aus, die Rußland und die Türkei lange Zeit einander streitig machten. Hier lernt der Reisende ein Armenien kennen, das in den Regionen im weiten Umkreis des Vansees, wo einst seine Wiege als unabhängiger Staat stand, ja kaum mehr als ein Name ist.

Das goldene Zeitalter

Die Ursprünge Armeniens reichen in ferne Vergangenheit zurück. Etwa im 6. Jahrhundert v. Chr. ließen sich die Armenier im Gebiet des ehemaligen Reiches Urartu nieder. Gegen Ende des 3. Jahrhunderts n. Chr. nahmen sie das Christentum an, was die Entwicklung Armeniens entscheidend beeinflußte. Das Land wurde ein Vorposten christlicher Kultur. Zu Beginn des 5. Jahrhunderts schuf die Kirche ein armenisches Alphabet, zunächst, damit die Bibel ins Armenische übersetzt werden konnte. Bald entstand auch eine umfangreiche Literatur. Gleichzeitig blühte die armenische Baukunst, die später sogar auf die europäische Architektur einwirkte.

Trotz aller Bemühungen der Armenier, ihre Selbständigkeit zu verteidigen, fiel ihr Land erst iranischen, dann arabischen Eroberern in die Hände. Doch Ende des 9. Jahrhunderts gelang es einem Fürstengeschlecht – den Bagratiden –, die Unabhängigkeit Armeniens wiederherzustellen. Um das Jahr 1000 erlebte das Land eine Blütezeit. Es

gab damals einige Herrscher, die noch heute im Andenken der Armenier fortleben. Der größte war zweifellos Aschot III., der von 952 bis 977 regierte und Ani zu seiner Hauptstadt machte. Sein diplomatisches Geschick sicherte ihm die Freundschaft der Kalifen von Bagdad, und er vergrößerte das armenische Heer auf etwa 100000 Mann. Er war ein hervorragender Regent und unermüdlicher Bauherr und führte zu Recht die Beinamen der Siegreiche und der Barmherzige.

Die Stadt Ani lag auf einem dreieckigen Hochplateau zwischen zwei Flüssen, die sich hier tief in den Fels eingeschnitten haben. Der eine bildet heute die Grenze zwischen der Türkei und der Armenischen Sozialistischen Sowjetrepublik. Den Zugang zu dem Felsplateau versperrte eine gewaltige Mauer, die die sonst natürliche Verteidigungslage der Stadt ergänzte. Sie ist das Werk König Aschots III. und seines Nachfolgers, König Sembats II.

Diese 1 km lange, größtenteils erhaltene Doppelmauer mit ihren zahlreichen Türmen ist höchst eindrucksvoll. Sie stammt im wesentlichen aus dem späten 10. Jahrhundert, als man im Abendland als Befestigungen meist nur Erdwälle und Holzverschanzungen errichtete. Der Orient war auch hierin dem Westen weit voraus.

Mit diesem mächtigen Mauerzug, in dem sich Kraft und Schönheit vereinen, stellten die Einwohner zur Blütezeit der Stadt ihre Stärke unter Beweis. Diese wehrhafte Fassade schreckte mögliche Angreifer ab. Es galt ja nicht nur, die Bevölkerung zu schützen, sondern auch die Werkstätten der Handwerker und die Warenlager. Anis Wohlstand fußte auf dem Handel mit begehrten Gütern wie Stoffen, Leder, Metallen aller Art und anderem mehr. Aber die Hauptstadt Armeniens war auch ein wichtiger Umschlagplatz zwischen Asien und dem Abendland, vor allem für Seide aus China. Trotz seiner verhältnismäßig großen Ausdehnung wurde Ani bald zu klein für die Bevölkerung, die mit dem Wohlstand der Stadt wuchs. An den Hängen der Steilufer entstanden Wohnhäuser und Kirchen. Über die Flüsse schlug man Brücken und legte jenseits Vororte an.

Doch Anis Glanzzeit währte nur kurz, kaum länger als ein dreiviertel

Die Gregorkirche wird nach ihrem Stifter auch Kirche des Tigran Onents genannt. Trotz ihres desolaten Zustands gehört sie zu den am besten erhaltenen Kirchen in Ani, vor allem innen, wo sogar noch die Ausmalung mit Fresken geblieben ist. Unter anderem sind Szenen aus dem Leben Christi und der Heiligen Jungfrau sowie des heiligen Gregor zu sehen, der Armenien christianisierte und Patron vieler Kirchen in diesem Lande war.

Die Kathedrale von Ani wurde zwischen 989 und 1001 von dem Baumeister Tiridates im Stadtzentrum errichtet und ist eines der schönsten Bauwerke der armenischen Architektur. Ihr Grundriß ist ein Rechteck, in das ein Kreuz eingeschrieben ist.

Jahrhundert. Die aus Mittelasien heranziehenden türkischen Seldschuken fielen immer wieder in Armenien ein und überrannten das Land schließlich. Die Byzantiner, deren Reich Kleinasien umfaßte, ließen die Armenier in ihrem Kampf gegen die moslemischen Eindringlinge nicht nur im Stich, sondern nutzten die Gelegenheit, ihre christlichen Brüder selbst anzugreifen. Dieses Verhalten sollte für Byzanz später noch verhängnisvolle Auswirkungen haben. Unter den Mauern von Ani kam es zu einer erbitterten Schlacht, bei der die Byzantiner über 20000 Mann verloren. Die Armenier mußten an zwei Fronten kämpfen. Das überstieg ihre Kräfte. Ani wurde 1045 von den Byzantinern eingenommen, und die Seldschuken eroberten es 1064.

Die Stadt wurde teilweise zerstört. Ein Chronist berichtet, daß die anstürmenden Krieger in jeder Hand ein Messer hatten und ein drittes im Mund. „Die Bewohner wurden niedergemäht wie Gras." Wer dem Gemetzel entging, wurde in die Sklaverei verkauft. Trotzdem war dies noch nicht das Ende der Stadt. Ende des 12. Jahrhunderts nahmen die ebenfalls christlichen Georgier sie ein, und unter deren Oberhoheit erlebte sie eine neue Blüte. Angehörige verschiedener Völker wohnten friedlich nebeneinander und betrieben einen einträglichen Handel, denn Ani war nach wie vor ein wichtiger Umschlagplatz. Doch mit dem Mongoleneinfall nahm diese glückliche Zeit ein jähes Ende. Hundert Jahre später, 1339, versetzte ein schweres Erdbeben der Stadt den Todesstoß.

Das Ruinenfeld

Der Anblick des Ruinenfelds der alten Hauptstadt Armeniens ist grandios und beklemmend zugleich. Andere tote Städte schmückt zumindest eine oft üppige Vegetation, die ihnen einen Hauch von Leben verleiht. Aber in Ani findet man wenig dergleichen, weder Bäume noch Buschwerk, nur im Frühling einige bunte Blumen. Vergilbtes Gras, hart und stechend, verbirgt die verstreuten Trümmer und erschwert das Begehen des Geländes. Hier und da ragt noch ein Bauwerk auf wie eine einst prächtige Pflanze, die der dürre Boden nun nicht mehr nährt. Die Häuser von Ani sind verschwunden, von den Palästen stehen nur noch einige Mauerreste. Erhalten haben sich jedoch mehrere großartige Kirchen, von denen keine der anderen gleicht. Im Hintergrund erhebt sich das hohe, schlanke Minarett der Moschee, die nach der Eroberung Anis unter dem ersten seldschukischen Statthalter erbaut wurde, und auf einer Anhöhe die Zitadelle.

Im Zentrum der Stadt und von jedem Punkt aus sichtbar steht die Kathedrale. Sie war der Mutter Gottes geweiht und für die Armenier eine besonders heilige Stätte, denn in ihren Gewölben wurden die Könige von Armenien gekrönt. Von den Gebäuden, die sie einst umgaben, ist nichts mehr vorhanden. Die Kirche ist eines der vollendetsten Bauwerke der armenischen Architektur und hat aufgrund des Materials, aus dem sie errichtet wurde – Basalt und Trachyt –, bis heute den Unbilden der Witterung getrotzt. Nur die Kuppel ist zerstört. Das Bauwerk wurde zwischen 989 und 1001 von dem Hofarchitekten Tiridates errichtet, der bis weit über die Grenzen Armeniens hinaus bekannt war. Die Byzantiner beauftragten ihn, die Schäden an der großen Kuppel der Hagia Sophia in Konstantinopel zu beheben, die bei einem Erdbeben teilweise eingestürzt war.

Im Vergleich zu den großen Kathedralen des Abendlands erscheinen die Ausmaße des Baus bescheiden: Die Länge beträgt 35 m, die Breite 23 m. Man muß jedoch bedenken, daß die armenische Hauptstadt sehr viele Kirchen und Kapellen besaß, die von den Fürsten und den großen Familien gestiftet wurden. Selbst wenn es nicht tausend Kirchen und eine waren, kann man doch aus dieser Angabe folgern, daß es außergewöhnlich viele Gotteshäuser in Ani gab. Sie zeugten von der tiefen Religiosität der Bewohner, denen der Glaube angesichts der ständigen Bedrohungen von außen Kraft verlieh

Die Buchmalerei hat sich in den Klöstern Armeniens sehr früh entwickelt. Die abgebildete Miniatur stammt aus einem in Ani 1038 angefertigten Evangeliar. Dargestellt sind Christi Geburt und die Anbetung der Heiligen Drei Könige.

und sie in ihrem Streben nach Unabhängigkeit bestärkte. Diejenigen, die wir heute noch bewundern können, zeichnen sich durch eine harmonische Architektur von ganz eigenem Charakter aus. Sie wirken so, als hätten ihre Baumeister die verschiedensten Experimente angestellt und spielend alle Schwierigkeiten gemeistert.

Die Armenier hatten zu allen Zeiten eine Vorliebe für Stein, und man kann ohne Übertreibung sagen, daß ihre Architekten Glanzleistungen vollbracht haben. Immer war ihnen der Baukörper das Wichtigste, und die sparsame Ornamentik diente nur dazu, bestimmte Bauteile hervorzuheben. Die einzige Ausnahme macht die Kirche auf der kleinen Insel Achtamar im Vansee, ein Bau aus dem frühen 10. Jahrhundert, dessen Außenmauern überaus reiche Ornamentfriese, Medaillons und Reliefs zieren.

Die armenischen Sakralbauten waren immer auch mit Fresken geschmückt, die sich aber stets der Architektur unterordneten. Die schönsten noch erhaltenen Wandmalereien in Ani sind in einer der drei Gregorkirchen zu sehen, nämlich in der, die der Kaufherr Tigran Onents 1215 hart am Rand einer tiefen Schlucht errichten ließ.

Die Baudenkmäler Anis geben eine Vorstellung vom Formenreichtum und von der Schönheit der armenischen Architektur. Gleichzeitig zeigen sie bautechnische Lösungen, die den westlichen Kunsthistorikern bemerkenswert erscheinen. Bereits im späten 10. und im frühen 11. Jahrhundert arbeiteten dort die Baumeister mit Rippengewölben, die später für die Gotik charakteristisch wurden.

Man kann zwar davon ausgehen, daß im Orient wie im Okzident bei der Konstruktion der Gewölbe die gleichen Probleme auftraten. Deshalb ergaben sich auch die gleichen Lösungen. Aber trotzdem ist es eigenartig, daß man in Armenien schon zweihundert Jahre früher als in Europa Rippengewölbe verwendete.

Leider wird in Ani nichts für die Erhaltung der noch vorhandenen Bauwerke getan, die immer mehr verfallen. Nur umfangreiche Restaurierungsarbeiten können sie noch retten. Abgesehen davon wäre es notwendig, das gesamte Ruinenfeld systematisch zu erforschen. Man kennt die Gotteshäuser, die – wenn auch sehr beschädigt – wie durch ein Wunder auf uns gekommen sind. Doch wie sahen die Paläste und Wohnhäuser aus, die Märkte und Karawansereien, die Werkstätten und die Wasserzuleitungen, durch deren Zerstörung die Stadt Ani endgültig zum Tode verurteilt wurde?

Henri-Paul Eydoux

Die mächtige, mit zahlreichen Türmen bewehrte Stadtmauer von Ani, ein Bollwerk aus dem späten 10. Jahrhundert, zeugt davon, wie meisterhaft die Armenier Befestigungsbauten anzulegen verstanden.

Ort der Tempel und Pagoden

PAGAN

Herrscher und Volk des Königreichs am Indischen Ozean ehrten Buddha, indem sie zu seinem Ruhm Tausende von Tempeln und Pagoden bauten. Doch diese Bauwut richtete das Land zugrunde.

Birma, im Jahr 1044. An einem klaren Morgen drängen sich die Bewohner des Dorfes Mjinkaba vor dem schön dekorierten Holzpalast, in dem ihre Herren residieren. Anawratha, Sohn eines Pagen des früheren Herrschers, fordert den regierenden König Sokkate, seinen Milchbruder, zum Zweikampf heraus. Nach altem Brauch darf sich dieser einem solchen Zweikampf nicht entziehen. Zu Pferd und bewaffnet mit einem Schwert, gehen die beiden Reiter aufeinander los. Es ist ein heroischer, aber kurzer Kampf. Sokkate wird tödlich verwundet. Die Dorfbewohner jubeln Anawratha, ihrem neuen Herrn, zu und tragen ihn im Triumph bis zu den Holzstufen des Palasts.

Dieser Zweikampf wäre der Aufmerksamkeit der Historiker entgangen, hätte er nicht zur Entstehung einer der großen Kulturen der Geschichte, nämlich der von Pagan in Birma, geführt.

Pagan liegt am linken Ufer des Flusses Irawadi in einer weiten, sonnverbrannten Ebene mit einigen wenigen Baumgruppen und vereinzelten, aus Hütten bestehenden Dörfern, die von kargen Feldern umgeben sind. Im Südosten erhebt sich der Kegel eines alten Vulkans, der Popaberg. Der Überlieferung nach wohnen auf dem Gipfel dieses uralten Pilgerziels die *Nat*, Geister, die das menschliche Schicksal bestimmen. Soweit das Auge reicht, sieht man in der Ebene die Ruinen von etwa 5000 Pagoden, Stupas und buddhistischen Klöstern, die den Ruhm des Reiches von Pagan ausmachen.

Viele dieser aus Backsteinen errichteten Bauten haben sich erhalten. Einige sind seit langem verfallen und von Dornsträuchern überwuchert; andere hingegen werden dank dem Glaubenseifer des Volkes und den Bemühungen verschiedener Mönchsgemeinschaften instand gehalten. Fast alle stammen aus der Zeit zwischen dem Regierungsantritt König Anawrathas im Jahr 1044 und dem Mongoleneinfall im Jahr 1287.

Krieg und Ackerbau

Der Sage nach bereute Anawratha bald, daß er seinen Milchbruder getötet hatte, und wollte auf den Thron verzichten. Er bot ihn seinem Vater an, der jedoch ablehnte. Da erschien ihm im Traum ein Geist und befahl ihm, Pagoden und Klöster zu bauen, Brunnen zu graben, Teiche auszuheben, Dämme und ein Bewässerungsnetz anzulegen, damit es seinem Volk wohl ergehe – alles zum Andenken an seinen Milchbruder.

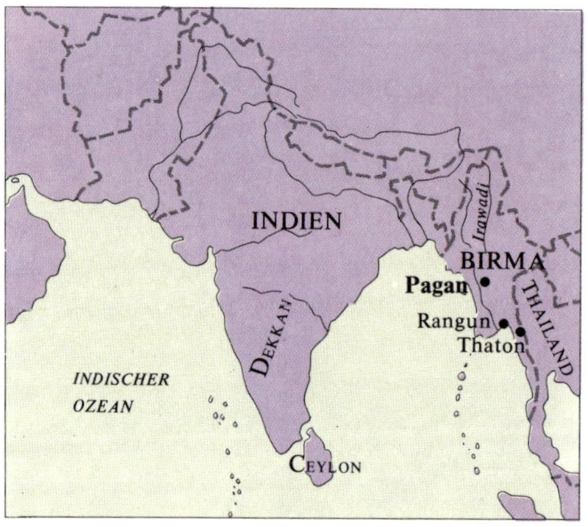

Er reiste durch sein damals noch kleines Land, entschied sich für die von zwei Flüssen eingefaßte Kjaukse-Ebene und begann, sie in eine Reiskammer zu verwandeln. Nachdem er die Bewohner aller Dörfer zum Frondienst gezwungen und unter den Schan, einem Thaivolk, Bewässerungsfachleute angeworben hatte, ließ er Flüsse umleiten, Kanäle bauen und Dämme errichten. Drei Jahre lang arbeiteten Zehntausende von fieberkranken Bauern ohne Unterlaß; Tausende starben vor Hunger und Erschöpfung. Als das Unternehmen abgeschlossen war, wollte Anawratha dem Brauch gemäß einige Menschen opfern, um sein Werk zu weihen und ihm Schutzgeister zu schaffen. Eine seiner Gemahlinnen, die Schwester eines Führers der Schan, bot sich als Opfer an. Sie wurde mit großem Pomp getötet, und das Wasser begann die Ebene zu berieseln und fruchtbar zu machen.

Doch das Königreich war entvölkert. In den neuen Dörfern, die Anawratha in der großen Ebene gegründet hatte, fehlte es an Menschen für die Feldarbeit und die Überwachung der Bewässerungsanlagen. Da zog Anawratha seine restlichen Untertanen ein und beschloß, auf Anraten eines Mönchs aus dem Süden des Landes, das Königreich Thaton zu erobern. Alles, was an Elefanten, Pferden, Schiffen und Männern aufzubieten war, wurde in den Süden entsandt.

Die von starken Mauern umgebene Stadt Thaton leistete drei Monate Widerstand, bevor sie sich ergab. Danach stieß Anawratha weiter in den Süden vor. Als er nach Pagan zurückkam, brachte er Manuha, den glücklosen Herrscher von Thaton, und seinen gesamten Hofstaat mit. Es waren über 30000 Zivilgefangene, Tausende von Handwerkern sowie zahlreiche Mönche. An der Spitze des langen Zuges

Die Siedlungsfläche des gesamten Stadtgebiets von Pagan, das an einer Biegung des Flusses Irawadi lag, betrug einst etwa 50 km². Die von einer Mauer umgebene eigentliche Stadt erstreckte sich über annähernd 3 km². Zwischen dem 11. und 13. Jahrhundert ließen die baufreudigen Herrscher Pagans über 5000 Tempel und Pagoden zum Ruhme Buddhas errichten. Das Ziegelmauerwerk dieser Bauten wurde mit einer weißen Stuckschicht bedeckt, die oft verschwunden ist.

Diese Holzstatuen, Buddha und Mönche, stehen in einem Gang des Stupas im Anandatempel zu Pagan. Sie stammen aus einer späteren Epoche als das 1091 erbaute Heiligtum. Die Stupas waren massive oder hohle Ziegelbauten, die manchmal von Gängen umgeben wurden.

schritten, mit Beute beladen, die 32 weißen Elefanten Manuhas.

Gleich nach seiner Rückkehr bevölkerte Anawratha die Dörfer mit den Gefangenen und Handwerkern aus Thaton. Die nun wieder bestellten und bewässerten Felder waren so ertragreich, daß Anawratha innerhalb weniger Jahre der reichste und mächtigste Herrscher in ganz Birma wurde. Zahlreiche Provinzherrscher leisteten ihm Gefolgschaft, wodurch sein Ansehen und seine Macht noch wuchsen. Damit war der Grundstein für das Reich von Pagan gelegt.

Aber dieses Reich, das von dem aus 19 Dörfern bestehenden Pagan aus verwaltet wurde, war noch unentwickelt; die Baukunst steckte in den Kinderschuhen; außer ein paar buddhistischen Mönchen konnte niemand lesen und schreiben. Aberglaube und magische Praktiken beherrschten das religiöse Leben, die Sitten waren rauh.

Durch fortgesetzte Überfälle auf seine Nachbarn vergrößerte Anawratha sein Herrschaftsgebiet und mehrte seinen Reichtum. Inzwischen versuchte Schin Arahan, ein Mönch aus Thaton, dem der Monarch wohlgesinnt war, Ordnung in das Staatswesen zu bringen. Er setzte durch, daß die buddhistische Religion so ausgeübt wurde wie in seiner früheren Heimat, gründete zahlreiche Klöster, ließ einige Pagoden bauen und sorgte für einen besseren Unterricht der Mönche. Gleichzeitig stellte er feste Beziehungen zu Ceylon her.

Um sich neben der Gunst der alten Gottheiten auch die des Buddhas zu sichern, ließ Anawratha im Jahr 1059 in der Nähe seiner Hauptstadt die große Schwezigonpagode errichten, in der die heiligen buddhistischen Reliquien und die den *Nat* genannten Geistern geweihten Heiligtümer untergebracht werden sollten.

Anawratha starb im Jahr 1077. In nicht einmal 40 Jahren hatte er eine Halbwüste in fruchtbares Ackerland umgewandelt, wohin Menschen aus allen Himmelsrichtungen, aus Indien, Ceylon und Siam (Thailand) strömten und die Grundlagen für eine rasch aufblühende buddhistische Kultur mitbrachten.

Die Epoche der Bauten

Anawrathas Sohn und Nachfolger Sawlu regierte nur kurze Zeit, und im Jahr 1084 bestieg Kjansittha den Thron. Er baute einen Palast, der seiner neuen Würde entsprach, und begann, Heiligtümer und Klöster zu errichten, eines großartiger als das andere.

Um diese Zeit hatte der Buddhismus in Indien an Bedeutung verloren; die Brahmanen verfolgten dort die buddhistischen Mönche. Daher wanderten diese in die Nachbarländer aus, darunter auch nach Ceylon und Birma, wo ihr Einfluß ständig wuchs. Pagan wurde bald zu einem großen buddhistischen Zentrum, das Pilger, Gelehrte und Handwerker aus aller Welt anzog. Kjansittha ließ eines der berühmtesten Bauwerke, den Anandatempel, bauen, der heute noch eines der Wunder von Pagan ist. Der Tempel wurde mit Statuen und glasierten Terrakottaplatten ausgeschmückt, die Szenen aus früheren Existenzen Buddhas (Dschataka) zeigen. An der Spitze einer eindrucksvollen Prozession weihte der König im Jahr 1090 den Tempel. Gemäß einem uralten barbarischen Ritus wurde der Baumeister des Heiligtums lebendig darin begraben.

Diesem Bau folgten unzählige weitere, da jedem Birmanen daran gelegen war, der Nachwelt ein Zeugnis seines Glaubens an Buddha zu hinterlassen. Birma wurde mit einem weißen Mantel von Pagoden überzogen. Als religiöse und politische Hauptstadt mit einer verhältnismäßig großen Einwohnerzahl besaß Pagan sehr bald die meisten Heiligtümer des Landes. Auf den Feldern erhoben sich Stupas in allen Größen, und die Bauern benutzten ihre Freizeit, um Ziegel zu brennen. Sie wollten ihr Werk vollenden, bevor sie starben. Die größten Stupas wurden von den Herrschern gestiftet. Sie sind am sorgfältig-

Der Htilominlotempel, ein mehrstufiger Terrassenbau, entstand um 1218. Er wird von einem Turm gekrönt, in dem sich der Schrein mit dem Hauptkultbild befand. Seine Innenwände sind mit Wandgemälden und Horoskopen bedeckt.

sten gebaut, denn die Könige verlangten perfekte Arbeit.

Vor seinem Tod (1113) ließ Kjansittha eine Gedenksäule mit einer Inschrift versehen, die in den damals in seinem Reich gesprochenen vier Sprachen – Birmanisch, Mon, Pali (die buddhistische Literatursprache) und Pyu – abgefaßt war. Durch diese Inschrift konnte 1911 das Pyu entziffert werden. Wahrscheinlich setzte sich die Bevölkerung Pagans hauptsächlich aus Vertretern dieser Sprachgruppen zusammen. Dazu kamen sicher noch Mönche und Händler aus Ceylon und Indien sowie zahlreiche, mit den Thai verwandte Bauern und Krieger, die von den Schanhochebenen stammten.

Das Volk lebte in kleinen Dörfern in Palmhütten auf Pfählen, wie man sie heute noch in der Umgebung von Pagan findet. Auch das Alltagsleben war wohl in etwa das gleiche; meist arbeitete man auf den kleinen Reisfeldern oder für die Pagode. Die Steuerlast war drückend, ein Großteil der Ernte ging an die Tempel und den König. Da dieser oft Krieg führte, mußten die jungen Männer des Dorfs stets damit rechnen, eingezogen zu werden.

Vor einer Bambushütte sitzen Dorfbewohner am Boden und bieten Früchte und Gemüse feil; daneben ein Händler mit einer Waage in der Hand. Nach dem Fall von Pagan besuchten die Gläubigen weiterhin die Tempel und bemalten sie mit Szenen aus dem Alltagsleben des Volkes (Stupa des Ananda, 18. Jahrhundert).

Wohin der Herrscher auch kam, ließ er Pagoden errichten. Die Chroniken, aus denen man kaum erfährt, wie das einfache Volk lebte, berichten, daß er Elefanten jagte. Aus diesen Aufzeichnungen, vor allem der späteren *Chronik des Glaspalastes* (die von den legendären Anfängen Pagans bis ins 19. Jahrhundert reicht), geht auch hervor, daß die Sitten in Pagan trotz der Annahme des Buddhismus recht primitiv waren. Am Hof gab es unzählige Intrigen, und die Thronanwärter zögerten nicht, den regierenden Herrscher mit dem Schwert oder durch Gift aus dem Weg zu räumen. Die Könige folgten daher

Der Irawadi war in alten Zeiten voll solcher Boote. Ein buddhistischer Mönch (auf dem mittleren Schiff) und Fischer nähern sich dem Ufer. Der sehr fischreiche Irawadi war eine der wichtigsten Erwerbsquellen der Bewohner von Pagan. Der Fluß war und ist auch heute noch eine Hauptverkehrsader des Landes. Das Tal des Irawadi bildete stets die Kernlandschaft Birmas.

Die Häuser der einfachen Leute in Pagan waren Pfahlbauten, die der Würdenträger (im Bild) standen auf einer gemauerten Plattform. Die Wände bestanden aus Holz und Palmzweigen, das Dach aus gestrichenem Holz oder farbigen Ziegeln. Um das ganze Haus lief ein offener Korridor. Schöne Gärten mit Palmen und anderen Zierbäumen umgaben solche Bauten (Pagan, 18. Jahrhundert).

ziemlich rasch aufeinander, mit wechselndem Glück.

Obwohl Pagan damals fast ständig Krieg führte – entweder mit den Regionen Südbirmas, mit Arakan oder mit den Grenzgebieten im Norden des Landes –, ließ das Baufieber seiner Bewohner nicht nach. Der Ruhm des Königreiches drang bald in die Ferne. Infolge der Kriege, die Ceylon mit den Völkern Dekkans führte, mangelte es auf der Insel an Mönchen, und der Klerus bat die Könige von Pagan, welche zu senden. Daraus entstand ein dauerhafter geistiger, religiöser und wirtschaftlicher Austausch zwischen Pagan und Ceylon. Der Irawadi war voll von Schiffen aller Größe, die Waren oder Reisende beförderten.

Aber dieser Austausch war nicht nur friedlicher Natur. 1180 unternahm Ceylon einen Flottenangriff auf Pagan, weil König Narapatisithu Kaufleute aus Ceylon gefangengesetzt und keine Elefanten mehr nach Ceylon geliefert hatte. Doch die singhalesische Flotte geriet in einen Sturm, was wahrscheinlich das Reich von Pagan rettete.

Das Sterben der Wälder

Doch es kam immer wieder zu Kriegen, und die Dörfer wurden entvölkert. Die Schan wanderten in den Süden aus und ließen riesige Felder unbebaut zurück. Allmählich verarmte die Gegend. In Pagan selbst und in seiner Umgebung gab es wegen der vielen heiligen Haine, Klöster und Pagoden kaum noch Äcker. Man mußte daher den Reis aus der Kjaukse-Ebene kommen lassen. Das brachte ernste Probleme mit sich, denn durch den Verfall der königlichen Macht nahm das Banditenunwesen allenthalben überhand, und die Reistransporte wurden regelmäßig überfallen. Die Ernten wurden von Jahr zu Jahr schlechter, und – was noch folgenschwerer war – der Boden verkam. Um die für den Bau der Tempel und Pagoden benötigten Millionen von Ziegeln zu brennen, wurden alle umliegenden Wälder abgeholzt. Nachdem die Wurzeln abgestorben waren, spülten die Monsunregen die Erde weg, vernichteten die Felder und Kulturen, und die meisten Bauern sahen sich gezwungen, ihre Dörfer zu verlassen.

Um die gleiche Zeit, gegen Ende des 13. Jahrhunderts, entstand im Norden eine bedrohliche Macht. Es waren die Mongolen des Kubilai Khan. Die letz-

Der Gawdawpalintempel aus dem 12. und 13. Jahrhundert wurde unter König Narapatisithu (1174–1211) errichtet. Er befindet sich im Stadtinnern und wird heute noch besucht. Bei den buddhistischen Festen, die sich seit damals kaum geändert haben, strömen die Gläubigen auch heute in Scharen in diese Tempel. 1975 wurde ein Teil der Heiligtümer durch ein Erdbeben zerstört.

ten Herrscher von Pagan hatten seine Gesandten wiederholt hinrichten lassen, weil sie sich weigerten, ihn als „Herrn der Welt" anzuerkennen. Die Chroniken berichten, daß es dem letzten König von Pagan, Narathihapata, gelang, 40000 Krieger zu sammeln und 1277 die Eindringlinge bei Ngasaunggjan zeitweilig aufzuhalten. Doch bald mußten die Elefanten der Paganer vor den chinesischen Bogenschützen zurückweichen, und die birmanischen Truppen ergriffen die Flucht. Einige Jahre später griffen die Mongolen erneut an und stießen bis Pagan vor. Der Hof floh auf allen verfügbaren Schiffen. Kurz darauf versuchte der König, in seine Residenz zurückzukehren, aber im Land herrschte Anarchie, und überall trieben Straßenräuber ihr Unwesen. Die Mongolen rückten weiter vor, eroberten die Stadt und setzten sie in Brand. Auch damals noch muß Pagan eine herrliche Stadt gewesen sein. Marco Polo, der sie aus Schilderungen der Offiziere Kubilai Khans kannte, schrieb: „Sie war voll steinerner, gold- und silberüberzogener Türme, mit Glocken an der Spitze, die der Wind zum Klingen brachte. Diese Türme bildeten wahrhaftig einen der schönsten Anblicke der Welt, denn sie waren erlesen gearbeitet, prächtig und kostbar. Und wenn die Sonne auf sie schien, glänzten sie herrlich und waren weithin sichtbar ..."

Das Reich Pagan existierte nicht mehr. Seine Bewohner waren ausgewandert, ihre Häuser vom Feuer zerstört, das Land war verwüstet. Nur die ihres Goldes und ihrer Schätze beraubten Ziegelpagoden überdauerten die Zeiten.

Louis Frédéric

Kunstzentrum in Afrika

IFE

Die berühmten Terrakotta- und Bronzeköpfe von Ife, klassisch und von großer Naturtreue, wurden zwischen dem 12. und 15. Jahrhundert von einer der eigenständigsten Kulturen Schwarzafrikas geschaffen.

Ife im Western State von Nigeria ist heute eine laute, betriebsame Stadt von Kakaopflanzern mit über 130000 Einwohnern. Hier haben Menschen mindestens seit dem 8. Jahrhundert n. Chr. gesiedelt. Ihre Blütezeit erlebte die Stadt zwischen dem 12. und 15. Jahrhundert. Von dieser Epoche soll hier die Rede sein.

Nach wie vor ist diese alte Stadt der religiöse Mittelpunkt der etwa 13 Millionen Yoruba im Südwesten Nigerias. An diesem Ort, mit dem sich viele Mythen verbinden, sollen die Götter vom Himmel herabgestiegen sein, um die Welt zu erschaffen. Von dort zogen die Söhne des ersten Herrschers aus und gründeten die anderen Königreiche der Yoruba.

Da die Stadt seit ihrer Gründung ununterbrochen bewohnt ist, können die Archäologen kaum Grabungen vornehmen. Außerdem blieben in dem feuchten Urwaldklima wenig Reste der Vergangenheit erhalten, dafür sorgten auch die Termiten. Manches wurde auch ein Opfer der Bautätigkeit. Nur die traditionelle Lebensweise hat sich zum Teil bis in unsere Zeit gerettet und hilft uns, der sonst toten Vergangenheit Leben einzuhauchen.

Zum Glück gab es in Ife große Künstler, deren naturalistische Bildwerke aus Bronze, Stein oder Ton manches wiedergeben, was sich im Boden nicht erhalten hat. Deshalb ist, wenn man von Ife spricht, meist die Rede von seiner Kunst. Ife war von einem doppelten Wall aus Lehm und von Gräben umgeben. Wo die Hauptstraßen den Befestigungsring durchbrachen, befanden sich Holztore, zuweilen auch zwei hintereinander, da sich solche Doppeltore besser verteidigen ließen. Das Tor an der Straße nach Ibadan erhielt sich bis zum Jahr 1910.

Der Palast mit dem freien Platz davor steht noch immer an der ursprünglichen Stelle in der Stadtmitte, aber seine Größe hat sich im Lauf der Zeit mindestens zweimal verändert. Zwischen dem 12. und dem 15. Jahrhundert war er sehr weitläufig und umfaßte einen Wald, in dem mehrere Heiligtümer und Kulthaine lagen.

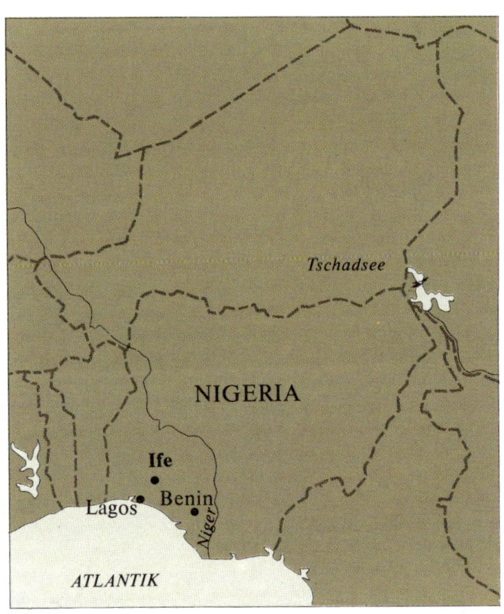

Der König – oder *Oni* – von Ife scheint in seinem Palast sehr zurückgezogen gelebt zu haben. Man hielt ihn für göttlich, und in den letzten Jahrhunderten zeigte er sich dem Volk nur zweimal im Jahr, nämlich an den beiden größten Festen: dem des *Orischanla* (des Großen Gottes, der aus Lehm die Menschen formte) und dem des *Ogun* (des Gottes des Eisens und derer, die damit umgehen – Schmiede, Bronzegießer, Krieger und Bauern).

Bei diesen Gelegenheiten war sein Gesicht durch lange Perlenfransen verdeckt, die von seiner Krone herabhingen. In früheren Zeiten genoß er vielleicht mehr Freiheit. Aufgrund bestimmter Skulpturen nimmt man an, daß der König und die Königin aktiv an Zeremonien teilnahmen, die sehr wohl öffentlich gewesen sein könnten. Die Perlenfransen sind dagegen offenbar in den Kunstwerken nirgends dargestellt.

Der König hatte einen Rat, der aus Palasthäuptlingen und Stadthäuptlingen bestand. Jeder der vier Stadthäuptlinge war für das Viertel verantwortlich, in dem er mit seiner Familie lebte; ihm zur Seite standen vier Unterhäuptlinge. Er war mit religiösen wie mit administrativen Aufgaben betraut und vollzog die Opferhandlungen im Haupttempel seines Viertels. Jeden Morgen begaben sich die Stadthäuptlinge in den Palast, wo sie und die Palasthäuptlinge mit dem König die Angelegenheiten der Stadt besprachen. Das tun sie auch heute noch.

Die Untertanen des Königs waren Bauern, die Yamswurzeln, Bananen, Kolanüsse, Pfeffer und Ölpalmen anbauten. Ihre Felder lagen wahrscheinlich ein gutes Stück außerhalb der Stadt, denn man hat in einiger Entfernung auf kleinen, genau abgegrenzten Flächen Scherben von Töpferwaren gefunden. Das deutet darauf hin, daß die Bauern zur Pflanz- und Erntezeit dort provisorische Hütten bauten.

Wenn Krieg geführt wurde, mußten sie sich jedoch mit den Anbauflächen innerhalb der äußeren Umwallung der Stadt begnügen. Sie hielten auch Schafe, Ziegen und Hunde und gingen auf die Jagd.

Dieser lebensgroße Terrakottakopf ist typisch für den naturalistischen Stil von Ife, der in der afrikanischen Kunst einmalig ist. Solche Terrakotten geben im allgemeinen hochgestellte Persönlichkeiten oder Opfertiere wieder (aus dem Königspalast von Ife, 12.–15. Jahrhundert).

Bei einer Grabung in der Stadtmauer von Ife, an einer Ita Yemoo genannten Stelle, entdeckte man unter den dicken Mauern (im Vordergrund) das Tonscherbenpflaster eines Hofes, der zu einem Haus aus dem 12. oder 13. Jahrhundert gehörte. Im Hintergrund werden alte Brunnen freigelegt.

Die Gebäude

Alle festen Bauten der Stadt wurden auf die gleiche Weise errichtet. Man säuberte den Boden und hob da, wo die Mauer verlaufen sollte, die Erde aus. Auch in der Mitte der Flächen zwischen den Mauern wurde die Erde entfernt. Dann lockerte man den darunterliegenden Lehm, goß Wasser darauf und stampfte diese Mischung in der entstandenen Grube mit den Füßen so lange, bis sie die erforderliche Konsistenz hatte, um daraus die Mauern zu bauen. Diese zog man jeden Tag etwa 30 cm hoch, wobei man Öffnungen für die Türen ließ. Dann mußte der Lehm trocknen. So wurde eine Schicht Stampferde über die andere gelegt, bis die Mauer die gewünschte Höhe erreicht hatte. Diese Technik verwendete man sowohl für die Häuser als auch für freistehende Mauern.

Gebaut wurde natürlich nur während der Trockenzeit von Dezember bis Februar. In jedem Fall bedeckte man die Mauerkrone mit Palmblättern, damit das Regenwasser ablaufen konnte. Bei Ausgrabungen findet man nur selten Reste von Mauern, da sie aus dem gleichen Material bestanden wie der Boden unter ihnen.

Jede Familie in Ife besaß ein großes Grundstück, das ganz von Mauern umschlossen war. Darin befand sich ein Komplex von mehreren aneinanderstoßenden Gebäuden, deren Mittelpunkt ein von Räumen umgebener Hof war. Diese Höfe hatte man oft sorgfältig mit hochkant gestellten Tonscherben, manchmal mit Streifen oder Rechtecken aus Quarzkieseln dazwischen, gepflastert. In einigen Gassen von Ife tritt dieses alte Pflaster zutage und erweist sich als äußerst widerstandsfähig. Es gibt den Archäologen Aufschluß über die Wohnstätten im alten Ife. So erkennt man daran zum Beispiel, daß die Innenhöfe sehr unterschiedlich groß waren: von 3 mal 6 bis zu 20 m im Quadrat. Bei den kleineren handelte es sich eher um Räume mit einer Regenöffnung im Dach – daher der lateinische Name *Impluvium*, den ihnen die modernen Wissenschaftler gegeben haben. Rund um das Pflaster lief nämlich ein erhöhter Tonrand, damit das Regenwasser nicht die Räume überschwemmte, sondern durch ein irdenes Rohr abfloß. Oft setzte man große, kugelförmige Tonkrüge in das *Impluvium*, um das Regenwasser zu sammeln.

Auf der einzigen unzerstörten Bronzestatue aus Ife trägt der König die Attribute seines Amts: Krone, Perlenkette und auf der Brust ein weiteres Würdezeichen.

Um den Hof herum lagen fensterlose Kammern zum Schlafen, in die nur durch die Türöffnung Licht fiel. Die Türen bestanden aus einem breiten Holzbrett und hatten oben und unten eine Art Zapfen. Der untere drehte sich in einem im Boden eingelassenen Steinlager, der obere in einer an der Wand befestigten eisernen Öse. Oft zierten Schnitzereien die Türen und die Holzsäulen, die im Hof und an der Straßenseite die weit vorstehenden Grasdächer stützten. Auf diese Weise entstanden zahlreiche Veranden.

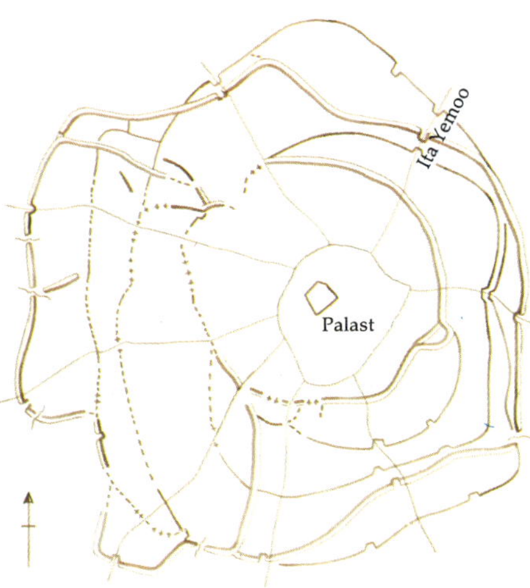

PLAN DER STADT IFE: *Man sieht die konzentrisch angelegten Mauern der alten Stadt und die heutigen Straßen. Einige von ihnen sind an den Stellen unterbrochen, wo sich einst die Stadttore befanden.*

In den Höfen wurden die häuslichen Arbeiten verrichtet. Zum Kochen dienten Töpfe mit gewölbtem Boden. Man stellte sie auf ein etwa 15 cm hohes, U-förmiges Tonbänkchen, das das Feuer umschloß. Manchmal stand der Kochtopf auch auf drei großen Steinen. Fleisch wurde entweder gebraten oder, wenn man es aufbewahren wollte, über einem offenen Feuer geräuchert. Zum Mahlen und Zerkleinern pflanzlicher Nahrungsmittel verwendete man flache, ovale Mahlsteine.

Die verschiedenen Gebrauchsgegenstände wurden wahrscheinlich in Bambusregalen untergebracht, die an den Tonwänden befestigt waren. Es haben sich keine Überreste von Möbeln erhalten, aber auf den Skulpturen sind zylinderförmige Hocker dargestellt, in denen man auch Dinge aufbewahren konnte. Einfache Matten dienten als Tisch und Bett. Wozu die vielen eisernen Nägel, die man gefunden hat, einst dienten, weiß man nicht.

Heute ist jeder Hof einer bestimmten Gottheit geweiht und besitzt einen eigenen Kultschrein. Im alten Ife standen diese Hausschreine oft am Rand des Scherbenpflasters in den Innenhöfen. Sie waren aus Ton, halbrund, und mindestens einer war wie die Höfe mit Scherben gepflastert. Hier wurden die für die jeweiligen Gottheiten bestimmten Kultgegenstände niedergelegt. Meist waren es die für Ife typischen Terrakotten, die menschliche Köpfe oder Figuren, aber auch Köpfe von geopferten Tieren darstellten. Beim Fest zu Ehren des Gottes ließ man auf dem Altar als Opfergabe frisches Fleisch, zum Beispiel den Kopf eines Schafs, zurück. Manchmal waren die Gaben bescheidener: Kolanüsse, Malagettapfefferkörner, Palmwein und anderes.

Der Palast war auf die gleiche Weise gebaut wie die gewöhnlichen Häuser, besaß jedoch mehrere Anbauten, die an der Fassade vorsprangen.

Die Kunst von Ife

Die weltberühmten Bronzeköpfe von Ife sind in Wirklichkeit nicht aus Bronze (eine Kupfer-Zinn-Legierung), sondern aus Messing (eine Kupfer-Zink-Legierung) oder aus Kupfer allein. Die Rohstoffe wurden wahrscheinlich aus Ländern nördlich der Sahara, vielleicht aus Nordafrika, wahrscheinlich aber aus Europa eingeführt. Der lange und schwierige Transport machte vermutlich das Metall sehr teuer, das wohl nur mit Genehmigung des Königs verarbeitet werden durfte.

Die meisten Skulpturen sind Terrakotten. Man verwendete dafür gewöhnlichen Töpferton, der anscheinend nicht in einem Ofen, sondern über einem offenen Feuer gebrannt wurde.

Der für Ife typische Stil, in dem – ungewöhnlich für die afrikanische Kunst – der Gegenstand realistisch wiedergegeben wurde, scheint sich zunächst in Terrakotta entfaltet zu haben. Erst später, als die Technik des Gießens bekannt wurde, verwendeten die Künstler auch Metall.

Die Terrakottaplastiken stammen aus dem 12. bis 14. Jahrhundert. Die Bronzen hingegen wurden mit Hilfe von Thermolumineszenztests der Tonkerne in das 14. und 15. Jahrhundert datiert. Sie entstanden also vor den ersten Kontakten der Europäer mit der Bevölkerung Nigerias, die 1485 in Benin stattfanden, fast 300 km südöstlich von Ife. Die naturalistische Darstellungsweise hat sich demnach bei den Künstlern von Ife unabhängig von jedem europäischen Einfluß entwickelt.

Außerdem beschränkt sich der Naturalismus auf das Gesicht, die Hände und die Füße; der übrige Körper ist genauso proportioniert, wie allgemein in der Bildhauerkunst Westafrikas üblich – mit übergroßem Kopf und stark verkürzten Beinen.

Man fertigte auch Steinskulpturen an. Aus weißen Quarzblöcken schuf man durch geduldiges Abschleifen mit feuchtem Sand sorgfältig gearbeitete Bildwerke. Auch Granit wurde verwendet, jedoch sind die Werke aus diesem Material weniger naturnah als die aus Metall oder Terrakotta.

Die wichtigsten Motive der Künstler sind Könige und Persönlichkeiten aus ihrem Gefolge sowie Opfertiere. Man weiß nicht, ob diese Figuren getreue Abbilder der betreffenden Menschen sein sollten oder ob sie Götter in der Gestalt irdischer Herrscher verkörpern. Die Metallköpfe jedenfalls scheinen Porträts von Königen zu sein. Sie wurden im Wachsausschmelzverfahren (Guß in verlorener Form) gegossen. Schon am Wachsmodell formte man den oberen Teil der lebensgroßen Köpfe so, daß sie die Krone des verstorbenen Königs tragen konnten. Nachdem sie in Metall gegossen waren, wurden sie auf einem Holzkörper befestigt, der mit dem königlichen Gewand bekleidet war. Man setzte der Figur die Krone auf und gab ihr die Insignien der Macht – ein Widderhorn und ein Zepter – in die Hände. Dann wurde sie in feierlichem Zug umhergetragen, um zu zeigen, daß, auch wenn der König tot war, die Monarchie weiterbestand.

Diese Maske stellt vermutlich König Obalufon II. dar, der in Ife die Technik des Gusses in verlorener Form eingeführt haben soll, für die dieser Kopf ein hervorragendes Beispiel ist (14.–15. Jahrhundert).

Bereits zu seinen Lebzeiten hatte der Herrscher fast göttlichen Rang. Nach seinem Tod wurde er zum Gott; aber nicht alle Könige der Vergangenheit werden auch jetzt noch verehrt. Heute huldigt man meist anderen Göttern sowie Naturgeistern. Es gibt archäologische Hinweise, daß viele dieser Kulte auch schon im alten Ife bestanden haben. Die interessantesten liefern die Reliefdekors der Tontöpfe, die bei den Zeremonien benutzt wurden. Man sieht darauf die für den Kult des *Orischanla* (des Schöpfers der Menschen) und des *Onile* (des Besitzers der Erde) charakteristischen Trommeln, die Zeremonienstäbe für den Onile- und den Osonyinkult (Kult der Heilkunst) und schließlich die Rotbüffelhörner, die zum Kult der Oya, der Göttin des Flusses Niger, gehören.

Im modernen Ife werden viele religiöse Feste in Hainen, die oft innerhalb der Stadt liegen, gefeiert. Sicher ist das von alters her so üblich. Die Scherbenpflaster in diesen Hainen lassen vermuten, daß in einigen von ihnen einst Tempel standen. Übrigens findet man in der Stadt selbst noch heute Haine mit Tempeln. In den Kulthainen außerhalb von Ife sind es häufig nur unbearbeitete Steine oder große umgestülpte Töpfe, die als Opferaltäre dienen.

FRANK WILLETT

Das Einhausdorf in Neumexiko

PUEBLO BONITO

Der erste große Wohnbau in Amerika war das Werk der Indianer von Neumexiko. In seinen etwa 800 Räumen lebten im 12. Jahrhundert über 1200 Menschen in einer Gemeinschaft von Bauern, Handwerkern und Künstlern.

Die Kultur des Südwestens der Vereinigten Staaten wurzelt in der Jäger- und Sammlerkultur, die um 7000 v. Chr. auf den wüstenartigen Hochflächen des Großen Beckens entstand. Auf dem Gebiet der heutigen Staaten Arizona und Neumexiko entwickelt sich zu Beginn der christlichen Zeitrechnung die Kultur der Anasazi (Anasazi ist ein Wort aus der Navajosprache und bedeutet die Uralten). Diese Kultur ist das Ergebnis einer Entwicklung, in deren Verlauf die bis dahin nomadischen Wildbeuter zu seßhaften Ackerbauern wurden. Ausschlaggebend hierfür waren die Einführung der aus Mesoamerika stammenden Kulturpflanzen Mais und Kürbis und das Anwachsen der Gemeinschaften, die weben und töpfern lernten.

Im Lauf der Jahrhunderte werden die spezifischen Merkmale der Anasazikultur immer ausgeprägter. Mit der fortschreitenden Seßhaftwerdung entwickelt sich der Landbau, den man den klimatischen Bedingungen anpaßt. Die ersten einfachen Tongefäße werden hergestellt, und die Flechtarbeiten erreichen eine solch künstlerische Vollendung, daß man die ältere Stufe der Anasazitradition auch als Kultur der *Basketmaker* (Korbflechter) bezeichnet. In dieser Periode – zwischen 100 und 700 n. Chr. – vergrößern sich die Siedlungen, die zunächst noch aus Grubenhäusern bestehen. Diese sind um ebenfalls unterirdische Rundräume angeordnet, die wohl die ersten Kultstätten waren.

Um 700 beginnt die Puebloperiode (die nach dem spanischen Wort für Dorf – *pueblo* – so genannt wird). Die Häuser sind jetzt oberirdisch und gruppieren sich um einen runden Kultraum, die *Kiva*. Dieser Raum liegt noch halb unter der Erde wie die alten Grubenhäuser. Die Mauern bestehen nun nicht mehr aus vergänglichem Material, sondern aus Hausteinen.

Zwischen 1100 und 1300 erreicht die Pueblokultur ihren Höhepunkt. In dieser Zeit entstanden die großen Einhausdörfer, deren Ruinen noch heute in Arizona und Neumexiko zu sehen sind. Diese Phase heißt Große Periode

(Pueblo III) oder Klassische Periode, denn es war die Blütezeit der Anasazikultur. Es ist auch die Periode der *cliff dwellers* (Klippenbewohner), die unter anderem den großartigen Klippenpalast im Gebiet der Mesa Verde erbauten.

Ein gigantisches Amphitheater

Die ältesten dieser großen Dörfer liegen im Canyon des Chacoflusses in Neumexiko. Der Chaco ist ein Nebenfluß des San Juan, der durch den Nordwesten Neumexikos fließt. In diesem Canyon hat man die Ruinen von zwölf großen Pueblos gefunden, von denen einige zu den eindrucksvollsten Anlagen Nordamerikas gehören.

Pueblo Bonito (spanisch: schönes Dorf) ist eine der größten und berühmtesten. Es handelt sich um einen mehrstöckigen, an eine Felswand gelehnten Terrassenbau in Form eines riesigen D, dessen gebogene Seite nach Norden zeigt, während die gerade Seite nach Süden auf den Fluß zugeht. Von dieser geraden Fassade aus erheben sich die Wohnräume im Halbrund um einen großen offenen Hof wie ein gigantisches Amphitheater.

Der höchste Teil der halbkreisförmigen Anlage bildet auch die Außenmauer. Er hat vier Stockwerke, die – wohl aus Sicherheitsgründen – keine Öffnungen besaßen; der Abschnitt des geraden Teils hingegen, der die beiden Enden des Bogens miteinander verbindet, ist nur einstöckig. Die Siedlung nimmt eine Fläche von 1,5 ha ein und umfaßt etwa 800 Räume, in denen über 1200 Menschen wohnten. Pueblo Bonito war das größte Gebäude der Welt, bis man 1882 in New York ein größeres baute.

Der Grundstein zu Pueblo Bonito wurde um 919 gelegt, aber ihre endgültige Form erhielt die Anlage erst gegen 1067, als eine weitere Welle von Einwanderern aus den Nachbarregionen eintraf. Die ersten Siedler nahmen die Neuankömmlinge freundlich auf. Gemeinsam änderten, vergrößerten und befestigten sie ihre Wohnstätten und gaben dem Dorf sein heute bekanntes Aussehen. In Pueblo Bonito wie in den anderen Anlagen des Chaco Canyon befinden sich im Zentralhof und an seinem Rand mehrere große *Kivas*. Die geräumigste

Pueblo Bonito wurde zwischen 919 und 1067 von den Vorfahren der heutigen Puebloindianer in dem Canyon des Chacoflusses in Neumexiko gebaut und von über 1200 Menschen bewohnt. Seine Bewohner verließen es um 1300 und gründeten neue Dörfer, in denen heute die Zuñi und Hopi leben. Die Ruinen von Pueblo Bonito sind noch immer sehr eindrucksvoll. Im Vordergrund sieht man die Reste eines der kreisrunden, eingetieften Kulträume, Kiva *genannt.*

hat einen Durchmesser von fast 20 m. Diese großen Rundräume wurden wahrscheinlich von der ganzen Gemeinschaft benützt, während die vielen kleinen *Kivas* im Inneren der Wohnanlage so etwas wie Hauskapellen der einzelnen Familien waren.

Alle *Kivas*, die großen wie die kleinen, sind nach dem gleichen Schema gebaut. Etwa 1 m über dem Boden läuft eine gemauerte Bank rund um den Raum. Zwischen dem Lüftungsschacht und der Feuerstelle in der Mitte des Raumes steht der Deflektor, eine Art Mäuerchen, das verhindert, daß der Luftzug das Feuer auslöscht. Die *Kiva* verkörpert die Welt. Um die Gläubigen daran zu erinnern, daß die ersten Menschen aus der Tiefe der Erde kamen, hob man hinter der Feuerstelle ein Loch

Die Frauen von Pueblo Bonito stellten unter anderem schöne Töpferwaren mit geometrischen Mustern her. Die Keramik der Pueblokultur gehört zur geschmackvollsten der Welt.

aus, den *Sipapu*, damit die Ahnen an den Zeremonien teilnehmen konnten.

Die massiven Mauern von Pueblo Bonito wurden aus Adobe (luftgetrocknete Lehmziegel) und aus Steinen errichtet und mit sorgfältig behauenen Sandsteinplatten verkleidet, die so genau aneinandergefügt sind, daß man kaum eine Messerklinge dazwischenstecken kann. Die Räume sind etwa 4 mal 5 m groß.

Die Flachdächer bestehen aus zwei über Kreuz liegenden Hauptbalken, die eine Reihe von Rundhölzern tragen; auf ihnen liegen Matten aus Weidenrinde und Weidenzweigen und darüber eine Schicht Adobeziegel. Diese Dächer waren so fest, daß sie das nächste Stockwerk tragen konnten. Viele sind auch heute noch intakt.

Die unteren Räume hatten Türen und Fenster, die auf den Mittelhof gingen. Die obersten und rückwärtigen besaßen keine Öffnungen; der einzige Zugang war eine Dachluke, in die man eine Leiter stellte. Diese licht- und lüftungslosen Räume dienten wahrscheinlich als Speicher; den größten Teil der häuslichen Arbeiten verrichtete man auf den Terrassendächern.

Wie in allen anderen Anasazidörfern lebte man auch in Pueblo Bonito vor allem von der Landwirtschaft. Man pflanzte Mais in der Nähe des Dorfes auf Böden, die lange feucht blieben und später leicht bewässert werden konnten. Dabei bediente man sich einer besonderen Anbautechnik: Die Maispflänzchen wurden in einem Abstand von etwa 1 m gesetzt, damit jede Wurzel genügend Erde und Wasser hatte. Dazwischen pflanzte man Kürbisse und Bohnen, deren Blätter der Erde Schatten gaben und damit eine zu rasche Austrocknung verhinderten.

Als einziges Ackergerät benutzte der Bauer den Grabstock, mit dem er die Erde lockerte, bevor er das Loch für das Samenkorn grub. Die Familien hatten ein Anrecht auf den Boden, solange sie ihn bearbeiteten; wenn sie ihn aufgaben, wurde er wieder Gemeinschaftsgut, und man teilte ihn einer anderen Familie zu. So wird in den Pueblos auch heute noch verfahren.

Im Lauf der Zeit lernten die Bewohner von Pueblo Bonito das Ackerland künstlich zu bewässern. Das in Zisternen gespeicherte Regenwasser wurde in Trockenperioden durch ein Netz kleiner Kanäle auf die Felder geleitet. Dadurch konnte die landwirtschaftliche Produktion ganz erheblich gesteigert werden.

Die Anasazi verbrachten jetzt mehr Zeit auf den Feldern und wurden immer abhängiger von der Landwirtschaft. Jagd und Sammeln deckten nur noch einen kleinen Teil des Nahrungsbedarfs. Die Männer jagten jedoch weiterhin wilde Kaninchen und Truthühner. Sie benutzten dazu ein flaches, bumerangartig gebogenes Wurfholz, mit dem sie das Tier zu treffen suchten. Auch wenn sie es trafen, wurde das Tier nicht immer getötet, sondern oft nur erschreckt, so daß es in ein Netz lief, welches quer über seinen Fluchtweg gespannt war. Bei Grabungen in Abris in Arizona hat man solche Netze gefunden.

Auch im Dorf selbst wurde fleißig gearbeitet. Nach der Rückkehr von der Jagd oder den Feldern blieben die Männer nicht untätig, sondern widmeten sich vor allem sozialen und religiösen Aktivitäten. Damals wie heute spielte im Leben des Puebloindianers ein Ritual, das mit den jeweiligen jahreszeitlichen Arbeiten verbunden war, eine große Rolle. In den unterirdischen *Kivas*, die den Frauen nicht zugänglich waren, wurde das entsprechende Zeremoniell zelebriert.

Auf den Dächern des Dorfs

Die Häuser hatten dicke Mauern, die ihre Bewohner vor Kälte und Hitze schützten. Auf dem Boden lagen Matten aus Weidenrinde und auf den Betten Tierfelle. Die meisten häuslichen Arbeiten wurden, wie gesagt, auf den Dächern verrichtet.

Die Männer waren sehr geschickte Weber und fertigten dort aus Baumwolle, die aus Mesoamerika eingeführt wurde, Säcke und Gurte auf kleinen waagrechten Gurtwebstühlen an. Auf dem senkrechten Webstuhl, von dem man lange Zeit annahm, er sei erst mit den Konquistadoren aus Spanien nach Amerika gekommen, wurden die großen Decken hergestellt.

Auch die Frauen webten; sie machten weite Baumwollponchos und flochten Sandalen aus gefalteten Yuccablättern. Vor allem aber beschäftigten sie sich mit häuslichen Arbeiten, in die sie keinerlei Einmischung duldeten. Das Haus gehörte ihnen, und sie bauten es zusammen mit den Männern, die die Steine transportierten und die Bäume fällten.

In den Räumen befanden sich nur selten Feuerstellen, denn die täglichen Arbeiten wurden fast immer im Freien ausgeführt. Man kochte auf dem Dach, und hier zerkleinerten die Frauen auch die tägliche Maisration. Mit einem Reibstein zerrieben sie die Körner auf einem flachen Mahlstein, dem *Metate*, und formten kleine, den mexikanischen Tortillas ähnliche Fladen, die sie auf einem offenen Feuer backten. Diese Fladen waren die Grundnahrung: Mit Fleisch, Bohnen oder Nüssen gefüllt, wurden sie zu fast allen Mahlzeiten gegessen.

Die Frauen stellten auch Töpferwaren her, die zu den feinsten und schönsten Nordamerikas gehören. Da sie die Töpferscheibe nicht kannten, verwen-

PUEBLO BONITO, DAS SCHÖNE DORF DER ANASAZI

Um das Jahr 1100 befindet sich Pueblo Bonito in vollem Aufschwung. Das stufenförmig ansteigende Einhausdorf erhebt sich am Fuß einer Felswand, vor dem südlich vorbeifließenden Chaco. Die Wohnanlage bildet ein riesiges D mit einem Platz in der Mitte, auf dem sich zwei große *Kivas* (Kulträume) befinden. In diesen unterirdischen Räumen wurden das ganze Jahr hindurch geheime Riten zelebriert, an denen die Frauen nicht teilnehmen durften. Auf den Dächern des Dorfes herrschte reges Leben und Treiben. Hier zerrieben die Frauen den Mais und kochten das Essen, hier formten und brannten sie die Töpferwaren, während die Männer webten, Türkise bearbeiteten, Pfeilspitzen schnitten oder rauchten. Das Leben in Pueblo Bonito hing, wie in allen Pueblos, von der Landwirtschaft ab, und die Menschen waren daher weitgehend auf den Regen und die künstliche Bewässerung der Felder angewiesen. Das Wasser, das nach Gewittern von den Felsen rann, wurde durch ein Netz von Kanälen zu den kleinen Mais-, Kürbis- und Bohnenpflanzungen geleitet, die in der Nähe des Dorfes lagen. Als einzige Geräte zur Bodenbearbeitung wurden Grabstöcke benutzt.

deten sie die sogenannte Spiralwulsttechnik. Meist waren es Schalen, Krüge, Kannen und Schöpflöffel. Außerdem modellierten sie zylindrische Gefäße oder Töpfe und verzierten sie mit menschlichen Figuren, die sie mit dunkler Farbe auf hellen Grund malten. Anscheinend wurde diese Fertigkeit von den Müttern an die Töchter weitergegeben, denn man hat an vielen Stellen kleine Schöpflöffel und Krüge mit Abdrücken von Kinderfingern gefunden.

In Pueblo Bonito fertigte man sehr schönen Federschmuck. Verarbeitet wurden die Federn von zahmen Truthühnern und Papageien oder von anderen buntgefiederten Vögeln, die man aus dem Süden einführte. Die Dorfbewohner waren berühmt für ihren Fleiß und ihre Regsamkeit. Händler aus den warmen Gebieten Mexikos kamen, um Vögel zu verkaufen, andere wieder brachten Muscheln von der Küste des Pazifiks. Sie erhielten dafür Türkise, welche die Männer von Pueblo Bonito in stundenlanger Arbeit geschliffen und poliert hatten. Die Bewohner von Pueblo Bonito waren nämlich Meister in der Herstellung von Schmuck und Zierat.

Aus Muscheln oder Steinen schliffen sie Perlen und fertigten daraus Anhänger in Form von Vögeln und Säugetieren. Den Türkis verwendeten sie für Mosaike oder verarbeiteten ihn zu Perlen. Wie viele Stunden Arbeit mag wohl der unvergleichliche, aus 2500 Perlen bestehende Halsschmuck erfordert haben, den man in einem der wenigen uns bekannten Anasazigräber gefunden hat? Leider sind die Friedhöfe der großen Pueblos bis heute noch nicht entdeckt worden.

Der Reichtum von Pueblo Bonito lockte nicht nur Händler an, sondern auch die nomadischen Apachen und Navajo aus dem Norden. Durch die Überfälle dieser Stämme und eine verheerende Dürre, die das Land Ende des 13. Jahrhunderts viele Jahre lang heimsuchte, verarmte Pueblo Bonito allmählich. Die wohl letzten Bewohner verließen das Dorf Anfang des 14. Jahrhunderts und siedelten sich in der Nähe von Flüssen oder auf weniger öden Hochebenen an.

Dort leben noch immer ihre Nachkommen, die heutigen Zuñi und Hopi. Die große Siedlung im Chaco Canyon verfiel. Von den Menschen vergessen, lag sie jahrhundertelang unter dem Wüstensand, bis amerikanische Archäologen sie 1920 wiederentdeckten.

ANNE FARDOULIS-VITART

Metropole aus Lehm

CHANCHÁN

An der Küste Nordperus erstreckt sich das riesige Ruinenfeld von Chanchán, der Hauptstadt des Reiches der Chimú, Sitz ausgezeichneter Goldschmiede und fähiger Städtebauer.

In einer wüstenhaften Ebene an der Küste des nördlichen Perus stehen die Ruinen von Chanchán, der einst ansehnlichen Hauptstadt des Staates der Chimú. Zahlreiche Neuerungen auf dem Gebiet der Politik, Wirtschaft, Technik und Kunst prägen die Geschichte dieses Reiches, das ursprünglich Chimor hieß. Aufgrund dieser Errungenschaften gelang es seinen Herrschern, sich die Stämme untertan zu machen, die im 14. und 15. Jahrhundert in weiten Teilen der Küstenregion siedelten.

Da uns die vorkolumbischen Völker des Andengebietes keine Aufzeichnungen hinterlassen haben – sie besaßen keine Schrift –, kannte man bis Ende des 19. Jahrhunderts ihre Geschichte fast nur aus meist bruchstückhaften und nicht immer zuverlässigen Berichten verschiedener Chronisten.

Diese Berichte stammten vor allem von spanischen Beamten, Soldaten und Missionaren, die Augenzeugen der Eroberung und Kolonisierung gewesen waren. Darin blieben viele Seiten des Lebens der Inka im dunkeln, des mächtigsten Volkes, mit dem die Spanier in Berührung gekommen waren. Um so weniger kannte man andere, von den Inka gewaltsam integrierte Gesellschaften, die sich bei der Ankunft der Konquistadoren kulturell bereits im Abstieg befanden.

Die Eroberung der Täler

Die Legenden aus dem Tal von Trujillo bezeichnen einen gewissen Tacanaymo als Stammvater der Dynastie, die bis zur Eroberung des Reiches der Chimú durch die Inka die Macht innehatte. Dieser Held, der dem Volk die Zivilisation brachte, kam auf einem Floß in das Tal, trug Baumwollkleider und besaß ein gelbes magisches Pulver (wahrscheinlich Goldstaub), das er bei Kulthandlungen benutzte. Es wird nicht gesagt, woher Tacanaymo kam, aber wie es scheint, gab er sich als Gesandter eines Herrn jenseits der Meere aus. Zunächst baute er einen Palast, lernte die Sprache der Einheimischen und wurde schließlich von den Talbewohnern als Oberhaupt anerkannt.

Nach seinem Tod folgte ihm sein Sohn Guakrikaur, der sich des unteren Mochetals bemächtigte. Sein Nachfolger, Nançenpinco, nahm das übrige Tal ein und dehnte um 1350 sein Hoheitsgebiet auf die Täler von Zaña, Pacasmayo, Chicama, Virú, Chao und Santa aus. Eine Reihe weiterer Könige folgte auf Nançenpinco, bevor Minchanzaman den Thron bestieg.

Unter Minchanzaman erreichte der Staat seine größte Ausdehnung; er erstreckte sich nun von Tumbez im Norden bis nach Carabayllo – beim heutigen Lima – im Süden. Die Eroberung der küstennahen Täler in Mittelperu erfolgte wahrscheinlich nur 12 bis 15 Jahre vor dem Eindringen der Inka, denn die Täler von Chancay und Chillón waren offenbar von den Chimú im Norden politisch und kulturell noch ziemlich unabhängig. Vermutlich war dieser Feldzug die Antwort der Chimú auf die Expansion der Inka im Süden.

1460 begannen die Inka in die nördlichen Regionen auf den Hochebenen und an der Küste vorzustoßen. Der Inka Tupac Yupanqui (1471–1493) vollendete die Eroberung des Chimúreiches. Minchanzaman leistete kaum Widerstand und wurde nach seiner Niederlage mit allen Ehren als Gefangener nach Cuzco geleitet. Sein Sohn Chumunkaur wurde von den Inka zu seinem Nachfolger ernannt, vertrat jedoch nur die Interessen der Inka. Später zerfiel das Chimúreich ganz, und der König war nur noch der einfache Kazike (Häuptling) des Mochetals ohne jede Macht über die Nachbarregionen.

All das geschah wahrscheinlich zwischen 1485 und 1490 während der Regierungszeit des Inka Tupac Yupanqui. Doch nicht die ganze Bevölkerung dürfte sich so fügsam verhalten haben wie ihre Herrscher, denn die Inka verschleppten die Einwohner ganzer Ortschaften, wie sie es immer taten, wenn der Widerstand eines Volkes gebrochen werden mußte.

Die Regierungszeit Tacanaymos, der die Dynastie begründete, begann um das Jahr 1300, aber die Ausgrabungen

Tumi *nannten die Chimú diese Messer, die aus Gold, Kupfer oder Bronze gemacht waren und eine halbmondförmige Klinge besaßen. Sie wurden von den peruanischen Chirurgen benutzt, um bei Trepanationen die Kopfhaut einzuschneiden. Wahrscheinlich wurden sie auch als Opfermesser verwendet. Das nebenstehende Stück stammt vermutlich aus dem Tal von Lambayeque in Peru.*

Chanchán erlebte seine Blütezeit zwischen 1200 und 1400. Die Umfassungsmauern begrenzen Gevierte, auf denen zahlreiche Bauten standen, die durch Straßen und Plätze voneinander getrennt waren. Nach diesem Schema legten die Chimú auch andere Städte an.

Die Huaca del Dragón in Chanchán, das Heiligtum des Drachen, war wahrscheinlich ein Tempel. Die Adobemauern des Bauwerks sind mit Lehmfriesen bedeckt, auf denen stilisierte Figuren erscheinen. Man trug eine Schicht frischen Lehms auf die Mauern auf, aus dem die Bildwerke dann geformt wurden. Wegen ihrer Anfälligkeit für Wind und Wetter sind die meisten dieser Friese zerstört.

scheinen zu beweisen, daß die ersten Bauten von Chanchán und die Grundlagen der Chimúkultur schon viel früher, etwa um 800 n. Chr., entstanden.

Eine Metropole aus Lehm

Die von ihren Zeitgenossen bestaunte große Stadt der Chimú erregte sogar die Bewunderung der Inka, deren Hauptstadt Cuzco keineswegs diese Ausdehnung besaß. Wir können uns Chanchán vor 600 Jahren von einer bunten, lärmenden Menge bewohnt vorstellen, die ihren Tätigkeiten nachging: die Handwerker in ihren Läden oder in großen Werkstätten, die Priester in den Tempeln, die Händler auf den Märkten, wo verschiedenste Waren aus allen Gegenden des Reiches getauscht wurden. Heute stehen hier nur noch Ruinen, die vom Wind und von den Menschen zerstört werden.

Die *huaqueros*, Grabräuber, die auch heute noch nach versteckten Schätzen suchen, haben viel zur Zerstörung Chancháns beigetragen. Schon im 16. Jahrhundert wurde die Metropole geplündert, als der Spanier Francisco Pizarro, der Eroberer Perus, sie mit seiner Truppe einnahm. In der teilweise verlassenen Stadt, die jedoch noch Spuren ihres einstigen Glanzes bewahrte, machten sich die Spanier auf die Suche nach dem kostbaren, im ganzen alten Peru berühmten Goldschmuck. Die Stücke, die sie fanden, schmolzen sie sofort ein, da sie nur der Handelswert des Edelmetalls interessierte. Heute ist über ein Drittel des Stadtgebietes Acker- und Weideland, wodurch Überreste von unschätzbarem archäologischem Wert unwiederbringlich zerstört werden.

Mit einer Ausdehnung von etwa 20 km^2 war Chanchán wahrscheinlich eine der größten vorkolumbischen Städte Amerikas. Die Einwohnerzahl belief sich auf etwa 100000.

Im Stadtzentrum befanden sich neun rechtwinklig angelegte Gevierte mit stellenweise 7,50 bis 9 m hohen Umfassungsmauern. Sie umschlossen sehr wahrscheinlich Paläste, Verwaltungszentren, Vorratshäuser und königliche Friedhöfe.

Die meisten dieser Gevierte haben nur einen Eingang im Norden und sind in drei Sektoren unterteilt. Die zwei nördlichen bestehen aus zahlreichen Abteilungen: Höfen, Kolonnaden, Audienzsälen, Wohnungen und Vorratslagern. Hier befinden sich auch Küchen und große Wasserbehälter, zu denen man über eine Rampe emporstieg. Im dritten Sektor erhebt sich eine Bestattungsplattform.

Dieses Gefäß in Form eines Pelikans ist bezeichnend für die Keramik der Chimú. Die schwarzglänzende Farbe, das Ritzdekor und der senkrechte Ausguß des steigbügelförmigen Henkels, auf dem eine Menschen- oder Tierfigur kauert, sind charakteristische Merkmale dieser Töpferkunst.

Während der Ausgrabungsarbeiten, die 1969 unter der Leitung des amerikanischen Archäologen Michael E. Moseley begannen, fand man unter einer dieser Plattformen die Gebeine von über 200 Menschen. Bei der Untersuchung der Knochen stellte sich heraus, daß es sich um junge Frauen handelt, die geopfert – wahrscheinlich vergiftet – worden waren. Ein großes, T-förmiges Grab in der Mitte der Plattform enthielt zahlreiche Gaben, die für das Leben im Jenseits des darin bestatteten Toten bestimmt waren. Dieses Grab ist von *Huaqueros* geplündert worden, doch aus der Zahl des Gefolges zu schließen, das seinen Herrn in den Tod begleitet hatte, muß der Verstorbene eine hohe Persönlichkeit, wahrscheinlich ein König, gewesen sein. In jedem Stadtviertel von Chanchán gab es eine Bestattungsplattform, und man kann annehmen, daß sie sowohl als Palast wie auch als Grabstätte diente.

Jeder Herrscher errichtete seine eigene Residenz, und nach seinem Tod scheute man kein Opfer, um ihm den Platz für seine Grabanlage zu sichern, der ihm in der himmlischen Rangordnung zustand. Die Palastanlage wurde dann zum Heiligtum, das von Verwandten und Dienern unterhalten wurde, und der Nachfolger ließ sich eine neue Residenz bauen.

Chanchán ist eine bis ins kleinste Detail geplante Stadt, deren Architekten auch heute noch Bewunderung verdienen. Es ist die größte nur aus Adobe (luftgetrocknete Lehmziegel) gebaute Stadt der Welt, weder die mesopotamischen noch die in Turkestan liegenden Lehmziegelstädte erreichen ihre Ausmaße. Die Stadtteile wurden nicht nur von verschiedenen Herrschern bewohnt, sondern beherbergten auch unterschiedliche Berufsgruppen wie Maurer, Schmiede, Töpfer mit ihren Werkstätten, Lagerräumen und Wohnhäusern.

Wie in den meisten Küstenstädten und -dörfern des vorkolumbischen Perus bestanden die Gebäude von Chanchán aus Adobe. Als Baustoff verwendete man auch riesige Lehmblöcke und Kiesel, die ebenfalls in Lehm eingebettet wurden.

Die mächtigsten Mauern waren an der Basis 4 m, an der Krone hingegen nur 1,50 m dick. Dieser trapezförmige Aufbau verlieh dem Ganzen größere Haltbarkeit. Bestimmte Teile der königlichen Residenzen, wie die Kolonnaden, die Vorratslager und die Wohngebäude, wurden mit Lehm, Schilf und Stroh gedeckt, um sie vor Sonne und Wind zu schützen.

Lehmreliefs mit geometrischen Ornamenten und stilisierten Darstellungen von Tieren oder mythischen Ungeheuern (die sogenannten Tierdämonen) schmückten die Mauern von Chanchán. Pelikane, Möwen und andere Seevögel, Seesterne, Fische und Krustentiere sind häufig darauf abgebildet. Sie symbolisieren das Meer, das *Ni* genannt wurde und eine wichtige Göttin im Pantheon der Chimú war. Die Gläubigen opferten ihr Maismehl und roten Ocker, die sie ins Wasser warfen, wobei sie die Göttin Ni um einen reichen Fischfang baten.

An der Peripherie der Metropole befanden sich Bezirke mit bescheidenen Wohnhäusern, in denen wahrscheinlich die einfachen Leute lebten, sowie größere rechteckige Gebäude, die möglicherweise der Stadtverwaltung dienten. Hier, am Rande der Stadt, stehen auch einige Pyramidenstümpfe. Diese Art Bauwerke haben an der Nordküste Perus eine sehr lange Tradition; die ersten entstanden bereits im 2. Jahrtausend v. Chr.

Ein Netz von Wasserkanälen, die an das große Bewässerungssystem außerhalb der Stadt angeschlossen waren, durchzog diese Bezirke. Die zwei großen Senken am Eingang und Ausgang der Stadt sind einst Gärten gewesen. Man hatte den Sand so weit entfernt, bis man auf feuchten Untergrund stieß, damit die Pflanzen das Grundwasser erreichen konnten.

Die Chimú haben noch andere große Städte gebaut, aber keine war so prächtig wie Chanchán. In fast allen Tälern, über die sie herrschten, errichteten sie Städte. Die wichtigsten waren El Purga-

Mythische und Alltagsszenen waren die hauptsächlichen Themen der Chimúkeramik. Eine wichtige Rolle spielte der Totenkult, wie auch die obige Darstellung zweier Männer, die einen Toten tragen, beweist.

torio im Lechetal, eine Anlage mit Pyramiden und Umfassungsmauern, Apurlé im Motupetal, eine sehr weiträumige Stadt mit mehreren Tempelpyramiden, und Pacatnamú im Tal des Jequetepeque. Im ganzen Reich entstanden Dörfer, von denen einige eine sehr große Einwohnerzahl hatten. Die Chimú waren nicht die ersten Städtebauer im vorkolumbischen Peru. Bereits die Baumeister der Tiahuanaco- und der Huarikultur (600–1000 n. Chr.) hatten bedeutende Stadtanlagen geschaffen. Doch bevor Südamerika von den Spaniern erobert wurde, hatten die städtebaulichen Fähigkeiten der Chimú kaum ihresgleichen.

Ein allmächtiger Staat

Der Bau einer so großartigen Metropole wie Chanchán setzte einen starken, gut organisierten Staat voraus, der es verstand, die gigantischen Arbeiten zu planen und zu leiten, da diese wegen der primitiven Technik jener Zeit den Einsatz Tausender von Arbeitern erforderten.

Das Regierungssystem der Chimú war autoritär, und die Eroberungspolitik der Herrscher garantierte seinen Bestand. Allerdings gibt es kaum Informationen über seine tatsächliche Form. Was die Thronfolge betrifft, so entnimmt man den Angaben der Chronisten, daß die Macht vom Vater auf den Sohn oder vom Bruder auf den Bruder überging. Diese Regelung verursachte beim Tod des Königs wahrscheinlich zahlreiche Konflikte.

Die Gesellschaftsordnung war pyramidenförmig strukturiert. Dies beweist auch eine alte Legende, in der es heißt, daß der König und der Adel von zwei anderen Sternen abstammen als das gemeine Volk. Die Klassenunterschiede scheinen demnach als vorgegeben betrachtet worden zu sein.

An der Spitze der Pyramide stand der Großchimú, der Herrscher, in dessen Händen alle Macht lag. Er trug den Titel *Ciaquic*, Großer Herr, und lebte nach einem aufwendigen Zeremoniell. Wie der Inka, glaubte auch er, göttlicher Abstammung zu sein.

Die Kaziken, *Alaec*, und die Angehörigen der königlichen Familie genossen wahrscheinlich einen Teil der königlichen Privilegien.

Auf sie folgten die *Pixllca*, die Bürger der Stadt, die einigermaßen begütert waren und sich eines gewissen Ansehens erfreuten.

Auf der untersten Stufe der sozialen Hierarchie befanden sich die *Paraeng* und die *Yana*, womit möglicherweise die Vasallen und die Diener gemeint sind. Nach Ansicht einiger Autoren könnten die Chimú mit diesen beiden Namen allerdings auch die Einheimischen und die Fremden bezeichnet haben.

Der wichtigste Wirtschaftszweig der Chimú war der Ackerbau. Grund und Boden gehörten größtenteils dem König und dem Adel. An zweiter Stelle standen Tierzucht, Fischfang und Jagd. Eine wichtige Rolle in der Wirtschaft des Landes müssen auch die Massenfabrikation handwerklicher Erzeugnis-

DIE KUNST DES WEBENS

Die Weberei war das höchstentwickelte Handwerk im vorkolumbischen Peru. Die schönsten Textilien stammen aus der Küstenregion im Süden, wo die Paracas- (1000 v. Chr. – 100 n. Chr.) und die Nazcakultur (100–800 n. Chr.) entstanden. Berühmt sind die unvergleichlich schönen großen Totentücher von der Halbinsel Paracas mit ihren farbig außerordentlich fein abgestimmten Stickereien, die Götter und Fabelwesen darstellen.

An der Küste Nordperus, wo das Klima feuchter ist, haben nur wenige Gewebe die Zeiten überdauert. Von den wesentlich späteren Chimú haben sich zwar mehr Textilien erhalten, doch können sie sich nicht mit denen aus dem Süden messen.

Die Chimú verarbeiteten vor allem Baumwolle und Wolle. Zum Färben des Garns verwendeten sie Pflanzenfarben wie Indigo (für Blau), seltener auch tierische Farbstoffe. Doch die Farbskala ist bei weitem nicht so nuancenreich wie die der Paracasstoffe, bei denen man bis zu 190 verschiedene Farbtöne festgestellt hat.

Federwerkfragment der Chimúkultur

Die Chimú beherrschten jedoch alle möglichen Webtechniken, wie die Schleiergewebe, Wandbehänge und Doppelgewebe zeigen. Die Stickereien oder gemalten Muster waren oft bandförmig angeordnet. Die Motive sind die gleichen wie in der Keramik oder auf den Friesen an den Mauern der Stadt Chanchán: stilisierte Tiere, vor allem Vögel und Fische, geometrische Ornamente, Menschen und mythische Gestalten.

Die Chimú verstanden es auch, aus dem Gefieder importierter tropischer Vögel kostbares Federwerk herzustellen. Die Federn wurden auf eine Unterlage aus Leinwand genäht oder geklebt. Die in den Waldgebieten im Landesinnern lebenden Indianer tauschten die Federn gegen Erzeugnisse von der Küste. Aber auch sie wußten die bunten Federn zu schätzen und fertigten daraus Zeremonienschmuck. Aufgrund seines hohen Handelswertes war Federwerk in ganz Südamerika sehr teuer und bei den Chimú dem Herrscher und der Oberschicht vorbehalten.

In den wüstenhaften Tälern an der Nordküste Perus betrieben die Chimú eine extensive Bodenbewirtschaftung. Die Grundlage dafür war ein ausgedehntes, geniales Bewässerungssystem, das die Inka zerstörten, um die wirtschaftliche Macht des Chimúreiches zu brechen. Es war wiederhergestellt, als die Spanier kamen. Doch viele, einstmals fruchtbare Landstriche liegen heute wieder brach.

se und der Handel gespielt haben. Grundlage des Warenverkehrs war der Tauschhandel, da die Chimú kein Geld kannten.

Der streng zentralistische Staat verfügte über alle Mittel, um die öffentlichen Arbeiten durchzuführen, die Produktion den Bedürfnissen des Landes anzupassen und einen riesigen Apparat von Beamten, Kriegern und Priestern zu unterhalten.

Er hatte ein Straßennetz anlegen lassen, das die verschiedenen Regionen des Reiches miteinander verband, und das Bewässerungssystem weiter ausgebaut, das die Mochica, die Vorgänger der Chimú, einige Jahrhunderte zuvor begonnen hatten. Die Kanäle und Aquädukte, mit deren Hilfe auf den kargen Böden reiche Ernten erzielt wurden, waren bis zur Ankunft der Spanier in Gebrauch. Heute sind die bewässerten Zonen in Peru viel kleiner als im 14. und 15. Jahrhundert.

Man findet bei den Chimú keinen direkten Hinweis auf eine allmächtige Gottheit, einen Weltenschöpfer. In den Erzählungen vom Leben und Wirken der Götter ist die Rede vom Mond, der Sonne, den Sternbildern und dem Meer. Man hielt den Mond, der *Si* genannt wurde, für mächtiger als die Sonne, da er auch tagsüber sichtbar ist. In einer Sage heißt es, Sonnen- und Mondfinsternis seien Kämpfe, in denen der verfinsterte Himmelskörper der Verlierer ist. Deshalb galt eine Mondfinsternis als unheilbringend, während eine Verdunkelung der Sonne durch den Mond Anlaß zur Freude war.

Die Chimú glaubten an die Existenz übernatürlicher Kräfte, die von gewissen Menschen – Medizinmännern, Priestern, Hexen – beherrscht werden konnten. Doch während die Medizinmänner und Priester als Wohltäter angesehen wurden und den Schutz des Staates genossen, wurden die Hexen gefürchtet und verachtet.

Meister des Handwerks

Die Chimú waren ausgezeichnete Weber, Töpfer und Holzschnitzer. Ganz besonders taten sie sich jedoch in der Metallverarbeitung hervor, wo sie technisch wie künstlerisch vollendete Werke schufen. Ihre Goldschmiede waren weit über die Grenzen des Landes hinaus berühmt. Als die Inka ihr Reich eroberten, nahmen sie die besten Goldschmiede in ihre Hauptstadt Cuzco mit, damit sie für ihren Herrscher arbeiteten. Die Goldschmiede der Chimú beherrschten die Techniken des Schweißens, des Treibens, des Filigrans sowie das Wachsausschmelzverfahren und bedienten sich ihrer, um schlanke Gefäße, Becher und Schmuck (Masken, Pektorale, Ohrringe, Armbänder für die Adligen) anzufertigen. Außerdem stellten sie, wenn auch in geringerem Umfang, Kupfer- und Bronzewerkzeuge her. Die *tumi,* Messer mit halbmondförmiger Klinge, kamen vor allem aus dem Gebiet um Lambayeque.

Die Stoffe wurden in Werkstätten gewebt und zeigten meist die gleichen Figuren wie die Mauerfriese. Die schönsten Erzeugnisse waren Wandbehänge, Gazen und Stickereien. Die Zeremonienmäntel aus Federn zählen zu den Meisterwerken der vorspanischen Textilkunst Amerikas.

Die Bewohner der Nordküste Perus besaßen eine hochentwickelte Kultur, welche die vorkolumbische Welt um zahlreiche wichtige Neuerungen bereicherte. Vieles wurde von den Inka übernommen und in allen Provinzen ihres riesigen Reiches verbreitet. So wurden die Errungenschaften der Chimú zum Gemeingut der meisten Völker des Inkaimperiums, bevor die Spanier ihre Kultur vernichteten.

Susana Monzon

Das Venedig der Neuen Welt

TENOCHTITLÁN

8. November 1519: Die spanischen Eroberer erreichen das Hochtal von Mexiko und sehen staunend einen großen, mit Booten bedeckten See. Inmitten des Gewässers liegt die weiße, von Kanälen durchzogene Hauptstadt der Azteken.

„Als wir so viele Städte und Dörfer erblickten, die mitten im Wasser erbaut waren, und zahlreiche andere große auf trockenem Land ..., da staunten wir und sagten, das gliche den Wundern, von denen im *Amadis,* dem berühmten Ritterroman, berichtet wird, denn die riesigen Türme und Pyramiden und Gebäude im Wasser waren alle aus Stein erbaut. Einige unserer Soldaten fragten sich sogar, ob das, was sie sahen, nicht ein Traumbild sei."

Diese Worte schrieb der Konquistador Bernal Díaz del Castillo in seiner *Wahrhaftigen Geschichte der Entdeckung und Eroberung von Neuspanien,* dem außerordentlich lebendigen Bericht eines Augenzeugen. Dies war der erste Eindruck der Spanier, als sie am 8. November 1519 zwischen den zwei schneebedeckten Vulkanen, die das Hochtal von Mexiko im Osten begrenzen, über die Pässe zogen und unter sich den von Booten befahrenen See erblickten. An den Ufern des Texcocosees, teilweise in das Wasser hineingebaut, lagen die Dörfer Mizquic, Ixtapalapa, Huitzilopochco, Coyoacán, Tlacopán und andere. In der Ferne sah man die große Stadt Texcoco und mitten in einer weiten Bucht Tenochtitlán, die weiß glänzende Hauptstadt der Azteken mit ihren blumengeschmückten Palastterrassen und den schlanken, in den Himmel ragenden Tempelpyramiden. Sie war durchzogen von geometrisch angeordneten Kanälen, die Häuser, Gärten und Plätze umspülten. Drei Dammwege verbanden dieses amerikanische Venedig mit dem Festland.

Ein Netz von Straßen und Kanälen

Der Anführer der Eroberer, Hernando Cortés, schrieb an Kaiser Karl V.: „Alle Straßen sind der Länge nach von Kanälen durchzogen, so daß zwischen ihnen eine Wasserverbindung besteht. Über diese Kanäle, von denen einige sehr breit sind, führen Brücken aus großen und starken Balken." Die meisten Straßen bestanden zur einen Hälfte aus einem Kanal, zur anderen Hälfte aus einem Kai.

Im Gegensatz zu den Tempeln, den Palästen der Würdenträger und den öffentlichen Gebäuden wie Schulen und Zeughäusern waren die einstöckigen Wohnhäuser der Azteken sehr schlicht. Ihre fensterlosen Fassaden gingen auf die Straße oder auf einen Kanal. Sie besaßen jedoch einen Innenhof, wo man Blumen und Gemüse (Tomaten, Paprika) zog und ein paar Truthühner hielt. Das Dampfbad *(temazcalli)* und oft auch die Küche befanden sich in kleinen Nebengebäuden. Das gebräuchlichste Baumaterial waren luftgetrocknete Lehmziegel. Die Dächer waren flach und wurden von Pfosten gestützt.

Die Pfahlsiedlung, die zur Metropole geworden war, entwickelte sich zwischen Anfang des 14. und Anfang des 16. Jahrhunderts. Sie breitete sich von zwei Zentren aus: Das eine war die Felseninsel Tenochtitlán, auf der die wichtigsten Sakral- und Profanbauten standen, das andere die etwas weiter nördlich gelegene Insel Tlatelolco, die bis 1473 unabhängig blieb, einen eigenen Tempel und vor allem einen großen Markt besaß. Was die Spanier bei ihrer Ankunft sahen, war also ein Großmexiko, das Kaiser Axayacatl nach einem kurzen Krieg durch die Annexion Tlatelolcos gebildet hatte.

Innerhalb von zwei Jahrhunderten errichteten die Azteken auf den kleinen Eilanden und auf den Sandbänken Pfahlhäuser und legten in zäher Arbeit die Sumpfzonen trocken, so daß die Stadt Anfang des 16. Jahrhunderts eine Fläche von 1000 ha bedeckte. Sie war, angeblich nach göttlichem Willen, in vier Hauptbezirke unterteilt; im Norden lag Cuepopan, der Ort der Blumenblüte, im Osten Teopan, der Tempel, im Süden, in der Nähe der Sümpfe, Moyotlan, die zu Recht so genannte Region der Mücken, und im Westen Aztacalco, die Wohnstätte der Reiher. Die vier Bezirke setzten sich aus *calpulli* (wörtlich Häusergruppen) zusammen, den Grundzellen der aztekischen Gesellschaft. Jede dieser Gruppen besaß eigenes Land, einen Tempel und eine Schule, das „Haus der Jugend", und wählte ein Oberhaupt, dem ein Rat der Alten zur Seite stand. Einige dieser Unterbezirke waren bestimmten Berufen vorbehalten; es gab *calpulli* für Handwerker und Händler.

Leider besitzen wir keine genauen Angaben über die Einwohnerzahl der

Die Göttin Coatlicue, „die mit dem Schlangenrock Gegürtete", galt als Mutter des Stammesgottes Huitzilopochtli. Die über Leben und Tod gebietende Erdgöttin wurde oft furchterregend dargestellt. Die skelettartige Maske, die Krone aus Totenschädeln, der Halsschmuck aus Menschenhänden mit einem Totenschädel in der Mitte versinnbildlichen die Verstorbenen, die in den Schoß der Erde eingehen. Das aztekische Bildwerk stammt aus dem 15.–16. Jahrhundert.

Im Gegensatz zu den humaneren Tolteken opferten die Azteken ihren Göttern Tausende von Menschen. Auf der obersten Terrasse der Pyramide wird der Gefangene mit dem Gesicht nach oben über den Opferstein gelegt, neben dem ein Federbanner steht. Der Priester öffnet ihm mit einem Messer die Brust und reißt ihm das zuckende Herz heraus (links im Bild), das der Sonne als Opfergabe dargebracht wird. Ein anderes Opfer liegt am Fuß der Mitteltreppe (Kodex Magliabechiano, *16. Jahrhundert).*

aztekischen Hauptstadt. Die Schätzungen der Spanier weichen stark voneinander ab und schwanken zwischen 60000 und 120000 Haushalten. Doch was ist unter einem Haushalt zu verstehen? Wie viele Personen wohnten in einem Haus? Man darf nicht vergessen, daß die Familien sehr groß waren, daß die Oberschicht der Polygamie huldigte – ein Würdenträger wie Tlacaeleltzin hatte nicht weniger als 83 Kinder – und daß in manchen Haushalten außer der Familie auch Diener lebten, die wie Sklaven gehalten wurden. Geht man davon aus, daß ein Haushalt im Durchschnitt aus sieben Personen bestand, ergäbe dies eine Einwohnerzahl von 420000 oder doppelt soviel, je nachdem, ob man 60000 oder 120000 Haushalte zugrunde legt. Die erste Zahl ist wahrscheinlich zu niedrig. Die Hauptstadt zählte wohl zwischen 500000 und eine Million Einwohner.

Hinzu kommen noch die Vororte. Die Bevölkerungsdichte rund um den See war hoch. Dies entnimmt man zeitgenössischen Berichten, in denen darauf hingewiesen wird, daß Städte und Dörfer die Wasserfläche immer mehr einengten, weil man, wie in Tenochtitlán, ständig neue Pfahlbauten errichtete. So betrug die Einwohnerzahl der Stadt mit den Vororten sicherlich über eine Million.

Die ersten Dörfer

Der Ursprung der Stadt, die damals auf dem amerikanischen Kontinent wahrscheinlich die einzige dieser Größenordnung war, muß in ferner Vergangenheit gesucht werden.

Angezogen von den Möglichkeiten der Nahrungsbeschaffung, die der See und seine Umgebung boten, ließen sich 15000 oder 20000 Jahre vor Beginn unserer Zeitrechnung Menschen in diesem Tal nieder und lebten von der Jagd und vom Fischfang. Man fand ihre steinernen Pfeilspitzen neben den Knochen von Mammuts, die damals diese Region bevölkerten. Als diese großen Tiere ausstarben, jagten die Menschen Hirsche, Kaninchen und Wasservögel. Mais, Bohnen und Kürbisse, Tomaten und Paprika, Pflanzen mit ölhaltigen Kernen, Salbei und Amarant wurden erstmals zwischen 4000 und 3000 v. Chr. angebaut. Im Tal entstand ein Dorf nach dem anderen.

Die Indianer, die zu seßhaften Ackerbauern geworden waren, stellten Terrakottagefäße und -figürchen her sowie Gewebe aus den Fasern der Agave. Solche archaischen, auch vorklassisch genannten Bauernkulturen entwickelten sich in Zacatenco, El Arbolillo, Copilco und Ticomán.

Die Tonfigürchen zeigen, daß sich die Sozialstruktur dieser Agrargemeinschaft allmählich differenzierte und die Gesellschaft sich ständisch gliederte. Einige der Statuetten stellen Personen dar, die eine turbanähnliche Kopfbedeckung und Schmuck tragen, oder Männer mit Masken, möglicherweise

Die Klinge dieses aztekischen Opfermessers ist aus Feuerstein. Der mit Türkisen, Perlmutt und Lignit eingelegte Holzgriff stellt einen Sonnenkrieger aus dem Kriegerbund der Adler dar.

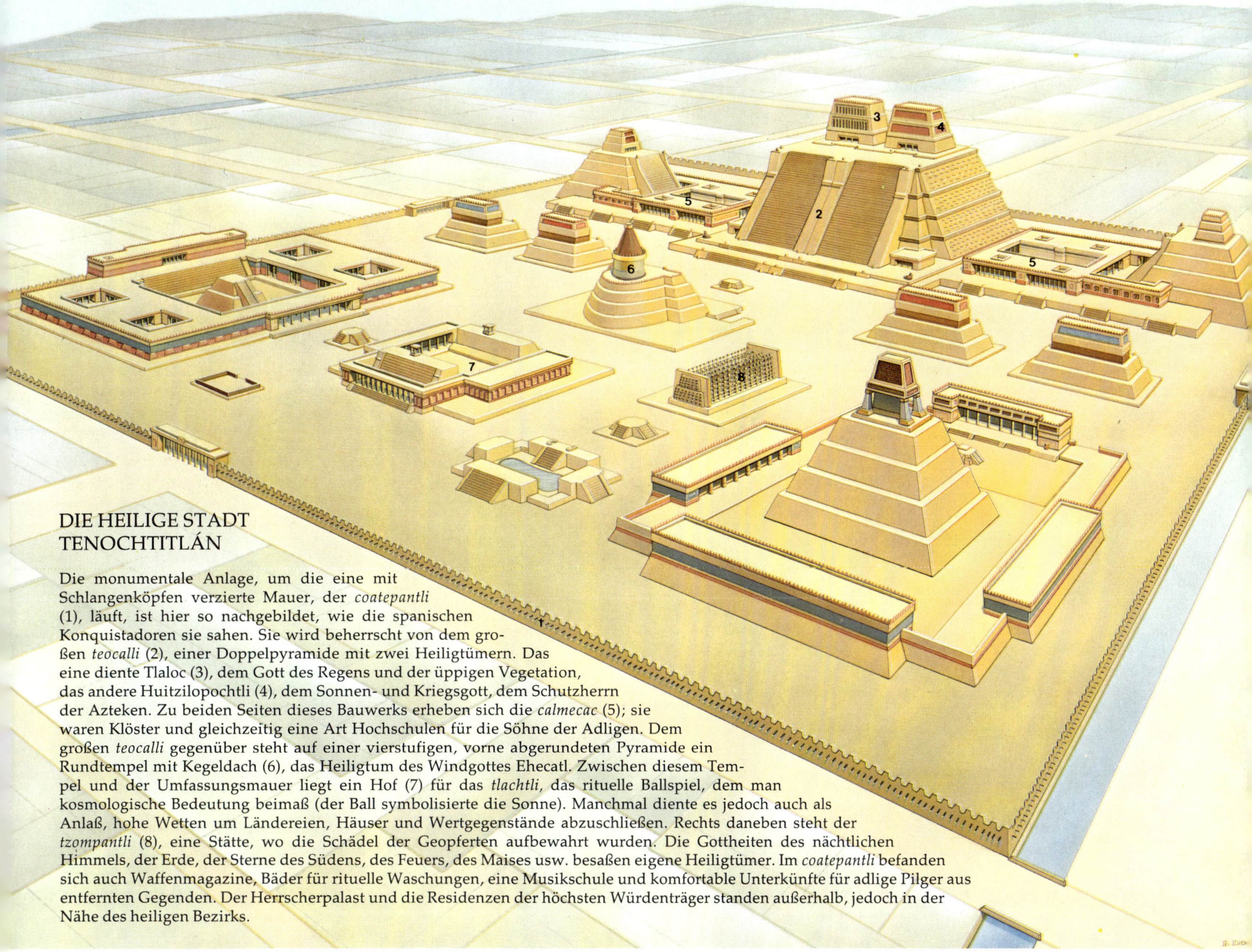

DIE HEILIGE STADT TENOCHTITLÁN

Die monumentale Anlage, um die eine mit Schlangenköpfen verzierte Mauer, der *coatepantli* (1), läuft, ist hier so nachgebildet, wie die spanischen Konquistadoren sie sahen. Sie wird beherrscht von dem großen *teocalli* (2), einer Doppelpyramide mit zwei Heiligtümern. Das eine diente Tlaloc (3), dem Gott des Regens und der üppigen Vegetation, das andere Huitzilopochtli (4), dem Sonnen- und Kriegsgott, dem Schutzherrn der Azteken. Zu beiden Seiten dieses Bauwerks erheben sich die *calmecac* (5); sie waren Klöster und gleichzeitig eine Art Hochschulen für die Söhne der Adligen. Dem großen *teocalli* gegenüber steht auf einer vierstufigen, vorne abgerundeten Pyramide ein Rundtempel mit Kegeldach (6), das Heiligtum des Windgottes Ehecatl. Zwischen diesem Tempel und der Umfassungsmauer liegt ein Hof (7) für das *tlachtli*, das rituelle Ballspiel, dem man kosmologische Bedeutung beimaß (der Ball symbolisierte die Sonne). Manchmal diente es jedoch auch als Anlaß, hohe Wetten um Ländereien, Häuser und Wertgegenstände abzuschließen. Rechts daneben steht der *tzompantli* (8), eine Stätte, wo die Schädel der Geopferten aufbewahrt wurden. Die Gottheiten des nächtlichen Himmels, der Erde, der Sterne des Südens, des Feuers, des Maises usw. besaßen eigene Heiligtümer. Im *coatepantli* befanden sich auch Waffenmagazine, Bäder für rituelle Waschungen, eine Musikschule und komfortable Unterkünfte für adlige Pilger aus entfernten Gegenden. Der Herrscherpalast und die Residenzen der höchsten Würdenträger standen außerhalb, jedoch in der Nähe des heiligen Bezirks.

Priester. Weibliche Figürchen weisen auf einen Fruchtbarkeitskult hin.

In diesen Dörfern ließen sich etwa 1000 Jahre v. Chr. Olmeken nieder, die von der Küste des Golfs von Mexiko kamen und die ersten Kulturträger in diesem Teil der Welt waren. Sie haben im tropischen Küstenland die ersten Bauwerke errichtet, darunter die Pyramide von La Venta, sie haben die ersten Flachreliefs geschaffen, die Steinbildnerei zu einem überraschenden Höhepunkt gebracht, einen Kalender und eine Schrift erfunden. Ihre Ankunft im Hochland scheint keine Invasion gewesen zu sein. In manchen Dörfern lebten Gruppen von ihnen friedlich mit den Einheimischen zusammen. Sie brachten ihre Sitten mit, ihre religiösen Anschauungen und ihr Modell eines Kultzentrums, aus dem sich später Städte entwickelten.

In den letzten Jahrhunderten vor der Zeitwende stieg die Bevölkerung sprunghaft an. Das Dorf wurde zum Marktflecken. Ein komplexeres soziales Gefüge, an dessen Spitze wahrscheinlich Priester standen, ersetzte die ursprüngliche Gesellschaftsstruktur. Die Pyramide von Cuicuilco, ein Kegelstumpf, den ein Heiligtum – Sakralbau und Grabdenkmal in einem – krönte, konnte nur von einer autoritär geführten Bevölkerung in langwieriger, planmäßiger Arbeit erbaut werden. Etwa im 4. Jahrhundert v. Chr. errichteten die Bewohner des Tales dieses ihr erstes Kultzentrum, das deutlich den Einfluß der Olmeken widerspiegelt.

Cuicuilco war ein erster tastender Versuch. Die Anlage wurde zu Beginn unserer Zeitrechnung durch einen Vulkanausbruch zerstört.

Eine starke Zusammenballung der Bevölkerung im Norden des Tales von Mexiko machte dann Teotihuacán zur ersten wirklichen Stadt des Landes, zu einer religiösen und künstlerischen Metropole, deren Kultur sechs oder sieben Jahrhunderte lang nach Norden und Süden bis hin zu den Maya im entfernten Guatemala wirkte. Die 65 m hohe Sonnenpyramide von Teotihuacán mit einer Basislänge von 225 m, die aus etwa 1 Million m^3 luftgetrockneten Lehmziegeln und Steinen erbaut ist, bleibt eines der grandiosesten Kulturdenkmäler des alten Amerikas.

Noch bemerkenswerter ist die Tatsache, daß der Stadt ein schematischer Plan zugrunde liegt. Ihre Achse war die riesige *Miccaotli*, die von Palästen gesäumte Totenstraße, an deren Ende sich die Mondpyramide erhob.

Mit seinen majestätischen Heiligtümern, freskengeschmückten Palästen und großen Wohnhäusern, seinen Plastiken, Hartsteinmasken und herrlich bemalten Gefäßen ist Teotihuacán gewissermaßen das legendäre Grundmodell der großen autochthonen Stadt geworden, an dem sich durch alle Umwälzungen und Leiden hindurch die zivilisierten Indianer immer wieder orientieren sollten.

MEXIKO-TENOCHTITLÁN ANFANG DES 16. JAHRHUNDERTS

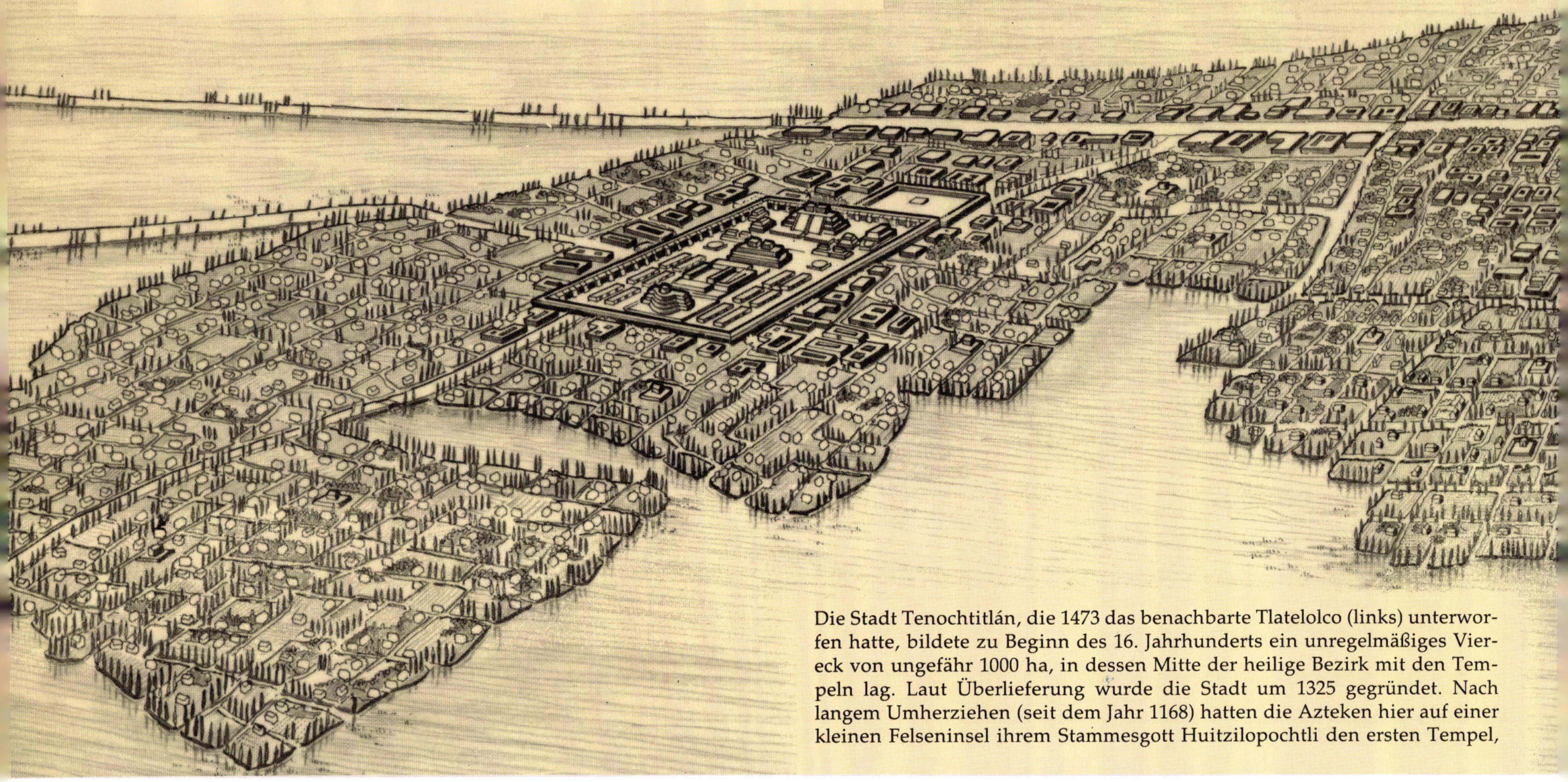

Die Stadt Tenochtitlán, die 1473 das benachbarte Tlatelolco (links) unterworfen hatte, bildete zu Beginn des 16. Jahrhunderts ein unregelmäßiges Viereck von ungefähr 1000 ha, in dessen Mitte der heilige Bezirk mit den Tempeln lag. Laut Überlieferung wurde die Stadt um 1325 gegründet. Nach langem Umherziehen (seit dem Jahr 1168) hatten die Azteken hier auf einer kleinen Felseninsel ihrem Stammesgott Huitzilopochtli den ersten Tempel,

Schwierigkeiten des Anfangs

An Umwälzungen und Leiden hat es nicht gefehlt. Im 7. Jahrhundert begann der Stern Teotihuacáns zu sinken. Kriegerische Völker fielen aus den Steppen des Nordens ins Hochland von Mexiko ein. Im 9. Jahrhundert wurde Tula, die Hauptstadt der Tolteken, gegründet. Kriege und Aufstände hatten Ende des 10. Jahrhunderts ein Militärregime und die Einführung der rituellen Menschenopfer zur Folge. 1168 wurde Tula von Barbaren zerstört, jedoch übernahmen diese bald die toltekische Kultur. Im 14. Jahrhundert kam es zwischen den verschiedenen verfeindeten Staaten zu erbitterten Kämpfen; 28 Städte stritten um die Vorherrschaft im Herzen Mexikos. In dieser Zeit ließ sich ein kleiner Stamm aus Aztlán (daher der Name Azteken) im Nordwesten des Tales am Texcocosee unter großen Schwierigkeiten nieder. Die Azteken, in denen man unerwünschte Eindringlinge sah, wurden zeitweilig akzeptiert, dann wieder verfolgt. Schließlich gründeten sie „mitten in den Binsen, mitten im Schilf" in der sumpfigen Bucht an der Westseite des großen Sees ein kleines armseliges Dorf.

Die Azteken gaben ihrer Hauptstadt die beiden Namen Tenochtitlán, „Stätte des Feigenkaktus" (im Aztekischen *tenochtli*), und Mexiko. Deshalb findet sich der Feigenkaktus in dem alten Stadtwappen von Tenochtitlán-Mexiko, nämlich der Kaktus, auf dem der Adler sitzt, der eine Schlange vertilgt.

Der Kodex Mendoza, *der nach der Eroberung Mexikos durch die Spanier (1519) von einheimischen Schreibern angefertigt wurde, vermittelt uns Einblicke in das Alltagsleben der Azteken. Dieser Fischer benutzt ein Netz, wie es auch noch die heutigen Indianer verwenden.*

Das Wappen hat folgende Vorgeschichte: Huitzilopochtli, der Stammesgott der Azteken, eine Kriegs- und Sonnengottheit, hatte eines Nachts an den Oberpriester Quauhcóatl (Adlerschlange) folgende Worte gerichtet: „Gehe hin und suche den *tenochtli*, auf dem vergnügt ein Adler sitzen wird ... Dort werden wir siedeln, werden wir herrschen ... mit unserem Wurfspeer und Schild werden wir erobern. Dort wird unsere Stadt Mexiko-Tenochtitlán stehen, dort wo der Adler schreit, die Flügel ausbreitet und frißt, dort wo der Fisch schwimmt, dort wo die Schlange gefressen wird!"

Im Jahr *Ome-acatl* (zwei Schilfrohre), nach unserem Kalender 1325, sahen die Mexikaner, die mit Quauhcóatl in die Sümpfe eingedrungen waren, „am Eingang einer Höhle den Adler auf einem Kaktus sitzen und vergnügt eine Schlange vertilgen". An dieser Stelle errichteten sie den ersten Huitzilopochtlitempel.

Im Gegensatz zu Tenochtitlán ist der Ursprung des Namens Mexiko umstritten. Wenn man die Bedeutung dieses Wortes im Nahuatl mit jener in der

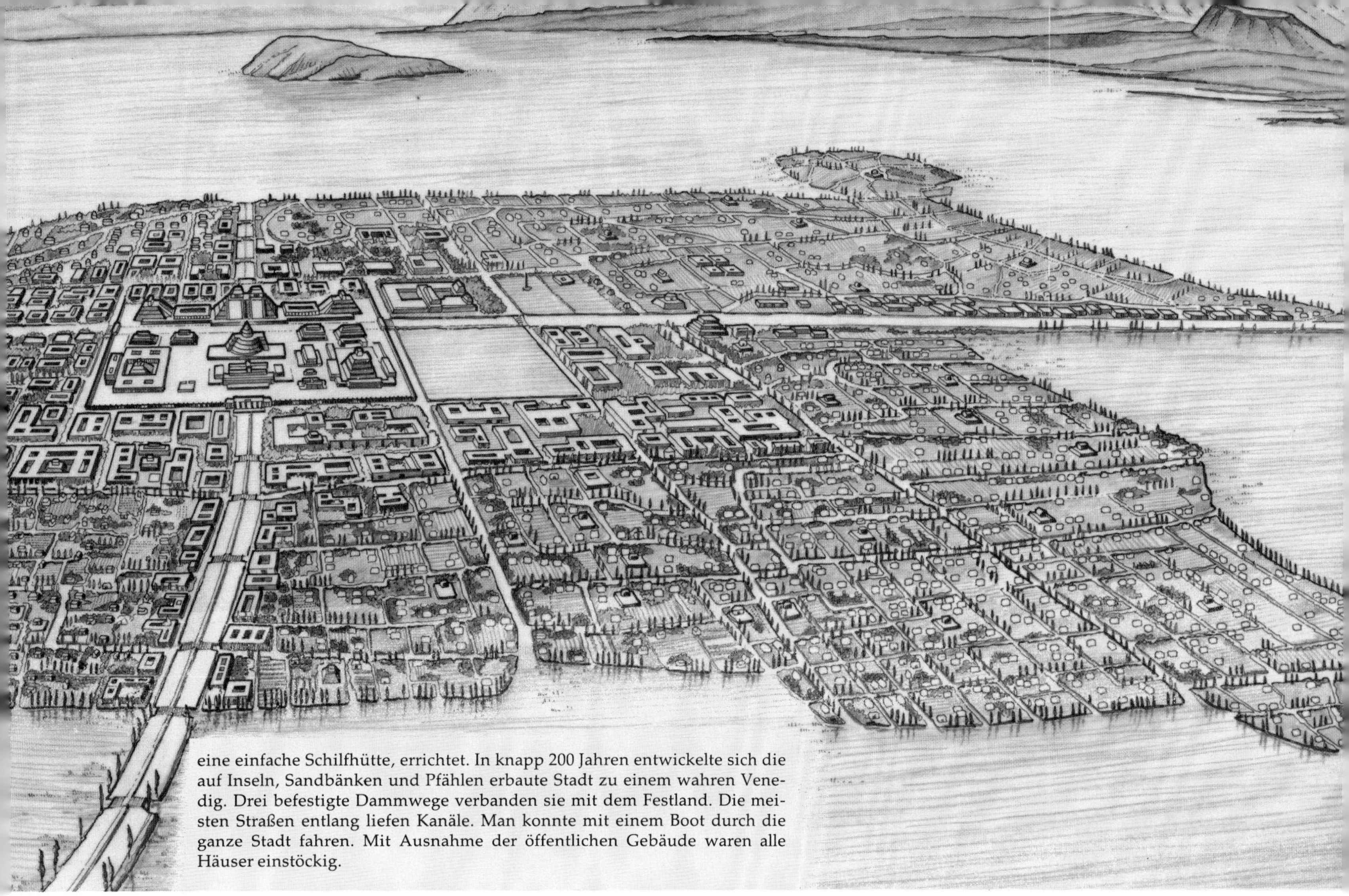

eine einfache Schilfhütte, errichtet. In knapp 200 Jahren entwickelte sich die auf Inseln, Sandbänken und Pfählen erbaute Stadt zu einem wahren Venedig. Drei befestigte Dammwege verbanden sie mit dem Festland. Die meisten Straßen entlang liefen Kanäle. Man konnte mit einem Boot durch die ganze Stadt fahren. Mit Ausnahme der öffentlichen Gebäude waren alle Häuser einstöckig.

Sprache des alten, seit langem im Hochland ansässigen Otomistammes vergleicht, liegt die Schlußfolgerung nahe, daß Mexiko „mitten (wörtlich: im Nabel) im Mondsee" heißt. In der Tat trug das Gewässer den Namen Metztliapan, der Mondsee.

Den überlieferten Erzählungen und den sogenannten Bilderhandschriften ist zu entnehmen, daß die ersten Einwohner Tenochtitláns vor allem vom See lebten. Wie alle anderen Indianer rund um das große Gewässer ernährten sie sich vom Fischfang und von der Jagd auf Wasservögel.

Sie tauschten Fische, Frösche oder Krebse gegen Steine und Bohlen, aus denen sie ihre ersten elenden Behausungen bauten. Später, als ihre Stadt berühmt und wohlhabend geworden war, veranstalteten sie einmal im Jahr zum Andenken an dieses dürftige Leben eine Feier. Diese bestand darin, daß die Wasserpriester während der Etzalqualiztli-Feste im See ein rituelles Bad nahmen. „Hier ist der Zorn der Schlange, das Summen der Wassermücke, der Flug der Ente, das Rauschen des weißen Schilfrohrs", rief dabei der Oberpriester mit lauter Stimme. Danach tauchten alle gemeinsam in den See und schlugen mit den Händen auf das Wasser, wobei sie die Schreie der Enten, der Reiher und der Silberreiher nachahmten.

Die Anfänge waren mühevoll, die Entwicklung schritt nur langsam voran. Die Azteken benötigten 50 Jahre, um eine eigene Dynastie zu begründen. Den Stammvater ihres Herrschergeschlechtes holten sie sich geschickterweise aus dem nahen Colhuacán, der alten Toltekenstadt. Doch erst 1428 sicherte Itzcóatl, der vierte Aztekenherrscher, nach einem siegreichen Krieg gegen die rivalisierende Stadt Azcapotzalco seinem Staat die Vorherrschaft über einen großen Teil Mexikos. Der Grundstein des großen *teocalli,* des großen Tempels, den die Spanier bei ihrer Ankunft sahen, wurde erst 1483 gelegt, die Einweihung erfolgte 1487. Die Stadt, die die Konquistadoren 1519 zum erstenmal erblickten und zwei Jahre später dem Erdboden gleichmachten, war also sehr jung.

Großmexiko

Das Zentrum der Aztekenstadt befand sich wahrscheinlich an der Stelle, wo heute der Zócalo, der Hauptplatz der heutigen Stadt Mexiko liegt. Dank der historisch und kunstgeschichtlich höchst interessanten Entdeckungen, die den mexikanischen Archäologen seit März 1978 gelangen, hat man den Standort des großen *teocalli* identifiziert. Bei den Grabungsarbeiten stieß man auf die mannigfaltigsten kostbaren Opfergaben, die von den aztekischen Erbauern des Tempels hier vergraben worden waren. Die etwa 30 m hohe Pyramide hatte eine 100 mal 80 m große Basis. Eine 114 Stufen hohe Doppeltreppe, deren Balustraden mit Köpfen von Federschlangen geschmückt waren, führte zur obersten Plattform. Dort standen zwei Heiligtümer: Das eine war Huitzilopochtli, dem Sonnengott der aztekischen Krieger, geweiht, das andere Tlaloc, dem alten Gott des Regens und des lebenspendenden Wassers, den die Bauern seit vielen Jahrhunderten verehrten.

Das Monument überragte den Komplex von Tempeln, Pyramiden und anderen Sakralbauten, die im *coatepantli* standen, einer mit Schlangenkopfzinnen ausgestatteten Umfriedung. Hier befanden sich die Heiligtümer der wichtigsten Gottheiten wie des Quetzalcóatl, der gefiederten Schlange, der als Gott des Windes, der Erde und des Morgensterns galt und dessen Wohnstatt die Form eines runden Turmes hatte, des Tezcatlipoca, des Gottes des

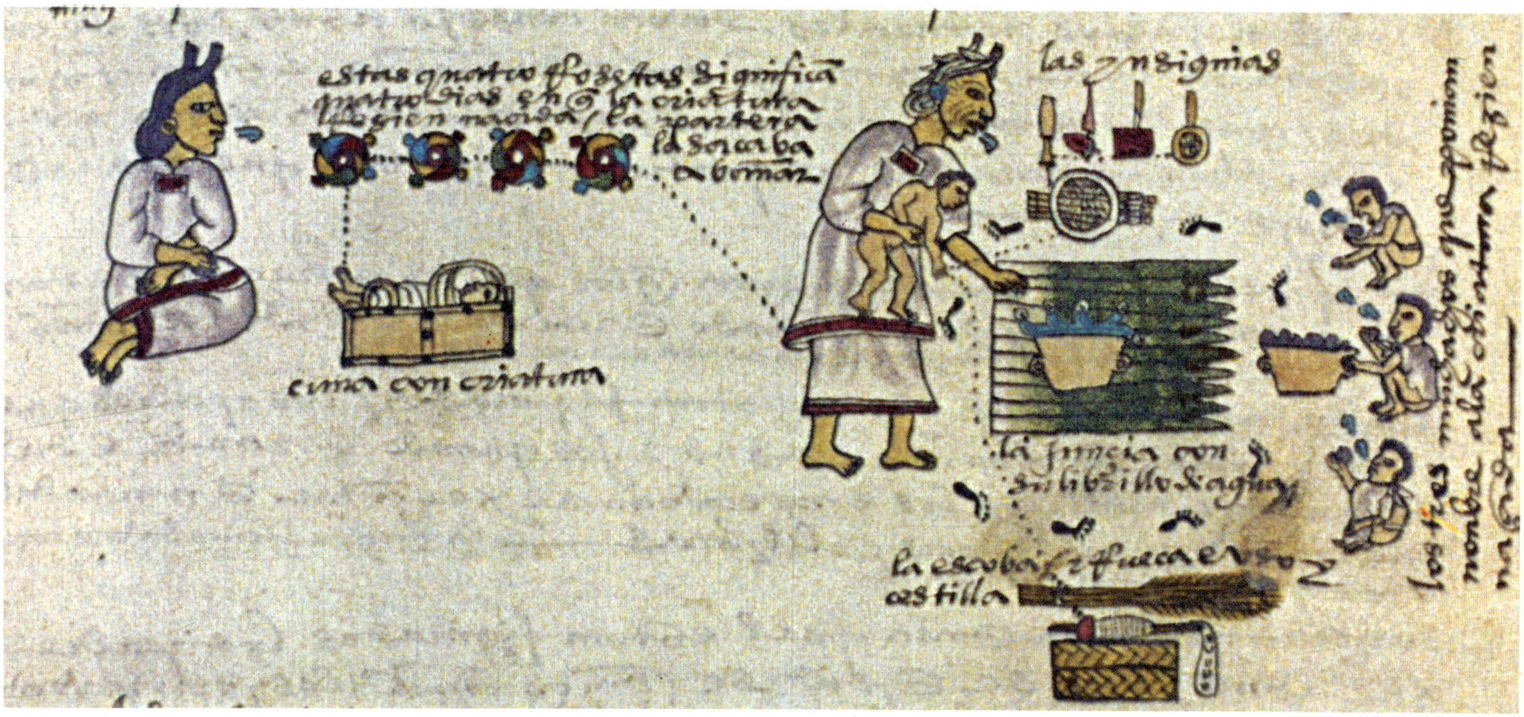

Vier Tage nach der Geburt eines Kindes feierte man das Fest der Namengebung. Das Taufritual wurde von der Hebamme vollzogen. Einem Buben zeigte man einen Schild und Wurfspeere, einem Mädchen Besen und Spindel (Kodex Mendoza).

nächtlichen Himmels und Beschützers der jungen Krieger, sowie der Muttergöttin Ciuacóatl, der weiblichen Schlange. Die Götter der verschiedenen Provinzen waren in einem Pantheon, dem *Coacalco*, vereint.

Außer den Tempeln umfaßte die heilige Stadt Opfer- und Gebetstätten, die Plätze für das rituelle Ballspiel, das *tlachtli* hieß, dann die sogenannten *tzompantli,* wo die Schädel der Menschenopfer aufbewahrt wurden, und die *calmecac,* eine Art Klosterschulen. In diesen Schulen lernten die Söhne der vornehmen Familien unter der Anleitung schwarzgekleideter Priester alles, was zu einer guten Erziehung gehörte: Sie lasen die heiligen Bücher, wurden in Geschichte und kultischem Brauch unterwiesen und übten gutes Benehmen.

Die meisten Herrscher ließen ihre Paläste im Stadtzentrum, in der Nähe des *coatepantli,* errichten. Moctezuma (oder Montezuma) II. (1503–1520) lebte in einem östlich des großen Platzes gelegenen Palast, der Residenz, Gästehaus und Regierungssitz in einem war. Beim Anblick dieses riesigen, mit allem Luxus ausgestatteten Bauwerks ver-

DIE KINDERERZIEHUNG BEI DEN AZTEKEN

Alle Aztekenkinder wurden zunächst in der Familie erzogen, später gingen sie zur Schule. Die Kinder der einfachen Leute besuchten ein sogenanntes Haus der Jugend, die Söhne der Adligen eine Art Klosterschule, die *calmecac* genannt wurde. In den *calmecac* bereiteten sich die jungen Adligen entweder auf das Priesteramt vor, oder sie erhielten eine Ausbildung, die sie befähigte, eine leitende Stellung im Heer oder in der Verwaltung zu übernehmen. Sie lasen die heiligen Bücher und Chroniken, wurden in den komplizierten Riten, ihren Pflichten als Bürger und im Waffengebrauch unterwiesen. Die Kinder der unteren Bevölkerungsschichten wurden viel freier erzogen als die der Vornehmen, die sich an strenge Regeln halten mußten.

Der *Kodex Mendoza* enthält nur wenige Angaben über die Kindererziehung. Er schildert vor allem die Strafen, die ein Vater seinem faulen oder ungehorsamen Sprößling auferlegte. Oben sieht man einen an Händen und Füßen gefesselten nackten Knaben, der weint (Fleck auf der Wange), weil der Vater ihn schilt (Sprechblase vor dem Mund) und ihn mit Agavendornen sticht. Die Szene darunter zeigt, wie der Knabe mit dem Stock gezüchtigt wird. Unten links zwingt der

Vater ihn, den beißenden Rauch eines Feuers einzuatmen, in dem Paprikaschoten verbrennen. Auf jeder Abbildung ist die Maisration angegeben, die dem Knaben zusteht, nämlich eineinhalb Fladen. Aus anderen Szenen des *Kodex Mendoza* erfährt man, wie der Vater den Sohn lehrt, Schilfrohr zu schneiden, ein Boot zu steuern und mit einem Fischernetz umzugehen. Wieder andere Bilder zeigen, wie eine Mutter ihre Tochter in der Kunst des Spinnens und Webens oder im Backen von Maisfladen unterweist.

schlug es den Spaniern die Sprache. Die Anlage bestand aus mehreren, meist zweistöckigen Gebäuden, die sich um Innenhöfe und Gärten gruppierten. Die Gemächer des *tlatoani* (wörtlich: Redner, Herrscher) und die Gästewohnungen lagen im oberen Stockwerk. Im Erdgeschoß befanden sich der oberste Gerichtshof, der große Rat, die Staatskasse (Magazine, in denen verschiedene Waren und Wertgegenstände lagerten), die Amtsräume der Schreiber, die die Steuern verbuchten, sowie Musikzimmer, Goldschmiedewerkstätten und große Käfige mit exotischen Vögeln. In den Gärten, wo Pflanzen aller Art wuchsen, schwammen in großen Wasserbecken Enten, Schwäne und Silberreiher. Hernando Cortés schrieb an Kaiser Karl V., Moctezumas Palast sei „so großartig ..., daß Spanien nichts Vergleichbares aufzuweisen hat".

Gewiß besaßen auch die aztekischen Adligen, je nach Rang, prächtige Paläste. Die reichen Kaufleute, die auf den Handel mit entfernten Provinzen spezialisiert waren, gaben sich zwar den Anschein, ein einfaches, glanzloses Leben zu führen. Doch bisweilen veranstalteten diese *pochteca* großartige Festbankette mit anschließenden Gesangs- und Tanzdarbietungen. Die Vornehmen fanden es nicht unter ihrer Würde, an solchen Gelagen teilzunehmen, und sicher wurden die Häuser dieser reichen Händler den Ansprüchen der hohen Gäste gerecht.

Markttag

In den altmexikanischen Städten hatte das Zentrum drei Funktionen: eine kultische, eine administrative und eine wirtschaftliche. Diese drei Funktionen erfüllten die Tempel, der Palast und der Markt. Wie Cortés schrieb, hatte Tenochtitlán „viele öffentliche Plätze, wo ständig Markt gehalten wird und allerlei Handel getrieben mit Kaufen und Verkaufen". Der Konquistador und alle Augenzeugen beschreiben den größten Markt, den von Tlatelolco, auf die gleiche Weise. 20000 bis 25000 Menschen drängten sich täglich auf dem von Arkaden umgebenen riesigen Platz, den eine Pyramide überragte. Alle fünf Tage fand ein großer Markt statt, der etwa 50000 Besucher anlockte. Zwei Dinge fielen den Chronisten an diesem Markt besonders auf: die Ordnung und das reichhaltige Warenangebot.

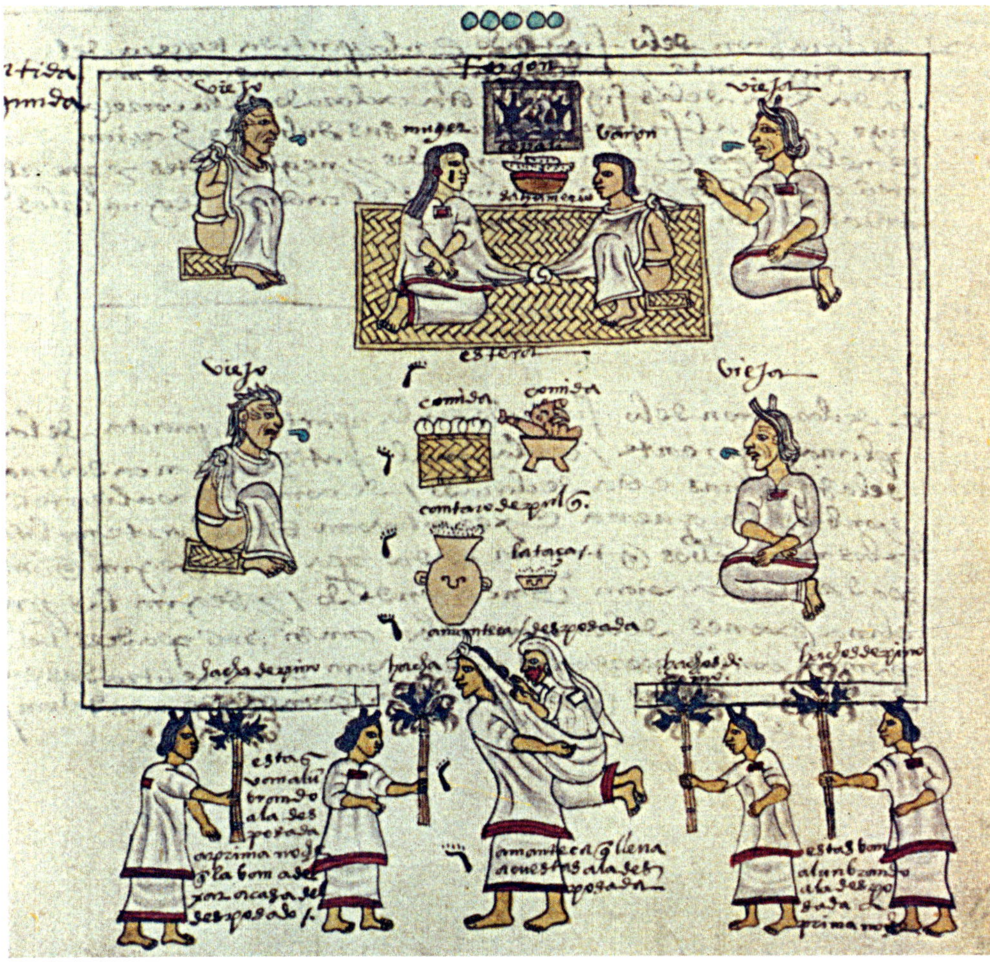

Der Hochzeitszug (unten) begleitet die Braut, die von der Hochzeitsbitterin auf dem Rücken getragen wird, in ihr zukünftiges Heim. Im Haus des Bräutigams (oben) sitzen die beiden Verlobten auf einer Matte. Ein altes Paar ermahnt sie mit langen Reden und knüpft dann die Gewänder des Brautpaares zusammen. Die nun verheirateten jungen Leute verbrennen Weihrauch und nehmen gemeinsam ein Mahl ein (Kodex Mendoza).

Jeder Warenart war ein bestimmter Platz vorbehalten. Marktaufseher gingen ständig hin und her, um bei einem Diebstahl oder bei Streitigkeiten sofort einschreiten zu können. In dem Gerichtsgebäude an der einen Seite des Marktes tagten ständig drei Beamte, um nötigenfalls einen Gesetzesbrecher sofort zu verurteilen.

Auch die Menge der angebotenen Waren beeindruckte die Spanier außerordentlich. Verkauft wurden an Nahrungsmitteln Mais, Bohnen, ölhaltige Körner, Paprika, Gemüse und Kräuter, Obst, Süßkartoffeln, Honig, Salz, Truthühner und kleine Masthunde sowie alles, was der See lieferte, das heißt Fische, Lurche und Krustentiere. Aber auch Stoffe, Kleider, Schuhe, Jaguar- und Pumafelle, Federn, Feuerstein-, Obsidian- und Kupfergerät, einfache und feine Keramik, Tabak und Pfeifen, Holz, Holzkohle und Papier. Hier gab es Barbierstuben und Apotheken, deren Besitzer ihre Arzneien anpriesen, sowie von Frauen geführte Schenken, in denen man die verschiedensten Gerichte essen konnte.

Ihren Wohlstand verdankte die Stadt in erster Linie den unzähligen kleinen Händlern, die ihre landwirtschaftlichen oder handwerklichen Erzeugnisse in die Metropole brachten, und natürlich auch den großen Kaufleuten, deren Lastträger aus den fernen tropischen Ländern exotische Waren und kostbaren Schmuck holten. Dazu kamen noch die Tribute aus dem ganzen Reich, die in Form von Rohstoffen, Geweben, Gold und Jade nach Tenochtitlán strömten.

Oberster Stadtverwalter war ein hoher Beamter, der *huey calpixqui*. Ihm unterstanden die Behörden, die in den einzelnen Stadtvierteln für die Straßenreinigung zuständig waren. Tausende von Leuten kehrten und wuschen das Straßenpflaster, und den Chronisten zufolge waren alle öffentlichen Wege peinlich sauber. Die Abfälle wurden vergraben oder in die Sümpfe außerhalb der Stadt geworfen.

Es war verhältnismäßig einfach, die Stadt mit Lebensmitteln zu versorgen, denn die meisten Güter kamen auf Booten über den See. Jedoch hatten die Verantwortlichen der großen Metropole mit anderen Schwierigkeiten zu kämpfen.

Zunächst, als Tenochtitlán noch ein kleiner Flecken war, genügten den Einwohnern die Quellen, die aus dem felsigen Boden sprudelten. Als jedoch die Bevölkerung wuchs, wurde die Wasserversorgung zum Problem. Das brackige Wasser des Sees war als Trinkwasser ungeeignet. Deshalb ließ Moctezuma I. (1440–1469) einen Aquädukt bauen, der frisches Quellwasser von Chapultepec in die Stadt brachte. Er war 5 km lang und hatte zwei Leitungen, damit sie abwechselnd gesäubert werden konnten. Wasserträger gingen durch die Straßen und verkauften das Wasser krugweise. Die Hausfrauen füllten ihre Krüge an Brunnen. Als das Wasser von Chapultepec wegen der weiteren Bevölkerungszunahme nicht mehr ausreichte, ließ Kaiser Ahuizotl (1486 bis 1503) einen zweiten Aquädukt bauen, der die nach Ixtapalapa führende südliche Dammstraße über 8 km entlanglief und das Wasser von Coyoacán in die Hauptstadt leitete.

Dieser aztekische Krieger gehörte dem Kriegerbund der Adler an, der den Sonnen- und Kriegsgott Huitzilopochtli als seinen Gründer betrachtete. Mit dem Helm in Form eines Adlerkopfes galten diese Krieger als Inbegriff des Heldenmutes des aztekischen Adels, der den Spaniern bis zuletzt Widerstand leistete.

Moctezuma II., der von 1502 bis 1520 regierte, trägt ein Türkisdiadem und den blaugrünen Kaisermantel. Er sitzt in seinem Palast auf einem icpalli, der ein Symbol der Macht darstellte. Der Herrscher war nicht nur ein bedeutender Staatsmann, sondern auch ein großer Gelehrter. Sein Glaube an die Wiederkunft des Gottes Quetzalcoatl ermöglichte es Cortés erst, das Aztekenreich zu erobern, da Moctezuma den Spanier für diesen Gott hielt. Im Erdgeschoß links befindet sich der Saal des Kriegsrates, während rechts die vier Berater des Herrschers tagen (Kodex Mendoza).

Als Stadt im Wasser wurde Mexiko-Tenochtitlán oft von Überschwemmungen heimgesucht. In der Regenzeit schwollen die Flüsse, die im Norden und Osten in den See mündeten, und das Wasser stieg und überflutete die Stadt. Auf Anordnung Moctezumas I. wurde 1449 ein 16 km langer Damm angelegt, der die Stadt vor dem übrigen Texcocosee schützte. Die große Überschwemmung von 1499, die verheerende Schäden anrichtete, wurde jedoch durch Fluten verursacht, die vom Westen, aus der Gegend um Coyoacán, hereinströmten.

Die alten Handschriften, in denen alle besonderen Ereignisse minuziös aufgezeichnet sind, erwähnen keine Epidemien. Die Reinlichkeit der Indianer und das heiße Höhenklima sind wohl die Erklärung dafür, daß man in der aztekischen Hauptstadt bis zum Eintreffen der Europäer kaum Krankheiten kannte.

Da man sich in Tenochtitlán nur zu Fuß oder in Booten fortbewegen konnte, muß es eine verhältnismäßig ruhige Stadt gewesen sein. Die Indianer sind auch heute noch sehr still und zurückhaltend. Die Straßen und Kanäle waren jedoch sehr belebt. Man begegnete vor allem Wasserträgern, Frauen, die Maisfladen verkauften, und Bauern aus der Umgebung, die ihre Produkte feilboten. Das intensive religiöse Leben beschränkte sich keineswegs nur auf die Heiligtümer, sondern durchdrang die ganze Stadt. Auf Straßen und Plätzen wurden Prozessionen, Tänze, Gesänge, vorgetäuschte und echte Kämpfe veranstaltet. Im Monat *Panquetzaliztli* durchquerte der Festzug des Gottes Paynal, des Gefährten Hitzilopochtlis, in aller Eile nicht nur die Hauptstadt, sondern auch die Vororte. Der Monat *Tlaxochimaco*, zeichnete sich durch Blumenprozessionen aus, der *Atemoztli* durch die traditionellen Kämpfe zwischen den adligen Schülern der *calmecac* und den Söhnen einfacher Leute, die ihre Ausbildung in den sogenannten Häusern der Jugend erhielten.

Bisweilen überwachte der Herrscher die Verteilung von Lebensmitteln an die Einwohner der Stadt, beteiligte sich an den großen Tänzen der Krieger und jungen Kurtisanen oder überreichte mit großem Pomp den Soldaten, die sich besonders hervorgetan hatten, Waffen und Schilde. Solche öffentlichen Veranstaltungen, teils vergnügliche wie der „Karneval" im Monat *Tititl*, teils makabre wie die Tänze der in Menschenhaut gekleideten Priester im zweiten Monat, folgten einander das ganze Jahr über.

Nächtliche Verabredungen

Der Alltag in Tenochtitlán begann in der Morgendämmerung. Die Gerichte zum Beispiel traten bereits bei Sonnenaufgang zusammen. Im alten Mexiko kannte man weder Glocken noch Uhren. Von der Höhe der Tempel, wo die Priester den Himmel beobachteten, schallten in regelmäßigen Abständen das Tuten der Muschelhörner und das dumpfe Dröhnen der *teponaztli* (Holzgongs), die den Verlauf des Tages und der Nacht gliederten. Ein Imbiß am Vormittag, eine kräftigere Mahlzeit zu Mittag, gefolgt von einer kurzen Siesta, ein weiterer Imbiß am frühen Abend – das waren die üblichen Stationen des Tages. Nach Einbruch der Dunkelheit, wenn Kienfackeln die Straßen erhellten und manchmal am Fuß der Pyramiden große Kohlebecken brannten, begann ein reges nächtliches Treiben. In der heiligen Stadt oder vor dem Palast wurden Riten zelebriert, Zeremonien abgehalten und Tänze aufgeführt. Man ging auf Bankette, die bis zum Morgengrauen dauerten, oder traf sich zu wichtigen Verhandlungen, die traditionsgemäß nachts stattfanden. Dies ist bei den Indianern auch heute noch üblich.

Die Stadt schlief also wenig, wahrscheinlich viel weniger als unsere europäischen Städte zu jener Zeit, und die Priester-Astronomen verfolgten die Bewegungen der Sterne die ganze Nacht hindurch, bis die Sonne wiederkehrte.

Tenochtitlán, das sich Anfang des 16. Jahrhunderts in voller Blüte befand, war ein Schmelztiegel, in dem die einzelnen bodenständigen Kulturen ineinander aufgingen. Von den Tolteken hatte man die Architektur übernommen, aus Oaxaca die Goldschmiedekunst und aus dem Osten die weiblichen Gottheiten. Von den Totonaken lernte man die Weberei, von den Otomi die Poesie und von den Mazateken, die den Planeten Venus verehrten, die Kosmologie. Niemand vermag zu sagen, bis zu welchen kulturellen Höhen sich die Hauptstadt und ihre Einwohner emporgeschwungen hätten, wäre nicht plötzlich eine Katastrophe über sie hereingebrochen.

Wie dem auch sei, in jedem Fall ist Tenochtitlán jenen Städten zuzurechnen, die über einen gewissen Zeitraum hinweg das Leben der Menschen in der Neuen Welt geprägt haben. Oder, um die Worte des Nahuatl-Schriftstellers Chimalpahin Quauhtlehuanitzin zu gebrauchen: „Solange die Welt besteht, dürfen der Ruhm und die Ehre Mexiko-Tenochtitláns nicht der Vergessenheit anheimfallen."

JACQUES SOUSTELLE

Die vier hohen aztekischen Offiziere tragen reichen Federschmuck und kostbare Mäntel. Die Wörter über ihnen nennen ihre Titel. Von links nach rechts gelesen, bedeuten sie: tlacochcalcatl, *Leiter der Waffenmagazine;* tezcacoacatl, *der mit dem Schlangenspiegel, der Militärgouverneur;* ticocyahuacatl, *der sein Blut darbringt;* tocuiltecatl, *der vom* tocuillan, *dem Tempel des Kriegsgottes Tezcatlipoca* (Kodex Mendoza).

GRABUNGSPLÄTZE FINDEN

Viele bedeutende Fundplätze sind wegen ihrer mehr oder weniger sichtbaren Ruinen seit langem bekannt; andere, darunter auch minder bedeutende, blieben unter der Erde verborgen und müssen erst entdeckt werden. Im allgemeinen liegen sie aber nicht sehr tief, und es gibt Verfahren, mit deren Hilfe man sie orten kann.

Das Luftbild
Nach dem Ersten Weltkrieg wurde die Luftaufnahme zu einem wichtigen Mittel der archäologischen Prospektion. Man benutzt diese Technik auch heute noch, denn damit sind oft Bodenveränderungen festzustellen, die auf frühere Tätigkeiten des Menschen zurückgehen. In der Aufnahme rechts erkennt man den Umriß eines römischen Theaters an der helleren Färbung des Getreides, das über den im Boden ruhenden Fundamenten wächst. Bei der Fundstätte handelt es sich um ein gallo-römisches Heiligtum in der Nähe von Ribemont-sur-Ancre (Somme).

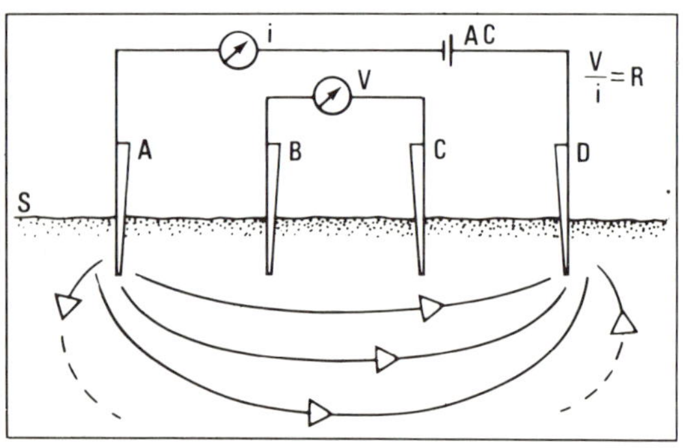

Geophysikalische Verfahren
Auch geophysikalische Methoden werden heute beim Auffinden von Bodendenkmalen angewendet. Eine davon ist die Bodenwiderstandsmessung (oben). Dazu steckt man vier Elektroden (A, B, C, D) in einer Reihe in den Boden (S) und läßt zwischen den beiden äußeren (A, D) einen elektrischen Strom (I) durch den Boden fließen. An den beiden inneren Elektroden (B, C) mißt man die Spannung (V) zwischen zwei Punkten des Leiters oder auch direkt den Widerstand (R) nach der oben angegebenen Formel. Da Gestein eine geringere elektrische Leitfähigkeit besitzt als beispielsweise Lehm, kann man mit diesem Verfahren verborgene Mauerreste orten. Mit dem Protonenmagnetometer (oben rechts) mißt man die geomagnetische Feldstärke. Unregelmäßigkeiten in der Feldintensität, die verborgene Metallgegenstände oder bestimmte Töpferwaren hervorrufen, werden von dem Meßgerät angezeigt und geortet.

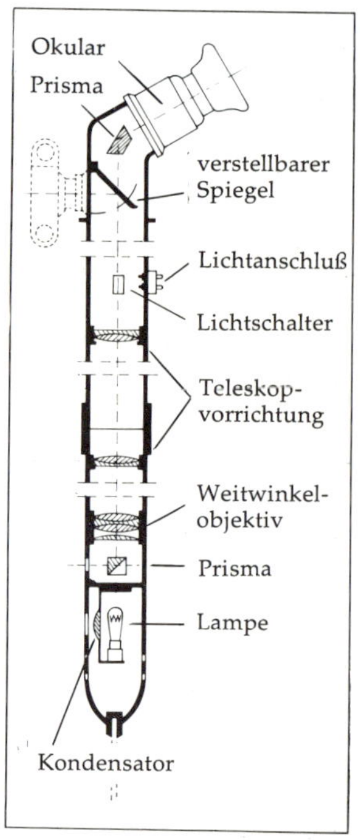

Foto- und Periskopsonden
Diese Erfindungen des italienischen Ingenieurs Carlo Lerici werden seit 1955 bei der Voruntersuchung etruskischer Gräber benutzt. Nachdem man die Lage eines Grabes entweder anhand von Bodenveränderungen mit Hilfe eines Luftbilds oder durch Bodenwiderstandsmessungen bestimmt hat, öffnet man die Grabkammer mit einem elektrischen Bohrer. Durch die 8 cm weite Öffnung wird die drehbare Fotosonde hinabgelassen (oben) und das Innere der Grabkammer fotografiert. Aus der Fotosonde wurde die Periskopsonde zum Durchblicken (nebenstehend das Schema des Apparates) entwickelt. Man kann so feststellen, welche Gräber den Aufwand einer Grabung lohnen.

Wiederverwendetes Baumaterial
Bei einer Art archäologischer Prospektion braucht man keine Geräte oder besonderen Techniken, sondern nur ein geübtes Auge. Immer wieder haben Menschen ältere Bauten oder deren Ruinen ausgeschlachtet, um neue Bauwerke zu errichten. Das wiederverwendete Material läßt sich oft erkennen, wenn es sich von dem neuen Material durch Form und Bearbeitung unterscheidet. Ist das der Fall, kann man sicher sein, daß in der Nähe eine archäologische Fundstätte liegt. Dies war der Fall bei der Kirche von Orchomenos in Griechenland (links). In dem Mauerwerk sind die Säulentrommeln eines Tempels deutlich zu erkennen, über dem die Kirche errichtet wurde.

FUNDE DATIEREN

Man kann Funde durch Inschriften, Münzen oder andere schriftliche Hinweise datieren, oder man bestimmt ihr Alter mit Hilfe der Typologie oder der Stratigraphie. Im ersten Fall vergleicht man die Funde nach Form, Verzierung und Material mit ähnlichen datierbaren Gegenständen. Im anderen Fall geht man von der Stärke der Grabungsschichten aus. Zu diesen Methoden sind moderne Datierungstechniken getreten.

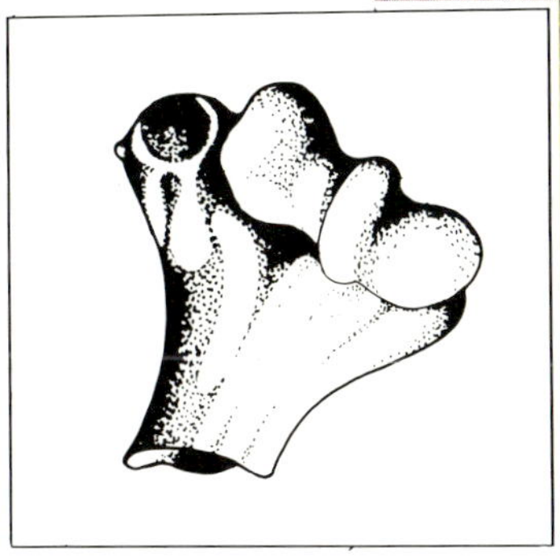

Die Radiokarbonmethode
Der Kohlenstoff 14 (C 14), das radioaktive Isotop des normalen Kohlenstoffs (C 12), bildet sich an der oberen Grenze der Atmosphäre unter dem Einfluß kosmischer Strahlen aus Stickstoff. Jeder lebende Organismus nimmt neben C 12 auch eine bestimmte, relativ kleine Menge C 14 auı, die ebenfalls im Gewebe der Organismen gespeichert wird. Dies gilt für Pflanzen wie für Tiere, die sich von ihnen nähren, etwa für die Zebus im Bild (oben rechts). Stirbt ein Organismus ab, hört auch die Zufuhr an C 14 auf, und der in den Knochen lagernde radioaktive Kohlenstoff reduziert sich durch den laufenden Zerfall. Man hat berechnet, daß sich nach etwa 5730 Jahren die Masse dieses Kohlenstoffs auf die Hälfte verringert (Halbwertzeit). Nach weiteren 5730 Jahren verringert sich die Masse nochmals um die Hälfte und so fort. Auf dieser Grundlage kann man anhand des C-14-Anteils, den die organischen Reste noch enthalten, ihr Alter mit einem gewissen Unsicherheitsfaktor berechnen.

Die Dendrochronologie
Mit Hilfe der Jahresringe, die man an der Schnittfläche eines Baumstamms sehen und zählen kann, läßt sich bekanntlich das Alter des Baums bestimmen. Im Frühling sind die Holzzellen groß, ihr Gewebe ist hell und verhältnismäßig weich; im Winter hingegen schrumpfen die Zellen und bilden eine feste und dunkle Schicht, wodurch sich die Jahresringe voneinander abheben. Stärke und Muster der Ringe fallen von Jahr zu Jahr anders aus, je nach Feuchtigkeit, Standort, Sonneneinstrahlung und anderen Faktoren. Diese Merkmale stimmen innerhalb der gleichen Baumart einer Gegend überein, und es ergeben sich charakteristische Abfolgen der Ringe. Schließt man die Abfolge der Jahresringe eines noch lebenden Baums an die von erhaltenem Holz an, kann man für einen langen Zeitraum einen Baumringkalender aufstellen. In Nordamerika hat man anhand von Grannenkiefern, die über 4000 Jahre alt werden können, auf diese Weise einen Baumringkalender über 7000 Jahre angelegt. In bestimmten Fällen kann man mit Hilfe der Dendrochronologie den Unsicherheitsfaktor der Radiokarbonmethode wesentlich verringern.

Die Thermolumineszenzmethode
Dieses Verfahren ist noch nicht genügend ausgereift, um zweifelsfrei gesicherte Datierungen zu liefern; es reicht jedoch schon aus, um damit die Echtheit alter Keramiken zu prüfen. Der Ton, aus dem zum Beispiel der nebenstehend gezeigte Glockenbecher (Bretagne, um 2000 v. Chr.) geformt wurde, enthält Kristalle. Darin befinden sich oft Einschlüsse radioaktiver Stoffe, deren Strahlungsenergie zum Teil von den Tonmineralen gespeichert wird (schwarze Punkte in der nebenstehenden Zeichnung). Die bereits gespeicherte Energie wird beim Brennen freigesetzt (Punkt Null der Atomuhr). Doch die Abstrahlung und Speicherung geht danach weiter. Deshalb enthält eine Keramik um so mehr Strahlungsenergie, je länger sie unter der Erde lag. Erhitzt man das Gefäß sehr rasch auf etwa 500 °C, wird die darin gespeicherte Strahlungsenergie in Form von Licht abgegeben (Thermolumineszenzstrahlung). Diese Lichtmenge wird mit einem Elektronenvervielfacher und einem Geigerzähler gemessen. Die Lichtstärke ist proportional zum Zeitraum, während dessen die Keramik keiner raschen Erhitzung ausgesetzt war.

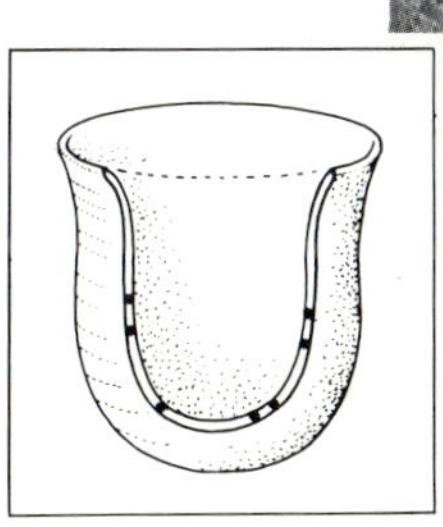

Glattes Tongefäß aus Çatal Hüyük (6. Jahrtausend v. Chr.)

DIE AUSGRABUNG

Die Ausgrabung vorgeschichtlicher und geschichtlicher Stätten und die Auswertung der Funde sind die wesentlichen Tätigkeiten des Archäologen. Nachdem die Grabungsstätte bestimmt ist, muß sie zunächst vermessen werden. Erst dann können die Grabungsarbeiten beginnen. Dabei verfährt man stratigraphisch und richtet sich möglichst nach der Abfolge der einzelnen Kulturschichten, die sich im Lauf der Zeit überlagert haben. Kleine Fundplätze, besonders solche ohne sichtbare Bauten, teilt man in Planquadrate ein, größere in entsprechende Felder, zwischen denen man breite Stege stehenläßt. Jedes gefundene Objekt wird gereinigt, fotografiert, registriert, etikettiert und gezeichnet. Notizen, Pläne, Zeichnungen und Fotos des Grabungsplatzes und der Fundstücke sind für die weitere Untersuchung und die Veröffentlichung der Ergebnisse einer Ausgrabung unumgänglich.

1. Einteilung in Planquadrate Über die Grabungsstätte werden Schnüre so gespannt, daß ein Gitter entsteht. Die einzelnen Quadrate haben eine Seitenlänge von 1 bis 2 m. Nun wird der Mutterboden mit Hacke und Schaufel abgetragen. Sobald man auf eine archäologisch interessante Schicht stößt, benutzt man kleinere Geräte wie Pickel und Kelle. Das Foto oben zeigt Archäologen bei der Arbeit auf dem Fundplatz von Tarabeau (Var) in Frankreich. Die Erde wird gesiebt, ehe man sie in Eimern und mit Schubkarren wegbringt.

2. Freilegung Zur Freilegung der Funde – besonders wenn es sich um zerbrechliche Reste wie Knochen handelt – benutzt man Taschenmesser, Bürsten und Pinsel. Dies ist eine sehr heikle Arbeit, die Geduld und Geschicklichkeit erfordert. Auf dem Foto sieht man, wie vorsichtig amerikanische Archäologen in einem paläoindianischen Abri in Illinois ein Skelett freilegen. Der Fund wird in den verschiedenen Stadien der Freilegung fotografiert.

5. Reinigung der Funde Sie ist oft nur im Laboratorium möglich. Dies ist zum Beispiel der Fall bei oxidierten Metallgegenständen. Tonscherben müssen abgebürstet und notfalls gewaschen werden. Münzen werden in einem leicht sauren Elektrolysebad gereinigt. Die Konservierung von Fresken und Mosaiken ist komplizierter: Nach der Wiederinstandsetzung überzieht man sie mit Firnis oder Silikon; Mosaiken werden nach gründlicher Reinigung auf einer neuen Gipsunterlage angebracht. Nebenstehend: Italienische Archäologen beim Reinigen von Mosaiken aus byzantinischen Kirchen des Bergs Nebo in Jordanien.

6. Zweck einer Ausgrabung Man versucht, anhand der materiellen Funde die Vergangenheit sichtbar zu machen und wieder zum Sprechen zu bringen. Eines der faszinierendsten Gedankenspiele ist die Rekonstruktion des Rahmens, in dem sich eine bestimmte Kultur entwickelte. Einige verfallene Baudenkmäler wurden unter Leitung von Archäologen wieder aufgebaut. Das sind teure Unternehmungen. Die meisten Rekonstruktionen stehen nur auf dem Papier. Nebenstehend als Beispiel das Gräberrund A von Mykene, das an der ursprünglichen Stelle so weit wieder aufgerichtet wurde, wie es das Foto rechts außen zeigt.

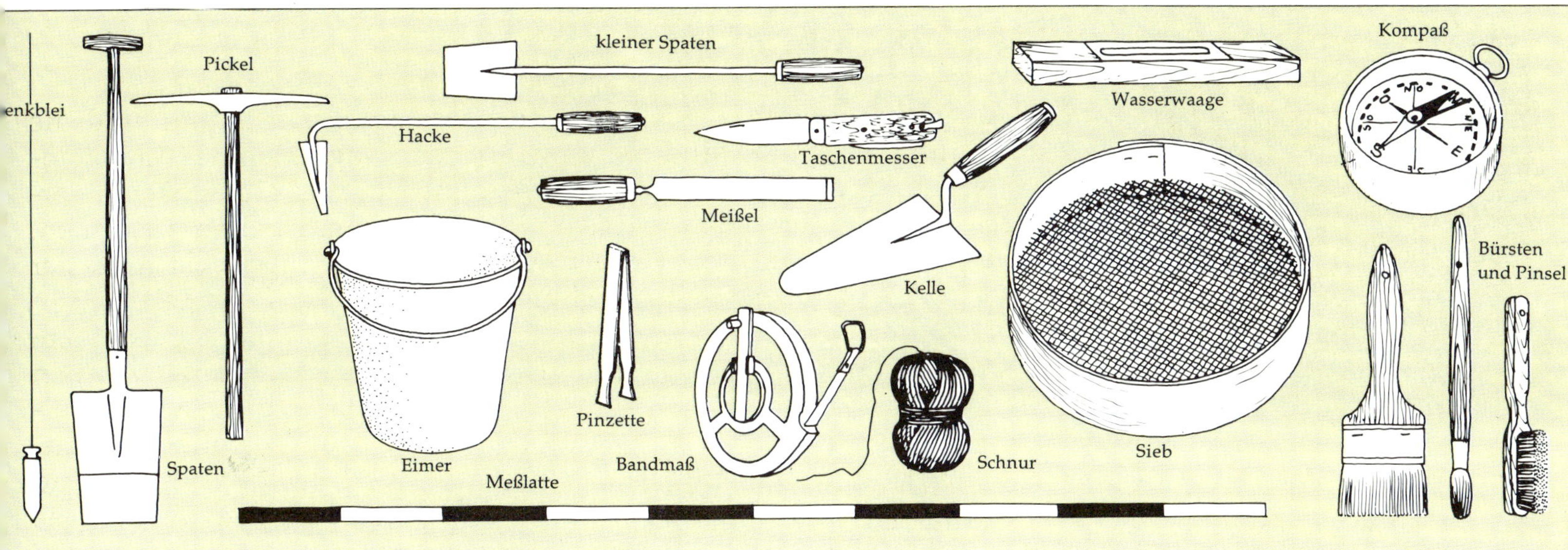

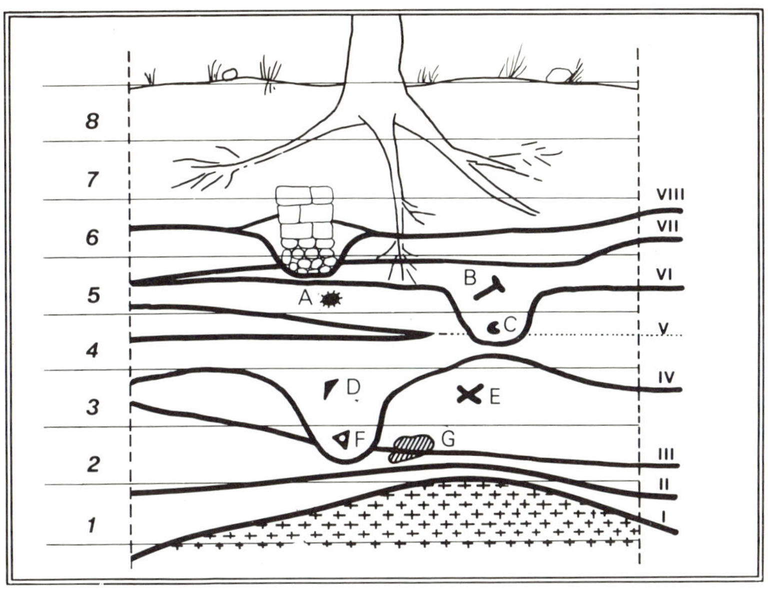

3. **Stratigraphie** Aus diesem stratigraphischen Schnitt geht hervor, daß die Besiedlungsniveaus uneben sind (fette Linien mit römischen Ziffern) und nicht den idealen Geraden (arabische Ziffern) entsprechen. Die Funde A und B sowie C gehören trotz ihrer Lage zu verschiedenen Schichten. Das gleiche gilt für D und E sowie für F und G. Nur durch eine genaue Kenntnis der typologischen Merkmale, vor allem der Keramik, sowie durch genaue Beobachtung der verschiedenen Grabungsstadien lassen sich Fehler vermeiden.

4. **Schutz der Ruinen** Viele Bauten sind nur deshalb auf uns gekommen, weil sie jahrhundertelang im Boden lagen. Sind sie freigelegt, würden sie unter der Einwirkung der Luft und der Witterung schnell verfallen. Ihre Erhaltung und Pflege ist schwierig. Es gibt dafür verschiedene Möglichkeiten. Eine – allerdings sehr kostspielige – besteht darin, die Ruinen mit Kunststoff zu überziehen. Im allgemeinen begnügt man sich jedoch damit, die Fundstätte zu überdachen, wie dies bei dem oben abgebildeten Palast von Mari in Syrien geschehen ist.

Die *Asherah* von Professor Bass (USA) ist ein mit Scheinwerfern und Kameras ausgestattetes Tauchboot. Die Australier verwenden eine Stahlkapsel, die *Tow-Vane*, und die Franzosen ein speziell für archäologische Untersuchungen ausgerüstetes Unterseeboot, die *Archéonaute*.

ARCHÄOLOGIE UNTER WASSER

Um die Jahrhundertwende wurde man durch die zufällige Entdekkung von Wracks antiker Schiffe vor der griechischen Insel Antikythera und vor Mahdia in Tunesien, die Bronze- und Marmorstatuen geladen hatten, auf die archäologischen Schätze im Meer aufmerksam. Mit dem von J.-Y. Cousteau und E. Gagnan entwickelten Preßlufttauchgerät Aqualunge können die Forscher inzwischen am Meeresboden fast ebenso bequem und präzise arbeiten wie zu Lande. Diese Ausrüstung wurde bereits 1948 verwendet, um das nur oberflächlich erforschte Wrack von Mahdia wiederzufinden und seine Ladung zu bergen. In den letzten 30 Jahren hat man auf dem Meeresgrund reiche Beute gemacht. Heute verfügt die Unterwasserarchäologie über weitere hochentwickelte Hilfsmittel.

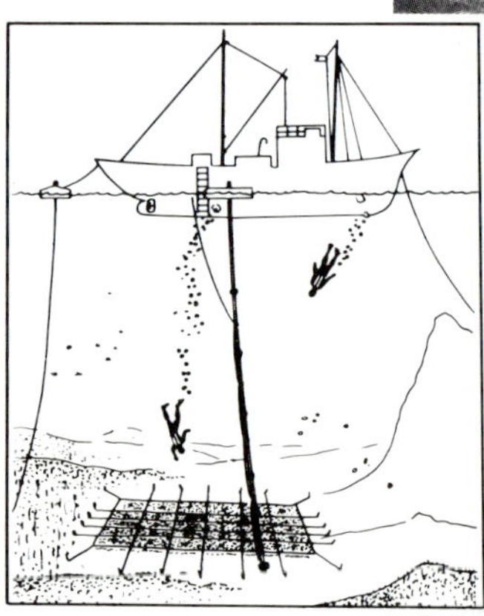

Gitternetz
Ist ein Wrack geortet, baut man darüber ein Gitternetz (meist aus Plastikröhren) auf, mit dessen Hilfe man die Lage der Fundstücke genau bestimmen und aufzeichnen kann. Das Gitternetz wird verankert und durch Ballons in einer gewissen Höhe gehalten. Während der Sucharbeiten stehen die Taucher mit dem Schiff in telefonischer Verbindung. Man benutzt bei der Unterwasserarbeit auch spezielle Fernsehkameras. Die Taucher richten die Kamera auf den Meeresboden. Die Aufnahmen erscheinen auf dem Monitor des Archäologen, der die Arbeiten vom Schiff aus leitet. Der Taucher auf dem Foto rechts vermißt gerade den Rumpf eines Schiffs, das im 1. Jahrhundert v. Chr. an der französischen Mittelmeerküste gesunken war.

Messungen Auch bei Fundstücken aus dem Meer wird genau festgehalten, wo sie lagen. Man bestimmt die Tiefe, in der sie sich befanden, und gibt ihre genaue Lage im Koordinatensystem des Gitternetzes an, das über dem Wrack liegt.

Saugluftschlauch Auf dem Meeresboden wird der Spaten durch einen Saugluftschlauch ersetzt, damit nicht Schlammwolken das Wasser trüben. Das Gerät saugt den Sand oder Schlamm ab, der die versunkenen Gegenstände bedeckt.

Bergung Tonscherben und andere kleinere Reste werden in Drahtkörben mit Henkelgriffen an die Oberfläche gebracht. Größere Fundgegenstände birgt man mit Hilfe von Hebeballons oder in Netzen, die an Kabeln hochgezogen werden.

KLEINES WÖRTERBUCH ZUR GESCHICHTE UND ARCHÄOLOGIE

A

Achaier (Achäer) heißen bei Homer alle Griechen, insbesondere die, die Troja belagerten. Später bezeichnete das Wort einen griechischen Stamm im Nordwesten des Peloponnes.

Achaimeniden, persische Dynastie, nach Achaimenes genannt, dem Ahnherrn Kyros' II., des Großen (559–529 v. Chr.), der das Perserreich begründete. Auf dessen Sohn Kambyses (529–522 v. Chr.) folgte Dareios I. (521–485 v. Chr.), ein entfernter Verwandter. Seine wichtigsten Nachfolger waren sein Sohn Xerxes I. (485–465 v. Chr.), den die Griechen bei Salamis schlugen, ferner Artaxerxes I. (465–424 v. Chr.) und Artaxerxes II. (404–358 v. Chr.). Der letzte König dieses Geschlechtes, Dareios III. (336–330 v. Chr.), wurde von Alexander dem Großen besiegt.

Adobe heißen im Südwesten der USA und allgemein in der Archäologie Amerikas ungebrannte, luftgetrocknete Ziegel.

Adoptivkaiser nennt man die Kaiser Nerva, → Trajan, → Hadrian, → Antoninus Pius, → Mark Aurel (zusammen mit Lucius Verus) und Commodus, da diese Kaiser ihre Nachfolger durch Adoption bestimmten. Nur Commodus war der leibliche Sohn des Mark Aurel. Unter den Adoptivkaisern (96–192) erlebte das Römische Reich wirtschaftlich und politisch eine Blütezeit.

Agamemnon, Sohn des Atreus, war nach der griechischen Sage und den homerischen Epen König von Argos und Mykene (siehe Seite 70–79). Er heiratete → Klytämnestra, die Schwester Helenas, die mit seinem Bruder Menelaos, dem König von Sparta, vermählt war. Nach der Entführung Helenas durch den Trojaner Paris erhielt Agamemnon den Oberbefehl über das Heer der Achaier, das Troja belagerte. Er kehrte als Sieger nach Mykene zurück, wurde dort aber von → Ägisth und Klytämnestra ermordet – wie sie vorgab, aus Rache für Iphigenie, die einst geopfert worden war, um den Griechen die Ausfahrt zum Kriege zu ermöglichen.

Ägisth (Aigisthos) war nach der Sage der Sohn des Thyestes von dessen Tochter Pelopeia. Um seinen Vater zu rächen, tötete er seinen Onkel Atreus (→ Atreiden). Nachdem → Agamemnon, ein Sohn des Atreus, nach Troja gezogen war, verführte er dessen Frau → Klytämnestra und herrschte mit ihr über Mykene. Nach Agamemnons Rückkehr half er Klytämnestra, ihren Gatten zu töten. Später rächte Orest seinen Vater an seiner Mutter und Ägisth.

Agora wurde im alten Griechenland die Versammlung des Heeres oder des Volkes genannt, bald auch der Versammlungsplatz, also der Marktplatz, auf dem sich auch sonst das öffentliche Leben abspielte.

Akkad, eine Stadt in Nordbabylonien, die Sargon I. um 2400 v. Chr. als Hauptstadt seines Großreiches gründete, das sich von der Mündung des Euphrats und Tigris bis zum Libanon und Kappadokien erstreckte und nach 200 Jahren von den Gutäern zerstört wurde. Akkadisch nennt man die semitische Sprache, die nun neben Sumerisch trat und ebenfalls in Keilschrift geschrieben wurde. Im 2. Jahrtausend v. Chr. war Akkadisch die diplomatische Sprache im gesamten alten Orient. Babylonisch und Assyrisch sind Dialekte des Akkadischen.

Akropolis (griechisch: Oberstadt), die Burg einer antiken Stadt, die sich zu ihren Füßen ausbreitete. In mykenischer Zeit lagen dort der Fürstensitz und die Verwaltung. In klassischer Zeit wurden auf der Akropolis oft Tempel gebaut. Die Befestigungen blieben bestehen.

Alexander der Große, Sohn des Königs Philipp II. von Makedonien, der zwanzigjährig seinem Vater 336 v. Chr. auf den Thron folgte. Er war von Aristoteles erzogen worden. 334 v. Chr. brach er mit 35000 Mann auf, um das Perserreich zu erobern. Nach dem Sieg am Granikos (334 v. Chr.) unterwarf er Kleinasien, schlug 333 v. Chr. bei Issos Dareios III., nahm nach der Belagerung von Tyrus Syrien ein, ließ sich 331 v. Chr. in Memphis zum Pharao krönen. Von Ägypten wandte er sich wieder nordwärts und besiegte 331 v. Chr. bei Gaugamela ein überlegenes Perserheer. Der Rest Persiens fiel ihm nun zu. Dann setzte er seinen Siegeszug bis zum Indus fort und starb nach seiner Rückkehr 323 v. Chr. in Babylon.

Alter Orient, ein Gebiet, das in der Geschichte der alten Völker Vorderasien und Ägypten umfaßt.

Altes Reich nennt man die erste Blütezeit Ägyptens zwischen 2780 und 2280 v. Chr., also die Zeit der 3. bis 6. → Dynastie, in der die großen Pyramiden gebaut wurden. Das Alte Reich folgte auf die Thinitenzeit (1.–2. Dynastie). Die damalige Hauptstadt war Memphis nahe dem heutigen Kairo.

Altsteinzeit → Paläolithikum

Amenemhet hießen vier Pharaonen der 12. Dynastie: Amenemhet I. (um 1991–1962 v. Chr.), Amenemhet II. (1929–1895 v. Chr.), Amenemhet III. (1842–1797 v. Chr.) und Amenemhet IV. (1798–1790 v. Chr.).

Amoriter, semitische Nomaden, die am Rande der Syrischen Wüste lebten und sich gegen Ende des 3. Jahrtausends v. Chr. nach Palästina, dann auch in Südmesopotamien ausbreiteten. Dort machten sie aus der Kleinstadt Babylon das Zentrum eines großen Reiches, das unter → Hammurabi um 1750 v. Chr. seinen Höhepunkt erreichte.

Amphora, großes, bauchiges Vorrats- und Transportgefäß für Wein, Öl und Getreide mit engem Hals, das an der Basis spitz zuläuft. Besonders große Amphoren hatten keinen Fuß, sondern wurden mit der Spitze in den Erdboden gedrückt.

Amun (= der Verborgene), ursprünglich Windgottheit in Hermonthis, in der 11. Dynastie nach Theben gebracht, wurde mit dem Aufstieg Thebens zur Hauptstadt Reichsgott und mit dem Sonnengott Re zu Amun-Re vereint. Sein Haupttempel in Karnak wurde besonders während der 18. und 19. Dynastie zu einer gewaltigen Anlage ausgebaut. Die reiche Tempelpriesterschaft war mächtig genug, um nach dem Tode Echnatons den Pharao Tutanchamun zur Rückkehr nach Theben zu zwingen. Schließlich übernahm 1082 v. Chr. Herihor, der Hohepriester des Amun, auch die weltliche Macht in Oberägypten, dem Gottesstaat von Theben.

Andromeda, Tochter der Kassiopeia und des Äthiopierkönigs Kepheus, die nach einem Orakelspruch, an einen Felsen geschmiedet, einem Seeungeheuer geopfert werden sollte. Perseus, der der Medusa (→ Gorgonen) das Haupt abgeschlagen hatte, kam an dem Felsen vorüber, tötete das Untier, befreite Andromeda und heiratete sie. Sie schenkte ihm zahlreiche Kinder, darunter den Alkaios, den Vater des Amphitryon. Sie und ihre Mutter wurden als Sternbilder an den Himmel versetzt.

Antigonos hießen mehrere große Makedonen. Der berühmteste war Antigonos der Einäugige, der nach dem Tode Alexanders des Großen (323 v. Chr.) versuchte, unter seiner Herrschaft das ganze Alexanderreich wieder zusammenzufassen. Er mußte darum viele Kriege mit anderen → Diadochen führen und fiel 301 achtzigjährig in der Schlacht bei Ipsos.

Antiochos hießen 13 Könige aus dem makedonischen Geschlecht der → Seleukiden und vier Könige von Kommagene, einem kleinen Königreich im Norden des antiken Syriens. Der Seleukide Antiochos IV. Epiphanes (175–164 v. Chr.) löste durch seine gewaltsame Hellenisierungspolitik unter den Juden den Makkabäeraufstand aus. Von König Antiochos I. von Kommagene (62–32 v. Chr.) stammt das riesige Grabmal und Heiligtum auf dem Nemrud Dağ (siehe Seite 194–197).

Antoninus Pius, römischer Kaiser (138–161), geboren 86, wurde von seinem Vorgänger → Hadrian adoptiert, erhielt vom Senat den Beinamen Pius, der Fromme. Unter ihm herrschten Frieden und Gerechtigkeit im Römischen Reich.

Antonius, Marcus, römischer Politiker, wurde um 82 v. Chr. geboren. Mark Anton war weitläufig mit Cäsar verwandt, als dessen Anhänger er in Gallien und im Bürgerkrieg kämpfte. Im Todesjahr Cäsars (44 v. Chr.) war er Konsul. Er schloß mit Octavian und Lepidus 43 v. Chr. das 2. Triumvirat. Nach dem Sieg über die Mörder Cäsars bei Philippi (42 v. Chr.) erhielt er den Osten des Reiches und geriet in den Bann der ägyptischen Königin → Kleopatra, die er 36 v. Chr. heiratete. Nach Mißerfolgen gegen die → Parther wurde er in der Seeschlacht bei Actium 31 v. Chr. von der Flotte des Octavian geschlagen und gab sich 30 v. Chr. in Alexandrien den Tod.

Apodyterium hieß in den römischen Thermen der Auskleidesaal. In einigen Apodyterien fand man noch die umlaufenden Steinsitze. Die abgelegte Kleidung wurde von einem Sklaven bewacht.

Appian, Grieche aus Alexandrien, lebte im 2. Jahrhundert und wurde unter → Antoninus Pius kaiserlicher Prokurator von Ägypten. In den Jahren vor seinem Tod (um 160) schrieb er in griechischer Sprache eine römische Geschichte von den Anfängen bis zum Tode Trajans.

Aramäer, semitische Nomaden, die seit Mitte des 2. Jahrtausends v. Chr. aus der Arabischen Wüste nach Syrien und Mesopotamien vordrangen, dort seßhaft wurden und Anfang des 1. Jahrtausends v. Chr. zahlreiche Kleinstaaten gründeten, darunter das Fürstentum von Damaskus. Diese wurden von den Assyrern unterworfen. Das dem Hebräischen verwandte Aramäisch verdrängte bald die älteren semitischen Sprachen des alten Orients und wurde im Perserreich Kanzleisprache.

Armenier, altes Kulturvolk indogermanischer Sprache, das seit dem 6. Jahrhundert v. Chr. im Gebiet des früheren Reiches → Urartu auftauchte, mit dessen Bevölkerung es sich wahrscheinlich weitgehend vermischt hat. Armenien war oft Streitobjekt zwischen Rom und den → Parthern oder den → Sassaniden. Um 300 nahmen die Armenier das Christentum an. Nach Kämpfen mit Arabern und Ostrom begründeten die → Bagratiden um 860 erneut ein nationales Königtum.

Aschoka, der wichtigste Kaiser der Maurjadynastie, herrschte von 273 bis 236 v. Chr. Durch Eroberungskriege erweiterte er das ererbte Reich in Nordindien und machte sich zum Herrn über Indien, Afghanistan und Birma. Unter ihm wird der Buddhismus die offizielle Religion seines Reiches.

Astarte, syrisch-phönikische Fruchtbarkeits- und Kriegsgöttin, der in Babylonien die Göttin → Ischtar entsprach. Zum Kult der meist nackt dargestellten Göttin gehörte auch die von den Israeliten bekämpfte Tempelprostitution.

Atreiden, auch Pelopiden genannt, sagenhaftes griechisches Herrschergeschlecht, das von Pelops, einem mythischen Begründer der Olympischen Spiele, abstammte. Pelops' Söhne, Atreus und Thyestes, Herrscher über Mykene, verfeindeten sich. Atreus tötete die Kinder seines Bruders und setzte sie ihm zum Mahle vor. Später erschlug → Ägisth, ein weiterer Sohn Thyestes', seinen Onkel. Atreus' Söhne, die Atreiden im engeren Sinn, waren → Agamemnon und Menelaos.

Atrium, der Hauptraum des altitalischen und römischen Hauses, war vielleicht etruskischer Herkunft. Es lag im Zentrum des Hauses und erhielt Luft und Licht durch eine quadratische Öffnung im Dach *(compluvium)*. Eine Vertiefung darunter *(impluvium)* fing das Regenwasser auf. Vom Atrium gingen die verschiedenen Zimmer des Hauses ab.

Auguren, römisches Priesterkollegium mit ursprünglich drei, später mehr, seit Cäsar 16 Mitgliedern. Um die Kraft Roms zu mehren, sollten sie den Willen der Götter durch Vorzeichen erkunden. Sie deuteten ihn aus Himmelszeichen, dem Vogelflug sowie aus der Art, wie die heiligen Hühner fraßen. Vor wichtigen Entscheidungen wandten sich die römischen Amtsträger an sie, auch zur Deutung plötzlicher Himmelszeichen.

Augustus, ursprünglich C. Octavius, geboren 63 v. Chr., war der Sohn einer Nichte Cäsars, der ihn testamentarisch adoptierte. Nach Cäsars Tod ging er – nun Octavianus genannt – nach Rom, um sein Erbe anzutreten. Marcus → Antonius erkannte ihn zunächst nicht an, mußte sich jedoch bald mit ihm arrangieren. Bei der Teilung der Herrschaft fiel Octavian Italien und der Westen des Reiches zu. 31 v. Chr. schlug er Antonius und Kleopatra bei Actium und fügte 30 v. Chr. Ägypten dem Reiche zu, dessen alleiniger Herr er bis zu seinem Tode (14 n. Chr.) blieb. Mit Augustus – diesen Ehrennamen hatte ihm der Senat 27 v. Chr. verliehen – beginnt das römische Kaisertum.

Azteken, mächtiger Indianerstamm Mexikos, der erst nach 1000 von Norden in das mexikanische Hochland einwanderte und dort zum Teil die Kultur der dort ansässigen Völker (→ Tolteken, Mixteken) übernahm. Um die Mitte des 14. Jahrhunderts gründete eine Gruppe die Stadt Tenochtitlán – das heutige Mexiko – auf einer Insel im Texcocosee (siehe Seite 290–299).

B

Baal Hammon, Hauptgott Karthagos, der punische Saturn der Römer. Baal (= Herr) ist ohne Zweifel eine Erscheinungsform der höchsten phönikischen Gottheit El.

Bacchanten (auch Mänaden) hießen die Frauen, die an den orgiastischen Kultfeiern des Bacchus (→ Dionysos) teilnahmen. Zusammen mit den Satyrn sind sie oft auf griechischen Vasen abgebildet. Bei ihrem den Männern verwehrten Kult sollen sie durch die Bergwälder geschwärmt sein und am Höhepunkt des Festes, vom Gotte berauscht, Rehkitze gefangen, zerrissen und ihr rohes Fleisch verschlungen haben.

Bagratiden, armenisches Adelsgeschlecht, das im 8. Jahrhundert über Nordwestarmenien herrschte und unter Aschot I. um 860 ein armenisches Königtum begründete, das um 885 sowohl vom Kalifen wie von Byzanz anerkannt wurde. Unter einem seiner Nachfolger, Aschot II., der sich 922 König der Könige nannte, erlebte Armenien eine Blütezeit. Der letzte Bagratide auf dem armenischen Thron, Gagik II., wurde von Byzanz geschlagen, das 1045 Ani (siehe Seite 266–269) besetzte. Eine Linie der Bagratiden herrschte 888–1801 in Georgien, seit Königin Thamar (1184–1212) in weiblicher Linie.

Bakchylides, griechischer Chorlyriker, geboren 509 v. Chr. auf Keos, dichtete Epinikien (Siegeslieder) und andere Chorlieder. Am Hof Hierons I. von Syrakus war er der Rivale → Pindars.

Barkiden, ein punisches Geschlecht, das von Hamilkar Barkas, dem Vater Hannibals, abstammt.

Basilika, ein großes, mehrschiffiges Gebäude mit erhöhtem Mittelschiff und oft einer Apsis, stand in römischen Städten meist am Forum und diente als Gerichts- oder Markthalle. Nach dem Sieg des Christentums bildete die Kirche diesen Bautyp zur christlichen Basilika um.

Bätylien (von griechisch: *baitylia,* das vom hebräischen *bet-el,* d. h. Haus Gottes, kommt) sind Steine, die vom Himmel gefallen sein sollen und in denen man eine göttliche Kraft durch einen Kult verehrte. Außer Meteoriten gehören auch die im Mittelmeerraum und darüber hinaus verbreiteten Steinsetzungen dazu.

Bleiweiß, basisches Bleikarbonat, das schon im Altertum als Farbstoff und damals auch als Schminke verwendet wurde.

Bodhisattwa wird in der buddhistischen Lehre des → Mahajana ein Wesen *(sattwa)* genannt, das zwar schon die Erleuchtung *(bodhi)* erlangt hat, aber zunächst auf seine Erlösung in der Buddhaschaft verzichtet, um Menschen auf den Weg des Heils zu führen.

Brahmanen sind Mitglieder der Priesterkaste, der höchsten im Kastensystem der Hindu, die aus dem Haupt des höchsten Gottes Brahma hervorgegangen sein soll. Man gehört zu den Brahmanen durch Geburt und durch Initiation, die mit dem Studium des → Weda beginnt. Sie versehen nicht nur den Tempeldienst, sondern sind auch in zahlreichen anderen Berufen zu finden. Es gibt viele Unterkasten, aber alle Brahmanen vertreten die geistliche Macht, die der weltlichen Macht der Kriegerkaste überlegen ist.

Bronzezeit, eine vorgeschichtliche und im alten Orient auch geschichtliche Kulturepoche der Menschheit, für die die Verwendung von Bronze (Legierung aus 8–10 Prozent Zinn und rund 90 Prozent Kupfer) anstelle von Stein bei der Herstellung von Waffen, Werkzeugen und Schmuck bezeichnend ist. Die Bronzezeit begann im alten Orient um 3000 v. Chr. und endete dort um 1100 v. Chr., obwohl auch danach Bronze noch lange neben Eisen benutzt wurde. In Europa begann die Bronzezeit um 1800 v. Chr. und endete zwischen 1100 und 750 v. Chr.

Bucchero nennt man eine sorgfältig gebrannte, schwarze (seltener graue) Keramik, die oft mit Reliefs verziert ist. Sie entstand in Italien vom 8. bis zum 4. Jahrhundert v. Chr. vor allem in etruskischen Werkstätten.

Buddha (= der Erleuchtete) war der Ehrenname des Siddharta Gautama, des Stifters des nach ihm benannten Buddhismus. Er wurde um 560 v. Chr. als Sohn des Fürsten Schuddhodana aus dem Geschlecht der Schakjas bei Kapilawastu geboren. Nachdem er auf vier Ausfahrten angesichts von Armut, Krankheit, Alter und Tod die Vergänglichkeit und Sinnlosigkeit der Welt erfahren hatte, entsagte er ihr im Alter von 29 Jahren und versuchte vergeblich, bei brahmanischen Lehrern Erlösung in der Askese zu finden. Schließlich kam unter einem Aschwatthabaum in Uruwela bei Bodh Gaja die Erleuchtung über ihn, daß die Abtötung der Wünsche und Leidenschaften der Weg zum Heil sei. Er predigte seine Lehre – die vier Wahrheiten – zuerst im Gazellenhain von Benares, wo er den ersten buddhistischen Mönchsorden gründete. Er starb um 483 v. Chr.

Bukranion (griechisch: Rinderschädel) ist ein Rinderkopf oder -schädel als Schmuckmotiv in der antiken Baukunst, meist zu Friesen gereiht und mit Girlanden verbunden. Das Motiv tritt auch in der abendländischen Kunst von der Romanik bis zum Klassizismus auf. Ursprünglich handelte es sich sicher um die Schädel geopferter Rinder, die bereits in Heiligtümern in Çatal Hüyük und Altkreta erscheinen.

Buleuterion hieß in der griechischen Welt das Rathaus, wo die Ratsherren *(buleutes)* tagten. Die Ratsversammlung *(bule)* war in demokratischen Staaten eine Art Abgeordnetenhaus, in Oligarchien ein Ältestenrat. In Athen hatte dieser Rat 500 Mitglieder, die jährlich neu durch das Los bestimmt wurden. Er bereitete die Beschlüsse vor, die der Volksversammlung vorgelegt wurden, und führte als Regierungsorgan die laufenden Geschäfte.

C

Caldarium, überkuppelter Raum in den römischen Thermen, wo man das Warmbad nahm. Erwärmt wurde das Caldarium durch Heißluft, die durch die Hohlräume unter den Fußböden (Hypokausten) und durch Röhren in den Wänden strömte.

Caligula, römischer Kaiser (37–41), Sohn des Germanicus und Agrippina der Älteren, die eine Enkelin des Augustus war. C. Julius Caesar Germanicus, wie er eigentlich hieß, erhielt seinen Spitznamen Caligula (= Soldatenstiefelchen) als Kind im Feldlager seines Vaters. Er wurde nach dem Tod seines Großonkels Tiberius (37) im Alter von 25 Jahren zum Kaiser ausgerufen, machte sich aber nach kurzer Zeit wegen seiner Unfähigkeit, Grausamkeit und Rachsucht, besonders gegen Mitglieder des Senatorenstands, verhaßt und wurde ermordet.

Caracalla, römischer Kaiser (211–217), erhielt diesen Beinamen nach dem langen keltischen Kapuzenmantel, den er im römischen Heer einführte. Er war der Sohn des Kaisers Septimius Severus und der Julia Domna und hieß eigentlich Bassianus, als Kaiser Marcus Aurelius Antoninus. Seinen Bruder Geta, mit dem er die Herrschaft teilen mußte, ließ er bald ermorden. Er besiegte die Alamannen am Main und die Karpen an der Donau. Der Gewaltherrscher fühlte sich als neuer Alexander und wollte das Partherreich erobern. Auf diesem Feldzug wurde er 217 ermordet. Das wichtigste Ereignis seiner Regierung ist die von ihm erlassene *Constitutio Antoniniana,* durch die alle freien Bewohner des Reiches das römische Bürgerrecht erhielten (212). Seinen Namen bewahren die gewaltigen Caracallathermen in Rom (216).

Cardo, Nord-Süd-Achse einer römischen Stadt (oder eines Feldlagers), wird im rechten Winkel vom → *decumanus* geschnitten. An der Kreuzung des *cardo maximus* und des *decumanus maximus* befand sich im Mittelpunkt der Stadt (oder des Lagers) das Forum. Alle Nebenstraßen verliefen parallel zu den beiden Hauptstraßen.

Chaldäer, ein großer aramäischer Stamm (→ Aramäer), der sich nach 1000 v. Chr. in Südmesopotamien festsetzte, das nach ihm dann Chaldäa hieß. Nach dem Niedergang Assyriens übernahmen die Chaldäer die Herrschaft über Babylon, das unter Nebukadnezar noch einmal eine Blütezeit erlebte (siehe Seite 120–125).

Chalkolithikum → Neolithikum

Cheops, der zweite Pharao der 4. Dynastie, regierte um 2600 (oder 2550) v. Chr. und ist als Erbauer der größten Pyramide von Gise berühmt geworden. Cheops' Namenskartusche auf einem Stein dieser Pyramide gilt als Beweis, daß sie von ihm erbaut wurde.

Chiliarch heißt wörtlich Herrscher über Tausend, ein Offizier also, dem eine Truppe von etwa 1000 Mann unterstand. Unter den Archaimeniden und später unter den Makedonen Titel eines hohen Würdenträgers.

Chthonisch (von *chthon* = Erde) sind Erd- wie Unterweltgottheiten. Mit ihnen waren sowohl Fruchtbarkeits- wie Totenkult verbunden.

Claudius, eigentlich Tiberius Claudius Nero Germanicus, römischer Kaiser (41–54), wurde 10 v. Chr. in Lyon als Sohn des Drusus und Bruder des Germanicus geboren. Nach dem Mord an → Caligula wurde er von den Prätorianern zum Kaiser erhoben. Er überließ wichtige Ämter Freigelassenen wie Pallas und Narcissus, zeigte sich aber als fähiger Herrscher und fügte den Süden Britanniens dem Römischen Reiche hinzu. Er wurde von seiner zweiten Frau Agrippina, der Tochter des Germanicus, vergiftet.

Comitium, Platz in der Nähe des Forums, auf dem die Komitien, die Volksversammlungen, abgehalten wurden. Der Platz mußte von einem Auguren abgegrenzt und geweiht werden.

D

Dagan, ein semitischer Gott amoritischer Herkunft, der im 3. Jahrtausend v. Chr. erscheint. In Mari, wo er König des Landes genannt wurde, galt er als höchster Gott und Schützer des Königtums. Sein Name kommt seit der 3. Dynastie von Ur (um 2200 v. Chr.) in Sumer bei der Bildung von Personennamen vor. Er spielte auch eine wichtige, aber nicht genau zu bestimmende Rolle in den Kulten von Ugarit. Unter dem Namen Dagon findet er sich bei den Phönikern wieder und wird höchster Gott der Philister.

Dechsel ist eine kleine Axt mit gebogenem, quer zum Stiel stehendem Blatt.

Decumanus, bei der Anlage einer römischen Stadt oder eines Feldlagers jede der ost-westlich verlaufenden Straßen. Die beiden Hauptstraßen, der *decumanus maximus* und der *cardo maximus,* kreuzen sich wie die parallel verlaufenden Nebenstraßen, die *decumani* und *cardines,* im rechten Winkel. Die von ihnen gesäumten Häuserblocks nannte man → *insulae* (Inseln).

Demeter, die Muttergottheit und Getreidegöttin der Griechen, war eine Tochter des → Kronos und der Rhea und somit eine Schwester des Zeus, von dem sie ihre Tochter → Persephone hatte. Diese – oft nur Kore (Mädchen) genannt – entführte der Unterweltsgott Pluton (Hades) und machte sie zu seiner Frau. Auf der Suche nach ihrer Tochter irrte Demeter auf der Erde umher, die unfruchtbar wurde. Schließlich kamen die Götter überein, daß Persephone ein Drittel des Jahres bei Pluton und zwei Drittel bei ihrer Mutter bleiben soll.

Demosthenes, der große attische Redner und Politiker, lebte von 384 bis 322 v. Chr. Er zeichnete sich durch Prozeßreden, dann auch durch politische Reden aus und wirkte schließlich als leidenschaftlicher Gegner Philipps II. von Makedonien, dessen Machtpolitik er in den vier großen Philippischen Reden (Philippika) bekämpfte, um die Freiheit Griechenlands zu verteidigen. Athen unterlag jedoch bei Chaironeia. Als nach Alexanders Tod Athen und andere griechische Städte erneut von den Makedonen besiegt wurden, nahm Demosthenes Gift.

Dendrochronologie ist eine Methode der Zeitbestimmung anhand der Jahresringe von Bäumen (siehe Seite 301).

Dhana Nanda, letzter König der Nandadynastie, die über das altindische Reich Magadha herrschte. Er wurde um 322 v. Chr. entweder von → Tschandragupta mit Hilfe seines Ministers Kautilja (Tschanakja) oder durch einen Usurpator, den Sohn eines Barbiers, entthront, den die Griechen Angrammes nannten. Diesen hätte dann Tschandragupta gestürzt.

Diadochen (*diadochoi* = Nachfolger), die Nachfolger Alexanders des Großen, meist makedonische Heerführer. Einige gründeten Dynastien, wie → Seleukos Nikator, dem Babylonien, und Ptolemaios Soter, dem Ägypten zugefallen war (→ Ptolemäer).

Diaspora (griechisch: Zerstreuung) nennt man die Zerstreuung der Juden in der Welt, besonders nach der Zerstörung Jerusalems durch Titus im Jahre 70. Auch die zerstreut lebenden Teile anderer Religionsgemeinschaften sowie die von ihnen bewohnten Gebiete bezeichnet man als Diaspora.

Dilmun nannten die Sumerer die Insel Bahrein, die als wichtiger Umschlagplatz diente.

Diokletian (C. Aurelius Valerius Diocletianus), römischer Kaiser (284–305), um 240 in Dalmatien geboren, stieg vom einfachen Soldaten zum Befehlshaber der Leibgarde auf und wurde 284 von der Armee im Osten zum Kaiser ausgerufen. Seine größte Leistung ist die Reorganisation von Regierung und Verwaltung, wodurch er das zerrüttete Reich wieder stabilisierte. Er verteilte die Herrschaftsaufgaben im Osten und Westen auf zwei *Augusti* (Diokletian und Maximian) und seit 293 auf zwei *Caesares* (Constantius Chlorus und Galerius) als Helfer der Augusti. Innerhalb dieser Tetrarchie, die auch religiös untermauert wurde, war jeder Herrscher für einen bestimmten Teil des Reiches verantwortlich. Diokletian teilte das Reich in zwölf Diözesen mit insgesamt 101 Provinzen, griff mit einem Höchstpreistarif und einer Münzreform in die Wirtschaft ein, schuf ein neues Steuersystem und versuchte das Christentum als staatsfeindlich zu unterdrücken. 305 traten er und Maximian zurück. Die beiden *Caesares* rückten als *Augusti* nach. Neue *Caesares* wurden ernannt. Diokletian zog sich in seinen riesigen Palast in Spalato (Split) zurück und starb in Salona (Solin) wahrscheinlich im Jahr 313.

Dionysos, der griechische Gott des Weines, Rausches und der Fruchtbarkeit, Sohn des Zeus und der Semele, soll aus der Fremde stammen (Thrakien, Phrygien, Lydien) und wurde schon in mykenischer Zeit verehrt. Den Gott der ekstatischen Trunkenheit begleiteten Satyrn und Silene. Seinen orgiastischen Kult feierten die → Bacchanten (Mänaden). Als Iakchos war er mit den Mysterien von Eleusis verbunden. In Delphi übernahm er anstelle des Apollon im Winter die Herrschaft über das Heiligtum. Im Zusammenhang mit Festen, die ihm zu Ehren in Athen gefeiert wurden, sind Tragödie und Komödie entstanden.

Djoser war der Gründer und der einzige bedeutende Pharao der 3. Dynastie, mit der das → Alte Reich in Ägypten beginnt. Der Beginn seiner Herrschaft fällt je nach Chronologie um 2780 oder 2680 v. Chr. Zusammen mit seinem Wesir und Baumeister Imhotep ließ er die riesige monumentale Grabanlage in Sakkara (siehe Seite 22–33) errichten, deren Mittelpunkt die Stufenpyramide ist, in der er bestattet wurde.

Dorer, ein griechischer Stamm, der mit den Achaiern und anderen Stämmen, die seit etwa 2000 v. Chr. in Griechenland seßhaft wurden, verwandt war. Die Dorer ließen sich anscheinend zunächst im Norden des Landes, in Thessalien und im Epirus, nieder. Im 12. Jahrhundert v. Chr. überrannten sie den Peloponnes. Ob sie es waren, die die mykenischen Burgen zerstörten, ist ungewiß. In achaischer Zeit (um 800 v. Chr.) bewohnten sie den größten Teil des Peloponnes (z. B. Lakonien) sowie die Inseln der südlichen Ägais und die Küste Südwestkleinasiens.

Dschaina, Angehöriger einer indischen Religion, die von Wardhamana (540–468 v. Chr.), auch Mahawira genannt, einem Zeitgenossen Buddhas, gegründet wurde. Im Gegensatz zum Buddhismus akzeptiert der Dschainismus zahlreiche Aspekte des Brahmanismus. Er lehrt, daß Glaube, Erkenntnis und Askese zur Befreiung führen. Eines der wesentlichen Merkmale des Dschainismus ist die Nichtverletzung von Lebewesen.

Dschou, zweite chinesische Dynastie, löste zwischen 1122 und 1018 v. Chr. die Schangdynastie ab. Man unterscheidet die Westlichen Dschou, deren Hauptstadt Dschousung (in der Nähe des späteren Tschangan und heutigen Sian) in der Provinz Schensi war, und die Östlichen Dschou (seit etwa 770 v. Chr.) mit der Hauptstadt Lojang in der Provinz Honan. Die Dschoudynastie, die in Wirklichkeit nur über einen Teil Nordchinas herrschte, wurde im Jahr 249 v. Chr. von den Tjin abgelöst, die China einten und das chinesische Reich schufen. Von der alten Dschoudynastie ist die spätere kurzlebige Nördliche Dschoudynastie (557–581) zu unterscheiden.

Dynastie nennt man eine Folge von Herrschern aus der gleichen Familie, also ein Herrschergeschlecht, z. B. die 3. Dynastie von Ur oder die chinesische Tangdynastie (siehe Seite 240). Die ägyptische Geschichte teilt man seit dem alexandrinischen Geschichtsschreiber Manetho in 31 Dynastien ein, wobei die → Ptolemäer und die römischen Kaiser nicht mitgezählt werden. Die Reichseinigungszeit umfaßt die 1. und 2. Dynastie. Sie wird auch Thinitenzeit nach Thinis, der Heimatstadt dieser Dynastien, genannt. Die Zeitberechnungen dafür schwanken zwischen 3200–2780 v. Chr. und 2850–2600 v. Chr. Darauf folgt die Zeit des → Alten Reiches mit der 3. bis 6. Dynastie, das um 2280 v. Chr. oder 2160 v. Chr. endet. Auf die Wirren der 1. Zwischenzeit (7.–10. Dynastie) folgt das Mittlere Reich (um 2060–1780 v. Chr.) mit der 11. und 12. Dynastie. Während der 2. Zwischenzeit (13.–17. Dynastie) fallen die asiatischen → Hyksos (15. und 16. Dynastie) in Ägypten ein. Gegen die Fremdherrschaft kämpfen die Fürsten der 17. Dynastie aus Theben. Mit der ruhmreichen 18. Dynastie (1552–1360 v. Chr.) beginnt das → Neue Reich, das unter Ramses II. und anderen Herrschern der 19. Dynastie (1306–1186 v. Chr.) und der 20. Dynastie (bis 1070 v. Chr.) fortgesetzt wird. Bis zur Eroberung Ägyptens durch Alexander den Großen folgen noch elf weitere Dynastien, darunter zwei persische.

E

Eisenzeit, eine vor- und frühgeschichtliche Kulturperiode, in der Eisen als Werkstoff allgemein verwendet wurde. Eisen verarbeitete man schon etwa 1500 v. Chr. in Kleinasien. In Griechenland beginnt die Eisenzeit um 1100 v. Chr. Die Kenntnis der Eisentechnik verbreitet sich dann über ganz Europa. Die beiden großen Perioden der Eisenzeit Mitteleuropas sind die → Hallstattzeit (etwa 750–450 v. Chr.) und die → Latènezeit (bis zur Zeitwende).

Elam ist der Name eines Reiches, das sich im 3. Jahrtausend v. Chr. südwestlich des iranischen Hochlandes entwickelte. Bei aller kultureller Eigenart war es eng mit Mesopotamien verbunden, oft auch politisch. Zwischen 1300 und 1100 v. Chr. erlebte das Land eine Blütezeit. Damals schmückte sich Susa – das eine schon sehr alte Stadt war, als es im 3. Jahrtausend Hauptstadt von Elam wurde – unter anderem auch mit vielen aus Babylon geraubten Kunstwerken. Ende des 7. Jahrhunderts v. Chr. wurde Elam ein Teil des Reiches der Perser (siehe Seite 14–21).

Elektra, die Tochter des → Agamemnon und der → Klytämnestra, wurde nach der Ermordung ihres Vaters im Palast gefangengehalten (oder an einen Bauern verheiratet). Später half sie ihrem Bruder Orest, ihren Vater an ihrer Mutter und Ägisth zu rächen. Sie heiratete Pylades, Orests Freund, dem sie nach Phokis folgte.

Eleusis in Attika war der Ort, wo → Demeter auf der Suche nach ihrer Tochter → Persephone haltmachte und unerkannt von König Keleos aufgenommen wurde. Dessen Sohn Triptolemos schickte sie später in einem mit geflügelten Drachen bespannten Wagen aus, um den Menschen das Brotgetreide, die Frucht Demeters, zu bringen und den Ackerbau zu lehren. In den Eleusinischen Mysterien wurde unter anderem dieser Teil des Mythos der Demeter und Persephone dargestellt. Die Mysten, wie die Teilnehmer am Kult hießen, wurden stufenweise in die Mysterien eingeweiht und zu völligem Schweigen verpflichtet. Die Eleusinischen Mysterien, deren Ziel wohl die persönliche Wiedergeburt war, gehen wahrscheinlich auf einen alten Fruchtbarkeitskult aus mykenischer Zeit zurück.

Emporion hieß in der Antike eine Freihandelszone für den Transithandel, die in oder neben einer Hafenstadt lag.

Erinnyen waren im griechischen Mythos primitive Göttinnen der Rache, die aus den Blutstropfen des von seinem Sohn Kronos entmannten Uranos von der Erde geboren wurden. Sie stiegen aus dem Dunkel der Nacht und der Unterwelt auf, um Freveltaten wie Muttermord zu rächen. Man stellte sie sich als schwarzgekleidete Frauen mit Schlangen im Haar vor, die Fackeln und Geißeln schwangen. Um sie freundlich zu stimmen und ihrem Zorn zu entgehen, wurden sie euphemistisch die Eumeniden – die Wohlgesinnten – genannt.

Eschmun war einer der großen, wenn auch uns wenig bekannten Götter Karthagos. Auf dem Burgberg Byrsa besaß er einen Tempel. Bildliche Darstellungen von ihm haben sich nicht erhalten. Die Karthager hatten ihn aus Sidon, wo er vor allem verehrt wurde, übernommen. Dort hat man ihn dem Vegetationsgott Adonis angeglichen.

Essener nennt man die Mitglieder einer jüdischen Sekte, die zur Zeit Jesu in abgeschlossenen Gemeinschaften ordensartig lebten (siehe Seite 190–193). Kennzeichnend für sie sind die strenge Disziplin, kultische Waschungen und Mahlzeiten sowie Schriftauslegungen, die von Feld- und Hausarbeiten unterbrochen wurden. Im engeren Kreis wurde Ehelosigkeit gefordert.

Etrusker, bedeutendes Volk im antiken Italien, dessen sprachlich prägende Schicht anscheinend aus Kleinasien kam. Vor dem 8. Jahrhundert v. Chr. besiedelten sie das tyrrhenische Küstenland zwischen Arno und Tiber, wo sie ihre wichtigsten Städte gründeten. Später breiteten sie sich bis zum Po und nach Kampanien aus, erlagen aber um 300 v. Chr. Rom, das früh von ihnen kulturell beeinflußt wurde.

F

Fibel, eine Art verzierte Sicherheitsnadel, mit der man in vorgeschichtlicher Zeit und im Altertum Kleidungsstücke zusammenheftete. Sie besteht aus Nadel und Bügel sowie – bei einteiligen Fibeln – aus der Feder. Die Fibel – für die lose fallende Kleidung die Voraussetzung ist – verbreitete sich etwa seit dem 13. Jahrhundert v. Chr. in Europa. Es gab eine Fülle von Formen und Stilen, weshalb sie sich sehr zur zeitlichen und räumlichen Abgrenzung vor- und frühgeschichtlicher Kulturen eignet. Sobald sich zu Beginn des Mittelalters genähte Kleidung durchsetzte, verschwand die Fibel. Allerdings hat sich eine Form, nämlich die Scheibenfibel, in der der Bügel durch eine Scheibe oder ähnliches ersetzt ist, als Brosche bis heute erhalten.

Forum hieß der Marktplatz einer römischen Stadt, der zugleich Zentrum des öffentlichen Lebens war. Bei regelmäßiger (gitterförmiger) Stadtanlage befand sich das Forum am Schnittpunkt von *decumanus maximus* und *cardo maximus.* Nach dem Vorbild der Mutterstadt lagen am Forum römischer Städte das Kapitol mit dem Tempel der drei großen Stadtgötter

Roms, Jupiter, Juno und Minerva, eine Basilika oder mehrere, die Kurie (eine Art Rathaus), verschiedene Tempel und Läden.

Frühgeschichte: Frühgeschichtlich nennt man die Kulturen, die keine Schrift besaßen oder deren Schrift noch nicht entziffert ist, von deren Existenz wir jedoch durch die erhaltene schriftliche Überlieferung anderer Völker Kenntnis haben.

G

Gallien umfaßte im Altertum das Gebiet zwischen Rhein und Pyrenäen sowie Alpen und Apennin, also etwa das heutige Oberitalien *(Gallia cisalpina)* und Frankreich *(Gallia transalpina)*, dessen Süden als *Gallia Narbonensis* (nach Narbo = Narbonne) schon seit 118 v. Chr. römische Provinz (*Provincia* = Provence) war. Das übrige Gallien (oft *Gallia comata* = langhaariges Gallien genannt) eroberte Cäsar 58–51 v. Chr. Es wurde unterteilt in *Aquitania, Gallia Lugdunensis* und *Gallia Belgica.*

Gorgias (um 485–380 v. Chr.), ein griechischer Redner und Sophist, führte ein Wanderleben als Lehrer der Rhetorik und Sophistik, das heißt der Kunst, über philosophische Probleme zu diskutieren. Er schrieb unter anderem eine Abhandlung *Über das Nichtseiende* sowie auch Reden, darunter eine Pythische und eine Olympische Rede, die er vielleicht während der Wettspiele in Delphi und in Olympia vortrug.

Gorgonen, die drei Töchter des Phorkys und der Keto namens Stheno, Euryale und Medusa, geflügelte, grauenerregende Fabelwesen mit Schlangenhaaren. Der Blick der Medusa versteinerte. Mit Athenas Hilfe konnte Perseus ihr dennoch den Kopf abschlagen, indem er sein Gesicht abwandte. Ihrem Rumpf entsprang das geflügelte Roß Pegasos.

Greif, ein geflügeltes Fabelwesen mit Löwenkörper, Adlerkopf, Flügeln und Krallen. Bei den Skythen sollen Greifen die Schatzhäuser gegen Übergriffe der sagenhaften Arimaspen bewacht haben. Greifen erscheinen bereits in der altorientalischen Kunst.

Gymnasion hieß der Übungsplatz samt den umgebenden Gebäuden, wo die jungen Griechen nackt *(gymnos)* Sport trieben. Angeschlossen waren oft Bäder (Thermen) und eine Palästra (Ringschule).

H

Hadrian (P. Aelius Hadrianus), römischer Kaiser (117–138), wurde 76 in Italica (Spanien) geboren. Er war ein entfernter Verwandter des Kaisers → Trajan, in dessen Haus er aufwuchs und an dessen Feldzügen er teilnahm. Trajan soll ihn auf dem Totenbett adoptiert haben. Als Kaiser gab er Trajans Eroberungspolitik und damit die neugewonnenen Provinzen im Osten auf und schloß mit den Parthern Frieden. Den größten Teil seiner Zeit als Herrscher verbrachte er auf Reisen durch die Provinzen des ausgedehnten Römischen Reiches, die er kontrollierte und deren Verwaltung er reorganisierte. In Palästina schlug er den Aufstand des Bar Kochba (132–135) nieder und ließ anstelle des zerstörten Jerusalems die römische Kolonie *Aelia Capitolina* einrichten. Kurz vor seinem Tode adoptierte er → Antoninus Pius, der sein Nachfolger wurde. Beigesetzt wurde der Kaiser in einem riesigen Mausoleum am Tiber, der heutigen Engelsburg.

Hallstattzeit, vorgeschichtliche Kulturperiode in Mitteleuropa, die der frühen → Eisenzeit entspricht. Kennzeichnend für sie sind große Hügelgräber mit Wagenbestattungen. Die Hallstattkultur ging 750 v. Chr. aus verschiedenen Gruppen der Urnenfelderkultur hervor. Sie wurde um 450 v. Chr. von der → Latènekultur abgelöst.

Hammurabi, bedeutendster König (1792–1750 oder 1728-1686 v. Chr.) der amoritischen Dynastie von Babylon. Durch seine Eroberungen machte er Babylon zum politischen und auch kulturellen Mittelpunkt eines großen Reiches, in dem ganz Mesopotamien nach langer Zeit wieder vereinigt war. Ausgehend vom überlieferten Recht in den verschiedenen Vorgängerstaaten schuf er mit dem *Codex Hammurabi* eine Rechtssammlung, die im ganzen Reiche galt.

Han, chinesische Dynastie, 206 v. Chr. von dem Abenteurer Liu Bang (als Kaiser Gao Dsu) gegründet, der den letzten Herrscher der Tjindynastie gestürzt hatte. Die Handynastie erreichte ihren Höhepunkt unter Kaiser Wudi (140–87 v. Chr.), auf den die klassische chinesische Beamtenordnung zurückgeht. Die Herrscherfolge der Handynastie wurde 9 n. Chr. durch einen Usurpator unterbrochen, der 23 gestürzt wurde. Die alte Dynastie kam zwei Jahre darauf als Spätere oder Östliche Handynastie wieder ans Ruder und ging schließlich 220 im Aufstand der gelben Turbane unter.

Hasmonäer, jüdische Dynastie, in der das Amt des Hohenpriesters mit dem des Königs verschmolzen wurde. Das Geschlecht stammte von dem Priester Mattatias ab, unter dem 167 v. Chr. der Makkabäeraufstand ausbrach, so nach seinem Sohn Judas Makkabi genannt. Dessen Brüder Jonatan und Simon erreichten die Unabhängigkeit des jüdischen Staates. Simons Sohn Johannes Hyrkanus (134–104 v. Chr.) und dessen Sohn Alexander Jannäus (103–76 v. Chr.) schoben die Grenzen Judäas weit vor. Die Hasmonäer herrschten als Könige, bis Pompejus 63 v. Chr. der Selbständigkeit Judäas ein Ende machte, blieben jedoch Hohepriester unter römischer Herrschaft (bis 37 v. Chr.).

Heian, eine japanische Geschichtsperiode, die auf die Narazeit folgte. Die Heianzeit begann im Jahr 794, als Kioto (alter Name Heian-Kio = Stadt des Friedens) Nara als Hauptstadt ablöste, und endete 1185. Sie war geprägt von der Familie Fujiwara, die alle Schlüsselstellungen besaß und die tatsächliche Macht ausübte.

Hellanodiken waren gewählte Beamte, die die Olympischen Spiele organisierten und den Siegern die Preise verliehen. Zunächst gab es nur einen Beamten oder – um 580 v. Chr. – zwei, später bis zu zwölf.

Hellenismus, eine Epoche, in der sich die griechische Kultur und Sprache im Gefolge der Eroberungen Alexanders des Großen über den Vorderen Orient ausbreiteten, aber zugleich, besonders religiös, vom Orient beeinflußt wurden. Der Hellenismus setzte sich, zum Teil gewandelt, in der Kultur des Römischen Reiches fort.

Hera war als Schwester und Gemahlin des Zeus höchste Göttin des griechischen Pantheons und Beschützerin der Ehe.

Herakles, griechischer Heros, Sohn des Zeus und der Alkmene, hieß zunächst Alkeides und nahm später den Namen Herakles (Ruhm der Hera) an, vielleicht weil er seine zwölf Arbeiten zum Ruhm der Göttin verrichten mußte, die ihn mit ihrem Haß verfolgte, da sie auf Alkmene eifersüchtig war.

Hermes, Sohn des Zeus und der Maia, einer Bergnymphe, wurde in einer Höhle auf dem Berg Kyllene in Arkadien geboren. Er war der Gott der Händler und Diebe, aber auch Götterbote und Geleiter der Verstorbenen (Psychopompos). Er wurde dem ägyptischen Gott Thot gleichgesetzt und stand als Hermes Trismegistos (dreimal größter Hermes) im Zentrum einer Mysterienreligion.

Herodes, geboren 73 v. Chr., rottete die letzten → Heromonäer aus, eroberte Jerusalem und machte sich im Jahr 37 v. Chr. zum König von Judäa. Dank seiner geschickten Politik gegenüber → Antonius und Octavian (→ Augustus) gelang es ihm, sich in Palästina zu behaupten. Er ließ seine Frau Mariamne, die er grundlos des Ehebruchs verdächtigte, töten. Das gleiche Schicksal ereilte auch die beiden Kinder, die er mit ihr gehabt hatte. Er regierte sein Land mit starker Hand und erbaute den zweiten Tempel von Jerusalem, den Titus im Jahr 70 zerstörte. Herodes starb im Jahr 4 v. Chr.

Herodot, bekannt als Vater der Geschichte, wurde 484 v. Chr. in Halikarnassos an der Südwestspitze Kleinasiens geboren. Er verbrachte einen Teil seines Lebens auf Reisen, die ihn bis an die Nordküste des Schwarzen Meeres, ferner nach Babylon, Sizilien und in Ägypten bis Assuan führten. Dabei sammelte er Material für sein Geschichtswerk, die *Historien,* in denen er die Auseinandersetzungen zwischen Asien und Europa beschrieb, die in den Perserkriegen gipfelten. Er starb um 420 v. Chr. in der attischen Kolonie Thurioi (Unteritalien).

Hethiter, ein Volk westindogermanischer Sprache, das sich Ende des 3. Jahrtausends v. Chr. in Kleinasien niederließ und dort seit dem 18. Jahrhundert v. Chr. ein Reich gründete, das im 14. und 13. Jahrhundert v. Chr. seine Blütezeit erlebte, bevor es Anfang des 12. Jahrhunderts v. Chr. von aus dem Norden kommenden Völkern zerstört wurde. Die Hauptstadt des Hethiterreiches war Hattuscha (siehe Seite 100–105).

Hinajana (Sanskrit: kleines Fahrzeug), eine Glaubensrichtung, in der sich die ursprüngliche buddhistische Lehre erhalten hat. Buddha wird als Lehrer gesehen, der zur Vollkommenheit und Erleuchtung gelangt ist. Er zeigt den Weg zur Weisheit und wie man durch entsagungsvolles Leben und Meditation der Kette der Wiedergeburten entrinnen und damit erlöst werden kann. Das Hinajana hat sich in Ceylon und in Südostasien erhalten.

Hoplit nennt man den schwerbewaffneten griechischen Fußsoldaten, der Helm, Panzer, Beinschienen, Lanze und Rundschild trug. Die Hopliten bildeten das Gros der griechischen Heere (siehe Seite 119).

Horus, ägyptischer Gott, verkörpert durch den Falken, war zunächst eine Himmelsgottheit, wurde mit einer anderen Gottheit verbunden und in den Mythos des → Osiris eingegliedert. Darin erscheint er als Sohn dieses Gottes und der Isis. Horus wuchs in den Sümpfen Unterägyptens auf, damit Seth, der Feind und Mörder des Osiris, ihn nicht entdeckte. Er kämpfte gegen Seth und besiegte ihn. Der Pharao, den man Goldhorus nannte, galt als Verkörperung dieses Gottes.

Hunnen, turko-mongolische Nomaden aus Ostasien, die im 3. Jahrhundert v. Chr. erstmals in chinesischen Quellen genannt werden. Nach Kämpfen mit China spalteten sich die westlichen Hunnen ab und drangen um 350 nach Europa ein, wo sie die Völkerwanderung auslösten. Ihr größter Herrscher war Attila (gest. 453). Eine Gruppe der westlichen Hunnen waren die Hephthaliten (Weiße Hunnen), die im 5. Jahrhundert im heutigen Nordafghanistan ansässig wurden, von wo sie das Industal und weitere Teile Indiens eroberten.

Hurriter, ein altorientalisches Kulturvolk, dessen Sprache weder semitisch noch indogermanisch war und das im 3. Jahrtausend v. Chr. im Nordwesten Mesopotamiens und Nordsyriens auftauchte. Mitte des 2. Jahrtausends v. Chr. gründeten die Hurriter, von einem indo-arischen Adel geführt, das Reich Mitanni. Im 15. Jahrhundert v. Chr. führten die Hurriter Kriege gegen die Hethiter und die Ägypter. Später waren sie mit diesen beiden Staaten bald verbündet, bald kämpften sie gegen sie. Im 13. Jahrhundert v. Chr. wurden sie von den Hethitern und Assyrern vernichtet.

Hyksos, ein Volk aus Westasien, das in Ägypten einfiel und im 17. Jahrhundert v. Chr. Auaris im Nildelta zu seiner Hauptstadt machte. Die Hyksos gehörten zu den Völkern, die vielleicht durch die Expansion der → Hurriter aus Asien vertrieben wurden. Die Gaufürsten von Theben in Oberägypten besiegten und verjagten sie im 16. Jahrhundert v. Chr.

I

Iakchos → Dionysos

Impluvium war in der antiken Architektur ein Bekken in der Mitte des → Atriums. Unter ihm lag manchmal eine Zisterne.

Indogermanen nennt man alle Völker, die indogermanische Sprachen sprechen, vor allem aber die Träger der erschlossenen indogermanischen Ursprache. Vergleiche zwischen indischen (Sanskrit), iranischen (Zend) und europäischen Sprachen (Latein, Griechisch, germanische, slawische Sprachen) haben bewiesen, daß sie auf eine gemeinsame Ursprache zurückgehen. Die Heimat der Indogermanen (auch Indoeuropäer) waren die Ebenen zwischen Donau und Wolga. Von dort aus wanderten sie vom 3. Jahrtausend v. Chr. an in mehreren Wellen nach Westen und in den Vorderen Orient bis nach Indien.

Inka, ursprünglich nur Herrschertitel, dann auch Bezeichnung des Ketschuastammes, dem der Inka angehörte. Die Wiege der Inka war die Gegend um Cuzco in Peru und um den Titicacasee, wo sich zwischen dem 12. und Anfang des 15. Jahrhunderts die Grundlagen ihrer Kultur herausbildeten. Das Inkareich dehnte sich rasch auf das gesamte Andengebiet aus und erstreckte sich vom Norden Chiles bis zum Äquator. 1533 wurde es von → Pizarro erobert.

Insulae heißen die durch → *decumanus* und → *cardo* abgegrenzten Häuserblocks in römischen Städten.

Ionier, griechischer Stamm, der in historischer Zeit das Zentrum der Westküste Kleinasiens, die Inseln davor, Attika und Euböa bewohnte. Die nach ihnen genannte ionische Säule ist kanneliert, besitzt ein Kapitell mit Voluten und eine Basis. Der ionische Stil, der sich im 5. Jahrhundert v. Chr. in der Tempelarchitektur Ioniens entwickelte, erfreute sich im folgenden Jahrhundert großer Beliebtheit und wurde später von den Römern und den hellenisierten Orientalen übernommen.

Ischtar war die weibliche Hauptgottheit der Akkader, Babylonier und Assyrer. Mitte des 3. Jahrtausends v. Chr. erscheint sie als Schutzherrin des Sargon von Akkad. Ursprünglich handelt es sich um eine Himmelsgöttin, die der Planet Venus verkörperte, die Inanna der Sumerer. Sie galt als Tochter des Mondgottes Sin und Schwester des Sonnengottes Schamasch. Besonders in Uruk wurde sie als Göttin der Liebe und der Fruchtbarkeit verehrt, aber auch als Kriegsgöttin. Im Babylon des Hammurabi war sie die Herrin der Schlachten, ebenso bei den Assyrern, wo sie in Gestalt der Ischtar von Arbela auftrat. Zahlreiche Tempel wurden ihr geweiht.

Isis, ägyptische Göttin, deren Name Thron bedeutet. Vielleicht verkörperte sie anfänglich den heiligen Thron des Herrschers. Später wurde aus ihr die Gemahlin des → Osiris und die Mutter des → Horus. Sie galt aber auch als Zauberin, Weltherrin und Sinnbild der Naturkraft. Ihr Kult verbreitete sich nach Griechenland und Rom. Im Römischen Reich wurde er zum Mysterienkult, durch den die Eingeweihten sich Zugang zum ewigen Leben erhofften. Isis besaß damals eine zahlreiche Priesterschaft und viele Tempel in den verschiedenen Städten der römischen Welt.

Isokrates, geboren 436 v. Chr., stammte aus einer wohlhabenden Athener Familie und war einer der begabtesten Redner seiner Zeit. Er war jedoch so schüchtern, daß er seine Reden nie selbst hielt. Er gab Unterricht in Rhetorik und verfaßte Reden für andere Leute. Er starb fast hundertjährig im Jahr 338 v. Chr. Sein Meisterwerk ist seine Preisrede auf Athen.

Isthmische Spiele (Isthmien), dem Poseidon gewidmete Wettkampfspiele, die auf der Landenge (Isthmus) von Korinth stattfanden. Anfangs wurden sie alle vier Jahre abgehalten, ab 582 v. Chr. alle zwei Jahre im Frühling. Sie bestanden aus den üblichen athletischen Wettkämpfen, ferner aus Pferderennen und Wettrudern im Saronischen Golf sowie Musik- und Theaterwettbewerben.

Iwan (auch Liwan) war in der Architektur der Parther und der Sassaniden eine überwölbte Halle, die sich mit einem Bogen weit zum Hof öffnete. Diese Bauform wurde vom Islam übernommen.

J

Josephus (Flavius Josephus), jüdischer Historiker, wurde um 37 n. Chr. geboren, übernahm während des jüdischen Aufstandes gegen Rom die Verwaltung von Galiläa. Dort schloß er sich in Jotpata ein, das lange den Truppen Vespasians standhielt. Nach dem Fall der Festung geriet er in Gefangenschaft und erlangte die Gunst Vespasians, dem er die Kaiserwürde prophezeite, die dieser bald danach erlangte. Im Jahr 70 ging er mit Titus nach Rom, wo er eine Geschichte des jüdischen Krieges schrieb. Er ist auch der Verfasser der *Jüdischen Altertümer.* Um 100 ist Josephus gestorben.

Juda, Name eines Sohnes Jakobs und seiner Nachkommen, die den Stamm Juda bildeten. Als nach dem Tod Salomos 926 v. Chr. sich das Nordreich Israel (Hauptstadt Samaria) abspaltete, behielten die Nachkommen Salomos das Südreich (mit Jerusalem als Hauptstadt), das nach dem vorherrschenden Stamm Juda hieß. Nach Juda wurde später die römische Provinz Judäa benannt. Das Nordreich Israel wurde 722 v. Chr. durch den assyrischen König Sargon II. zerstört, das Reich Juda durch den babylonischen König Nebukadnezar II. im Jahr 586 v. Chr.

Jungsteinzeit → Neolithikum

Juno, römische Göttin, Gemahlin des Jupiters, wurde der griechischen Göttin Hera gleichgesetzt, obwohl sie sich von ihr grundlegend unterschied. Zusammen mit Minerva und Jupiter bildete sie die Kapitolinische Trias, unter deren Schutz Rom stand.

Jupiter, der höchste Gott der Römer, wurde Zeus gleichgesetzt. Er ist der Gott des klaren Himmels und auch der Göttervater, dessen erstes Heiligtum auf dem Kapitol, einem der Hügel Roms, stand.

Jupiter Dolichenus, genannt nach Doliche, einer Stadt im antiken Nordsyrien, wo ein Baal Dolichenus verehrt wurde. Er war auf einem Stier stehend dargestellt, in der Hand eine Doppelaxt, Symbol des Blitzes. Gegen Ende des 1. Jahrhunderts v. Chr. gelangte sein Kult mit den syrischen Legionären in andere Teile des Römischen Reiches.

K

Kalif (arabisch: Nachfolger), offizieller Titel der Nachfolger des Propheten Mohammed, die als Herrscher der Gläubigen die geistliche und (oft nur nominell) weltliche Herrschaft über die Moslem beanspruchten. Nach den vier ersten Kalifen setzte sich zunächst die Dynastie der Omajjaden (661–750) und dann die der Abbasiden (749–1258) durch. Seit dem 15. Jahrhundert führten die osmanischen Sultane den Kalifentitel. 1924 schaffte die türkische Regierung das Kalifat ab.

Kanaan (= Purpurland), Name des syrisch-palästinensischen Küstenlandes, wurde seit dem 2. Jahrtausend v. Chr. in Keilschrift- und Hieroglyphentexten erwähnt, ebenso seine Einwohner, die nordwestsemitischen Kanaanäer. Sie scheinen Anfang des 3. Jahrtausends v. Chr. in Kanaan eingedrungen zu sein. Mit ihnen begann dort die frühe Bronzezeit. Die Phöniker und mit ihnen die Karthager (Punier) waren ein Zweig der Kanaanäer.

Kassiten, ein Volk unbekannten Ursprungs, das im 18. Jahrhundert v. Chr. im westiranischen Zagrosgebirge auftauchte. Nach einem Raubzug der Hethiter gegen Babylon um 1595 (oder 1531) v. Chr. nutzten sie die Schwäche der amoritischen Dynastie und vereinigten ganz Babylonien unter ihrer Herrschaft. Um 1157 v. Chr. wurden sie von den Elamitern verdrängt.

Kasten, hierarchisch geordnete, in sich abgeschlossene soziale Gruppen, wie sie sich in klassischer Weise in Indien herausgebildet haben. Das indische Kastensystem geht wahrscheinlich einerseits auf die dreiteilig gegliederte Gesellschaft der indoarischen Einwanderer zurück und auch darauf, daß sich diese neuen Herren von der Urbevölkerung absondern wollten, um sich rein zu halten. Nachdem sich eine indische Gesellschaft in festen Formen herausgebildet hatte, unterscheidet um die Zeitwende das Gesetzbuch des Manu vier Kasten: Brahmanen (Priester), Kschatrija (Adel, Krieger), Waischja (Bauern, später auch Kaufleute, Handwerker) und Schudra (Knechte). Durch Vermischung und Aufnahme neuer sozialer Gruppen entstanden zahllose Unterkasten. Die Zugehörigkeit zu einer Kaste wird durch die Geburt bestimmt.

Kaurischnecke *(Cypraea moneta),* kleine Tigerschnecke des Indischen Ozeans, deren Gehäuse im alten China, ferner in Südostasien und Indien und bis in die Gegenwart in Afrika als Zahlungsmittel diente. Kaurischalen mögen auch in bestimmten Gesellschaften des alten Orients wie Geld verwendet worden sein. Das Gehäuse der Kaurischnecke diente auch als Schmuck.

Keilschrift heißt eine alte, aus keilförmigen Teilen bestehende Silbenschrift, die man in Mesopotamien auf Tontafeln schrieb. Sie wurde von den Sumerern aus bildhaften Wortzeichen entwickelt und später von den Akkadern, Babyloniern, Assyrern, Persern und anderen Völkern Vorderasiens benutzt. Die Schreiber drückten die Keilschriftzeichen mit einem Rohrgriffel in weiche Tontäfelchen, die rasch in der Sonne trockneten und auch gebrannt wurden. Siehe Seite 86–87.

Kelten, ein Volk westindogermanischer Sprache, das sich in mehreren Wellen in Westeuropa, Italien und auf der Balkanhalbinsel ausbreitete. Die Heimat der Kelten lag wahrscheinlich in Südwestdeutschland. Ihre ersten Wanderungen – vielleicht schon zu Beginn des 1. Jahrtausends v. Chr. – führten die Kelten bis nach Spanien und Britannien. Nach ihrem lateinischen Namen *(Galli)* wurde → Gallien benannt. Geschichtlich faßbar werden sie indes erst Ende des 6. Jahrhunderts v. Chr. in griechischen Quellen. Sie sind die Träger der eisenzeitlichen → Latènekultur. Im 4. Jahrhundert v. Chr. besetzten sie Oberitalien und stießen bis Rom vor, im 3. Jahrhundert v. Chr. plünderten sie Delphi und setzten nach Kleinasien über, wo die antike Landschaft Galatien (in der Gegend des heutigen Ankara) nach ihnen heißt.

Kentauren sind in der griechischen Mythologie Mischwesen mit menschlichem Oberkörper auf dem Körper von Pferden. Sie sollen aus einer Verbindung des Ixion mit einer Wolke, der Zeus die Gestalt der Hera gab, hervorgegangen sein und hausten in den Bergwäldern Thessaliens. Berühmt war der in der griechischen Kunst oft dargestellte Kampf zwischen Kentauren und Lapithen. Der sagenhafte Erzieher Achills, Chiron (Cheiron), war ebenfalls ein Kentaur.

Khmer, altes Kulturvolk in Kambodscha, wo im 6. Jahrhundert aus der Vereinigung zweier Staaten, Tchenla und Funan, das Reich der Khmer entstand. Nach einer Zeit innerer Wirren und Kriege stellte Dschajawarman II. (802–850) die Einheit wieder her. Sein vierter Nachfolger, Jasowarman (889–900), erbaute Angkor (siehe Seite 262–265). Das Reich der Khmer wurde im 15. Jahrhundert von den Thai zerstört.

Kleopatra, die siebte ptolemäische Herrscherin ihres Namens, wurde 69 v. Chr. geboren. Sie war Königin Ägyptens von 51 bis 30 v. Chr., zunächst zusammen mit ihrem Brudergemahl Ptolemaios XIII., dann mit ihrem Bruder Ptolemaios XIV., schließlich im Namen ihres Sohnes Cäsarion, den sie von Cäsar hatte. Nach dem Tod des Diktators zog sie → Marcus Antonius auf ihre Seite, den sie 36 v. Chr. heiratete. Nach der Schlacht von Actium (30 v. Chr.) gab sie sich durch Schlangenbiß selbst den Tod, um nicht in die Hände Octavians zu fallen.

Klytämnestra, Tochter des Tyndareos, Königs von Sparta, und der Leda, wurde zusammen mit ihrem Bruder Kastor und ihren Geschwistern Polydeukes und Helena, die Zeus gezeugt hatte, geboren. Sie heiratete → Agamemnon, den König von Argos und Mykene, dem sie Iphigenie, Elektra und Orest gebar. Um den Opfertod Iphigenies zu rächen, brachte sie Agamemnon nach dessen Rückkehr aus Troja mit Hilfe des → Ägisth, ihres Geliebten, um. Orest rächte seinen Vater später, indem er seine Mutter und Ägisth tötete.

Konfuzius, (latinisiert aus *Kung-fu-tse* = Meister Kung), geboren um 551 v. Chr., stammte aus einer armen Adelsfamilie und führte ein unstetes Leben, das er dem Studium und der Auslegung klassischer chinesischer Texte widmete. Im Alter kehrte er mit seinen Schülern in seine Heimat Lu zurück, wo er 479 v. Chr. starb. Seine Aussprüche wurden von seinen Schülern gesammelt. In der praktischen Gesellschafts- und Staatsphilosophie des Konfuzius, die bis ins 20. Jahrhundert die wichtigste geistige Grundlage der chinesischen Kultur bildete, sind ältere Lehren zusammengefaßt. Konfuzius wurde später vergöttlicht.

Konstantin der Große (Flavius Valerius Constantinus), römischer Kaiser (306–337), wurde 280 in Naissus (heute: Nisch) als Sohn des späteren Kaisers Constantius I. Chlorus geboren. Als sein Vater 306 in York starb, riefen ihn die Truppen zum Augustus aus. Er konnte sich zunächst zum Herrn Britanniens und Galliens machen und trat erst 324 die Alleinherrschaft über das Römische Reich an, nachdem er 18 Jahre gegen seine Rivalen gekämpft hatte. Durch das Mailänder Toleranzedikt machte er der Christenverfolgung ein Ende. Außer der rechtlichen Anerkennung und Förderung der christlichen Kirche war seine wichtigste Tat die Gründung (326) von Konstantinopel (siehe Seite 222–231) an der Stelle des alten Byzanz als zweiter Reichshauptstadt.

Kronos, in der griechischen Mythologie Sohn des Uranos (Himmel) und der Gaia (Erde), gehörte zur zweiten Generation der Götter. Im Kampf gegen seinen Vater entmannte er ihn und setzte sich auf seinen Thron als Weltenherrscher. Er heiratete seine Schwester Rhea, die ihm die großen Götter Hestia, Demeter, Hera, Hades, Poseidon und Zeus gebar. Um nicht das Schicksal zu erleiden, das er seinem Vater bereitet hatte, verschlang er seine Kinder nach ihrer Geburt. Nur Zeus, den seine Mutter Rhea durch eine List retten konnte, wuchs in einer Höhle in Kreta verborgen heran. Er entthronte Kronos, der seine übrigen Kinder ausspeien mußte. In späterer Zeit wurde Kronos mit Chronos, dem Gott der Zeit, in Verbindung gebracht. Er hatte ein Heiligtum auf dem Hügel über Olympia.

Kurgan, türkisches Wort, das Festung und auch Grab bedeutet, wurde von den Russen als Bezeichnung der meist skythischen Hügelgräber übernommen, die man in den Steppen der Sowjetunion findet.

Kurzschädeligkeit → Schädelindex

Kuschan, Volk wahrscheinlich iranischen Ursprungs, das sich im 1. Jahrhundert v. Chr. im heutigen Afghanistan ansiedelte. Das im folgenden Jahrhundert gegründete Kuschanreich umfaßte einen Teil Afghanistans und das Industal. Seine Blütezeit erlebte es im 2. Jahrhundert unter Kanischka, der für die Verbreitung des Buddhismus unter seinen Untertanen sorgte.

Kybele, kleinasiatische Muttergöttin, auch *Magna Mater* (Große Mutter) genannt. Ihr Hauptkultort war Pessinus in Phrygien (Kleinasien), von wo 204 v. Chr. ihr heiliger Stein nach Rom gebracht worden war. Auf einem Löwengespann zog sie mit den Korybanten, ihren gottbesessenen Begleitern, durch die Berge. Im Mittelpunkt ihrer Mysterien stand ihre Liebe zu dem sterbenden und wiederauferstehenden Attis. Bei den orgiastischen Feiern brachten ihre Priester, *galloi* genannt, sich gegenseitig Schnittwunden bei, peitschten und entmannten sich. Einige von ihnen zogen auch mit der Statue der Göttin auf einem Wagen oder einem Maultier bettelnd durch das Land.

Kyklopen (griechisch: Rundaugen) waren einäugige Riesen der griechischen Sage, zu denen auch der von Odysseus geblendete Polyphem gehörte. Andere Kyklopen wirkten als Schmiedegesellen des Hephaistos, des Gottes der Schmiede. Sie sollen auch die sogenannten kyklopischen Mauern gebaut haben, so die in Mykene.

L

Langschädeligkeit → Schädelindex

Lapislazuli, blauer oder grünlicher Halbedelstein aus Badachschan im heutigen Afghanistan. Er wurde von den mesopotamischen und ägyptischen Goldschmieden häufig als Schmuckstein verwendet.

Laren, römische Schutzgottheiten der Wege und der Familie. In jedem Haus hatte der *Lar familiaris* einen Altar. An Kreuzwegen verehrte man die Laren in Kapellen.

Latènezeit nennt man den zweiten Abschnitt der → Eisenzeit in Mittel- und Westeuropa. Sie setzte um 450 v. Chr. ein und dauerte knapp ein halbes Jahrtausend. Der Fundplatz, nach dem sie benannt ist, liegt im Neuenburger See in der Schweiz. Träger der Latènekultur scheinen die Kelten gewesen zu sein. Sie entwickelte sich aus der → Hallstattkultur.

Luwier, Volk indogermanischen Ursprungs, das wahrscheinlich Ende des 3. Jahrtausends v. Chr. zusammen mit den Vorfahren der → Hethiter nach Kleinasien kam. Die Luwier ließen sich im Westen und Süden Kleinasiens nieder. Sie werden in den hethitischen Annalen erwähnt, von ihrer Geschichte ist jedoch nur wenig bekannt.

Lysias (etwa 445–380 v. Chr.), attischer Redner nichtathenischer Herkunft (sein Vater stammte aus Syrakus). Die Klarheit und Schlichtheit seiner Reden war berühmt.

Lysippos, griechischer Bildhauer aus Sikyon, war in der zweiten Hälfte des 4. Jahrhunderts v. Chr. tätig. Sein berühmtestes Werk ist der Apoxyomenos, ein Athlet, der sich mit dem Schaber reinigt. Er war auch Bildhauer Alexanders des Großen.

M

Mahajana (Sanskrit: großes Fahrzeug), eine Form des Buddhismus, die sich im Gegensatz zum → Hinajana von der ursprünglichen Lehre Buddhas entfernt hat und zu einer Religion geworden ist, in der Buddha vergöttlicht wird und → Bodhisattwas verehrt werden. In dieser Form hat sich der Buddhismus über einen großen Teil Zentral- und Ostasiens verbreitet.

Mandala (Sanskrit: Kreis), im Buddhismus eine Zeichnung aus Quadraten und konzentrischen Kreisen, die als Meditationshilfe dient. Sie symbolisiert die vier Himmelsrichtungen und die vier Gesichter der Welt. Viele buddhistische Tempel, darunter der Borobudur (siehe Seite 256–261), wurden nach dem Schema des Mandala erbaut.

Mark Aurel, römischer Kaiser, 121 als Marcus Annius Verus geboren, von seinem Onkel → Antoninus Pius adoptiert, wurde 161 unter dem Namen Marcus Aurelius Antoninus Kaiser. Er war ein Anhänger der stoischen Philosophie, wie aus seinem Buch *Selbstbetrachtungen* hervorgeht. Dieser friedliebende Herrscher war gezwungen, die meiste Zeit seiner Regierung dazu zu verwenden, irgendwo in seinem riesigen Reich Aufstände niederzuschlagen oder Krieg zu führen. Er starb im Jahr 180 im Feldlager zu Vindobona (Wien).

Maurja, indische Dynastie, von → Tschandragupta gegründet, der um 322 v. Chr. das erste indische Großreich errichtete, das unter seinem Enkel → Aschoka seinen Höhepunkt erreichte. Das Herrschergeschlecht erlosch 185 v. Chr. mit Brihadratha, der von einem seiner Feldherren ermordet wurde.

Meder, iranisches Volk indogermanischer Sprache, unter König Phraortes (647–625 v. Chr.) geeint, der Ekbatana (heute Hamadan) zur Hauptstadt machte. Sein Nachfolger Kyaxares (625–585 v. Chr.) verbündete sich mit den Babyloniern, eroberte 612 v. Chr. Ninive, zerstörte das assyrische Reich und errichtete einen Staat, der einen Teil des Irans, den Norden Mesopotamiens und Ostanatolien umfaßte. Sein Sohn Astyages (585–550 v. Chr.) wurde von Kyros dem Großen, seinem Vasallen, gestürzt, der dann mit Hilfe der Meder das persische Weltreich schuf. Darin nahmen sie mit den Persern eine bevorzugte Stellung ein.

Megaron, seit mykenischer Zeit in Griechenland und Kleinasien ein Haustyp mit Haupthalle und offener Vorhalle. Daraus entwickelte sich der griechische Tempel.

Melkart, phönikischer Gott, dessen Name König der Stadt bedeutet. Er war der Hauptgott von Tyrus, von wo ihn die Tyrer nach Karthago gebracht hatten.

Mine, eine antike Gewichtseinheit, die etwa dem späteren Pfund entsprach. Die attische Mine war 436,6 g schwer.

Minerva, römische Göttin, wurde der griechischen Göttin Athena gleichgesetzt. Zusammen mit → Jupiter und → Juno bildete sie die Kapitolinische Trias. Sie war die Göttin der Heilkunst und Schutzgottheit der Handwerker und Lehrer.

Mitanni → Hurriter

Mithras, indoiranische Gottheit, war im Iran Gott des Schwurs und der staatlichen Ordnung. Später wurde er zum Sonnengott mit einem Mysterienkult. Im Mittelpunkt des Kultes, der in unterirdischen Räumen (Mithräen) stattfand, stand die Tötung eines Stiers (ursprünglich durch den Gott); aus dem Blut des Tieres entwickelte sich neues Leben. Der Mithraskult gewann im Römischen Reich als Kult des unbesiegten Sonnengottes (*Sol invictus*) rasch zahlreiche Anhänger, vor allem im Heer.

Mochica, vorkolumbisches Volk und altamerikanische Kultur, die sich zwischen dem 3. und dem 8. Jahrhundert als erste große Kultur der Küstenregion Nordperus entwickelte.

Monophysitismus, theologische Lehre, die Christus nicht zwei Naturen, eine göttliche und eine menschliche, zuschreibt, sondern nur eine, die göttliche Natur, in der seine menschliche Natur vollkommen aufging. Diese Lehre wurde 451 durch das Konzil von Chalkedon verdammt.

Mykener nennt man die vorhellenischen Griechen der Bronzezeit, deren Kultur Schliemann in Mykene entdeckte (siehe Seite 70–79). Bei Homer heißen sie → Achaier.

Myron, attischer Bildhauer des 5. Jahrhunderts v. Chr. Seine berühmten Bronzestatuen sind verlorengegangen. Es gibt jedoch römische Marmorkopien seines berühmten Diskuswerfers und der Athena-Marsyas-Gruppe.

Myste nennt man den in einen mystischen Kult Eingeweihten (→ Eleusis, → Isis, → Mithras).

N

Nanda, indische Dynastie, die im 4. Jahrhundert v. Chr. über Maghada in Nordostindien herrschte, bis sie von der Maurjadynastie abgelöst wurde. Der letzte Herrscher hieß → Dhana Nanda.

Naos nennt man den Innenraum eines griechischen Tempels. Er barg das Kultbild der Gottheit. Gewöhnlich war er von einer Ringhalle umgeben, manchmal lag nur eine Vorhalle davor.

Nekropole (griechisch: *nekropolis* = Totenstadt), Friedhof aus antiker und vorgeschichtlicher Zeit.

Neolithikum (Jungsteinzeit), Kulturabschnitt der Menschheit, in dem Ackerbau, Viehzucht, Weberei und Töpferei aufkamen. Das Neolithikum begann im Vorderen Orient um das 8. Jahrtausend v. Chr. und endete dort mit der Erfindung der Bronze um 3000 v. Chr. Die letzte jungsteinzeitliche Stufe, in der bereits Kupfer verarbeitet wurde, nennt man Chalkolithikum (Steinkupferzeit). Kennzeichnend für das Neolithikum ist ferner, daß die Steingeräte im Gegensatz zur vorausgehenden Periode, dem → Paläolithikum, nunmehr poliert wurden.

Nero, römischer Kaiser, geboren 37 als Lucius Domitius Ahenobarbus, war ein Sohn der jüngeren Agrippina, der Schwester Caligulas. Er wurde von Kaiser Claudius adoptiert, dessen Nachfolger er im Jahr 54 wurde. Zu Beginn seiner Regierung war er sehr populär. Er berief den Philosophen Seneca zu seinem Ratgeber. Aber bald entzog er sich dessen Einfluß, ermordete seine Mutter (59), trat als Sänger, Schauspieler und Wagenlenker auf und zwang hervorragende Männer seiner Zeit, darunter Seneca und Petronius, zum Selbstmord. Er selbst beging 68 Selbstmord, als mehrere Statthalter sich gegen ihn erhoben und der Senat ihn absetzte.

Nestorianer, Anhänger des Patriarchen von Konstantinopel Nestorius (um 380–451), der neben der göttlichen Natur Jesu auch die menschliche betonte und die Bezeichnung Marias als Gottesgebärerin ablehnte. Seine Lehre wurde 431 auf dem Konzil von Ephesos zu Unrecht verdammt. Die auf ihn zurückgehende Glaubensgemeinschaft bildete im Perserreich eine eigene Kirche, deren Missionare das Christentum bis nach Zentral- und Ostasien trugen, wo es zahlreiche Anhänger gewann.

Neues Reich, Epoche der ägyptischen Geschichte, die Mitte des 16. Jahrhunderts v. Chr. mit der endgültigen Vertreibung der → Hyksos begann und 1070 v. Chr. endete. In seiner Blütezeit erstreckte sich das Neue Reich vom Euphrat bis zum Sudan.

O

Oinochoe, griechisches Wort für eine Weinkanne mit meist kleeblattförmigem Ausguß.

Olmeken, alter Indianerstamm an der mexikanischen Golfküste, mit dessen Namen man eine hochentwickelte Kultur (auch La-Venta-Kultur genannt) bezeichnet, deren Zentrum am Golf von Campeche in Südmexiko lag. Sie entwickelte sich seit Ende des 2. Jahrtausends v. Chr. Ihr Gebiet reichte bis zum Pazifik. Sie beeinflußte alle späteren vorkolumbischen Kulturen Mittelamerikas. Gegen Ende des 1. Jahrtausends v. Chr. verschwand sie.

Oppidum ist die lateinische Bezeichnung für einen befestigten Ort, der im allgemeinen auf einer Anhöhe lag. Seit Cäsar und in der modernen Archäologie verwendet man das Wort für stadtähnliche keltische Siedlungen, die fast stets auf Anhöhen errichtet wurden.

Orest, Sohn des → Agamemnon und der → Klytämnestra, der nach dem Tod seines Vaters in der Landschaft Phokis in der Familie seines Freundes Pylades erzogen wurde. Um den Tod seines Vaters zu rächen, tötete er später seine Mutter und deren Geliebten → Ägisth.

Orischanla, einer der höchsten Götter der Yoruba. Sein Tempel stand im Zentrum von Ife (siehe Seite 276–279). Die Anhänger dieses Gottes nahmen sich vor allem der Kranken an und tranken keinen Alkohol.

Osiris, ägyptischer Totengott, der stehend oder thronend als Mumie mit Krummstab und Geißel dargestellt wurde. Jeder tote Pharao wurde zu Osiris (später jedermann). Nach dem Mythos ertrank Osiris im Nil oder wurde von seinem Bruder Seth getötet und zerstückelt. Seine Schwestergemahlin → Isis fügte ihn wieder zusammen und empfing von ihm → Horus, den Rächer seines Vaters.

P

Paionios, griechischer Bildhauer aus Mende auf der Halbinsel Chalkidike, lebte im 5. Jahrhundert v. Chr., schuf eine berühmte Statue der Siegesgöttin Nike, deren originale Basis sich in Olympia erhalten hat.

Paläolithikum (Altsteinzeit) nennt man die weitaus längste Epoche der Vorgeschichte, in der der Mensch von der Jagd und vom Sammeln lebte und unpolierte Steinwerkzeuge herstellte. Das Paläolithikum begann vor etwa zwei Millionen Jahren mit dem Auftauchen der ersten Geröllgeräte in Ostafrika und endete vor etwa 10000 Jahren, als der Mensch anfing, Ackerbau und Viehzucht zu betreiben. Man unterteilt das Paläolithikum in folgende Abschnitte: Altpaläolithikum, das bis etwa 80000 v. Chr. dauerte; Mittelpaläolithikum, das Zeitalter des Neandertalers, das vor etwa 40000 Jahren endete; Jungpaläolithikum, in dem zuerst der heutige Mensch erschien.

Palästra (von griechisch: *pale* = Ringkampf), die Ringschule der Griechen, oft an ein Gymnasion angeschlossen.

Panathenäen, Hauptfest der Athener, das alle vier Jahre mit Wettspielen zur Ehren der Stadtgöttin Athena gefeiert wurde. Hauptereignis war die im Parthenonfries dargestellte Prozession, die der Göttin ein neues Gewand brachte. Die Sieger bei den Wettkämpfen erhielten die berühmten panathenäischen Preisamphoren, gefüllt mit dem Öl von den heiligen Oliven der Athena.

Panhellenisch heißt allgriechisch und bezieht sich auf die Feste und Wettspiele in Olympia, Delphi, Nemea und Korinth, an denen alle Griechen teilnehmen konnten.

Papyrus, Papier aus dem Stengelmark der Papyrusstaude, die in den Sümpfen des Nildeltas wuchs. Das Stengelmark wurde in Streifen geschnitten, kreuzweise geklebt und getrocknet. Auf den so gewonnenen Blättern schrieb man. In der Antike war Papyrus für Ägypten ein wichtiger Exportartikel.

Parther, iranisches Volk, das sich im 3. Jahrhundert v. Chr. östlich des Kaspischen Meers niederließ. Um 250 v. Chr. errichtete ihr Herrscher Arsakes, Begründer der Arsakidendynastie, ein Königreich. In den folgenden Jahrzehnten unterwarfen Arsakes und seine Nachfolger den größten Teil des Irans und entrissen den Seleukiden Mesopotamien. Die persischen → Sassaniden bereiteten 226 n. Chr. dem Partherreich ein Ende.

Pausanias war ein griechischer Reisender, der im 2. Jahrhundert n. Chr. seine *Beschreibung Griechenlands* verfaßte, worin er für die Touristen seiner Zeit die Sehenswürdigkeiten Griechenlands sehr genau beschrieb.

Peristyl nennt man die einen Hof oder Garten einfassende Säulenhalle.

Persephone, Tochter des Zeus und der → Demeter, wurde von dem Unterweltsgott Hades (Pluton) in Sizilien entführt, als sie auf einer Wiese Blumen pflückte. Der verliebte Hades brachte sie in sein Reich und machte sie zur Göttin der Toten. Im Mythos von → Eleusis sucht Demeter sie, während die Erde unfruchtbar wird. Als sie Persephones Aufenthaltsort erfährt, bittet sie Zeus um die Gunst, daß ihre Tochter zwei Drittel des Jahres bei ihr verbringen darf. Dieser Mythos symbolisiert das Sterben und die Wiedergeburt des Korns.

Pheidias (um 480–431 v. Chr.), attischer Bildhauer, der die griechische Skulptur zur klassischen Vollkommenheit brachte. Mit seinen Schülern schuf er die Friese und Giebelfiguren des Parthenons in Athen. Seine Hauptwerke waren die Goldelfenbeinstatuen der Athena für den Parthenon und des Zeus für seinen Tempel in Olympia, die zu den Sieben Weltwundern gezählt wurden. Seine Werkstatt wurde 1954 in Olympia entdeckt.

Phöniker, ein Volk semitischer Sprache, das sich als Teil der Kanaanäer spätestens im 2. Jahrtausend v. Chr. an den Küsten Syriens und des Libanons niederließ. Anfang des 1. Jahrtausends v. Chr. begannen die Phöniker von ihren Seestädten Tyrus, Sidon, Beryton und Byblos aus im ganzen Mittelmeer Handel zu treiben und mit ihren Schiffen bis in den Atlantik vorzustoßen. Karthago (siehe Seite 146–153) wurde von Phönikern aus Tyrus gegründet.

Pindar (518–438 v. Chr.) stammte aus thebanischem Adelsgeschlecht und war der größte lyrische Dichter seiner Zeit. Verschiedene Städte und die Tyrannen von Sizilien luden ihn zu sich ein. In ihrem Auftrag schrieb er Epinikien, Chorlieder auf die Sieger der großen panhellenischen Spiele in Olympia, Delphi, Korinth, Nemea, zu denen er auch die Musik schuf.

Pizarro, Francisco (1478–1541), spanischer Konquistador, Eroberer Perus. Nach mehreren Erkundungsfahrten in den Jahren 1524 und 1526 segelte er 1531 von Panama nach Tumbes im Norden Perus. Er nutzte einen im Inkareich tobenden Bürgerkrieg, um den Inka Atahualpa gefangenzunehmen und zu töten. Er eroberte die Inkahauptstadt Cuzco und gründete 1535 die neue Hauptstadt Lima. In Kämpfen mit anderen Konquistadoren wurde er 1541 ermordet.

Polo, Marco, 1254 in Venedig als Sohn einer Kaufmannsfamilie geboren. Mit 17 Jahren nahmen sein Vater und sein Onkel ihn nach China mit. Nach einer langen Reise durch Kleinasien, Persien und Zentralasien erreichten sie Peking, wo sie von Kubilai Khan empfangen wurden. Marco Polo blieb 17 Jahre als hoher Beamter im Dienst des Großkhans. Nach Venedig zurückgekehrt, nahm er an einem Krieg gegen Genua teil und geriet in genuesische Gefangenschaft. Dort diktierte er einem Mitgefangenen seine Reiseerlebnisse. Er starb 1324.

Pompejus (Gnäus Pompeius Magnus), römischer Feldherr, wurde 106 v. Chr. als Sohn einer vornehmen römischen Familie geboren. Er machte eine glänzende politische und militärische Karriere, säuberte 67 v. Chr. das Mittelmeer von den Piraten, unterwarf Armenien, eroberte Syrien, das eine römische Provinz wurde, und nahm 63 v. Chr. Jerusalem ein. Im Jahr 60 v. Chr. bildete er mit Cäsar und Crassus das erste Triumvirat, geriet aber in Gegensatz zu Cäsar, der von Gallien nach Italien vorstieß. Pompejus mußte sich nach Griechenland zurückziehen, wo Cäsar ihn bei Pharsalus im Jahr 48 v. Chr. schlug. Daraufhin floh er nach Ägypten, wo er ermordet wurde.

Prätorium war ursprünglich in einem römischen Feldlager das Zelt des Kommandeurs der Legionen. In den festen, aus Stein errichteten Lagern und in den Garnisonstädten war das Prätorium ein Gebäude. Oft besaß es einen monumentalen Eingang. Durch ihn gelangte man in einen Hof, um den sich die Wohnräume und das Heiligtum mit den Feldzeichen gruppierten.

Prokonsul war der Titel des Statthalters einer römischen Provinz, die er mit konsularischen Vollmachten *(pro consule)* verwaltete. In republikanischer Zeit wurde ein Konsul nach Ablauf seiner einjährigen Amtszeit meist als Prokonsul in eine Provinz geschickt. Im Kaiserreich führten alle Statthalter der senatorischen Provinzen den Titel Prokonsul.

Prothyron hieß in der griechischen Architektur das Portal eines Hauses oder, noch öfter, die Vorhalle vor dem Hauptraum.

Prytaneum nannte man in griechischen Städten eine Art Rathaus. Darin stand der Altar der Hestia, der Göttin des heimischen Herdes und Beschützerin der Stadt. Hier tagten die Prytanen, die Mitglieder des geschäftsführenden Ratsausschusses.

Ptolemäer, makedonische Dynastie, die von 323 v. Chr. an (seit 305 v. Chr. als Könige) über Ägypten herrschten. Der Gründer des Hauses war Ptolemaius I. Soter (Retter), Sohn des Lagos und Feldherr Alexanders des Großen. Die letzte Ptolemäerin war → Kleopatra VII., die Geliebte Cäsars und Gemahlin des Marcus → Antonius.

Pythien oder Pythische Spiele waren Wettkämpfe, die alle vier Jahre in Delphi stattfanden. Sie sollen von Apollon eingerichtet worden sein, nachdem er den Drachen Python in Delphi getötet hatte.

Q

Quästor (ursprünglich Untersuchungsrichter) war der Titel eines hohen römischen Beamten, der den Konsuln unterstand, später auch Provinzstatthalter.

R

Ramses II. (etwa 1290–1224 v. Chr.), Sohn des Sethos I. und bedeutendster Herrscher der 19. Dynastie. Er war ein großer Bauherr und hinterließ Monumente in Abydos, Tanis, das er zu seiner Hauptstadt machte, Theben, wo er den Amuntempel in Karnak erweiterte und sich am Westufer des Nils einen großen Grabtempel bauen ließ, und Abu-Simbel, wo er den berühmten Felsentempel errichtete. Er stellte Ägyptens Herrschaft über Palästina wieder her und schloß mit den → Hethitern nach der Schlacht bei Kadesch (1285 v. Chr.) einen Friedensvertrag ab.

Re, ägyptischer Sonnengott, der am Tag mit seiner Barke über den Himmel fährt und nachts durch die Unterwelt. Er ist der Vater der Götter, der Schöpfer aller Dinge, der seit Anbeginn der Zeiten über die Götter und die Menschen herrscht. Er wurde besonders in Heliopolis (= Sonnenstadt) verehrt. Sein Kultsymbol war der Obelisk, auf dessen vergoldeter Spitze er Platz nahm, d. h., die Strahlen der Sonne strahlten von dort wider. In der 4. Dynastie nahm der Pharao den Titel Sohn des Re an.

Rhyton (griechisch: Trinkhorn) nennt man im alten Orient und in der Antike jedes hornförmige Trinkgefäß aus Ton oder Metall. Meist befand sich eine Öffnung im spitzen Ende, durch das der Wein floß.

S

Salomo, König von Israel und Juda (965–926 v. Chr.), Sohn Davids und der Batseba, gab dem von seinem Vater gegründeten Reich eine Verwaltung nach dem Vorbild der großen orientalischen Staaten. Unter seiner Herrschaft entstand der erste Tempel von Jerusalem. Er förderte die Wirtschaft seines Landes durch den Ausbau der Schiffahrt und den Abbau der Bodenschätze im Negev.

Samniten, ein antikes Bergvolk aus Mittelitalien, das im 4. Jahrhundert v. Chr. die Landschaft Kampanien eroberte. Dabei fiel ihnen auch → Pompeji (siehe Seite 198–207) zu. Die Samniten sprachen Oskisch, eine mit dem Lateinischen verwandte, aber altertümlichere Sprache.

Sassaniden, persische Dynastie, Nachfolger der Parther. Zwischen 224 und 226 eroberte Ardaschir I. das gesamte arsakidische Parthereich vom Ostiran bis Babylonien. Der letzte Sassanide war Jesdgerd III., der von den Arabern besiegt wurde und 651 eines gewaltsamen Todes starb.

Schädelindex ist der Längen-Breiten-Index des Schädels (Breite × 100 : Länge). Von Kurzschädeligkeit spricht man bei einem Index von mindestens 80, von Langschädeligkeit bei einem Index von 75 und darunter.

Schamane, männliche oder (seltener) weibliche Person, die mittels Dauertanz, Trommelschlagen, Drogen oder ähnlicher Praktiken in Trance fällt und auf einer Seelenreise in Kontakt mit der Geisterwelt tritt. Als Mittelsmann zwischen Geistern und Menschen sucht der Schamane böse Geister zu bannen oder gute als Helfer zu gewinnen. Der Schamanismus ist bei den Eskimo sowie in Nord- und Zentralasien weit verbreitet.

Schiwa ist mit Brahma und Wischnu einer der drei Hauptgötter des Hinduismus. Die Einheit dieser drei Götter *(Trimurti)* wird dreiköpfig dargestellt. Schiwa ist sowohl Zerstörer wie Schöpfer allen Lebens. Er verkörpert die Zeugungskraft, die zwei seiner Attribute, der Linga (Phallus) und der Zebustier Nandi, darstellen. Oft wird er vierarmig, den kosmischen Tanz Tandawa tanzend, dargestellt, der die Zukunft ausdrückt, die Vernichtung, aus der das Leben wiedergeboren wird.

Schreiber waren alle Beamte und auch die Priester und Gelehrten in den altorientalischen Kulturen. Sie wurden in eigenen, oft Tempeln angeschlossenen Schreiberschulen ausgebildet und waren ein privilegierter Stand, denn wegen der Schwierigkeit der Schriftsysteme fand die Kunst des Schreibens keine allgemeine Verbreitung. Die Meisterwerke der ägyptischen und mesopotamischen Literatur verdanken wir den Bemühungen der Schreiber und ihrer Schulen.

Seleukiden, eine Dynastie makedonischen Ursprungs, die beim Tod ihres Gründers → Seleukos Nikator (281 v. Chr.) fast über ganz Vorderasien bis zum Indus herrschte. Im 2. Jahrhundert v. Chr. ging der größte Teil des Reiches ihnen verloren, und sie blieben auf Syrien beschränkt, das Pompejus 63 v. Chr. zu einer römischen Provinz machte.

Seleukos Nikator, geboren um 358 v. Chr., war Heerführer unter Philipp II. von Makedonien, später unter Alexander dem Großen. Nach dessen Tod war Seleukos einer der → Diadochen, die sich nach langen Kämpfen das Reich teilten. Ihm war Babylonien als Satrapie zugefallen. 305 v. Chr. rief er sich zum König aus, eroberte Syrien und das iranische Hochland und erhob 293 v. Chr. Antiochia zu seiner Hauptstadt. Er wurde 281 v. Chr. ermordet.

Septimius Severus, Lucius, römischer Kaiser, wurde 146 in Leptis Magna im heutigen Libyen geboren. 193 von der Donauarmee zum Kaiser ausgerufen, besiegte er in den nächsten vier Jahren die anderen Thronanwärter. Nach der Rückkehr von seinem siegreichen Partherfeldzug im Jahr 202 schuf er eine durchorganisierte Verwaltung mit guter Rechtspflege. Seine Herrschaft stützte sich vor allem auf das Heer. Er förderte die orientalische Kulte. Septimius Severus starb 211 in Eboracum (York), als er in Britannien die Reichsgrenze gegen die Kaledonier schützte.

Sesostris (griechische Form von Senwosret), Name dreier Pharaonen der 12. Dynastie. Sesostris I. (um 1971–1928 v. Chr.) erweiterte den ägyptischen Einfluß in Nubien und Asien. Über Sesostris II. (1897–1877 v. Chr.) ist bisher noch weniger bekannt. Sesostris III. (1878–1843 v. Chr.) mußte mehrere Feldzüge unternehmen, um die Oberherrschaft Ägyptens in Nubien und Palästina aufrechtzuerhalten.

Siegel, Abdruck eines Stempels, einer Ringplatte oder eines Siegelzylinders mit eingetiefter Darstellung, die auf Ton, Wachs oder Siegellack erhaben erscheint. Im alten Mesopotamien wurden die Stempel im 4. Jahrtausend v. Chr. durch die walzenförmigen Siegelzylinder verdrängt. Diese fingerdicken Walzen aus sehr hartem Stein trugen eingravierte Bilder. Man rollte sie auf frischem Ton ab. Diese Siegelform verbreitete sich auch in Syrien, Kleinasien und im Iran.

Simonides (um 556–467 v. Chr.), griechischer Dichter von der Insel Keos, verfaßte Oden für die Sieger bei den großen Spielen, ferner Trauerlieder und zahlreiche Epigramme.

Skythen, ein Reiternomadenvolk ostiranischen Ursprungs, das in den Steppen zwischen Donau und Don lebte. Die Skythen traten erstmals im 8. Jahrhundert v. Chr. nördlich des Kaukasus in Erscheinung. Der Perserkönig Dareios I. versuchte vergeblich, sie 520–518 v. Chr. zu unterwerfen. Um die Zeitenwende gingen sie in den Sarmaten auf. Berühmt wegen ihres Tierstils ist die skythische Kunst.

Stupa, buddhistischer Sakralbau in Halbkugelform auf einer quadratischen Terrasse, der von einem Mast mit mehreren Schirmen überragt wird. Der Stupa war ursprünglich ein Reliquienschrein, der Buddhas Asche enthalten haben soll.

Sui, chinesische Dynastie, 581 von Jang Djän gegründet. Er war ein Minister des Herrschers der nördlichen Dschou, Jü-wen Jung, dessen Reich Nordchina umfaßte und der Tschangan zu seiner Hauptstadt gemacht hatte. Nach Jü-wen Jungs Tod entthronte Jang Djän dessen Enkel und riß die Macht an sich. Als Kaiser hieß er Wendi. 589 griff er das Südreich an, eroberte dessen Hauptstadt Djänkang (Nanking) und stellte Chinas Einheit wieder her. Er starb 604. Sein Reich überdauerte ihn nur 14 Jahre. Sein Sohn Jangdi wurde ermordet, und nach mehreren Aufständen wurde die Suidynastie von den Tangherrschern abgelöst.

Sulla, Lucius Cornelius, geboren 138 v. Chr., gehörte einer alten römischen Patrizierfamilie an. Er führte 88–85 v. Chr. einen siegreichen Feldzug in Griechenland und Kleinasien gegen Mithridates, den König von Pontos. Danach kämpfte er in Italien gegen Marius, das Haupt der Volkspartei. Als er im Jahr 82 v. Chr. alle seine Gegner in Italien endgültig besiegt hatte, regierte er, unterstützt vom Senat und vor allem vom Heer, als Diktator. Im Jahr 79 v. Chr. legte er die Diktatur nieder und starb im nächsten Jahr.

Sumer, alter Name für Mittel- und Südbabylonien, ein Gebiet, in dem spätestens seit dem Ende des 4. Jahrtausends v. Chr. die Sumerer, ein Volk unbekannter Herkunft, lebten. Die Sumerer hatten einen wesentlichen Anteil an der Schöpfung der altorientalischen Hochkultur. Im 2. Jahrtausend v. Chr. verschmolzen sie mit den semitischen Akkadern und Babyloniern. Siehe Seite 50–59.

Sutra, Merksatz in Versen oder in Prosa, der sich auf die Riten und das religiöse Recht im Brahmanismus bezieht. Im Buddhismus sind Sutren Lehrsätze, die Buddha zugeschrieben werden.

T

Talent, antike Gewichtseinheit von 60 Minen (→ Mine).

Tanit (auch Tinnit) war neben Baal Hammon Hauptgöttin Karthagos. Ihr Name ist vielleicht libyschen Ursprungs. Trotz ihrer Bedeutung im Glauben der Karthager weiß man nicht viel über sie. Ihr Name bedeutet Mutter, und es wird sich wohl um eine Muttergottheit gehandelt haben. Die Römer setzten sie der Göttin Juno gleich.

Taoismus, eine philosophische Lehre im alten China, aus der sich später eine Religion entwickelte. Sie geht auf Laotse zurück, der im 6. Jahrhundert v. Chr. gelebt haben soll. Ihm wird das *Taotêking* (Buch vom Weg zur Tugend) zugeschrieben. Im Taoismus geht es um die Harmonie zwischen Mensch und Kosmos. Grundlegend sind die Begriffe Tao (= Weg), womit der Urgrund der Welt bezeichnet wird, und Tê (= Tugend), das Wirken oder die Kraft des Taos, die wirkt, ohne zu handeln.

Taurobolium, die Bluttaufe im Kult des → Mithras. Dabei schnitt man einem Stier über einem Rost die Kehle durch. Das Blut des Tiers rann auf die Mysten, die unter dem Rost standen.

Tell nennt man im arabischen Orient einen durch lange Besiedlung entstandenen Hügel aus Kulturschutt. Die gleiche Bedeutung haben das ägyptische *kôm* und das türkische *tepe*.

Theodosius I., Flavius, römischer Kaiser spanischer Herkunft, wurde 347 geboren. Im Jahr 379 ernannte Kaiser Gratian ihn zum Mitkaiser und übertrug ihm den Osten des Reiches einschließlich der Donauprovinzen. Als Gratian 383 ermordet wurde, gelang es Theodosius, seine Rivalen auszuschalten. 394 wurde er Alleinherrscher des gesamten Römischen Reichs. Er starb 395. Zuvor hatte er das Reich zwischen seinen beiden Söhnen aufgeteilt: Honorius sollte über den Westen, Arkadius über den Osten regieren. Er verbot alle heidnischen Kulte.

Thermen hießen in Rom und der römischen Welt die oft monumentalen Badeanlagen, die durch Hypokausten (Fußbodenheizung) die nötige Wärme empfingen. Sie bestanden aus einem → Apodyterium (Auskleideraum), dem Frigidarium (Kaltbad), dem lauen Tepidarium und dem → Caldarium (Heißwasserbad). In vielen Thermen gab es gesonderte Abteilungen für Männer und Frauen. Oft waren sie mit einem → Gymnasion verbunden.

Thermopolium, in der Römerzeit ein zur Straße hin offenes Lokal mit einer Theke, in dem heiße und kalte Speisen sowie Getränke verkauft wurden. Es war mit Tischen und Stühlen eingerichtet.

Theseus, attischer Nationalheros, Sohn des athenischen Königs Aigeus (oder des Poseidon) und der Aithra, Tochter des Königs Pittheus von Troizen in der Argolis. Er begleitete die Jünglinge und Mädchen, die Minos als jährlichen Tribut forderte, nach Kreta und tötete dort den Minotaurus. Danach heiratete er Phaidra, die Tochter des Minos und der Pasiphae, und folgte seinem Vater auf den Thron.

Thukydides, attischer Historiker, wurde in Athen um 460 v. Chr. geboren, konnte im Peloponnesischen Krieg den Fall von Amphipolis nicht verhindern und wurde von den Athenern für Jahre verbannt. Seine *Geschichte des Peloponnesischen Krieges* weist ihn als einen der größten Historiker und Schriftsteller der Antike aus.

Tiberius (Tiberius Julius Cäsar Augustus, 42 v. Chr.–37 n. Chr.), römischer Kaiser, war der Sohn des Tiberius Claudius Nero und der Livia Drusilla. Durch die zweite Heirat seiner Mutter wurde er im Haus seines Stiefvaters Augustus erzogen, dessen Nachfolge er im Jahr 14 n. Chr. antrat. In der ersten Hälfte seiner Regierungszeit war er ein strenger, aber gerechter Herrscher. Im Jahr 27 zog er sich in seinen Palast auf der Insel Capri zurück und ließ den Prätorianerpräfekten Sejan an seiner Stelle regieren. Sejan wurde 31 hingerichtet, als er nach der Kaiserwürde trachtete.

Titus (Titus Flavius Vespasianus, 39–81), römischer Kaiser, war der älteste Sohn Vespasians. Er nahm an den Operationen seines Vaters in Judäa gegen die im Jahr 66 rebellierenden Juden teil. Im Jahr 69 löste er ihn dort als Oberkommandierenden ab, denn Vespasian wurde während des Bürgerkriegs, der nach Neros Tod tobte, zum Kaiser ausgerufen. Titus beendete den jüdischen Krieg mit der Einnahme von Jerusalem im Jahr 70. Er folgte seinem Vater im Jahr 79 auf den Thron und starb zwei Jahre später.

Tlaloc, aztekischer Regengott, der in wolkenverhangenen Bergen und Quellen wohnte.

Tolteken, ein wie die Azteken Nahua sprechendes Volk, das im 9. Jahrhundert aus dem Norden nach Mexiko eingewandert war, wo es die Kultur von Teotihuacán übernahm. Ein Teil der Tolteken ließ sich in Yucatán im Gebiet der Maya nieder.

Torques, ein besonders von den Kelten getragener, meist offener Halsring aus umeinander gedrehten Metallbändern, der häufig an beiden Enden mit Kugeln versehen war.

Trajan (Marcus Ulpius Traianus), römischer Kaiser, wurde im Jahr 53 in Italica (Spanien) geboren. Er machte eine glänzende militärische Karriere und wurde von Kaiser Nerva adoptiert, dessen Nachfolge er 98 antrat. Er führte zahlreiche Kriege gegen die Daker (101–107) und die Parther und gliederte Dakien (Rumänien), das Land der Nabatäer (Petra), Armenien und Mesopotamien dem Römischen Reich ein, das unter ihm seine größte Ausdehnung erreichte.

Transhumanz, eine halbnomadische Lebens- und Wirtschaftsweise, bei der je nach Jahreszeit das Vieh auf andere Weidegründe getrieben wurde, beispielsweise im Sommer auf die Almen, im Winter in die Ebenen.

Triclinium, drei hufeisenförmig aufgestellte Ruhebetten oder Klinen. An der offenen Seite wurden von den Dienern die Speisen serviert, oder man schob einen Tisch hinein. Die Klinen, auf denen die Gäste liegend speisten, waren oft aus Stein und mit Stoffen und Kissen belegt. Mit dem Wort *triclinium* bezeichnete man später das Speisezimmer eines römischen Hauses.

Tscham, geschichtliches Volk, das im 2. Jahrhundert n. Chr. in Zentral- und Südvietnam das Reich Tschampa gründete, dessen Kultur stark unter indischem Einfluß stand. So wurde → Schiwa kultisch verehrt. Tschampa hatte häufig mit China und den Khmer zu kämpfen und wurde im 15. Jahrhundert von den Vietnamesen aus dem Norden zerstört. Die Tscham wurden nach Kambodscha und ins Mekongdelta gedrängt.

Tschandragupta, Name mehrerer indischer Könige. Der berühmteste begründete die Maurjadynastie, deren größter Herrscher sein Enkel → Aschoka werden sollte. Tschandragupta eroberte um 322 v. Chr. das alte Reich Magadha und vernichtete die makedonischen Garnisonen im Indusgebiet. Er schuf das erste indische Großreich mit der Hauptstadt Pataliputra (siehe Seite 170–175). Ein weiterer Träger dieses Namens begründete um 320 n. Chr. die Guptadynastie, deren Reich ganz Nord- und Zentralindien umfaßte und im 6. Jahrhundert dem Ansturm der Weißen Hunnen (Hephthaliten) zum Opfer fiel.

U

Urartu, altorientalisches Reich im Hochland zwischen Kleinasien und dem Iran, dessen Mittelpunkt am Vansee lag. Es blühte zwischen dem 9. und 7. Jahrhundert v. Chr. und behauptete sich in langen Kämpfen gegen die Assyrer. Die Urartäer waren möglicherweise, auch sprachlich, mit den älteren → Hurritern verwandt. Sie gingen offenbar in den → Armeniern auf. Der Name Urartu hat sich – verwandelt – in dem des Berges Ararat erhalten.

V

Venus, römische Göttin, ursprünglich Beschützerin der Gemüsegärten, wurde der griechischen Aphrodite, Göttin der Liebe, Schönheit und Fruchtbarkeit, gleichgesetzt. Man übertrug auf sie auch deren Mythen und Attribute. Cäsar führte sein Geschlecht, das der Julier, auf diese Göttin zurück.

Viracocha, Weltenschöpfer bei den Aymara Boliviens und den Quechua (Inka) Perus, schuf die Menschen in Tiahuanaco auf dem Andenhochland südlich des Titicacasees (Bolivien) und schenkte ihnen alle Errungenschaften der Zivilisation. Laut einem Mythos, den spanische Chronisten aufzeichneten, sei er danach als Bettler verkleidet nach Norden gezogen und bis Manta an der Küste von Ecuador gekommen. Dann habe er sich, auf dem Meer wandelnd, nach Westen gewandt. Ein erstes Menschengeschlecht in Tiahuanaco habe er durch eine Sintflut ausgelöscht.

Vitellius, Aulus, geboren 15 n. Chr. befehligte die niedergermanischen Legionen und wurde Anfang des Jahres 69 von seinen Truppen zum Kaiser ausgerufen. Er kämpfte gegen seinen Vorgänger Otho und besiegte ihn schließlich. Er herrschte in Rom nur einige Monate. Nachdem die Vespasian ergebenen Donaulegionen seine Truppen geschlagen hatten, kam er bei Straßenkämpfen in Rom um.

W

Wachsausschmelzverfahren, ein Kupfer- und Bronzegußverfahren, bei dem das Wachsmodell aus der Form ausgeschmolzen und die Form nach dem Erkalten des Metalls zerschlagen werden muß, um das Gußstück zu befreien (siehe Seite 58).

Weda (Sanskrit: Wissen), das älteste religiöse Schrifttum Indiens. Der Weda soll von Brahma, dem höchsten Gott des Brahmanismus, stammen und besteht aus vier Sammlungen *(samhita)* oder Weden, in denen Hymnen und andere Texte aus verschiedenen Epochen zusammengefaßt sind. Der älteste Weda ist der *Rigweda* mit Hymnen an die Götter. Der *Jadschurweda* enthält Opferformeln und ist in den *Weißen Jadschurweda* und den *Schwarzen Jadschurweda* unterteilt. Der *Samaweda* ist das Buch der Lieder und der *Atharwaweda* eine Sammlung von Gebeten, magischen Formeln und mythischen Lehren von der Entstehung der Welt. Die Weden sind zwischen 1200 und 600 v. Chr. entstanden.

Westgoten (eigentlich Wisigoten = gute Goten), einer der beiden Gotenstämme, die sich, ursprünglich von Skandinavien kommend, im 4. Jahrhundert zwischen Donau und Dnjepr angesiedelt hatten und zum Christentum bekehrt wurden. Unter Führung ihres Königs Alarich I. zogen sie nach Italien, nahmen 410 Rom ein und plünderten es. Danach ließen sie sich in Aquitanien nieder und gründeten das Tolosanische Reich (nach Tolosa, dem heutigen Toulouse, ihrer Hauptstadt), das seine Herrschaft auf die Provence und Spanien ausdehnte. 507 wurden sie von dem Frankenkönig Chlodwig geschlagen und verloren ihre Besitzungen in Gallien bis auf den Küstenstreifen am Mittelmeer, vollendeten jedoch die Eroberung der Pyrenäenhalbinsel, wo das Reich von Toledo noch bis 711 bestand, als die Westgoten von den Arabern geschlagen wurden.

Y

Yoruba, afrikanisches Volk in Südwestnigeria, Träger der Kultur von Ife, deren Blütezeit zwischen dem 12. und 15. Jahrhundert lag. Ihr Reich zerfiel später in verschiedene Kleinstaaten, die von England bis 1893 unterworfen wurden. Die Yoruba, die heute etwa 13 Millionen zählen, waren vermutlich aus dem Sudan eingewandert und hatten sich im 7. Jahrhundert am Golf von Guinea niedergelassen. Ihr alter Mittelpunkt, die Stadt Ife (siehe Seite 276–279), ist noch heute der Sitz des Oba von Ife, des geistlichen Oberhauptes der Yoruba.

Z

Zarathustra (griechisch: Zoroaster) gilt als Begründer des Zoroastrismus, der Religion der alten Perser, vor allem der Sassaniden. Es haben sich so viele Legenden um ihn gebildet, und seine historische Persönlichkeit ist so wenig faßbar, daß manche Autoren seine Existenz in Frage stellen. Vermutlich lebte er jedoch zwischen dem 8. und dem 6. Jahrhundert v. Chr. in Ostiran. Er soll im ganzen Iran seine Lehre gepredigt haben. Sie beruht auf dem Kampf zwischen dem Guten, verkörpert durch Ahura Masda, und dem Bösen, verkörpert durch Ahriman. Die heilige Schrift des Zoroastrismus, das *Awesta,* geht zum Teil wohl auf ihn zurück.

Zenobia, Herrscherin von Palmyra, die nach dem Tod ihres Gemahls Odaenathus im Jahr 266 oder 267 die Regentschaft für ihren Sohn Vaballathus übernahm. Die Krisen im Römerreich nutzend, dehnte sie ihre Herrschaft auf Syrien, Mesopotamien, Ägypten und einen Teil Kleinasiens aus. 271 ließ sie Vaballathus den Titel Augustus annehmen. Im darauffolgenden Jahr griff Kaiser Aurelian Palmyra an und schlug Zenobias Truppen. Die Königin wurde im Jahr 274 in Aurelians Triumphzug als Gefangene durch Rom geführt und lebte bis zu ihrem Tod in einer Villa bei Tivoli.

Zerberus (griechisch: *Kerberos),* Höllenhund mit drei Köpfen und einem Schlangenschwanz, bewachte die Unterwelt. Herakles mußte ihn – das war eine seiner zwölf Arbeiten – einfangen und herauf zur Erde bringen.

Zikkurat, akkadischer Name der mesopotamischen Stufentürme, auf denen ein Hochtempel stand. Auch der babylonische Turm war eine Zikkurat. Ursprünglich handelte es sich lediglich um einen unregelmäßig geformten Sockel, auf dem der Tempel stand. Der Sockel erhöhte sich bei Umbauten, wurde schließlich mehrstufig, bis sich um 2000 v. Chr. der Stufenturm mit quadratischem Grundriß herausgebildet hat, auf dessen Plattform mehrteilige Rampen oder Freitreppen führten. Solche Stufentürme wurden auch in Assyrien und Elam gebaut. In Elam hatte die Zikkurat zum Teil Innentreppen.

ZEITTAFELN

Zeit	Europa	Vorderer Orient
9000 v. Chr.	**9000–6500:** Ende der Altsteinzeit und der Eiszeit: zunehmende Erwärmung. Beginn der Mittleren Steinzeit.	**Um 9000:** Älteste Ackerbausiedlungen in Syrien und Jordanien.
8000 v. Chr.	**Um 8000:** Beginn der Mittleren Steinzeit (Mesolithikum) in Nordwesteuropa.	
7000 v. Chr.	**Um 6500:** Landwirtschaft und Töpferei treten in Griechenland (Sesklo in Thessalien) auf.	**Um 7000:** In Jericho werden die ersten Mauern aus Stein errichtet. **Um 6400:** Beginn der jungsteinzeitlichen Stadt Çatal Hüyük (Seite 6–11) in Kleinasien.
6000 v. Chr.	**Um 6000:** Erste neolithische Siedlung in Kreta an der Stelle von Knossos. Jungsteinzeitliche Kulturen breiten sich auf der Balkanhalbinsel aus.	**Um 6000–5000:** Früheste neolithische Siedlungen in Ugarit und Ninive. Man entdeckt die Schmelzbarkeit des Kupfers und gewinnt das Metall aus dem Erz durch Reduktion.
5000 v. Chr.	**Um 5000:** Beginn der Jungsteinzeit in Mitteleuropa. **Um 4500:** Der Ackerbau breitet sich bis Britannien und Nordeuropa aus.	**Um 5000:** Erste Besiedlung Südmesopotamiens. **Um 4500:** Eridu, eine der ältesten Städte Mesopotamiens, wird gegründet, danach Ur und El-Obeid.
4000 v. Chr.	**Um 3500:** Erste Großsteingräber in der Bretagne und in Britannien. **Um 3200:** Tafeln mit ideographischen Zeichen in Rumänien und Bulgarien.	**Vor 4000:** Gründung von Susa in Elam (Seite 14–21). **Um 3700:** Auftreten der Sumerer in Südmesopotamien mit dem Zentrum in Uruk. **Um 3400:** Erfindung der Schrift in Sumer.
3000 v. Chr.	**Um 3000:** Beginn der Bronzezeit in Griechenland und auf Kreta, wo die erste Phase der minoischen Kultur einsetzt. **Um 2400:** Die ersten Indogermanen breiten sich von den Gebieten nördlich des Schwarzen Meeres nach Mitteleuropa aus. **Um 2300:** Indogermanen in Griechenland.	**Um 3000:** Beginn der Bronzezeit in Kleinasien. **Um 2500:** Königsgräber von Ur. **Um 2350:** Sargon von Akkad gründet das erste Großreich der Geschichte. Erste Zerstörung von Mari. **Um 2300:** Indogermanen dringen in Kleinasien ein. **Um 2150–2000:** Neusumerisches Reich der 3. Dynastie von Ur (Seite 50–59).
2000 v. Chr.	**Um 2000:** Die ältesten Paläste werden in Knossos (Seite 60–69), Phaistos, Mallia auf Kreta erbaut. Erfindung der Linear-A-Schrift. In Westeuropa Blüte der Megalithkultur (Stonehenge).	**Vor 1800:** Das Zentrum Kleinasiens kommt unter die Herrschaft der Hethiter und wird Kern ihres Reiches. In Assyrien gründet Schamschiadad I. ein Reich.
1800 v. Chr.	**Um 1800:** Beginn der Bronzezeit in Mittel- und Westeuropa. **Um 1700:** Auf Kreta werden die Paläste durch Brand zerstört, doch bald wieder aufgebaut.	**Um 1800:** Blütezeit der Stadt Mari am Euphrat. **1792–1750:** Unter der Herrschaft Hammurabis greift das Reich von Babylon bis Südmesopotamien und Syrien aus. **1759:** Zimrilim, der letzte König von Mari, wird von Hammurabi geschlagen; bald darauf wird Mari zerstört.
1600 v. Chr.	**Um 1600:** Die indogermanischen Achaier gründen in Mykene ein Königtum (Seite 70–79). Blütezeit der minoischen Kultur auf Kreta, von wo sie in die Ägäis ausstrahlt.	**Um 1596:** Hethiter unter Mursilis I. nehmen Babylon ein und zerstören es. Ende der Dynastie des Hammurabi. In der Folge machen sich die Kassiten zu den Herren Babyloniens.
1400 v. Chr.	**Um 1400:** Ende der minoischen Kultur. Die Achaier lassen sich auf Kreta nieder und breiten sich im Mittelmeer aus.	**1380–1346:** Blüte des Hethiterreiches und seiner Hauptstadt Hattuscha (Seite 100–105) unter Suppiluliuma I., der Syrien erobert. **1366–1330:** In Assyrien herrscht Assuruballit I., der sich unabhängig von Babylon macht. **Um 1350–1250:** Blütezeit von Ugarit in Syrien (Seite 80–85). In Kleinasien blüht Troja VII., das das homerische Troja zu sein scheint.

Afrika	Ost- und Südasien	Amerika
Um 7000: Feuchtzeit in der Sahara.	**Um 7000–6000:** Beginn der Jomonkultur in Japan: Keramik mit Schnurabdrücken.	**7000–5000:** Übergang vom Sammeln zum Anbau von Kürbis, Bohnen und Mais in Mittelamerika.
Um 6000: Erste Felsmalereien in der Sahara.	**Um 5800:** Beginn der Landwirtschaft in China mit Hirseanbau.	
Um 4500: Beginn der Landwirtschaft in Ägypten. Erste Siedlungen im Faijum.		
Um 4000: Die jungsteinzeitliche Kultur Ägyptens breitet sich nach Süden aus. Die in Felle gehüllten Toten mumifizieren auf natürliche Weise. **Um 3100:** Erste hieroglyphische Inschriften.	**Um 4000:** Die Landwirtschaft breitet sich im Gebiet des heutigen Afghanistans und Pakistans aus.	**Um 3200:** In Mexiko entstehen die ersten Dörfer auf der Grundlage des Maisanbaus.
Um 3000: Vereinigung von Ober- und Unterägypten unter Menes. **Um 2780:** Beginn des Alten Reiches. Die Stufenpyramide des Königs Djoser wird in Sakkara gebaut (Seite 22–33). **Um 2600–2500:** Bau der großen Pyramiden von Gise. **Um 2280:** Das Alte Reich in Ägypten endet in Anarchie. **Um 2060:** Wiedervereinigung Ägyptens. Beginn des Mittleren Reiches.	**Um 3000:** Erste bemalte Bandkeramik der jungsteinzeitlichen Jangschaokultur in China. **Um 2500:** Beginn der Induskultur in Harappa.	**Um 3000:** Erste Tonwaren an der karibischen Küste Kolumbiens. **Um 2500:** Anbau von Bohnen und Baumwolle in Peru. **Um 2350:** Erste grobe Tonwaren treten in Mexiko auf.
	Um 2000–1800: Blütezeit der Induskultur in Harappa (Seite 44–47) und Mohendscho-Daro.	**2000–1500:** An der Südküste des Golfes von Mexiko entsteht die Kultur der Olmeken.
Um 1780: Ende des Mittleren Reiches. Einfall der Hyksos in Ägypten.		
Um 1550: Die Brüder Kamose und Ahmose, die als Könige in Theben residieren, vertreiben die Hyksos. Gründung des Neuen Reiches.		
1364–1347: Unter der Herrschaft Echnatons (Amenophis IV.) wird der Kult der Sonnenscheibe (Aton) als einziger Gottheit offizielle Religion. Bei Amarna wird die neue Hauptstadt Achetaton gegründet (Seite 88–99). **Nach 1347:** Herrschaft Tutanchamuns. **1306:** Beginn der Ramessidenzeit (19. und 20. Dynastie).	**Um 1335:** Anjang wird die Hauptstadt der Schangdynastie in China (Seite 106–109).	**Um 1400:** Verbreitung des Maisanbaus in den Küstengebieten Perus.

Zeit	Europa	Vorderer Orient
1300 v. Chr.	**Um 1225–1150:** Zerstörung der mykenischen Städte in Griechenland und Ende der mykenischen Kultur. Dorische Wanderung.	**Um 1300–1100:** Vereinigung der Reiche von Anschan und Susa. Danach Blütezeit von Elam, das nach Babylonien ausgreift. **Um 1284:** Schlacht von Kadesch zwischen den Hethitern und den Ägyptern unter Ramses II. **Um 1200:** Zerstörung von Hattuscha und Ende des Hethiterreiches. Zerstörung Ugarits. Einfälle der Seevölker. **Um 1200–1050:** Die Israeliten setzen sich in Kanaan fest. Zeitalter der Richter.
1000 v. Chr.	**Um 900:** Ankunft der Etrusker in Italien. **Um 850–750:** Entstehung der homerischen Epen *Ilias* und *Odyssee*.	**Um 1000:** Begründung des Königtums Israels unter Saul und David. Die Phöniker beginnen sich an den Küsten des Mittelmeeres auszubreiten.
800 v. Chr.	**Um 800:** Gründung von Tarquinia (Seite 126–133). **776:** Traditioneller Beginn der Olympischen Spiele in Olympia (Seite 162–169). **753:** Traditionelles Datum der Gründung Roms.	**705–681:** Herrschaft Sanheribs, der Ninive (Seite 110–117) zur Hauptstadt Assyriens macht. **Um 605:** Nebukadnezar II. erneuert Babylon (Seite 120–125).
600 v. Chr.	**Um 600:** Gründung der Heuneburg (Seite 134–139). Beginn der Ausbreitung der Kelten über Mittel- und Westeuropa. **509:** Einführung der Republik in Rom. **500–477:** Perserkriege. Die Perser werden 490 bei Marathon und 480 bei Salamis von den Griechen geschlagen. **474:** Hieron von Syrakus besiegt die etruskische Flotte bei Cumae. **431–404:** Peloponnesischer Krieg in Griechenland.	**539:** Der Perserkönig Kyros II. nimmt Babylon ein. **520:** Dareios I. gründet Persepolis (Seite 140–145) als Hauptstadt des Perserreiches.
400 v. Chr.	**336–323:** Alexander der Große erobert den alten Orient bis zum Nil und zum Indus. **218:** Beginn des 2. Punischen Krieges: Hannibal marschiert nach Italien.	**4. Jahrhundert:** Die Nabatäer erscheinen in der Geschichte. Erste Epoche von Petra (Seite 182–187). **Um 248–214:** Herrschaft Tiridates' I., der im Norden des Irans das arsakidische Partherreich begründet.
200 v. Chr.	**Um 200–100:** Wirtschaftliche Blüte von Delos (Seite 176–181). **146:** Zerstörung von Korinth. Griechenland wird Teil des Römischen Reiches. **58–51:** Cäsar erobert Gallien. **43:** Gründung von Lugdunum (Seite 210–215). **27:** Octavian erhält den Ehrennamen Augustus: Ende der römischen Republik und Beginn der Kaiserzeit.	**Um 150:** Die Essener, eine ordensähnliche jüdische Gemeinschaft, lassen sich in Qumran (Seite 190–193) nieder. **1. Jahrhundert:** Herrschaft Antiochos' I. von Kommagene, der das Heiligtum auf dem Nemrud Dağ (Seite 194–197) bauen läßt.
Zeitwende	**79:** Ausbruch des Vesuvs, wobei Herculaneum und Pompeji (Seite 198–207) zerstört werden.	**70:** Titus zerstört den Tempel in Jerusalem. **Um 100–240:** Blütezeit Hatras (Seite 216–221). **106:** Trajan gliedert die Nabatäa mit Petra dem Römischen Reich ein.
200	**212:** Unter Kaiser Caracalla erhalten alle freien Bürger des Reiches römisches Bürgerrecht. **293:** Diocletian ordnet das Reich neu und gründet die Tetrarchie: Zwei *Augusti* und zwei *Caesari* teilen sich die Herrschaft.	**226:** Ardaschir stürzt den letzten Arsakiden und begründet die persische Dynastie der Sassaniden im Iran. **241:** Schapur I. nimmt Hatra ein. Zerstörung und Ende der Stadt.

Afrika	Ost- und Südasien	Amerika
1290–1224: Herrschaft Ramses' II., der 15 Jahre nach der Schlacht bei Kadesch (1284) mit den Hethitern einen Friedensvertrag schließt. **1184–1153:** Herrschaft Ramses' III., der in mehreren Schlachten die in Ägypten eingedrungenen Seevölker schlägt.	**Um 1050:** Wu Wang gründet die Dschoudynastie, durch die die Schangdynastie abgelöst wird.	
Um 900: Gründung des Reiches Kusch in Nubien mit der Hauptstadt Napata. **814:** Traditionelles Datum der Gründung Karthagos.		**Um 1000:** Beginn der Lamazüchtung in den Anden.
671–663: Die Assyrer erobern Ägypten.	**Um 770:** Dynastie der östlichen Dschou mit der Hauptstadt bei Lojang.	**Um 800:** Bau des Tempels von Chavín in Peru: Beginn monumentaler Steinarchitektur.
525: Kambyses, der Sohn des Kyros, unterwirft Ägypten.	**Um 450–400:** Kurgane von Pasyryk im Altai (Seite 154–159).	**Um 600:** Erste Besiedelung von Tikal.
331: Alexander der Große wird in Memphis zum Pharao gekrönt. Nach seinem Tod (323) übernimmt Ptolemaios, einer seiner Feldherren, die Herrschaft (seit 305 als König) und begründet die Dynastie der Ptolemäer. **202:** Hannibal wird bei Zama von P. Cornelius Scipio Africanus geschlagen.	**Um 273–236:** Über das Maurjareich in Nordindien herrscht Kaiser Aschoka in seiner Hauptstadt Pataliputra (Seite 170–175). **221–209:** Tjin Schi Huangdi vereinigt China in einem Reich. **206:** Die Handynastie übernimmt die Herrschaft in China.	
146: Zerstörung Karthagos durch die Römer. **30:** Tod Kleopatras. Ägypten wird römisch unter unmittelbarer Kontrolle des Kaisers.	**Um 100:** Beginn des Handelsverkehrs zwischen China und dem Westen auf der Seidenstraße.	**Um 200:** Beginn der Kultur von Teotihuacán in Mexiko. Bau der Sonnenpyramide.
	25: Wiederherstellung der Handynastie. **Um 80:** Der Grieche Hippalos entdeckt das System der Monsune und eröffnet den direkten Seeweg nach Indien.	**Um 100:** Beginn der Anasazikultur (Korbflechterphase).
Um 250: Zerfall des Reiches von Meroe.	**220:** Ende der Handynastie und Auflösung ihres Reiches.	**292:** Datum der ältesten Inschrift in Tikal (Seite 250–255). Beginn der Mayakultur.

Zeit	Europa	Vorderer Orient
300	**313:** Konstantin der Große erkennt das Christentum als legale Religion an. **395:** Tod Kaiser Theodosius': Endgültige Aufteilung des Römischen Reiches in Westrom und Ostrom.	**330:** Konstantin der Große weiht an der Stelle des alten Byzanz ein zweites Rom, das Konstantinopel getauft wird.
400	**410:** Die Westgoten unter Alarich erobern Rom. **486:** Chlodwig beseitigt den Rest römischer Herrschaft in Gallien und begründet damit die Größe des Frankenreiches.	**408:** Arcadius, der erste Kaiser Ostroms, stirbt.
500	**526:** Theoderich der Große stirbt. Bald nach seinem Tod beginnt der Vernichtungskrieg Ostroms gegen das Ostgotenreich in Italien, das 553 untergeht.	**527:** In Konstantinopel (Seite 222–231) übernimmt Justinian nach dem Tode Justins die Herrschaft. **531–579:** Chosrau I., der bedeutendste Sassanide, herrscht im Iran.
600		**622:** Mohammed verläßt Mekka und begibt sich nach Medina. Mit dieser Hidschra (Flucht) beginnt die islamische Zeitrechnung.
700	**711:** Die Araber schlagen die Westgoten bei Xeres de la Frontera. **732:** Karl Martell schlägt die Araber bei Poitiers.	**750:** Die Abbasiden lösen im Kalifat die Omajjaden ab. Statt Damaskus wird Bagdad die Hauptstadt des Kalifenreiches.
800	**800:** Karl der Große wird in Rom zum Kaiser gekrönt.	**809:** Harun ar-Raschid stirbt.
900	**955:** Otto der Große besiegt die Ungarn bei Augsburg.	**952–977:** Aschod III. herrscht über Armenien und macht Ani (Seite 266–269) zu seiner Residenz.
1000	**1095:** Papst Urban II. ruft zum Kreuzzug auf.	**1071:** Bei Manzikert schlagen die Seldschuken ein byzantinisches Heer und beginnen Kleinasien zu erobern.
1100	**1190–1197:** Höhepunkt des deutschen Kaisertums unter Heinrich VI.	**1100–1118:** Balduin I. herrscht als König über Jerusalem, das 1099 ein Kreuzfahrerheer erobert hat.
1200	**1209–1226:** Albigenserkriege in Südfrankreich.	**1204:** Auf dem 4. Kreuzzug erobern die Kreuzfahrer Konstantinopel und gründen das Lateinische Kaiserreich.
1300	**1309–1377:** Päpste residieren in Avignon. **1389:** Sieg der Türken über die Serben auf dem Amselfeld: Beginn der türkischen Vormacht auf der Balkanhalbinsel.	**1339:** Ein Erdbeben zerstört Ani. **1356:** Die Osmanen überqueren die Dardanellen und fassen in Europa Fuß.
1400	**1419–1436:** Hussitenkriege. **1480:** Moskau stellt die Tributzahlungen an die Goldene Horde ein.	**1453:** Unter Mehmed II. nehmen die Osmanen Konstantinopel ein.
1500	**1517:** Thesenanschlag Luthers in Wittenberg: Beginn der Reformation. **1519:** Wahl Karls V. zum Kaiser, in dessen Reich die Sonne nicht untergeht.	**1520–1556:** Herrschaft Süleimans des Prächtigen: Blütezeit des Reiches der Osmanen.

Afrika	Ost- und Südasien	Amerika
320–355: König Ezana herrscht über das äthiopische Reich von Aksum. Er zerstört 325 Meroe und führt das Christentum ein.	**308–318:** Die Hiung-nu gründen in Nordchina ihren eigenen Staat. **Um 335:** Der Buddhismus wird in China offiziell anerkannt.	**300–500:** In Peru blühen zwei große Kulturen, im Norden die Mochicakultur, im Süden die Nazcakultur.
429: Die Wandalen fallen in Nordafrika ein und gründen dort ein Reich.	**480:** Ende der Guptadynastie in Indien.	
527: Kaiser Justinian verbündet sich mit dem Reich von Aksum gegen Persien.	**Um 538:** Einführung des Buddhismus in Japan. **589:** Wendi, Gründer der Suidynastie (seit 581), stellt die Einheit Chinas wieder her.	
639: Die Araber fallen in Ägypten ein.	**618:** Beginn der Tangdynastie, unter der China politisch und kulturell erneut erstarkt. Hauptstadt ist Tschangan (Seite 232–243).	
Um 730: Die Araber breiten sich an der ostafrikanischen Küste aus.	**710:** Gründung der Stadt Nara (Seite 246–249).	**Um 700:** Im Südwesten der heutigen USA löst die Pueblophase die Korbflechterphase der Anasazikultur ab.
	Um 800: Bau des Heiligtums von Borobudur (Seite 256–261) in Java. **802–850:** Dschajawarman II. erneuert das Reich der Khmer und begründet die Dynastie von Angkor (Seite 262–265).	**Um 800:** Erste Bauten in Chanchán (Seite 284–289). **869:** Letztes bekanntes Datum aus Tikal. Niedergang der Mayakultur.
10. Jahrhundert: Die Fatimiden dehnen ihre Herrschaft über ganz Nordafrika aus.	**916:** Gründung des Reiches Koryo in Korea.	**Um 919:** Gründung des Pueblo Bonito.
11. Jahrhundert: Erste Steinbauten in Simbabwe.	**1044:** König Anawratha macht Pagan (Seite 270–275) zur Hauptstadt eines Reiches in Birma.	**11. Jahrhundert:** Neue Blüte der Mayakultur in Yucatán unter Führung der Tolteken aus Tula im Hochland von Mexiko.
12. Jahrhundert: Beginn der Blütezeit von Ife (Seite 276–279), Mittelpunkt des ersten Reiches der Yoruba in Nigeria.	**1177:** Angkor wird von den Tscham aus Annam geplündert. Die Stadt wird wieder aufgebaut.	**12. Jahrhundert:** Blütezeit des Pueblo Bonito (Seite 280–283).
	Um 1287: Pagan wird von den Mongolen zerstört.	**Nach 1200:** Die Azteken wandern von Nordwesten her in das Tal von Mexiko ein.
	1357: Die Thai plündern Angkor.	**Um 1300:** Ende des Pueblo Bonito. **Um 1325:** Gründung von Tenochtitlán (Seite 290–299) durch die Azteken.
1415: Die Portugiesen erobern Ceuta. Beginn der portugiesischen Entdeckungsreisen entlang der afrikanischen Küste. **1442:** Beginn des Sklavenhandels in Afrika durch die Europäer.	**1431:** Angkor erneut von den Thai eingenommen. Ende der Stadt.	**1438–1471:** Herrschaft des Pachacutec Yupanqui, der das Inkareich begründet. **Um 1490:** Das Reich der Chimú wird von den Inka unterworfen. **1492:** Kolumbus entdeckt Amerika.
16. Jahrhundert: Ende der Vorherrschaft Ifes.	**1514:** Die ersten Portugiesen erreichen China. **1526–1530:** Babur, ein Nachkomme Timurs, erobert Nordindien und begründet das Reich der Großmoguln.	**1519–1521:** Cortez erobert das Aztekenreich. **1533:** Franzisco Pizarro läßt den letzten Inka Atahualpa hinrichten. Ende des Reiches der Inka.

BILDNACHWEIS

FOTOGRAFEN

Umschlagvorderseite: Linden-Museum Stuttgart
Umschlagrückseite: M. Durazzo
7, 8, 9, 10 J. Mellaart
11 H. Stierlin
13 o.: Sammlung Hillprecht, Friedrich-Schiller-Universität, Jena
15 Holle Bildarchiv
16 Réunion des Musées nationaux (Musée du Louvre)
17 o.: Photoresources (Archäologisches Museum, Istanbul)
17 u.: G. Gerster/Rapho
18 G. Annequin
19 o. li., o. re., Mi., **20** o., u., **21**: M. Chuzeville/S.R.D. (Musée du Louvre)
23, 24 G. Dagli Orti
25 B. Brake/Rapho
26 A. Clayton/Service des Antiquités
27 A. Shoucair/Thames & Hudson
28 li., re.: G. Dagli Orti
29 R. Harding
30 o., Mi., u.: G. Dagli Orti
31 A. Shoucair/Thames & Hudson
32 J. Vertut
33 Hirmer Fotoarchiv
35 Titus/Cedri
36 li.: E. Lessing/Magnum (Museum, Aleppo)
36 re.: A. Parrot
38 li.: G. Dagli Orti (Museum, Damaskus)
38 re.: M. Carrieri (Museum, Aleppo)
39 M. Chuzeville/S.R.D. (Musée du Louvre)
40 Réunion des Musées nationaux (Musée du Louvre)
41 li., re.: M. Chuzeville/S.R.D (Musée du Louvre)
42 o.: Fiore/Explorer
42 u., **43** o.: M. Chuzeville/S.R.D. (Musée du Louvre)
43 u.: M. Carrieri (Museum, Aleppo)
45, 46 o.: R. E. Bright
46 u.: R. Harding
47 li., re.: R. E. Bright
48 o., Mi.: Réunion des Musées nationaux (Musée du Louvre)
48 u. li.: Scala (Museum, Bagdad)
48 u. re., **49** o. li.: E. Lessing/Magnum
49 o. re.: J.-P. Germain/S.R.D. (Musées des Antiquités nationales)
49 u. li.: Ekdotike Athenon (Museum, Heraklion)
49 u. re.: Réunion des Musées nationaux (Musées des Antiquités nationales)
51 The British Museum
53 Fiore/Explorer
54 G. Gerster/Rapho
55 o., Mi., u.: The British Museum
56 Lee Boltin/The British Museum
57, 58 The British Museum
59 o.: H. Stierlin (Museum, Bagdad)
59 u.: G. Dagli Orti (Museum, Damaskus)
61 E. Lessing/Magnum (Museum, Heraklion)
62 E. Lessing/Magnum
64 J.-M. Grenier
65 E. Lessing/Magnum
66 o.: Ekdotike Athenon (Museum, Heraklion)
66 u.: B. Regent
67, 68 li.: Ekdotike Athenon (Museum, Heraklion)
68 re.: J. H. Lelièvre/Explorer
69 Ekdotike Athenon (Museum, Heraklion)
71 Ekdotike Athenon (Nationalmuseum, Athen)
72 J. P. Germain/S.R.D. (Bibliothèque nationale, Paris)
73 Ekdotike Athenon
74 D. A. Harissiadis (Nationalmuseum, Athen)
75 Spyros Tsavdaroglou (Nationalmuseum, Athen)
76 li., re.: D. A. Harissiadis (Nationalmuseum, Athen)
77 The British Museum
78, 79 H. Stierlin (Nationalmuseum, Athen)
81, 82, 83 o. li., o. re., **84** o., u., **85** o.: J. P. Germain/S.R.D. (Musée du Louvre)
85 u.: P. Koch/Rapho
86 o. li.: Musée de l'homme
86 Mi. li.: Oster/Musée de l'homme
86 u. li.: Musée de l'homme
86 Mi. (von rechts nach links): Scala (Museum, Bagdad), Bibliothèque nationale, Paris (2), Photoresources
87 li.: G. Dagli Orti
87 Mi. (von oben nach unten): M. Chuzeville/S.R.D. (Musée du Louvre), Starcky/Rapho, A. Quéméré (Musée Guimet)
87 re. (von oben nach unten): Réunion des Musées nationaux (Musée du Louvre), Boudot-Lamotte (2)
89 G. Dagli Orti (Museum, Kairo)
90 E. Lessing/Magnum
91 J. Marthelot
92 P. Tétrel/Fotogram (Museum,Kairo)
94 E. Lessing/Magnum (Museum, Kairo)
95 M. Babey/Ziolo (Ashmolean Museum, Oxford)
96 M. Babey/Ziolo (Musée du Louvre)
97 li.: P. Tétrel/Fotogram (Musée du Louvre)
97 re.: The Metropolitan Museum of Art, Sammlung Theodore M. Davis
98 C. Bevilacqua/Cedri (Museum, Kairo)
99 G. Dagli Orti (Museum, Kairo)
101 Titus/Cedri (Archäologisches Museum, Ankara)
102 Durou/Jaffre
103 li.: H. Stierlin
103 re.: Boudot-Lamotte
104 o.: H. Stierlin
104 Mi.: Holle Bildarchiv
105 G. Dagli Orti
107 L. Joubert/S.R.D. (Musée Cernuschi)
108 o.: R. Harding
108 u., **109** li., Mi.: Réunion des Musées nationaux (Musée Guimet)
109 re.: Ch. Lenars
111 The British Museum
112 Museum Berlin
113 The British Museum
114 o.: Larousse
114 u.: G. Gerster/Rapho
115, 116 o., u.: The British Museum
117 M. Chuzeville/S.R.D. (Musée du Louvre)
118 o.: Connaissance des arts
118 Mi.: Réunion des Musées nationaux (Musée du Louvre)
118 u. li.: J. Vertut
118 u. re.: Ziolo/Ekdotike Athenon
119 o. li.: Réunion des Musées nationaux (Musée du Louvre)
119 o. re.: Antikenmuseum, Staatliche Museen Preußischer Kulturbesitz, Berlin
119 u.: O. Savio/Musei dei Conservatori
121 G. Gerster/Rapho
122 Bildarchiv Preußischer Kulturbesitz
123 o.: G. Annequin
123 u.: R. Harding (Pergamon-Museum, Berlin)
124, 125 M. Chuzeville/S.R.D. (Musée du Louvre)
127 Hirmer Fotoarchiv
128 Titus Foto
129 o.: R. E. Bright/S.R.D. (Villa Giulia, Rom)
129 Mi.: M. Pucciarelli
130 o.: Titus Foto
130 u.: L. von Matt
131 li.: Scala
131 re.: R. E. Bright/S.R.D. (Villa Giulia, Rom)
132 Titus Foto
133 Scala (Villa Giulia, Rom)
135 A. Brugger, Freigabe-Nr. 2/27802 C
136, 137 o., Mi., u.: Sammlung W. Kimmig
138 o.: Foto Holder
138 u.: Sammlung W. Kimmig
139 li., re.: Giraudon (Musée de Châtillon-sur-Seine)
141 G. Dagli Orti
143 M. Babey/Ziolo
144 o.: C. Weaver/Ardea
144 Mi.: G. Dagli Orti
144 u. li.: G. Annequin
144 u. Mi.: G. Dagli Orti
145 G. Dagli Orti
147 R. Zili (Museum, Bardo)
148 M. Durazzo
149, 150 li, re.: R. Zili (Museum, Bardo)
151 Boudot-Lamotte (Museum, Bardo)
152 li.: J. Bottin
152 re.: R. Percheron/Ziolo (Museum, Bardo)
153 o.: Ch. Rémy
153 u.: R. Zili
155, 156 o.: Photoresources (Staatliche Eremitage, Leningrad)
156 u.: J.-P. Germain/S.R.D. (Bibliothèque nationale, Paris)
158 u.: A.P.N. (Staatliche Eremitage, Leningrad)
158 Mi., **159** Lee Boltin (Staatliche Eremitage, Leningrad)
160–161 o.: J. Guillard/Scope
160–161 u.: J.-L. Blanchet/Pitch
163 The Metropolitan Museum of Art, Rogers Fund
165 o.: Réunion des Musées nationaux (Musée du Louvre)
165 u.: G. Boutin/Atlas Photo
166 The British Museum
167 P. Putelat/TOP
168 The British Museum
169 Scala (Museo archeologico nazionale, Neapel)
171 H. Stierlin
172, 173 J.-L. Nou
175 H. Stierlin
177, 179 li.: R. Percheron/Ziolo
179 re.: E. Lessing/Magnum
180 o.: E. von Rettig/Pitch
180 u.: Ch. Rémy
181 École Française d'Archéologie, Athen
183 M. Bruggmann
184 B. Brake/Rapho
185 o.: D. Pellegrini
185 u.: M. Bruggmann
186 Scala (Musée du Louvre)
187 Kh. Schuster
188 The British Museum
191 Tape-Tour/Cidim
192 S. Weiss/Rapho
193 li.: J. u. R. Tournus
193 re.: Y. Braun Rafaelisk
195 G. Dagli Orti
196 o.: F. K. Dörner
196 u.: M. Babey/Ziolo
197 Alpay/Sipa-Press
199 C. M. Dixon
200 Publi-Aer Foto
201 C. M. Dixon/Photoresources
202 L. von Matt
203 li.: Scala (Museo archeologico nazionale, Neapel)
203 re.: P. Tétrel/Fotogram
204 Scala (Museo archeologico nazionale, Neapel)
205, 206: Scala
207 Photoresources
211 Chuzeville/S.R.D. (Musée de Louvre)
212 li., re.: G. Kriloff/S.R.D. (Musée de la Civilisation gallo-romaine, Lyon)
214 J. Thomas/Explorer
215 E. Lessing/Magnum (Musée de la Civilisation gallo-romaine, Lyon)
217 J. Lemoine
218 o.: W. Mac Quitty
218 u.: G. Gerster/Rapho
220 o., u.: G. Annequin
221 A. Held/Ziolo (Museum, Bagdad)
223 cala
224 F. Kohler
225 Bibliothèque nationale, Paris
226 o.: Schweizerisches Landesmuseum, Zürich
226 u.: G. Dagli Orti
227 Titus
228 Meyer/Nationalbibliothek, Wien
229 A. Held/Ziolo
230 o., u.: The British Museum
231 H. Stierlin
233 Courtesy of The Smithsonian Institution Freer Gallery of Art, Washington
234 o., u., **235**: L. von Matt (Royal Ontario Museum, Toronto)
236 o., u.: Réunion des Musées nationaux (Musée Guimet)
237 L. von Matt (Royal Ontario Museum, Toronto)
238 National Palace Museum, Taiwan
239 o.: L. von Matt (Royal Ontario Museum, Toronto)
239 u.: Réunion des Musées nationaux (Musée Guimet)
240 L. von Matt (Royal Ontario Museum, Toronto)
241 Réunion des Musées nationaux (Musée Guimet)
242 J. Guillot/Connaissance des arts (Musée Guimet)
243 L. von Matt (Royal Ontario Museum, Toronto)
244 o. re.: Vienne/Pitch
244 o. li.: J.- P. Germain/S.R.D. (Musée des Antiquités nationales)
244 u. li.: Giraudon
244 Mi. re.: J. Mellaart
244 u. re.: J. P. Germain/S.R.D. (Musée des Antiquités nationales)
245 o. li.: Lauros-Giraudon
245 o. Mi.: J. P. Germain/S.R.D. (Musée des Antiquités nationales)
245 u. li.: G. Dagli Orti (Museum, Damaskus)
245 o. re.: G. Dagli Orti (Museum, Kairo)
245 Mi. li.: Hinous/Connaissance des arts
245 Mi. re.: Réunion des Musées nationaux (Musée des Antiquités nationales)
247 K. Ogawa/Ziolo
248 J. Charpy/Scorpio Films
249 Benrido
251 M. Bruggmann
252 J. Dumas/Fotogram
253 M. Bruggmann (Archäologisches und ethnologisches Museum, Guatemala)
254 M. Bruggmann (Nationalmuseum, Tikal)
257 M. Durazzo
258 J.-M. Grenier
259 B. Brake/John Hillelson Agency
260 o. u., **261**: Vautier-de Nanxe
263, 264 li., re.: L. Ionesco/TOP
265 R. Menthonnex
267 P. Boulat
268 A. Valtat/TOP
269 o.: Ed. du cercle d'art
269 u.: P. Boulat
271 Ch. Lenars
272 G. Dagli Orti
273 o.: J. Valentin/Explorer
273 u.: G. Dagli Orti
274 o., u.: G. Dagli Orti
275 Ch. Lenars
277, 278 o., u., **279**: F. Willet
281 R. Percheron/Ziolo
285 M. Bruggmann
286 o.: Ch. Lenars
286 u.: M. Bruggmann
287, 288 o.: Vautier-Decool
288 u., **289**: M. Bruggmann
291 Roland (Nationalmuseum, Mexiko)
292 o.: National Bibliothek, Florenz
292 u.: E. Tweedy (The British Museum)
294, 296 o., Mi., u., **297, 298** u. re.: The Bodleian Library
298 u. li.: E. Bostelmann (Nationalmuseum, Mexiko)
299 The Bodleian Library
300 o.: R. Agache
300 Mi.: C.N.R.S.
300 u.: G. Rachet
301 o. re.: F. Gohier/Pitch
301 Mi. re.: C.N.R.S.
301 u. li.: J.-P. Germain/S.R.D.
301 u. re.: Giraudon (Musée des Antiquités nationales)
302 o. li.: J. Mellaart
302 Mi. li.: P. Foliot/C.N.R.S.
302 u. li.: G. Rachet
302 Mi. re.: BSNY/Rapho
303 Mi.: G. Rachet
303 u. li.: Ekdotike Athenon
303 u. re.: H. Stierlin
304 o. li.: Black Star-Flip Schulke/Rapho
304 Mi.: Reveillac/C.N.R.S.
304 u. li., u. Mi.: Black Star-Flip Schulke/Rapho
304 u. re.: Reveillac/C.N.R.S.

ILLUSTRATOREN

Françoise Bonvoust, Pierre Brochard, Josianne Campan, Jean Coladon, Maurice Espérence, Gérald Eveno, Jean Gilles, Chantal Gréverie, Michel Janvier, Guy Michel, Jacques Pilloy, Philippe Voisard.

Printed by Printer I.G.S.A. Provenza, 388 Barcelona, Depósito Legal B. 41720–1981

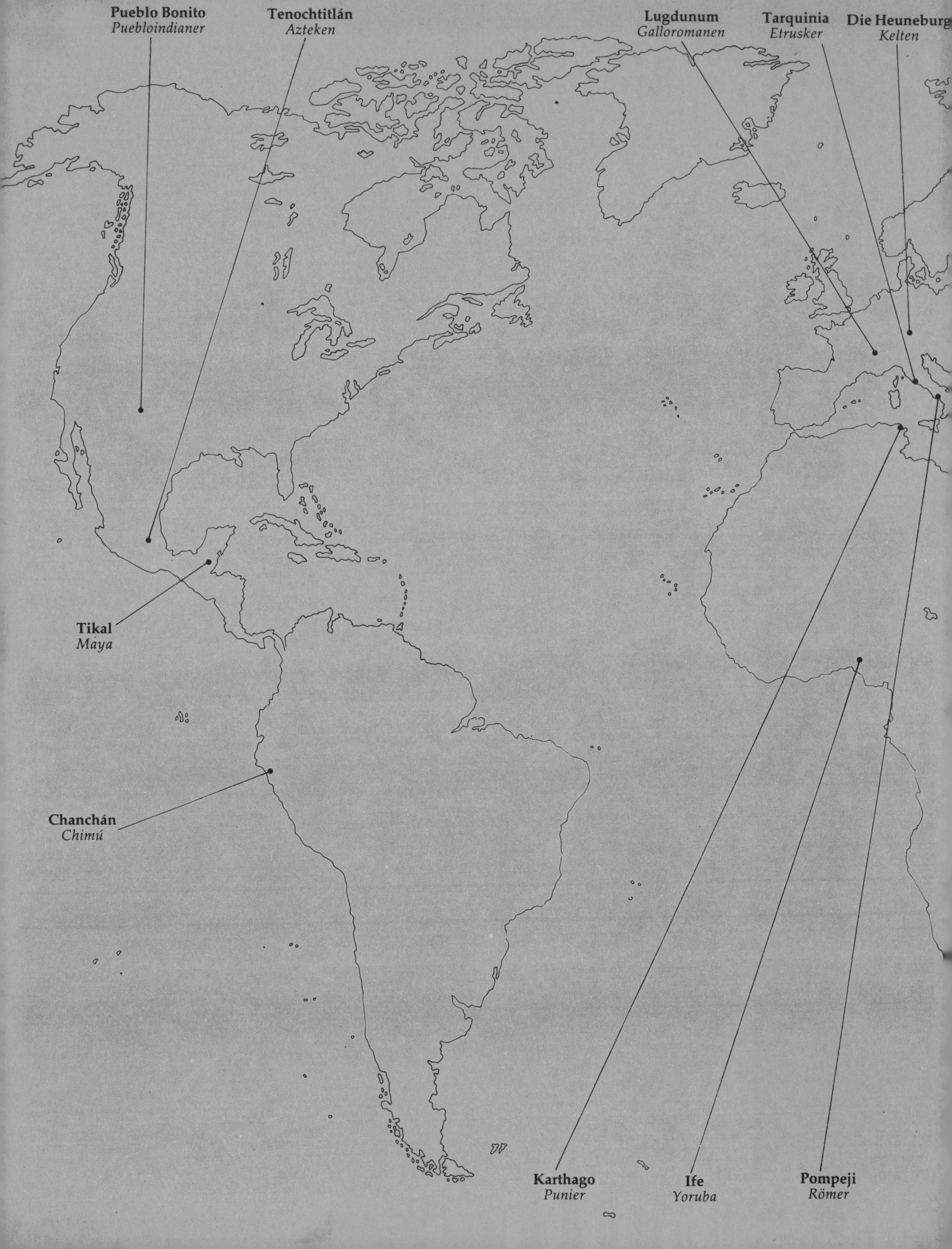
Pueblo Bonito
Puebloindianer
Tenochtitlán
Azteken
Lugdunum
Galloromanen
Tarquinia
Etrusker
Die Heuneburg
Kelten
Tikal
Maya
Chanchán
Chimú
Karthago
Punier
Ife
Yoruba
Pompeji
Römer